"1+X"
证书等级考试系列（BIM）

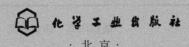

建筑信息模型
BIM建模技术

刘云平　主编

初级

化学工业出版社
·北京·

本书以 1+X 建筑信息模型（BIM）职业技能等级标准初级要求为参考，主要内容包括：工程图纸识读、BIM 建模软件及环境介绍、BIM 建模方法（标高、轴网、梁板柱、设备等）、BIM 模型应用和成果输出、族与体量、Revit 建模流程、BIM 项目实施的流程及技术路线的选择等。

本书可作为设计企业、施工企业及地产企业中 BIM 从业人员及 BIM 爱好者的自学用书，也可作为土木工程等相关专业普通高等院校、大中专院校的 BIM 教材以及 1+X 试点学校的 BIM 课程的教学用书。

图书在版编目(CIP)数据

建筑信息模型 BIM 建模技术．初级/刘云平主编．—北京：化学工业出版社，2020.4（2021.11 重印）
“1+X”证书等级考试系列．BIM
ISBN 978-7-122-36110-3

Ⅰ．①建…　Ⅱ．①刘…　Ⅲ．①建筑设计-计算机辅助设计-等级考试-自学参考资料　Ⅳ．①TU201.4

中国版本图书馆 CIP 数据核字（2020）第 015284 号

责任编辑：孙梅戈　邹　宁　　　装帧设计：刘丽华
责任校对：王鹏飞

出版发行：化学工业出版社（北京市东城区青年湖南街 13 号　邮政编码 100011）
印　　装：天津盛通数码科技有限公司
787mm×1092mm　1/16　印张 21½　字数 561 千字　　2021 年 11 月北京第 1 版第 3 次印刷

购书咨询：010-64518888　　　售后服务：010-64518899
网　　址：http: // www. cip. com. cn
凡购买本书，如有缺损质量问题，本社销售中心负责调换。

定　　价：86.00 元　　

编写人员

主　　编：刘云平　南通大学杏林学院

　　　　　　　　南通大学交通与土木工程学院

副 主 编：踪万振　江苏省通州中等专业学校

　　　　　范占军　南通大学

　　　　　相　琳　南通大学

参编人员：

　　　　　於昌荣　南通大学

　　　　　赵玉新　南通大学杏林学院

　　　　　王冬梅　南通大学杏林学院

　　　　　徐永战　南通大学

　　　　　黄　泽　南通大学

　　　　　陆松岩　南通大学

　　　　　张　驰　南通大学

　　　　　许　茜　南通大学杏林学院

　　　　　顾春丽　南通大学杏林学院

　　　　　熊郁震　南通大学

　　　　　张　蓓　南通职业大学

　　　　　周　悦　江苏工程职业技术学院

　　　　　葛建军　南通精工职业培训学校

参编单位：

　　　　　通大飞扬 BIM 研究工作室

　　　　　南通大学杏林学院

　　　　　南通职业大学

　　　　　江苏省如东中等专业学校

前　言

BIM（Building Information Modeling，建筑信息模型）技术，是一项应用于设施全生命周期的 3D 数字化技术，它以一个贯串其生命周期都通用的数据格式，创建、收集该设施所有相关的信息并建立起信息协调的信息化模型作为项目决策的基础和共享信息的资源。随着经济全球化和建设行业技术的迅速发展，BIM 的发展和应用引起了业界的广泛关注，BIM 技术具有操作的可视化、信息的完备性、信息的协调性、信息的互用性特点，国内 BIM 技术从单纯的理论研究、建模的初级应用，发展到规划、设计、建造和运营等各阶段的深入应用，BIM 技术已被明确写入建筑业发展“十二五”规划，并列入住房城乡建设部、科技部“十三五”规划，国家职业教育改革实施方案中也要求职业技能教育中增加 BIM 技能培训。因缺少相应教材，通大飞扬 BIM 团队根据多年 BIM 教学、培训和项目咨询经验，结合“1+X”建筑信息模型（BIM）职业技能等级标准初级要求，组织编写了本书。

本书选用 Autodesk Revit 软件进行介绍。Autodesk Revit 是欧特克公司在建筑设计行业推出的建筑信息模型（BIM）设计解决方案，不仅是对建筑设计和施工的创新，更是一次建筑行业信息技术的革命，广泛地应用于项目的设计阶段、造价咨询阶段、施工管理阶段以及项目的协同合作等。对 Autodesk Revit，Autodesk 公司不仅是把它作为一款建模软件，更是作为一款从设计到建造的全生命周期的 BIM 平台。

本书结合国内专业教学的特点和思维习惯编写，主要内容包括 Revit 操作、工程图纸识读、BIM 建模软件及环境介绍、BIM 建模方法（标高、轴网、梁板柱、设备等）、BIM 模型应用和成果输出、族与体量、Revit 建模流程、BIM 项目实施的流程及技术路线的选择等。

本书主要特色如下。

1. 内容的全面性和实用性：这是本教程的重心，内容紧扣考试大纲，并配合大量实例讲解，过程详细。

2. 知识的系统性：全书的内容是一个循序渐进的过程，按照专业特点和思维习惯，环环相扣，紧密相连。

3. 编写人员的专业性：参编人员从事 Revit 一线教学、培训、施工现场管理、设计工作，实战经验丰富。

4. 书中具体操作步骤配有大量图片，由浅入深，易于理解。

5. 本书是以 Revit 2018 中文版为操作平台（大部分功能也适用于 Revit 2019、Revit 2020 版），介绍该软件的基本操作方法和技巧，内容结构严谨，分析讲解透彻，且实例针对性强。

本书的付梓是本书编委和写作团队集体智慧的结晶。在编写过程中，得到了多方面的支持和帮助。感谢父母、岳父（母）及家人刘效堂、闫秀英、相永平、张永杰的帮助；感谢南通大学交通与土木工程学院施佺院长、包华老师、张莉莉书记、张志刚副书记、蒋泉副院长；杏林学院刘时方副书记，建工学院原副书记孙汉中（现机械学院）；基建处秦保军处长和鞠银山副处长、陈可、黄慧彬、陆松岩等同志；现教中心薛虹副主任、刘国民、张晓荣、张小燕、章志国等同志；南通大学陆凯君、成伟、龚响元、董健、何志良、杨彬、戴明旭、陈润波、黄烨、张龙威、覃新瑞、赵睿函、张诺、吴涛等同学。感谢他们在我学习、研究BIM，编写本书的过程中给予的无私帮助。本书的出版还获得了“地理学视角下的室内三维场景日照分析模型研究”基金（基金号41501422）的支持。

鉴于编者水平有限，书中不当之处在所难免，衷心希望各位读者给予批评指正。

刘云平
2019.12

目 录

1 BIM 技术及应用简介

1.1 BIM 介绍

在20世纪60年代,计算机图形学的诞生,推动了计算机辅助设计(Computer-Aided Design, CAD)的蓬勃发展。在建筑界也开展了计算机辅助建筑设计(Computer-Aided Architectural Design, CAAD)的研究。20世纪70年代,CAAD系统已进入了实用阶段,在设计沙特阿拉伯吉达航空港和其他地方一些高层建筑中获得了成功。

(1) CAAD系统的问题

在CAAD逐步发展的过程中,有一位在CAAD发展史上具有重要地位的先驱人物——查克·伊斯曼发现了CAAD的不足。1974年9月,他与其合作者在其研究报告《建筑描述系统概要》中指出了CAAD系统的问题。

① 建筑图纸是高度冗余的,一栋建筑至少由两张图纸来描述,一个尺寸至少被描绘两次。设计变更需要花费大量的努力使不同图纸保持一致。

② 在任何时刻,至少会有一些图中所表示的信息不是当前的或者是不一致的。

③ 大多数分析需要的信息必须由人工从施工图纸上摘录下来。数据准备这最初的一步在任何建筑分析中都是主要的成本。

(2) CAAD系统问题的解决方案

他在随后的研究——"数据库技术建立建筑描述系统"(Building Description System, BDS)中提出了解决方法,于1975年3月发表《在建筑设计中应用计算机而不是图纸》提出解决方案:

① 应用计算机进行建筑设计是在空间中安排3D元素的集合,元素包括梁、柱、板、墙或一个房间;

② 设计必须包含相互作用且具有明确定义的元素,可以从相同描述的元素中获得平面图、立面图、剖面图、轴测图或透视图等;对任何设计上的改变,在图形上的更新必须一致,因为所有的图形都取之于相同的元素,因此可以一致性地作资料更新;

③ 计算机提供一个单一的集成数据库用作视觉分析及量化分析,测试空间冲突与制图等功用;

④ 大型项目承包商可能会发现这种表达方法便于调度(管理)和材料的订购。

1977年伊斯曼启动项目GLID(Graphical Language for Interactive Design,互动设计的图形语言),展现了现代BIM平台的特点。

1999年,在专著《建筑产品模型:支撑设计和施工的计算机环境》提出了STEP标准和IFC标准,IFC标准已成为BIM软件的通用标准。

虽然查克·伊斯曼没有提出BIM一词,但他提出的问题、解决方案已具有BIM平台的特点,因此被尊称为BIM之父。

直到2002年,时任美国Autodesk公司副总裁菲利普·伯恩斯坦才首次在世界上提出了Building Information Modeling——BIM一词,BIM技术也很快在全球受到广泛关注。其应用由建筑设计迅速发展到造价、施工和运营维护阶段,范围也由建筑延伸到设备。

2004年,Autodesk公司实施"长城计划",在我国首次系统介绍BIM技术,引起国内学术界广泛关注。2009年,清华大学成立课题组开展中国BIM标准应用研究,2011年结题,出版专著《设计企业BIM实施标准指南》和《中国建筑信息模型标准框架研究》。2011年至今,国家和地方颁布系列政策,推动和支持BIM的应用,并且列入国家"十二五发展规划"和"十三五发展规划"。

1.1.1 BIM 技术的特点

BIM 核心价值是信息，BIM 技术就像糖葫芦的那根竹签，把项目的全生命周期的各阶段贯穿起来。

BIM 技术是一项应用于设施全生命周期的 3D 数字化技术，它以一个贯串其生命周期都通用的数据格式，创建、收集该设施所有相关的信息并建立起信息协调的信息化模型作为项目决策的基础和共享信息的资源。BIM 技术具有四大特点。

（1）操作的可视化

可视化是 BIM 技术最显而易见的特点。BIM 技术的一切操作都是在可视化的环境下完成的，在可视化环境下进行建筑设计、碰撞检测、施工模拟、避灾路线分析……一系列的操作。传统 CAD 技术只能提交 2D 图纸，虽然配以效果图可实现三维可视化的视觉效果，这种可视化手段仅仅是限于展示设计的效果，却不能进行节能模拟、不能进行碰撞检测、不能进行施工仿真，总之一句话，不能帮助项目团队进行工作分析以提高整个工程的质量，那么这种只能用于展示的可视化手段对整个工程究竟有多大的意义呢？究其原因，是这些传统方法缺乏信息的支持。

（2）信息的完备性

BIM 是设施的物理和功能特性的数字化表达，BIM 模型包含了设施的全面信息，除了对设施进行 3D 几何信息和拓扑关系的描述，还包括完整的工程信息的描述。如：对象名称、结构类型、建筑材料、工程性能等设计信息；施工工序、进度、成本、质量以及人力、机械、材料资源等施工信息；工程安全性能、材料耐久性能等维护信息；对象之间的逻辑关系等。

信息的完备性还体现在创建信息模型行为的过程，在这个过程中，设施的前期策划、设计、施工、运营维护各个阶段都连接了起来，把各阶段产生的信息都存储进 BIM 模型中，使得 BIM 模型的信息来自单一的工程数据源，包含设施的所有信息。BIM 模型内的所有信息均以数字化形式保存在数据库中，以便更新和共享。

信息的完备性使得 BIM 模型能够具有良好的基础条件，支持可视化操作、优化分析、模拟仿真等功能，为在可视化条件下进行各种优化分析（体量分析、空间分析、采光分析、能耗分析、成本分析等）和模拟仿真（碰撞检测、虚拟施工、紧急疏散模拟等）提供了方便的条件。

（3）信息的协调性

协调性体现在两个方面：一是在数据之间创建实时的、一致性的关联，对数据库中数据的任何更改，都马上可以在其他关联的地方反映出来；二是在各构件实体之间实现关联显示、智能互动。

这个技术特点很重要。对设计师来说，设计建立起的信息化建筑模型就是设计的成果，至于各种平、立、剖 2D 图纸以及门窗表等图表都可以根据模型随时生成。而且在任何视图（平、立、剖面图）上对模型的任何修改，都视同为对数据库的修改，会马上在其他视图或图表上关联的地方反映出来，而且这种关联变化是实时的，从而提高了项目的工作效率，消除了不同视图之间的不一致现象，保证项目的工程质量。这种关联变化还表现在各构件实体之间可以实现关联显示、智能互动。如模型中的屋顶是和墙相连的，如果把屋顶升高，墙的高度就会随即跟着变高。

这种关联显示、智能互动表明了 BIM 技术能够支持对模型的信息进行计算和分析，并生成相应的图形及文档。这种协调性为建设工程带来了极大的方便，如在设计阶段，不同专业的设计人员可以通过应用 BIM 技术发现彼此不协调甚至引起冲突的地方，及早修正设计，避免造成返工与浪费。在施工阶段，可以通过应用 BIM 技术合理地安排施工计划，保证整个施工阶段衔接紧密、合理，使施工能够高效地进行。

（4）信息的互用性

互用性就是 BIM 模型中所有数据只需要一次性采集或输入，就可以在整个设施的全生命周期中实现信息的共享、交换与流动，使 BIM 模型能够自动演化，避免了信息不一致的错误。在建设项目不同阶段免除对数据的重复输入，可以大大降低成本、节省时间、减少错误、提高效率。

1.1.2 哪些技术不属于 BIM 技术

目前，由于 BIM 应用越来越广泛，许多软件开发商都声称自己开发的软件是采用了 BIM 技术。

到底这些软件是不是使用了 BIM 技术？

对 BIM 技术进行过非常深入研究的伊斯曼教授等在《BIM 手册》中列举了以下 4 种建模技术不属于 BIM 技术。

（1）只包含 3D 数据而没有（或很少）对象属性的模型

这些模型确实可用于可视化，但在对象级别产品具备智能。它们的可视化做得较好，但对数据集成和设计分析只有很少的支持甚至没有支持。如非常流行的 SketchUp，它在快速设计造型上显得很优秀，但任何其他类型的分析的应用非常有限，这是因为在它的建模过程中没有知识的注入，成为一个欠缺信息完备性的模型，因而不算是 BIM 技术建立的模型。它的模型只能算是可视化的 3D 模型而不是包含丰富的属性信息的信息化模型。

（2）不支持行为的模型

这些模型定义了对象，但因为它们没有使用参数化的智能设计，所以不能调节其位置和比例。这带来的后果是需要大量的人力进行调整，并且可导致其创建出不一致或不准确的模型视图。

不支持行为的模型，其模型信息不具有互用性，无法进行数据共享与交换，不属于用 BIM 技术建立的模型，因此这种建模技术难以支持各种模拟行为。

（3）由多个定义建筑物的 2D 的 CAD 参考文件组成的模型

由于该模型的组成基础是 2D 图形，这是可能确保所得到的 3D 模型是一个切实可行的、协调一致的、可计算的模型，因此也不可能该模型包含的对象能够实现关联显示、智能互动。

（4）在一个视图上更改尺寸不会自动反映在其他视图上的模型

这说明了该视图与模型欠缺关联，这反映出模型里面的信息协调性差，这样就会使模型中的错误非常难以发现。一个信息协调性差的模型，就不能算是 BIM 技术建立的模型。

目前确有一些号称应用 BIM 技术的软件使用了上述不属于 BIM 技术的建模技术，这些软件能支持某个阶段计算和分析的需要，但由于其本身的缺陷，可能会导致某些信息的丢失从而影响到信息的共享、交换和流动，难以支持在设施全生命周期中的应用。

1.2 为什么要用 BIM

BIM 技术能够提高效率、节约成本，提高企业的管理水平，通过虚拟建造，预知施工难点、现场危险源等，从而提前采取预案，协助现场管理，加强现场的安全。下面简述应用 BIM 的原因。

1.2.1 行业的需要

建筑行业的特点是粗犷式管理、高消耗、高浪费。相关机构有一组统计数据。建筑业消耗了地球上 50%的能源，42%的水资源、50%的材料和48%的耕地。中国建筑业的能耗占社会总能耗的30%，有些城市甚至高达70%。现有模式建造成本差不多是应该花费的两倍，72%的项目超预算。70%的项目超工期。75%不能按时完工的项目至少超出初始合同价格的 50%。建筑工人的死亡威胁是其他行业的 2.5 倍。

在 2007 年，美国斯坦福大学（Stanford University）设施集成工作中心（Center for Integerated Facility Engineering，CIFE）就建设项目使用 BIM 以后有何优势的问题对 32 个使用 BIM 的项目进行了调查研究，得出如下调研结果：消除多达 40%的预算外更改；造价估算精确度在 3%范围内；最多可减少 80%耗费在造价估算上的时间；通过冲突检测可节省多达 10%的合同价格；项目工期缩短 70%。

据美国 Autodesk 公司的统计，利用 BIM 技术可改善项目产出和团队合作 79%，3D 可视化更便于沟通，提高企业竞争力66%，减少50%～70%的信息请求，缩短5%～10%的施工周期，减少20%～25%的各专业协调时间。

在我国北京的世界金融中心项目中，负责建设该项目的香港恒基公司通过应用BIM发现了7753个错误，及时改正后挽回超过1000万元的损失以及3个月的返工期。

在国家电网上海容灾中心的建设过程中，由于采用了BIM技术，在施工前通过BIM模型发现并消除的碰撞错误2014个避免因设备、管线拆改造成的预计损失约363万元，同时避免了工程管理费用增加约105万元。

在上海中心项目中，由于应用了BIM，大大减少了施工返工造成的浪费，据保守估计，因此能节约至少超过1亿元。

建筑业在应用BIM以后确实大大改变了其浪费严重、工期拖沓、效率低下的落后面貌。是行业发展需要BIM。

1.2.2 国家发展规划的需要

2004年，Autodesk公司实施"长城计划"，在我国首次系统介绍BIM技术，引起国内学术界广泛关注。2009年，清华大学成立课题组开展中国BIM标准应用研究，2011年结题，出版专著《设计企业BIM实施标准指南》和《中国建筑信息模型标准框架研究》。2011年至今，国家和地方颁布系列政策，推动和支持BIM的应用，并且列入国家"十二五"发展规划和"十三五"发展规划。国家发展规划中和建筑相关的部分内容见表1.1，自2011年起国家与地方政府对BIM的发文及部分内容见表1.2和表1.3。

表1.1 国家发展规划中和建筑相关的部分内容

规　划	内　容
"六五"规划～"七五"规划	解决以结构计算为主要内容的工程计算问题（CAE）
"八五"规划～"九五"规划	解决计算机辅助绘图问题（CAD）
"十五"规划～"十一五"规划	解决计算辅助管理问题，电子政务、企业管理信息化
"十二五"规划	加快建筑信息模型（BIM）、基于网络的协同工作等新技术在工程中的应用，推动信息化标准建设
"十三五"规划	推动装配式建筑与信息化深度融合，推进建筑信息模型（BIM）、基于网络的协同工作信息技术应用

表1.2 2011年以来中华人民共和国住房和城乡建设部BIM政策汇总（部分）

序号	时　间	发布信息	具体内容
1	2011.5	2011—2015年建筑业信息化发展纲要	"十二五"期间，基本实现建筑企业信息系统的普及应用，加快建筑信息模型（BIM）、基于网络的协同工作等新技术在工程中的应用，推动信息化标准建设，促进具有自主知识产权软件的产业化，形成一批信息技术应用达到国际先进水平的建筑企业
2	2013.8	关于征求推荐BIM技术在建筑领域应用的指导意见（征求意见稿）的函	1. 2016年以前政府投资的2万平方米以上大型公共建筑以及省报绿色建筑项目的设计、施工采用BIM技术； 2. 截至2020年，完善BIM技术应用标准、实施指南，形成BIM技术应用标准和政策体系；在有关奖项，如全国优秀工程勘察设计奖、鲁班奖（国家优质工程奖）及各行业、各地区勘察设计奖和工程质量最高的评审中，设计应用BIM技术的条件
3	2014.7	关于推进建筑业发展和改革的若干意见	推进建筑信息模型（BIM）等信息技术在工程设计、施工和运行维护全过程的应用，提高综合效益，推广建筑工程减隔震技术，探索开展白图代替蓝图、数字化审图等工作
4	2015.6.16	关于推进建筑业发展和改革的若干意见	1. 到2020年年末，建筑行业甲级勘察、设计单位以及特级、一级房屋建筑工程施工企业应掌握并实现BIM与企业管理系统和其他信息技术的一体化集成应用； 2. 到2020年年末，以下新立项项目勘察设计、施工、运营维护中，集成应用BIM的项目比率达到90%；以国有资金投资为主的大中型建筑；申报绿色建筑的公共建筑和绿色生态示范小区

续表

序号	时间	发布信息	具体内容
5	2016.9	2016—2020年建筑信息化发展纲要	1. 推进基于BIM进行数值模拟、空间分析和可视化表达，研究构建支持异构数据和多种采集方式的工程勘察信息数据库，实现工程勘察信息的有效传递和共享； 2. 推广基于BIM的协同设计，开展多专业间的数据共享和协同，优化设计流程，提高设计质量和效率； 3. 大力推进BIM、GIS等技术在综合管廊建设中的应用，建立综合管廊集成管理信息系统，逐步形成智能化城市综合管廊运营服务能力； 4. 海绵城市建设中积极应用BIM、虚拟刺穿等技术开展规划、设计，探索基于云计算、大数据等的运营管理，并示范应用； 5. 加快BIM技术在城市轨道交通工程设计、施工中的应用，推动各参建方共享多维建筑信息模型进行工程管理

表1.3　2014年以来全国地方政府BIM政策汇总（部分）

序号	发布单位	时间	发布信息	政策要点
1	上海市人民政府办公厅	2014.10	关于在本市推进建筑信息模型技术应用的指导意见	1. 通过分阶段、分步骤推进BIM技术试点和推广应用，到2016年底，基本形成满足BIM技术应用的配套政策、标准和市场环境，本市主要设计、施工、咨询服务和物业管理等单位普遍具备BIM技术应用能力。 2. 到2017年，本市规模以上政府投资工程全部应用BIM技术，规模以上社会投资工程普遍应用BIM技术，应用和管理水平走在全国前列
2	上海市城乡建设和管理委员会	2015.6.17	上海市建筑信息模型技术应用指南（2015版）	1. 指导本市建设、设计、施工、运营和咨询等单位在政府投资工程中开展BIM技术应用，实现BIM应用的统一和可检验；作为BIM应用方案制定、项目招标、合同签订、项目管理等工作的参考依据。 2. 指导本市开展BIM技术应用试点项目申请和评价依据。 3. 为起步开展BIM技术应用试点或没有制定企业、项目BIM技术应用标准的企业提供指导和参考。 4. 为相关机构和企业制定BIM技术标准提供参考
		2016.9	关于进一步加强上海市建筑信息模型技术推广应用的通知	1. 自2017年10月1日起，一定规模以上新建、改建和扩建的政府和国有企业投资的工程项目全部应用BIM技术。 2. 由建设单位牵头组织实施BIM技术应用的项目，在设计、施工应用BIM技术的，每平方米补贴20元，最高不超过300万元。 3. 在设计、施工、运营阶段全部应用BIM技术的，每平方米补贴30元，最高不超过500万元
3	北京质量技术监督局/北京市规划委员会	2014.5	民用建筑信息模型设计标准	提出BIM的资源要求、模型深度要求、交付要求是在BIM的实施过程规范民用建筑BIM设计的基本内容。该标准于2014年9月1日正式实施
4	广东省住房和城乡建设厅	2014.9	关于开展建筑信息模型BIM技术推广应用工作的通知	1. 到2014年年底，启动10项以上BIM技术推广项目建设。 2. 到2015年年底，基本建立我省BIM技术推广应用的标准体系及技术共享平台。 3. 到2016年年底，政府投资的2万平方米以上的大型公共建筑，以及申报绿色建筑项目的设计、施工应当采用BIM技术，省优良样板工程、省新技术示范工程、省优秀勘察设计项目在设计、施工、运营管理等环节普遍应用BIM技术。 4. 到2020年年底，全省建筑面积2万平方米及以上的工程普遍应用BIM技术
5	陕西住房和城乡建设厅	2014.10	陕西省级财政助推建筑产业化	提出重点推广应用BIM（建筑模型信息）施工组织信息化管理技术

续表

序号	发布单位	时间	发布信息	政策要点
6	深圳市建筑工务署	2015.5	深圳市建筑工务署政府公共工程BIM应用实施纲要、深圳市建筑工务署BIM实施管理标准	1. 通过从国家战略需求、智慧城市建设需求、市建筑工务署自身发展需求等方面，论证了BIM在政府工程项目中实施的必要性，并提出了BIM应用实施的主要内容是BIM应用实施标准建设、BIM应用管理平台建设、基于BIM的信息化基础建设、政府工程信息安全保障建设等。 2. 实施纲要中还提出了市建筑工务署BIM应用的阶段性目标，至2017年，实现在其所负责的工程项目建设和管理中全面开展BIM应用，并使市建筑工务署的BIM技术应用达到国内外先进水平
7	湖南省人民政府办公厅	2016.1	关于开展建筑信息模型应用工作的指导意见	1. 2018年年底，制定BIM技术应用推进的政策、标准，建立基础数据库，改革建设项目监管方式，形成较为熟的BIM技术应用市场。政府投资的医院、学校、文化、体育设施、保障性住房、交通设施、水利设施、标准厂房、市政设施等项目采用BIM技术，社会资本投资额在6千万元以上（或2万平方米以上）的建设项目采用BIM技术，设计、施工、房地产开发、咨询服务、运维管理等企业基本掌握BIM技术。 2. 2020年年底，建立完善的BIM技术的政策法规、标准体系，90%以上的新建项目采用BIM技术，设计、施工、房地产开发、咨询服务、运维管理等企业全面普及BIM技术，应用和管理水平进入全国先进行列
8	重庆市城乡建设委员	2016.4	关于加快推进建筑信息模型（BIM）技术应用的意见	1. 到2017年年末，建立勘察设计行业BIM技术应用的技术标准，明确主要的应用软件，重庆市部分骨干勘察、设计、施工单位和施工图审查机构具备BIM技术应用能力。 2. 到2020年年末形成建筑工程BIM技术应用的政策和技术体系，在本市承接工程的工程设计综合甲级，工程勘察甲级，建筑工程设计甲级，市政行业道路、桥梁、城市隧道工程设计甲级企业，施工图审查机构，特级、一级房屋建筑工程施工企业，特级、一级公用工程施工总承包企业掌握BIM技术，并实现与企业管理系统和其他信息技术一体化集成应用
9	浙江省住房和城乡建设厅	2016.4		指导和规范浙江省建设工程中建设信息模型技术应用，推动工程建设信息化技术发展，保障建设工程质量安全，提升投资效益，制定本导则。本导则适用于浙江省范围内建设工程BIM技术的应用
10	南通市人民政府文件	2015.6	市政府关于印发加快推进建筑产业现代化促进建筑业转型升级的实施意见	1. 2015—2017年：建筑产业现代化示范项目应采用建筑信息模型（BIM）等信息化技术进行设计建造。 2. 2018—2020年：全市大中型以上项目应采用建筑信息模型（BIM）等信息化技术进行设计建造。 3. 2021—2023年：普及应用期，到2023年底，全市建筑产业现代化建造方式成为主要建造方式，工程建设中普遍采用建筑信息模型（BIM）等信息化技术
11	湖南省住房和城乡建设厅发布	2017.1	湖南省城乡建设领域BIM技术应用“十三五”发展规划	到2020年底，建立BIM技术应用的相关政策、技术标准和应用服务标准；本省城乡建设领域建设工程项目全面应用BIM技术
12	浙江省人民政府办公厅	2017.8	关于加快建筑业改革与发展的实施意见	积极推广应用建筑信息模型（BIM）技术，政府投资项目应当率先应用BIM技术
13	广西住房和城乡建设厅	2017.7	广西推进建筑信息模型技术应用“十三五”行动计划（2017—2020）征求意见稿	主要目标是实现“BIM+设计、施工与运维”全生命期新建造模式，全面实现工程行业的信息化生产能级，到2020年基本达到国内BIM技术综合应用同步水平。“十三五”行动计划将分为“试点培育、推广应用和全面应用”三个阶段
14	贵州省住房和城乡建设厅	2017.3	贵州省关于推进建筑信息模型（BIM）技术应用的指导意见	计划到2020年，贵州省基本实现BIM技术全覆盖后，或将实现无人工地

续表

序号	发布单位	时间	发布信息	政策要点
15	上海市人民政府办公厅	2017.10	关于促进本市建筑业持续健康发展的实施意见	到2020年，上海市政府投资工程全面应用BIM（建筑信息模型）技术，实现政府投资项目成本下降10%以上，项目建设周期缩短5%以上，全市主要设计、施工、咨询服务等企业普遍具备BIM技术应用能力，新建政府投资项目在规划设计施工阶段应用比例不低于60%

注：还有辽宁省住房和城乡建设厅、广西壮族自治区住房和城乡建设厅、沈阳城乡建设委员会、黑龙江省住房和城乡建设厅、云南省住房和城乡建设厅，武汉市（2017.9）、合肥市（2017.5）等也进行了相关发文，限于篇幅，就不一一罗列。

1.2.3 应用BIM的原始动力

行业的需要和国家的推广，促进了BIM在中国的发展。应用BIM的原始动力是提高效率，节约成本。BIM技术改变了信息传递的方式，使信息传递更高效，见图1.1。BIM技术能使建筑结果前置，以可视化的方式进行施工预演，提前发现问题，制订预案，从而减少浪费，节约成本，降低风险。

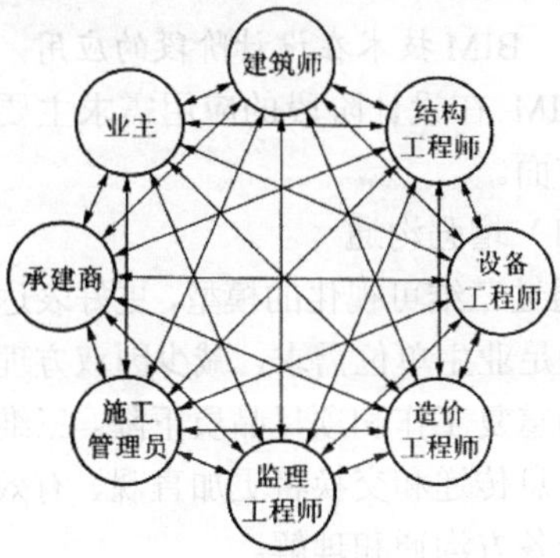

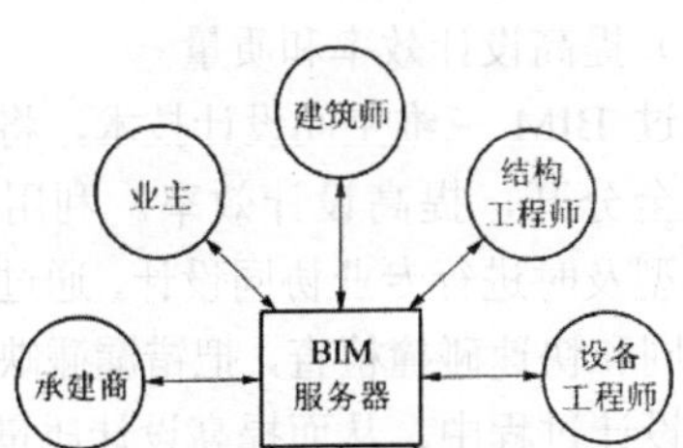

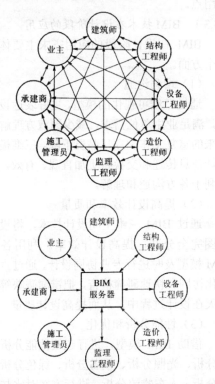

图1.1 传统的信息传递方式（上）与基于BIM的信息传递方式（下）

1.2.4 BIM标准与规范汇总

从行业的发展到国家的发展规划，都需要BIM技术的应用。其原始的动力是源于人类对效率的追求，可是自2004年BIM的引入，到2011年国家发文推广，已十几年过去，BIM并没有遍地开花，像人们预想的那样广泛地应用与接受。因为BIM的应用不仅需要软件、硬件、社会性还需要标准的支持。有了统一的BIM标准，才能在建筑全生命周期的技术及管理工作中有效地利用BIM技术，才便于有关的技术或管理人员更好地进行信息共享。

BIM标准可分为三类，即分类编码标准、数据模型标准以及过程标准。分类编码标准直接规定建筑信息的分类，一是用于在计算机中保存非数值信息将其代码化，二是有序地管理大量的建筑信息；数据模型标准规定BIM数据交换格式，如建筑师在利用软件建立模型时，是将信息保存为某种应用软件提供的格式，还是保存为某种标准化的中性格式；过程标准规定用于交换的BIM数据的内容，规定什么在什么阶段产生什么信息，如建筑师最开始应该产生什么信息，分发给结构工程师。本节摘录了国家颁布的相关BIM标准，见表1.4。

表1.4 BIM标准汇总

序号	名称/标准号	发布/执行日期
1	《建筑信息模型应用统一标准》（GB/T 51212—2016）	2017.1.1 实施
2	《建筑信息模型分类和编码标准》（GB/T 51269—2017）	2018.5.1 实施
3	《建筑工程信息模型存储标准》	编写中
4	《建筑信息模型设计交付标准》（GB/T 51301—2018）	2019.6.1 实施

续表

序号	名称/标准号	发布/执行日期
5	《制造工业工程设计信息模型应用标准》（GB/T 51362—2019）	2019.10.1 实施
6	《建筑信息模型施工应用标准》（GB/T 51235—2017）	2018.1.1 实施
7	《建筑幕墙工程 BIM 实施标准》（T/CBDA 7—2016）	2017.3.15 实施
8	《建筑机电工程 BIM 构件库技术标准》（CIAS11001:2015）	2015.7.8 实施
9	建筑装饰装修工程 BIM 实施标准（T/CBDA-3—2016）	2016.12.1 实施

1.3 BIM 的应用价值

BIM 技术的应用能够更好地控制成本和进度，减少浪费，提高项目的生产能力和效率，及后期高效的运维，体现在四个方面，见表 1.5。

表 1.5 BIM 的四大应用价值

应用面	应 用 点
沟通	可视化建筑设计、更好地理解设计意图、多方更好地沟通和交流
成本	碰撞检查和减少返工、费用控制和费用可预见性
质量	施工质量控制、控制项目整个过程、更好的设计项目和性能更好的建筑物
运维	工程数据中心、维修保养提醒、运维状况监控

BIM 技术可用于拟建建筑和已建建筑中，下面将分别做简单讲述。

1.3.1 BIM 在拟建建筑中的应用

BIM 技术在已建建筑中的应用主要是虚拟建造，提前把建筑结果前置，进行建造过程的预演彩排，从而提前发现问题，采取预案见图 1.2。在施工过程中，利用 BIM 技术快速算量，使材料用量提前预知合理选择材料进场时间、堆放场地合理选择等，减少材料的二次搬运和减少材料现场堆放时间。

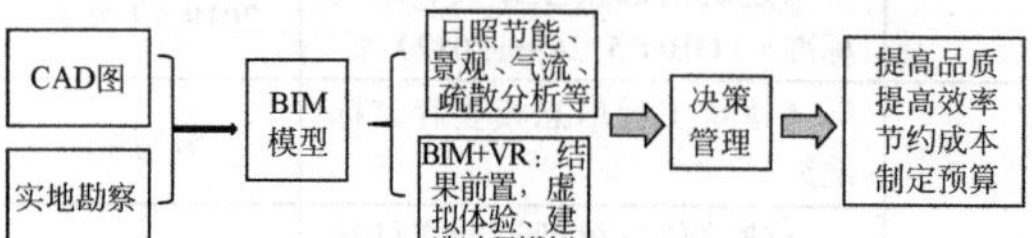

图 1.2 虚拟建造流程

1.3.2 BIM 在已建建筑中的应用

对已建好的建筑，BIM 技术主要用于改造、扩建和后期的运营维护，BIM 运维实施流程如图 1.3 所示。

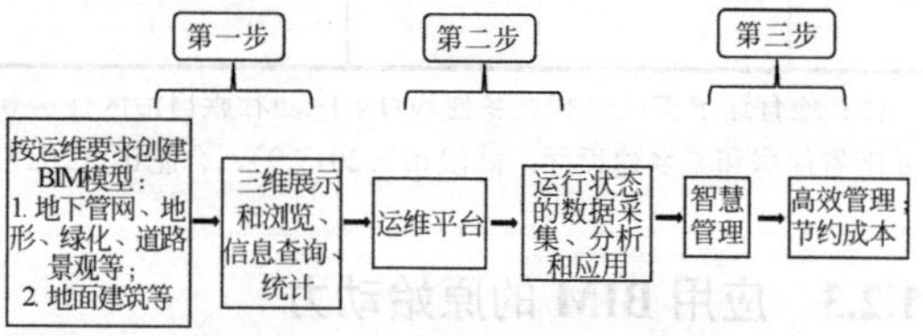

图 1.3 BIM 运维实施流程

1.3.3 BIM 技术在项目各阶段中的应用

BIM 技术以信息为主线，通过一个贯穿全生命周期都通用的数据格式，应用于项目的各个阶段：设计阶段、施工阶段和运维阶段。下面简单阐述 BIM 技术在各阶段的应用价值及应用点。

1.3.3.1 BIM 技术在设计阶段的应用

BIM 在设计阶段的应用需求主要体现在四个方面。

（1）增强沟通

通过三维可视化的模型，更好表达设计意图，满足业主单位需求，减少因双方理解不同带来的重复工作和项目品质下降。三维模型的设计信息传递和交换将更加直观、有效，也更有利于各方沟通和理解。

（2）提高设计效率和质量

通过 BIM 三维空间设计技术，将设计和制图完全分开，提高设计效率。利用各专业 BIM 模型及时进行专业协同设计，通过直观可视化协同和快速碰撞检查，把错漏碰缺等问题消灭在设计过程中，从而提高设计质量。

（3）性能分析和优化

借助 BIM 模型，进行建筑性能分析如能耗分析、光照分析、设备分析、绿色分析、景观分析、人车物流分析，进行方案对比与优化等，BIM 模型还可导入结构分析软件进行结构计算与分析。

（4）出图

BIM 技术以一个通用的数据格式把各专

业和阶段的信息存储于一个数据库中，且智能联动，根据确定的方案，即可根据BIM模型，快速生成图纸。

1.3.3.2 BIM技术在施工阶段的应用

BIM 在施工项目管理中的应用主要分为五个阶段的应用，分别为招投标阶段、深化设计阶段、建造准备阶段、建造阶段和竣工交付阶段。每个阶段的具体应用见表1.6。

表1.6 BIM在施工阶段的应用

阶 段	应 用 点
招标阶段	技术方案展示
	工程量计算及报价
深化设计阶段	管线综合深化
	土建结构深化
	钢结构深化
	幕墙深化
建造准备阶段	施工方案管理
	关键工艺展示
	施工过程模拟
建造阶段	预制加工管理
	进度管理
	安全管理
	质量管理
	成本管理
	物料管理
	绿色施工管理
	工程变更管理
竣工交付阶段	基于三维可视化的成果验收

1.3.3.3 BIM技术在运维阶段的应用

建筑运维管理又称为FM（Facility Management，设施管理），其主要内容可分为空间管理、资产管理、维护管理、公共安全管理和能耗管理等方面，具体应用见表1.7。

表1.7 BIM在运维阶段的应用

内容	应 用 点
空间管理	租赁管理
	垂直交通管理
	车库管理
	办公管理
资产管理	可视化资产信息管理
	可视化资产监控、查询、定位管理
	可视化资产安保及紧急预案管理
维护管理	设备信息查询
	设备运行和控制
	设备报修流程
	计划性维护
公共安全管理	安保管理
	火灾消防管理
	隐蔽工程管理
能耗管理	电量监测
	水量监测
	温度监测
	机械通风管理

BIM的核心是数据，基础是共享，关键是协同，价值是信息。之所以BIM技术能应用于项目的各个阶段，是其以通用的数据格式，把项目各阶段和不同参与方所产生的信息，添加到3D数字化模型中，建立了统一的数据库，方便计算机处理，借助于互联网技术，从同一数据库提取所需的信息为我所用，从而提高效率、减少浪费、节约成本。

2 工程图纸的识读与绘制

在现代工程建设中，无论是建造房屋还是修筑道路、桥梁、水利工程以及电站等，都离不开工程图样。所谓工程图样，就是表达工程对象的形状、大小、构造以及各组成部分相互关系的图纸，因此工程图一直被称为“工程界的共同语言”。

2.1 制图标准

为了统一房屋建筑制图规则，保证制图质量，提高制图效率，做到图面清晰、简明，符合设计、施工、存档的要求，适应工程建设的需要，国家制定了《房屋建筑制图统一标准》（GB/T 50001—2017）、《总图制图标准》（GB/T 50103—2010）、《建筑制图标准》（GB/T 50104—2010）、《建筑结构制图标准》（GB/T 50105—2010）等国家标准。

2.1.1 图幅

① 图纸基本幅面及图框尺寸应符合表2.1所示的规定。

表 2.1 图纸基本幅面及图框尺寸 单位：mm

尺寸位置

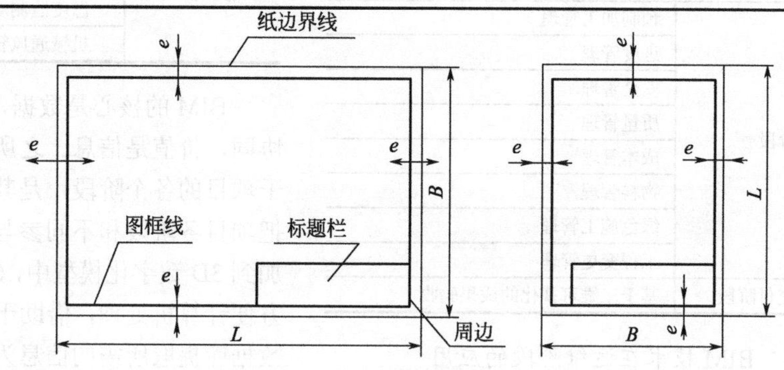

（a）不留装订边

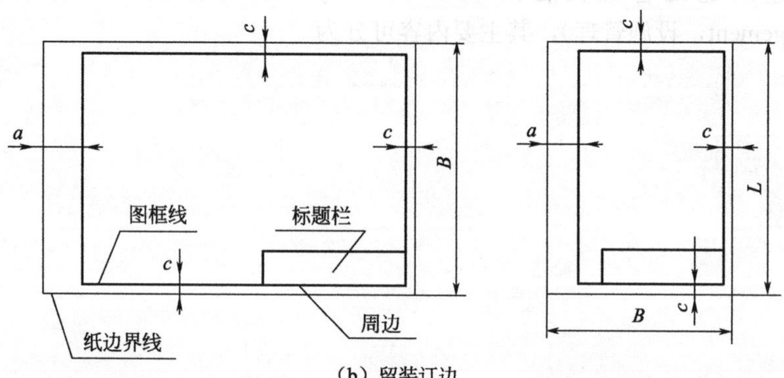

（b）留装订边

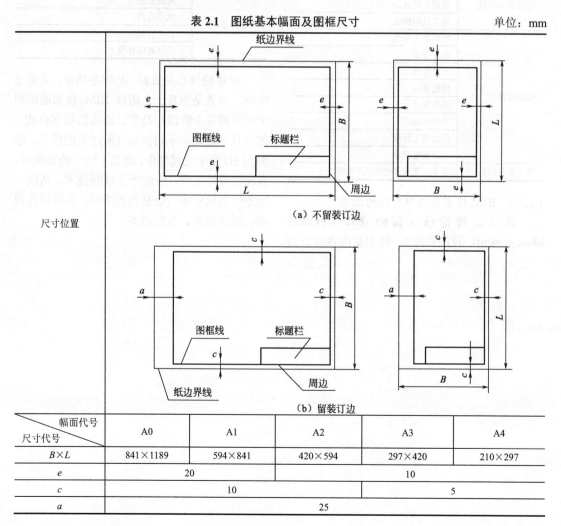

幅面代号 / 尺寸代号	A0	A1	A2	A3	A4
$B \times L$	841×1189	594×841	420×594	297×420	210×297
e	20		10		
c	10			5	
a	25				

② 需要微缩复制的图纸，其一个边上应附有一段准确米制尺度，4 个边上均附有对中标志，米制尺度的总长应为 100mm，分格应为 10mm。对中标志应画在图纸各边长的中点处，线宽应为 0.35mm，伸入框内应为 5mm。

③ 图纸的短边一般不应加长，长边可加长，但应符合表 2.2 所示的规定。

④ 图纸以短边作为垂直边称为横式，以短边作为水平边称为立式。一般 A0～A3 图纸宜横式使用，必要时，也可立式使用。

⑤ 一个工程设计中，每个专业所使用的图纸一般不宜多于两种幅面，不含目录及表格所采用的 A4 幅面。

表 2.2　图纸长边加长尺寸　　单位：mm

幅面尺寸	长边尺寸	长边加长后的尺寸
A0	1189	1486、1635、1783、1932、2080、2230、2378
A1	841	1051、1261、1471、1682、1892、2102
A2	594	743、891、1041、1189、1338、1486、1783
A3	420	630、841、1051、1261、1471、1682、1892

2.1.2　比例

① 图样的比例即图形与实物相对应的线性尺寸之比。比例的大小是指其比值的大小，如 1∶50 大于 1∶100。

② 比例的符号为“∶”，比例应以阿拉伯数字表示，如 1∶1、1∶2、1∶100 等。

③ 比例宜注写在图名的右侧，字的基准线应与图名取平；比例的字高宜比图名的字高小一号或小二号，如图 2.1 所示。

④ 绘图所用的比例，应根据图样的用途与被绘对象的复杂程度从表 2.3 中选用，并优先选用常用比例。

图 2.1　比例的注写

⑤ 一般情况下，一个图样应选用一种比例。根据专业制图的需要，同一图样可选用两种比例。

⑥ 特殊情况下也可自选比例，这时除应注出绘图比例外，还必须在适当位置绘制出相应的比例尺。

表 2.3　绘图所用的比例

常用比例	1∶1、1∶2、1∶5、1∶10、1∶20、1∶50、1∶100、1∶150、1∶200、1∶500、1∶1000、1∶2000
可用比例	1∶3、1∶4、1∶6、1∶15、1∶25、1∶40、1∶60、1∶80、1∶250、1∶300、1∶400、1∶600、1∶5000、1∶10000、1∶20000、1∶50000、1∶100000、1∶200000

2.1.3　字体

① 图纸上所需书写的文字、数字或符号等，均应笔画清晰、字体端正、排列整齐；标点符号应清楚、正确。

② 文字的字高，应从如下系列中选用：3.5mm、5mm、7mm、10mm、14mm、20mm。若需书写更大的字，其高度应按一定的比值递增。

③ 图样及说明中的汉字，宜采用长仿宋体，宽度与高度的关系应符合如表 2.4 所示的规定。大标题、图册封面、地形图等的汉字，也可书写成其他字体，但应易于辨认。

④ 汉字的简化字书写，必须符合国务院公布的《汉字简化方案》和有关规定，图 2.2 为长仿宋体示例。

表 2.4　长仿宋体字高宽关系　　单位：mm

字高	20	14	10	7	5	3.5
字宽	14	10	7	5	3.5	2.5

图 2.2　长仿宋体示例

⑤ 拉丁字母、阿拉伯数字与罗马数字的书写与排列应符合规定。

⑥ 拉丁字母、阿拉伯数字与罗马数字若需写成斜体字，其斜度应从字的底线逆时针向上倾斜 75°。斜体字的高度与宽度应与相应的直体字相等，图 2.3 所示为数字和字母的写法。

图 2.3　数字和字母的写法

⑦ 拉丁字母、阿拉伯数字与罗马数字的字高，应不小于 2.5mm。

⑧ 数量的数值注写，应采用正体阿拉伯数字。各种计量单位凡前面有量值的，均应采用国家颁布的单位符号注写。单位符号应采用正体字母。

⑨ 分数、百分数和比例数的注写，应采用阿拉伯数字和数学符号，例如：四分之三、百分之二十五和一比二十应分别写成 3/4、25% 和 1∶20。

⑩ 当注写的数字小于 1 时，必须写出个位的“0”，小数点应采用圆点，齐基准线书写，例如：0.01。

⑪ 长仿宋汉字、拉丁字母、阿拉伯数字与罗马数字示例见《技术制图　字体》（GB/T 14691—93）。

2.1.4　图线

① 图线有粗、中粗、中、细之分，线宽应符合表 2.5 的规定。每个图样应根据形体的复杂程度和比例大小，确定基本线宽 *b*。

② 图纸的图框线和标题栏线，可采用表 2.6 所示的线宽。

③ 工程建设制图，应选用如表 2.7 所示的图线。

表 2.5　线宽组　　单位：mm

线宽	线宽组			
	粗	中粗	中	细
b	1.4	1.0	0.7	0.5
0.7*b*	1.0	0.7	0.5	0.35
0.5*b*	0.7	0.5	0.35	0.25
0.25*b*	0.35	0.25	0.18	0.13

表 2.6　图框线、标题栏线的宽度　　单位：mm

幅面代号	图框线	标题栏外框线	标题栏分格线、会签栏
A0、A1	*b*	0.5	0.25*b*
A2、A3、A4	*b*	0.7*b*	0.35*b*

表 2.7　图线及其用途

名称		线型	线宽	一般用途
实线	粗		*b*	主要可见轮廓线
	中		0.5*b*	可见轮廓线
	细		0.35*b*	可见轮廓线、图例线
虚线	粗		*b*	见各有关专业制图标准
	中		0.5*b*	不可见轮廓线
	细		0.35*b*	不可见轮廓线、图例线
单点长划线	粗		*b*	见各有关专业制图标准
	中		0.5*b*	见各有关专业制图标准
	细		0.35*b*	中心线、对称中心线等
双点长划线			*b*	见各有关专业制图标准
			0.5*b*	见各有关专业制图标准
			0.35*b*	假想轮廓线、成型前原始轮廓线
折断线			0.35*b*	断开界线
波浪线			0.35*b*	断开界线

④ 同一张图纸内，相同比例的各图样，应选用相同的线宽组，如图 2.4 所示。

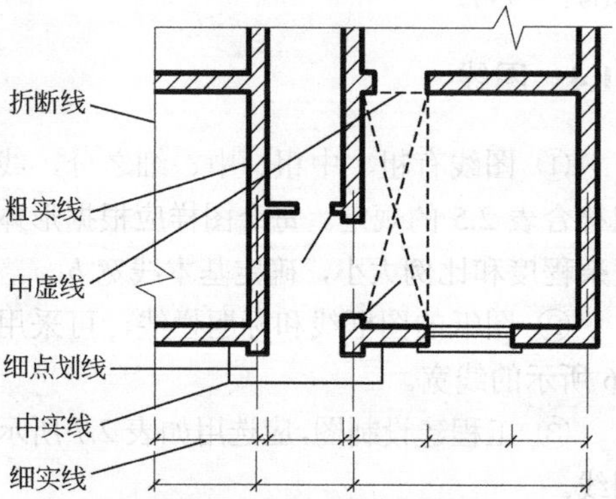

图 2.4 图线的综合举例

⑤ 相互平行的图线，其间隙不宜小于其中的粗线宽度，且不宜小于 0.7mm。

⑥ 虚线、单点长划线或双点长划线的线段长度和间隔，宜各自相等。

⑦ 单点长划线或双点长划线，当在较小图形中绘制有困难时，可用实线代替。

⑧ 单点长划线或双点长划线的两端不应是点。点划线与点划线交接或点划线与其他图线交接时，应是线段交接。

⑨ 虚线与虚线交接或虚线与其他图线交接时，应是线段交接。虚线为实线的延长线时，不得与实线连接，如图 2.5 所示。

⑩ 图线不得与文字、数字或符号重叠、混淆，不可避免时，应首先保证文字的清晰。

2.1.5 尺寸标注

（1）尺寸界线、尺寸线及尺寸起止符号

① 图样上的尺寸组成，包括尺寸界线、尺寸线、尺寸起止符号和尺寸数字，如图 2.6（a）

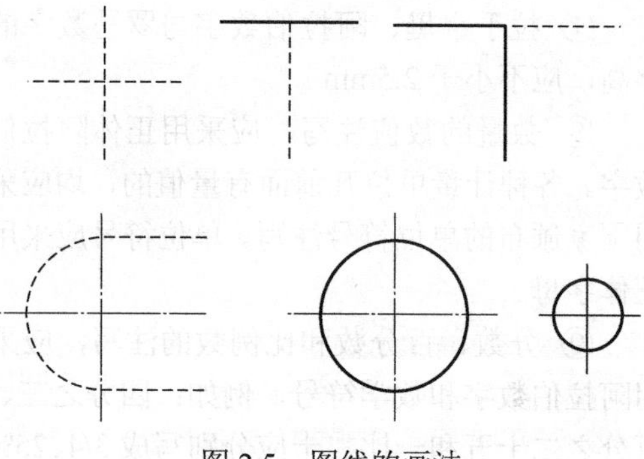

图 2.5 图线的画法

所示。

② 尺寸界线应用细实线绘制，一般应与被注长度垂直，其一端应离开图样轮廓线不小于 2mm，另一端宜超出尺寸线 2～3mm。图样轮廓线可用做尺寸界线，如图 2.6（b）所示。

③ 尺寸线应用细实线绘制，应与被注长度平行。图样本身的任何图线均不得用做尺寸线。

④ 尺寸起止符号一般用中粗斜短线绘制，其倾斜方向应与尺寸界线成顺时针 45°角，长宜为 2～3mm。半径、直径、角度与弧长的尺寸起止符号宜用箭头表示，如图 2.6（c）所示。

（2）尺寸数字

① 图样上的尺寸，应以尺寸数字为准，不得从图上直接量取。

② 图样上的尺寸单位，除标高及总平面以 m（米）为单位外，其他必须以 mm（毫米）为单位。

③ 尺寸数字的方向，应按图 2.7（a）所示的规定注写。若尺寸数字在 30° 斜线区内，宜按图 2.7（b）所示的形式注写。

④ 尺寸数字一般应依据其方向注写在靠

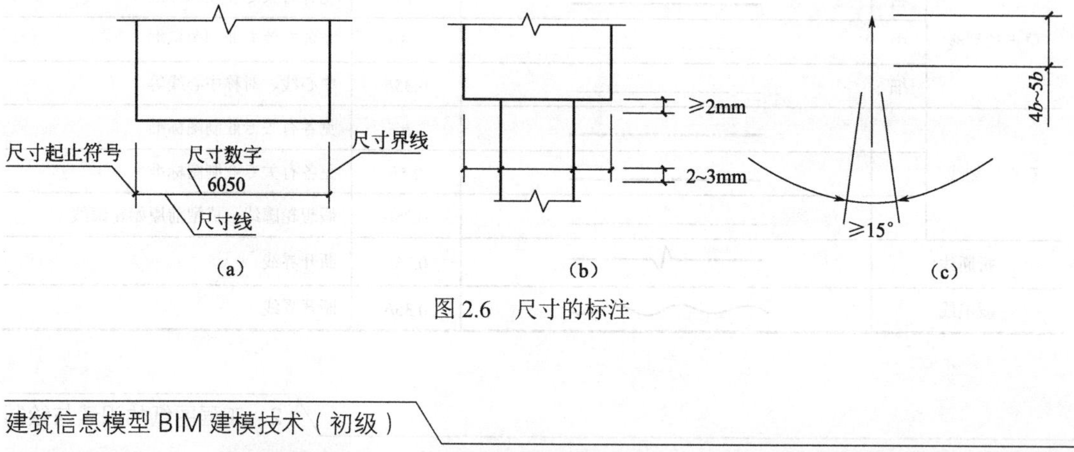

图 2.6 尺寸的标注

近尺寸线的上方中部。若没有足够的注写位置，最外边的尺寸数字可注写在尺寸界线的外侧，中间相邻的尺寸数字可错开注写，如图 2.8 所示。

⑤ 圆弧半径、圆直径、球的尺寸标注如图 2.9 所示。

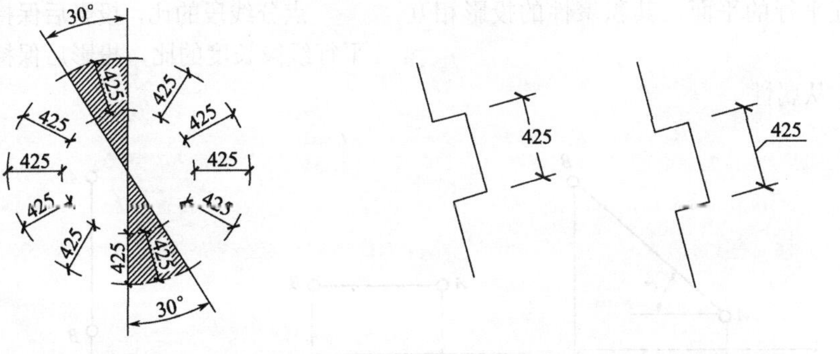

（a）严禁在30°斜线区内注写尺寸数字　（b）在30°斜线区内注写尺寸数字的形式

图 2.7　尺寸数字的注写方向

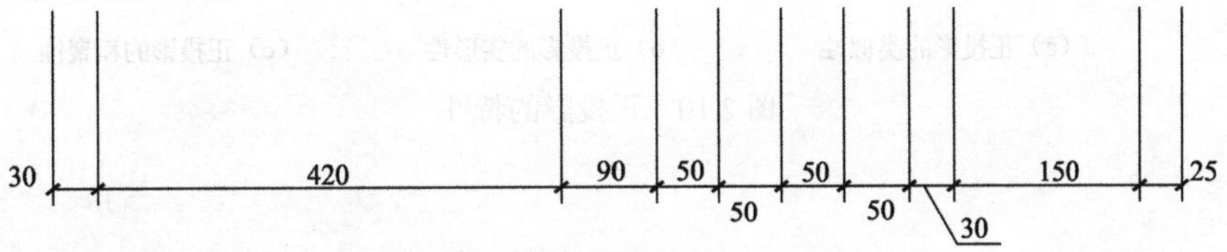

图 2.8　尺寸数字的注写位置

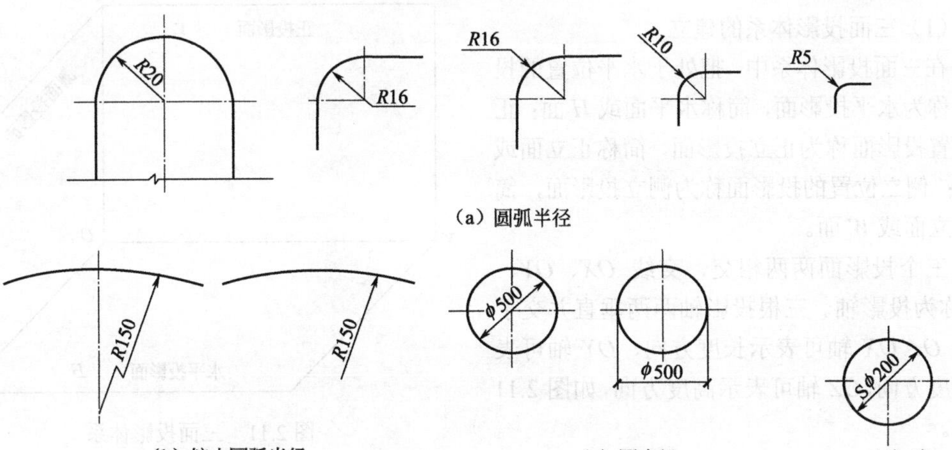

（a）圆弧半径

（b）较大圆弧半径　（c）圆直径　（d）球

图 2.9　圆弧半径、圆直径、球的尺寸标注图

2.2　正投影相关知识

2.2.1　正投影的基本特性

（1）类似性

直线、平面与投影面成一定角度（但不平行且不垂直）：直线投影仍为直线，平面投影为类似形，如图 2.10（a）所示。

（2）实形性

直线平行于投影面，其投影反映直线的实长；平面图形平行于投影面，其投影反映平面图形的实形，如图 2.10（b）所示。

（3）积聚性

直线、平面、柱面垂直于投影面：其投影分别积聚为点、直线、曲线，如图 2.10（c）

所示。

（4）平行性

空间相互平行的直线，其投影一定平行；空间相互平行的平面，其积聚性的投影相互平行。

（5）从属性

直线或平面上的点，其投影必在该直线或平面的投影上。

（6）定比性

点分线段的比，投影后保持不变；空间两平行线段长度的比，投影后保持不变。

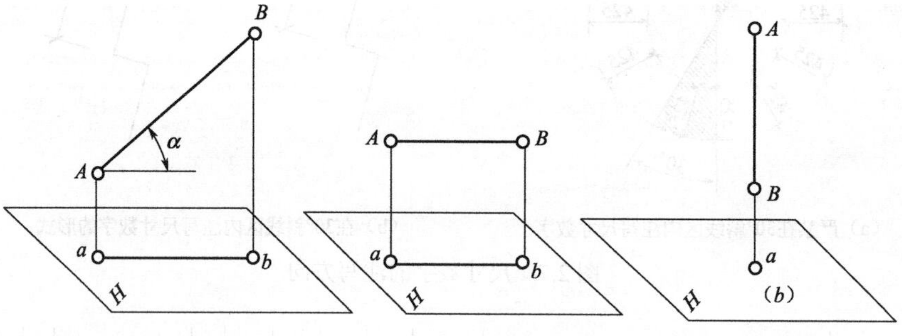

（a）正投影的类似性 （b）正投影的实形性 （c）正投影的积聚性

图 2.10 正投影的特性

2.2.2 三面正投影图

（1）三面投影体系的建立

在三面投影体系中，把处于水平位置的投影面称为水平投影面，简称水平面或 *H* 面；正立位置投影面称为正立投影面，简称正立面或 *V* 面；侧立位置的投影面称为侧立投影面，简称侧立面或 *W* 面。

三个投影面两两相交，交线 *OX*、*OY*、*OZ* 称为投影轴。三根投影轴两两垂直并交于原点 *O*。*OX* 轴可表示长度方向，*OY* 轴可表示宽度方向，*OZ* 轴可表示高度方向，如图 2.11 所示。

（2）三面正投影图的形成

三面正投影图的形成如图 2.12 所示。将形体放置在三面投影体系当中，即放置在 *H* 面的上方、*V* 面的前方、*W* 面的左方，并尽量让形体的表面和投影面平行或垂直。

从前往后对正立投影面进行投射，在正立面上得到正立面投影图，简称正立面图。从上往下对水平投影面进行投射，在水平面上得到水平面投影图，简称水平面图。从左往右对侧立投影面进行投射，在侧立面上得到侧立面投影图，简称侧立面图。

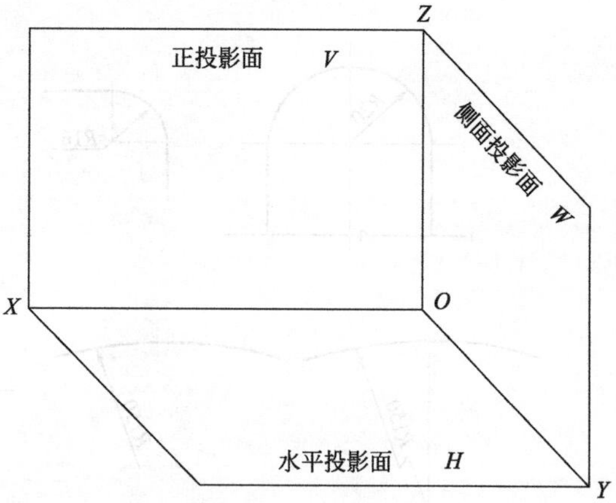

图 2.11 三面投影体系

（3）三面投影图的投影规律

① 方位：前后、左右、上下，如图 2.12（b）所示。

② 投影关系：长对正、高平齐、宽相等。

③ 画线原则：可见轮廓线用粗实线绘制，不可见轮廓线用虚线绘制，投影线、投影轴、作图线等均用细实线绘制，如图 2.12（c）所示。

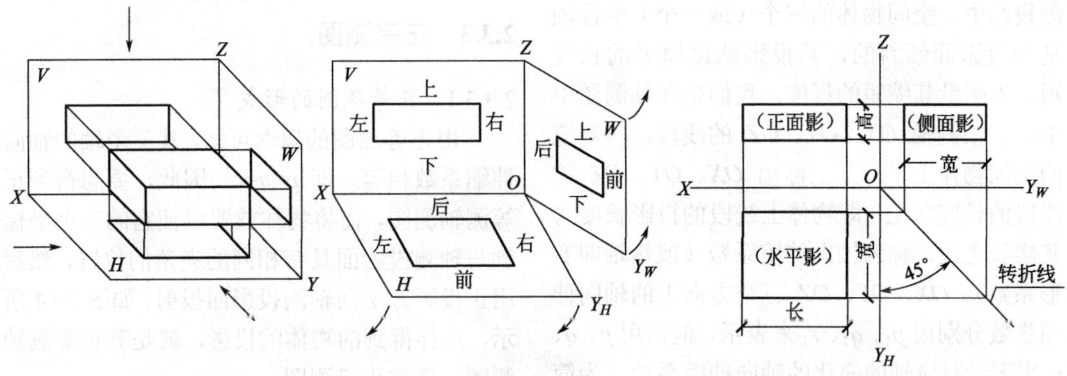

（a）投射方向　　（b）形体方位　　（c）绘图要求

图 2.12　物体三面投影图的形成

2.3　轴测投影相关知识

轴测投影属于平行投影的一种，它是用平行投影法沿某一特定方向（一般沿不平行于任一坐标面的方向），将空间形体连同其上的参考直角坐标系一起投射在选定的一个投影面上而形成一个能同时反映物体长、宽、高 3 个方向的情况且富有立体感的投影图，如图 2.13 所示。这个选定的投影面（*P*）称为轴测投影面，*S* 表示投射方向，用这种方法在轴测投影面上得到的图称为轴测投影图，简称轴测图。

2.3.1　轴测投影的基本概念

（1）轴测轴

如图 2.13 所示，表示空间物体长、宽、高三个方向的直角坐标轴 *OX*、*OY*、*OZ*，在轴测投影面上的投影依然记为 *OX*、*OY*、*OZ*，称为轴测轴。

（2）轴间角

如图 2.13 所示，相邻两轴测轴之间的夹角 ∠*XOZ*、∠*ZOY*、∠*YOX* 称为轴间角。三个轴间角之和等于 360°。

（3）轴向伸缩系数

由平行投影法的特性我们知道，一条直线与投影面倾斜，该直线的投影必然缩短。在轴

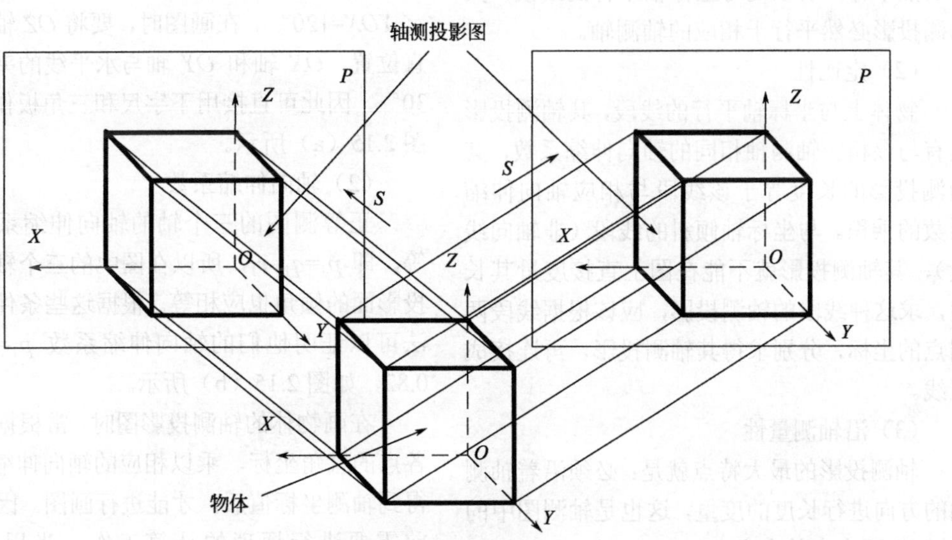

图 2.13　轴测投影图的形成

测投影中，空间物体的三个（或一个）坐标轴是与投影面倾斜的，其投影就比原来的长度短。为衡量其缩短的程度，我们把在轴测图中平行于轴测轴 *OX*、*OY*、*OZ* 的线段，与对应的空间物体上平行于坐标轴 *OX*、*OY*、*OZ* 的线段的长度之比，即物体上线段的投影长度与其实长之比，称为轴向伸缩系数（或称轴向变形系数）。*OX*、*OY*、*OZ* 三个方向上的轴向伸缩系数分别用 p_1、q_1、r_1 来表示，但常用 p、q、r 来表示对应轴的简化的轴向伸缩系数（为简化作图，往往要规定其简化轴向伸缩系数，原来的叫实际轴向伸缩系数）。

即：p 为 X 轴的轴向伸缩系数；q 为 Y 轴的轴向伸缩系数；r 为 Z 轴的轴向伸缩系数。

在轴测投影中，由于确定空间物体的坐标轴以及投射方向与轴测投影面的相对位置不尽相同，因此轴测图可以有无限多种，得到的轴间角和轴向伸缩系数各不相同。所以，轴间角和轴向伸缩系数是轴测图绘制中的两个重要参数。

2.3.2 轴测投影的特点

轴测投影仍是平行投影，所以它具有平行投影的一切属性。

（1）平行性

物体上互相平行的两条线段在轴测投影中仍然平行，所以凡与坐标轴平行的线段，其轴测投影必然平行于相应的轴测轴。

（2）定比性

物体上与坐标轴平行的线段，其轴测投影具有与该相应轴测轴相同的轴向伸缩系数，其轴测投影的长度等于该线段与相应轴向伸缩系数的乘积。与坐标轴倾斜的线段（非轴向线段），其轴测投影就不能在图上直接度量其长度，求这种线段的轴测投影，应该根据线段两端点的坐标，分别求得其轴测投影，再连接成直线。

（3）沿轴测量性

轴测投影的最大特点就是：必须沿着轴测轴的方向进行长度的度量，这也是轴测图中的“轴测”两个字的含义。

2.3.3 正等测图

2.3.3.1 正等测图的形成

由正等测图的概念可知，其三个轴的轴向伸缩系数相等，即 $p=q=r$。因此，要想得到正等测轴测图，需将物体放置成使它的三个坐标轴与轴测投影面具有相同的夹角的位置，然后用正投影方法向轴测投影面投射，如图 2.14 所示，这样得到的物体的投影，就是其正等测轴测图，简称正等测图。

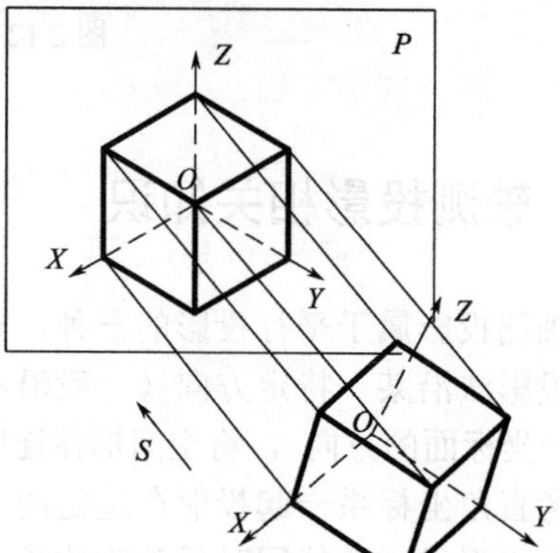

图 2.14 正等测图的形成

2.3.3.2 正等测图的参数

（1）轴间角

因为物体放置的位置使得它的三个坐标轴与轴测投影面具有相同的夹角，所以正等测图的三个轴间角相等且 $\angle XOZ=\angle ZOY=\angle YOX=120°$。在画图时，要将 *OZ* 轴画成竖直位置，*OX* 轴和 *OY* 轴与水平线的夹角都是 30°，因此可直接用丁字尺和三角板作图，如图 2.15（a）所示。

（2）轴向伸缩系数

正等测图的三个轴的轴向伸缩系数都相等，即 $p_1=q_1=r_1$，所以在图中的三个轴与轴测投影面的倾角也应相等。根据这些条件用解析法可以证明他们的轴向伸缩系数 $p_1=q_1=r_1\approx 0.82$，如图 2.15（b）所示。

在画物体的轴测投影图时，常根据物体上各点的直角坐标，乘以相应的轴向伸缩系数，得到轴测坐标值后，才能进行画图。因而画图前需要进行烦琐的计算工作。当用 $p_1=q_1=r_1=0.82$ 的轴向伸缩系数绘制物体的正等轴测图时，需将每一个轴向尺寸都乘以0.82，这样画出的轴测图为理论的正等测轴测图，如图2.16（a）所示为一物体的三视图，用上述轴间角和轴向伸缩系数画出的该物体的正等测轴测图，如图2.16（b）所示。

为了简化作图，常将三个轴的轴向伸缩系数取为1，以此代替0.82，把系数1称为简化的轴向伸缩系数，OX、OY、OZ三个方向上简化后的轴向伸缩系数分别用p、q、r来表示。运用简化后的轴向伸缩系数画出的轴测图与按实际的轴向伸缩系数画出的轴测投影图相比，形状无异，只是图形在各个轴向方向上放大了1/0.82≈1.22倍，如图2.16（c）所示。

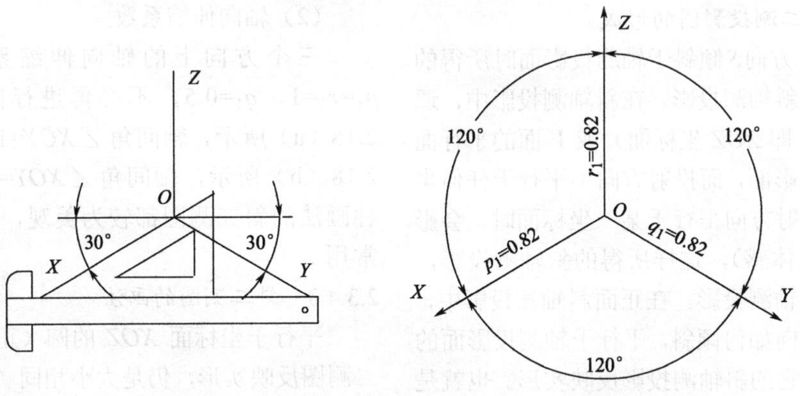

（a）　（b）

图2.15　正等测图的轴间角及轴向伸缩系数

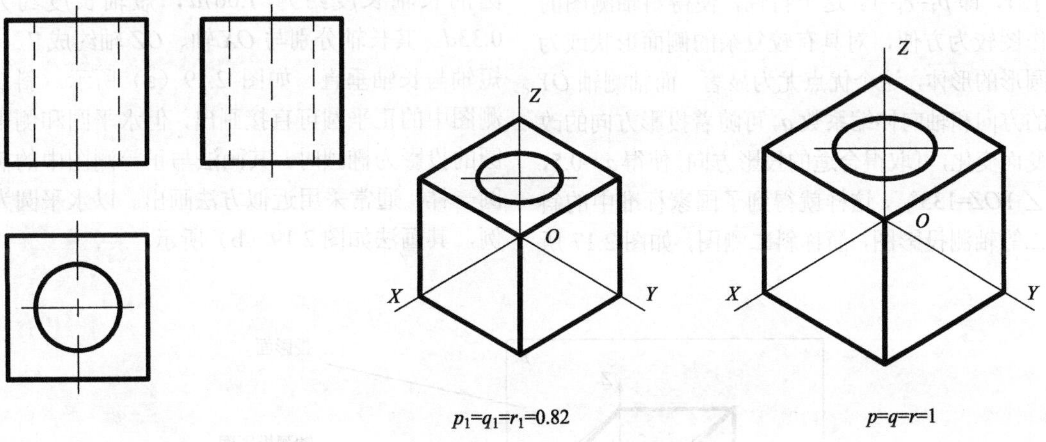

（a）三视图　（b）　（c）

图2.16　理论的轴向伸缩系数与简化的轴向伸缩系数的比较

2.3.3.3　平面立体的正等测图的基本画法

画轴测图的基本方法是坐标法。但实际作图时，还应根据形体的形状特点的不同而灵活采用叠加和切割等其他作图方法，下面举例说明不同形状结构的平面立体轴测图的几种具体作图方法。

（1）坐标法

坐标法是根据形体表面上各顶点的空间坐标，画出它们的轴测投影，然后依次连接成形体表面的轮廓线，即得该形体的轴测图。

（2）叠加法

叠加法也叫组合法，是将叠加式或以其他方式组合的组合体，通过形体分析，分解成几个基本形体，再依次按其相对位置逐个地画出各个部分，最后完成组合体的轴测图的作图方法。

（3）切割法

切割法适合于画由基本形体经切割而得到的形体。它是以坐标法为基础，先画出基本形体的轴测投影，然后把应该去掉的部分切去，从而得到所需的轴测图。

2.3.4 斜二测投影图

2.3.4.1 斜二测投影图的形成

当投射方向S倾斜于轴测投影面时所得的投影，称为斜轴测投影。在斜轴测投影中，通常以V面（即XOZ坐标面）或V面的平行面作为轴测投影面，而投射方向不平行于任何坐标面（当投射方向平行于某一坐标面时，会影响图形的立体感），这样所得的斜轴测投影，称为正面斜轴测投影。在正面斜轴测投影中，不管投射方向如何倾斜，平行于轴测投影面的平面图形，它的斜轴测投影反映实形。也就是说，正面斜轴测图中，OX轴和OZ轴之间的轴间角$\angle XOZ=90°$，两者的轴向伸缩系数都等于1，即$p_1=r_1=1$。这个特性，使得斜轴测图的作图较为方便，对具有较复杂的侧面形状或为圆形的形体，这个优点尤为显著。而轴测轴OY的方向和轴向伸缩系数q，可随着投影方向的改变而变化，可取得合适的投影方向，使得$q_1=0.5$，$\angle YOZ=135°$，这样就得到了国家标准中的斜二等轴测投影图，简称斜二测图，如图2.17所示。这样画出的轴测图较为美观，是常用的一种斜轴测投影。

2.3.4.2 斜二测图的参数

（1）轴间角

将OZ轴竖直放置，所以斜二测图的三个轴间角分别为$\angle XOZ=90°$、$\angle ZOY=\angle YOX=135°$，如图2.18所示。

（2）轴向伸缩系数

三个方向上的轴向伸缩系数分别为$p_1=r_1=1$，$q_1=0.5$，不必再进行简化。如图2.18（a）所示，轴间角$\angle XOY=135°$；如图2.18（b）所示，轴间角$\angle XOY=45°$。这两种画法的斜二测图都较为美观，但前者更为常用。

2.3.4.3 斜二测图的画法

平行于坐标面XOZ的圆（正面圆）的斜二测图反映实形，仍是大小相同（圆的直径为d）的圆。平行于坐标面XOY（水平圆）和YOZ（侧平圆）的圆的斜二测图是椭圆。其中两椭圆的长轴长度约为$1.067d$，短轴长度约为$0.33d$。其长轴分别与OX轴、OZ轴约成7°，短轴与长轴垂直，如图2.19（a）所示。斜二测图中的正平圆可直接画出，但水平圆和侧平圆的投影为椭圆时，其画法与正等测图中的椭圆一样，通常采用近似方法画出。以水平圆为例，其画法如图2.19（b）所示。

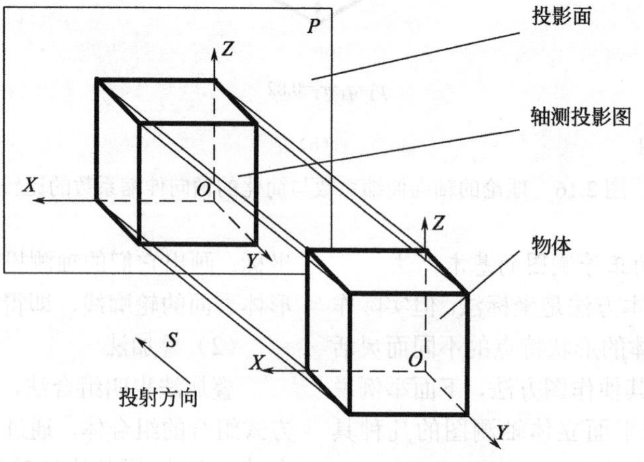

图2.17 斜二等轴测投影图的形成

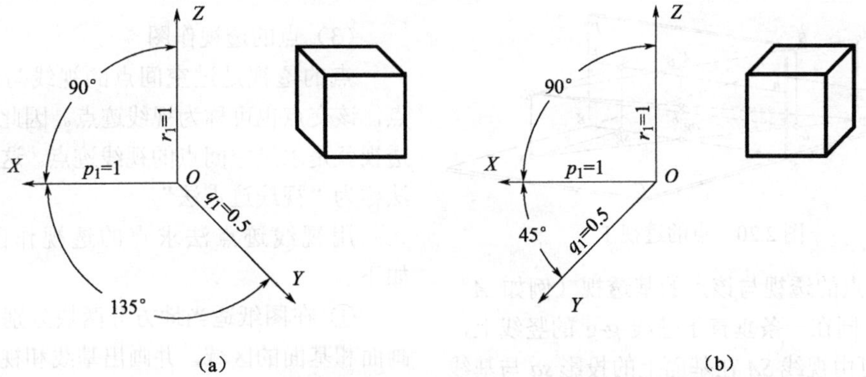

图 2.18　斜二测图的轴间角和轴向伸缩系数

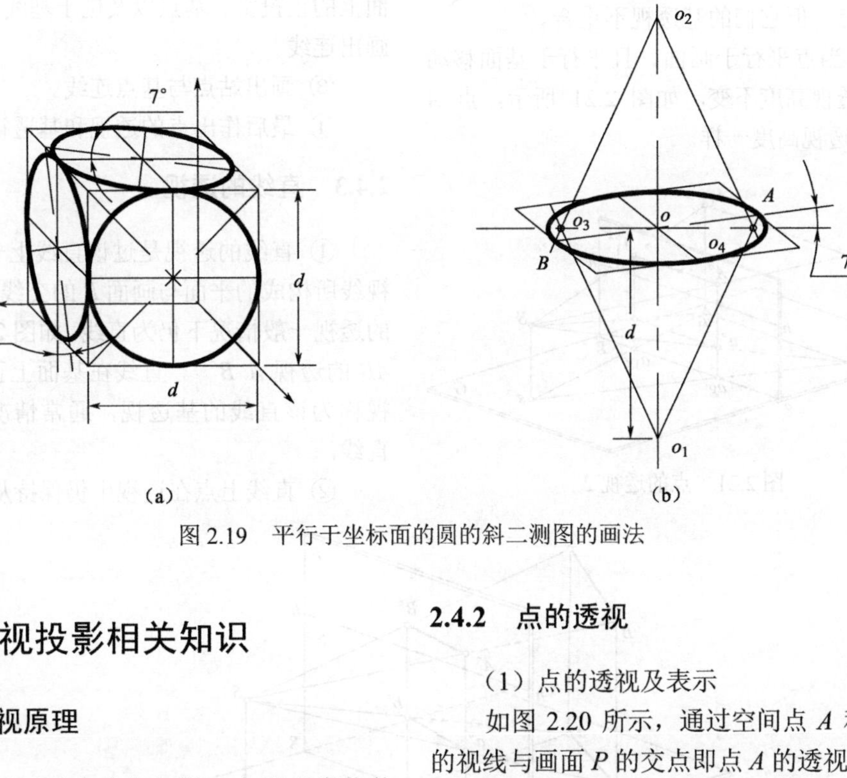

图 2.19　平行于坐标面的圆的斜二测图的画法

2.4　透视投影相关知识

2.4.1　透视原理

从生活经验中我们知道，人眼观察物体时，所形成的视觉具有近大远小、近高远低、近疏远密、相互平行的直线在无限远处交于一点等现象，这种现象称为透视。

透视图是用中心投影法作出的单面投影，从投影中心（相当于人的眼睛或照相机镜头）向形体引一系列投射线（相当于视线），投射线与投影面交点的集合所构成的图形即为形体的透视投影。这种图示方法在建筑行业被广泛用于表达建筑物的设计效果，此时通称为建筑透视图。

2.4.2　点的透视

（1）点的透视及表示

如图 2.20 所示，通过空间点 A 和视点 S 的视线与画面 P 的交点即点 A 的透视，用与空间点名称相同的字母加角标“°”表示，如 A°。点 A 的基点 a 与视点 S 所连视线与画面的交点称为空间点 A 的基透视，用基点名称 a 加角标“°”表示，如点 A 的基透视 a°。由上可知，求一点的透视作图，实质是求过该点和视点连线与画面交点的作图问题。

（2）点的透视规律

① 视点 S 确定之后，空间一点 A 在画面 P 上有唯一确定的透视 A°。但是反过来仅据 A° 却不能唯一确定点 A 在空间的位置，因为在视线 SA 上所有点的透视都重合于 A°。

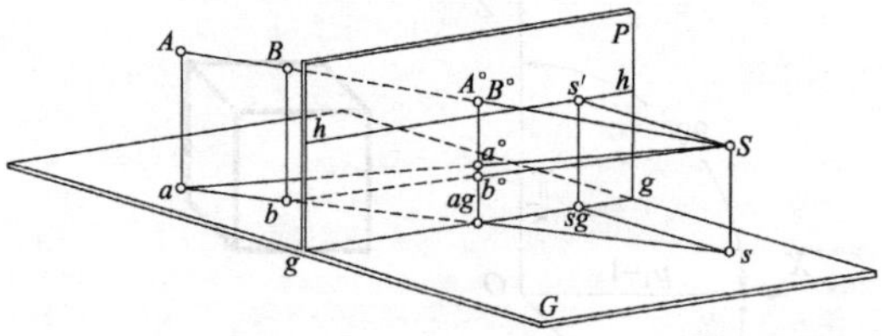

图 2.20　点的透视 1

② 点的透视与该点的基透视（例如 A° 和 a° ）同在一条垂直于基线 g-g 的竖线上，该竖线可由视线 SA 在基面上的投影 sa 与基线 g-g 的交点 ag 求出。

③ 位于同一条视线上的所有点的透视重合于一点，但它们的基透视不重合。

④ 当点平行于画面、且平行于基面移动时，其透视高度不变。如图 2.21 所示，点 A 和 A_1 的透视高度一样。

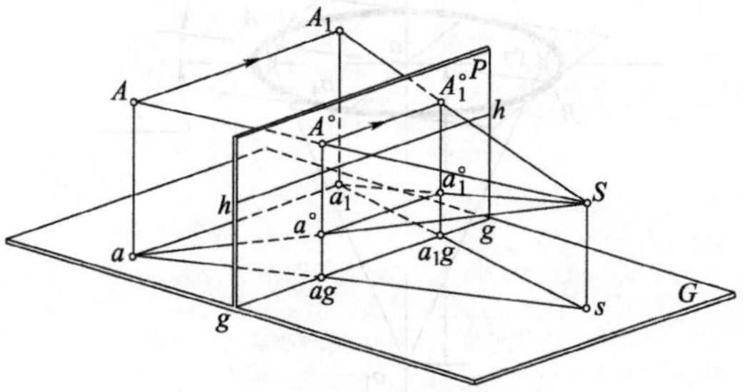

图 2.21　点的透视 2

（3）点的透视作图

点的透视是过空间点的视线与画面的交点，该交点也可称为视线迹点。因此，求点的透视就是求过空间点的视线迹点。这种作图方法称为“视线迹点法”。

用视线迹点法求点的透视作图的要领如下。

① 在图纸适当地方分两块分别画出代表画面和基面的区域，并画出基线和视平线。代表画面和基面的区域应该上下对正。

② 确定站点以及主点，作出空间点在画面上的正投影、基点以及位于基线上的点，并画出连线。

③ 画出站点与基点连线。

④ 最后作出点的透视和基透视。

2.4.3　直线的透视

① 直线的透视是过该直线上一系列点的视线所构成的平面与画面 P 的交线，所以直线的透视一般情况下仍为直线。如图 2.22 中直线 AB 的透视 $A^{\circ}B^{\circ}$ 。直线在基面上正投影的透视称为该直线的基透视，通常情况下也为一直线。

② 直线上点在透视中仍保持从属性。

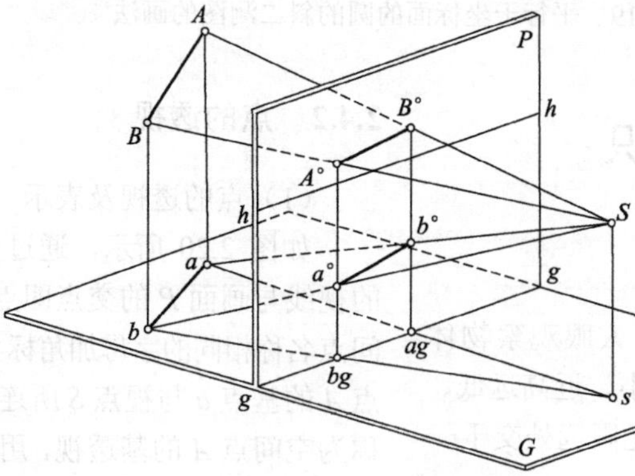

图 2.22　直线的透视

2.4.4　建筑透视图的分类

视点及建筑形体相对于画面位置不同，则所形成的建筑形体透视图就有不同效果。不同效果的透视图有不同的适用范围，其作图要领亦各有特点。通常按照画面、视点和建筑形体三者之间的空间相对位置关系来对透视图进行分类。建筑透视图大体可分为三类。

（1）一点透视（平行透视）

当画面与基面垂直，建筑形体有一主立面平行于画面而视点位于画面的前方时，所得的透视图在左右、上下方向没有灭点，只有宽度

（前后）方向上有一个灭点，即主点 S'，所以称为一点透视，或平行透视，如图 2.23 所示。

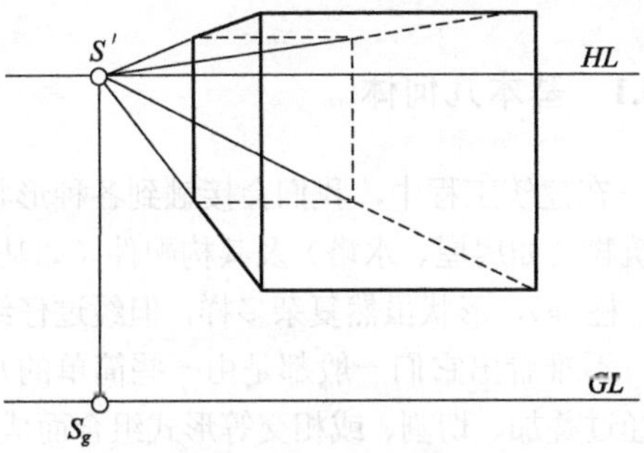

图 2.23　一点透视

（2）二点透视（成角透视）

当画面垂直于基面，建筑形体两相邻主立面与画面均倾斜，视点位于画面的前方时，所得的透视图因为在长度和宽度两个方向上各有一个灭点，所以称之为二点透视，或成角透视，如图 2.24 所示。

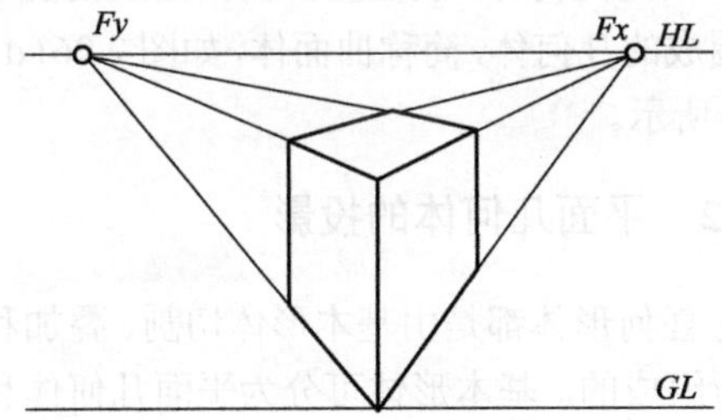

图 2.24　二点透视

（3）三点透视（斜透视）

当画面与基面倾斜、建筑物的立面也与画面倾斜，在这种情况下，建筑形体的长、宽、高三个方向都与画面形成倾斜的相对位置关系，因而三个方向都有灭点，所形成的透视图称为三点透视，或称斜透视。如图 2.25 所示。

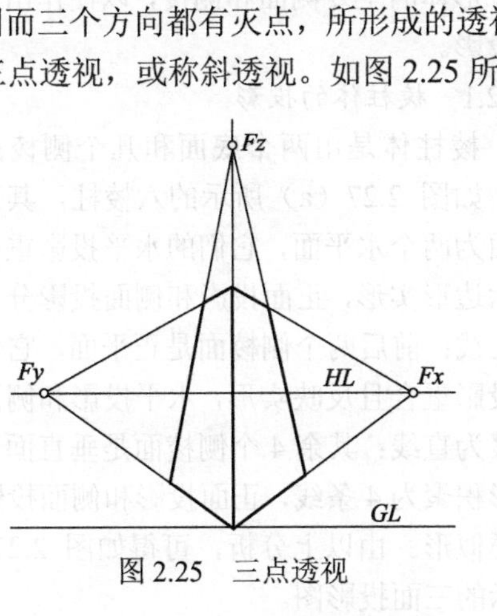

图 2.25　三点透视

2.4.5　视点、画面与表达对象相对位置的选择

视点、画面以及表达对象之间的相对位置决定了透视图的效果。恰当选择视点、画面以及表达对象之间的相对位置，就可以获得表现效果满意的透视图。而三者之间关系选择不恰当、不正确，所得到的透视图可能就产生畸形，导致失真，从而影响所画透视图的表现效果。正确选择视点、画面以及表达对象之间的相对位置，就是要使之满足正常状态下的透视规律，使画出的透视图符合人眼的视觉习惯。应从以下几个方面考虑。

（1）视野和视角

人眼注视一点时所能看到的空间范围称为视野。以一只眼睛凝视前方物体时，其视野是以人眼（即视点 S）为锥顶、以视点 S 和主点 S' 连线（称主视线）为轴线的椭圆锥。该椭圆锥称为视锥。视锥与画面相交的椭圆形区域称为视域。视锥上下两条轮廓线之间的夹角 δ 为垂直视角，而左右两条轮廓线之间的夹角 γ 为水平视角。据测定，γ 为 120° ～148°；垂直视角 δ 为 110° ～125° 。但能够获得清晰图像的视域所对应的视角在 60° 以内。最佳视角一般以 28° ～37° 为宜。在画透视图时，视角范围应取 28° ～37° 。特殊情况下，如在画室内的一点透视，视角可用到 60° 或稍大，但应小于 90° 。

（2）视点的确定

视点由视距、站点、视高等因素确定。视点的选择涉及站点位置和视高的选择。

站点的位置包括视距和左右站位两个问题。

① 视距选择　视距和画幅宽度决定了视角大小，所以视距远近应满足视角在 28°～37° 。以 D 表示视距、以 B 表示画幅宽度，当 $D=2B$ 时，所对应的视角约为 28° ；当 $D=1.5B$ 时，所对应的视角约 37° 。所以在一般情况下 D 的大小应以（1.5～2.0）B 为宜。

② 站点位置（左右位置）　为保证透视图不失真，站点不可太偏离建筑形体的中间位

置，通常应使站点位置在画幅宽度 B 的中部 1/3 的范围以内。若站点过于偏左或偏右，会使透视图畸变失真。

（3）画面与建筑形体相对位置的确定

画面与建筑物的相对位置包括两个方面的问题：建筑物主要立面与画面的偏角、画面与建筑物前后的相对位置。建筑物立面与画面的偏角不同，不仅会使得所画透视图成为一点透视、二点透视或是三点透视，而且立面与画面偏角的大小也影响到该立面在透视图中的表现效果。

对于只有一个主立面形状较复杂而需要表达的建筑形体，适宜采用一点透视，也就是令该主立面与画面平行、偏角为零。若两个主立面的形状都需要表现，则适宜选用二点透视。这两个主立面通常也有主次之分，应使其中更主要的那个立面与画面的倾角相对小一些，这样，该立面的透视变形会小一些，表现效果好些。

（4）确定站点、画面的方法步骤

在实际作图时，首先要根据上述原则确定画面位置、站点位置、视高，之后才能开始画图。一般步骤如下。

① 确定画面位置。如果选择一点透视，则令画面平行于所要表达的主立面，通常应使画面与该立面重合。若选择二点透视，则应先确定画面与主立面的偏角，然后决定画面前后位置。为方便作图，一般应该令画面与建筑物的一角（竖直墙角线）重合。

② 确定画幅宽度 B。因为视距 D 与画幅宽度 B 相关联，画幅宽度 B 又与视角 δ、视距 D 相关。所以应先预估一个画幅宽度 B。从建筑物平面图最左、最右角点向画面基线 GL 引垂线，两垂线与基线 GL 的交点之间的距离就是透视图的近似宽度，即画幅宽度 B。

③ 确定视距 D。按照 $D=（1.5\sim2.0）B$ 的关系选择视距 D 的大小。

④ 确定站点位置 S。在基线 GL 上接近画幅宽度中间（不超出画幅宽中部的 1/3 范围）定出 sg，自 sg 向前引线与 GL 垂直，再根据视距 D 的大小确定站点 s。

2.5 形体投影相关知识

2.5.1 基本几何体

在建筑工程中，我们会接触到各种形状的建筑物（如房屋、水塔）及其构配件（如基础、梁、柱等），形状虽然复杂多样，但经过仔细分析，不难看出它们一般都是由一些简单的几何体经过叠加、切割、或相交等形式组合而成的。

我们把这些简单的几何体称为基本几何体，有时也称为基本形体，把建筑物及其构配件的形体称为建筑形体。

基本几何体按照其表面的组成可分为平面几何体和曲面几何体。

平面几何体：表面全部由平面围成的几何体，简称平面体，如图 2.26（a）～（c）所示。

曲面几何体：表面全部由曲面或曲面与平面围成的几何体，简称曲面体，如图 2.26（d）～（f）所示。

2.5.2 平面几何体的投影

任何形体都是由基本形体切割、叠加和相交所组成的。基本形体可分为平面几何体和曲面几何体两大类。平面几何体又分为棱柱体和棱锥体，它们是由若干侧面和底面围成，同时这些平面多边形又可看作是由线和点组成的，平面几何体的投影就是围成立面的面、线、点的投影。作形体投影时，应尽可能使投影面平行于形体的主要侧面和侧棱，以便作出更多实形投影。

2.5.2.1 棱柱体的投影

棱柱体是由两个底面和几个侧棱面构成的。如图 2.27（a）所示的六棱柱，其顶面和底面为两个水平面，它们的水平投影重合且反映六边形实形，正面投影和侧面投影分别积聚成直线；前后两个侧棱面是正平面，它们的正面投影重合且反映实形，水平投影和侧面投影积聚为直线；其余 4 个侧棱面是垂直面，水平投影积聚为 4 条线，正面投影和侧面投影均反映类似形。由以上分析，可得如图 2.27（b）所示的三面投影图。

作棱柱的投影图时，可先作反映实形和有积聚性的投影，然后再按照“长对正、宽相等、高平齐”的投影规律作其他投影。

2.5.2.2 棱锥体的投影

棱锥体只有一个底面，且全部侧棱线交于有限远的一点（即锥顶）。如图 2.28（a）所示的三棱锥，其底面 *ABC* 是水平面，它的水平投影反映三角形实形，正面投影和侧面投影积聚成水平的直线；后棱面 *SAC* 为侧垂面，其侧面投影积聚成直线，正面投影和水平投影均反映类似形；而另两个侧棱面 *SBC* 和 *SAB* 为一般位置平面，其投影全部为类似形。由以上分析可得如图 2.28（b）所示的三面投影图。

作图时，可先作底面的各个投影，再作锥顶的各面投影，最后将锥顶的投影与同名的底面各点投影连接，即为棱锥的三面投影。

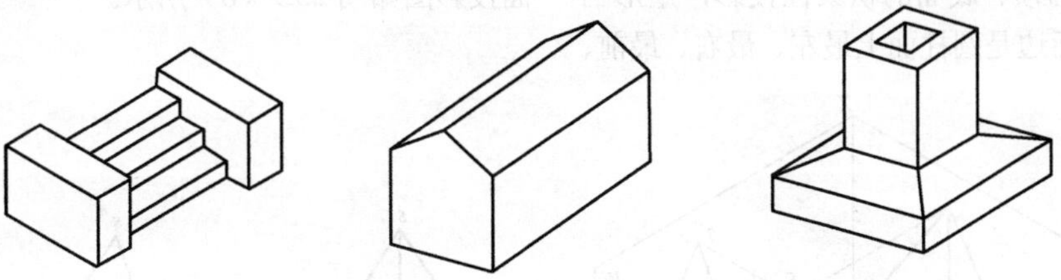

（a）台阶　（b）房屋　（c）杯形基础

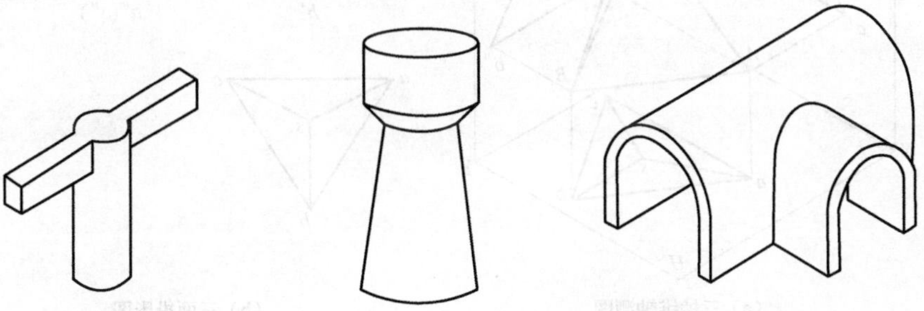

（d）立柱　（e）水柱　（f）弧形廊道

图 2.26　各种基本几何体组合的建筑形体

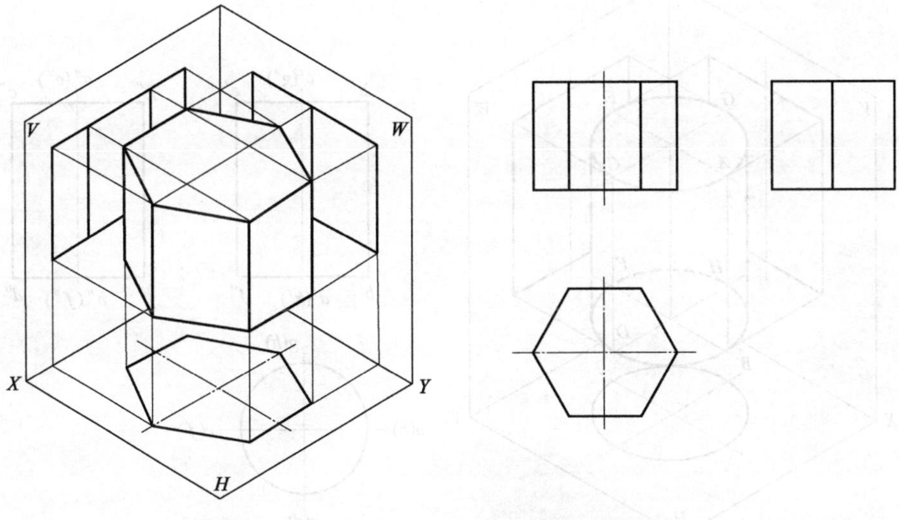

（a）六棱柱　（b）三面投影图

图 2.27　六棱柱的投影

2.5.2.3 圆柱体的投影

圆柱体是由圆柱面、顶和底面围成的。圆柱面上任意一条平行于轴线的直线称为素线，如图 2.29（a）所示的圆柱体，其轴线垂直于水平面，此时圆柱面在水平面上投影积聚为一圆，且反映顶、底面的实形，同时圆柱面上的点和素线的水平投影也都积聚在这个圆周上；在 V 面和 W 面上，圆柱的投影均为矩形，矩形的上、下边是圆柱的顶、底面的积聚性投影，矩形的左右边和前后边是圆柱面上最左、最右、最前、最后素线的投影，这 4 条素线是 4 条特殊素线，也是可见的前半圆柱面和不可见的后半圆柱面的分界线，以及可见的左半圆柱面和不可见的右半圆柱面的分界线，又可称它们为转向轮廓线。其中，在正面投影上，圆柱的最前素线 CD 和最后素线 GH 的投影与圆柱轴线的正面投影重合，所以不画出，同理在侧面投影上，最左素线 AB 和最右素线 EF 也不画出，圆柱体的三面投影图如图 2.29（b）所示。

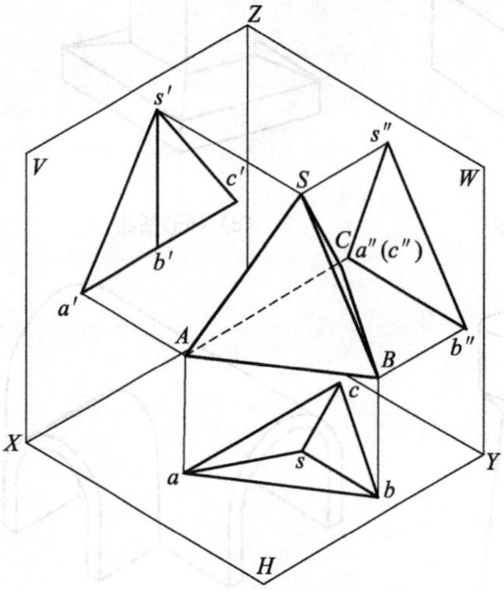

（a）三棱锥轴测图

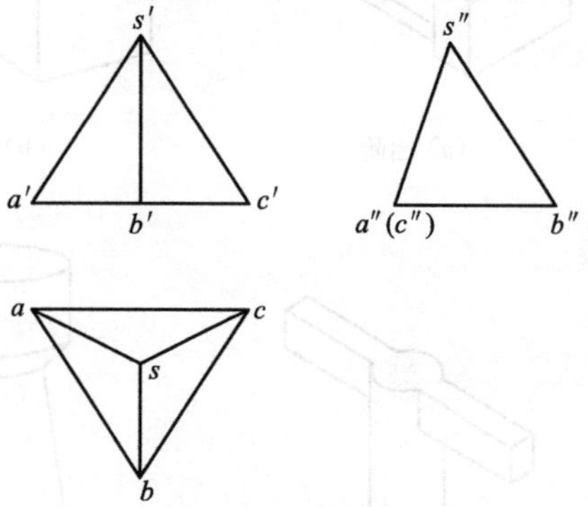

（b）三面投影图

图 2.28　三棱锥的投影

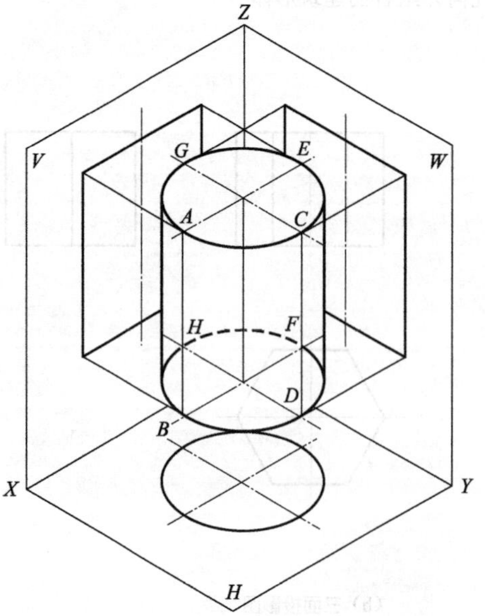

（a）圆柱体轴测图

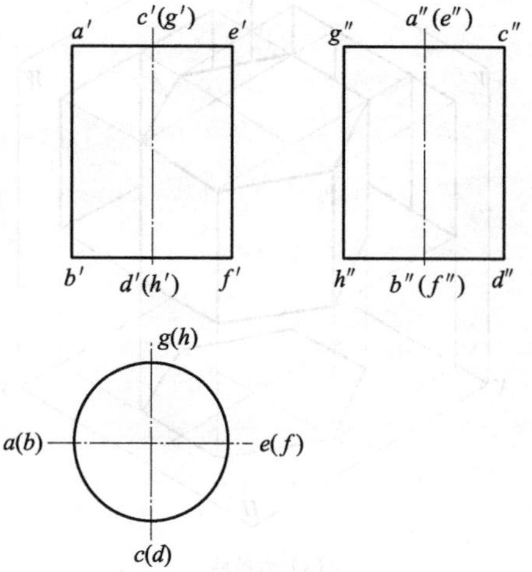

（b）三面投影图

图 2.29　圆柱体的投影

由此可见，作圆柱的投影图时，先用细点划线画出三面投影图的中心线和轴线位置，然后画投影为圆的投影图，最后按投影关系画其他两个投影图。

2.5.2.4　圆锥体的投影

圆锥体由圆锥面和底面组成。在圆锥面上，通过顶点的任一直线称为素线。如图 2.30（a）所示的圆锥，其轴线垂直于水平面，此时圆锥的底面为水平面，它的水平投影为一圆，反映实形，同时圆锥面的水平投影与底面的水平投影重合且全为可见。在 V 面和 W 面上，圆锥的投影均为三角形，三角形的底边是圆锥底面的积聚性投影，三角形的左、右边和前、后边是圆锥面上最左、最右、最前、最后素线的投影，这四条特殊素线的分析方法和圆柱一样，圆锥体的三面投影图如图 2.30（b）所示。

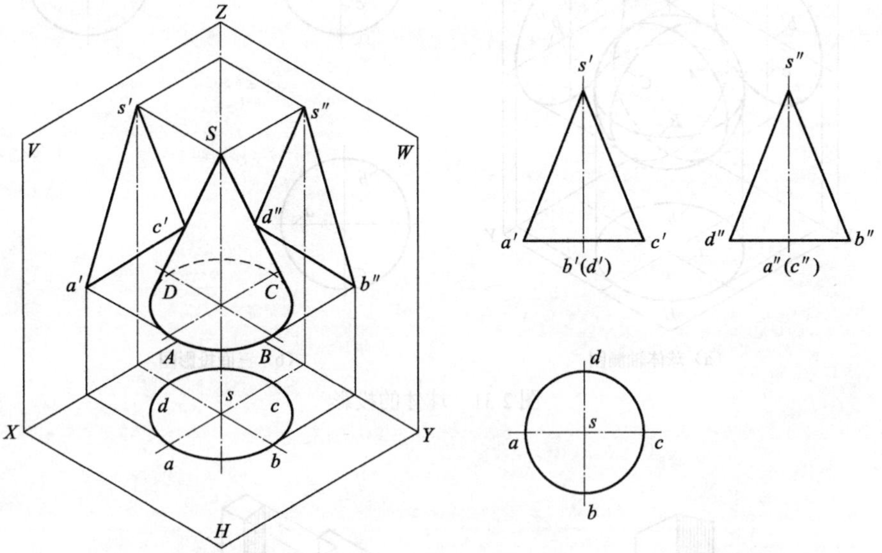

（a）圆锥体轴测图　（b）三面投影图

图 2.30　圆锥体的投影

作圆锥的投影图时，先用细点划线画出三面投影图的中心线和轴线位置，然后画底面圆和锥顶的投影，最后按投影关系画出其他两个投影图。

2.5.2.5　球体的投影

球体是由球面围成的，球面可视作由一条圆母线绕它的直径旋转而成的。如图 2.31（a）所示的球体，其三面投影都是与球直径相等的圆，但这 3 个投影圆分别是球体上 3 个不同方向转向轮廓线的投影。正面投影是球体上平行于 V 面的最大的圆 A 的投影，这个圆是可见的前半个球面和不可见的后半个球面的分界线。同理，水平投影是球体上平行于 H 面的最大的圆 B 的投影，而侧面投影是球体上平行于 W 面的最大的圆 C 的投影，其分析方法同圆 A 一样。由以上分析，可得如图 2.31（b）所示球体的三面投影图。

可见，作球体的投影图时，只需先用细点划线画出三面投影图的中心线位置，然后分别画三个等直径的圆即可。

2.5.3　组合体的投影

2.5.3.1　组合体投影图的绘制

组合体是由若干个基本几何体组合而成的。常见的基本几何体是棱柱、棱锥、圆柱、圆锥、球等。

用正投影原理绘制组合体的投影图称为正投影图。在投影图中把正投影图称为“投影图”。在三面投影体系中，V 面投影通称正面投影图（或称正立面图），H 面投影通称水平投影图（或称平面图），W 面投影通称侧面投影图（或称侧立面图），合称“三投影图”。

2.5.3.2　组合体的分类

组合体的组合方式可以是叠加、相贯、相

切、切割等。常见的有如下三种。

① 叠加式：把组合体看成由若干个基本形体叠加而成的，如图 2.32（a）所示。

② 切割式：组合体由一个大的基本形体经过若干次切割而成，如图 2.32（b）所示。

③ 混合式：把组合体看成既有叠加又有切割所组成的，如图 2.32（c）所示。

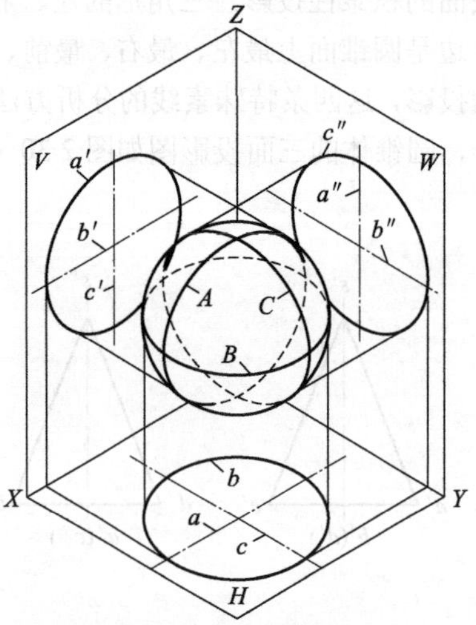

（a）球体轴测图

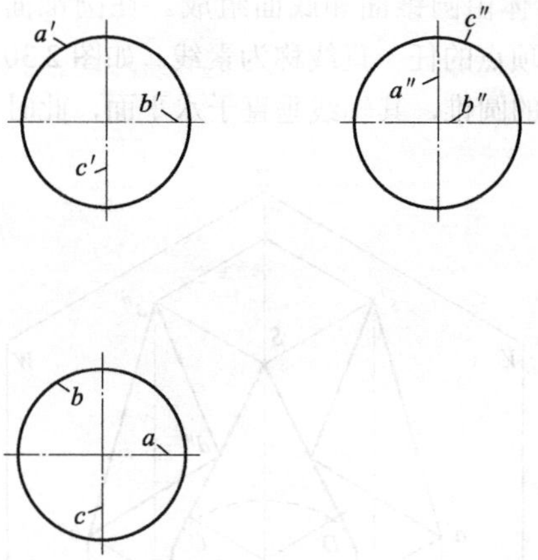

（b）三面投影图

图 2.31　球体的投影

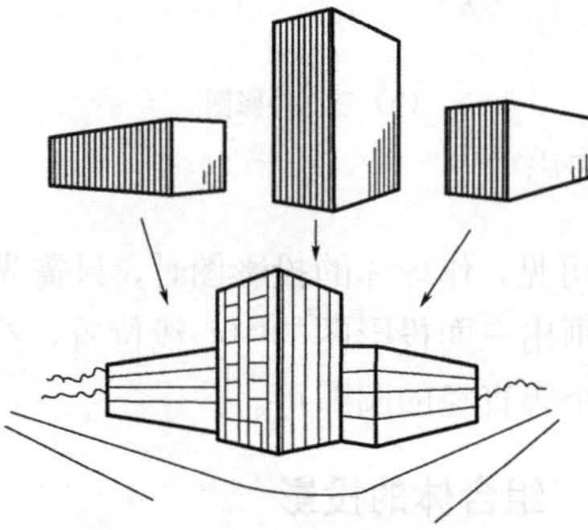

（a）叠加式组合体

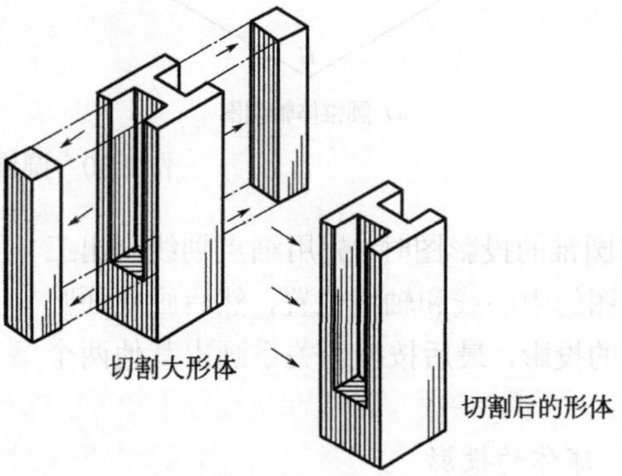

（b）切割式组合体

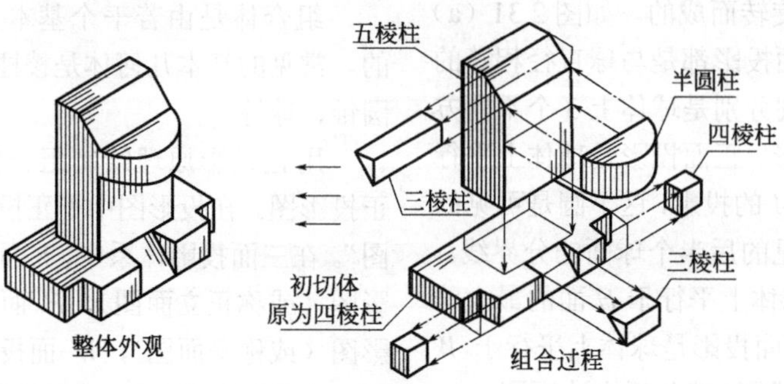

（c）混合式组合体

图 2.32　组合方式

2.5.3.3 投影图的确定

（1）确定形体的放置位置和正面投影方向

投影图随形体放置和正面投影方向的不同而改变。一般形体应按自然位置放置，与正面投影方向的确定相结合，一旦正面投影方向确定了，其他投影图的方向也就相应的确定了。其原则是使形体各组成部分的实形及相互间关系的特征尽量多地在正面投影图中显现出来，并尽量减少各投影图中的虚线；同时考虑合理利用图纸。

（2）确定投影图数量

确定投影图数量的原则是：在把形体表达得足够充分的前提下，尽量减少投影图，能用两个投影图的就不用三个投影图。

2.5.3.4 绘制投影图的步骤

为能准确、迅速、清晰地画出组合体的三面投影图，一般应按如下步骤进行。

① 进行形体分析。弄清组合体是由哪些基本几何体以何种形式组合而成的，它们之间的相对位置及其形状特征如何。

② 进行投影分析，确定投影方案。

③ 根据物体的大小和复杂程度，确定图样的比例和图纸的幅面，并用中心线、对称线或基线，定出各投影在图纸上的位置。

④ 逐个画出各组成部分的投影。对每个组成部分，应先画反映形状特征的投影（如圆柱、圆锥反映圆的投影），再画其他投影。画图时，要特别注意各部分的组合关系。

⑤ 检查所画的投影图是否正确。各投影之间是否符合“长对正，高平齐，宽相等”的投影规律；组合体的投影图是否有多线或漏线现象；截交线、相贯线的求法是否正确等。

⑥ 按规定线性加深确定线型、加深图线。

2.5.3.5 组合体投影图的识读

（1）读图的方法

读图的基本方法，可概括为形体分析法、线面分析法和画轴测图法等方法。

① 形体分析法：就是在组合体投影图上分析其组合方式、组合体中各基本体的投影特性、表面连接以及相互位置关系，然后综合起来想象组合体空间形状的分析方法。

② 线面分析法：它是由直线、平面的投影特性分析投影图中某条线或某个线框的空间意义，从而想象其空间形状，最后联想出组合体整体形状的分析方法。

③ 画轴测图法：就是利用画出正投影图的轴测图，来想象和确定组合体的空间形状的方法。实践证明，此法是初学者容易掌握的辅助识图方法，同时它也是一种常用的图示形式。

（2）读图的步骤

读图时，首先应粗读所给出的各个投影图，从整体上了解整个组合体的大致形状和组成方式，然后再从最能反映组合体形状特征的投影（一般是正面投影图）入手进行形体分析。根据投影中的各封闭线框，把组合体分成几部分，按投影关系结合各个投影图逐步看懂各个组成部分的形状特征，最后综合各部分的相对位置和组合方式，想象出组合体的整体形状。

总体来说，读图步骤可归纳为四先四后。即先粗看、后细看，先用形体分析法、后用线面分析法，先外部（实线）、后内部（虚线），先整体、后局部。

2.6 剖面图与断面图

2.6.1 剖面图

2.6.1.1 剖面图的形成

假想用一个剖切平面将物体剖切开，移去观察者和剖切平面之间的部分，将剩余部分的形体向投影面投影，所得到的投影图称为剖面图。

如图2.33上图所示为杯形基础的正面投影图，其中间的孔被遮住了，在投影图中用虚线表示。为了能够将正面投影图中的虚线用实线表示，现假想一个平面 P 将形体沿着其对称轴剖切开，如图2.34所示，移去观察者和剖切平面之间的形体，将剩余部分的形体向 V 面投影，所得到的投影图就是剖面图，如图2.35所示。

2.6.1.2 剖面图的画法

（1）剖切位置的表示

作剖面图时，一般都使剖切平面平行于基本投影面，这样能够使断面的投影反映实形。

剖切平面平行于投影面，那么剖切平面在与其垂直的投影面上就积聚成一条直线，这条直线就表示剖切位置，称作剖切线。剖切线在投影图中用两条短粗实线表示，长度为6～10mm，并且不能与其他图线相接触，如图2.36所示。剖切平面的位置可以根据需要确定。一般选择形体的孔、洞、槽的中心线上，或对称形体的对称轴上。

（2）投影方向

剖切后的投射方向用垂直于剖切位置线的短粗实线来表示，长度为4～6mm，如图2.36所示。

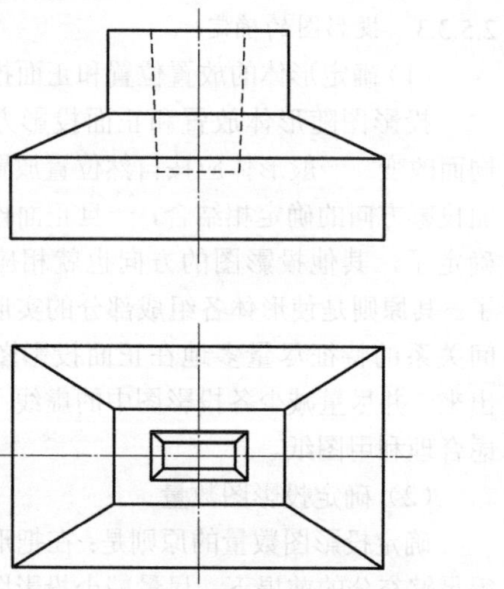

图2.33　杯形基础投影图

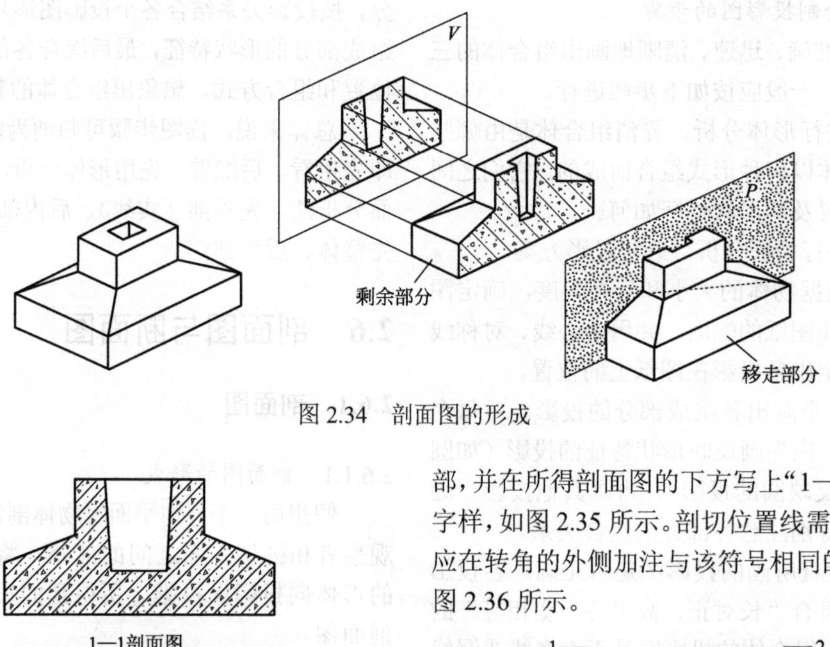

图2.34　剖面图的形成

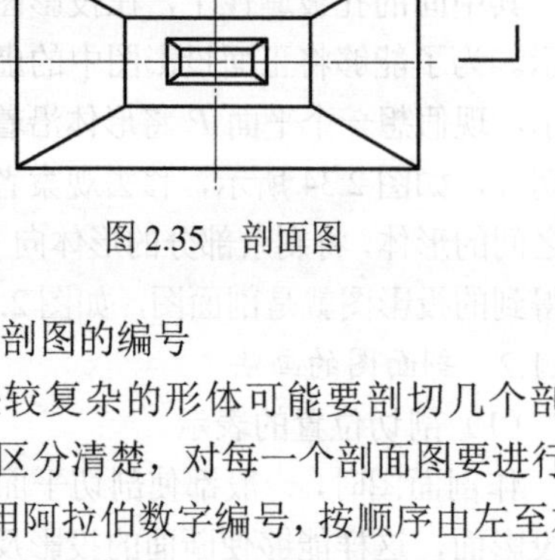

图2.35　剖面图

（3）剖图的编号

一些较复杂的形体可能要剖切几个剖面图，为了区分清楚，对每一个剖面图要进行编号，规定用阿拉伯数字编号，按顺序由左至右、由下至上连续编排，注写在投射方向线的端部，并在所得剖面图的下方写上“1—1剖面图”字样，如图2.35所示。剖切位置线需要转折时，应在转角的外侧加注与该符号相同的编号，如图2.36所示。

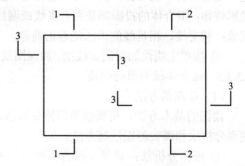

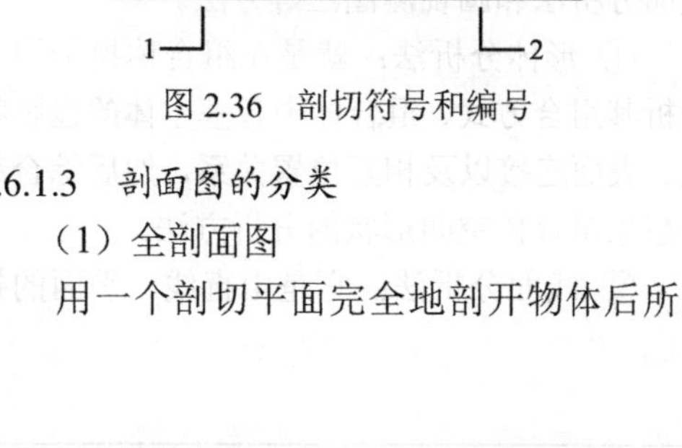

图2.36　剖切符号和编号

2.6.1.3　剖面图的分类

（1）全剖面图

用一个剖切平面完全地剖开物体后所画

出的剖面图称为全剖面图，全剖面图适用于外形结构简单而内部结构复杂的物体，如图 2.37 所示。

（2）半剖面图

当物体具有对称平面，并且内外结构都比较复杂时，以图形对称线为分界线，一半绘制物体的外形（投影图），另一半绘制物体的内部结构（剖面图），这种图称为半剖面图。半剖面图以对称线作为外形图与剖面图的分界线，一般剖面图画在垂直对称线的右侧和水平对称线的下侧。在剖面图的一侧已经表达清楚的内部结构，在画外形的一侧时其虚线不再画出。半剖面图可同时表达出物体的内部结构和外部结构，如图 2.38 所示。

（3）阶梯剖面图

用两个或两个以上的平行平面剖切物体后所得的剖面图，称为阶梯剖面图，如图 2.39 所示。

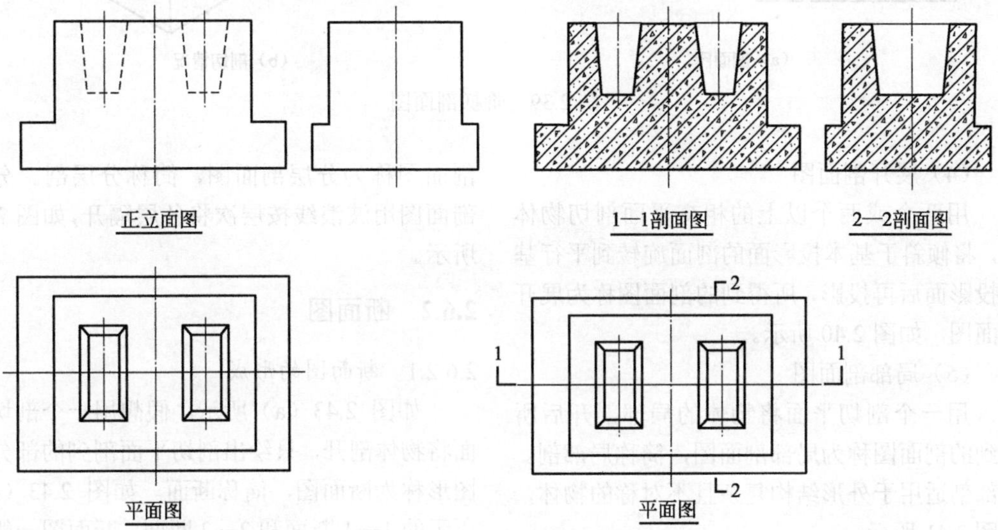

图 2.37　全剖面图

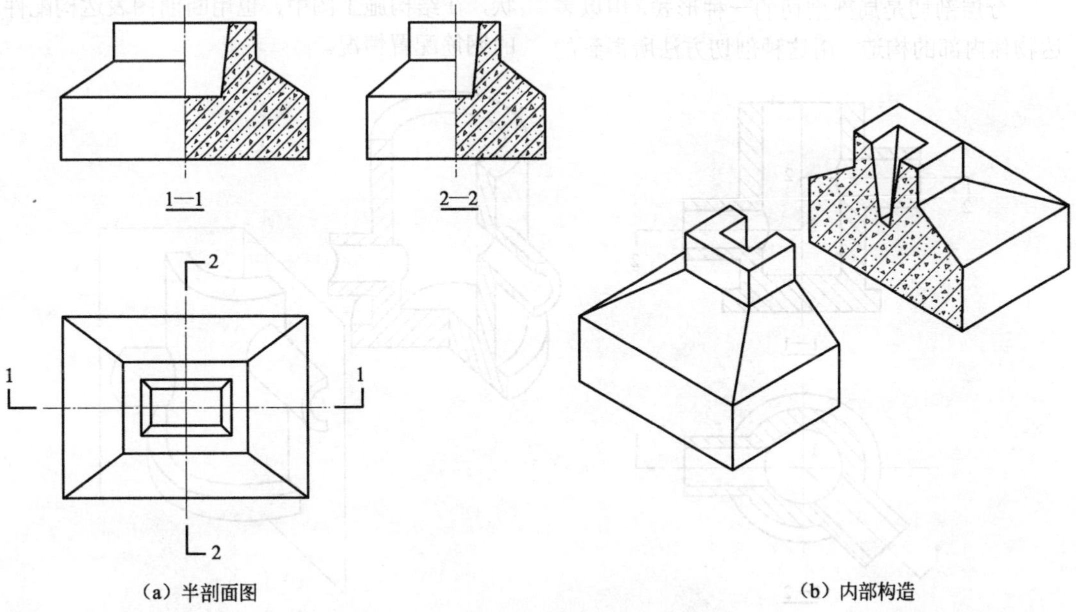

图 2.38　半剖面图

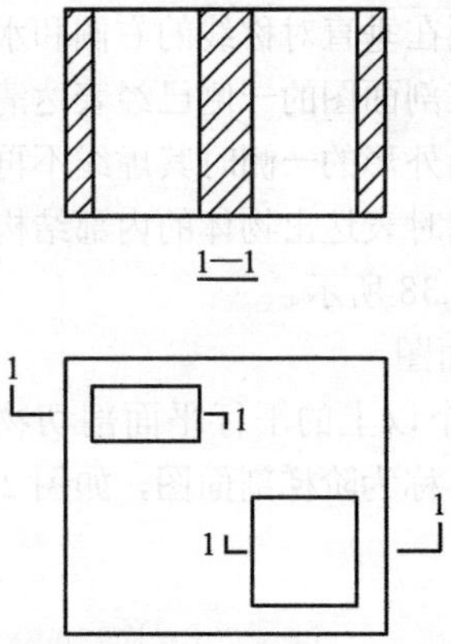

（a）剖面图

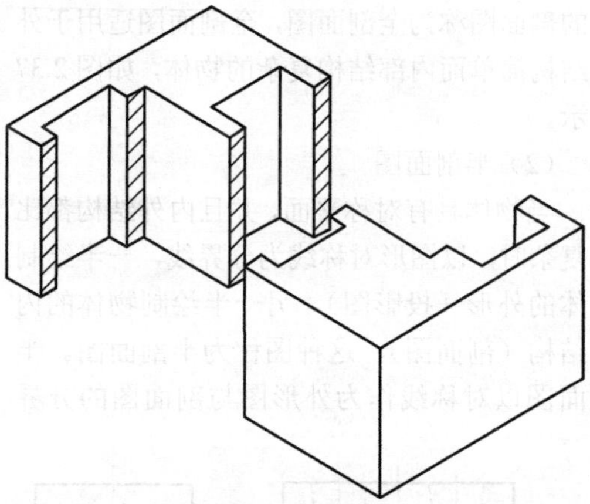

（b）剖切情况

图 2.39　阶梯剖面图

（4）展开剖面图

用两个或两个以上的相交平面剖切物体后，将倾斜于基本投影面的剖面旋转到平行基本投影面后再投影，所得到的剖面图称为展开剖面图，如图 2.40 所示。

（5）局部剖面图

用一个剖切平面将物体的局部剖开后所得到的剖面图称为局部剖面图，简称局部剖。局部剖适用于外形结构复杂且不对称的物体，如图 2.41 所示。

（6）分层剖面图

分层剖切是局部剖切的一种形式，用以表达物体内部的构造。用这种剖切方法所得到的剖面图称为分层剖面图，简称分层剖。分层剖面图用波浪线按层次将各层隔开，如图 2.42 所示。

2.6.2　断面图

2.6.2.1　断面图的形成

如图 2.43（a）所示，假想用一个剖切平面将物体剖开，只绘出剖切平面剖到的部分的图形称为断面图，简称断面。如图 2.43（c）所示的 1—1 断面和 2—2 断面。断面图一般适用于表达实心物体，如柱、梁、型钢的断面形状，在结构施工图中，也用断面图表达构配件的钢筋配置情况。

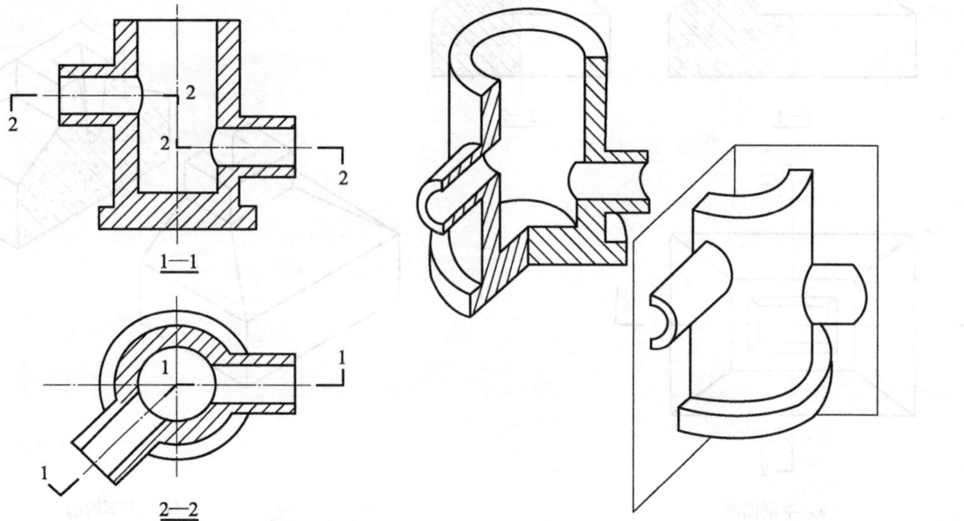

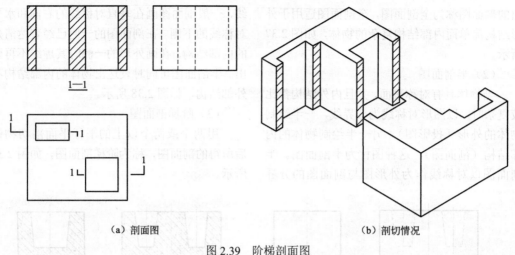

图 2.40　展开剖面图

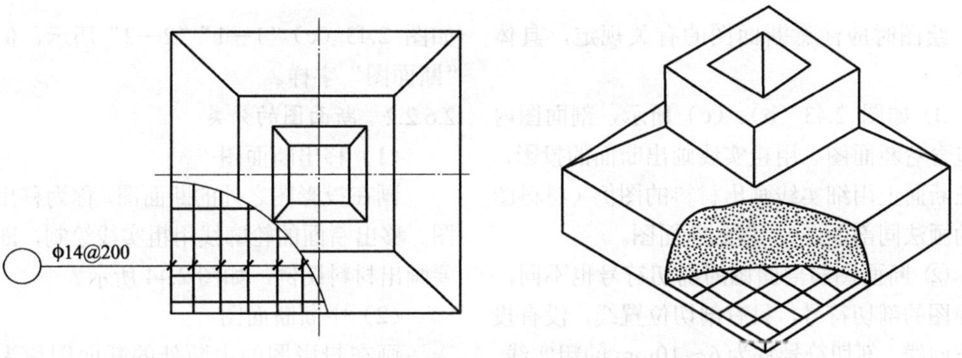

图 2.41　局部剖面图

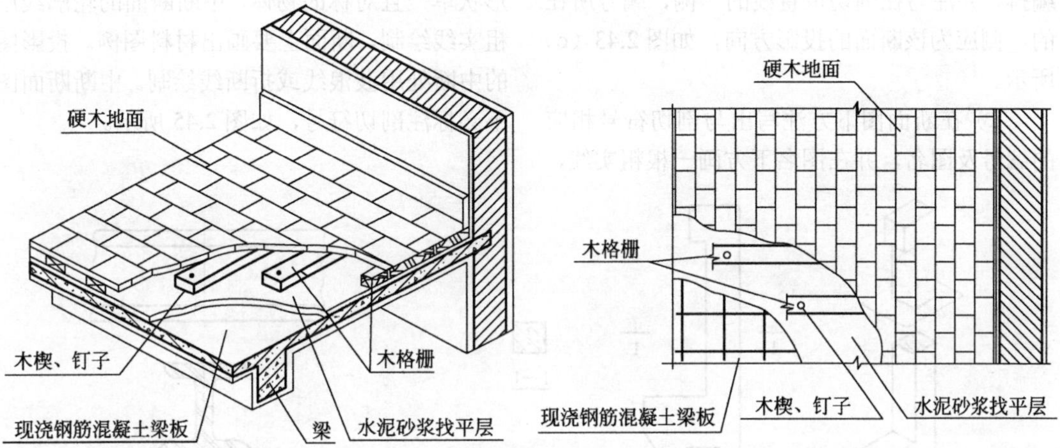

（a）立体图　　（b）平面图

图 2.42　分层剖面图

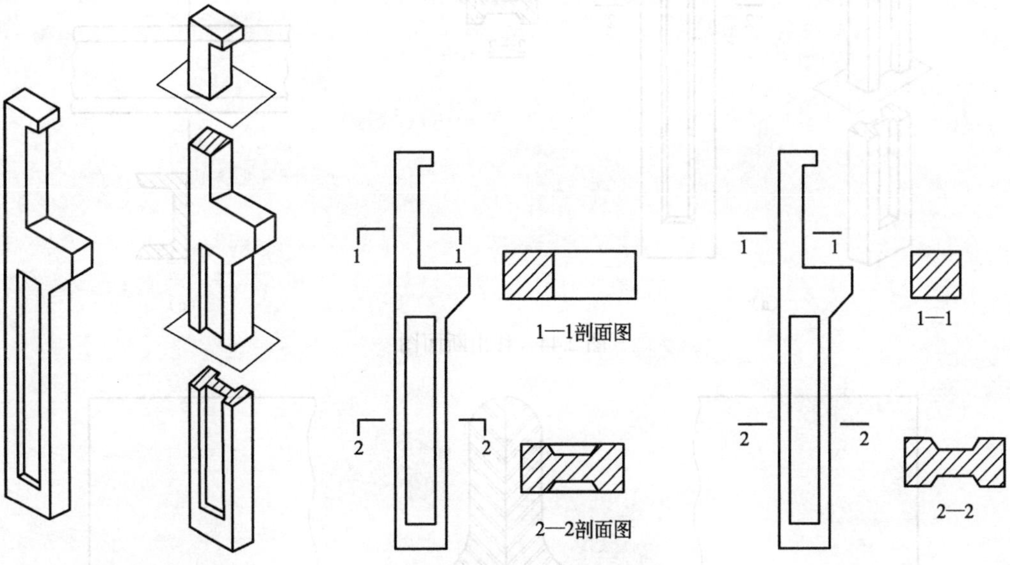

（a）轴测图剖切示意图　　（b）剖面图　　（c）断面图

图 2.43　剖面图与断面图的区别

绘图时应注意断面图的有关规定，具体如下。

① 如图 2.43（b）、（c）所示，剖面图内已包含着断面图。用粗实线画出断面的投影，并在断面上用细实线画出材料的图例（材料图例的画法同剖面图），得到断面图。

② 断面图与剖面图的剖切符号也不同，断面图的剖切符号，只有剖切位置线，没有投影方向线。剖切符号宜为 6～10mm 的粗实线，剖切符号的编号宜用阿拉伯数字，按顺序连续编排，并注写在剖切位置线的一侧，编号所在的一侧应为该断面的投影方向，如图 2.43（c）所示。

③ 在断面图下方注写出与剖切符号相应的编号及图名，并在图名下方画一根粗实线，如图 2.43（c）“1—1”“2—2”所示，但不写“断面图”字样。

2.6.2.2 断面图的分类

（1）移出断面图

画在投影图之外的断面图，称为移出断面图。移出断面的轮廓线用粗实线绘制，断面上要画出材料图例，如图 2.44 所示。

（2）中断断面图

画在投影图的中断处的断面图称为中断断面图。中断断面图只适用于杆件较长、断面形状单一且对称的物体。中断断面的轮廓线用粗实线绘制，断面上要画出材料图例。投影图的中断处用波浪线或折断线绘制。中断断面图不必标注剖切符号，如图 2.45 所示。

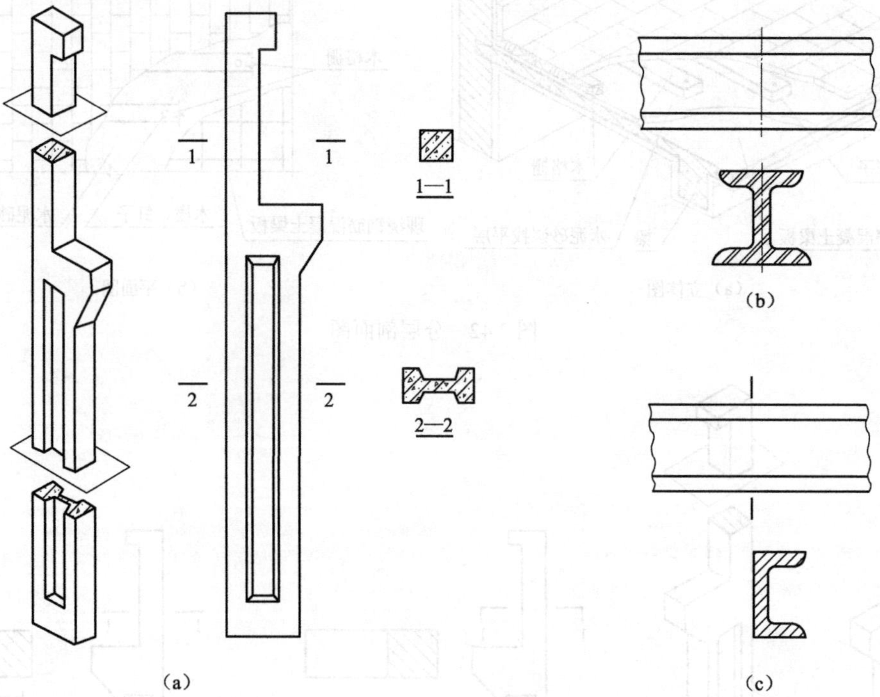

图 2.44　移出断面图

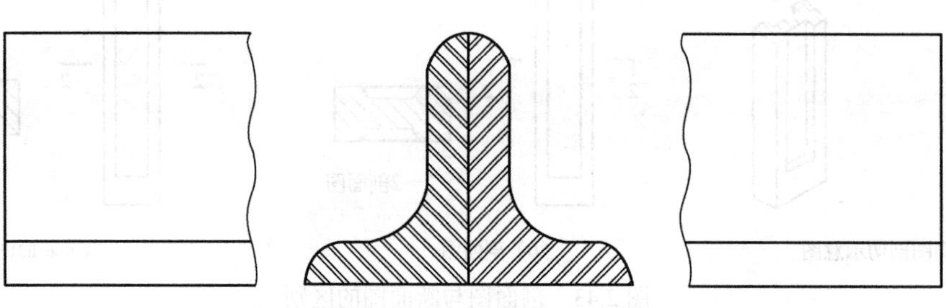

图 2.45　中断断面图

（3）重合断面图

断面图绘制在投影图之内，称为重合断面图。重合断面图的轮廓线用细实线绘制。重合断面图也不必标注剖切符号，如图 2.46 所示，因其截面尺寸较小时，可以涂黑表示。

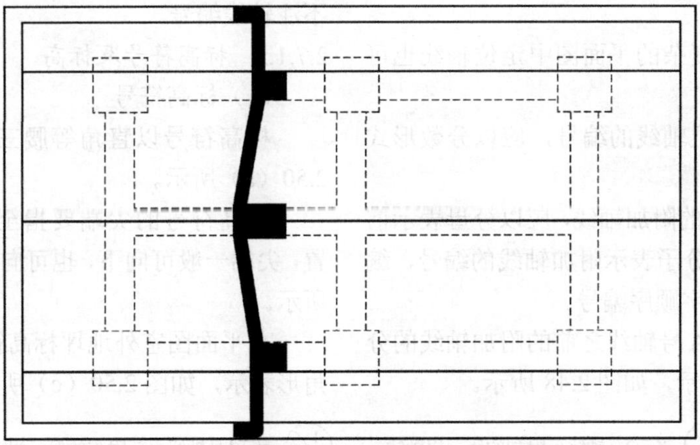

图 2.46　重合断面图

2.7　建筑施工图的绘制与识读

2.7.1　基础知识

建筑工程施工图是指导建筑工人进行施工操作的行动准则。建造师按照施工图进行放线和指导施工；建筑工人按照施工图进行操作营造；监理工程师按照施工图进行监理；造价师按照施工图编制工程量清单或施工图预算书，核算工程造价。建筑工程预算造价（投资）的确定程序可用程序式表示为：视图→计算分部分项工程量→编制工程量清单与计价或选套定额单价→计算预算造价。

2.7.1.1　定位轴线与编号

① 定位轴线是房屋中的承重构件的平面定位线，用细单点长划线绘制，承重墙或柱等承重构件均应画出它们的轴线。

② 定位轴线一般应编号，编号应注写在轴线端部的圆内。圆应用细实线绘制，直径为 8～10mm。定位轴线圆的圆心，应在定位轴线的延长线上或延长线的折线上。

③ 平面图上定位轴线的编号，宜标注在图样的下方与左侧。横向编号应用阿拉伯数字，从左至右顺序编写，竖向编号应用大写拉丁字母，从下至上顺序编写，如图 2.47 所示。

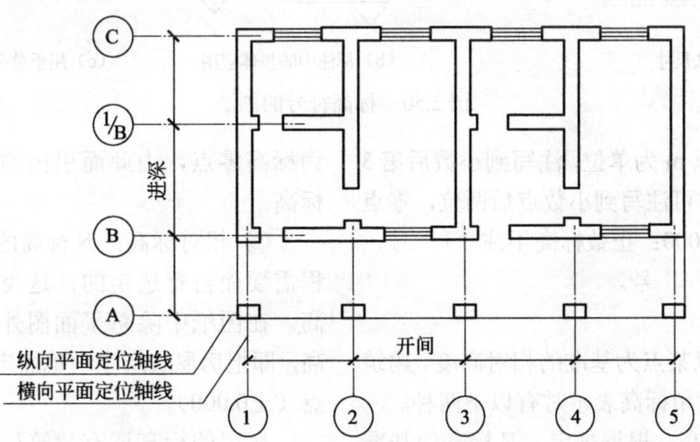

图 2.47　定位轴线的编号顺序

④ 拉丁字母的 I、O、Z 不得用作轴线编号。如字母数量不够使用，可增用双字母或单字母加数字注脚，如 AA、BA、…，或 A1、B1、…、Y1。

⑤ 组合较复杂的平面图中定位轴线也可采用分区编号。

⑥ 附加定位轴线的编号，应以分数形式表示。

两根轴线间的附加轴线，应以分母表示前一轴线的编号，分子表示附加轴线的编号，编号宜用阿拉伯数字顺序编号。

1 号轴线或 A 号轴线之前的附加轴线的分母以 01 或 0A 表示，如图 2.48 所示。

⑦ 一个详图适用于几根轴线时，可同时注明各有关轴线的编号，如图 2.49 所示为通用轴线。通常详图中的定位轴线，只画边轴线圈，不注轴线编号。

2.7.1.2　标高符号及标高

（1）标高符号

标高符号以直角等腰三角形表示，如图 2.50（a）所示。

标高符号的尖端要指至被标注高度的位置，尖端一般可向下，也可向上，如图 2.50（b）所示。

总平面图室外地坪标高符号，用涂黑的三角形表示，如图 2.50（c）所示。

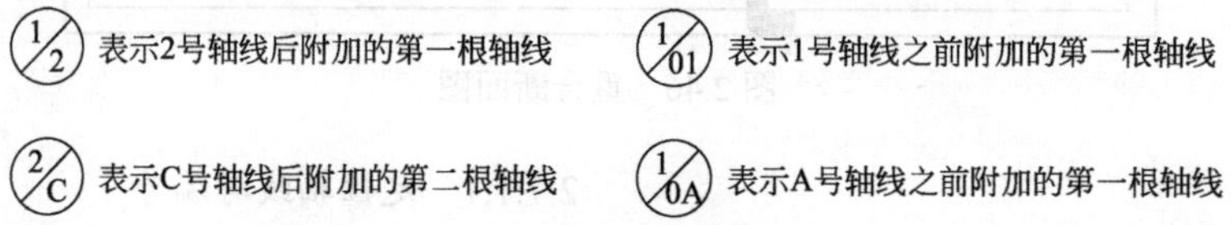

图 2.48　附加轴线

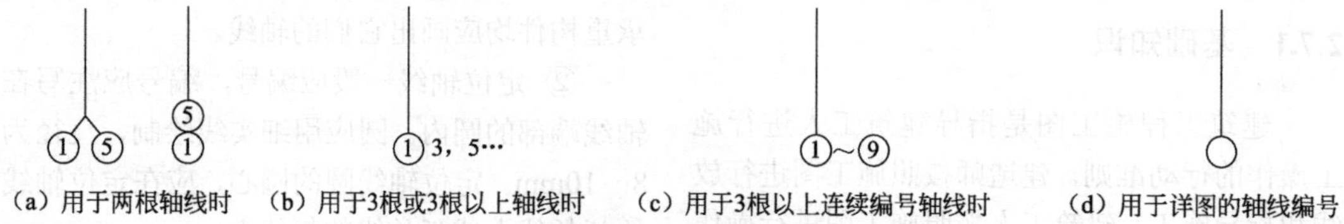

图 2.49　通用轴线

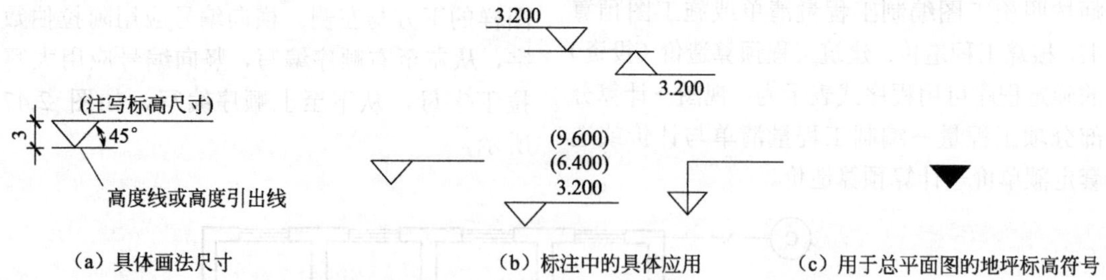

图 2.50　标高符号的画法

标高数字以 m 为单位，注写到小数后第 3 位，总平面图中可注写到小数点后两位，零点标高注写成±0.000；正数标高不注“+”号，负数标高应注“−”号。

（2）标高

标高是指以某点为基准的相对高度。建筑物各部分的高度用标高表示时有以下两种。

① 绝对标高：根据规定，凡标高的基准面是以我国山东省青岛市的黄海平均海平面为标高零点，由此而引出的标高均称为绝对标高。

② 相对标高：凡标高的基准面是根据工程需要而自行选定的，这类标高称为相对标高。在图纸中除总平面图外一般都用相对标高，即把房屋底层室内地面定为相对标高的零点（±0.000）。

房屋的标高还有建筑标高和结构标高的区别。如图 2.51 所示，建筑标高是指构件包括粉饰在内的、装修完成后的标高，又称为完成面标高。结构标高是指不包括构件表面的粉饰层厚度，是构件的毛面标高。

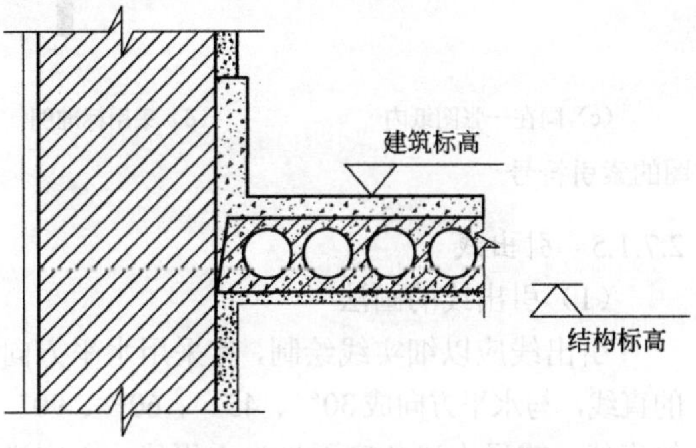

图 2.51　建筑标高与结构标高

2.7.1.3　剖切符号

剖切符号由剖切位置线及剖视方向线组成。剖切线有两种画法：一种是用两根粗实线画在视图中需要剖切的部位，并用阿拉伯数字（但也有用罗马字）编号，按顺序由左至右、由上至下连续编排，注写在剖视方向线的端部，如图 2.52（a）所示。采用这种标注方法，剖切后画出来的图样称作剖面图。另一种画法是用两根剖切位置线（粗实线）并采用阿拉伯数字编号注写在粗线的一侧，编号所在的一侧表示剖视方向，如图 2.52（b）所示。采用这种剖注方法绘制出来的图样，称作断面图或剖面图。

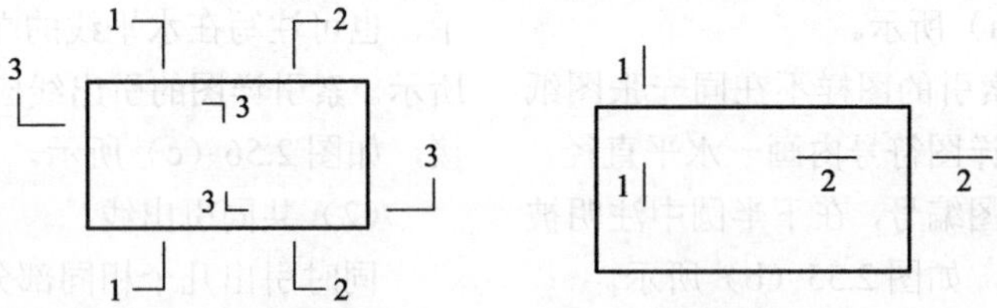

（a）剖面图剖切符号　　（b）断面图剖切符号

图 2.52　施工图的剖切符号

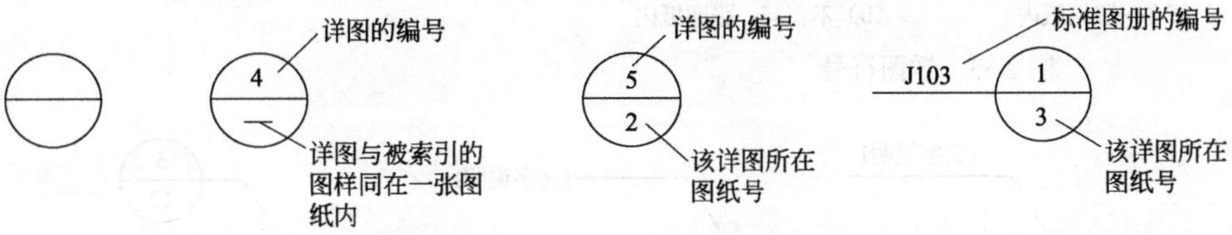

（a）索引符号画法　（b）同在一张图纸内　（c）不在同一张图纸内　（d）采用标准图

图 2.53　索引符号

2.7.1.4　索引符号与详图符号

（1）索引符号

图样中的某一局部或构件，如需另见详图，应以索引符号索引，如图 2.53（a）所示。索引符号是由直径为 10mm 的圆和水平直径组成，圆及水平直径均应以细实线绘制。索引符号应按下列规定编写。

① 索引出的详图，如与被索引的详图同在一张图纸内，应在索引符号的上半圆中用阿拉伯数字注明该详图的编号，并在下半圆中间画一段水平细实线，如图 2.53（b）所示。

② 索引出的详图，如与被索引的详图不在同一张图纸内，应在索引符号的上半圆中用阿拉伯数字注明该详图的编号，在索引符号的下半圆中用阿拉伯数字注明该详图所在图纸的编号，如图 2.53（c）所示。数字较多时，可加文字标注。

③ 索引出的详图，如采用标准图，应在索引符号水平直径的延长线上加注该标准图册的编号，如图 2.53（d）所示。

（2）剖面详图的索引符号

索引符号如用于索引剖面详图，应在被剖切的部位绘制剖切位置线，并以引出线引出索引符号，引出线所在的一侧应为投射方向，如图 2.54 所示。

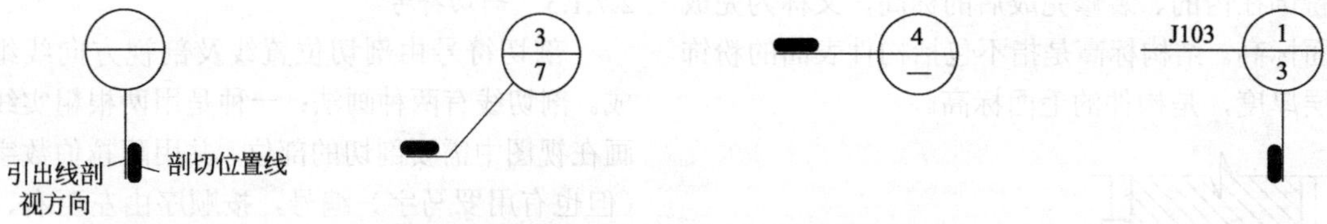

（a）索引符号画法　（b）不在同一张图纸内　（c）同在一张图纸内　（d）采用标准图

图 2.54　剖面详图的索引符号

（3）详图符号

详图的位置和编号，应以详图符号表示。详图符号的圆应以直径为 14mm 粗实线绘制。详图应按下列规定编号。

① 详图与被索引的图样同在一张图纸内时，应在详图符号内用阿拉伯数字注明详图的编号，如图 2.55（a）所示。

② 详图与被索引的图样不在同一张图纸内，应用细实线在详图符号内画一水平直径，在上半圆中注明详图编号，在下半圆中注明被索引的图纸的编号，如图 2.55（b）所示。

（a）同在一张图纸内　（b）不在同一张图纸内

图 2.55　详图符号

2.7.1.5　引出线

（1）引出线的画法

引出线应以细实线绘制，宜采用水平方向的直线，与水平方向成 30°、45°、60°、90° 的直线，或经上述角度再折为水平线。文字说明宜注写在水平线的上方，如图 2.56（a）所示，也可注写在水平线的端部，如图 2.56（b）所示。索引详图的引出线应与水平直径线相连接，如图 2.56（c）所示。

（2）共同引出线

同时引出几个相同部分的引出线，宜互相平行，如图2.57（a）所示，也可画成集中于一点的放射线，如图 2.57（b）所示。

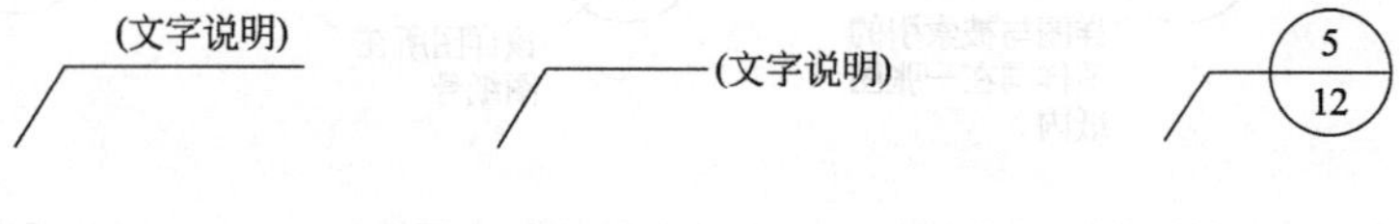

(a)　(b)　(c)

图 2.56　引出线

(a)　(b)

图 2.57　共同引出线

（3）多层构造引出线

多层构造或多层管道共用引出线，应通过被引出的各层，并用圆点示意对应各层次。文字说明宜注写在水平线的上方，也可注写在水平线的端部，说明的顺序应由上至下，并应与被说明的层次对应一致；如层次为横向排列，则由上至下的说明顺序应与由左至右的层次对应一致，如图 2.58 所示。

2.7.1.6　其他符号

① 对称符号。对称符号由对称线和两端的两对平行线组成。对称线用细点划线绘制；平行线用细实线绘制，其长度宜为 6～10mm，每对的间距宜为 2～3mm；对称线垂直平分于两对平行线，两端超出平行线宜为 2～3mm，如图 2.59（a）所示。

② 连接符号。连接符号应以折断线表示需要连接的部位。两部位相距过远时，折断线两端靠图样一侧应标注大写拉丁字母表示连接编号。两个被连接的图样必须用相同的字母编号，如图 2.59（b）所示。

③ 风玫瑰图。风玫瑰图如图 2.59（c）所示。

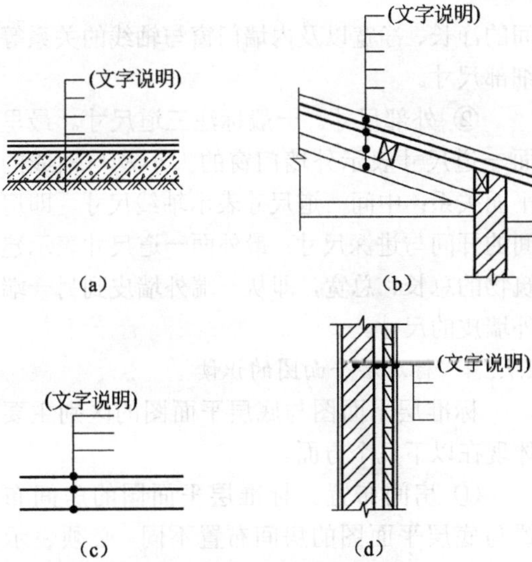

图 2.58　多层构造引出线

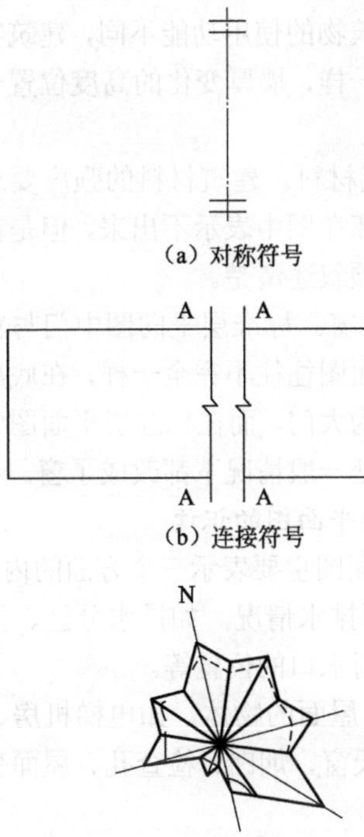

(a) 对称符号

(b) 连接符号

(c) 风玫瑰图

图 2.59　其他符号

2.7.2　建筑平面图

2.7.2.1　建筑平面图的形成

假想用一个水平剖切平面沿门窗洞口将房屋剖切开，移去剖切平面及其以上部分，将余下的部分按正投影的原理投射在水平投影上所得到的图，称为建筑平面图。

2.7.2.2　建筑平面图的名称

沿底层门窗洞口剖切开得到的平面图称为底层平面图，又称为首层平面图或一层平面图。沿二层门窗洞口剖切开得到的平面图称为二层平面图。在多层和高层建筑中，往往中间几层剖开后的图形是一样的，这就只需画一个平面图作为代表层，我们将这一个作为代表层的平面图称为标准层平面图。沿最上一层的门窗洞口剖切开得到的平面图称为顶层平面图。将房屋直接从上向下进行投射得到的平面图称为屋顶平面图。

综上所述，在多层和高层建筑中一般有底层平面图、标准层平面图、顶层平面图和屋顶平面图四个。此外，有的建筑还有地下层（±0.000 以下）平面图。

2.7.2.3　底层平面图的识读

（1）建筑物朝向

建筑物的朝向在底层平面图中用指北针表示。建筑物主要入口在哪面墙上，就称建筑物朝哪个方向。指北针的画法在《房屋建筑制图统一标准》（GB/T 50001—2017）中规定用细线绘制，其形状如图 2.60 所示。圆的直径为 24mm，指北针尾部为 3mm，指针指向北方，标记为“北”或“N”。若需要放大直径画指北针时，指针尾部依据直径按比例放大。

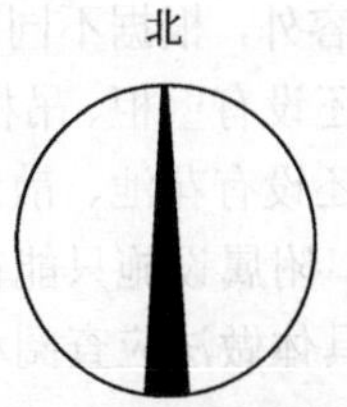

图 2.60　指北针

（2）平面布置

平面布置是平面图的主要内容，着重表达各种用途房间与走道、楼梯、卫生间的关系。房间用墙体分隔。

（3）定位轴线

在建筑工程施工图中用轴线来确定房间的大小、走廊的宽窄和墙的位置，凡是主要的墙、柱、梁的位置都要用轴线来定位。

（4）标高

在房屋建筑工程中，各部位的高度都用标

高来表示。除建筑总平面图外，施工图中所标注的标高均为相对标高。在平面图中，因为各房间的用途不同，房间的高度不都在同一个水平面上。

（5）墙厚（柱的断面）

建筑物中的墙、柱是承受建筑物垂直荷载的重要结构，墙体又起着分隔房间的作用，为此其平面位置、尺寸大小都非常重要。如果图中有柱，必须标注出柱的断面尺寸及与轴线的关系。

（6）门和窗

在平面图中，只能反映出门、窗的平面位置、洞口宽度及与轴线的关系。门窗应按常用建筑配件图例进行绘制。在施工图中，门用代号“M”表示、窗用代号“C”表示，例如“M3”表示编号为 3 的门，而“C2”则表示编号为 2 的窗。门窗的高度尺寸在立面图、剖面图或门窗表中查找。门窗的制作安装需查找相应的详图。

（7）楼梯

建筑平面图比例较小，楼梯在平面图中只能示意楼梯的投影情况，楼梯的制作、安装详图见楼梯详图。在平面图中，表示的是楼梯设在建筑中的平面位置、开间和进深大小、楼梯的上下方向及上一层楼的步数。

（8）附属设施

除以上内容外，根据不同的使用要求，在建筑物的内部还设有壁柜、吊柜、厨房设备等；在建筑物外部还设有花池、散水、台阶、雨水管等附属设施。附属设施只能在平面图中表示出平面位置，具体做法应查阅相应的详图或标准图集。

（9）各种符号

标注在平面图上的符号有剖切符号和索引符号等。剖切符号按图标规定标注在底层平面图上，表示出剖面图的剖切位置和投射方向及编号。

（10）平面尺寸

平面图中标注的尺寸分内部尺寸和外部尺寸两种，主要反映建筑物中房间的开间、进深的大小、门窗的平面位置及墙厚等。

① 内部尺寸。一般用一道尺寸线表示，内部尺寸要表示出墙厚、墙与轴线的关系、房间的净长、净宽以及内墙门窗与轴线的关系等细部尺寸。

② 外部尺寸。一般标注三道尺寸。最里面一道尺寸表示外墙门窗的大小及与轴线的平面关系；中间一道尺寸表示轴线尺寸，即房间的开间与进深尺寸；最外面一道尺寸表示建筑物的总长、总宽，即从一端外墙皮到另一端外墙皮的尺寸。

2.7.2.4 标准层平面图的识读

标准层平面图与底层平面图的区别主要体现在以下几个方面。

① 房间布置。标准层平面图的房间布置与底层平面图的房间布置不同，必须表示清楚。

② 墙体的厚度（柱的断面）。由于建筑材料强度或建筑物的使用功能不同，建筑物墙体厚度往往不一样，墙厚变化的高度位置一般在楼板的下皮。

③ 建筑材料。建筑材料的强度要求、材料的质量好坏在图中表示不出来，但是在相应的说明中必须叙述清楚。

④ 门与窗。标准层平向图中门与窗的设置与底层平面图往往不完全一样，在底层建筑物的入口处为大门，而在标准层平面图中相同的平面位置处一般情况下都改成了窗。

2.7.2.5 屋顶平面图的识读

屋顶平面图主要表示三个方面的内容。

① 屋面排水情况。如排水分区、天沟、屋面坡度、雨水口的位置等。

② 突出屋面的物体。如电梯机房、楼梯间、水箱、天窗、烟囱、检查孔、屋面变形缝等的位置。

③ 细部做法。屋面的细部做法除图中已注明的做法用详图表示以外，屋面的细部做法还包括高出屋面墙体的泛水、天沟、变形缝、雨水口等。

2.7.3 建筑立面图

2.7.3.1 立面图的分类

一般建筑物都有前、后、左、右四个面。表示建筑物外墙面特征的正投影图称为立面图，其中，表示建筑物正立面特征的正投影图

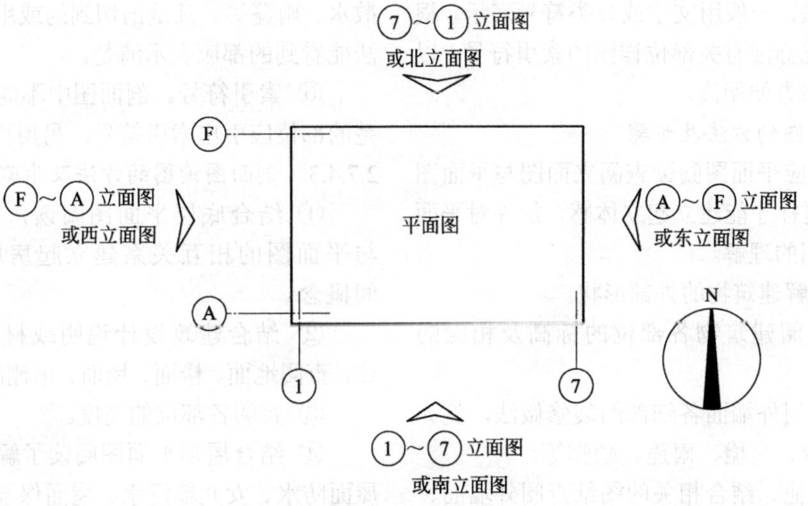

图 2.61 立面图的分类

称为正立面图；表示建筑物背立面特征的正投影图称为背立面图；表示建筑物侧立面特征的正投影图称为侧立面图，侧立面图又分左侧立面图和右侧立面图。

在建筑施工图中一般都设有定位轴线，建筑立面图的名称也可以根据两端定位轴线的编号来确定，如图 2.61 所示的①～⑦立面图为南立面图。

建筑立面图的名称还可以根据地理方位来划分，如东立面图、南立面图、西立面图、北立面图等。

立面图是工程师表达立面设计效果的重要图纸，在施工中是外墙面造型、外墙面装修、工程概预算、备料等的依据。

2.7.3.2 立面图图示内容和有关规定

（1）投影关系与比例

建筑立面图应将立面上所有投影可见的轮廓线全部绘出，如室外地面线、房屋的勒脚、台阶、花池、门、窗、雨篷、阳台、檐口、女儿墙、墙面分格线、雨水管、屋顶上可见的排烟口、水箱间、室外楼梯等。立面图的比例一般应与平面图所选用的比例一致。

（2）线型使用和定位轴线

在立面图中为了突出建筑物外形的艺术效果，使之层次分明，在绘制立面图时通常选用不同粗细的图线。房屋的主体外轮廓（不包括室外附属设施，如花池、台阶等）用粗实线；勒脚、门窗洞口、窗台、阳台、雨篷、檐口、柱、台阶、花池等轮廓用中实线；门窗扇分格、栏杆、雨水管、墙面分格线、文字说明引出线等用细实线；室外地面线用特粗实线（约 1.4 倍标准线宽）。在立面图中一般只要求绘出房屋外墙两端的定位轴线及编号，以便与平面图对照来了解某立面图的朝向。

（3）图例

由于立面图的比例较小，因此，许多细部（如门、窗扇等）应按规定的图例绘制。为了简化作图，对于类型完全相同的门、窗扇，在立面图中可详细绘出一个（或在每层绘制一个），其余的只需绘制简图。另有详图和文字说明的细部（如檐口、屋顶、栏杆等），在立面图中也可简化绘出。

（4）尺寸标注

立面图上一般只需标注房屋外墙各主要结构的相对标高和必要的尺寸，如室外地面、台阶、窗台、门、窗洞口顶端、阳台、雨篷、檐口、屋顶等完成面的标高。对于外墙预留洞口除标注标高外，还应标注其定形和定位尺寸。标注标高时，需要从其被标注部位的表面绘制一引出线，标高符号指向引出线，指向可向上、也可向下。标高符号宜画在同一铅垂线方向，排列整齐。

（5）其他内容

在立面图中还要说明外墙面的装修色彩

和工程做法，一般用文字或分类符号表示。根据具体情况标注有关部位详图的索引符号，以指导施工和方便阅读。

2.7.3.3 读图的方法及步骤

① 对应平面图阅读查阅立面图与平面图的关系，这样才能建立起立体感，加深对平面图、立面图的理解。

② 了解建筑物的外部形状。

③ 查阅建筑物各部位的标高及相应的尺寸。

④ 查阅外墙面各细部的装修做法，例如门廊、窗台、窗檐、雨篷、勒脚等。

⑤ 其他。结合相关的图纸查阅外墙面、门窗、玻璃等的施工要求。

2.7.4 建筑剖面图

2.7.4.1 剖面图的概念

剖面图是指房屋的垂直剖面图。假想用一个正立投影面或侧立投影面的平行面将房屋剖切开，移去剖切平面与观察者之间的部分，将剩下部分按正投影的原理投射到与剖切平面平行的投影面上，得到的图称为剖面图。用侧立投影面的平行面进行剖切，得到的剖面图称为横剖面图；用正立投影面的平行面进行剖切，得到的剖面图称为纵剖面图。

剖面图同平面图、立面图一样，是建筑施工图中最重要的图纸之一，表示建筑物的整体情况。剖面图用来表达建筑物的结构形式、分层情况、层高及各部位的相互关系，是施工、概预算及备料的重要依据。

2.7.4.2 剖面图的主要内容

① 表示房屋内部的分层、分隔情况。

② 反映屋顶及屋面保温隔热情况。在建筑中屋顶有平屋顶、坡屋顶之分。屋面坡度在10%以内的屋顶称为平屋顶；屋面坡度大于10%的屋顶称为坡屋顶。

③ 表示房屋高度方向的尺寸及标高，如每层楼地面的标高及外墙门窗洞口的标高等。剖面图中高度方向的尺寸和标注方法同立面图一样，也有三道尺寸线。必要时还应标注出内部门窗洞口的尺寸。

④ 其他。在剖面图中还有台阶、排水沟、散水、雨篷等。凡是剖切到的或用直接正投影法能看到的都应表示清楚。

⑤ 索引符号。剖面图中不能详细表示清楚的部位应引出索引符号，另用详图表示。

2.7.4.3 剖面图读图的方法及步骤

① 结合底层平面图阅读，对应剖面图与平面图的相互关系建立起房屋内部的空间概念。

② 结合建筑设计说明或材料做法表阅读，查阅地面、楼面、墙面、顶棚的装修做法。

③ 查阅各部位的高度。

④ 结合屋顶平面图阅读了解屋面坡度、屋面防水、女儿墙泛水、屋面保温、隔热等的做法。

2.7.5 建筑详图

房屋建筑平面图、立面图、剖面图是全局性的图纸，因为建筑物体积较大，所以常采用缩小比例绘制。一般性建筑常用 1∶100 的比例绘制；对于体积特别大的建筑，也可采用 1∶200 的比例，用这样的比例在平、立、剖面图中无法将细部做法表示清楚，因而，凡是在建筑平、立、剖面图中无法表示清楚的内容，都需要另绘详图或选用合适的标准图。详图的比例常采用 1∶1、1∶2、1∶5、1∶10、1∶20 及 1∶50 几种。

2.7.5.1 外墙剖面节点详图

外墙是建筑物的主要部件，很多构件和外墙相交，正确反映它们之间的关系很重要。外墙剖面节点的位置明显，一般不需要标注剖切位置。外墙剖面节点详图通常采用 1∶10 或 1∶20 的比例绘制。

如图 2.62 所示为某别墅的外墙剖面节点详图。外墙节点详图①是坡屋顶的剖面节点，它表明屋顶、墙、檐口的关系和做法，屋顶的做法用多层构造引出线标注。引出线应通过各层文字说明，按构造层次依次注写。本例是一个斜屋面，钢筋混凝土的屋面板上抹 20mm 厚 1∶2 水泥砂浆找平，然后铺上 SBS 防水卷材，留 20mm 宽的顺水槽，在高出找平 75mm 高的水泥砂浆上挂瓦条，铺上 65mm 厚的挤塑保温隔热板，最后挂上水泥彩瓦。

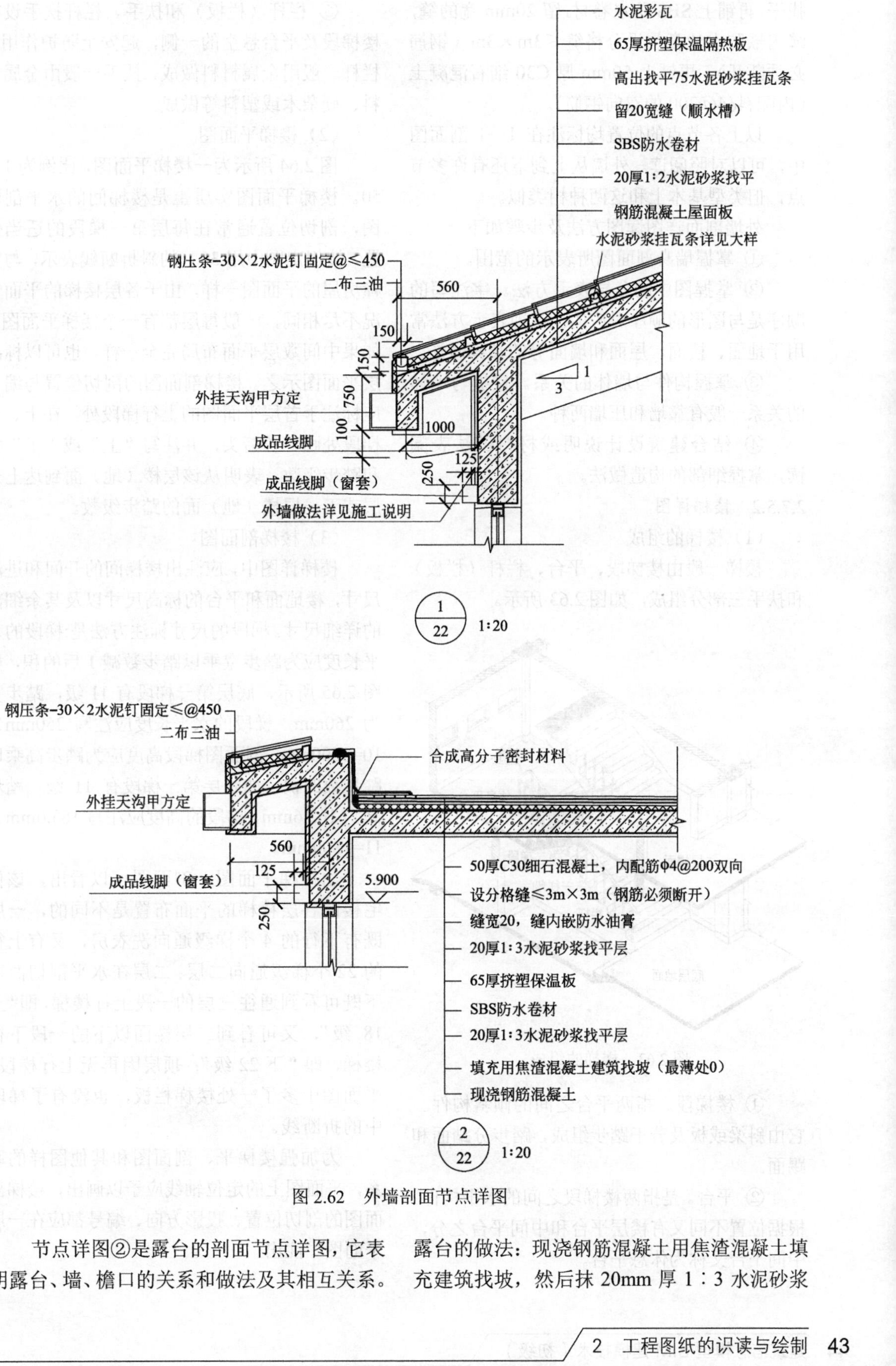

图 2.62　外墙剖面节点详图

节点详图②是露台的剖面节点详图，它表明露台、墙、檐口的关系和做法及其相互关系。露台的做法：现浇钢筋混凝土用焦渣混凝土填充建筑找坡，然后抹 20mm 厚 1∶3 水泥砂浆找平，再铺上 SBS 防水卷材，留 20mm 宽的缝，缝内嵌防水油膏，设分格缝≤3m×3m（钢筋必须断开），再铺上 50mm 厚 C30 细石混凝土（内配料ϕ4@200 的双向钢筋）。

以上各节点的位置均标注在 1—1 剖面图中，可以对照阅读。外墙从上到下还有许多节点，但类型基本上和这两种相类似。

外墙剖面详图读图方法及步骤如下。

① 掌握墙身剖面图所表示的范围。

② 掌握图中的分层表示方法。字注写的顺序是与图形的顺序对应的。这种表示方法常用于地面、楼面、屋面和墙面等的装修做法。

③ 掌握构件与墙体的关系。楼板与墙体的关系一般有靠墙和压墙两种。

④ 结合建筑设计说明或材料做法表阅读，掌握细部的构造做法。

2.7.5.2 楼梯详图

（1）楼梯的组成

楼梯一般由楼梯段、平台、栏杆（栏板）和扶手三部分组成，如图 2.63 所示。

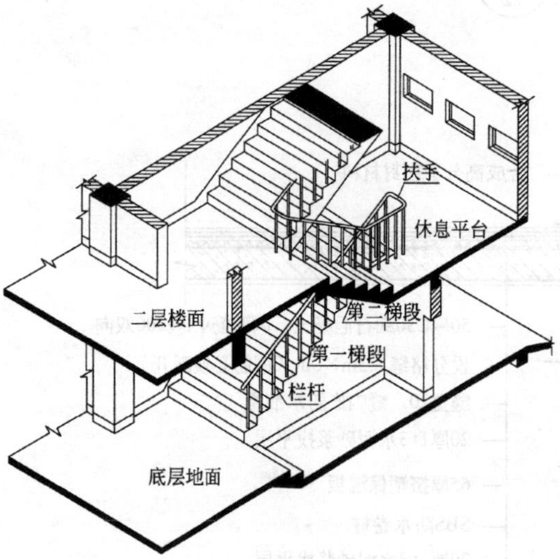

图 2.63 楼梯的组成

① 楼梯段。指两平台之间的倾斜构件。它由斜梁或板及若干踏步组成，踏步分踏面和踢面。

② 平台。是指两楼梯段之间的水平构件。根据位置不同又有楼层平台和中间平台之分，中间平台又称为休息平台。

③ 栏杆（栏板）和扶手。栏杆扶手设在楼梯段及平台悬空的一侧，起安全防护作用。栏杆一般用金属材料做成，扶手一般由金属材料、硬杂木或塑料等做成。

（2）楼梯平面图

图 2.64 所示为一楼梯平面图，比例为 1∶50。楼梯平面图实质上是楼梯间的水平剖面图，剖切位置通常在每层第一梯段的适当位置，按规定图中用 30°的斜折断线表示，与整幢房屋的平面图一样，由于各层楼梯的平面情况不尽相同，一般每层都有一个楼梯平面图，如果中间数层平面布局完全一样，也可以标准层平面图示之。楼梯剖面图的剖切位置与编号应标注于首层平面图的上行梯段处。在上、下梯段处画一长箭头，并注写“上”或“下”字和踏步级数，表明从该层楼（地）面到达上一层或下一层楼（地）面的踏步级数。

（3）楼梯剖面图

楼梯详图中，应注出楼梯间的开间和进深尺寸，楼地面和平台的标高尺寸以及其余细部的详细尺寸。梯段的尺寸标注方法是:梯段的水平长度应为踏步宽乘以踏步数减 1 后的积，如图 2.65 所示，底层第一梯段有 11 级，踏步宽为 260mm，梯段的水平长度应注写 260mm×10=2600mm；剖面图梯段高度应为踏步高乘以踏步数的积，如底层第一梯段有 11 级，踏步高为 163.6mm，梯段的高度应注写 163.6mm×11=1800mm。

由楼梯平面图、剖面图可以看出，该住宅楼的各层楼梯的平面布置是不同的，一层既有下行的 4 个梯级通向洗衣房，又有上行的 22 个梯级通向二层；二层在水平剖切面以下既可看到通往三层的一段上行楼梯，即“上 18 级”，又可看到二层楼面以下的一段下行楼梯，即“下 22 级”；顶层因再无上行梯段，平面图中多了一处楼梯栏板，也没有了梯段中的折断线。

为加强楼梯平、剖面图和其他图样的联系，平面图上的定位轴线应予以画出，楼梯剖面图的剖切位置、投影方向、编号都应在一层平面图中注出。

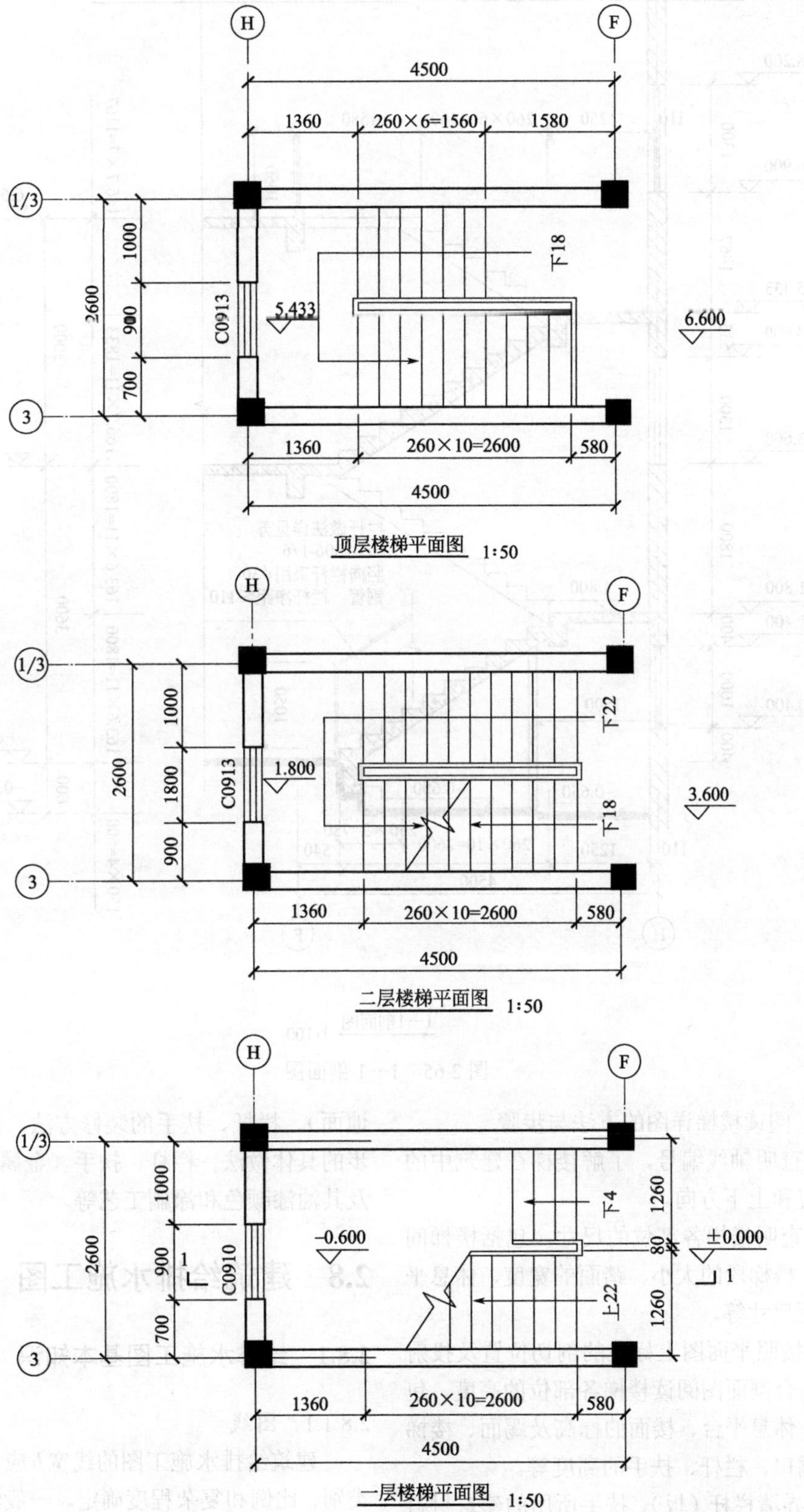
H
F
4500
1360
260×6=1560
1580
1/3
3
1000
900
700
2600
C0913
5.433
下18
6.600
1360
260×10=2600
580
4500
顶层楼梯平面图 1:50
H
F
1/3
3
1000
1800
900
2600
C0913
1.800
下22
下18
3.600
1360
260×10=2600
580
4500
二层楼梯平面图 1:50
H
F
1/3
3
1000
900
700
2600
C0910
-0.600
下4
上22
1260
80
1260
±0.000
1
1360
260×10=2600
580
4500
一层楼梯平面图 1:50

图 2.64 楼梯平面图

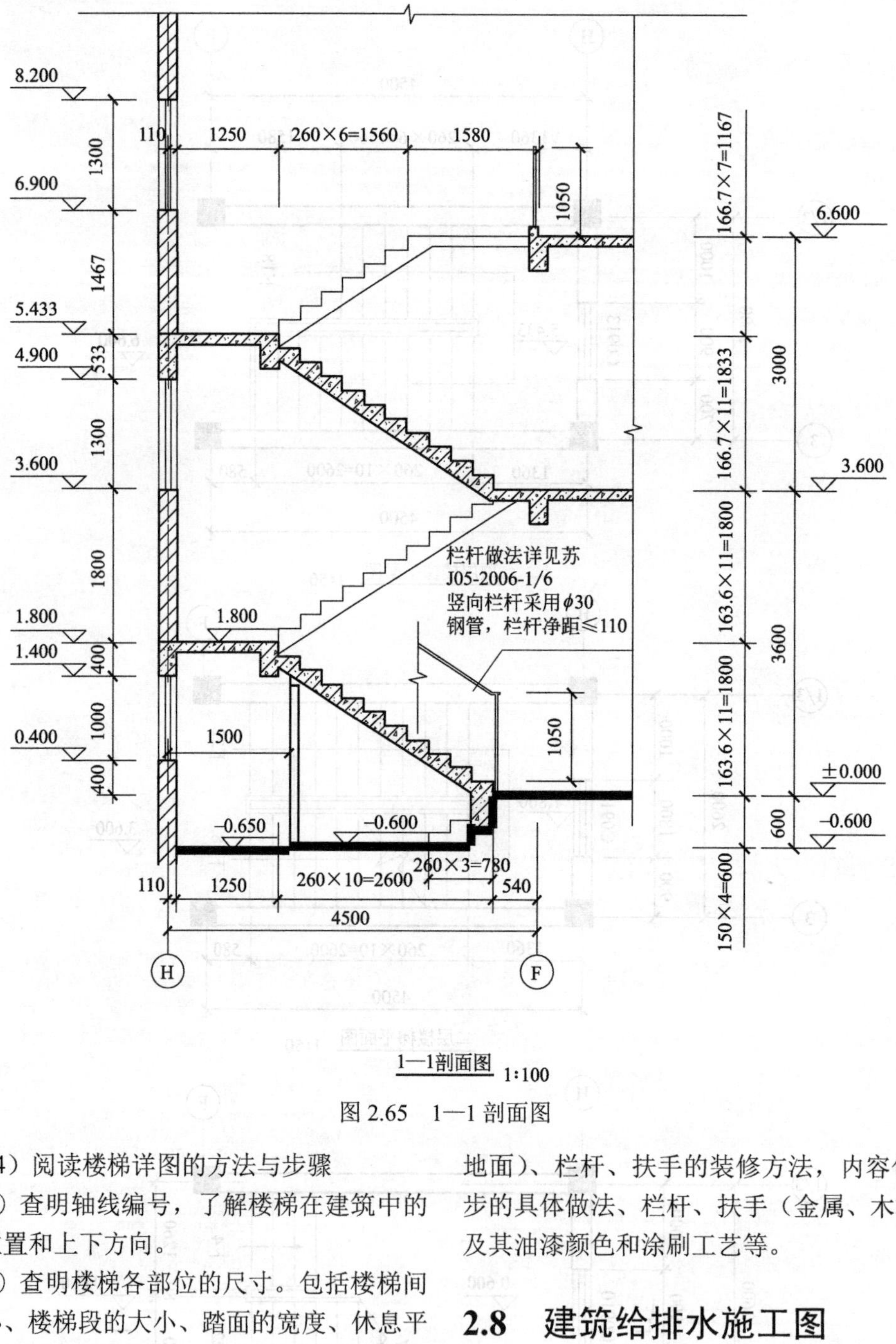

图 2.65　1—1 剖面图

（4）阅读楼梯详图的方法与步骤

① 查明轴线编号，了解楼梯在建筑中的平面位置和上下方向。

② 查明楼梯各部位的尺寸。包括楼梯间的大小、楼梯段的大小、踏面的宽度、休息平台的平面尺寸等。

③ 按照平面图上标注的剖切位置及投射方向，结合剖面图阅读楼梯各部位的高度。包括地面、休息平台、楼面的标高及踢面、楼梯间门窗洞口、栏杆、扶手的高度等。

④ 弄清栏杆（板）、扶手所用的建筑材料及连接做法。

⑤ 结合建筑设计说明查明踏步（楼梯间地面）、栏杆、扶手的装修方法，内容包括踏步的具体做法、栏杆、扶手（金属、木材等）及其油漆颜色和涂刷工艺等。

2.8　建筑给排水施工图

2.8.1　给排水施工图基本知识

2.8.1.1　图线

建筑给排水施工图的线宽 b 应根据图纸的类别、比例和复杂程度确定。一般线宽 b 宜为 0.7mm 或 1.0mm。常用的线型应符合表 2.7 的规定。

2.8.1.2　标高

室内工程应标注相对标高；室外工程应标注绝对标高，当无绝对标高资料时，可标注相对标高，但应与总图一致。

下列部位应标注标高：沟渠和重力流管道的起讫点、转角点、连接点、变尺寸（管径）点及交叉点；压力流管道中的标高控制点；管道穿外墙、剪力墙和构筑物的壁及底板等处；不同水位线处；构筑物和土建部分的相关标高。

压力管道应标注管中心标高，沟渠和重力流管道宜标注沟（管）内底标高。

标高的标注方法应符合下列规定。

① 平面图中，管道标高应按图2.66所示的方式标注。

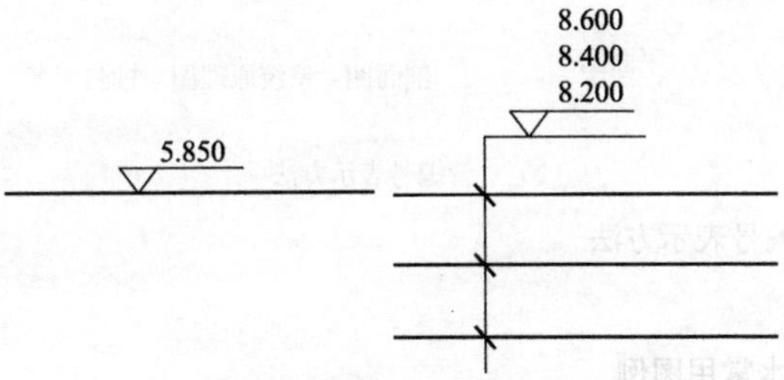

图2.66　平面图中管道标高标注法

② 平面图中，沟渠标高应按图2.67所示的方式标注。

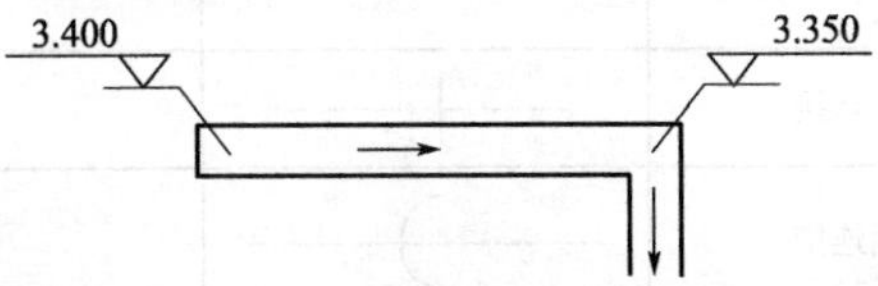

图2.67　平面图中沟渠标高标注法

③ 剖面图中，管道及水位的标高应按图2.68所示的方式标注。

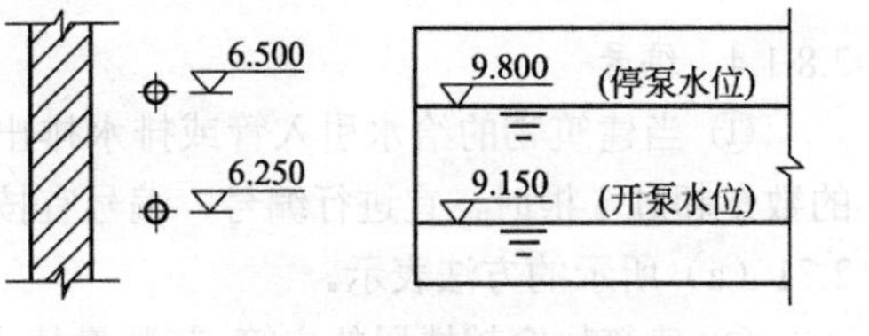

图2.68　剖面图中管道及水位标高标注法

④ 轴测图中，管道标高应按图2.69所示的方式标注。

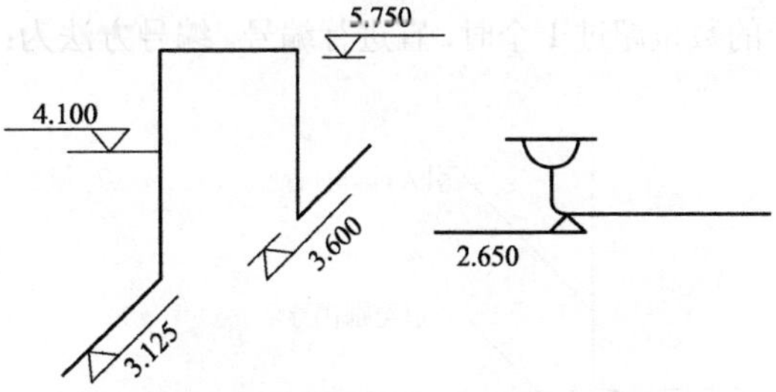

图2.69　轴测图中管道标高标注法

2.8.1.3　管径

管径应以mm为单位。水煤气输送钢管（镀锌或非镀锌）、铸铁管等管材，管径宜以公称直径*DN*表示（如*DN*15、*DN*50）；无缝钢管、焊接钢管（直缝或螺旋缝）、铜管、不锈钢管等管材，管径宜以外径*D*×壁厚表示（如*D*108×4、*D*159×4.5等）；钢筋混凝土（或混凝土）管、陶土管、耐酸陶瓷管、缸瓦管等管材，管径宜以内径*d*表示（如*d*230、*d*380等）；塑料管材，管径宜按产品标准的方法表示。当设计均用公称直径*DN*表示管径时，应用公称直径*DN*与相应产品规格对照表。

管径的标注方法应符合下列规定：

① 单根管道时，管径应按图2.70（a）所示的方式标注。

② 多根管道时，管径应按图2.70（b）所示的方式标注。

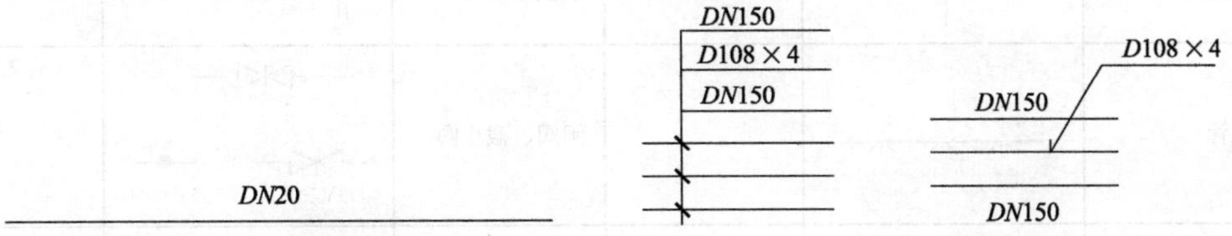

（a）单管管径标注法　　（b）多管管径标注法

图2.70　管径标注方法

2.8.1.4 编号

① 当建筑物的给水引入管或排水排出管的数量超过 1 根时，宜进行编号，编号宜按图 2.71（a）所示的方法表示。

② 建筑物穿越楼层的立管，其数量超过 1 根时宜进行编号，编号宜按图 2.71（b）所示的方法表示。

③ 在总平面图中，当给排水附属构筑物的数量超过 1 个时，宜进行编号。编号方法为：构筑物代号-编号；给水构筑物的编号顺序宜为：从水源到干管，再从干管到支管，最后到用户；排水构筑物的编号顺序宜为：从上游到下游，先干管后支管。

④ 当给排水机电设备的数量超过 1 台时，宜进行编号，并应有设备编号与设备名称对照表。

2.8.1.5 常用图例

给排水常用图例如表 2.8 所示。

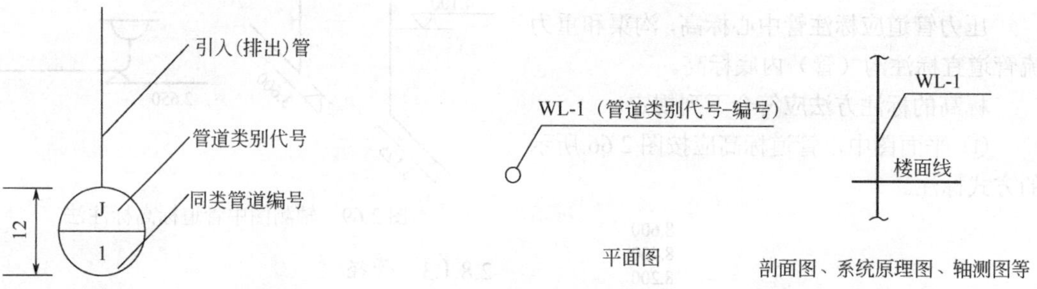

（a）给水引入(排水排出)管编号表示方法　　（b）立管编号表示方法

图 2.71 管道编号表示方法

表 2.8 给排水常用图例

名称	图例	说明	名称	图例	说明
生活给水管	—— J ——	用汉语拼音字母表示管道类别	自动冲洗水箱		
废水管	—— F ——				
污水管	—— W ——		法兰连接		
雨水管	—— Y ——		承插连接		
管道交叉		在下方和后面的管道应断开	活接头		
三通连接			管堵		
四通连接			法兰堵盖		
多孔管			闸阀、截止阀	$DN\geqslant50$　$DN<50$	
管道立管	XL-1 平面　XL-1 系统	X：管道类别 L：立管 1：编号	浮球阀	平面　系统	

续表

名称	图例	说明	名称	图例	说明
存水弯 立管检查口	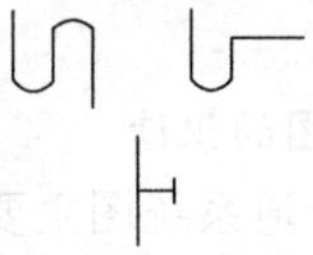		放水龙头	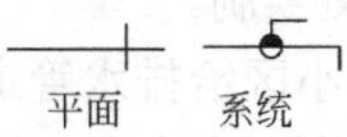	
通气帽			台式洗脸盆	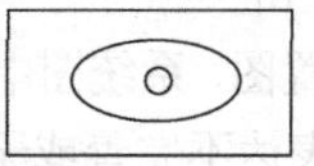	
圆形地漏	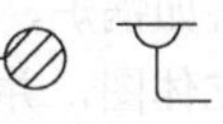	通用。如为无水封，地漏应加存水弯	浴盆	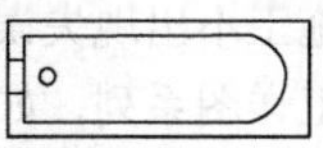	
坐式大便器	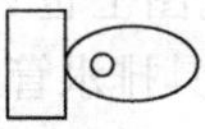		盥洗槽	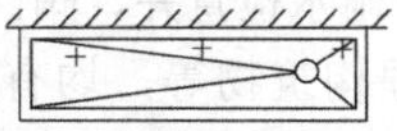	
小便槽			污水池		
淋浴喷头	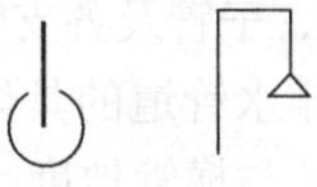		矩形化粪池	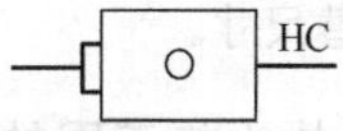	HC 为化粪池代号
			阀门井、检查井	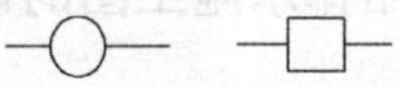	
			水表		

2.8.2 建筑给排水施工图的主要内容

建筑给排水施工图一般由图纸目录、主要设备材料表、设计说明、图例、平面图、系统图（轴测图）、施工详图等组成。

室外小区给排水工程，根据工程内容还应包括管道断面图、给排水节点图等。

各部分的主要内容如下。

2.8.2.1 平面布置图

给水、排水平面图应表达给水、排水管线和设备的平面布置情况。

根据建筑规划，在设计图纸中，用水设备的种类、数量、位置，均要做出给水和排水平面布置；各种功能管道、管道附件、卫生器具、用水设备，如消火栓箱、喷头等，均应用各种图例表示；各种横干管、立管、支管的管径、坡度等，均应标出。平面图上管道都用单线绘出，沿墙敷设时不注管道距墙面的距离。

一张平面图上可以绘制几种类型的管道，一般来说给水和排水管道可以在一起绘制。若图纸管线复杂，也可以分别绘制，以图纸能清楚地表达设计意图而图纸数量又尽量少为原则。

建筑内部给排水，以选用的给水方式来确定平面布置图的张数。底层及地下室必绘；顶层若有高位水箱等设备，也必须单独绘出。建筑中间各层，如卫生设备或用水设备的种类、数量和位置都相同，绘一张标准层平面布置图即可；否则，应逐层绘制。

在各层平面布置图上，各种管道、立管应编号标明。

2.8.2.2 系统图

系统图，也称“轴测图”，其绘法取水平、轴测、垂直方向，完全与平面布置图比例相同。系统图上应标明管道的管径、坡度，标出支管与立管的连接处以及管道各种附件的安装标高，标高的±0.00 应与建筑图一致。系统图上各种立管的编号应与平面布置图相一致。系统图均应按给水、排水、热水等各系统单独绘制，以便于施工安装和概预算应用。

系统图中对用水设备及卫生器具的种类、数量和位置完全相同的支管、立管，可不重复完全绘出，但应用文字标明。当系统图立管、支管在轴测方向重复交叉影响识图时，可断开移到图面空白处绘制。

建筑居住小区给排水管道一般不绘系统图，但应绘管道纵断面图。

2.8.2.3　施工详图

凡平面布置图、系统图中局部构造因受图面比例限制而表达不完善或无法表达的，为使施工概预算及施工不出现失误，必须绘出施工详图。通用施工详图系列，如卫生器具安装、排水检查井、雨水检查井、阀门井、水表井、局部污水处理构筑物等，均有各种施工标准图，施工详图宜首先采用标准图。

绘制施工详图的比例以能清楚绘出构造为根据选用。施工详图应尽量详细注明尺寸，不应以比例代替尺寸。

2.8.3　建筑给排水施工图的识读

2.8.3.1　平面图的识读

室内给排水管道平面图是施工图纸中最基本和最重要的图纸，常用的比例是 1∶100 和 1∶50 两种。它主要表明建筑物内给排水管道及卫生器具和用水设备的平面布置。图上的线条都是示意性的，同时管材配件如活接头、补心、管箍等也不画出来，因此在识读图纸时还必须熟悉给排水管道的施工工艺。

在识读管道平面图时，应该掌握的主要内容和注意事项如下。

① 查明卫生器具、用水设备和升压设备的类型、数量、安装位置、定位尺寸。

② 弄清给水引入管和污水排出管的平面位置、走向、定位尺寸、与室外给排水管网的连接形式、管径及坡度等。

③ 查明给排水干管、立管、支管的平面位置与走向、管径尺寸及立管编号。从平面图上可清楚地查明是明装还是暗装，以确定施工方法。

④ 消防给水管道要查明消火栓的布置、口径大小及消防箱的形式与位置。

⑤ 在给水管道上设置水表时，必须查明水表的型号、安装位置以及水表前后阀门的设置情况。

⑥ 对于室内排水管道，还要查明清通设备的布置情况，清扫口和检查口的型号和位置。

2.8.3.2　系统图的识读

给排水管道系统图主要表明管道系统的立体走向。

在给水系统图上，卫生器具不画出来，只需画出水龙头、淋浴器莲蓬头、冲洗水箱等符号；用水设备如锅炉、热交换器、水箱等则画出示意性的立体图，并在旁边注以文字说明。

在排水系统图上也只画出相应的卫生器具的存水弯或器具排水管。

在识读系统图时，应掌握的主要内容和注意事项如下。

① 查明给水管道系统的具体走向，干管的布置方式，管径尺寸及其变化情况，阀门的设置，引入管、干管及各支管的标高。

② 查明排水管道的具体走向，管路分支情况，管径尺寸与横管坡度，管道各部分标高，存水弯的形式，清通设备的设置情况，弯头及三通的选用等。识读排水管道系统图时，一般按卫生器具或排水设备的存水弯、器具排水管、横支管、立管、排出管的顺序进行。

③ 系统图上对各楼层标高都有注明，识读时可据此分清管路是属于哪一层的。

2.8.3.3　详图的识读

室内给排水工程的详图包括节点图、大样图、标准图，主要是管道节点、水表、消火栓、水加热器、开水炉、卫生器具、套管、排水设备、管道支架等的安装图及卫生间大样图等。

这些图都是根据实物用正投影法画出来的，图上都有详细尺寸，可供安装时直接使用。

2.9　建筑电气施工图

2.9.1　电气施工图基本知识

2.9.1.1　特点

① 建筑电气工程图大多是采用统一的图形符号并加注文字符号绘制而成的。

② 电气线路都必须构成闭合回路。

③ 线路中的各种设备、元件都是通过导

线连接成为一个整体的。

④ 在进行建筑电气工程图识读时应阅读相应的土建工程图及其他安装工程图，以了解相互间的配合关系。

⑤ 建筑电气工程图对于设备的安装方法、质量要求以及使用维修方面的技术要求等往往不能完全反映出来，所以在阅读图纸时有关安装方法、技术要求等问题，要参照相关图集和规范。

2.9.1.2 电气施工图的组成

（1）图纸目录与设计说明

包括图纸内容、数量、工程概况、设计依据以及图中未能表达清楚的各有关事项。如供电电源的来源、供电方式、电压等级、线路敷设方式、防雷接地、设备安装高度及安装方式、工程主要技术数据、施工注意事项等。

（2）主要材料设备表

包括工程中所使用的各种设备和材料的名称、型号、规格、数量等，它是编制购置设备、材料计划的重要依据之一。

（3）系统图

如变配电工程的供配电系统图、照明工程的照明系统图、电缆电视系统图等。系统图反映了系统的基本组成、主要电气设备、元件之间的连接情况以及它们的规格、型号、参数等。

（4）平面布置图

平面布置图是电气施工图中的重要图纸之一，如变、配电所电气设备安装平面图、照明平面图、防雷接地平面图等，用来表示电气设备的编号、名称、型号及安装位置、线路的起始点、敷设部位、敷设方式及所用导线型号、规格、根数、管径大小等。通过阅读系统图，了解系统基本组成之后，就可以依据平面图编制工程预算和施工方案，然后组织施工。

（5）控制原理图

包括系统中各所用电气设备的电气控制原理，用以指导电气设备的安装和控制系统的调试运行工作。

（6）安装接线图

包括电气设备的布置与接线，应与控制原理图对照阅读，进行系统的配线和调校。

（7）安装大样图（详图）

安装大样图是详细表示电气设备安装方法的图纸，对安装部件的各部位注有具体图形和详细尺寸，是进行安装施工和编制工程材料计划时的重要参考。

2.9.1.3 常用文字符号

（1）相序

交流导体的第一相线 L1（黄色）；交流导体的第二相线 L2（绿色）；交流导体的第三相线 L3（红色）；中性导体 N（淡蓝色）；保护导体 PE（绿/黄双色）。

PEN 导体：PEN 全长用绿/黄双色，终端另用淡蓝色标志或全长淡蓝色，终端另用绿/黄双色。

（2）线缆线路标注

$$a\text{–}b\text{–}（c\times d+e\times f）\text{–}g\text{–}h$$

各符号意义如下。

a——回路代号；

b——型号；

c——相导体根数；

d——相导体截面，mm^2；

e——N、PE 导体根数；

f——N、PE 导体截面，mm^2；

g——敷设方式和管径，mm，参见表 2.9；

h——敷设部位，参见表 2.10。

2.9.1.4 图例

电气施工图常见图例见表 2.11 所示。

表 2.9 线缆敷设方式标注的文字符号

名称	文字符号	名称	文字符号
用焊接钢管(钢导管)敷设	SC	电缆梯架敷设	CL
穿普通碳素钢电线套管敷设	MT	金属槽盒敷设	MR
穿可挠金属电线保护套管敷设	CP	塑料槽盒敷设	PR
穿硬塑料导管敷设	PC	钢索敷设	M
穿阻燃半硬塑料导管敷设	FPC	直埋敷设	DB
穿塑料波纹电线管敷设	KPC	电缆沟敷设	TC
电缆托盘敷设	CT	电缆排管敷设	CE

表 2.10　线缆敷设部位标注的文字符号

名称	文字符号	名称	文字符号
沿或跨梁（屋架）敷设	AB	暗敷设在顶板内	CC
沿或跨柱敷设	AC	暗敷设在梁内	BC
沿吊顶或顶板面敷设	CE	暗敷设在柱内	CLC
吊顶内敷设	SCE	暗敷设在墙内	WC
沿墙内敷设	WS	暗敷设在地板或地面下	FC
沿屋面敷设	RS		

表 2.11　电气施工图常见图例

图形符号	名称	图形符号	名称
	电压互感器	n	导线组（示出导线根数）
	电流互感器		向上配线或布线
	隔离开关		向下配线或布线
	带自动释放功能的隔离开关		垂直通过配线或布线
	断路器		由下引来配线或布线
	带隔离功能断路器		由上引来配线或布线
	电压互感器		由上引来向下配线或布线
	熔断器		由下引来向上配线或布线
	避雷器		单相插座（明装）
V	电压表		单相插座（暗装）
A	电流表		单相插座（密闭防水）
Wh	电度表（瓦时计）		单相插座（防爆）
	带保护极的单相三孔插座（明装）	t	单极延时开关
	带保护极的单相三孔插座（暗装）		单极双控开关
	带保护极的单相三孔插座（密闭防水）		单极双控开关（暗装）
	带保护极的单相三孔插座（防爆）		吊扇或空调调速开关
	带开关插座		灯或信号灯一般符号
	带接地插孔的三相插座（明装）	E	应急疏散指示标志灯
	带接地插孔的三相插座（暗装）		应急疏散指示标志灯（向右）
	带接地插孔的三相插座（暗装）		应急疏散指示标志灯（向左）
	带接地插孔的三相插座（防爆）		应急疏散指示标志灯（向左、向右）
	开头，一般符号		应急照明灯

续表

图形符号	名称	图形符号	名称
	单极单控开关		自带电源的应急照明灯
	单极单控开关（暗装）		单管荧光灯
	单极单控开关（密闭防水）		双管荧光灯
	单极单控开关（防爆）		单管格栅灯
	双极单控开关		双管格栅灯
	双极单控开关（暗装）		吸顶灯
	双极单控开关（密闭防水）		球形灯
	双极单控开关（防爆）		壁灯
	三极单控开关		照明配电箱
	三极单控开关（暗装）		动力或动力-照明配电箱
	三极单控开关（密闭防水）		接地一般符号
	三极单控开关（防爆）		

2.9.2 电气施工图的阅读方法

（1）熟悉图例符号

熟悉电气图例符号，弄清图例、符号所代表的内容。

常用的电气工程图例及文字符号可参见国家颁布的《电气图形符号标准》（GB/T 4728—1995）。

（2）读图顺序

针对一套电气施工图，一般应先按以下顺序阅读，然后再对某部分内容进行重点识读。

① 看标题栏及图纸目录了解工程名称、项目内容、设计日期及图纸内容、数量等。

② 看设计说明了解工程概况、设计依据等，了解图纸中未能表达清楚的各有关事项。

③ 看设备材料表了解工程中所使用的设备、材料的型号、规格和数量。

④ 看系统图了解系统基本组成，主要电气设备、元件之间的连接关系以及它们的规格、型号、参数等，掌握该系统的组成概况。

⑤ 看平面布置图如照明平面图、防雷接地平面图等。了解电气设备的规格、型号、数量及线路的起始点、敷设部位、敷设方式和导线根数等。平面图的阅读可按照以下顺序进行：电源进线→总配电箱→干线→支线→分配电箱→电气设备。

⑥ 看控制原理图了解系统中电气设备的电气自动控制原理，以指导设备安装调试工作。

⑦ 看安装接线图了解电气设备的布置与接线。

⑧ 看安装大样图了解电气设备的具体安装方法、安装部件的具体尺寸等。

（3）抓住电气施工图要点进行识读

在识图时，应抓住要点进行识读。

① 在明确负荷等级的基础上，了解供电电源的来源、引入方式及路数。

② 了解电源的进户方式是由室外低压架空引入还是电缆直埋引入。

③ 明确各配电回路的相序、路径、管线敷设部位、敷设方式以及导线的型号和根数。

④ 明确电气设备、器件的平面安装位置。

（4）结合土建施工图进行阅读

电气施工与土建施工结合得非常紧密，施工中常常涉及各工种之间的配合问题。电气施工平面图只反映了电气设备的平面布置情况，结合土建施工图的阅读还可以了解电气设备的立体布设情况。

2.10 通风与空调施工图

2.10.1 通风与空调工程施工图基本知识

2.10.1.1 通风与空调工程施工图的构成

通风与空调工程施工图一般由两大部分组成，即文字部分和图纸部分。文字部分包括图纸目录、设计施工说明、设备与主要材料表。

图纸部分包括基本图和详图。基本图包括空调通风系统的平面图、剖面图、轴测图、原理图等。详图包括系统中某局部或部件的放大图、加工图、施工图等。如果详图中采用了标准图或其他工程图纸，那么在图纸目录中必须附有说明。

（1）文字部分

① 图纸目录。包括在工程中使用的标准图纸或其他工程图纸目录和该工程的设计图纸目录。在图纸目录中必须完整地列出该工程设计图纸名称、图号、工程号、图幅大小、备注等。

② 设计施工说明。设计施工说明包括采用的气象数据、空调通风系统的划分及具体施工要求等。有时还附有风机、水泵、空调箱等设备的明细表。

③ 设备与主要材料表。设备与主要材料的型号、数量一般在《设备与主要材料表》中给出。

（2）图纸部分

① 平面图。平面图包括建筑物各层面各空调通风系统的平面图、空调机房平面图、制冷机房平面图等。

空调通风系统平面图主要说明通风空调系统的设备、系统风道、冷热媒管道、凝结水管道的平面布置。它的内容主要包括：风管系统、水管系统、空气处理设备、尺寸标注等。此外，对于引用标准图集的图纸，还应注明所用的通用图、标准图索引号。对于恒温恒湿房间，应注明房间各参数的基准值和精度要求。

② 剖面图。剖面图总是与平面图相对应的，用来说明平面图上无法表明的情况。因此，与平面图相对应的空调通风施工图中剖面图主要有空调通风系统剖面图、空调通风机房剖面图和冷冻机房剖面图等。至于剖面和位置，在平面图上都有说明。剖面图上的内容与平面图上的内容是一致的，有所区别的一点是：剖面图上还标注有设备、管道及配件的高度。

③ 系统图（轴测图）。系统轴测图采用的是三维坐标，它的作用是从总体上表明所讨论的系统构成情况及各种尺寸、型号和数量等。具体地说，系统图上包括该系统中设备、配件的型号、尺寸、定位尺寸、数量以及连接于各设备之间的管道在空间的曲折、交叉、走向和尺寸、定位尺寸等。系统图上还应注明该系统的编号。系统图可以用单线绘制，也可以用双线绘制。

④ 原理图。原理图一般为空调原理图，它主要包括以下内容：系统的原理和流程；空调房间的设计参数、冷热源、空气处理和输送方式；控制系统之间的相互关系；系统中的管道、设备、仪表、部件；整个系统控制点与测点间的联系；控制方案及控制点参数；用图例表示的仪表、控制元件型号等。

⑤ 详图。空调通风工程图所需要的详图较多。总体来说，有设备、管道的安装详图，设备、管道的加工详图，设备、部件的结构详图等。部分详图有标准图可供选用。

2.10.1.2 空调通风施工图的特点

（1）风、水系统环路的独立性

在空调通风施工图中，风管系统与水管系统（包括冷冻水、冷却水系统）按照它们的实际情况出现在同一张平、剖面图中，但是在实际运行中，风系统与水系统具有相对独立性。因此，在阅读施工图时，首先将风系统与水系统分开阅读，然后再综合起来。

（2）风、水系统环路的完整性

空调通风系统，无论是水管系统还是风管系统，都可以称之为环路，这就说明风、水管系统总是有一定来源，并按一定方向，通过干管、支管，最后与具体设备相接，多数情况下又将回到它们的来源处，形成一个完整的系统。

（3）空调通风系统的复杂性

空调通风系统中的主要设备，如冷水机组、空调箱等，其安装位置由土建决定，这使得风管系统与水管系统在空间的走向往往是纵横交错的，在平面图上很难表示清楚，因此，空调通风系统的施工图中除了大量的平面图、立面图外，还包括许多剖面图与系统图，它们对读懂图纸有重要帮助。

（4）与土建施工的密切性

空调通风系统中的设备、风管、水管及许多配件的安装都需要土建的建筑结构来容纳与支撑，因此，在阅读空调通风施工图时，要查看有关图纸，密切与土建配合，并及时对土建施工提出要求。

2.10.1.3　图例

采暖、通风及空调系统的常用图例如表2.12所示。

表2.12　采暖、通风及空调系统的常用图例

图例	名称	图例	名称
	截止阀	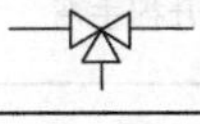	三通阀
	闸阀		平衡阀
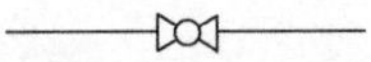	球阀		自动排气阀
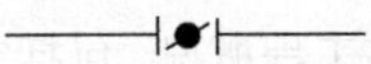	蝶阀	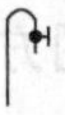	放气阀
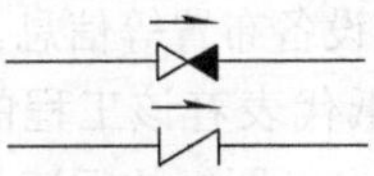	止回阀	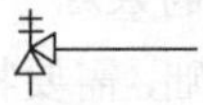	安全阀
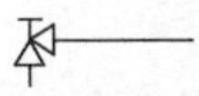	角阀		带导流片的矩形弯头
	向上弯头	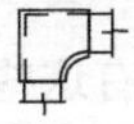	消声弯头
	向下弯头	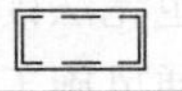	消声静压箱
	法兰封头或管封	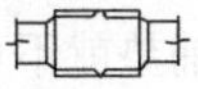	消声器
	上出三通	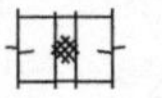	风管软接头
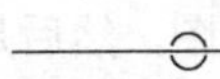	下出三通	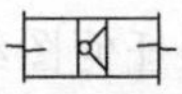	止回风阀
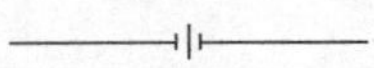	活接头或法兰连接		多叶调节风阀
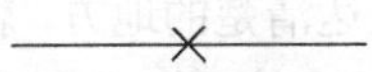	固定支架	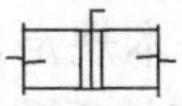	插板阀
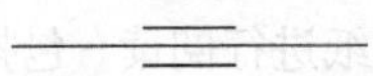	导向支架	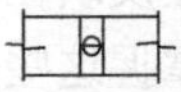 70℃	70℃防火（调节）阀
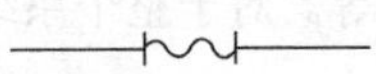	金属软管	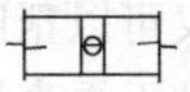 280℃	280℃排烟防火阀
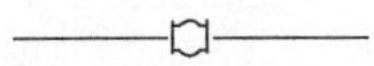	橡胶软接管	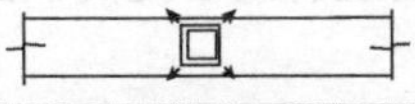	方形散流器
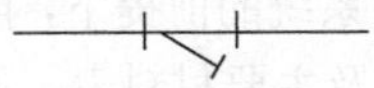	Y形过滤器	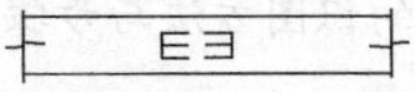	条缝形风口
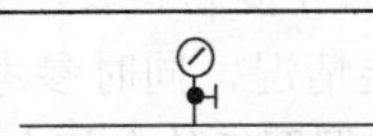	压力表	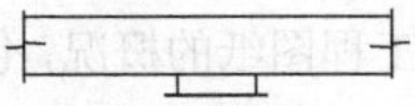	侧面风口

续表

图例	名称	图例	名称
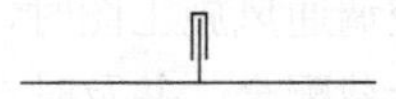	温度计	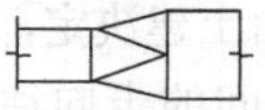	天圆地方
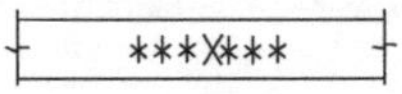	宽×高（mm）		圆弧形弯头
	ϕ（mm）	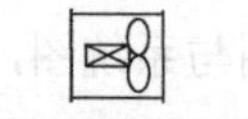	轴（混）流风机
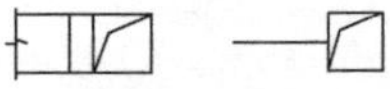	风管向上		水泵
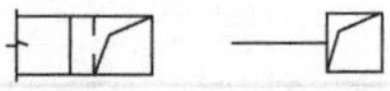	风管向下	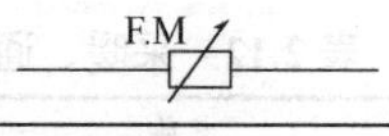	流量计
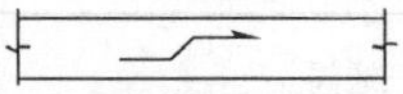	风管上升摇手弯	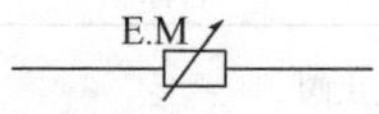	能量计
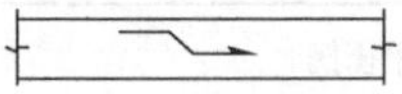	风管下降摇手弯		

2.10.2 空调通风施工图的识图方法

2.10.2.1 空调通风施工图识图的基础

空调通风施工图的识图基础，需要特别强调并掌握以下几点。

（1）空调调节的基本原理与空调系统的基本理论

这些是识图的理论基础，没有这些基本知识，即使有很高的识图能力，也无法读懂空调通风施工图的内容。因为空调通风施工图是专业性图纸，没有专业知识作为铺垫就不可能读懂图纸。

（2）投影与视图的基本理论

投影与视图的基本理论是任何图纸绘制的基础，也是任何图纸识图的前提。

（3）空调通风施工图的基本规定

空调通风施工图的一些基本规定，如线型、图例符号、尺寸标注等，直接反映在图纸上，有时并没有辅助说明，因此掌握这些规定有助于识图过程的顺利完成，不仅可以帮助我们认识空调通风施工图，而且有助于提高识图的速度。

2.10.2.2 空调通风施工图的识图方法与步骤

（1）阅读图纸目录

根据图纸目录了解该工程图纸的概况，包括图纸张数、图幅大小及名称、编号等信息。

（2）阅读施工说明

根据施工说明了解该工程概况，包括空调系统的形式、划分及主要设备布置等信息。在此基础上，确定哪些图纸代表着该工程的特点、属于工程中的重要部分，图纸的阅读就从这些重要图纸开始。

（3）阅读有代表性的图纸

在步骤（2）中确定了代表该工程特点的图纸，现在就根据图纸目录，确定这些图纸的编号，并找出这些图纸进行阅读。在空调通风施工图中，有代表性的图纸基本上都是反映空调系统布置、空调机房布置、冷冻机房布置的平面图，因此，空调通风施工图的阅读基本上是从平面图开始的，先是总平面图，然后是其他的平面图。

（4）阅读辅助性图纸

对于平面图上没有表达清楚的地方，就要根据平面图上的提示（如剖面位置）和图纸目录找出该平面图的辅助图纸进行阅读，包括立面图、侧立面图、剖面图等。对于整个系统可参考系统图。

（5）阅读其他内容

在读懂整个空调通风系统的前提下，再进一步阅读施工说明与设备及主要材料表，了解空调通风系统的详细安装情况，同时参考加工、安装详图，从而完全掌握图纸的全部内容。

3 BIM 建模软件介绍

目前 BIM 的主流建模平台有 4 家：Autodesk 公司、Bently 公司、图软件公司、达索公司。各家软件平台应用领域见表 3.1。

表 3.1 BIM 建模平台介绍

平　台	平 台 软 件	主要应用领域
Autodesk 公司	Revit 建筑、结构和设备系列	民用建筑
Bently 公司	Bently 建筑、结构和设备系列	工业建筑、基础设施
图软件公司	ArchiCAD	民用建筑
达索公司	DP 软件	异形建筑

Autodesk 公司的 Revit 建模平台，在民用建筑领域全球用户量最大，在中国的普及率最高，使用人数最多，本书选用 Autodesk 公司的 Revit 2018 版本介绍 Revit Architecture 的建模技术，其操作也适用于最新版本 Revit 2020。

3.1 Autodesk Revit 软件简介

Revit 软件是 Autodesk 于 2002 年收购 Revit Technology 公司的产品。收购之初，Revit 系列针对建筑、结构和机电三个专业，有三款不同的软件，分别是 Revit Architecture、Revit Structure 和 Revit MEP。收购后，Autodesk 在 Revit 2013 版本中，将三个软件合并到了一起，成为一个软件的三个功能模块。到了 2015 年，Autodesk 公司又把专门用于能量分析和日光分析的软件 Ecotect Analysis，集成到了 Revit 里，成为模型分析的一个模块。Revit 2016 版本又加入了 Fabrication，即预制构件功能，打通了从精细化设计到预制加工的通道。Revit 2017 版本中，结构模块增加了「结构连接」按钮，把钢结构设计软件 Advance Steel 中常用的 22 种钢结构节点加入到了这个按钮中，到了 Revit 2018 版本，支持的节点形式增加到了 100 多种。在协同工作方面，用于项目协作的 A360 云服务和用于团队内协作的 Collaboration，都随着 Revit 版本的更新被整合了进来。

Autodesk 的目标是让 Revit 在民用建筑领域从概念设计到精细构件加工都能应用。可以这么理解，Revit 不只是一款建模软件，Autodesk 公司是把它作为一个从设计到建造的全生命周期的 BIM 平台来打造的，应用于以下项目设计阶段：概念设计、建筑设计、结构设计、机电设计，造价咨询阶段，施工管理阶段等。

3.2 Revit 软件的整体架构关系和模型管理方式

Autodesk CAD 通过图层对图纸进行管理，Revit 是多个单词的合写，意思是“一处修改，处处修改”，通过把建筑构件按性质分类，对模型进行管理。每一类构件又称为类别，用族来表达，族是某一类别中图元的类，根据参数（属性）集的共用、使用上的相同和图形表示的相似来对图元进行的分组。如窗的类别下有双扇平开窗、单扇平开窗等不同的族。再对族的不同尺寸、规格或属性进行分组，称为族类型，如双扇平开窗又可细分为窗洞尺寸 900mm×1200mm 的族类型和窗洞尺寸为 1200mm×1200mm 的族类型等。三者的关系如图 3.1 所示。通过族的属性，添加相关信息，实现参数化，如图 3.2 所示。放在项目中的单个实际项，称为图元。图元是构成 Revit 模型的最小单位，分为五大类，如图 3.3 所示。每一类图元有其共性，又有各自的特性，本书按图元分类方式讲解软件基本操作。

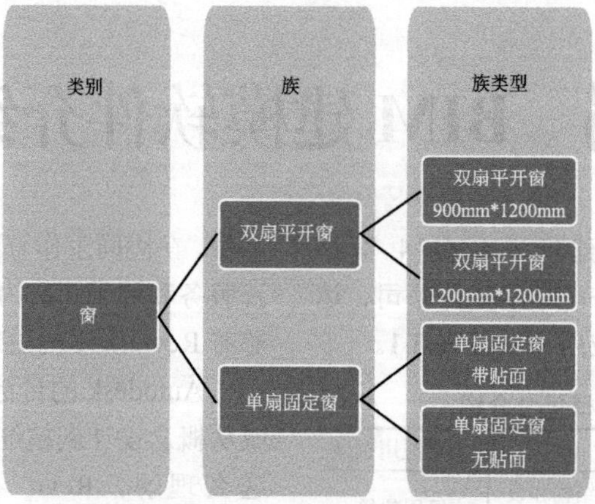

图 3.1　类别、族、族类型的关系

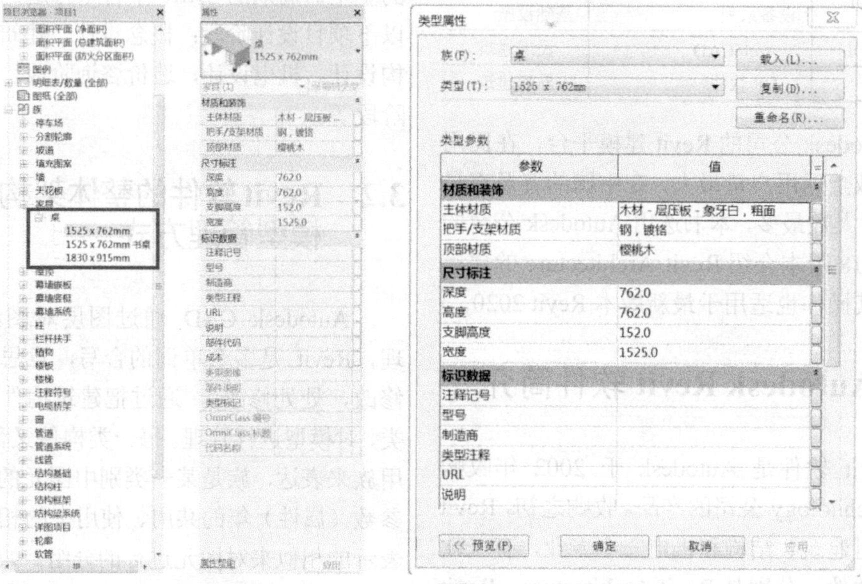

（a）项目　　（b）实例属性　　（c）类型属性

图 3.2　族的属性

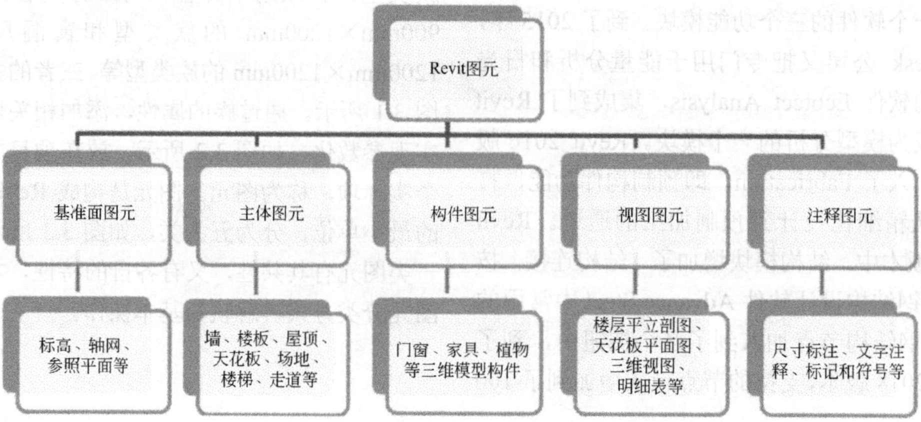

图 3.3　图元分类

3.3 族与体量简介

族在 Revit 中是一个包含通用属性（称作参数）集和相关图形表示的图元组，所有添加到 Revit 项目中的图元都是用族来创建的。在 Revit 中，族分为三种，如图 3.4 所示。族的概念与特征见表 3.2。

体量是建模所用的二维形状，用丁概念设计、三维模型创建和族的创建，与体量相关的术语见表 3.3。

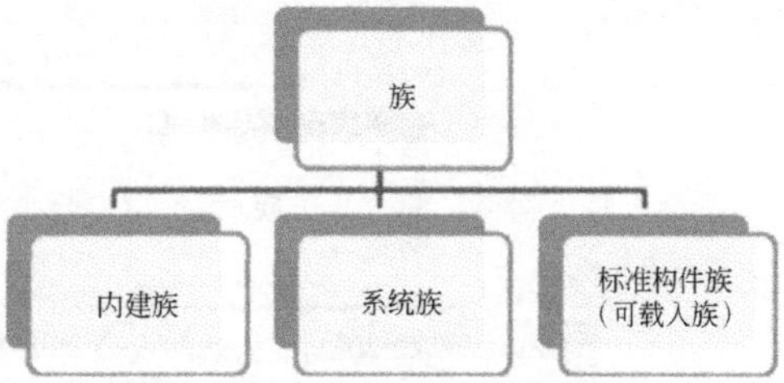

图 3.4　族分类

表 3.2　族的概念与特征

名　称	基 本 概 念	举　例
内建族	在当前项目中的族，与“可载入族”的不同在于，“内建族”只能存储在当前的项目文件里，不能单独存成 RFA 文件，也不能用在别的项目文件中	项目中的专有构件、特殊构件和通用性差的构件。如台阶、局部造型
系统族	软件在项目中预定义并只能在项目中进行创建和修改族类型。不能作为外部文件载入或创建，但可在项目和样板之间复制、粘贴或传递系统族类型	墙、楼板、屋顶、天花板、标高、轴网、图纸和视口类型的项目和系统设置、风管、管道
标准构件族（可载入族）	使用族样板在项目外创建的 RFA 文件，可以载入到项目中，具有属性可自定义的特征，因此可载入族，是用户经常创建和修改的族	通常购买、提供并安装在建筑内和建筑周围的建筑构件，如门、窗、家具、卫浴装置、锅炉、热水器等

表 3.3　与体量相关的术语

术　语	说　明
体量	使用体量实例观察、研究和解析建筑形式的过程
内建体量（体量族）	内建体量随项目一起保存；它不是单独的文件，形状的族属于体量类别
体量实例	载入的体量族的实例
概念设计环境	一类族编辑器，可以使用内建和可载入族体量图元创建概念设计
体量形状	每个体量族和内建体量的整体形状
体量研究	在一个或多个体量实例中对一个或多个建筑形式进行的研究
体量面	体量实例上的表面，可用于创建建筑图元（如墙或屋顶）
体量楼层	在已定义的标高处穿过体量的水平切面。体量楼层提供了有关切面上方体量直至下一个切面或体量顶部之间尺寸标注的几何图形信息

族和体量是初学 Revit 易混淆的概念。从 3.2 节可知，Revit 模型的最小单位为图元，Revit 通过族对模型进行管理，并实现参数化。族通过参数的可变，充当了类与类型之间的桥梁，即通过族的参数化，让类有了各种不同的类型，如图 3.1 所示。体量没有构件的性质，只是三维的形状，主要是建筑师用于形体分析。

Revit 提供了两种方式（或环境）创建族与体量：内建族和可载入族（外建族）；内建体量和概念体量（可载入体量），其关系如图 3.5 所示。

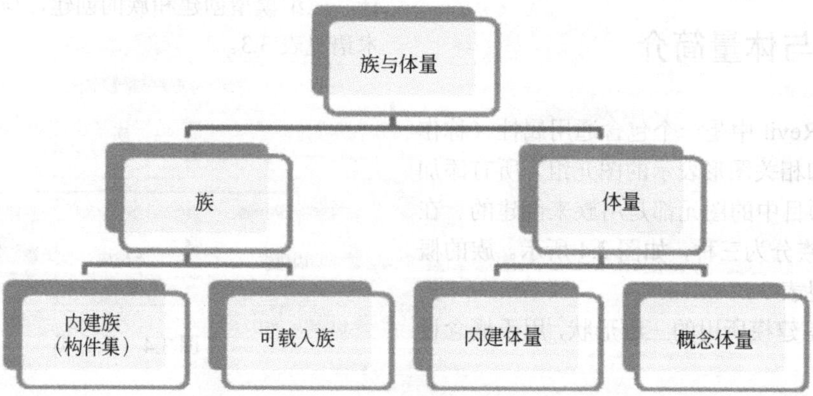

图 3.5　族与体量

3.4　Revit 软件界面介绍

Revit 采用 Ribbon（功能区）界面，用户可以根据操作需求更快速简便地找到相应的功能按钮，如图 3.6 所示。Revit 2014～2018 界面主体见图 3.7，变化不大，趋势是操作更加简便快捷。本文以 Revit 2018 为例进行介绍，用户界面见图 3.6，界面功能简介见表 3.4。

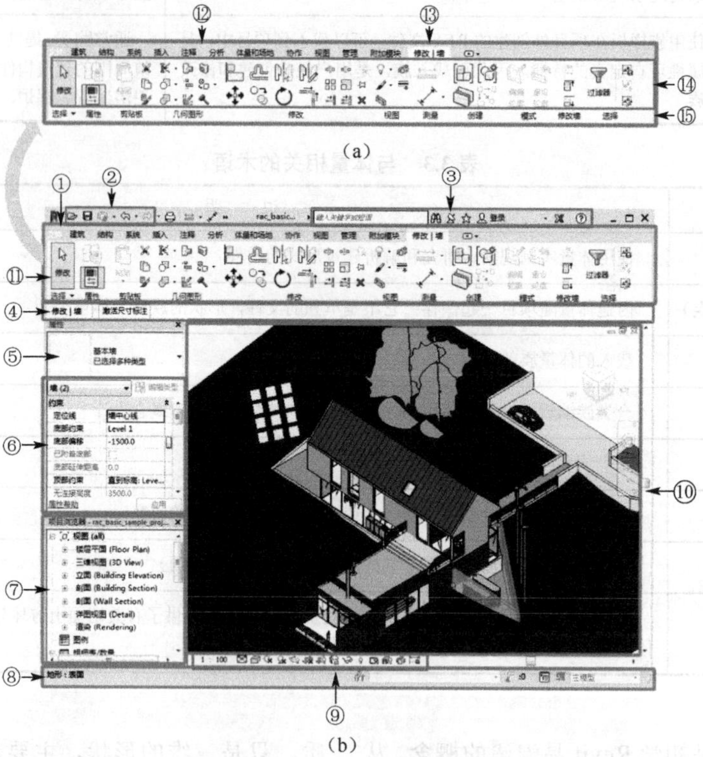

图 3.6　Revit 2018 界面

表 3.4　界面功能简介

序号	名　称	功　能
①	文件选项卡	文件选项卡上提供了常用文件操作，例如“新建”“打开”和“保存”。还允许使用更高级的工具（如“导出”和“发布”）来管理文件

续表

序号	名　称	功　能
②	快速访问工具栏	快速访问工具栏包含一组默认工具
③	信息中心	信息中心提供了一套工具，使用户可以访问许多与产品相关的信息源。根据 Autodesk 产品和配置，这些工具可能有所不同
④	选项栏	选项栏位于功能区下方。根据当前工具或选定的图元显示条件工具选项
⑤	类型选择器	选择要放置在绘图区域中的图元的类型，或者修改已经放置的图元的类型
⑥	属性选项板	是一个无模式对话框，通过该对话框，可以查看和修改用来定义图元属性的参数
⑦	项目浏览器	显示当前项目中所有视图、明细表、图纸、组和其他部分的逻辑层次。展开和折叠各分支时，将显示下一层项目
⑧	状态栏	提供有关要执行的操作的提示。当高亮显示图元或构件时，状态栏会显示族和类型的名称
⑨	视图控制栏	视图控制栏可以快速访问影响当前视图的功能
⑩	绘图区域	显示当前项目的视图（以及图纸和明细表）。每次打开项目中的某一视图时，此视图会显示在绘图区域中其他打开的视图的上面
⑪	功能区	创建或打开文件时，功能区会显示。它提供创建项目或族所需的全部工具
⑫	功能区上的选项卡	提供与选定对象或当前动作相关的工具
⑬	功能区上的上下文选项卡	选择不同命令，内容不同，如图 3.6（a）⑬所示
⑭	功能区当前选项卡上的工具	选择不同选项，显示内容不同，如图 3.6（a）⑭所示
⑮	功能区上的面板	如图 3.6（a）⑮所示

3.4.1 应用程序菜单

Revit 2020 通过单击文件打开应用程序菜单，如图 3.7 所示。应用程序菜单提供对常用文件操作的访问，如“新建”“打开”和“保存”菜单。还允许使用更高级的工具（如“导出”和“发布”）来管理文件。单击右下角的“选项”，弹出“选项”对话框，进行个性化设置，如图 3.8 所示，2018 版增加检查拼写[1]。

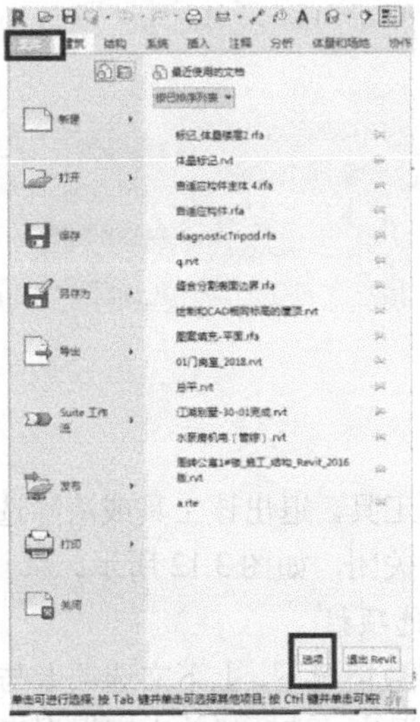

图 3.7　应用程序菜单

3.4.2 功能区[1]

功能区在创建或打开项目文件时会显示。它提供创建项目或族所需的全部工具。调整窗口大小时，功能区中的工具会根据可用空间来自动调整大小。该功能使所有按钮在大多数屏幕尺寸下都可见，如图 3.6（a）所示。

3.4.2.1　修改功能区的显示方式

单击功能区选项卡右侧的向下箭头并选择所需的行为：“最小化为选项卡”“最小化为面板标题”“最小化为面板按钮”或“循环浏览所有项”，如图 3.9（a）所示；单击功能区选项卡右侧的向上箭头来修改功能区的显示，如图 3.9（b）所示，将循环切换图 3.9（a）显示选项。

3.4.2.2　功能区的 3 种类型的按钮

（1）展开面板

面板标题旁的实心三角形箭头 ▼ 表示该面板可以展开，来显示相关的工具和控件，如图 3.10 所示。

---

❶ 本书以 Revit2018 为例进行讲解，如是 2018 前版本，应用程序菜单通过单击 R 打开，其余各处不再说明。

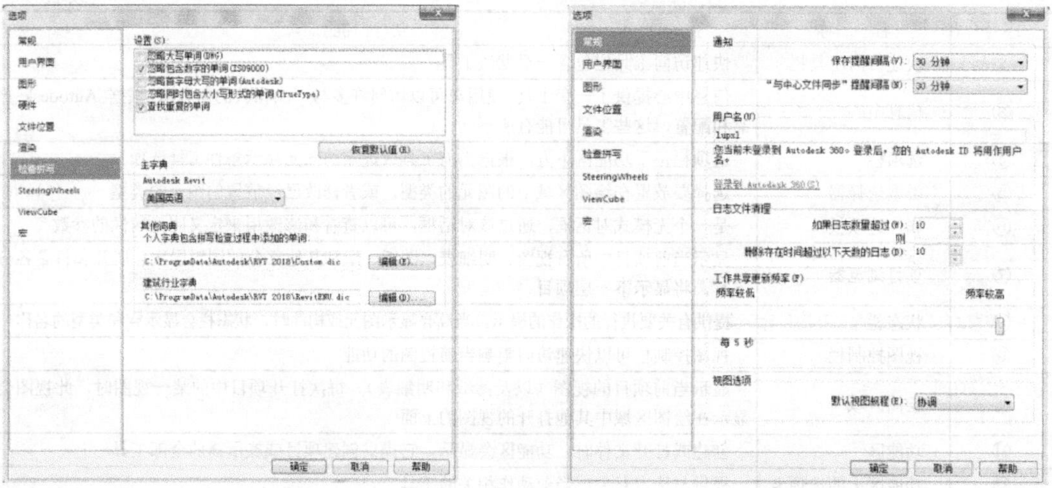

（a）　　　　　　　　　　　　　　　　（b）

图 3.8　选项对话框

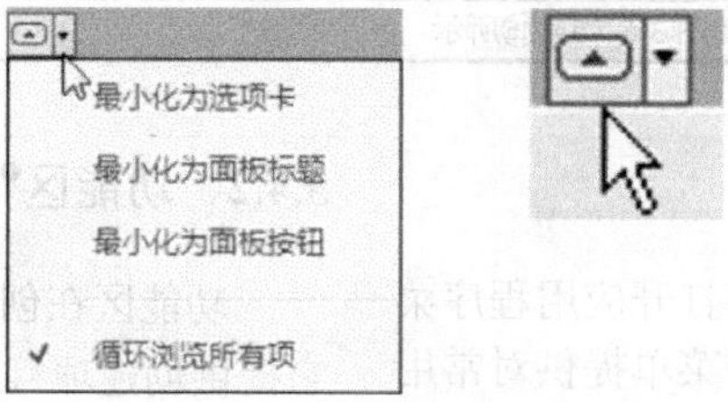

（a）　　　　　　　　（b）

图 3.9　修改功能区显示

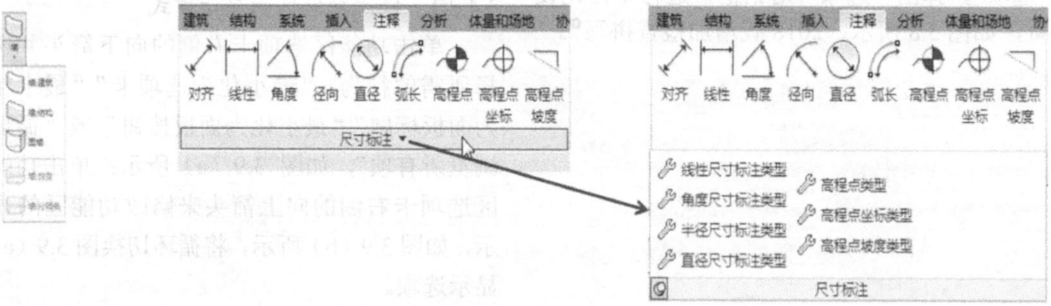

（a）　　　　　　　　　　　　　　　　（b）

图 3.10　展开面板

（2）对话框启动器

单击面板底部的对话框启动器箭头 ↘ 将打开一个对话框，如图 3.11 所示。

（3）上下文功能区选项卡

使用某些工具或者选择图元时，上下文功能区选项卡中会显示与该工具或图元的上下文相关的工具。退出该工具或清除选择时，该选项卡将关闭，如图 3.12 所示。

3.4.2.3　选项栏

大多数情况下，上下文选项卡与选项栏同时出现、退出。选项栏的内容根据当前命令或选择图元变化，如图 3.13 所示。

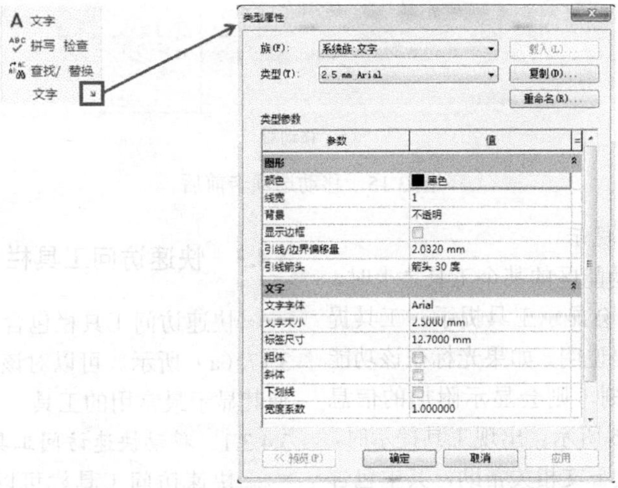

图 3.11　对话框启动器

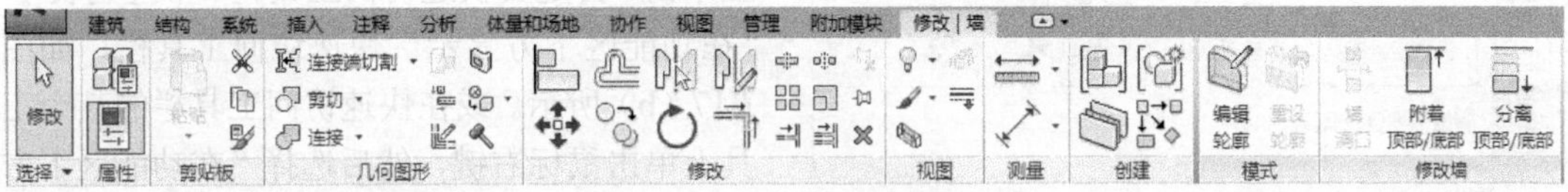

图 3.12　上下文功能区选项卡

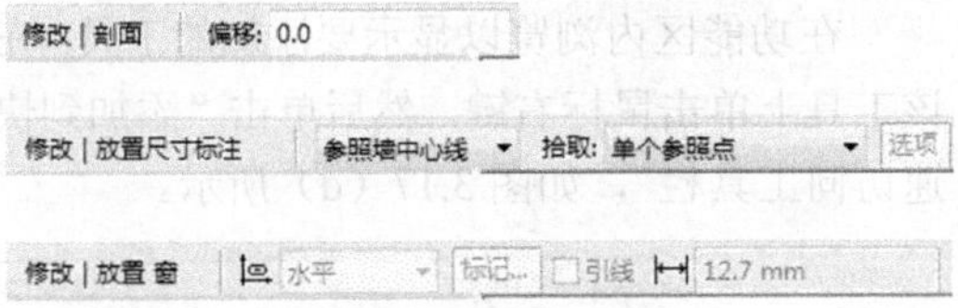

图 3.13　选项栏

3.4.2.4　选项卡基本操作

（1）从功能区删除选项卡

① 单击文件 ➤ “选项”。

② 在“用户界面”选项卡上，清除勾选相应的复选框以便从功能区中隐藏选项卡，如图 3.14 所示。

（2）在功能区上移动选项卡

按住 Ctrl 键及鼠标左键或直接按住鼠标左键拖动选项卡，可将选项卡标签拖动到功能区上的其他位置，如图 3.15 所示。

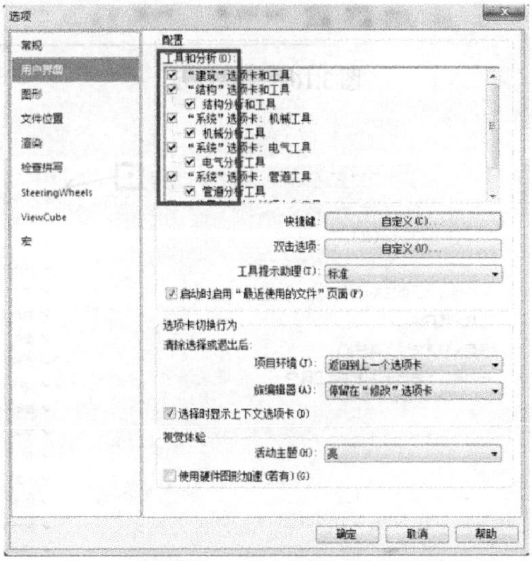

图 3.14　删除选项卡

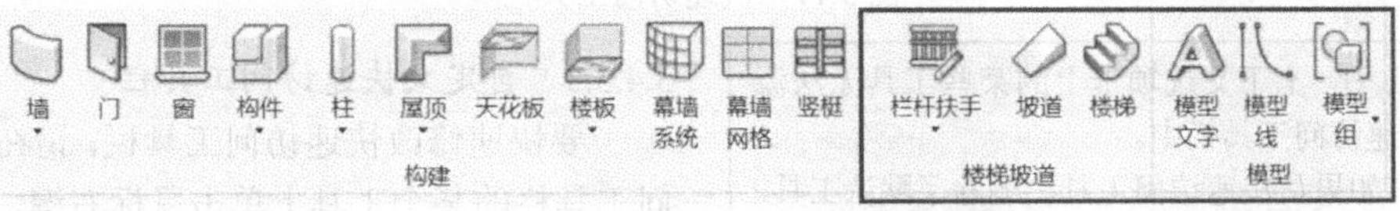

（a）移动前

图 3.15

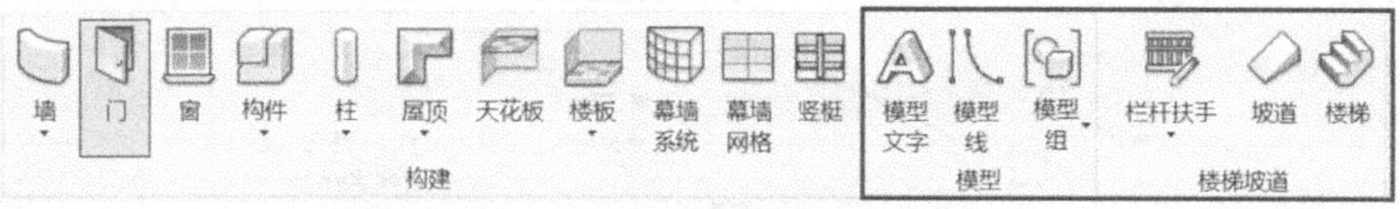

（b）移动后

图 3.15　移动选项卡前后

3.4.2.5　功能区工具提示

将光标停留在功能区的某个工具之上时，默认情况下，Revit 会显示工具提示。工具提示提供该工具的简要说明。如果光标在该功能区工具上再停留片刻，则会显示附加的信息（如果有），如图 3.16 所示。出现工具提示时，按 F1 键可以获得上下文相关帮助，其中包含有关该工具的详细信息。

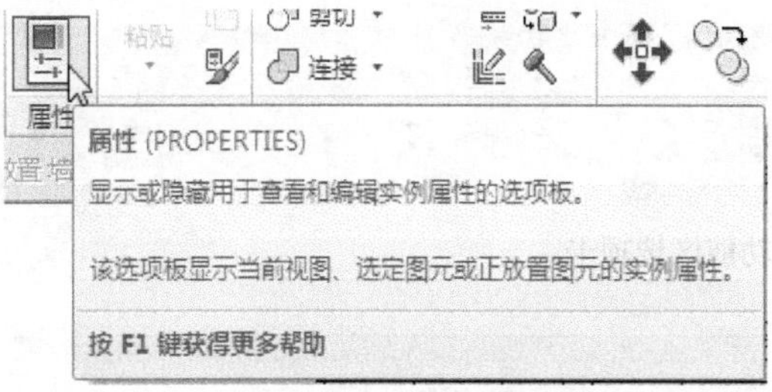

图 3.16　工具提示

3.4.3　快速访问工具栏

快速访问工具栏包含一组默认工具，如图 3.17（a）所示。可以对该工具栏进行自定义，使其显示最常用的工具。

3.4.3.1　移动快速访问工具栏

快速访问工具栏可以显示在功能区的上方或下方。要修改位置，应在快速访问工具栏上单击“自定义快速访问工具栏”下拉列表 ➤ “在功能区下方显示”快速访问工具栏，如图 3.17（b）所示。或在快速访问工具栏的某个工具上单击鼠标右键，然后选择“在功能区下方显示快速访问工具栏”，如图 3.17（c）所示。

3.4.3.2　将工具添加到快速访问工具栏

在功能区内浏览以显示要添加的工具。在该工具上单击鼠标右键，然后单击“添加到快速访问工具栏”，如图 3.17（d）所示。

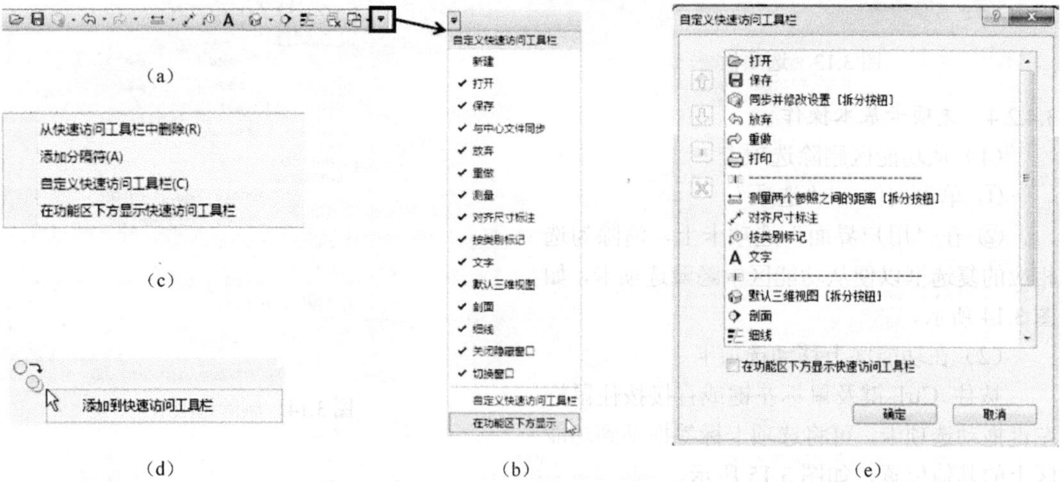

图 3.17　快速访问工具栏

> 注：① 上下文选项卡上的某些工具无法添加到快速访问工具栏中。
>
> ② 如果从快速访问工具栏删除了默认工具，可以单击“自定义快速访问工具栏”下拉列表并选择要添加的工具，来重新添加这些工具。

3.4.3.3　自定义快速访问工具栏

要快速修改快速访问工具栏，请在快速访问工具栏的某个工具上单击鼠标右键，然后选择下列选项之一。

- 从快速访问工具栏中删除：删除工具。

- 添加分隔符：在工具的右侧添加分隔符线。
- 自定义快速访问工具栏：进行工具栏的设置。

要进行全面的修改，可在“自定义快速访问工具栏”对话框［图 3.17（e）］中，执行下列操作，如表 3.5 所示。

表 3.5 快速访问工具栏自定义操作

目　标	操　作
在工具栏上向上（左侧）或向下（右侧）移动工具	在列表中，选择该工具，然后单击 ⇧（上移）或 ⇩（下移）将该工具移动到所需位置
添加分隔线	选择要显示在分隔线上方（左侧）的工具，然后单击 （添加分隔符）
从工具栏中删除工具或分隔线	选择该工具或分隔线，然后单击 ✕（删除）

3.4.4 项目浏览器

“项目浏览器”用于显示当前项目中所有视图、明细表、图纸、族、组和其他部分的逻辑层次，展开分支时，将显示下一层项目，如图 3.18（a）所示。

若要打开“项目浏览器”，请单击“视图”选项卡 ▶ “窗口”面板 ▶ “用户界面”下拉列表 ▶ “项目浏览器”，如图 3.18（b）所示。

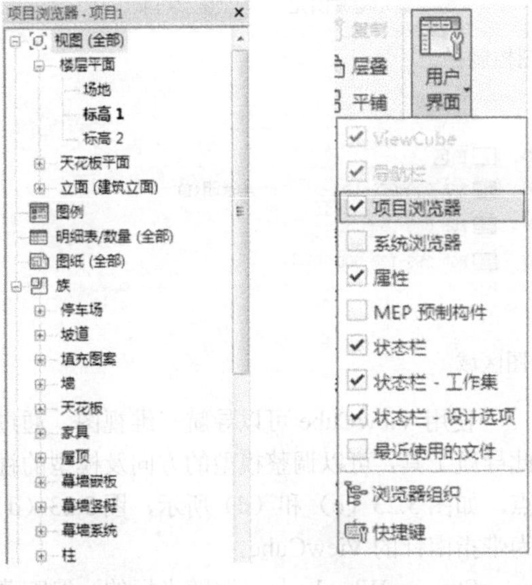

（a）　　　　（b）

图 3.18 项目浏览器

3.4.5 状态栏

状态栏沿应用程序窗口底部显示有关要执行的操作的提示，如图 3.19（a）为输入墙时状态栏的提示，图 3.19（b）所示为打开大文件时状态栏的提示，当高亮显示图元或构件时，状态栏会显示族和类型的名称。

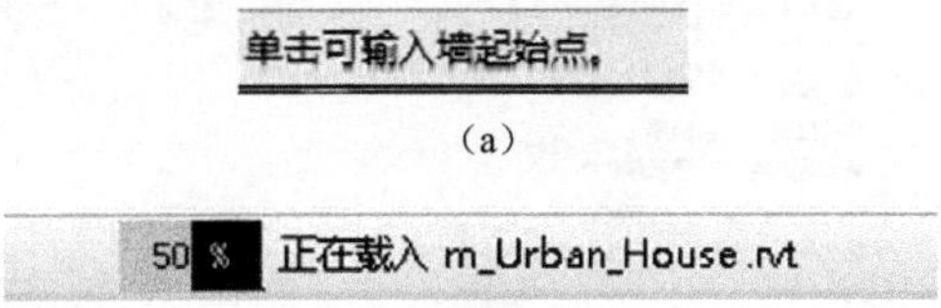

（a）

（b）

图 3.19 状态栏提示

3.4.6 属性选项板

“属性”选项板是一个无模式对话框，通过该对话框，可以查看和修改用来定义图元属性的参数，如图 3.20（a）所示。如果关闭了“属性”选项板，则可以使用下列任意一种方法重新打开它：

- 单击“修改”选项卡 ▶ “属性”面板 ▶ （属性），如图 3.20（b）所示；
- 单击“视图”选项卡 ▶ “窗口”面板 ▶ “用户界面”下拉列表 ▶ “属性”，如图 3.20（c）所示；
- 在绘图区域中单击鼠标右键并勾选“属性”，如图 3.20（d）所示。

3.4.7 视图控制栏

视图控制栏可以快速访问影响当前视图的功能工具，位于视图窗口底部，状态栏的上方，如图 3.21 所示。

3.4.8 绘图区域

绘图区域显示项目的当前视图（如图纸和明细表）。每次打开项目中的某一视图时，新打开的视图会显示在绘图区域中其他打开的视图的上面。其他视图仍处于打开的状态，但是这些视图在当前视图的下面。使用“视图”选项卡 ▶ “窗口”面板中的工具可排列项目视图，使其适合于用户的工作方式，如图 3.22（a）所示。如要关闭隐藏的窗口，单击“视图”

选项卡 ▶“窗口”面板 ▶ （关闭隐藏对象），如图 3.22（a）所示。

绘图区域背景的默认颜色是白色；可单击“文件”选项卡 ▶ 选项 ▶“图形”选项卡，将该颜色设置为黑色或其他颜色，如图 3.22（b）所示。

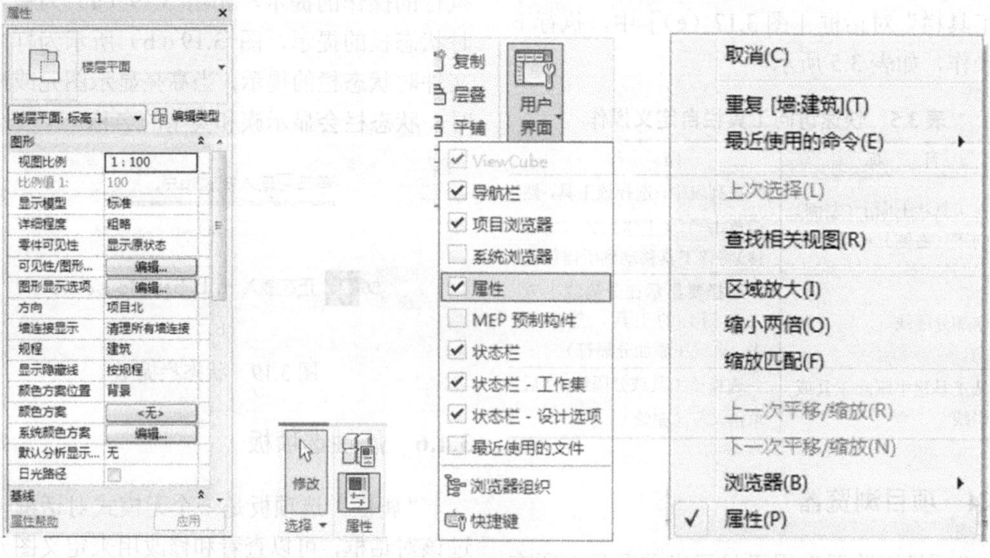

（a）（b）（c）（d）

图 3.20 属性选项板

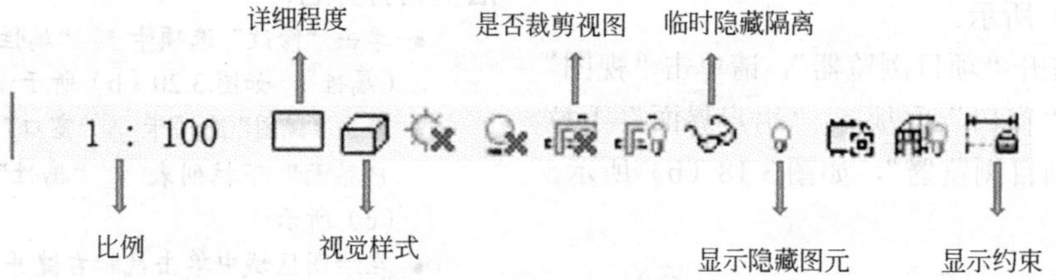

图 3.21 视图控制栏

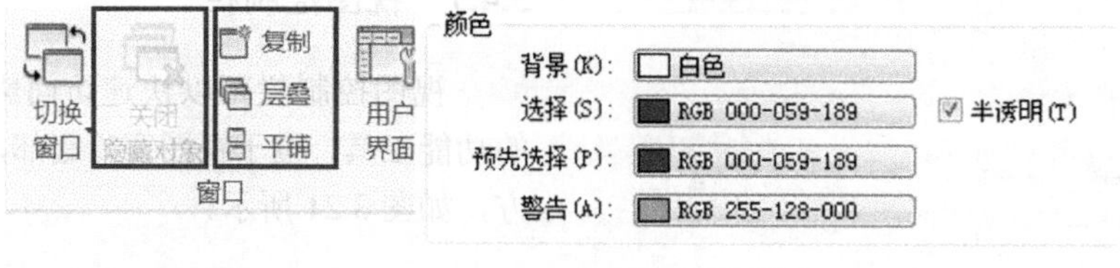

（a）（b）

图 3.22 绘图区域

3.4.9 导航栏

导航栏用于访问导航工具，包括 ViewCube 和 SteeringWheels 控制盘，如图 3.23（a）和（b）所示，图 3.23（a）为标准导航栏（不单独显示 ViewCube 时），图 3.23（b）为启用了 3DConnexion 三维鼠标的导航栏。

使用 ViewCube 可以导航三维视图。通过此导航工具，可以调整模型的方向及模型的视点，如图 3.23（c）和（d）所示，图 3.23（d）为带指南针的 ViewCube。

SteeringWheels 是（跟随光标的）追踪菜单，从该菜单可以通过单个工具访问不同的二维和三维导航辅助工具，如图 3.23（e）所示。

SteeringWheels 将多个常用导航工具结合到一个界面中，是特定于任务的，允许在不同的视图中导航和定向模型，从而为用户节省时间。

要激活或取消激活导航栏，单击“视图”选项卡 ▶“窗口”面板 ▶“用户界面”下拉列表，然后选中或清除“导航栏”。下面将分别讲述 ViewCube 和 SteeringWheels 控制盘的相关设置和操作。

(a)　(b)　(c)　(d)　(e)

图 3.23　导航视图工具

3.4.9.1　ViewCube

ViewCube 工具是一种可单击、可拖动的永久性界面，可用于在模型的标准视图和等轴测视图之间进行切换。显示 ViewCube 工具后，它将以非活动状态显示在窗口中的一角。ViewCube 工具更改视图模型方向和角度时，绘图区域中的模型也同步变化。将光标放置到 ViewCube 工具上时，该工具变为活动状态。

（1）ViewCube 的设置

可通过“文件”选项卡 ▶ 选项，单击“ViewCube”选项卡，对“ViewCube”的外观、操作和指南针的显隐进行控制，如图 3.24 所示。各选项的含义见表 3.6。

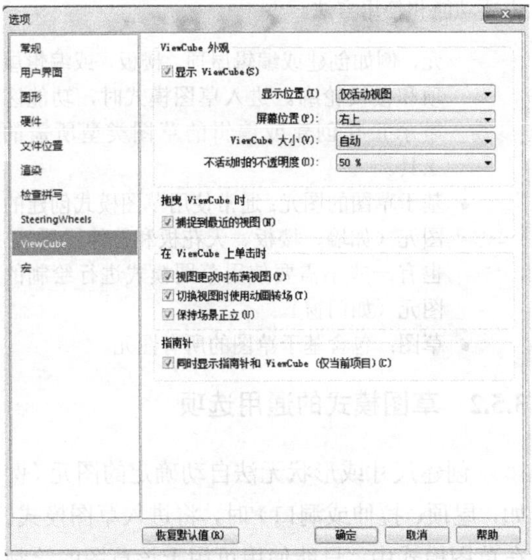

图 3.24　ViewCube 设置

表 3.6　ViewCube 设置项定义

选　项	定　义
ViewCube 外观	
显示 ViewCube	在三维视图中显示或隐藏 ViewCube
显示位置	指定哪些视图显示 ViewCube
屏幕位置	指定 ViewCube 在绘图区域中的位置
ViewCube 大小	指定 ViewCube 的大小
不活动时的不透明度	指定未使用 ViewCube 时它的不透明度。如果选择了 0%，则除非将光标移至 ViewCube 屏幕位置上方，否则 ViewCube 不会显示在绘图区域中
拖曳 ViewCube 时	
捕捉到最近的视图	选择了该选项时，将捕捉到最近的 ViewCube 视图方向。ViewCube 视图方向是 26 个视图选项之一（ViewCube 的某一面、边缘或角）
在 ViewCube 上单击时	
视图更改时布满视图	如果在绘图区域中选择了图元或构件，并在 ViewCube 上单击，则视图将相应地进行旋转，并进行缩放以匹配绘图区域中的该图元
切换视图时使用动画转场	切换视图方向时显示动画操作
保持场景正立	使 ViewCube 和视图的边垂直于地平面。如果取消选择该选项，可以按 360°旋转动态观察模型，在编辑一个族时该功能可能很有用
指南针	
同时显示指南针和 ViewCube	显示或隐藏 ViewCube 指南针

（2）ViewCube 的选项

通过在 ViewCube 上单击鼠标右键可打开 ViewCube 菜单，如图 3.25 所示。使用 ViewCube

菜单可以恢复和定义模型的主视图，在视图投影模式之间切换，并更改 ViewCube 的交互行为、外观和其主要选项。

3.4.9.2　SteeringWheels

SteeringWheels 将多个常用导航工具结合到一个界面中，允许用户在不同的视图中导航和定向模型，从而节约时间。其主要功能和使用方法如图 3.26 所示。

3.4.10　信息中心

信息中心提供了一套工具，使用户可以访问许多与产品相关的信息源，根据 Autodesk 产品和配置，这些工具可能有所不同，如图3.27所示。

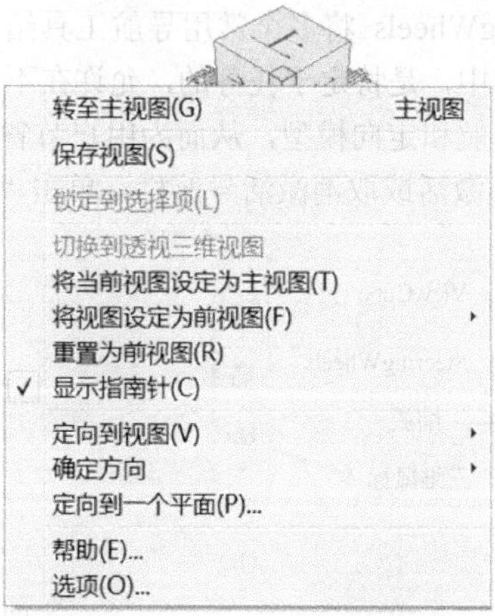

图 3.25　ViewCube 主要选项

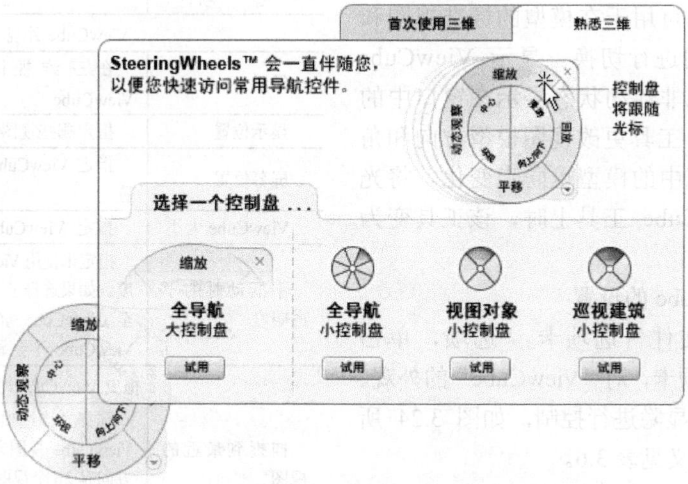

图 3.26　SteeringWheels 主要功能和使用方法

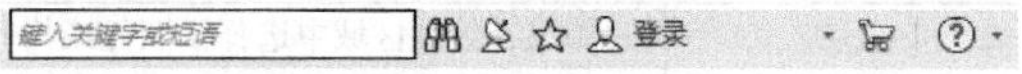

图 3.27　信息中心

3.5　Revit 图元常用绘制工具

3.5.1　绘制的基本术语

若要创建特定图元或定义几何图形（如拉伸、洞口和区域），可通过绘制功能来绘制。绘制的关键术语有：绘制、草图、草图模式、基于草图的图元，具体含义如下。

- 绘制：Revit 中绘制图元的过程。
- 草图模式：Revit 中的一种环境，使用该环境可绘制其尺寸或形状不能自动确定的图元，例如创建或编辑屋顶、楼板，或编辑屋顶和楼板轮廓。进入草图模式时，功能区显示正在创建或编辑的草图类型所需的工具。
- 基于草图的图元：通常使用草图模式创建的图元（如墙、楼板、天花板和拉伸屋顶）。也有一些不需要使用草图模式进行绘制的图元（如门窗）。
- 草图：包含基于草图的所有图元。

3.5.2　草图模式的通用选项

创建尺寸或形状无法自动确定的图元（例如，屋顶、拉伸或洞口）时，将进入草图模式。在草图模式中，只能使用可用于该草图的绘制工具，工具因所绘制的图元类型而异。

绘制草图时，可以绘制线，也可以使用“拾取”选项（墙、面、线、边）。如果采用绘制方法，可以通过单击并移动光标来创建图元；如果使用“拾取”选项，可以选择现有的墙、面、线或边。草图绘制的通用选项见表 3.7。

表 3.7　草图绘制的通用选项

选　项	用　途
绘制选项①	绘制草图
拾取选项②	选择现有墙、线或边。使用“拾取线”时，选项栏上有一个“锁定”选项（用于某些图元），可以将拾取的线锁定到边（注：可以使用 Tab 键切换到可用的链）
拾取面	通过选择体量图元或常规构件的面添加墙
拾取墙	通过拾取现有的墙，添加和绘制线，如楼板边线
链	绘制时连接（链接）线段，使上一条线的终点成为下一条线的起点［注：不能链接闭合的环（圆形、多边形）或圆角］
偏移	根据指定的值偏移绘制或拾取的线
半径	预设半径值，预设半径对图元或草图施加了限制条件，这样需要较少的单击就可完成绘制。如使用预设半径，可以单击一点创建一个圆，或单击两点创建一个圆角；或者连接线（使用或不使用链选项）；也可以在绘制矩形或者使用“圆角弧”草图选项绘制圆角时，指定角的圆弧（圆角的半径）

① 例如，╱（线）或 ▭（矩形）。

② 例如，（拾取线）。

3.5.3　常用的绘制命令

项目中绘制命令常用于墙、迹线屋顶、拉伸屋顶、楼板、详图线等的绘制。每种图元创建的绘制命令如图 3.28 所示。其基本绘制操作命令如直线、圆、弧线的操作方式基本相同。

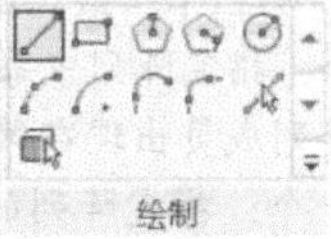

（a）墙

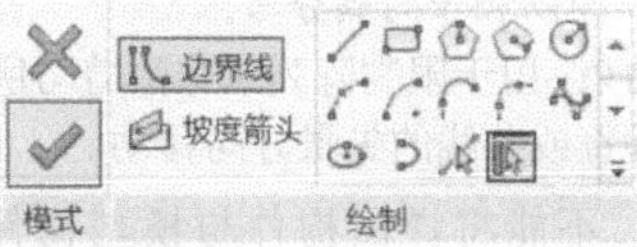

（b）迹线屋顶

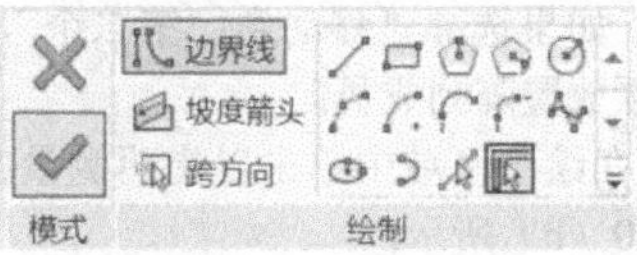

（c）楼板

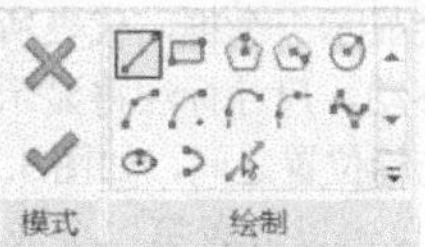

（d）拉伸屋顶迹线

图 3.28　绘制命令

3.6　Revit 图元常用编辑操作

3.6.1　撤销操作

使用“撤销”工具可取消最近的一个操作或一系列操作。

（1）撤销单个操作

单击快速访问工具栏上的 ↶（撤销），Revit 将取消最近执行的一个操作。

注：编辑文字注释时，请单击“修改 | 文字注释” ➤ “编辑文字” ➤ “撤销”面板 ➤ ↶（Undo）。文字注释不具备可执行多个撤销操作的向下滚动功能。可以反复单击“撤销”逐步后退。

（2）撤销多个操作

要撤销多个操作，应执行下列步骤：

① 在快速访问工具栏上，单击“撤销”工具（↶）旁的下拉列表；

② 向下滚动查找要取消的操作；

③ 选择相应的操作。

3.6.2　重做操作

使用“恢复”工具可恢复由“撤销”工具所取消的所有操作。恢复这些操作后，当前工具将继续执行。

3.6.2.1 恢复单个操作

要恢复单个操作，单击快速访问工具栏上的 （恢复），Revit 会恢复用户之前使用“撤销”工具取消的操作。

> 注：编辑文字注释时，请单击“修改 | 文字注释” ➤ “撤销”面板 ➤ （恢复）。文字注释不具备可执行多个恢复操作的向下滚动功能。可以反复单击“恢复”逐步后退到编辑。

3.6.2.2 恢复多个操作

恢复多个 Revit 操作，步骤如下：

① 在快速访问工具栏上，单击“恢复”工具（ ）旁的下拉列表；

② 向下滚动查找要恢复的操作；

③ 选择相应的操作。

Revit 会撤销在所选操作之前执行的所有操作（包括所选操作）。

> 提示：也可以使用快捷键 Ctrl+Z 一次恢复一个操作。

3.6.2.3 取消操作

取消操作指退出已经启动的操作，有如下几种方法：

- 按 Esc 键一次或两次；
- 单击鼠标右键，然后单击“取消”；
- 在“选择”面板上，单击 （修改）。

3.6.2.4 重复上次或最近使用的命令

要重复命令，请执行下列操作之一：

- 在绘图中单击鼠标右键，然后单击“重复［上一个命令］”，如图 3.29 所示；
- 在绘图中单击鼠标右键，然后单击“最近使用的命令” ➤ “<命令名称>”，选择要重复的命令，列表中最多显示五个最近使用的命令，如图 3.29 所示；
- 按 Enter 键可调用上次使用的命令；
- 为“重复上一个命令”指定快捷键。

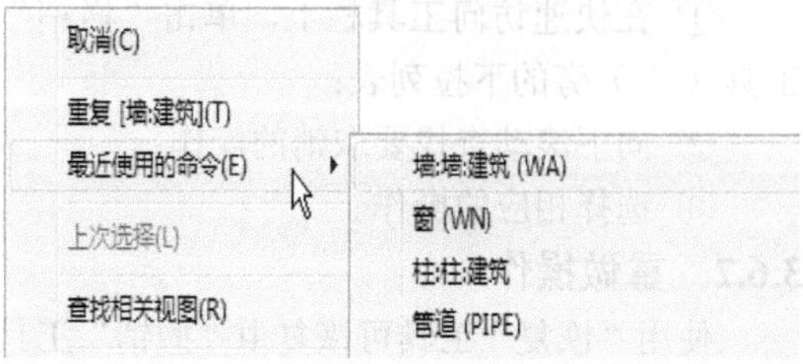

图 3.29 重复命令

> 注：下列命令不会出现在“最近使用的命令”列表中：工具设置、画布和视图中的命令、修改、恢复/撤销、复制/剪切/粘贴、完成/取消以及某些选项栏命令。

3.6.3 图元阵列

阵列工具用于创建选定图元的线性复制或以指定圆心为中心进行复制，可指定阵列中的图元之间的距离或角度。

3.6.3.1 线性阵列

① 启动命令，执行以下操作之一：

- 选择要阵列的图元，然后单击“修改 | <图元>”选项卡 ➤ “修改”面板 ➤ （阵列）；
- 单击“修改”选项卡 ➤ “修改”面板 ➤ （阵列），选择要阵列的图元，然后按 Enter 键或空格键，以结束选择。

② 在选项栏上单击 （线性），如图 3.30（a）所示。

③ 选择所需的选项，如图 3.30（a）所示。

- 成组并关联：将阵列的每个成员包括在一个组中。如果未选择此选项，Revit 将会创建指定数量的副本，而不会使它们成组，在放置后，每个副本都独立于其他副本。
- 项目数：指定阵列中所有选定图元的副本总数，包含副本。
- 移动到：“第二个”或“最后一个”。
  - ➢ 第二个：指定阵列中每个成员间的间距，其他阵列成员出现在第二个成员之后。
  - ➢ 最后一个：指定阵列的整个跨度。阵列成员会在第一个成员和最后一个成员之间以相等间隔分布。
- 约束：用于限制阵列成员沿着与所选的图元垂直或共线的矢量方向移动。

> 注：不能将详图构件与模型构件组合在一起。
>
> （1）如果选择“移动到：第二个”，则将按如下步骤放置阵列成员：
>
> ① 在绘图区域中单击以指明测量的起点，如图 3.30（b）所示；
>
> ② 在成员之间将光标移动到所需的距离，移动光标时，会显示一个框，代表所选图元，该框将沿捕捉点移动，尺寸标注将显示在第一个单击位置与当前光标位置之间，如图 3.30（c）所示；
>
> ③ 再次单击以放置第二个成员，或者键入尺寸标注并按 Enter 键。
>
> （2）如果选择“移动到：最后一个”，则将

按如下所示放置阵列成员：

① 在绘图区域中单击以指明测量的起点；

② 将光标移动到所需的最后一个阵列成员的位置。移动光标时，会显示一个框，代表所选图元，该框将沿捕捉点移动。尺寸标注将显示在第一个单击位置与当前光标位置之间；

③ 再次单击以放置最后一个成员，或者指定尺寸标注并按 Enter 键。

④ 如果在选项栏上选择了“成组并关联”，则会出现一个数字框，指明要在阵列中创建的副本数，如图 3.30（d）所示。如果需要，可修改该数字并按 Enter 键，Revit 会创建指定数目的选定图元的副本，然后使用适当的间距放置它们。

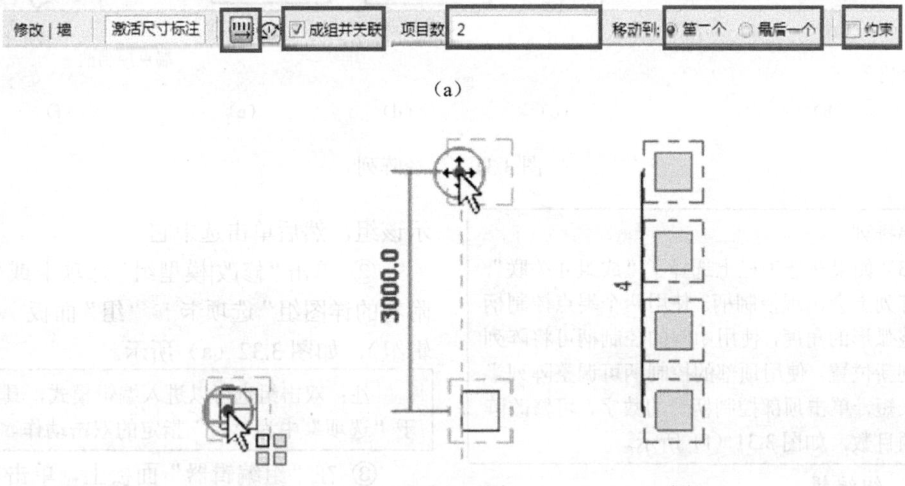

（a）

（b） （c） （d）

图 3.30　线性阵列图元

3.6.3.2　半径阵列

① 启动命令，执行下列操作之一：

- 选择要在阵列中复制的图元，然后单击“修改 |<图元>”选项卡 ▶“修改”面板 ▶（阵列）；
- 单击“修改”选项卡 ▶“修改”面板 ▶（阵列），选择要在阵列中复制的图元，然后按 Enter 键或空格键，以结束选择。

② 在选项栏上单击（半径），如图 3.31（a）所示。

③ 选择所需的选项，如“3.6.3.1 线性阵列”中所述，如图 3.31（a）所示。

④ 定位旋转中心：通过拖动旋转中心控制点（●），将其重新定位到所需的位置，如图 3.31（b）所示；也可以单击选项栏上的“旋转中心:地点”，如图 3.31（a）所示，然后单击以选择一个位置。

注：阵列成员将放置在以该点进行测量的弧形周围。在大部分情况下，都需要将旋转中心控制点从所选图元的中心移走或重新定位。该控制点会捕捉到相关的点和线，如墙或墙与线的交点，也可将其定位到开放空间中。

⑤ 将光标移动到半径阵列的弧形开始的位置（一条自旋转符号的中心延伸至光标位置的线），如图 3.31（c）所示。

注：如果要指定旋转的角度（而不是绘制出角度），请在选项栏上指定“角度”值，然后按 Enter 键，跳过剩余的步骤。

⑥ 确定旋转角度：单击以指定第二条旋转放射线，旋转时，会显示临时角度标注，并会出现一个预览图像，表示选择集的旋转，如图 3.31（d）所示；也可在绘图区域直接输入旋转角度，如图 3.31（e）所示。

⑦ 单击可放置第二条射线，完成阵列；或输入角度单击 Enter 键，如图 3.31（f）所示。

注：（1）如果在选项栏上选择“移动到: 第二个”，则第二条射线会定义阵列的第二个成员的位置，将使用相同的间距放置其他阵列成员。

（2）如果选择了“移动到: 最后一个”，则第二条射线会定义最后一个阵列成员的位置，其他阵列成员将在第一个和最后一个成员之间以相

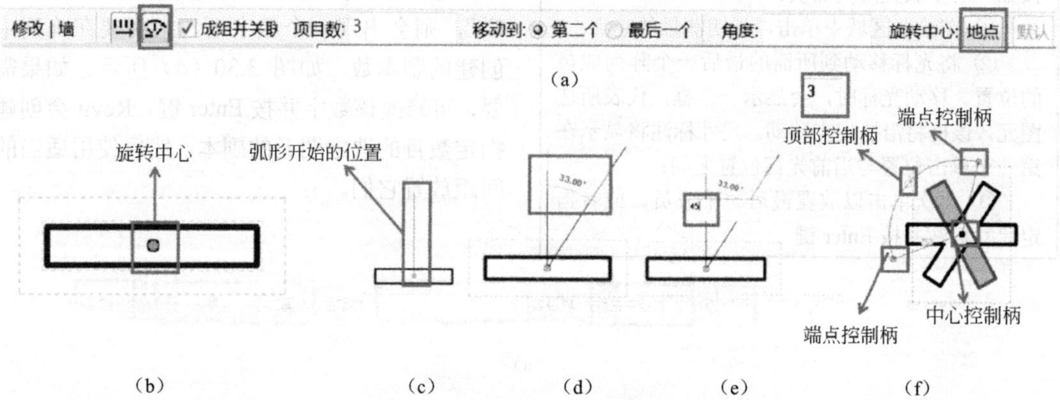

图 3.31　半径阵列

等间隔排列。

（3）如果在选项栏上选择了“成组并关联”，半径阵列上会出现控制柄。使用两个端点控制柄可调整弧形的角度，使用中间的控制柄可将阵列拖曳到新位置。使用顶部的控制柄可调整阵列半径的长短，单击顶部控制柄旁的数字，可修改阵列的项目数，如图 3.31（f）所示。

3.6.3.3　组编辑

阵列成组后，选中相应组，可以单击功能区（解组）后对每个图元进行相应的编辑，编辑方法参照后面对应的图元，如图 3.32（a）所示。也可单击功能区（编辑组）对成组后的图元进行编辑，如图 3.32（b）所示。

（1）添加/删除图元

① 在绘图区域中选择要修改的组。如果要修改的组是嵌套的，按 Tab 键，直到高亮显示该组，然后单击选中它。

② 单击“修改|模型组”选项卡或“修改 | 附着的详图组”选项卡 ▶“组”面板 ▶（编辑组），如图 3.32（a）所示。

注：双击组也可以进入编辑模式，具体取决于“选项”中为“组”指定的双击动作。

③ 在“组编辑器”面板上，单击（添加）将图元添加到组，或者单击（删除）从组中删除图元，如图 3.32（b）所示。

④ 在绘图区域选择要添加到组的图元或者要从组删除的图元。

⑤ 完成后，单击（完成）。

（2）创建附着的详图组

阵列成组的模型图元不能同时把详图（视图专有）图元也阵列在一个组内。要在组内包

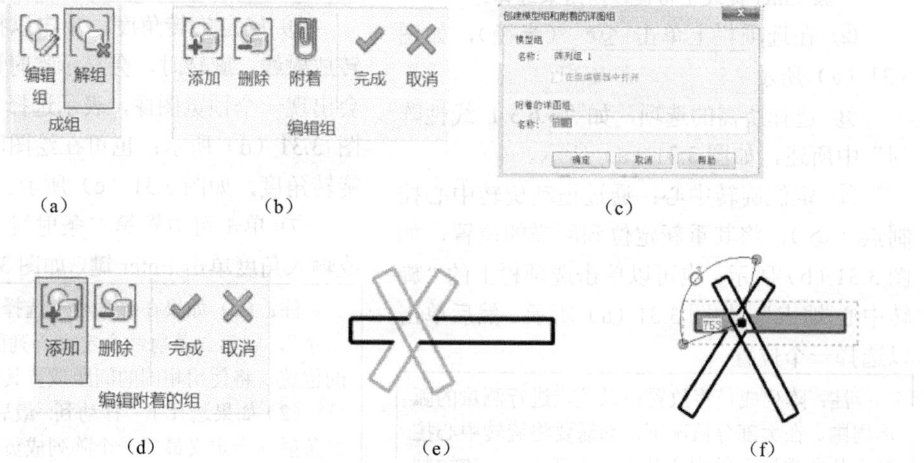

图 3.32　组编辑

含详图图元，通过“附着”的方式，把详图图元包含在组内。

① 选择阵列的模型组，然后单击“修改 | 模型组”选项卡 ➤“组”面板 ➤“编辑组”。单击“编辑组”面板 ➤（附着），如图 3.32（b）所示。

② 在“创建模型组和附着的详图组”对话框中，输入模型组的名称（如有必要），并输入附着的详图组的名称，如图 3.32（c）所示。

③ 在绘图区域选择要添加到组的详图图元或者要从组删除的详图图元，如图 3.32（d）所示。

④ 完成选择后，单击（完成）。

（3）编辑组中的图元

① 在绘图区域中选择要修改的组。如果要修改的组是嵌套的，按 Tab 键，直到高亮显示该组，然后单击选中它。

② 单击“修改 | 模型组”选项卡或“修改 | 附着的详图组”选项卡 ➤“组”面板 ➤（编辑组），如图 3.32（a）所示。

③ 在绘图区域编辑组中的一个图元，如图 3.32（e）所示。

④ 完成后，单击（完成），结果如图 3.32（f）所示。

3.6.4 图元移动

可以使用功能区选项、键盘操作和屏幕上的图元控制，在绘图区域中移动图元，可单独移动或与其他图元一起移动。下面以修改面板“移动”工具为例讲述移动图元的操作。

① 启动命令，执行下列操作之一，如图 3.33（a）所示。

- 选择要移动的图元，然后单击“修改 | <图元>”选项卡 ➤“修改”面板 ➤（移动）；
- 单击“修改”选项卡 ➤“修改”面板 ➤（移动），选择要移动的图元，然后按 Enter 键或空格键，结束选择。

② 在选项栏上单击所需的选项，如图 3.33（b）所示。

- 约束：单击“约束”可限制图元沿着与其垂直或共线的矢量方向的移动；
- 分开：单击“分开”可在移动前中断所选图元和其他图元之间的关联。例如，要移动连接到其他墙的墙时，该选项很有用。也可以使用“分开”选项将依赖于主体的图元从当前主体移动到新的主体上。例如，可以将一扇窗从一面墙移到另一面墙上。使用此功能时，最好清除“约束”选项。

③ 单击一次以输入移动的起点，将会显示该图元的预览图像。

④ 沿着希望图元移动的方向移动光标。

⑤ 光标会捕捉到捕捉点。此时会显示尺寸标注作为参考，如图 3.33（c）所示。

⑥ 再次单击以完成移动操作，或者如果要更精确地进行移动，请键入图元要移动的距离值，然后按 Enter 键，结果如图 3.33（d）所示。

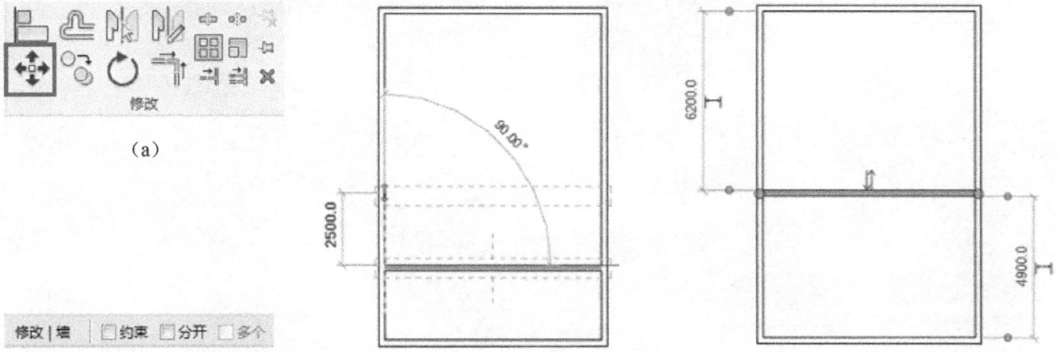

（b）　　（c）　　（d）

图 3.33　图元移动

3.6.5　图元复制

有多种方法可用于复制一个或多个选定图元：

- 选择一个图元，然后在按住 Ctrl 键的同时，拖曳图元进行复制；
- 使用“复制”工具复制图元；
- 使用剪贴板，分别通过 Ctrl+C 和 Ctrl+V 来复制和粘贴图元；
- 使用“创建类似实例”工具可添加选定图元的一个新实例；
- 生成图元的镜像副本（使用带“复制”选项的“镜像”工具）；
- 复制图元阵列。

3.6.6　图元删除

使用“删除”工具可将选定图元从图形中删除，可执行下列操作之一：

- 选择要删除的图元，然后单击“修改 | <图元>”选项卡 ➤“修改”面板 ➤ ✖（删除）；
- 单击“修改”选项卡 ➤“修改”面板 ➤ ✖（删除），选择要删除的图元，然后按 Enter 键或空格键；
- 选中要删除的图元，单击 Delete 键。

3.6.7　图元修改

可以使用多个工具来操作、修改和管理图元显示在绘图区域中的方式。如使用“匹配类型”工具修改图元类型、修改图元的线样式、修改图元的剖切面轮廓、连接几何图形、拆分图元等，限于篇幅就不一一讲解了，读者可在掌握后面的内容后自行练习。

4 建模技术

Revit 把建筑构件按性质进行分类来实现对模型进行管理，每一类构件又称为类别，用族来表达，类中不同的尺寸用族类型表达相互关系如图 3.1 所示。把不同类型放到项目中的实际项，又称之为图元。图元是 Revit 模型的最小单位，分为五大类如图 3.3 所示。每一类图元有其共性，又有各自的特性，本章把图元分类和专业分工习惯结合在一起进行讲解，主要内容：基准图元（标高、轴网、参照平面）创建，主体图元（墙、幕墙、楼板天花板、屋顶、坡道、楼梯等），构件图元（门窗家具、柱梁等）的创建。

基准图元主要包括标高、轴网、参照平面，其作用是在建模过程中提供定位、基准面、工作平面。其中参照平面还用于参数驱动。

4.1 标高

标高，可定义垂直高度或建筑内的楼层层高及生成平面视图，Revit 中标高并非必须作为楼层层高，也可作为辅助定位平面。

制图规定标高符号应以直角等腰三角形表示，如图 4.1（a）所示，用细实线绘制，当标注位置不够，也可按图 4.1（b）所示标注。标高符号的具体画法应符合图 4.1（c）和（d）的要求，标高数字应以 m 为单位，注写到小数点后三位。在总平面图中，标高数字等详细要求可参见《房屋建筑制图统一标准》（GB/T 50001—2017）。

Revit 中，标高由标高线和标头两大块组成，各部分名称及作用如图 4.2 所示。标高线与标高标头都是由族组成的。

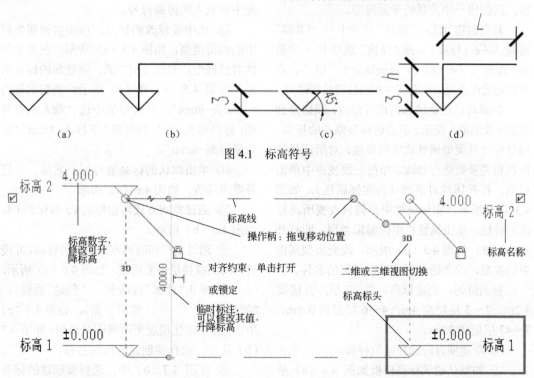

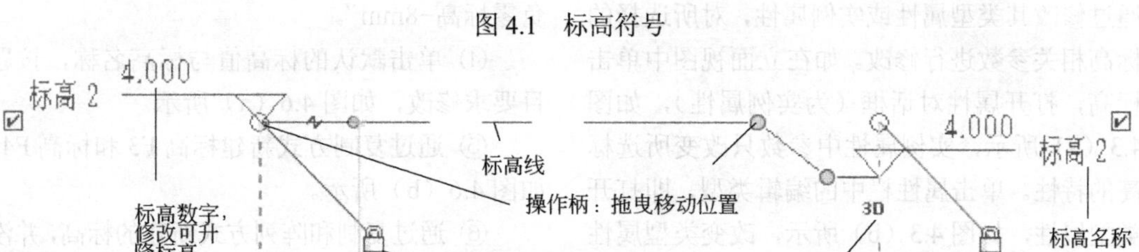

图 4.1　标高符号

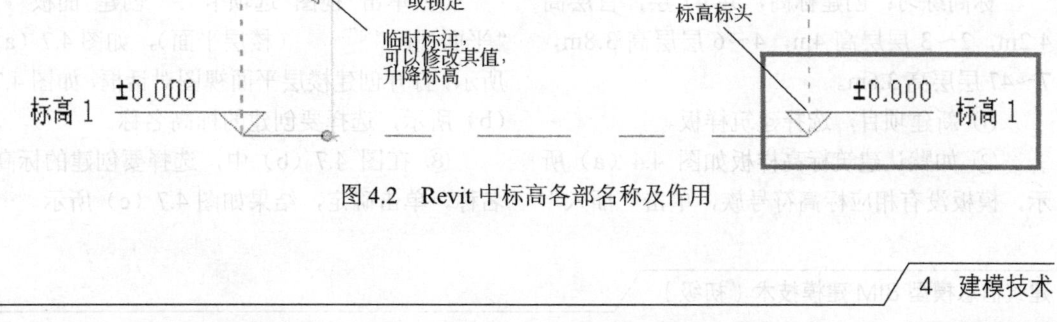

图 4.2　Revit 中标高各部分名称及作用

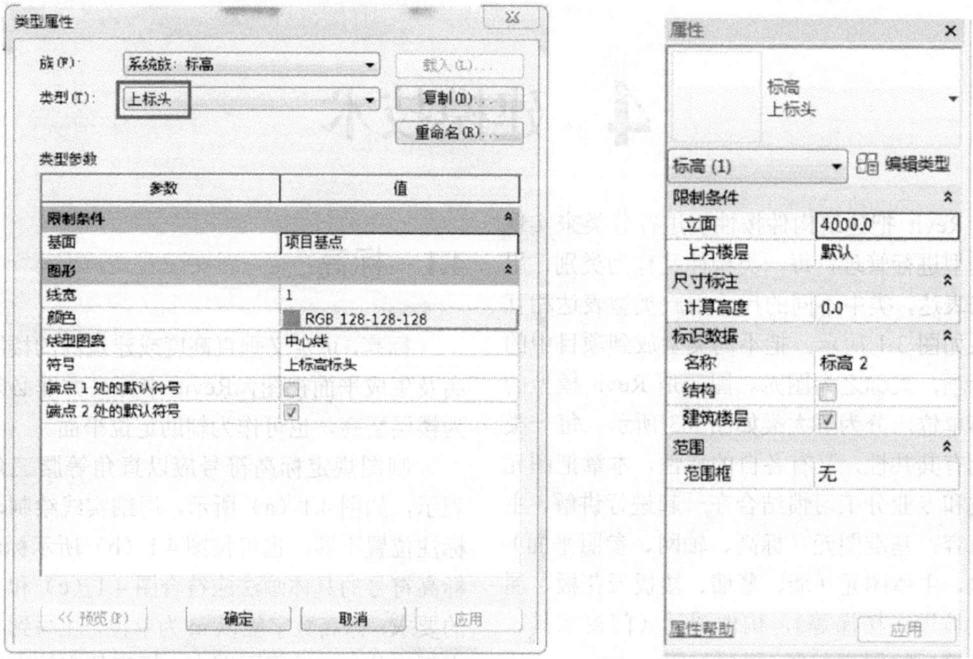

(a)　　　　　　　　　　　　　　　　　　　　(b)

图 4.3　标高属性与实例属性

要添加标高，必须处于剖面视图或立面视图中（通常在立面图中添加标高），创建标高后，就创建一个关联的平面视图。

标高创建方法：“建筑”选项卡 ▶“基准”面板 ▶（标高），或“结构”选项卡 ▶“基准”面板 ▶（标高）或快捷命令“LL”，命令启动后在立面或剖面图中相应位置绘制即可。

如需对已创建的标高进行修改，须切换到立面（或剖面）视图，单击选择要修改的标高，通过修改其类型属性或实例属性，对所选择的标高相关参数进行修改。如在立面视图中单击标高，打开属性对话框（为实例属性），如图 4.3（a）所示，实例属性中参数只改变所选标高的特性。单击属性栏中的编辑类型，即打开类型属性，如图 4.3（b）所示，改变类型属性中的参数，改变的是所选标高类型的名称。

标高练习：创建标高，共 47 层，首层高 4.2m，2～3 层层高 4m，4～6 层层高 3.8m，7～47 层层高 3.6m。

① 新建项目，选择建筑样板。

② 如默认建筑标高样板如图 4.4（a）所示，模板没有相应标高符号族，单击“插入”选项卡 ▶“从库中载入”面板 ▶（载入族）▶注释 ▶符号 ▶建筑，如图 4.4（b）所示，选中要载入的标高符号。

③ 选中要修改的标高，单击实例属性栏中的编辑类型，如图 4.5（a）所示，在类型属性对话框中，通过复制方式，新建新的标高类型，如图 4.5（b）和（c）所示，类型名称为“上标头-8mm”，在符号值中选“载入的符号族：标高标头_上”。同理建“下标头-8mm”“正负零标高-8mm”。

④ 单击默认的标高值与标高名称，按题目要求修改，如图 4.6（a）所示。

⑤ 通过复制方式新建标高 F3 和标高 F4，如图 4.6（b）所示。

⑥ 通过复制和阵列方式新建的标高，并没有自动生成楼层平面视图，如图 4.6（c）所示。

⑦ 单击“视图”选项卡 ▶“创建”面板 ▶“平面视图”▶（楼层平面），如图 4.7（a）所示，打开创建楼层平面视图对话框，如图 4.7（b）所示，选择要创建的标高名称。

⑧ 在图 4.7（b）中，选择要创建的标高名称，单击确定，结果如图 4.7（c）所示。

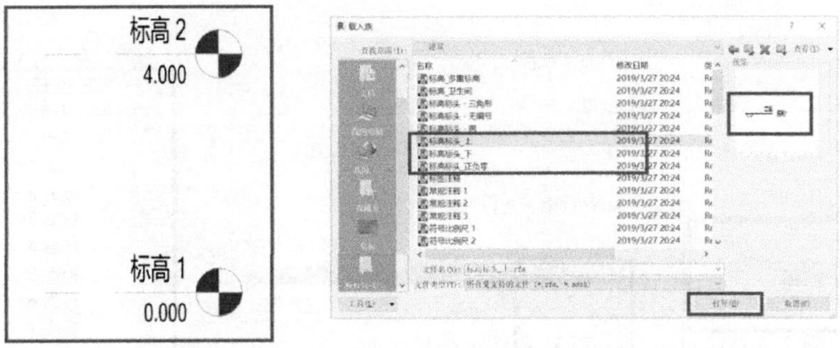

（a）　　　　（b）

图 4.4　标高练习 1

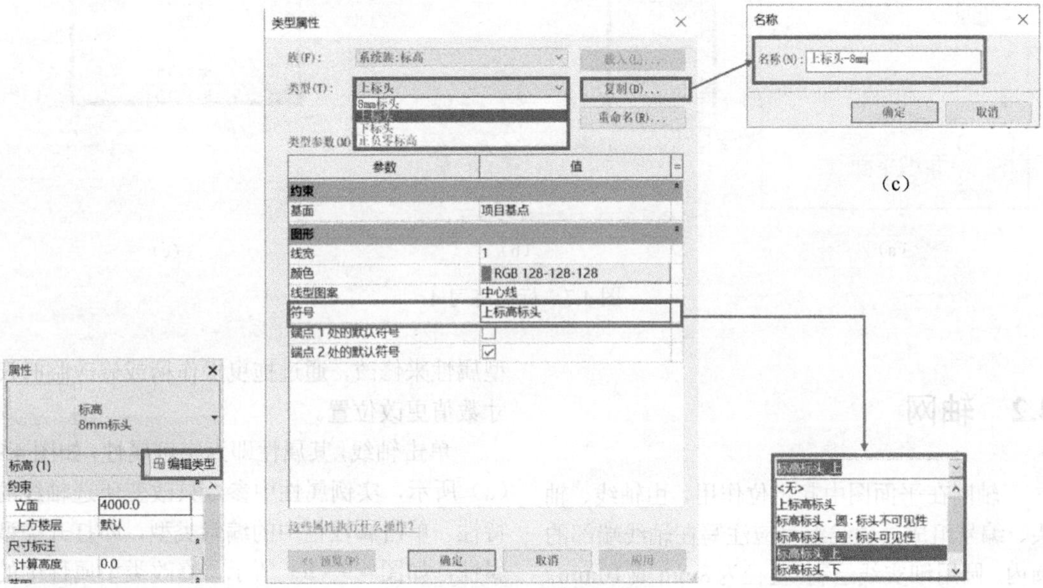

（a）　　　　（b）　　　　（c）　　　　（d）

图 4.5　标高练习 2

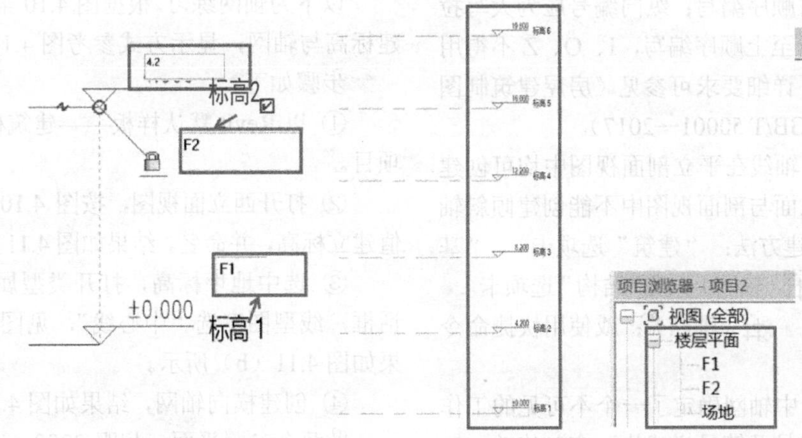

（a）　　　　（b）　　　　（c）

图 4.6　标高练习 3

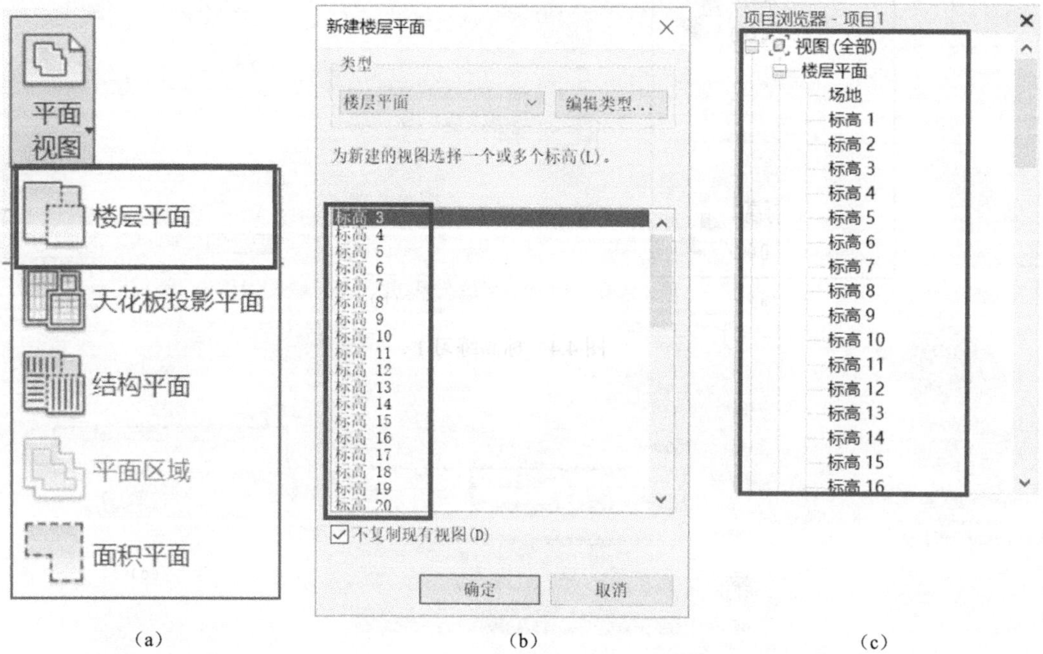

图 4.7　标高练习 4

4.2　轴网

轴网在平面图中起定位作用，由轴线、轴头、编号组成。轴线编号应注写在轴线端部的圆内。圆用细实线绘制，直径为 8mm 或 10mm。定位轴线圆的圆心应在定位轴线的延长线上或延长线的折线上。横向编号应为阿拉伯数字，从左至右顺序编写；纵向编号应为大写拉丁字母，从下至上顺序编写，I、O、Z 不得用作轴线编号。详细要求可参见《房屋建筑制图统一标准》(GB/T 50001—2017)。

Revit 中轴线在平立剖面视图中均可创建与编辑（在立面与剖面视图中不能创建倾斜轴线）。轴线创建方法：“建筑”选项卡 ➤“基准”面板 ➤ (轴网)；或“结构”选项卡 ➤“基准”面板 ➤ (轴网)；或使用快捷命令 GR。

在 Revit 中轴网确定了一个不可见的工作平面，轴网编号及符号样式均可定制修改。轴线各部分名称如图 4.8 所示。与标高类似，轴线属性的参数值也可通过修改实例属性及类型属性来修改，通过拖曳操作柄或修改临时尺寸数值更改位置。

单击轴线，其属性即为实例属性，如图 4.9（a）所示，实例属性中参数只改变所选轴线的特性。单击属性栏中的编辑类型，即打开类型属性，如图 4.9（b）所示，修改类型属性中的参数，改变的是图 4.9（a）所示框中类型名称的特性。

以下为轴网练习。根据图 4.10 给定数据创建标高与轴网，显示方式参考图 4.10。

步骤如下。

① 以 Revit 默认样板——建筑样板，新建项目。

② 打开西立面视图，按图 4.10 所示标高值建立标高，并命名。结果如图 4.11（a）所示。

③ 选中地坪标高，打开类型属性编辑对话框，线型图案选“中心线”，见图 4.12，结果如图 4.11（b）所示。

④ 创建横向轴网，结果如图 4.13（a）所示，做两个参照平面，相距 3200mm，延长⑥号轴线与下面参照平面相交，确定圆心，如图 4.13（b）所示。

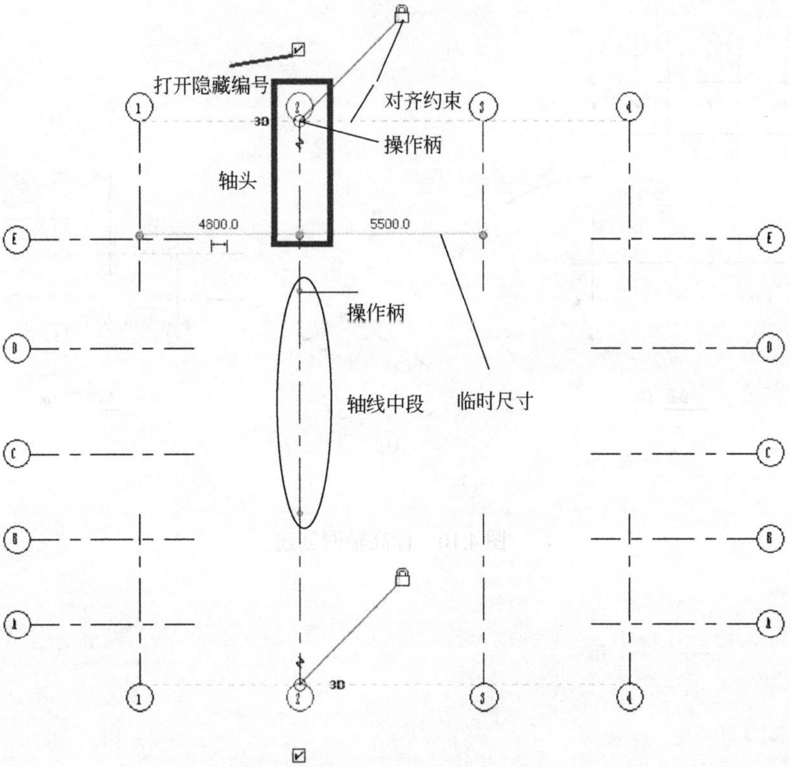

图 4.8　轴线各部分名称

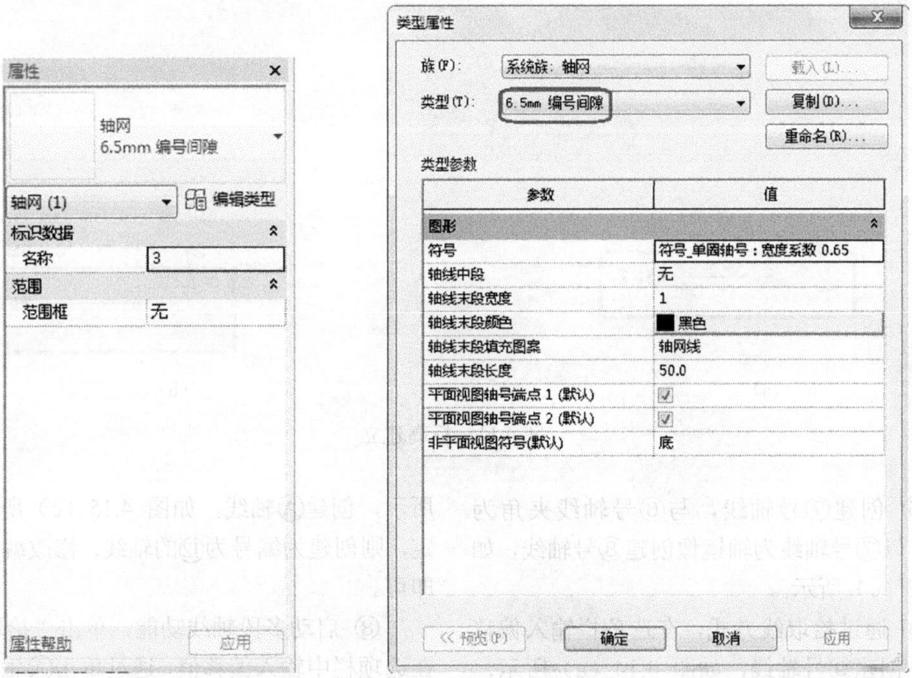

(a)　　　　　　　　(b)

图 4.9　轴线类型和实例属性框

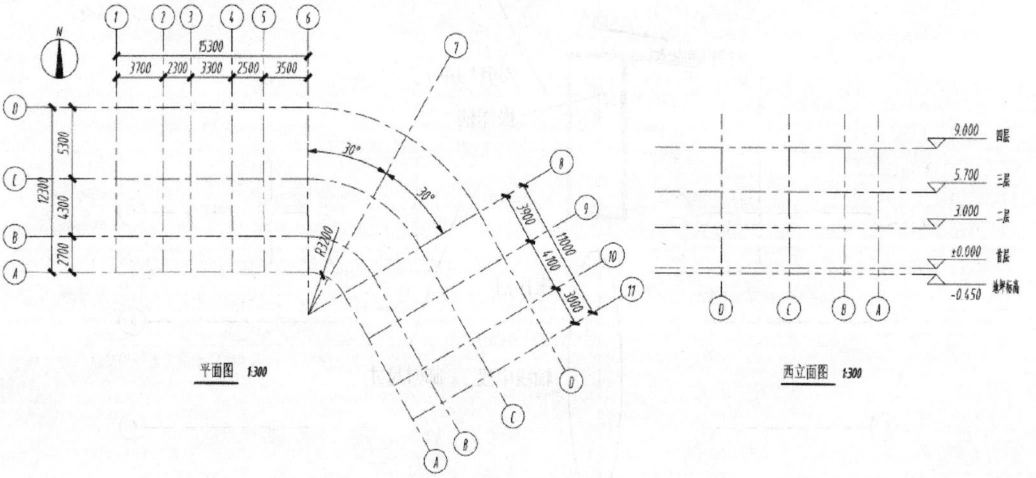

图 4.10　标高轴网创建

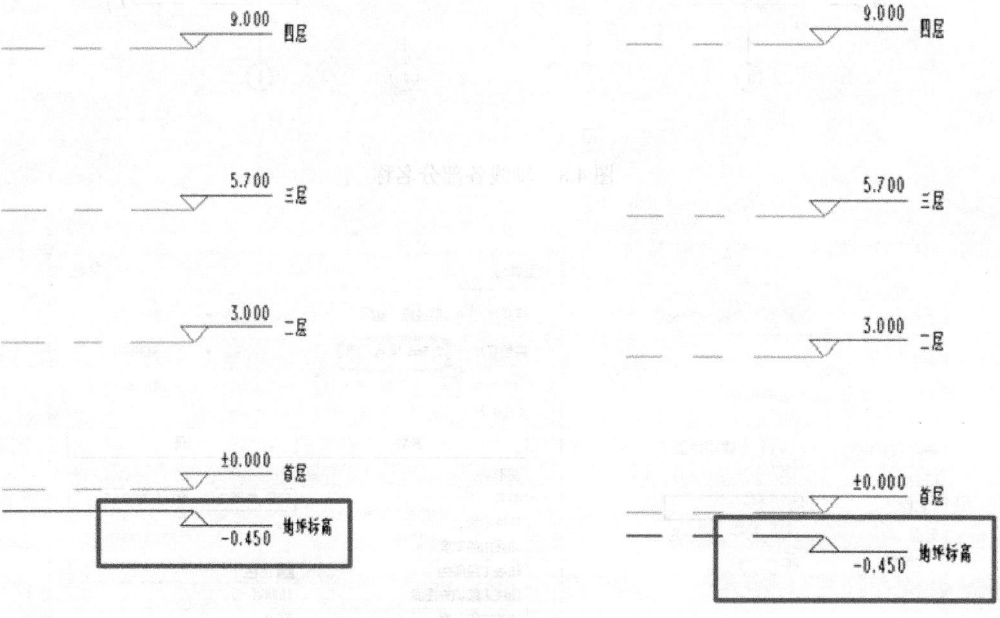

（a）　　（b）

图 4.11　标高建立

⑤ 创建⑦号轴线，与⑥号轴线夹角为 30°，以⑦号轴线为轴镜像创建⑧号轴线，如图 4.13（c）所示。

⑥ 通过拾取线方式，在选项栏输入偏移距离，创建⑨号轴线，如图 4.14（a）所示，并通过创建参照平面（间距 3.2m），调整⑨号轴线，如图 4.14（b）所示。

⑦ 启动多段轴网，如图 4.15（a）、（b）所示，创建Ⓐ轴线，如图 4.15（c）所示，确定，则创建为编号为⑫的轴线，修改编号为Ⓐ即可。

⑧ 启动多段轴线功能，单击“拾取线”，在选项栏中输入偏移值，通过单击Ⓐ轴线即可创建Ⓑ轴线。

⑨ 同理创建Ⓒ和Ⓓ轴线，调整①～⑪号轴头位置，结果如图 4.16 所示。

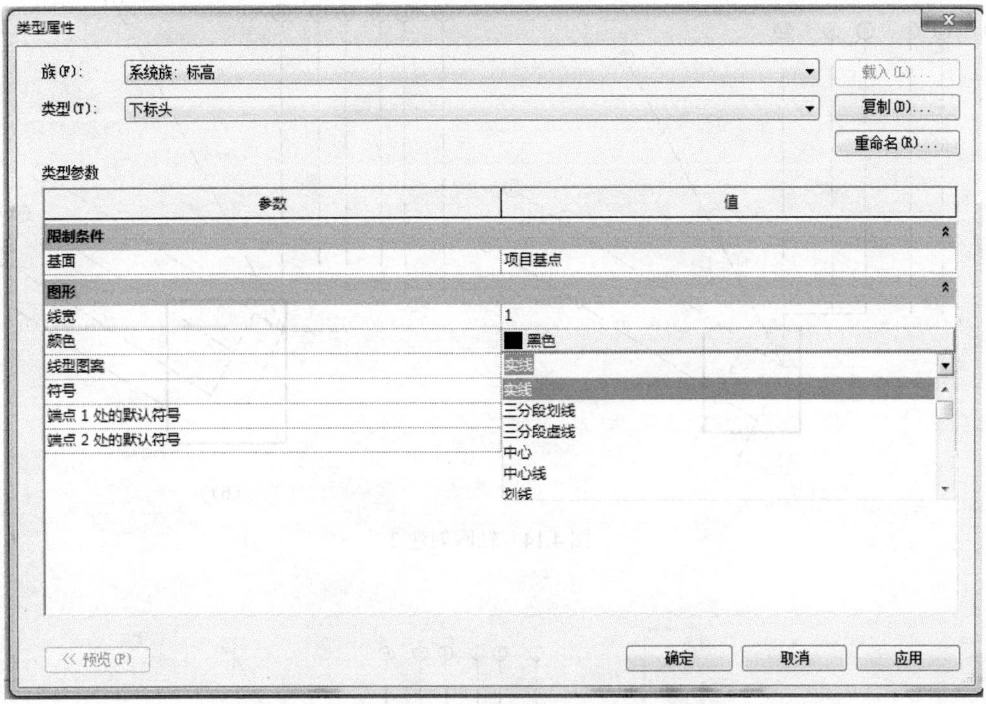

图 4.12　标高类型属性对话框

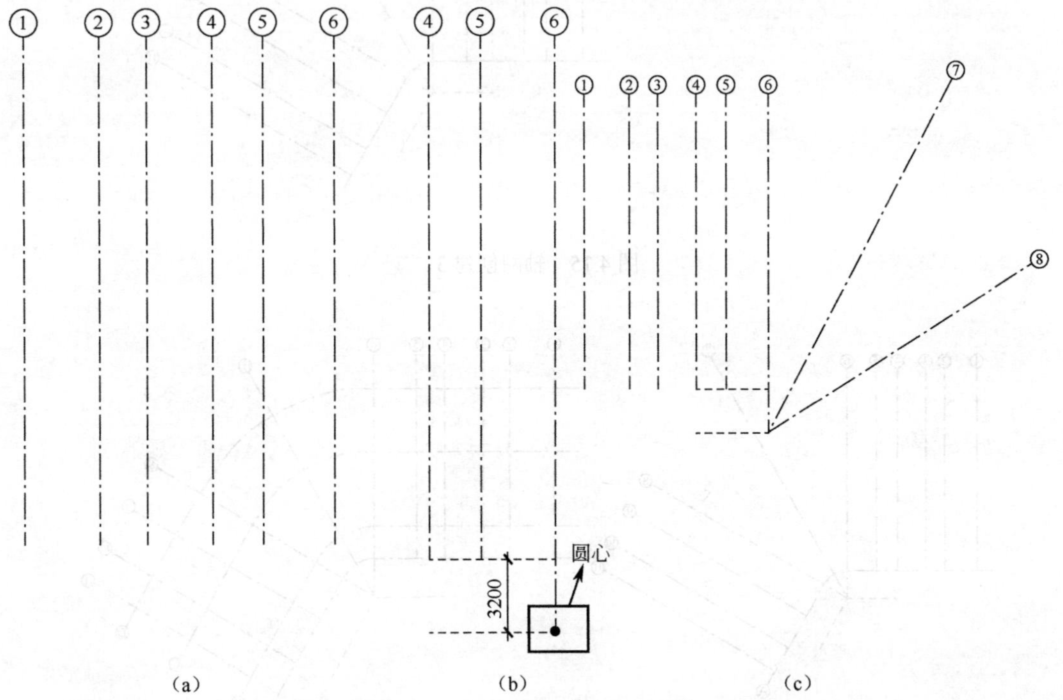

图 4.13　轴网创建 1

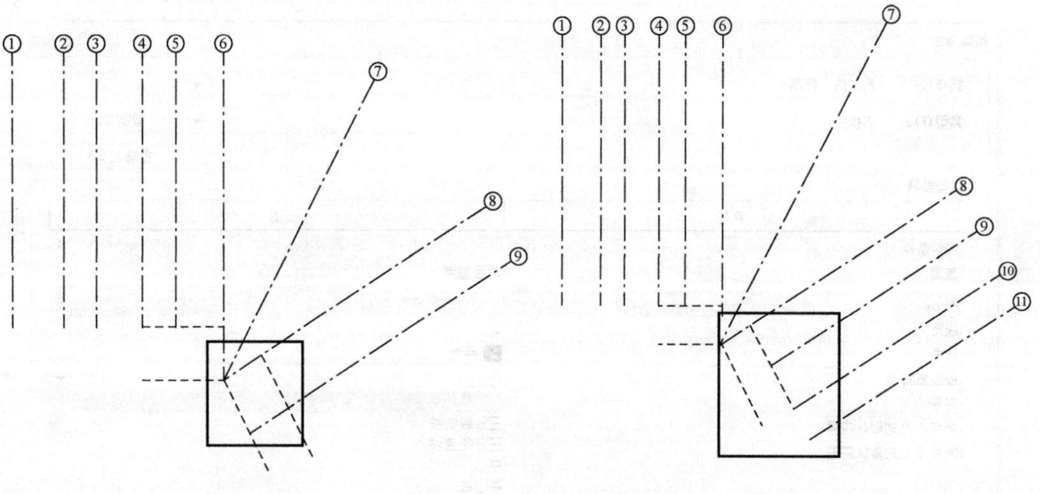

（a） （b）

图 4.14 轴网创建 2

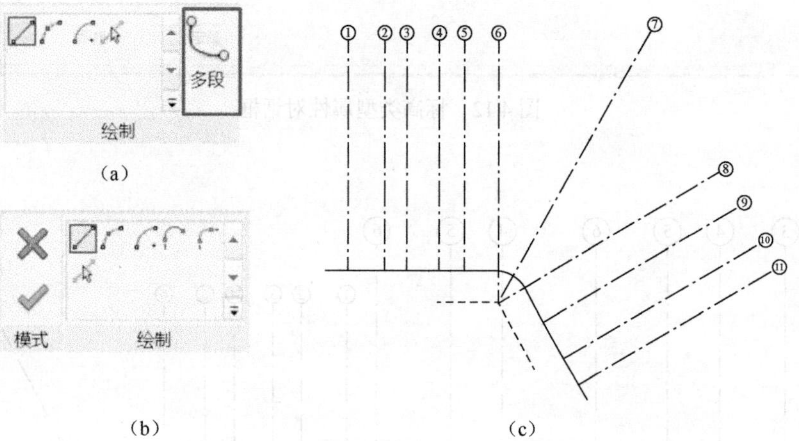

（a） （b） （c）

图 4.15 轴网创建 3

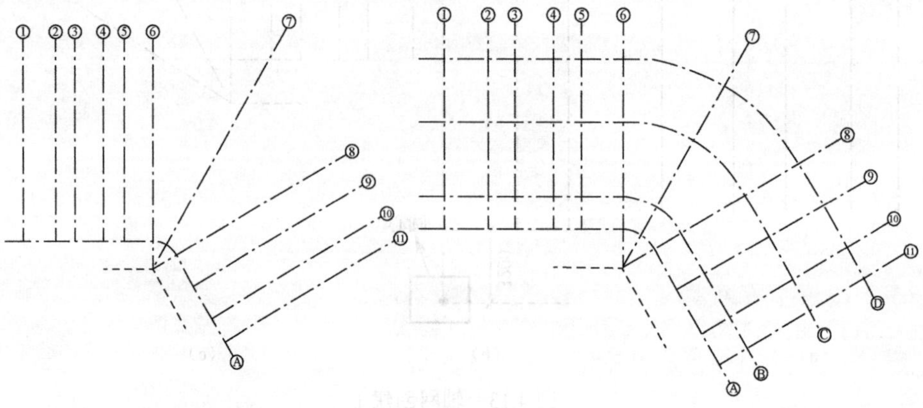

（a） （b）

图 4.16 轴网创建 4

4.3 参照平面

参照平面主要用于建模时的定位及参数驱动，在 Revit 中默认为绿色的虚线。创建方法：“建筑”选项卡 ▶“工作平面”面板 ▶（参照平面）或“结构”选项卡 ▶“工作平面”面板 ▶（参照平面）或“系统”选项卡 ▶“工作平面”面板 ▶（参照平面）或族编辑器：“创建”选项卡 ▶“基准”面板 ▶（参照平面）或使用快捷命令 RP。

目前 Revit 只支持直线的参照平面，其组成及名称如图 4.17 所示。

参照平面在空间为一无限延伸的平面，可通过“工作平面”面板中的设置、显示和查看来对其进行控制，以方便建模。图 4.18 显示了参照平面在平面与三维视图中的关系，在三维视图中显示为空间的面如图 4.18 中①所示。

参照平面，用于创建模型时进行定位，在族创建中实现参数驱动。为方便选择，可对参照平面进行命名：选中所创建的参照平面，在属性栏“名称”右边输入相应的“参照平面名称”，如图 4.19 所示。参照平面命名后，在工作平面单击设置，可通过名称选择参照平面，如图 4.20 所示，具体步骤参照 4.4.1 指定工作平面相关内容。

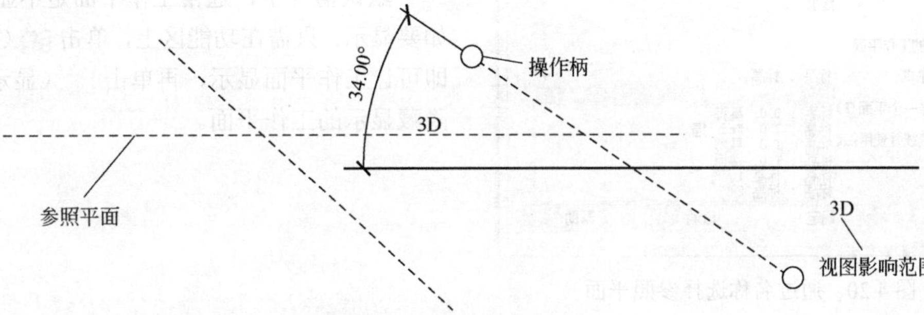

图 4.17 参照平面组成及名称

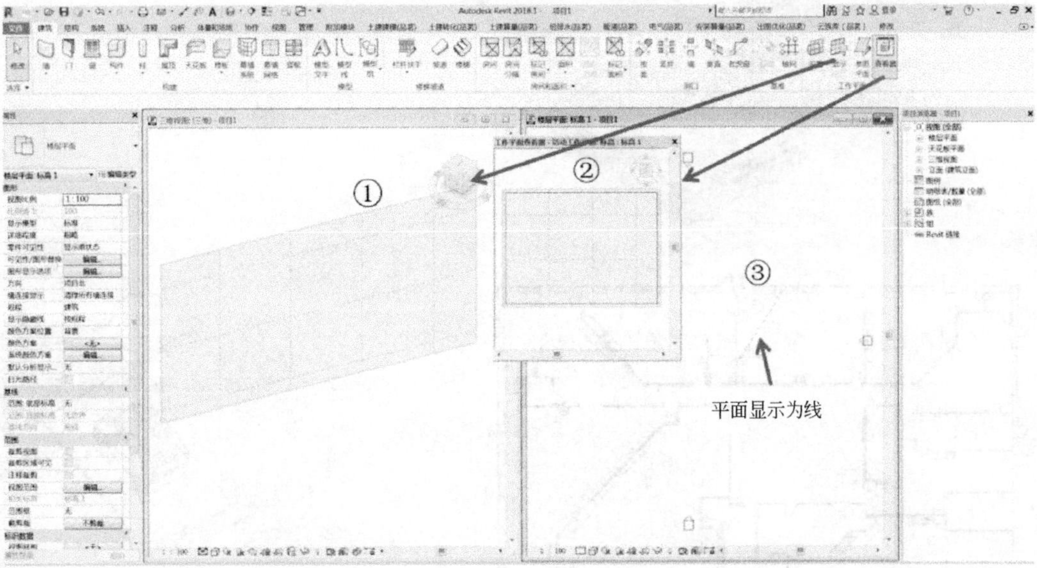

图 4.18 参照平面相互关系

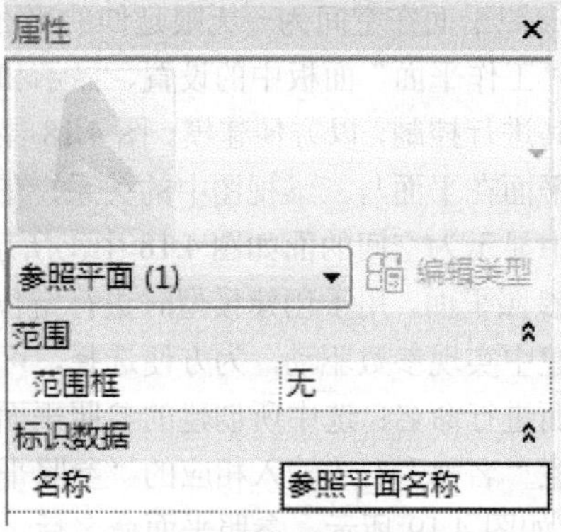

图 4.19　参照平面属性

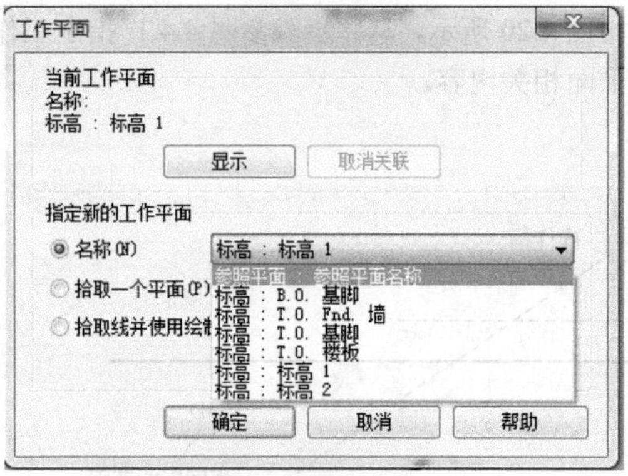

图 4.20　通过名称选择参照平面

4.4　工作平面

Revit 中工作平面是一个用作视图或绘制图元起始位置的虚拟二维表面，基准图元所确定的面、体量的面、三维图元的面等均可作为工作平面。工作平面的主要用途如下：

- 作为视图的原点；
- 绘制图元；
- 在特殊视图中启用某些工具（例如在三维视图中启用“旋转”和“镜像”）；
- 用于放置基于工作平面的构件，如图 4.21（b）所示。

每个视图都与工作平面相关联，族和图元都是基于某个平面放置，如图 4.21 所示。

默认情况下，通常工作平面是不显示的，如要显示，只需在功能区上，单击（显示）。即可让工作平面显示，再单击（显示），则隐藏显示的工作平面。

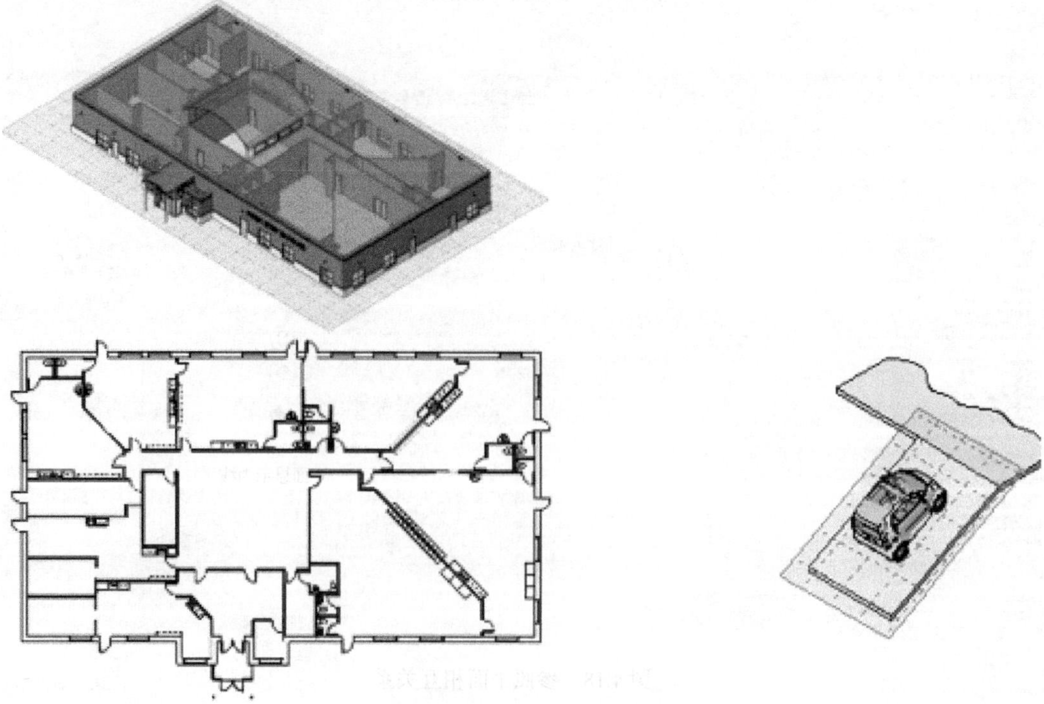

（a）　　（b）

图 4.21　工作平面与平面视图

4.4.1 指定工作平面

在建模过程中，根据不同情况选择相应的工作平面，Revit 提供了按名称、按拾取平面或按拾取平面中要选择的线来选择工作平面，具体步骤如下。

① 在功能区上，单击 （设置），如图 4.22（a）所示：

- “建筑”选项卡 ▶“工作平面”面板 ▶ （设置）；
- “结构”选项卡 ▶“工作平面”面板 ▶ （设置）；
- “系统”选项卡 ▶“工作平面”面板 ▶ （设置）；
- 族编辑器：“创建”选项卡 ▶ “工作平面”面板 ▶ （设置）。

② 在“工作平面”对话框中的“指定新的工作平面”下，选择下列选项之一，如图 4.22（b）所示。

- 名称：从列表中选择一个可用的工作平面，然后单击“确定”。列表中包括标高、网格和已命名的参照平面。
- 拾取一个平面：Revit 会创建与所选平面重合的平面，选择此选项并单击“确定”，然后将光标移动到绘图区域上以高亮显示可用的工作平面，再单击以选择所需的平面。可以选择任何可以进行尺寸标注的平面，包括墙面、链接模型中的面、拉伸面、标高、网格和参照平面。
- 拾取线并使用绘制该线的工作平面：Revit 可创建与选定线的工作平面共面的工作平面。选择此选项并单击“确定”，然后将光标移动到绘图区域上以高亮显示可用的线，再单击以选择。

> 注：在概念设计环境中，从“选项栏”的“放置平面”下拉列表中拾取一个平面，如图 4.22（c）所示。

③ 如果选定平面垂直于当前视图，则会打开“转到视图”对话框。选择一个视图，并单击“打开视图”即可。

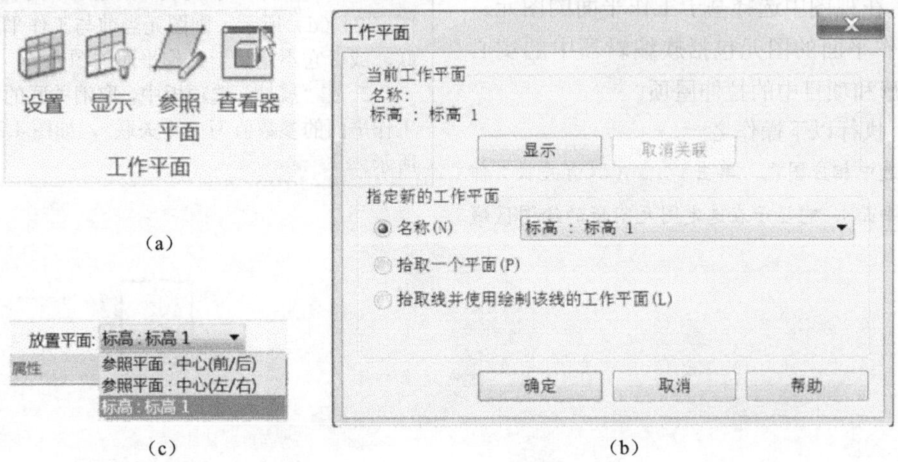

图 4.22 指定工作平面

4.4.2 设置工作平面

使用工作平面时，可以更改工作平面网格的间距、调整网格大小和旋转网格，步骤如下。

① 如有必要，请单击 （显示）以显示工作平面，如图 4.22（a）所示。

② 单击工作平面的边界，以便将其选中，如图 4.23（a）所示。

③ 对选中的工作平面，可执行下列步骤之一。

- 修改网格间距：在选项栏上为间距输入一个值，以指定网格线之间的所需距离，如图 4.23（b）所示。
- 调整大小并移动网格：要移动网格，请拖动网格的一个边。要调整网格大小，请拖动夹点，如图 4.23（a）所示。
- 旋转网格：单击“修改 | 工作平面网格”选项卡 ▶“修改”面板 ▶ （旋转），然后旋转网格，如图 4.23（c）和（d）所示。

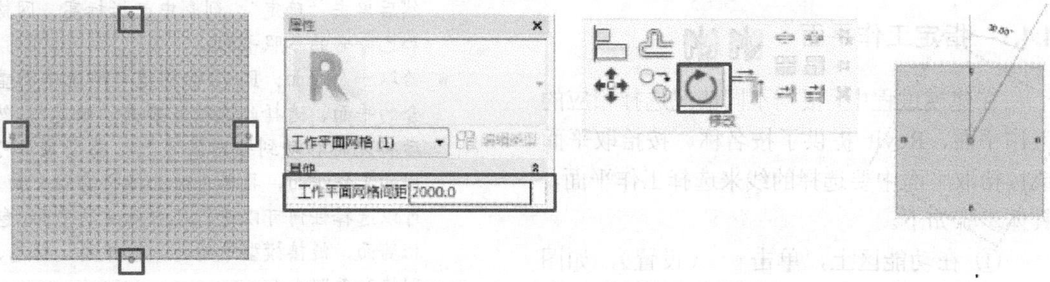

（a）（b）（c）（d）

图 4.23 工作平面的调整

4.4.3 修改工作平面与图元的关系

图元与工作平面的关系：关联和不关联。当图元与工作平面相关联时，则只能在相关联的平面上移动图元，如要自由移动图元，则要取消图元与工作平面的关联，如果让图元只能基于工作平面移动，则要建立关联。

4.4.3.1 修改图元与工作平面的关系

步骤如下。

① 在视图中选择基于工作平面的图元，基于工作平面的图元包括族编辑器中的实心几何图形和项目中的拉伸屋顶。

② 执行以下操作之一。

- 选中相应图元，单击 （取消关联工作平面），它显示在选定图元附近的绘图区域中，如图 4.24（a）所示，取消后再次选择图元，则无关联标志，如图 4.24（b）所示。
- 使用“编辑工作平面”工具：
  - ➢ 单击“修改 |<图元>”选项卡 ➤“工作平面”面板 ➤ （编辑工作平面），如图 4.24（c）所示。
  - ➢ 在“工作平面”对话框中，单击“取消关联”，如图 4.24（e）所示。

③ 要将图元与工作平面重新关联，应使用“编辑工作平面”工具指定新的工作平面。

注：1. 如果“不关联”按钮显示为灰色，如图 4.24（d）所示，则图元当前与工作平面不关联，或者它不是基于工作平面的图元；

2. 在“属性”选项板中，取消关联的图元的工作平面的参数值为 <不关联>，如图 4.24（e）所示。

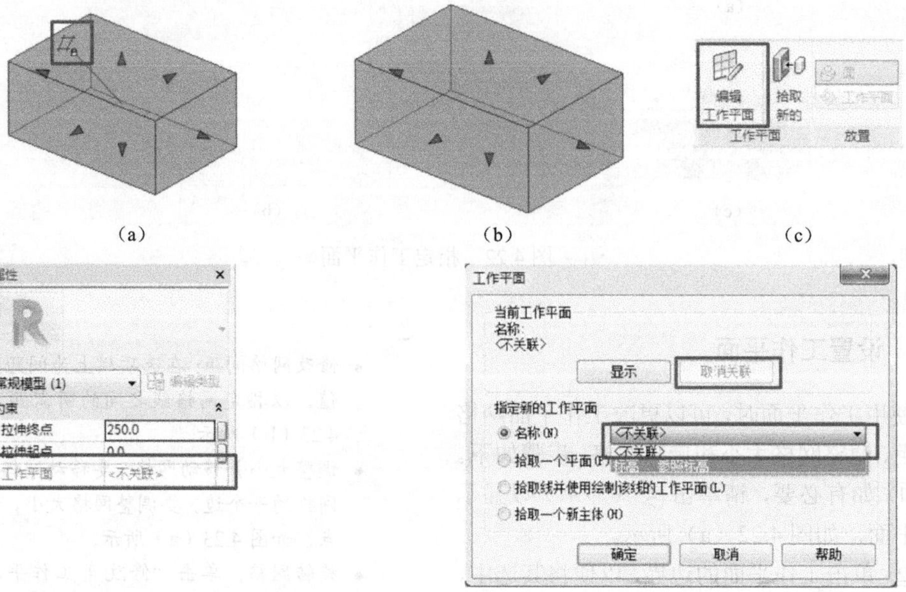

（a）（b）（c）（d）（e）

图 4.24 图元与工作平面的关联设置

4.4.3.2 为图元指定新的工作平面

步骤如下。

① 在视图中选择基于工作平面的图元，如图 4.25（a）所示。

② 单击“修改 |<图元>”选项卡 ▶“工作平面”面板 ▶（编辑工作平面），如图 4.24（c）所示。

> 注：使用“编辑工作平面”选项时，新的工作平面须平行于现有的工作平面。如果需要选择不平行于现有工作平面的工作平面，请使用“拾取新的工作平面”选项。

③ 在“工作平面”对话框中，选择“拾取一个平面”，如图 4.25（b）所示，然后将光标移动到绘图区域上以高亮显示可用的工作平面，如图 4.25（c）所示，再单击以选择所需的平面，结果如图 4.25（d）所示。

> 注：新拾取的面，必须是与原工作平面平行，且平行移动的主体。

④ 如要指定任意新的平面如不平行原工作平面的面，则选择相应的图元文字单击拾取图，选择面如图 4.25（e）所示，单击相应的面，结果如图 4.25（f）所示。

4.4.3.3 为图元指定新的主体

可以将基于工作平面或基于面的构件或图元移动到其他工作平面或面上，基于工作平面的图元包括线、梁、模型文字和族几何图形。

步骤如下。

① 在绘图区域中，选择基于工作平面或基于面的图元或构件。

② 单击“修改 |<族类别>”选项卡 ▶“工作平面”面板 ▶（拾取新工作平面）或（编辑工作平面），选择“拾取一个新主体”，如图 4.26（a）所示。

③ 在“放置”面板上，选择下列选项之一。

- 垂直面（放置在垂直面上）：此选项仅用于某些构件，仅允许放置在垂直面上，如图 4.26（b）所示。
- 面（放置在面上）：此选项允许在面上放置，且与方向无关，如图 4.26（c）所示。
- 工作平面（放置在工作平面上）：此选项需要在视图中定义活动工作平面，可以在工作平面上的任何位置放置构件，如图 4.26（d）所示。

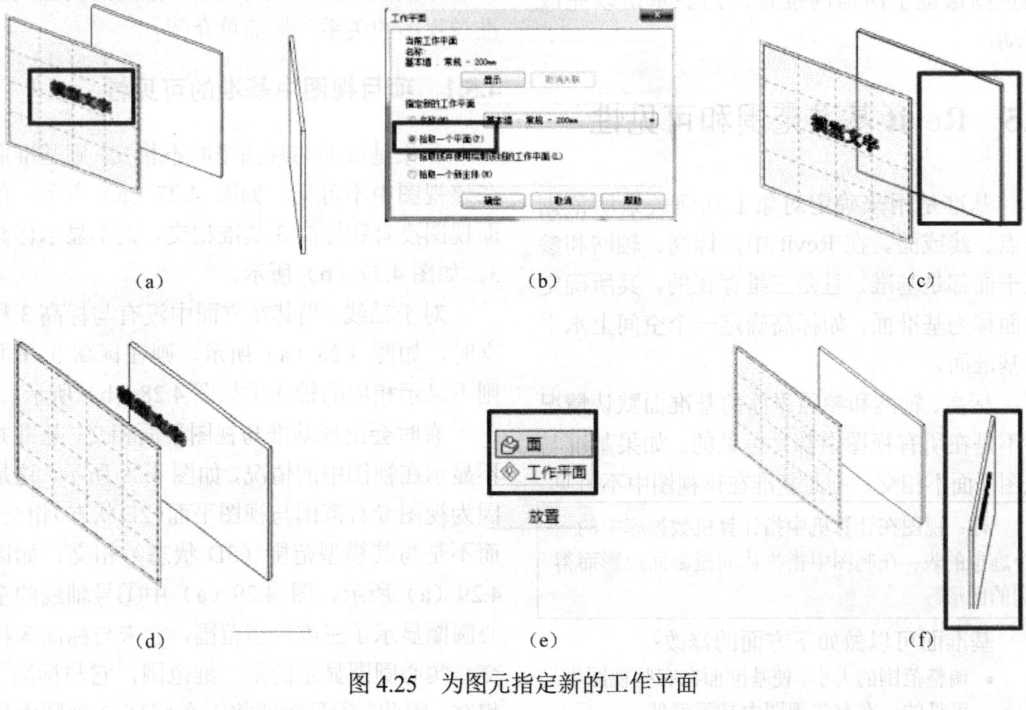

（a）（b）（c）（d）（e）（f）

图 4.25 为图元指定新的工作平面

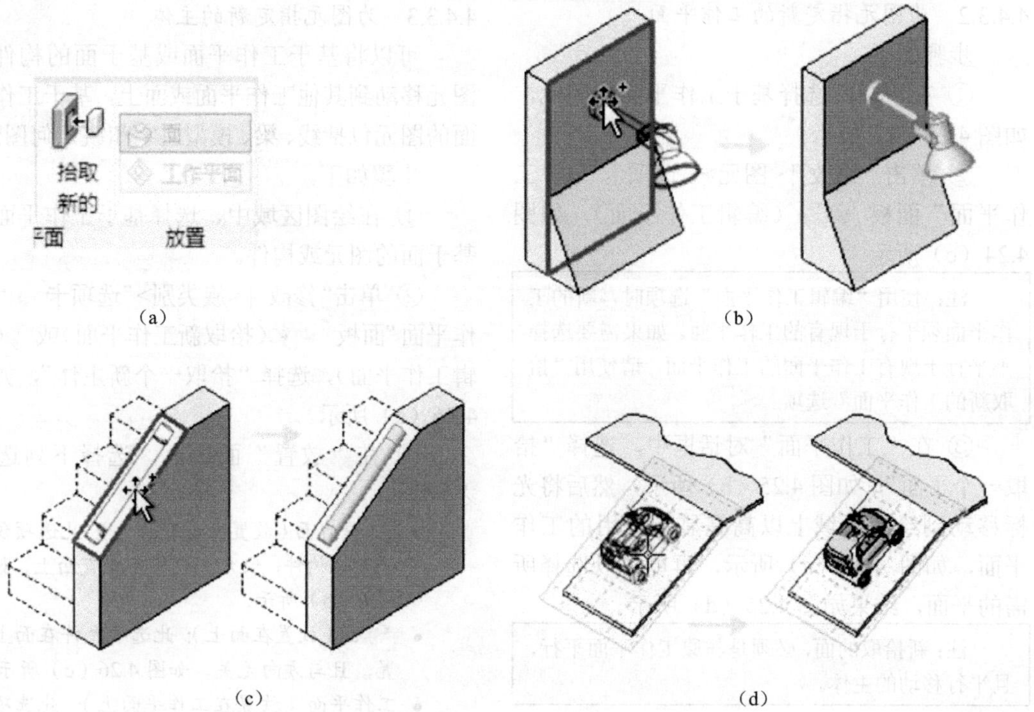

图 4.26　拾取新的主体

④ 在绘图区域中，移动光标直到高亮显示所需的新主体（面或工作平面），且构件的预览图像位于所需的位置，然后单击以完成移动。

4.5　Revit 基准范围和可见性

基准是用来确定对象上几何关系所依据的点、线或面。在 Revit 中，标高、轴网和参照平面都是基准，且是三维存在的，其所确定的面称为基准面，如标高确定一个空间上水平的基准面。

标高、轴网和参照平面的基准面默认情况并不是在所有视图中都是可见的。如果基准与视图平面不相交，则此基准在该视图中不可见。

> 注：视图在计算机中指计算机数据库中的一个虚拟的表；在制图中指物体向投影面投影而得到的图形。

基准面可以做如下方面的修改：

- 调整范围的大小，使基准面在有些视图中是可见的，在有些视图中是不可见；
- 在一个视图中修改基准范围，然后将此修改扩散到基准可见的任意所需平行视图中；
- 使用范围框来控制基准的可见性。

下面将对基准的可见性、范围的调整及基准与视图的关系，做简单介绍。

4.5.1　项目视图中基准的可见性

如果基准面与视图平面不相交，则基准面在该视图中不可见，如图 4.27（a）所示，剖面视图没有和标高 3 基准相交，则不显示标高 3，如图 4.27（b）所示。

对于轴线，当其在立面中没有与标高 3 相交时，如图 4.28（a）所示，则在标高 3 平面则不显示相应的轴线①如图 4.28（b）所示。

有时会出现基准与视图平面相交，基准并不显示在视图中的情况，如图 4.29 所示。这是因为视图专有范围与视图平面（2D 状态）相交，而不是与其模型范围（3D 状态）相交，如图 4.29（a）所示。图 4.29（a）中①号轴线的空心圆圈显示了三维模型范围，它未与标高 3 相交。实心圆圈显示的是二维范围，它与标高 3 相交。因此，①号轴线将不在标高 3 视图中显示，如图 4.29（b）所示。

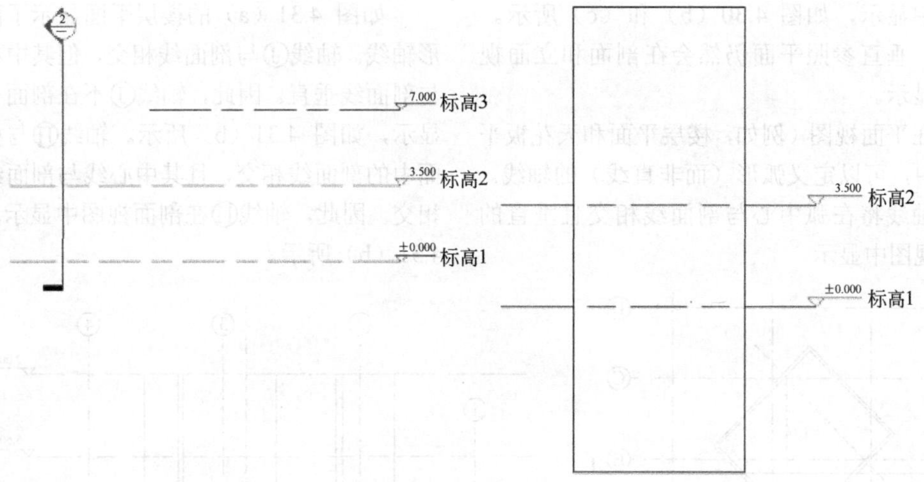

（a）　　　　　　（b）

图 4.27　剖面未与标高线相交

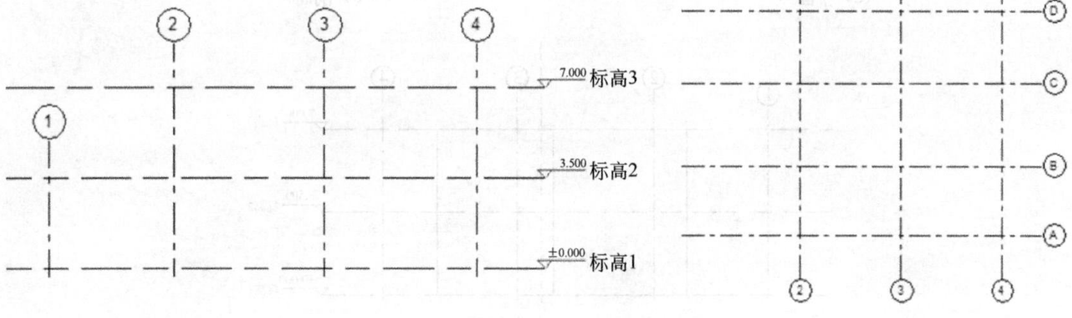

（a）　　　　　　（b）

图 4.28　轴网未与标高相交

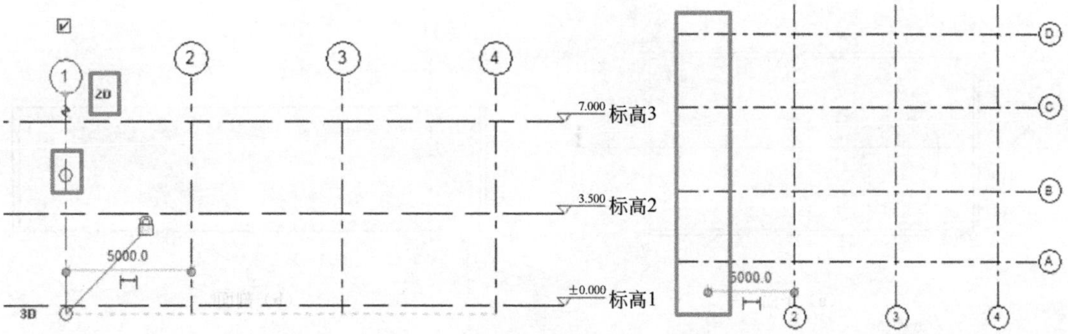

（a）　　　　　　（b）

图 4.29　基准的 2D 与 3D 状态

如果基准图元（如参照平面）与视图不垂直，则该基准图元将不在该视图中显示。

例如，图 4.30（a）的楼层平面显示了两个参照平面，以绿色划线（图中表示为虚线）表示。左侧的参照平面与剖面线和轴线相交，构成了一定的角度。右侧的参照平面与剖面线和轴线垂直。由于斜参照平面不与剖面线和轴线垂直，因此该平面不在剖面视图和南北立面中显示，如图 4.30（b）和（c）所示。但是，垂直参照平面仍然会在剖面和立面视图中显示。

在平面视图（例如，楼层平面和天花板平面）中，可以定义弧形（而非直线）的轴线。弧形轴线将在弧中心与剖面线相交且垂直的剖面视图中显示。

如图 4.31（a）的楼层平面显示了两条弧形轴线。轴线Ⓙ与剖面线相交，但其中心线不与剖面线垂直。因此，轴线Ⓙ不在剖面视图中显示，如图 4.31（b）所示。轴线Ⓗ与楼层平面中的剖面线相交，且其中心线与剖面线垂直相交。因此，轴线Ⓗ在剖面视图中显示，如图 4.31（b）所示。

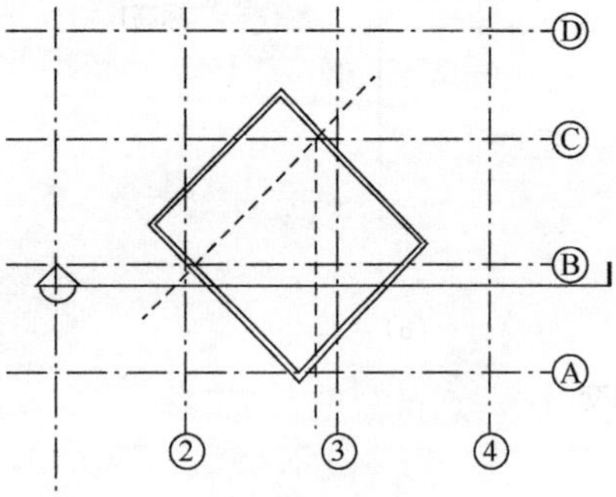

（a）平面

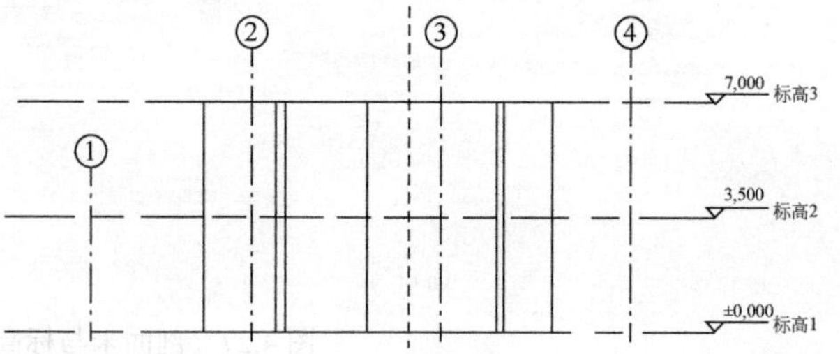

（b）剖面

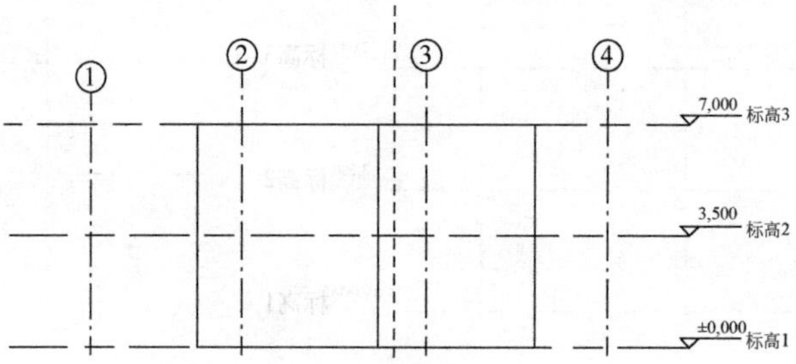

（c）南北立面

图 4.30　基准与视图不垂直的情况

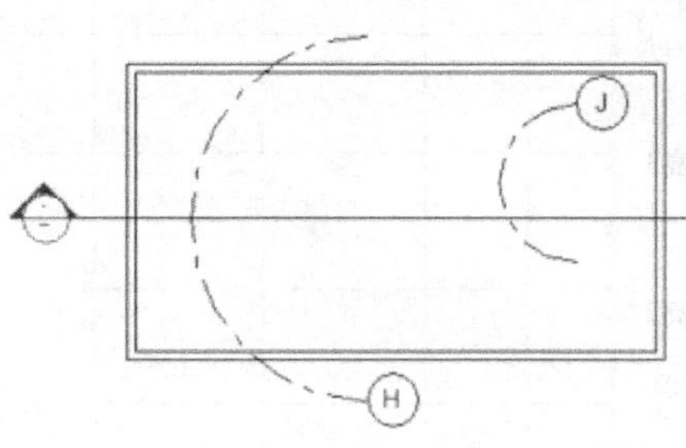

（a）平面

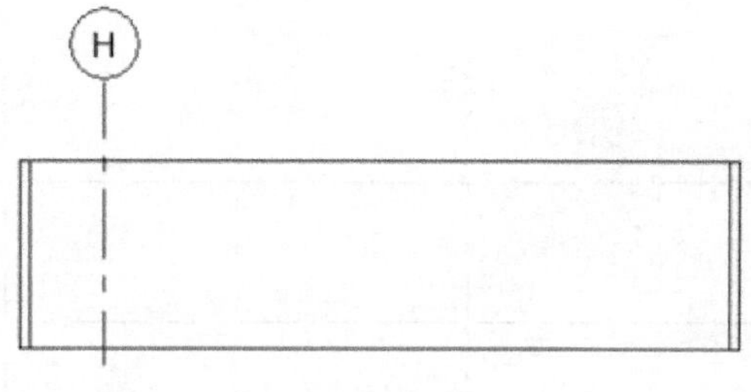

（b）剖面

图 4.31　弧形轴网在视图中的显示

4.5.2　调整基准范围的大小与影响范围

4.5.2.1　基准的 3D 与 2D 状态

使用模型范围控制柄在视图中显示空心圈旁有 3D 字符，视图专有范围控制柄以实心圈显示，旁有 2D 字符，如图 4.32（a）所示。模型范围控制柄可以一次性调整所有相关视图中的基准大小：即在一个视图中通过调整模型范围控制柄可以调整所有相关视图中的基准大小；调整视图专有范围控制柄，只影响基准在当前视图中的显示。

4.5.2.2　最大化三维模型范围

基准可以具有确定的尺寸，以使其在模型的所有视图中都不可见或可见。如图 4.32（b）所示轴线，轴线在模型的两个剖面视图中是不可见的，因为其三维模型范围与两个剖面视图平面都不相交。可通过选择基准，并在其上单击鼠标右键，在关联菜单上，单击“最大化三维范围”，如图 4.32（c）所示，将轴网大小调整到模型的边界。

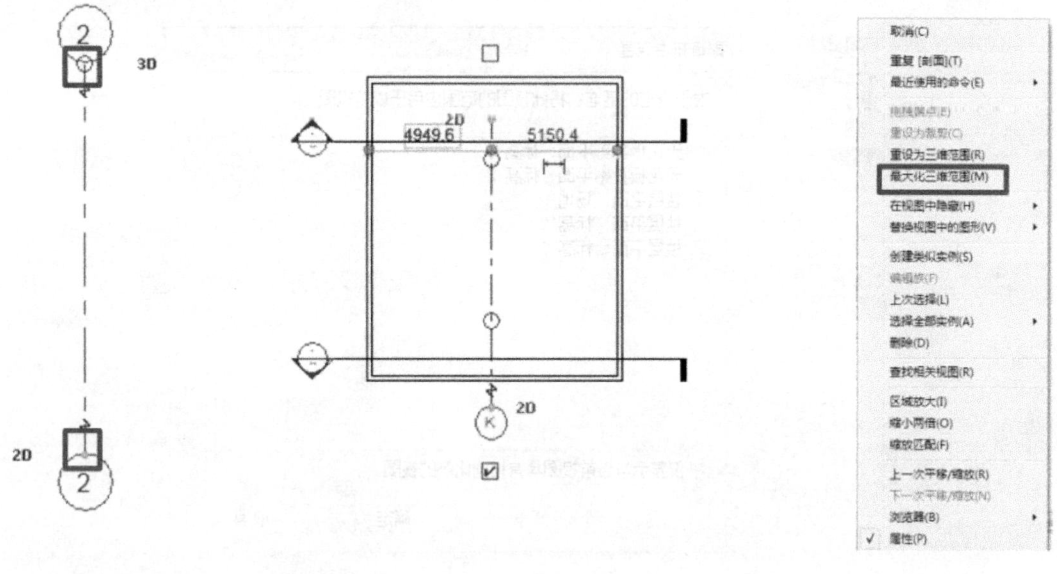

（a）　（b）　（c）

图 4.32　基准调整

4.5.2.3　二维基准的影响范围

在对基准以 2D 状态下修改后，可使用“影响范围”，使基准在相似的视图中拥有相同外观。

步骤如下。

① 选择基准。

② 单击“修改 <基准>”选项卡 ➤“基准”面板 ➤（影响范围），如图 4.33（a）所示。

③ 在“影响基准范围”对话框中，选择需要使基准看起来相同的平行视图，然后单击“确定”，如图 4.33（b）所示。

> 注：1. 在多个视图中基准的外观之间没有永久性关联。如果重新修改基准，则必须再次使用“影响范围”。扩散范围不影响模型（三维视图）范围。
>
> 2. 在扩散范围之前，活动视图和目标视图必须未裁剪。基准的三维范围在视图活动裁剪区域之外时，基准的二维范围无法传递到视图，也无法从视图传递，也无法传递到应用范围框的基准。

4.5.3　使用范围框控制基准的可见性

范围框可以控制那些与范围框相交的基准图元的可见性，特别适用于控制那些与视图既不平行也不正交的基准在指定视图中的可见性。如图 4.34 所示的建筑，楼层平面显示了与主建筑形成一定角度的翼形建筑，主建筑与翼形建筑使用不同的轴网。如果希望在翼形建筑的相关视图中不显示主建筑的轴线、在主建筑的相关视图中不显示翼形建筑的轴线，则可使用范围框即可达到此目的。

4.5.3.1　创建范围框

创建范围框只能在平面视图中。创建范围框后，可以在三维视图中修改其大小和位置。

步骤如下。

① 在平面视图中，单击“视图”选项卡 ➤“创建”面板 ➤（范围框），如图 4.35（a）所示。

② 如果需要，可在选项栏上输入范围框

的名称，并指定其高度，如图 4.35（b）所示。

③ 要绘制范围框，请单击左上角图标以开始，单击右下角完成。绘制范围框后，该框会显示拖曳控制柄，可以用它来调整范围框的大小。也可以使用旋转控制柄和“旋转”工具来旋转范围框，完成后如图 4.35（c）所示。

> 注：也可在创建范围框之后再修改其名称。选择范围框，然后在“属性”选项板上，输入“名称”属性的值，如图 4.35（d）所示。

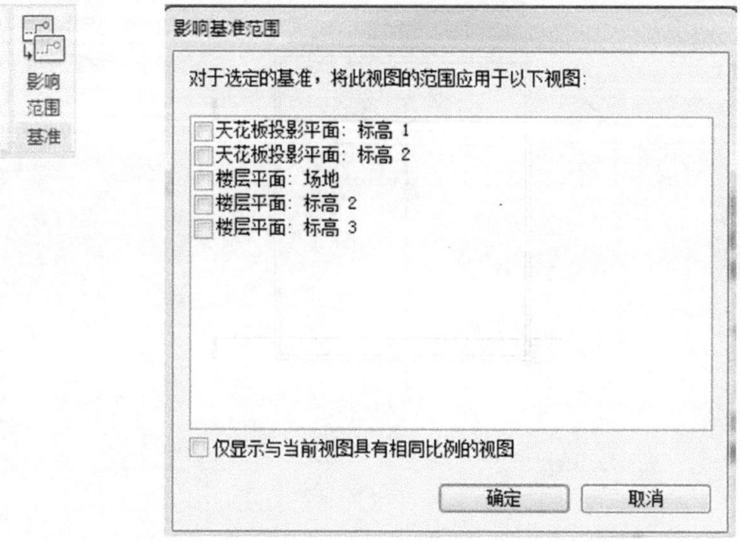

（a）　　　　（b）

图 4.33　基准的影响范围

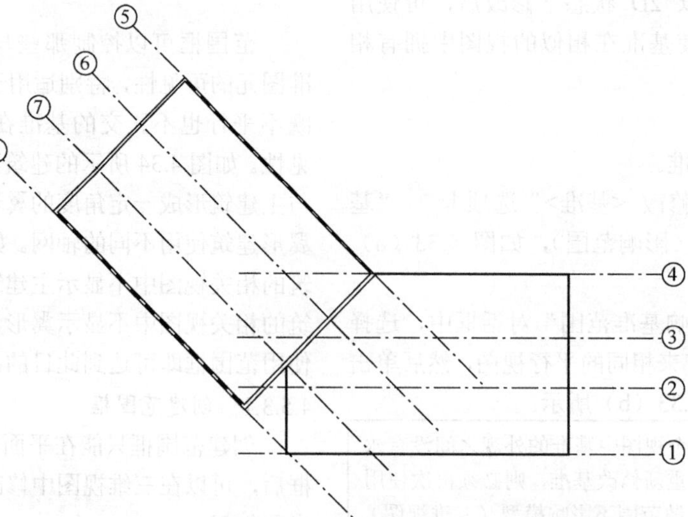

图 4.34　范围框示例

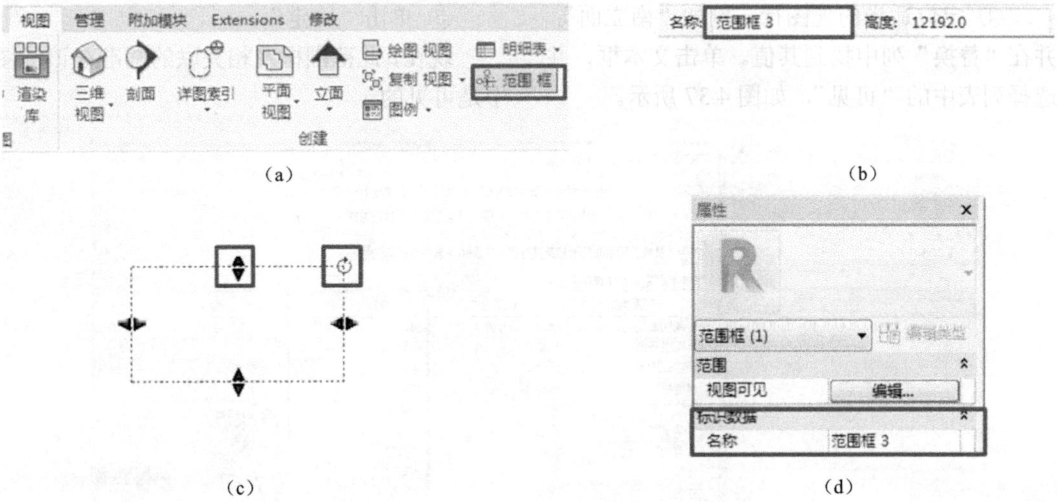

图 4.35　创建范围框

4.5.3.2　将基准图元关联到范围框

要通过范围框控制基准图元的可见性，必须将每个基准图元与范围框相关联。

① 选择相应的基准图元（例如轴线），如图 4.36（a）所示。

② 在“属性”选项板上，选择所需的范围框作为“范围框”，如具有两个或以上范围框（分别命名为“范围框 1”和“范围框 2”）的项目，可从下拉列表中选择“范围框 1”，如图 4.36（b）所示。

③ 单击“应用”，即建立了基准图元与范围框的关联，下面就可通过范围框来调整基准在视图中的可见性了。

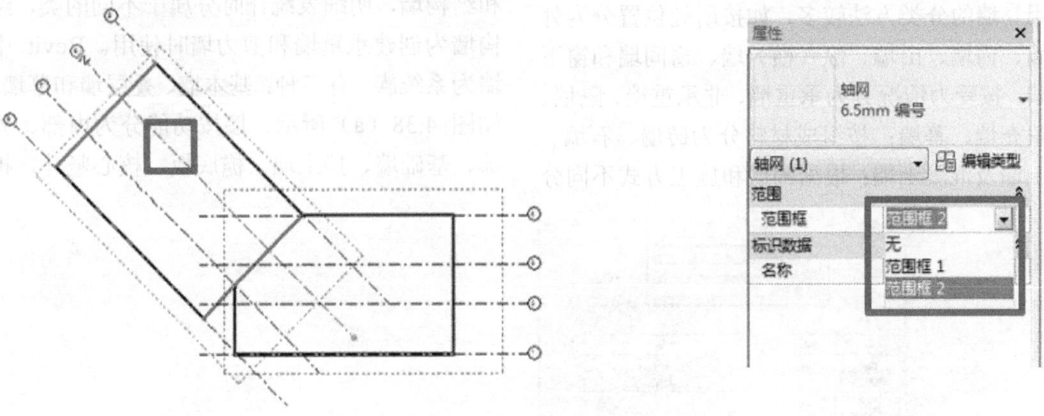

图 4.36　基准图元与范围框的关联

4.5.3.3　设置范围框的视图可见性

范围框的“视图可见”属性设置具体步骤如下。

① 打开可以从中查看范围框的视图。

② 选择范围框。

③ 在“属性”选项板上，单击“视图可见”属性对应的“编辑”，如图 4.37 所示。

> 注：“范围框视图可见”对话框中列出了项目中所有的视图类型和视图名称，它显示出哪些视图中的范围框是可见的。在“自动可见性”列显示了相应视图范围框的默认可见性设置，在替换列可以更改。

④ 定位适当的视图行，例如“南立面”，并在“替换”列中找到其值。单击文本框，并选择列表中的“可见”，如图 4.37 所示。

⑤ 单击“确定”。

现在，此范围框及相关联的基准在该视图中是可见的。

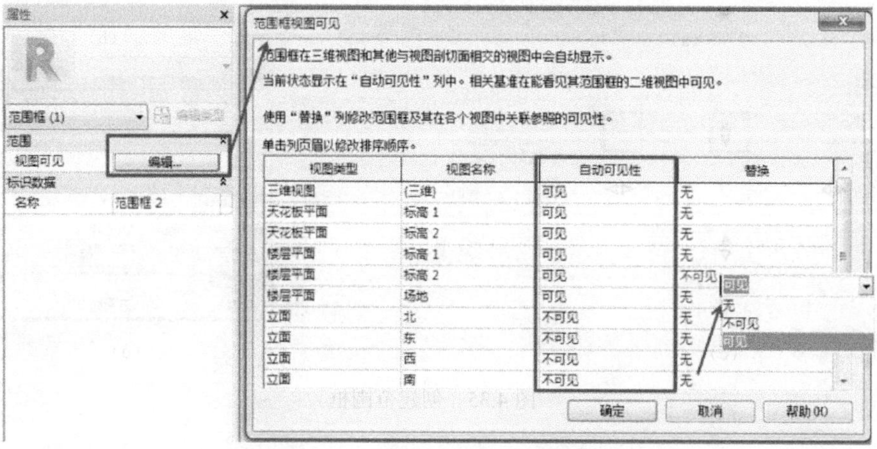

图 4.37 调整范围框的可见性

4.6 墙

墙在建筑中主要起分隔、围护空间，保温、隔热、防水、美观，承受自身和外部荷载的作用。墙的分类方法较多，如按所处位置分为外墙、内墙、山墙、纵（横）墙、窗间墙和窗下墙；按受力情况分为承重墙、非承重墙、隔墙、填充墙、幕墙；按组成材料分为砖墙、石墙、土墙及混凝土墙；根据构造和施工方式不同分为叠砌式墙、板筑墙和装配式墙。因墙体有保温隔热、防水、美观的作用，其组成除主体材料外，还有各种饰面和保温材料等构造层次，具体参照房屋建筑学书籍或相关图集。

Revit 中墙有两大类：建筑墙（非承重墙）和结构墙，明细表统计时分属于不同的类，结构墙为创建承重墙和剪力墙时使用。Revit 中墙为系统族，有三种：基本墙、叠层墙和幕墙，如图 4.38（a）所示。墙按功能分为内部、外部、基础墙、挡土墙、檐底板、核心竖井，指

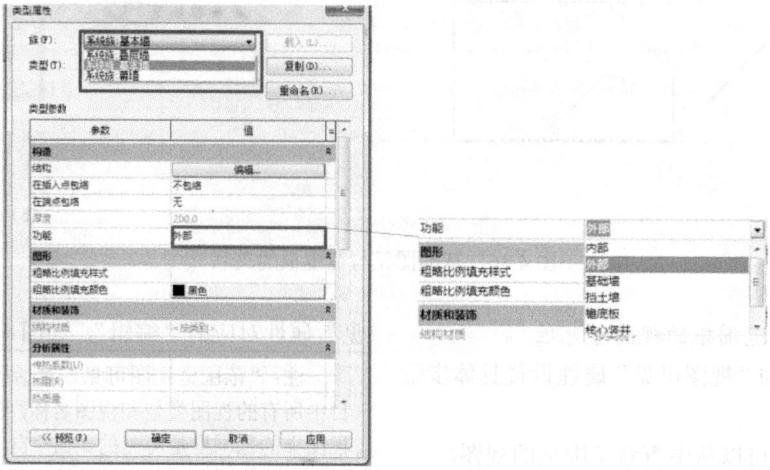

（a）　（b）

图 4.38 墙族类型

定墙的功能后，可以过滤视图中的墙显示，以便仅显示/隐藏那些提供特定功能的墙。创建墙明细表时，可以使用此属性按照功能统计所需的墙。

Revit 中墙包含多个垂直层或区域。墙的类型参数“结构”中定义了墙的每个层的位置、功能、厚度和材质，如图 4.39 右侧所示。Revit 预设了六种层次的功能，各层名称及功能如表 4.1 所示。

Revit 中墙的“定位线”用于在绘图区域中以指定的路径来定位墙，即以墙体的哪一个面作为绘制墙体的基准线。墙的定位方式共有六种：墙中心线（默认）、核心层中心线、面层面：外部、面层面：内部、核心面：外部、核心面：内部，如图 4.39 左上所示。放置墙后，其定位线便永久存在，修改现有墙的“定位线”属性的值不会改变已放置的墙的位置。

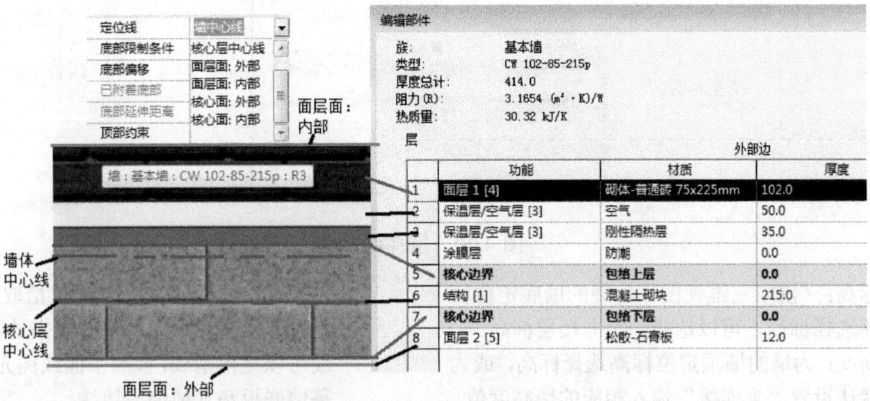

图 4.39 Revit 中墙体构造层次对应关系

表 4.1 墙各层名称及功能

名 称	功 能	备 注
结构 [1]	支撑其余墙、楼板或屋顶的层	1. [ ] 内的数字代表优先级，结构 [1] 具有最高优先级，面层 2 [5] 具有最低优先级； 2. Revit 会首先连接优先级高的层，然后连接优先级低的层
衬底 [2]	作为其他材质基础的材质（例如胶合板或石膏板）	
保温层/空气层结构 [3]	隔绝并防止空气渗透	
涂膜层	通常用于防止水蒸气渗透的薄膜。涂膜层的厚度应该为零	
面层 1 [4]	通常是外层	
面层 2 [5]	通常是内层	

4.6.1 一般墙体（基本墙）

本章所述的基本墙的绘制、尺寸和轮廓的修改与编辑功能、材质的修改与添加也适用于复合墙、叠层墙和幕墙，材质的修改与添加也适用于面墙。

4.6.1.1 墙体绘制

（1）墙体绘制步骤

创建建筑墙和结构墙的过程相似，下面以建筑墙绘制为例讲解墙体创建步骤。

① 打开楼层平面视图或三维视图，如图 4.40 所示。

② 单击“建筑”选项卡 ➤ “构建”面板 ➤ “墙”下拉列表 ➤ （墙：建筑）。

③ 如果要放置的墙类型与“类型属性”中显示的墙类型不同，请从下拉列表中选择其他类型，如图 4.40 所示。

④ 可以使用“属性”选项板的底部部分来修改选定墙的实例属性，然后开始放置实例，也可单击类型属性，打开编辑部件对话框，如图 4.40 所示。

⑤ 在选项栏上指定下列内容。

图 4.40　墙体绘制

- 标高：（仅限三维视图）为墙的墙底定位标高选择标高，可以选择一个非楼层标高。
- 高度：为墙的墙顶定位标高选择标高，或为默认设置“未连接”输入相应的墙高度值。
- 定位线：选择在绘制时要将墙的哪个垂直平面与光标对齐，或要将哪个垂直平面与将在绘图区域中选定的线或面对齐。
- 链：选择此选项，以绘制一系列在端点处连接的墙分段。
- 偏移：（可选）输入一个距离，以指定墙的定位线与光标位置或选定的线或面之间的偏移（如下一步所述）。
- 连接状态：选择“允许”以在墙相交位置自动创建对接（默认）。选择“不允许”以防止各墙在相交时连接。每次打开软件时默认选择“允许”，但上一选定选项在当前会话期间保持不变。如果需要，以后可以更改各墙的连接状态。

⑥ 在“绘制”面板中，选择一个绘制工具，以使用以下方法之一放置墙。

- 绘制墙：使用默认的“线”工具 可通过在图形中指定起点和终点来放置直墙分段。或者，可以指定起点，沿所需方向移动光标到所需位置单击左键，或输入墙长度值。
- 使用“绘制”面板中的其他工具，可以绘制矩形布局、多边形布局、圆形布局或弧形布局。
- 使用任何一种工具绘制墙时，可以按空格键相对于墙的定位线翻转墙的内部/外部方向。
- 沿着现有的线放置墙：使用“拾取线” 工具可以沿在图形中选择的线来放置墙分段。线可以是模型线，参照平面或图元（如屋顶、幕墙嵌板和其他墙）边缘。
- 将墙放置在现有面上：使用“拾取面”工具 可以将墙放置于在图形中选择的体量面或常规模型面上。

> 注：要在体量模型或常规模型中的所有垂直面上同时放置多个墙，请将光标移至某个面上，按 Tab 键以将它们全部高亮显示，然后单击。

⑦ 单击“Esc”，退出“墙”工具。

（2）墙体绘制举例

创建如图 4.41 所示墙体，类型：常规 –200mm，构造采用默认，高 3600mm，标注尺寸为到墙中心的距离。

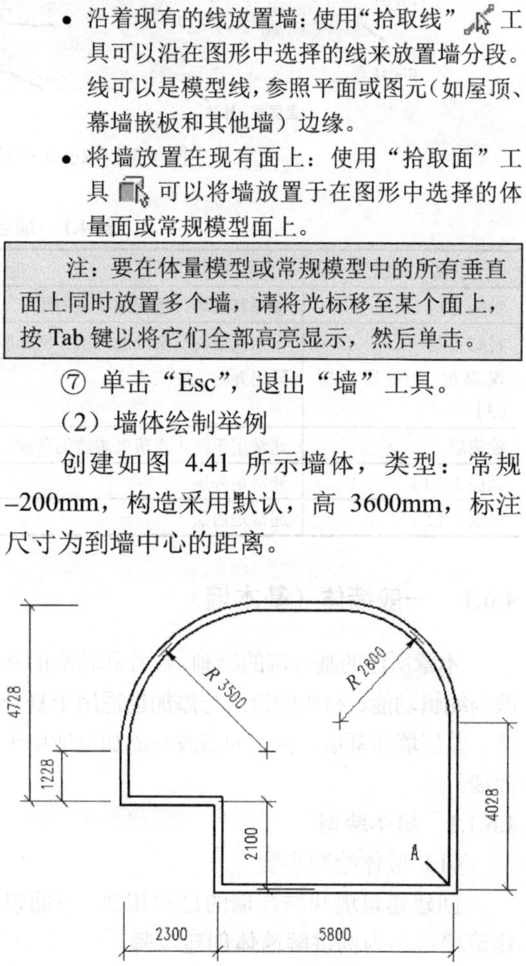

图 4.41　墙体绘制

主要步骤如下。

① 快捷命令：WA 或单击“建筑”选项卡 ➤“构建”面板 ➤“墙”下拉列表 ➤ （墙：建筑），启动墙体绘制命令。

② 在属性栏，选择基本墙中常规 -200mm，先任意定位第一点如 A 点，顺时针，绘制。

③ 通过鼠标向左引导，当出现临时尺寸时，输入 5800，如图 4.42（a）所示，依次绘制其他直线墙体，如图 4.42（b）所示。

④ 直线墙体绘制完毕，选择绘制圆角弧的绘制方式，来绘制两段圆弧墙。选择墙 A、墙 B，先大致确定半径，再选择临时尺寸，修改其数值为 3500，如图 4.42（c）所示。

⑤ 再次选择墙 B、墙 C，用同样方法，绘制与两墙相连的圆弧墙，结果如图 4.42（d）所示。

⑥ 尺寸标注，步骤如图 4.43 所示。

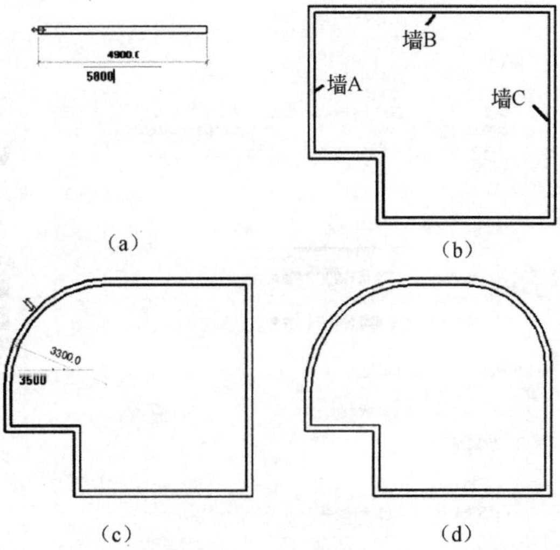

（a）（b）（c）（d）

图 4.42　墙体绘制顺序

注：墙体定位及尺寸控制，通过参照平面控制或先大致定位，后期调整或临时尺寸引导定位。

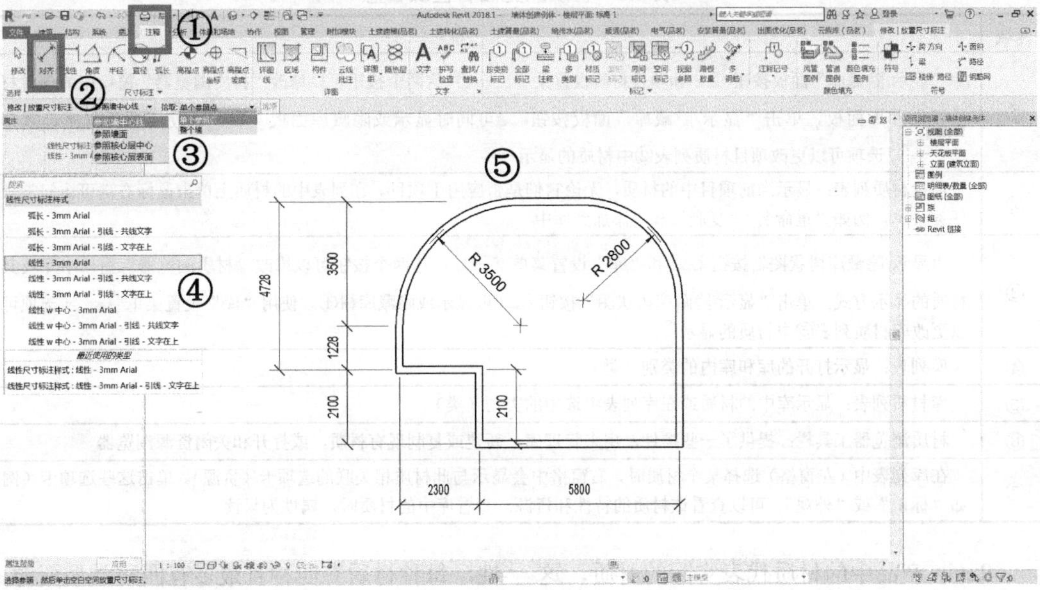

图 4.43　墙体尺寸标注操作步骤

4.6.1.2　墙体材质修改与添加

在图 4.5 类型属性对话框中，点击构造，结构右边的“编辑”，弹出编辑部件对话框如图 4.44（a）所示，单击图 4.44（a）中“材质” ➤“按类别”，则打开材质浏览器对话框，如图 4.44（b）所示，在图 4.44（b）中②区域，选择相应的材质，点击右下方的确定，即把选定的材质赋予选择的层。图 4.44（b）各区域含意如表 4.2 所示。

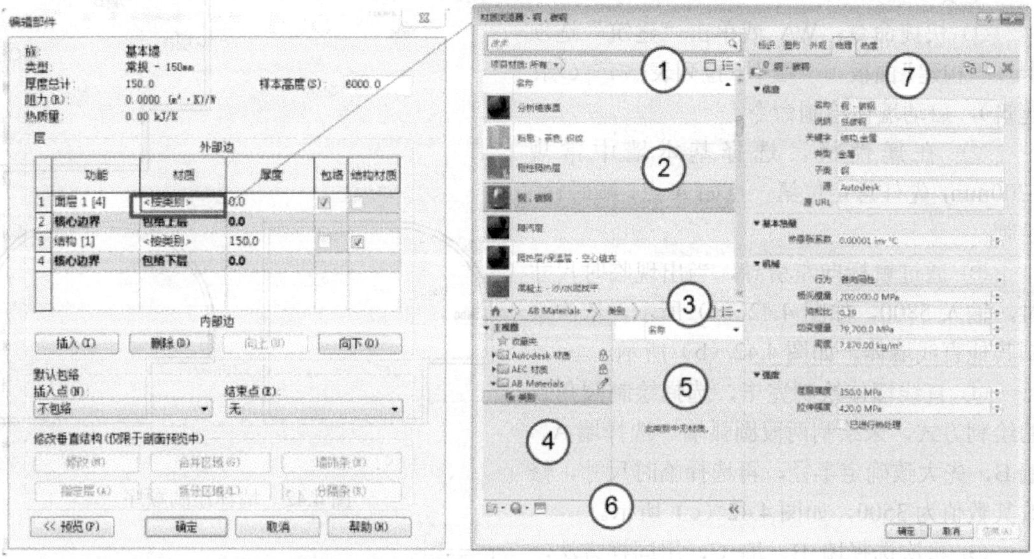

(a)　　　　　　　　　　　　　　　　　　(b)

图4.44　材质浏览器介绍

表4.2　材质浏览器各区域含意

区域	功　能
①	"显示/隐藏库"面板按钮和项目材质设置菜单：这两个按钮可以修改"材质浏览器"窗口中的项目材质视图和库面板，单击"显示/隐藏库"面板按钮可同时显示或隐藏库面板④和⑤。使用项目材质设置菜单选项可以更改项目材质列表②中材质的显示
②	项目材质列表：显示当前项目中的材质，无论它们是否应用于项目。在列表中的材质上单击鼠标右键可访问常规任务菜单，例如"重命名""复制"和"添加到库中"
③	"显示/隐藏库树状图"按钮和"库"设置菜单：这两个按钮可以修改"材质浏览器"窗口中库及其材质的显示方式。单击"显示/隐藏库树状图"按钮可显示或隐藏库树④。使用"库"设置菜单选项可以更改库材质列表⑤中材质的显示
④	库列表：显示打开的库和库内的类别（类）
⑤	库材质列表：显示库中的材质或在库列表中选中的类别（类）
⑥	材质浏览器工具栏：提供了一些控件，用来管理库，新建或复制现有材质，或打开和关闭资源浏览器
⑦	在库列表中（左窗格）选择某个材质时，右窗格中会显示与此材质相关联的选项卡（资源）。单击这些选项卡（例如"标识"或"外观"）可以查看该材质的特性和资源。查看库中的材质时，属性为只读

Revit产品中的材质代表实际的材质，这些材质可应用于设计的各个部分，使对象具有真实的外观和行为。不同的目的，需要材质不同的行为，如在建筑设计时项目的外观是最重要的，因此需设置材质详细的外观属性，如反射率和表面纹理；在结构分析或节能分析时，材质的物理属性（例如屈服强度和热传导率）更为重要，保证材质支持工程分析。Revit用材质库来管理和组织材质和材质类型资源，资源是一组用于控制对象某些特征或行为的特性，每种材质有四种且最多有四种类型资源，例如，Revit使用以下资源类型来定义材质。

- 图形（仅限于Revit）：这些特性控制材质在未渲染视图中的外观。如视觉样式为"着色、一致的颜色"。
- 外观：这些特性控制材质在渲染视图、真实视图或光线追踪视图中的显示方式。
- 物理：这些特性用于结构分析。
- 热度（仅限于Revit）：这些特性用于能量分析。

材质库是材质和相关资源的集合。

Autodesk 提供了部分库，其他库则由用户创建，材质浏览器中有锁标志的是 Autodesk 提供的库，库中锁定的材质不能被覆盖或删除。可以通过创建库来组织材质。

下面将分别讲述如何创建自己的材质库，如何将材质添加到材质库，如何给材质添加特性——资源，如何编辑材质的资源。

（1）材质库自定义

① 打开材质浏览器：单击“管理”选项卡 ▸ “设置”面板 ▸ “材质”。

② 在浏览器的左下角的“材料浏览器”工具栏上，单击菜单 ▸ “新建库”，如图 4.45（a）所示。

③ 将打开一个窗口，提示指定文件名和位置，如图 4.45（b）所示。

④ 在窗口中，导航到要存储库的某个位置，输入库名称，然后单击“保存”，如图 4.45（b）所示，单击保存则又回到图 4.45（c）所示材质浏览器对话框。

⑤ 在材质浏览器对话框，单击显示/隐藏库面板，可在下方显示或隐藏库面板，如图 4.45（c）所示。

（2）将材质添加到材质库

材质库创建后，要对材质进行分类，然后再把不同的材质加入相应的类中，步骤如下。

① 对材质进行分类：选中自定义材质库，单击鼠标右键，创建类别，如图 4.46（a）所示。

② 将材质添加到库中：在“材质浏览器”中，通过从其他库或从项目材质列表中单击并拖动，将材质添加到新库，或选中要添加的材质单击鼠标右键，“添加到” ▸ “自定义材质库” ▸ 相应类，如图 4.46（b）所示。

（3）给材质添加资源和特性

① 在“材质浏览器”对话框，单击左下方，创建并新建材质，则在项目质中出现“默认为新材质”，如图 4.46（a）所示，选中新建的材质，单击鼠标右键选择重命名则为新材质进行命名。

② 在“材质编辑器”面板中，单击 ＋（添加资源）以显示“添加资源”下拉菜单，然后选择要添加的资源类型，如图 4.46（a）右上方。

> 注：无法添加已经存在于材质中的资源，因此无法在“添加资源”下拉菜单中选择这些资源。

③ 在图 4.47（a）项目材质中，选中要修改的材质，单击图 4.47（a）左下方的打开/关闭资源浏览器，打开如图 4.47（b）所示对话框，选中相应的材质资源，双击鼠标左键，即把材质的相应特性添加到在图 4.47（a）所选的材质中，或单击右键，选“在编辑器中替换”。

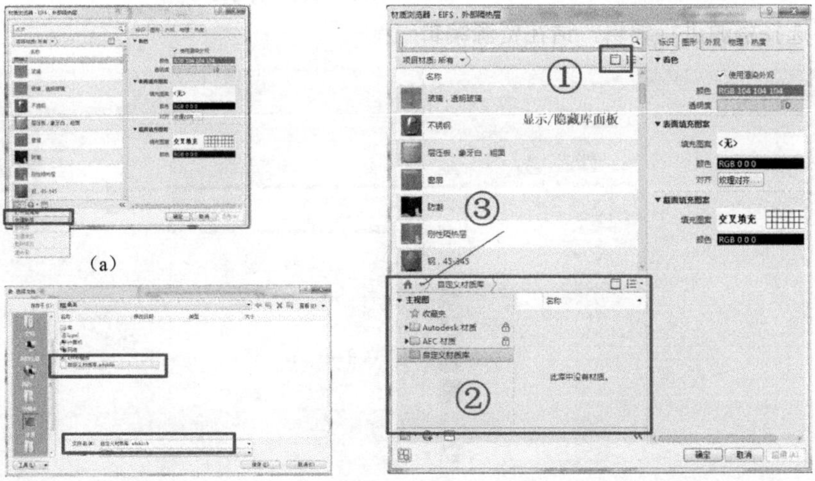

（a）（b）（c）

图 4.45　材质库自定义

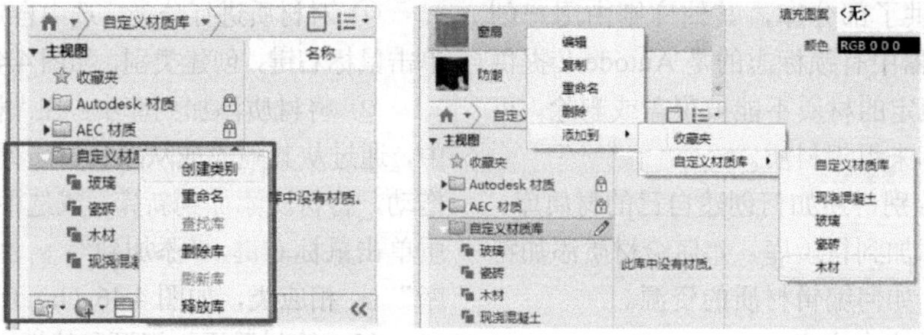

（a）　　　　　　　　　　　　　　　　（b）

图 4.46　将材质分类并添加到库中

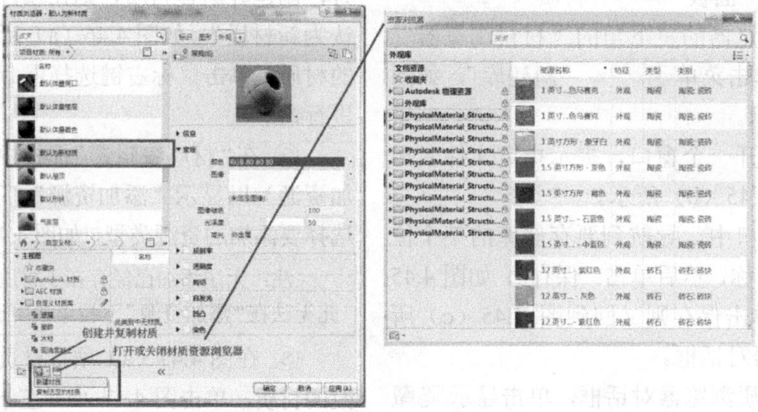

（a）　　　　　　　　　　　　　　　　（b）

图 4.47　给材质添加资源和特性

（4）编辑材质的特性——资源

① 单击“管理”选项卡 ➤“设置”面板 ➤“其他设置”下拉列表 ➤ “材质资源”。资源编辑器将打开，默认未载入任何资源，如图4.48（a）所示。

② 要选择资源进行编辑，请在资源编辑器中单击 ▤（打开/关闭资源浏览器），如图4.48（b）所示。

③ 在资源浏览器中，在要编辑的资源上单击鼠标右键并单击“添加到编辑器”，如图4.48（c）所示。

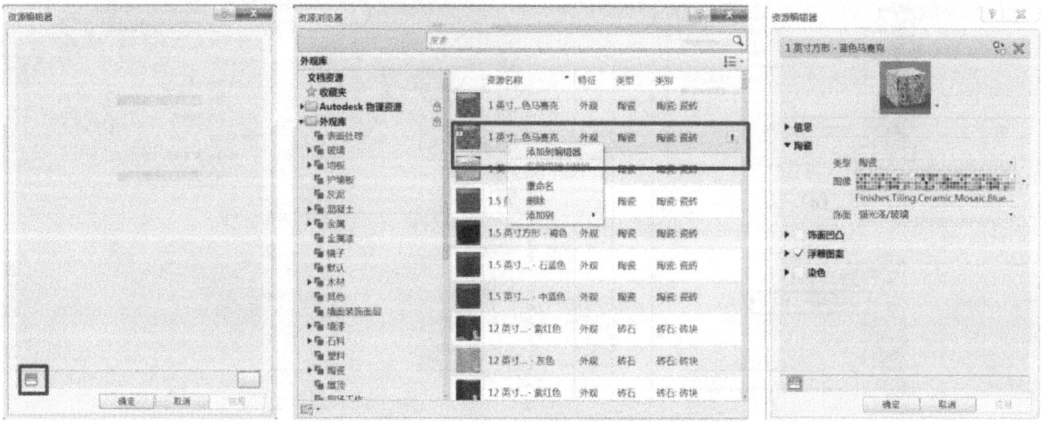

（a）　　　　　　　　　　（b）　　　　　　　　　　（c）

图 4.48　编辑材质资源

④ 在资源编辑器中，对资源进行所需的更改。

⑤ 要保存更改并继续编辑其他资源，需单击“应用”。要保存更改并关闭资源编辑器，需单击“确定”。

4.6.1.3 墙体修改与编辑

在 Revit 中选择墙体（高亮显示）如图 4.49（a）所示，即启动墙体修改命令。

Revit 中支持的墙体修改有：修改墙体位置尺寸，内外墙面翻转、阵列、旋转、（用间隙）拆分、修剪/延伸为角、修剪/延伸单个或多个图元、编辑轮廓、附着、分离等。最常用的为修剪/延伸、编辑轮廓、附着，如图 4.49（b）所示。

（1）尺寸调整

墙体创建后，可通过如下方式修改长度：

- 通过拖曳其两端端点，调整长度，如图 4.49（a）所示。
- 通过修改墙的临时尺寸值，调整长度，如图 4.49（b）所示。

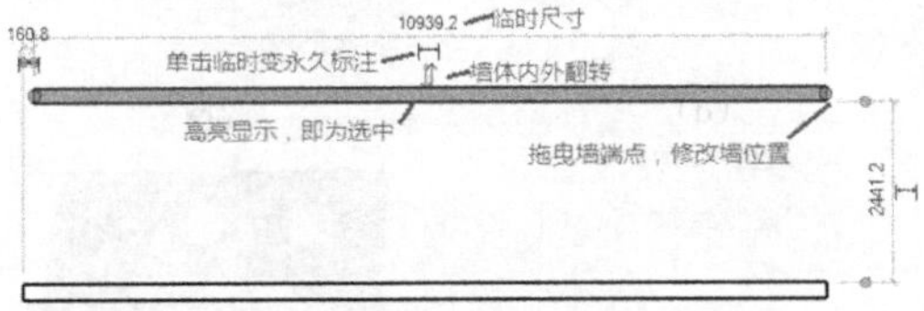

（a）

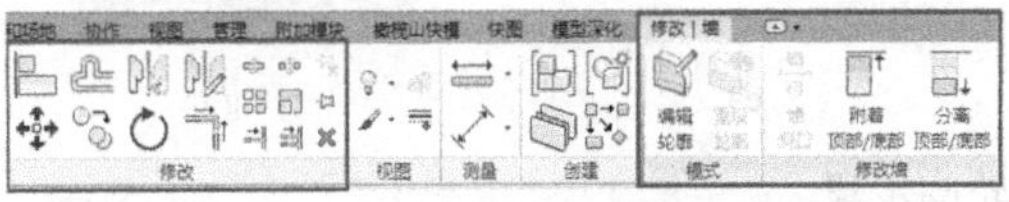

（b）

图 4.49 墙体修改与编辑

（2）墙体内外翻转

墙体创建时，沿墙创建的方向，左为外侧，右为内侧。创建要修改其内外关系，可选中墙体，单击内外翻转符号［如图 4.49 墙体修改与编辑（a）所示］或单击空格键。

（3）墙体开洞

Revit 的墙洞口命令只能在直线墙或曲线墙上剪切矩形洞口。要剪切圆形或多边形洞口，见“（4）编辑墙轮廓”。

① 打开可访问作为洞口主体的墙的三维视图、立面或剖面视图，选择要开洞的墙，如图 4.50（a）所示。

② 单击 （墙洞口），如图 4.50（b）所示。

③ 绘制一个矩形洞口，待指定了洞口的最后一点之后，将显示此洞口，如图 4.50（c）所示，此时可通过修改临时尺寸的值修改洞口的位置与大小。

④ 结束后，要修改洞口，在相应视图上选择洞口，可以使用拖曳控制柄修改洞口的尺寸和位置，也可以将洞口拖曳到同一面墙上的新位置，或通过修改临时尺寸修改，如图 4.50（d）所示，结果如图 4.50（e）所示。

（4）编辑墙轮廓

在大多数情况下，当放置直墙时，墙的轮廓为矩形（在垂直于其长度的立面中查看时）。如果设计要求其他的轮廓形状，或要求墙中有洞口，如图 4.51 所示，可在剖面视图或立面视图中编辑墙的立面轮廓。

> 注：不能编辑弧形墙的立面轮廓，若要在弧形墙中放置矩形洞口，请使用“墙洞口”工具。

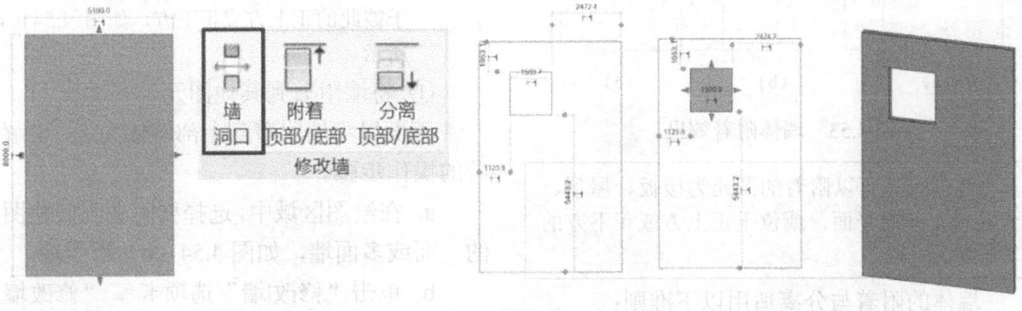

（a）（b）（c）（d）（e）

图 4.50 墙洞口

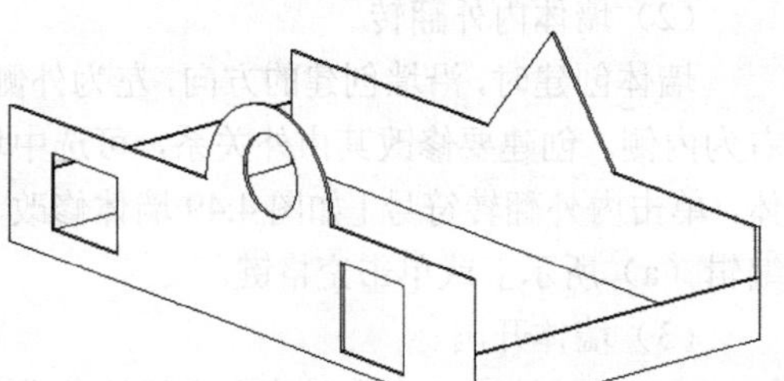

图 4.51　墙体编辑立面轮廓结果

① 在绘制区域选择墙，如图 4.52（a）所示，然后单击“修改｜墙”选项卡 ➤“模式”面板 ➤“编辑轮廓”，如图 4.52（b）所示。

② 如果活动视图为平面视图，则将显示“转到视图”对话框，提示选择相应的立面视图或剖面视图，如图 4.52（c）所示。如，对于东西走向墙，可以选择“北”或“南”立面视图。

③ 当相应的视图打开时，墙的轮廓便以洋红色模型线显示，如图 4.52（d）所示。使用“修改”和“绘制”面板上的工具根据需要编辑轮廓，如图 4.52（e）和（f）所示。

④ 完成后，单击 ✔（完成编辑模式），结果如图 4.52（g）所示。

> 注：如果要将已编辑的墙恢复到其原始形状，需选择该墙，然后单击“修改｜墙”选项卡 ➤“模式”面板 ➤（重设轮廓），如图 4.52（b）所示。

（5）墙体附着与分离的准则

图 4.53（a）所示为放置在墙上的坡屋顶，如何让墙紧贴屋顶坡度走向，如图 4.53（b）所示，并在修改屋顶的倾斜度时墙轮廓相应地发生变化，如图 4.53（c）所示，可用墙体附着实现。

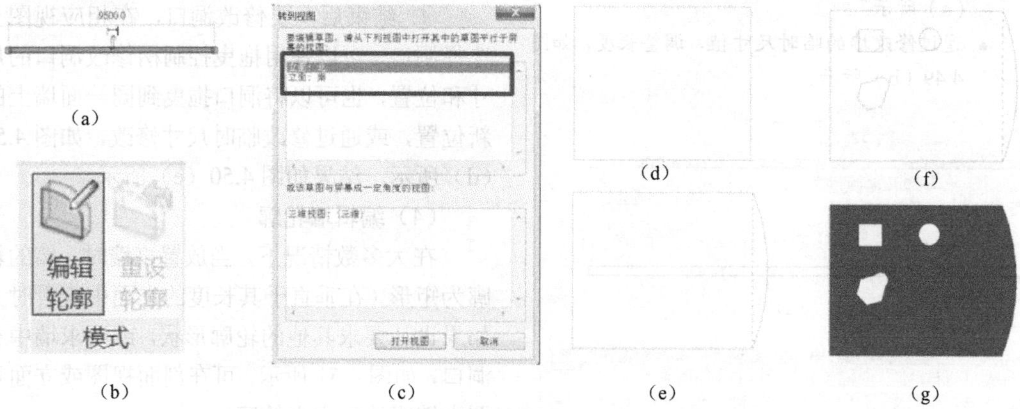

图 4.52　编辑轮廓步骤

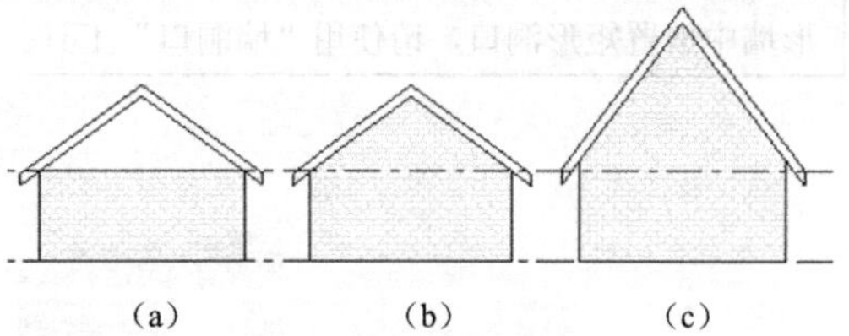

图 4.53　墙体附着效果

> 注：墙体可以附着的图元为楼板、屋顶、天花板、参照平面，或位于正上方或正下方的其他墙。

墙体的附着与分离适用以下准则：

- 可将墙的顶部附着到非垂直的参照平面上；
- 可将墙附着到内建屋顶或内建楼板上；
- 如果墙的顶部已附着到了一个参照平面上，则当再将此顶部附着到第二个参照平面上时，此顶部将从第一个参照平面上分离；
- 可附着在同一个垂直平面中平行的墙，即位于彼此的正上方或正下方，如图 4.54（a）所示。

① 将墙附着到其他图元。

下面以将墙附着到上部墙体为例，讲解附着的操作步骤。

a. 在绘图区域中，选择要附着到其他图元的一面或多面墙，如图 4.54（b）所示墙。

b. 单击“修改|墙”选项卡 ➤“修改墙”面板 ➤“附着顶部/底部”，如图 4.54（c）所示。

c. 在选项栏上，选择“顶部”或“底部”

作为“附着墙”，如图 4.54（d）所示。

d. 选择墙 1（将附着到的图元），结果如图 4.54（e）所示。

② 从其他图元分离墙。

下面以将墙与上部墙体分离为例，讲解分离墙的操作步骤。

a. 在绘图区域中，选择要分离的墙，如图 4.55（a）所示墙 3。

b. 单击“修改|墙”选项卡 ➤“修改墙”面板 ➤ “分离顶部/底部”，如图 4.55（b）所示。

c. 选择要从中分离墙的各个图元，如图 4.55（a）所示墙 1，结果如图 4.55（d）所示；如果要同时从所有其他图元中分离选定的墙（或不确定附着了哪些图元），单击选项栏上［图 4.55（c）］的“全部分离”，结果见图 4.55（e）。

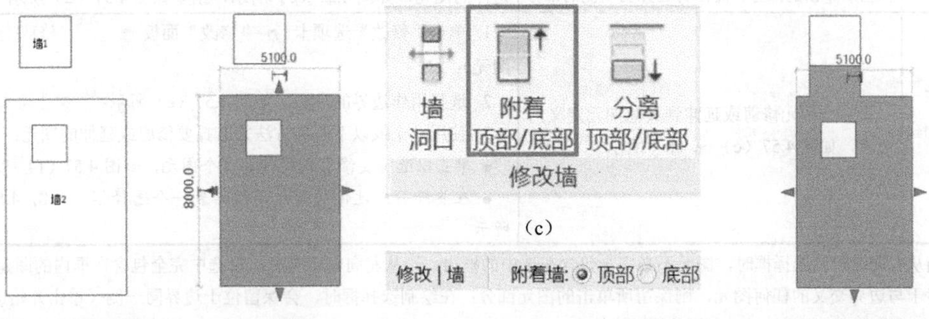

（a）（b）（c）（d）（e）

图 4.54 墙附着

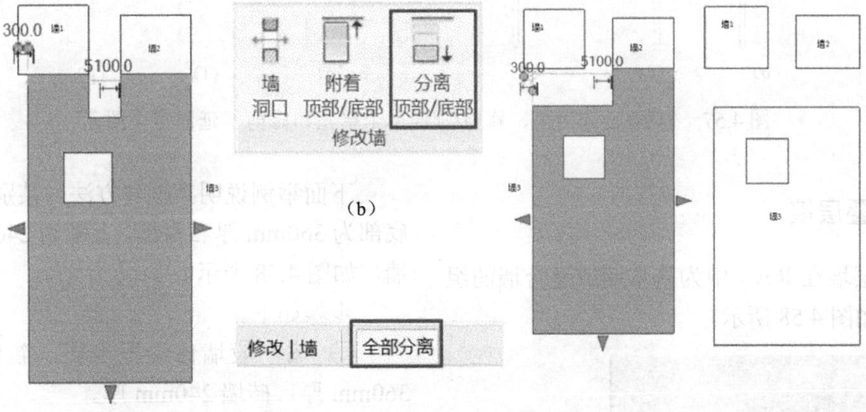

（a）（b）（c）（d）（e）

图 4.55 墙分离

（6）修剪与延伸

使用“修剪”和“延伸”工具可以修剪或延伸一个或多个图元至由相同的图元类型定义的边界，也可以延伸不平行的图元以形成角，或者在它们相交时对它们进行修剪以形成角。选择要修剪的图元时，光标位置指示要保留的图元部分。在修改面板上，有三个工具，如图 4.56 所示，从左至右分别为：修剪/延伸为角和修剪/延伸单个单元、修剪/延伸多个图元。各命令功能见表 4.3。

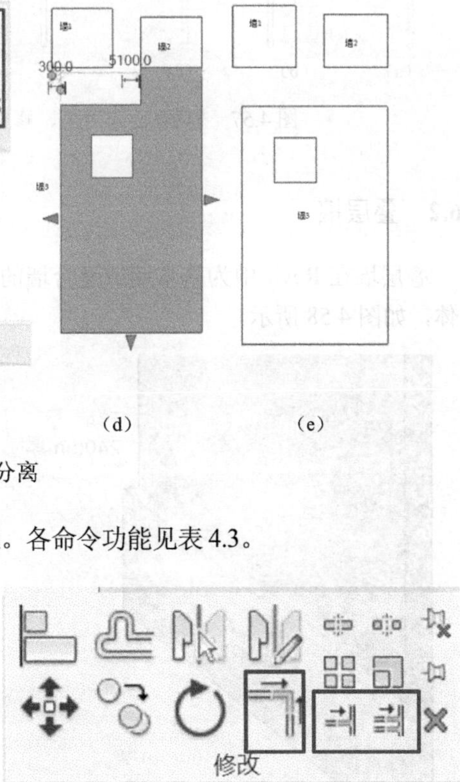

图 4.56 修剪与延伸命令

表 4.3　修剪/延伸命令功能

命　令	功　能	操　作
修剪/延伸为角	将两个所选图元修剪或延伸成一个角，如图 4.57（a）和（b）所示	1. 单击“修改”选项卡 ➤ “修改”面板 ➤ （修剪/延伸到角部）； 2. 选择需要将其修剪成角的图元时，如图 4.57（a）所示，请确保单击要保留的图元部分，结果如图 4.57（b）所示
修剪/延伸单个单元	将一个图元修剪或延伸到其他图元定义的边界，如图 4.57（c）和（d）所示 注：如果此图元与边界（或投影）交叉，则保留所单击的部分，而修剪边界另一侧的部分	1. 单击“修改”选项卡 ➤ “修改”面板 ➤ （修剪/延伸单一图元）； 2. 选择用作边界的参照，如图 4.57（c）所示，然后选择要修剪或延伸的图元，如图 4.57（c）所示，结果如图 4.57（d）所示
修剪/延伸多个图元	将多个图元修剪或延伸到其他图元定义的边界，如图 4.57（e）～（h）所示①②	1. 单击“修改”选项卡 ➤ “修改”面板 ➤ （修剪/延伸多个图元）； 2. 选择用作边界的参照，如图 4.57（e）所示； 3. 使用一个或以下两种方法来选择要修剪或延伸的图元： ● 单击以选择要修剪或延伸的每个图元，如图 4.57（f）所示； ● 在要修剪或延伸的图元周围绘制一个选择框，如图 4.57（g）所示

① 当从右向左绘制选择框时，图元不必完全包含在选中的框内。当从左向右绘制时，仅选中完全包含在框内的图元。

② 对于与边界交叉的任何图元，则保留所单击的图元部分；在绘制选择框时，会保留位于边界同一侧（单击开始选择的地方）的图元部分，而修剪边界另一侧的部分。

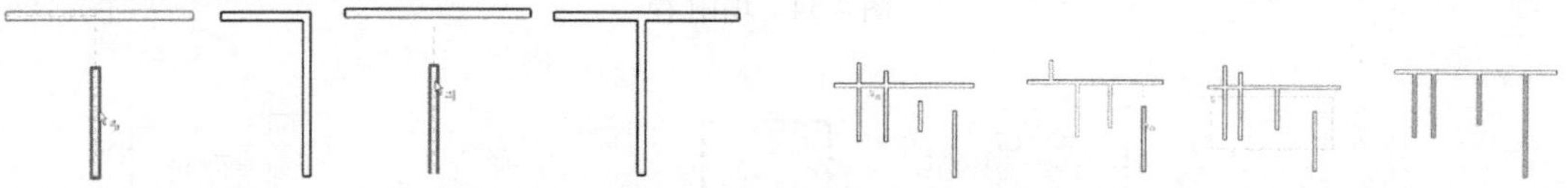

（a）　（b）　（c）　（d）　（e）　（f）　（g）　（h）

图 4.57　修剪/延伸为角、修剪/延伸单个单元和修剪、延伸多个图元

4.6.2　叠层墙

叠层墙在 Revit 中为基本墙或复合墙的组合体，如图 4.58 所示。

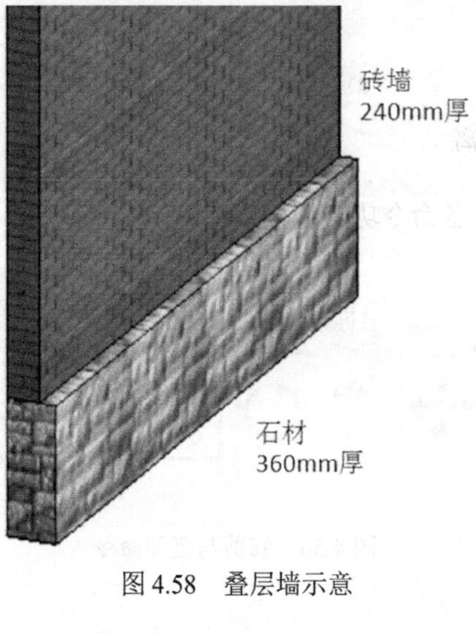

图 4.58　叠层墙示意

下面举例说明某创建方法。某别墅外墙，底部为 360mm 厚石材墙，上部为 240mm 厚砖墙，如图 4.58 所示。

步骤如下。

① 按一般墙体设置步骤，新建石材墙 360mm 厚，砖墙 240mm 厚。

② 进入墙体类型属性对话框，选择系统族：叠层墙，点击复制，新建叠层墙类型；如图 4.59 中①、②所示。

③ 点击③编辑，进入墙体编辑部件对话框，按图 4.59 中步骤④～⑥设置叠层墙；连续点击确定，结果如图 4.58 所示。

4.6.3　幕墙

悬挂于外部骨架或楼板间的轻质外墙称幕墙，是建筑的外墙围护，不承重，像幕布一样挂上去，故又称为“帷幕墙”，是现代大型

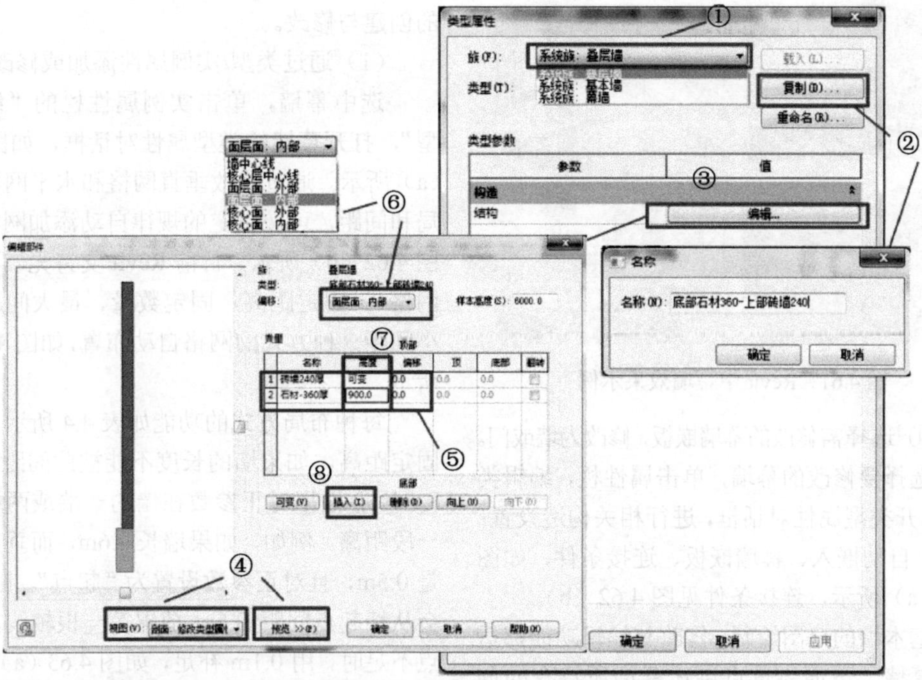

图 4.59　创建叠层墙步骤

和高层建筑常用的带有装饰效果的轻质墙体。幕墙由面板和支承结构体系组成，相对主体结构有一定位移能力或自身有一定抗变形能力。不承担主体结构作用的建筑外围护结构或装饰性结构如外墙框架式支撑体系也是幕墙体系的一种。

与一般墙体相比，建筑幕墙有着很大的优势，客观上不可能被替代，主要有以下几方面原因：

- 具有很好的造型能力和装饰效果；
- 能够适应建筑围护结构的功能需求；
- 幕墙的使用可以大大减轻结构的重量，是超高层建筑的外围护结构的最佳选择；
- 能够承受地震、抵挡风雨；
- 容易维护、维修、清洗；
- 合理的设计可以取得很好的节能效果；
- 很容易安装其他设备，如 LED 灯光照明等。

4.6.3.1　幕墙的绘制与基本设置

Revit 中幕墙创建、路径和方法同墙，幕墙类型及各部分名称见图 4.60。Revit 默认建筑样板提供了三种幕墙类型：“幕墙”不预设网格，如图 4.60（a）所示；“店面或外部玻璃”预设了水平与竖向网格，如图 4.60（b）和（c）所示。无论哪种幕墙，其默认的网格、竖梃、

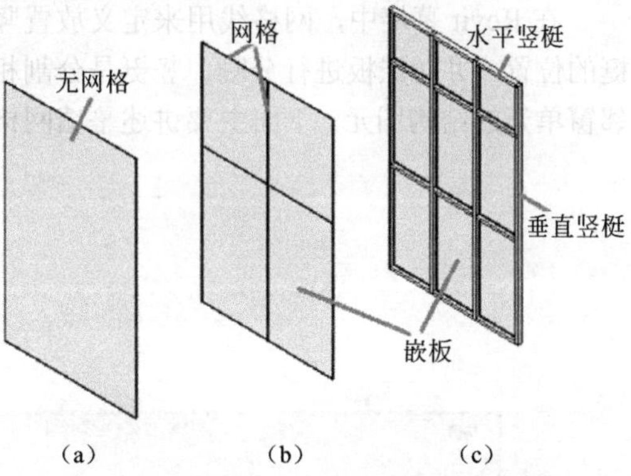

图 4.60　Revit 中幕墙的名称

嵌板均可修改，组成丰富的立面外观，如图 4.61 所示。

下面举例说明：创建如图 4.61 左上角所示幕墙，尺寸自定的步骤。

① 启动墙绘制命令，在属性框架中选择类型——幕墙，点击编辑类型，初步设置网格间隔，或不设置后面再修改。

② 选中幕墙，启动修改墙对话框，点击编辑轮廓，把上面的轮廓编辑为弧形。

③ 在建筑选项卡中启动点击幕墙网格，启动修改放置幕墙网格，按要求设置或手动画网格。

图 4.61　Revit 中幕墙效果示例

④ 选择需修改的幕墙嵌板，修改为墙或门。

选择要修改的幕墙，单击属性栏，编辑类型，打开类型属性对话框，进行相关构造设置：功能、自动嵌入、幕墙嵌板、连接条件，如图 4.62（a）所示，连接条件见图 4.62（b）。

基本墙的草图绘制、修改与编辑功能都适合于幕墙，下面将重点讲述幕墙所特有的创建、修改与编辑功能。

4.6.3.2　幕墙网格的创建与编辑

在 Revit 幕墙中，网格线用来定义放置竖梃的位置，并对嵌板进行分割。竖梃是分割相邻窗单元的结构图元。下面主要讲述幕墙网格的创建与修改。

（1）通过类型/实例属性添加或修改网格

选中幕墙，单击实例属性栏的“编辑类型”，打开幕墙的类型属性对话框，如图 4.62（a）所示。通过修改垂直网格和水平网格的布局和间距，可按设定的规律自动添加网格，如图 4.62（b）所示，目前 Revit 支持无（不添加网格）、固定距离、固定数量、最大间距、最小间距 5 种方式的网格自动布置，如图 4.62（c）所示。

每种布局方式的功能如表 4.4 所示，当为固定距离，如果墙的长度不能被此间距整除，Revit 会根据对正参数在墙的一端或两端插入一段距离。例如，如果墙长 4.6m，而垂直间距是 0.5m，且对正参数设置为“起点”，则 Revit 会从墙起点间距 0.5m 放置第一根轴线，到终点不足时，用 0.1m 补足，如图 4.63（a）所示，其他对正方式，如图 4.63（b）～（d）所示。

（2）手动添加与修改网格

如果绘制了不带自动网格的幕墙，或幕墙网格没有一定规律，无法通过类型或实例属性自动布置，可手动添加/修改网格。

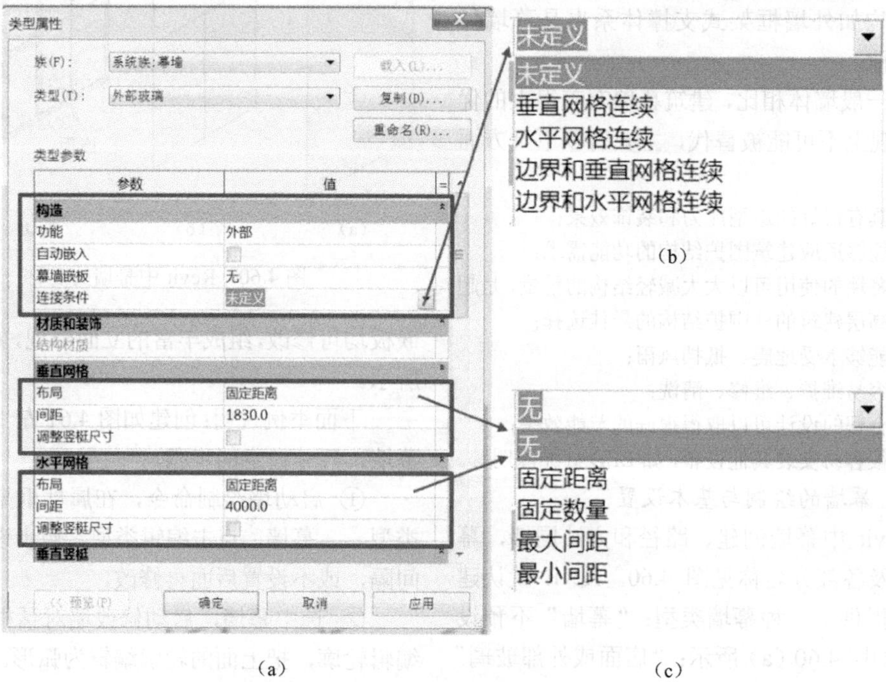

图 4.62　幕墙的类型属性

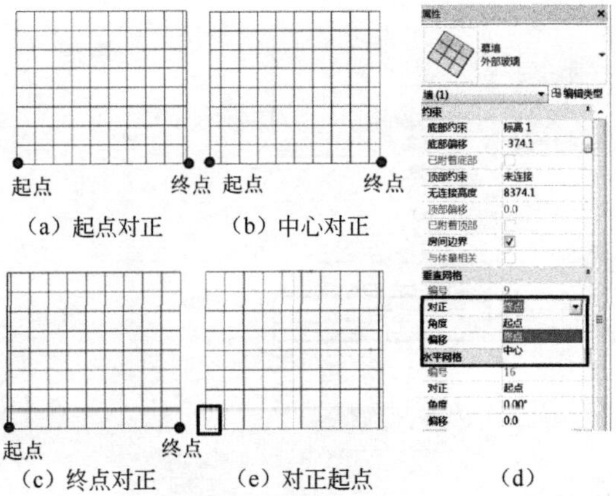

图 4.63　幕墙网格对正方式

手动添加网格步骤如下。

① 在三维视图或立面视图进行网格添加。

② 单击“建筑”选项卡 ➤“构建”面板 ➤ ⊞（幕墙网格），如图 4.64（a）所示。

③ 单击“修改 | 放置幕墙网格”选项卡 ➤“放置”面板，然后选择放置方式，如图 4.64（b）所示，每种方式的功能如表 4.5 所示。

④ 沿着墙体放置光标，会出现一条临时网格线，如图 4.64（c）～（e）所示。

表 4.4　水平/垂直幕墙网格布局方式的功能

名　称		功　能
布局（沿幕墙长度设置幕墙网格线的自动垂直/水平布局）	无	不设置网格
	固定距离	表示根据垂直/水平间距指定的值来放置幕墙网格。如果墙的长度不能被此间距整除，Revit 会根据对正参数在墙的一端或两端插入一段距离，如图 4.63 所示
	固定数量	表示可以为不同的幕墙实例设置不同数量的幕墙网格
	最大/最小间距	表示幕墙网格沿幕墙长度方向等间距放置，其最大/最小间距为指定的垂直/水平间距值
间距		当“布局”设置为“固定距离”或“最大/最小间距”时启用。如果将布局设置为固定距离，则 Revit 将使用确切的“间距”值。如果将布局设置为最大/小间距，则 Revit 将使用不大/小于指定值的值对网格进行布局
调整竖梃尺寸		调整网格线的位置，以确保幕墙嵌板的尺寸相等（如果可能）。有时，放置竖梃时，尤其放置在幕墙主体的边界处时，可能会导致嵌板的尺寸不相等；即使“布局”的设置为“固定距离”，也是如此

表 4.5　手动添加网格命令

命　令	功　能
全部分段	在出现预览的所有嵌板上放置网格线段
一段	在出现预览的一个嵌板上放置一条网格线段
除拾取外的全部	在除了选择排除的嵌板之外的所有嵌板上，放置网格线段

⑤ 单击以放置网格线，网格的每个部分（设计单元）将以所选类型的一个幕墙嵌板分别填充。

⑥ 完成后，单击 Esc 键。

⑦ 添加其他网格线（如有必要），或单击“修改”以退出该工具。

> 注：图 4.64（e）所示为“除拾取外的全部”方式，放置网格线后为红色实线，再单击不需要放置网格线的部分显示为红色虚线（图中显示为粗虚线），单击重新放置幕墙网格即可。

（3）幕墙轴网配置

举例说明。某矩形幕墙长 4.6m，高 4m，轴网间距 500mm，轴网布局以矩形中心为原点，角度 45°，偏移 100mm，如图 4.65（a）所示。

步骤如下。

① 在三维视图或立面视图选中要修改的幕墙，如图 4.65（b）所示。

② 单击幕墙中间的配置轴网布局按钮，见图 4.65（b），结果如图 4.65（d）所示。

③ 在绘图区域或幕墙实例属性中修改相应参数起点、角度和偏移值，如图 4.65（c）所示，各参数含义见表 4.6。

④ 单击实例属性栏应用，结果如图 4.65（a）和（e）所示。

> 注：也可直接在绘图区拖动幕墙对正点，或单击幕墙上的数字进行修改，如图 4.65（a）所示。

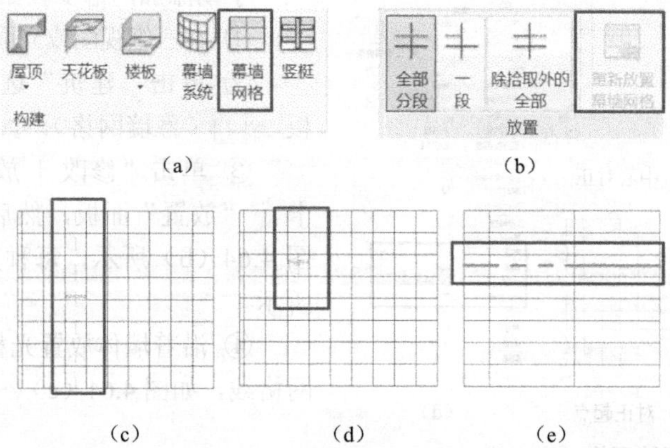

图 4.64 幕墙网格的添加

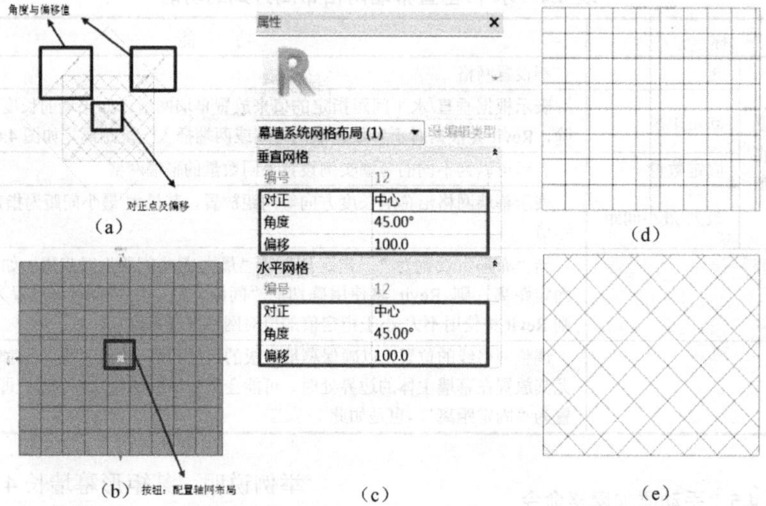

图 4.65 配置幕墙轴网布局

表 4.6 幕墙轴网配置参数含义

名称	说明
对正	确定当网格间距无法平均分割幕墙图元面的长度时，网格沿幕墙图元面的间距。当网格线的数目由于参数或面尺寸的修改而发生改变时，“对正”还可确定首先删除或添加哪些网格线。起点会在放置第一个网格之前，在面的终点处添加一段距离。中心会在面的起点和终点添加相等的距离。终点会在放置第一个网格之前，在面的起点处添加一段距离
角度	将幕墙网格旋转到指定角度。如果分别为各个面指定了角度值，则该字段中不会显示任何值。有效值介于 89 和-89 之间
偏移	从距网格对正点的指定距离开始放置网格：如将“对正”指定为“起点”，并输入 200mm 作为偏移，则第一个网格将被放置在距离面起点的 200mm 之处。如果指定了面的偏移，则该字段中不会显示任何值

4.6.3.3 幕墙竖梃的创建与编辑

Revit 中幕墙的竖梃在建筑上通常为幕墙框架、龙骨或加劲肋：有水平竖梃、垂直竖梃、倾斜竖梃、边梃、角竖梃等形式。

（1）竖梃类型

Revit 中竖梃为系统族，有：圆形竖梃、矩形竖梃，4 种角竖梃（L 形、V 形、梯形和四边形）如图 4.66 所示。可以创建新的竖梃类型，及用“公制轮廓-竖梃.RFA”族样板创建竖梃的轮廓，载入到项目中更改竖梃的轮廓，如图 4.67（a）所示，对于 4 种角竖梃，不能更改轮廓，只能添加类型，更改相应的尺寸，如图 4.67（b）所示。如要增加竖梃的截面类型，在项目浏览器中，找到相应的竖梃族类型，选中，单击鼠标右键，复制，修改名称为所需要的。单击右键选择“类型属性”，打开类型属性对话框，可更改其尺寸如厚度、尺寸标注等。

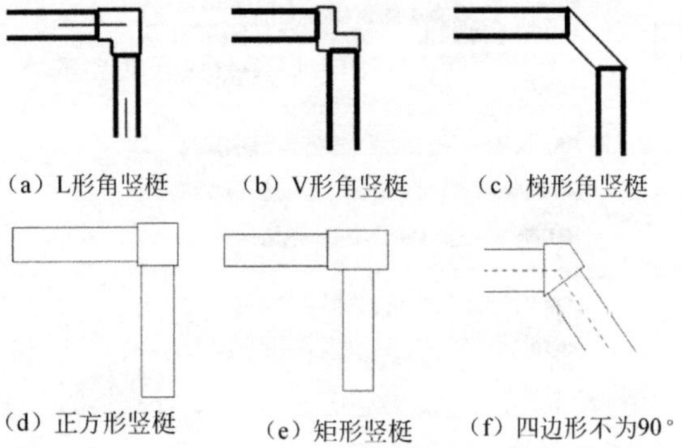

（a）L形角竖梃　（b）V形角竖梃　（c）梯形角竖梃

（d）正方形竖梃　（e）矩形竖梃　（f）四边形不为90°

图 4.66　竖梃类型

（2）竖梃的放置与修改

竖梃要放在幕墙网格线上，要先在要放置竖梃的位置添加网格线，然后有两种方式添加竖梃，一种是通过类型属性对话框设置，自动在有网格线处添加竖梃，如图 4.68（a）所示；另一种方式为手动添加，步骤如下。

① 将幕墙网格添加到幕墙或幕墙系统中，方法见 4.6.3.2 幕墙网格的创建与编辑，结果和设置见图 4.68（a）和（b）。

② 单击“建筑”选项卡 ▶“构建”面板 ▶ （竖梃），如图 4.68（c）所示。

③ 在类型选择器中，选择所需的竖梃类型。

④ 在“修改 | 放置竖梃”选项卡 ▶“放置”选项卡上，选择下列工具之一，如图 4.68（d）所示。

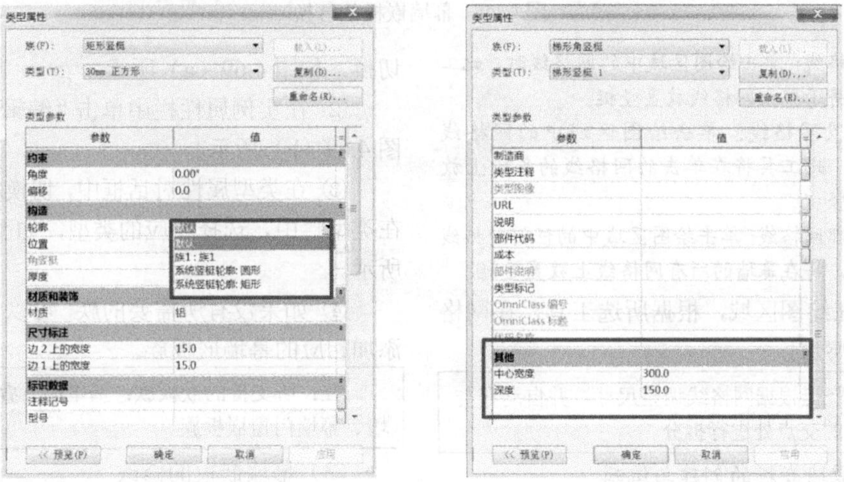

（a）　（b）

图 4.67　更改竖梃的轮廓

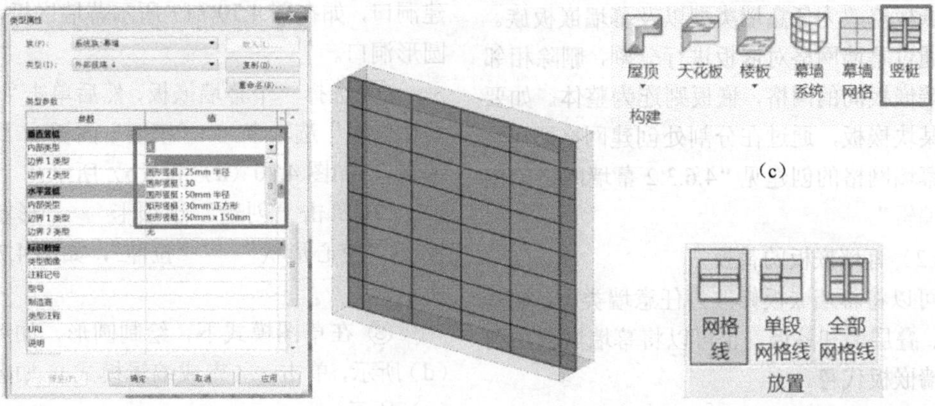

（a）　（b）　（c）　（d）

图 4.68　竖梃的添加

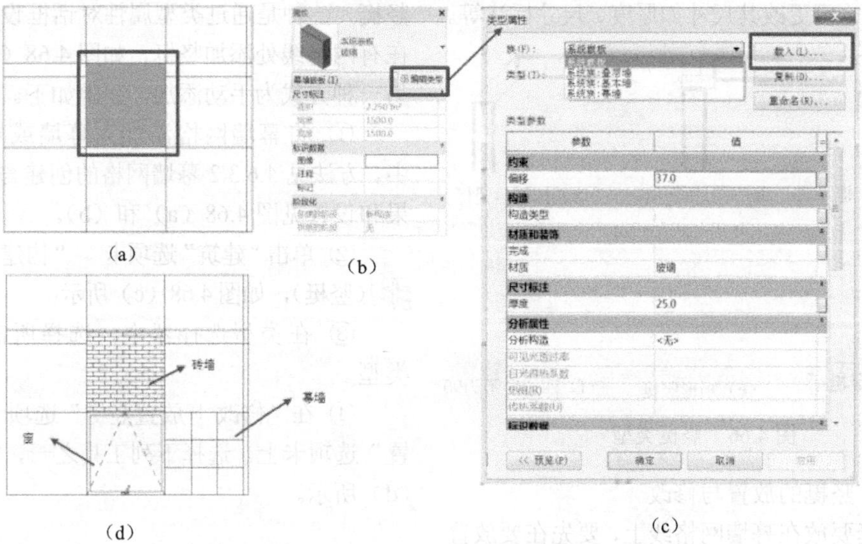

图 4.69　幕墙嵌板的替换

- 网格线：单击绘图区域中的网格线时，此工具将跨整个网格线放置竖梃。
- 单段网格线：单击绘图区域中的网格线时，此工具将在单击的网格线的各段上放置竖梃。
- 全部网格线：单击绘图区域中的任何网格线时，将在幕墙的所有网格线上放置竖梃。

⑤ 在绘图区域，根据所选工具，在网格线上放置竖梃。

注：竖梃根据网格线调整尺寸，并自动在与其他竖梃的交点处进行拆分。

4.6.3.4　幕墙嵌板的创建与编辑

（1）幕墙嵌板的连接、分割

幕墙嵌板为幕墙网格之间的图元，可以将幕墙嵌板修改为任意墙类型以及幕墙嵌板族。软件通过幕墙网格对嵌板进行分割，删除相邻的幕墙嵌板间的网格，嵌板则连为整体。如要分割某块嵌板，通过在分割处创建网格即可，关于幕墙网格的创建见“4.6.3.2 幕墙网格的创建与编辑”。

（2）幕墙嵌板的替换

可以将幕墙嵌板修改为任意墙类型，如基本墙、叠层墙和幕墙，也可以将幕墙嵌板用门窗幕墙嵌板代替。

步骤如下。

① 选中要替换的幕墙嵌板，可用 Tab 键切换，如图 4.69（a）所示。

② 在实例属性栏中单击“编辑类型”，如图 4.69（b）所示。

③ 在类型属性对话框中，切换相应的族，在类型栏中，选择相应的类型，如图 4.69（c）所示。

④ 如果没有所需要的族，可以单击载入，添加相应的幕墙嵌板族。

注：所支持的嵌板族：基本墙、叠层墙和幕墙、幕墙门窗嵌板族。

（3）幕墙嵌板的修改

如果要在幕墙嵌板上开一个洞口，如通风孔，可通过将嵌板作为内建图元进行编辑来创建洞口，如在图 4.70（f）所示幕墙嵌板，开一圆形洞口。

① 选择一个幕墙嵌板，然后单击“修改 | 幕墙嵌板”选项卡 ➤“模型”面板 ➤“在位编辑”，如图 4.70（a）和（b）所示。

② 单击“创建”选项卡 ➤“形状”面板 ➤“空心形状” ➤“拉伸”，如图 4.70（c）所示。

③ 在草图模式下，绘制圆形，如图 4.70（d）所示，单击✔（完成编辑模式），如图 4.70（e）所示。

④ 单击完成模型，如图 4.70（f）所示。

> 注：1. 如果不能选择“编辑内建图元”，请在绘图区域中，单击与嵌板对应的 ，解锁则可进行嵌板的修改。
>
> 2. 在位编辑模式下，选定嵌板是唯一可编辑的几何图形。
>
> 3. 墙体轮廓编辑功能，同样适用于幕墙。

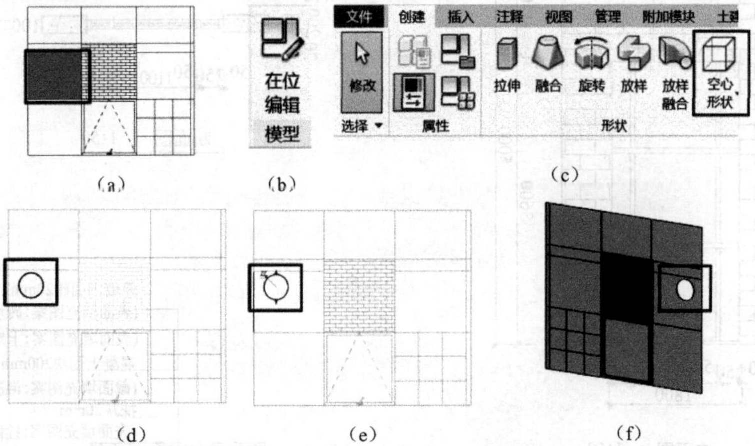

图 4.70　幕墙嵌板的在位编辑

4.6.3.5　幕墙系统介绍

幕墙系统也叫面幕墙系统，是一种构件，由嵌板、幕墙网格和竖梃组成。可在任何体量面或常规模型面上创建幕墙系统。幕墙系统没有可编辑的草图，无法编辑幕墙系统的轮廓，网格的添加与修改同幕墙。如要编辑草图或轮廓，则要用幕墙创建。

（1）例题一

如图 4.71（a）所示体量表面创建幕墙，底部圆半径 4.25m，半球高 4.75m。步骤如下。

① 单击“体量和场地”选项卡 ▶“面模型”面板 ▶ （幕墙系统），“建筑”选项卡 ▶“构建”面板 ▶ （幕墙系统）。

② 在类型选择器中，选择一种幕墙系统类型。

③（可选）要从一个体量面创建幕墙系统，请单击“修改 | 放置面幕墙系统”选项卡 ▶“多重选择”面板 ▶ （选择多个）以禁用它（默认情况下，处于启用状态），如图 4.71（b）所示。

④ 移动光标以高亮显示某个面。单击以选择该面。如果已清除“选择多个”选项，则会立即将幕墙系统放置到面上。

⑤ 如果已启用“选择多个”，请按如下操作选择更多体量面。

- 单击未选择的面以将其添加到选择中，单击所选的面以将其删除。
- 光标将指示是正在添加（+）面还是正在删除（–）面。
- 要清除选择并重新开始选择，请单击“修改 | 放置面幕墙系统”选项卡 ▶“多重选择”面板 ▶ （清除选择），如图 4.71（b）所示。
- 在所需的面处于选中状态下，单击“修改 | 放置幕墙系统”选项卡 ▶“多重选择”面板 ▶“创建系统”，结果如图 4.71（c）所示。

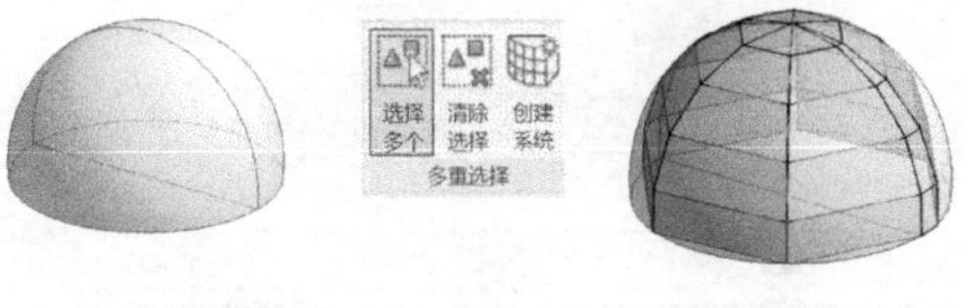

图 4.71　创建幕墙系统

（2）例题二

创建如图 4.72 所示墙体，墙体构造与幕墙竖梃连续方式如图，竖梃尺寸为 100mm×50mm。

主要步骤如下。

① 创建长为 3000mm，高为 5000mm 的墙体。

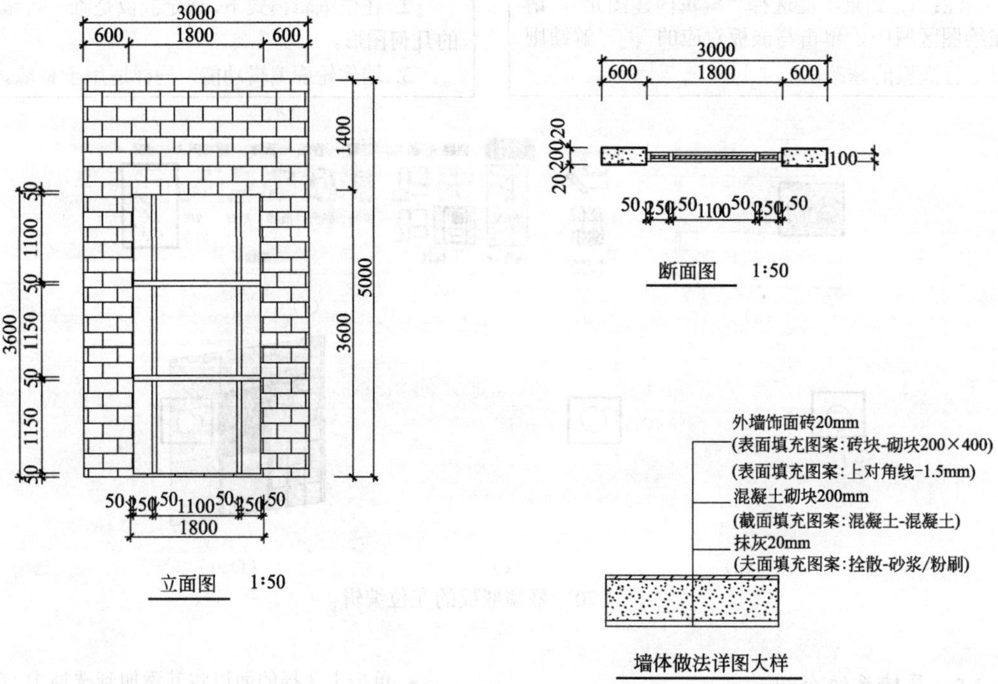

图 4.72 墙体创建例题

② 按详图所示更改墙体的构造层次，如图 4.73 所示。

注：填充图案类型中绘图和模型的区别：绘图以符号形式表示材质表面或截面填充图案，图案的比例随视图比例而变化，绘图填充的图案不会在旋转模型的时候同步旋转；模型代表建筑物的实际图元外观，不随视图比例变化而变化，模型填充的图案会在旋转模型的时候同步旋转。

③ 根据 4.6.3 节内容创建幕墙，并在属性栏要勾选“自动嵌入”如图 4.74（a）所示。

④ 根据 4.6.3 节内容，创建幕墙网格和竖梃。

注：1. 第一条幕墙网格为到幕墙边外边缘的距离（竖梃的外边缘）；

2. 创建新的竖梃类型，并修改相应的尺寸，如图 4.74（b）所示。

⑤ 选中创建的竖梃，单击竖梃面板的结合和打断，根据题目要求，更改连接顺序。

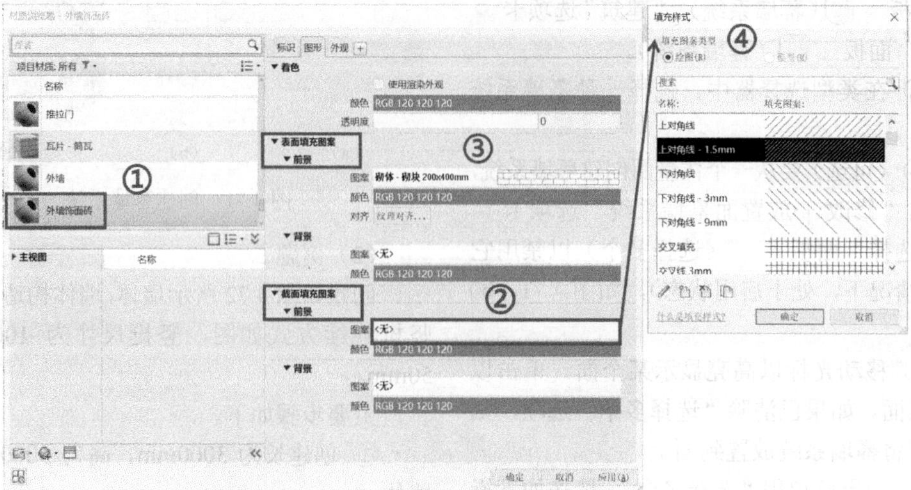

图 4.73 填充样式设置

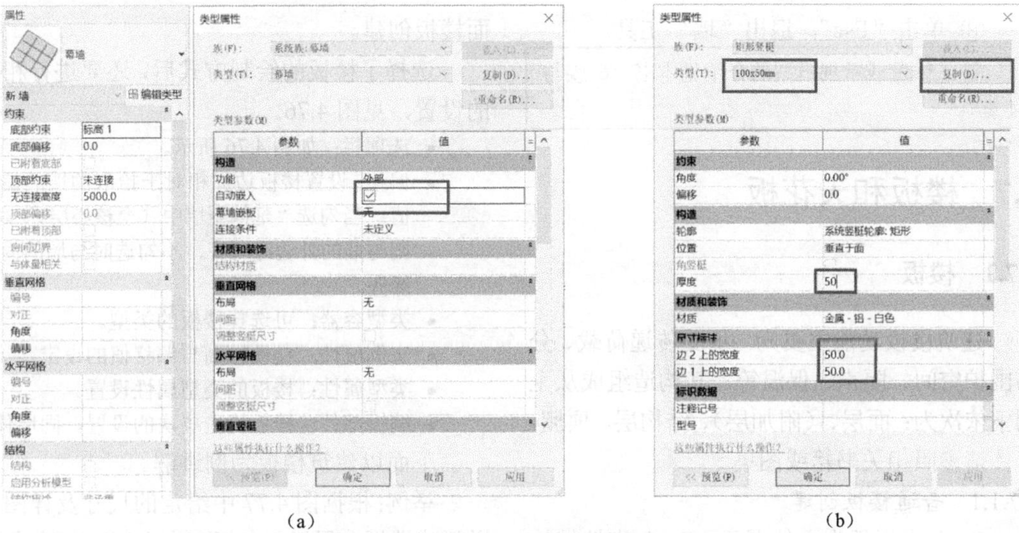

图 4.74　自动嵌入与竖梃

4.6.4　面墙

使用“面墙”工具，通过拾取面从体量实例创建墙。此工具将墙放置在体量实例或常规模型的非水平面上。

下面以从体量面创建墙为例，讲解面墙创建的功能，从常规模型的面上创建墙的步骤可参照从体量创建面墙。

① 打开显示体量的视图，如三维视图，如图 4.75（a）所示。

② 单击“体量和场地”选项卡 ➤“面模型”面板 ➤（面墙），或“建筑”选项卡 ➤“构建”面板 ➤“墙”下拉列表 ➤（面墙），或“结构”选项卡 ➤“结构”面板 ➤“墙”下拉列表 ➤（面墙）。

③ 在类型选择器中，选择一个墙类型。

④ 在选项栏上，选择所需的标高、高度、定位线的值。

⑤ 移动光标以高亮显示某个面，如图 4.75（b）所示。

⑥ 单击以选择该面，系统会立即将墙放置在该面上，如图 4.75（c）所示，同理创建其他墙，如图 4.75（d）所示。

⑦ 隐藏或删除体量后，如图 4.75（e）所示。

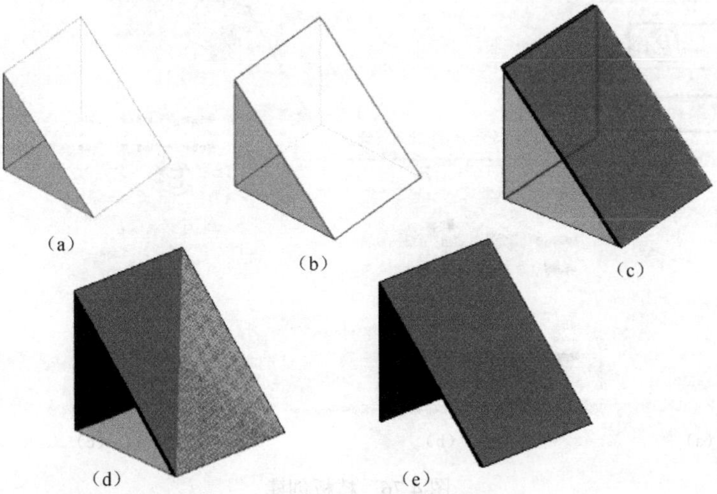

图 4.75　面墙创建

⑧ 单击“Esc”，退出“墙”工具。

注：体量或常规模型的介绍见本书“6 族与体量”。

4.7 楼板和天花板

4.7.1 楼板

建筑楼板功能主要为：承受传递荷载、分隔围护空间、隔声、保温等，其构造组成从上到下依次为：面层、（附加层）、结构层、顶棚。具体请参照相关书籍或图集。

4.7.1.1 普通楼板创建

Revit 中楼板为主体图元，Revit 支持结构楼板、建筑楼板、面楼板的创建，创建方法有：草图绘制模式和拾取体量楼层（面楼板）生成楼板，如表 4.7 所示，面楼板的创建见 4.7.1.4 面楼板创建。

选择了楼板的绘制方式后，还要进行相关的设置，见图 4.76。

- 选项栏：如图 4.76 所示。
- 偏移：设置楼板边界相对于拾取的墙的偏移值；当勾选“延伸至墙中（至核心层）”时，则与墙的外边缘对齐，不勾选时与墙的内边缘齐。
- 类型容器：可选择楼板的类型。
- 实例属性：楼板标高与偏移值的设定。
- 类型属性：楼板的类型属性设置。
- 编辑部件：楼板构造层次的设置，同墙体。

下面以建筑楼板为例讲解。

举例：根据图 4.77 中给定的尺寸及详图大样新建楼板，顶部所在标高为±0.000，命名为“卫生间楼板”，构造层保持不变，水泥砂浆层进行放坡，并创建洞口，将模型以“楼板”为文件名保存。

表 4.7 楼板创建

方式	路径	绘制方式[①]
快捷命令	SB（结构楼板）	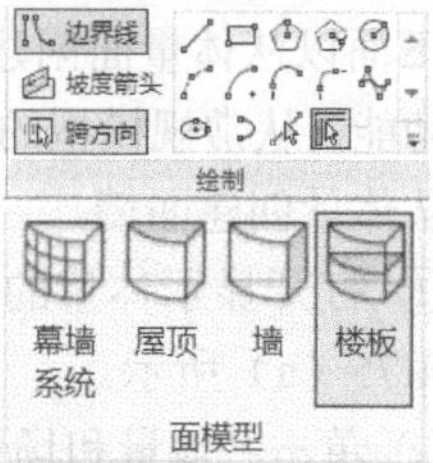
鼠标操作	“建筑”选项卡 ▶“构建”面板 ▶“楼板”下拉列表 ▶（楼板:建筑）； “结构”选项卡 ▶“结构”面板 ▶“楼板”下拉列表 ▶（楼板:建筑）	

① 跨方向指金属波纹板的方向与楼板边的关系。

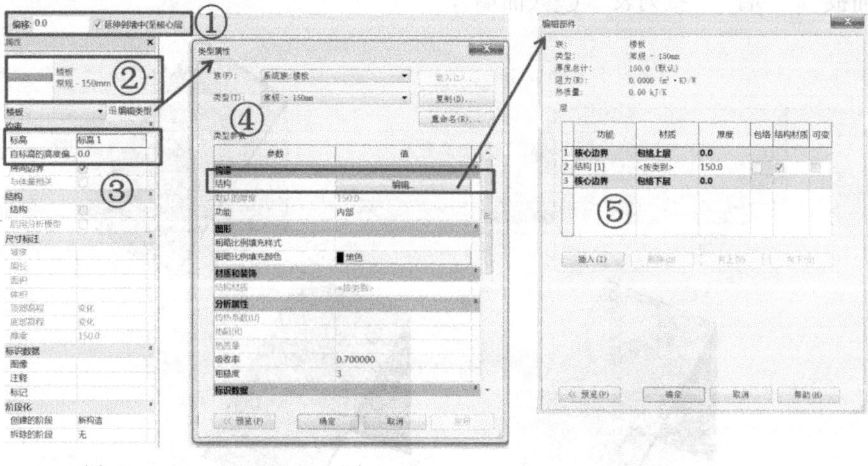

（a） （b） （c）

图 4.76 楼板创建

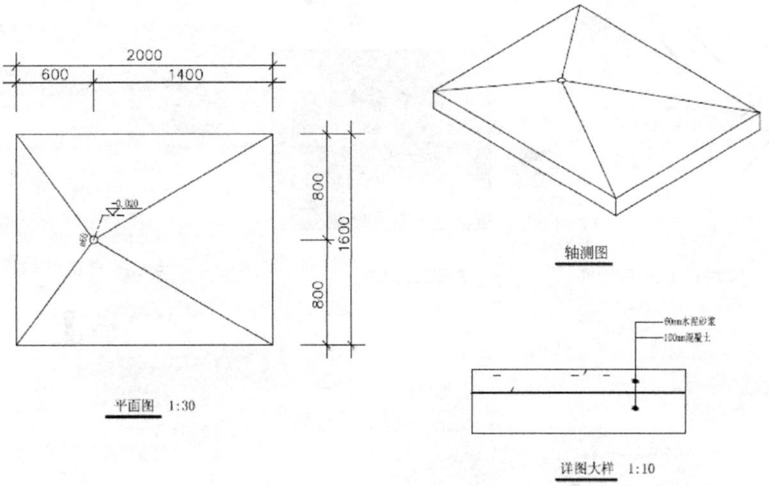

图 4.77　楼板举例

步骤如下。

① 新建项目，选择建筑样板，按要求保存与命名文件。

② 打开标高 1 视图（默认为标高为 ±0.000），并启动楼板命令，按图 4.78 设置。

③ 选择矩形绘制方式，建如图 4.77 平面图所示轮廓，并确定。

④ 用修改子图元，在参照平面交点处添加−20 的点，如图 4.79 所示。

⑤ 用竖井命令，为楼板地漏开洞：“建筑”选项卡 ▶“洞口”面板 ▶（竖井），如图 4.80 所示。

注：本题楼板开洞，也可以通过编辑楼板轮廓边界实现，具体步骤读者自行练习。

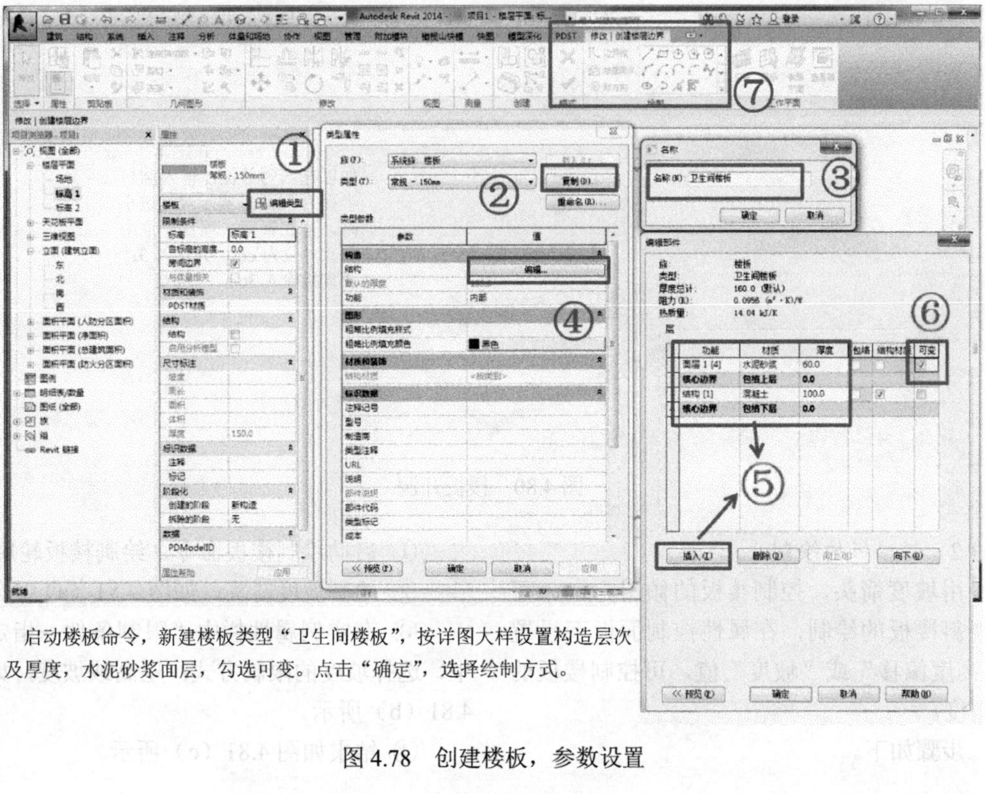
启动楼板命令，新建楼板类型“卫生间楼板”，按详图大样设置构造层次及厚度，水泥砂浆面层，勾选可变。点击“确定”，选择绘制方式。

图 4.78　创建楼板，参数设置

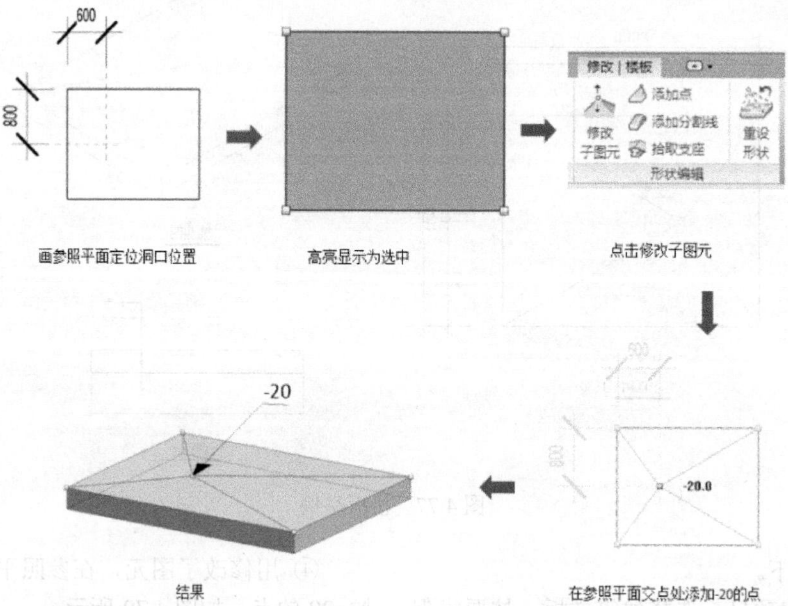

图 4.79　楼板轮廓与洞口

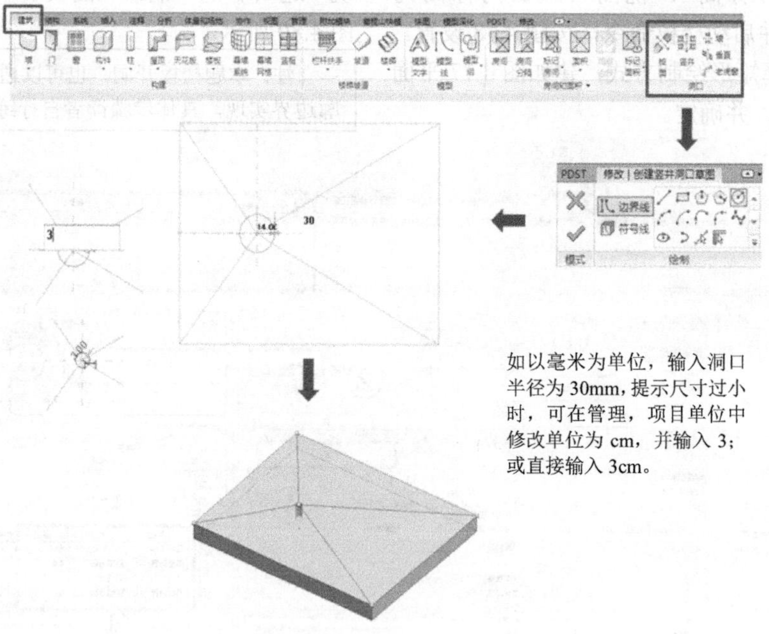
30
如以毫米为单位，输入洞口半径为30mm，提示尺寸过小时，可在管理，项目单位中修改单位为cm，并输入3；或直接输入3cm。

图 4.80　楼板开洞

4.7.1.2　斜楼板的绘制

用坡度箭头，控制楼板的倾斜方向，可实现斜楼板的绘制，在属性控制面板下设置“尾高度偏移”或“坡度”值，可控制楼板的倾斜度。

步骤如下。

① 启动绘制楼板命令，绘制楼板轮廓。

② 绘制坡度箭头，如图 4.81（a）所示。

③ 在实例属性栏中“限制条件→指定”中，选择坡度的限制方式：尾高或坡度，如图 4.81（b）所示。

④ 结果如图 4.81（c）所示。

4.7.1.3　楼板边缘构件

“楼板边缘”同墙体的“墙饰条”和“分割缝”一样属于主体放样对象，其放样的主体是楼板。像阳台楼板下滴檐、建筑分层装饰条、檐沟等对象都可以用“楼板边缘”命令通过拾取楼板边创建。主要步骤如下。

① “建筑”选项卡 ▶“构建”面板 ▶“楼板”下拉列表 ▶（楼板:楼板边）或“结构”选项卡 ▶“结构”面板 ▶“楼板”下拉列表 ▶（楼板:楼板边）。

② 类型容器中选择楼板边缘的类型，如图 4.82 中①所示。如没有所需类型，可通过单击“编辑类型”，在类型属性中新建类型，设置楼板边缘族，如图 4.82 中②和③所示。

③ 高亮显示楼板水平边缘，并单击鼠标以放置楼板边缘。

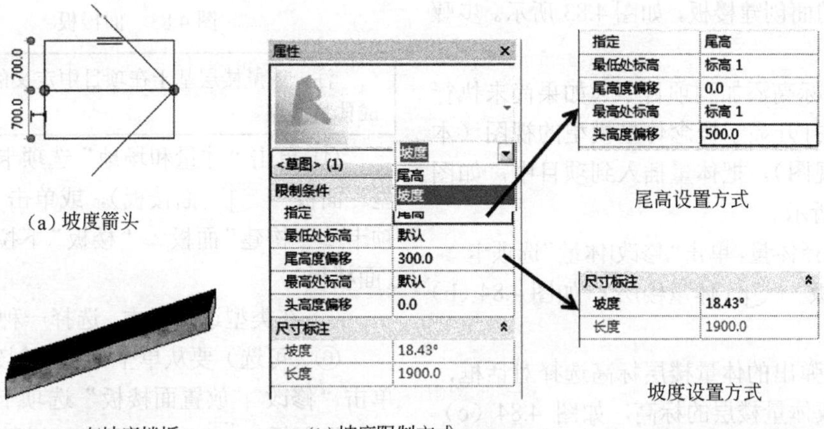

(a) 坡度箭头　(b) 坡度限制方式　(c) 有坡度楼板

图 4.81　坡度楼板创建

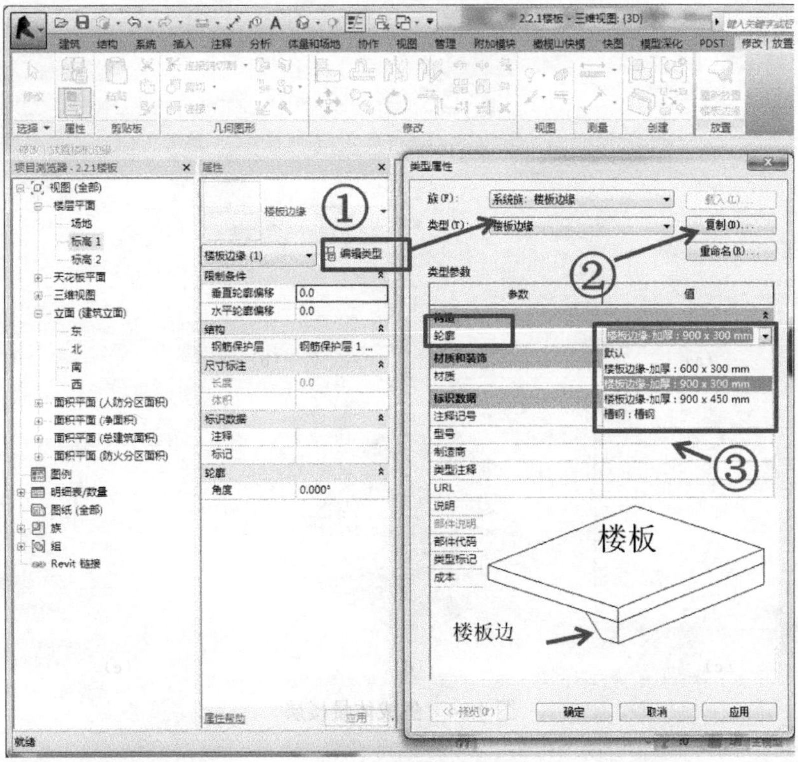

图 4.82　创建楼板边缘

④ 要完成当前的楼板边缘，请单击“修改 | 放置楼板边缘”选项卡 ➤“放置”面板 ➤（重新放置楼板边缘）。

⑤ 要开始其他楼板边缘，请将光标移动到新的边缘并单击以放置。

⑥ 按 Esc 退出。

4.7.1.4 面楼板创建

面楼板即从体量实例创建楼板，通过选择体量实例的面创建楼板，如图 4.83 所示。步骤如下。

① 将标高添加到项目中（如果尚未执行该操作），打开显示概念体量模型的视图（本例选三维视图），把体量插入到项目中，如图 4.84（a）所示。

② 选择体量，单击“修改|体量”选项卡 ➤“模型”面板 ➤（体量楼层），如图 4.84（b）所示。

③ 在弹出的体量楼层标高选择对话框，选择要生成体量楼层的标高，如图 4.84（c）所示，则在相应的标高位置生成楼层，如图4.84（d）和（e）所示。

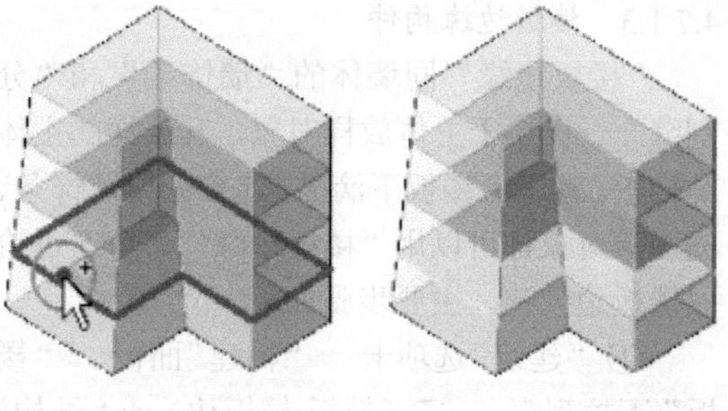

（a）　　（b）

图 4.83　面楼板

> 注：体量楼层基于在项目中定义的标高而生成体量楼层。

④ 单击“体量和场地”选项卡 ➤“面模型”面板 ➤（面楼板），或单击“建筑”选项卡 ➤“构建”面板 ➤“楼板”下拉列表 ➤（面楼板）。

⑤ 在类型选择器中，选择一种楼板类型。

⑥（可选）要从单个体量面创建楼板，请单击“修改 | 放置面楼板”选项卡 ➤“多重选择”面板 ➤（选择多个）以禁用此选项，默认情况下，处于启用状态，如图 4.85（a）所示。

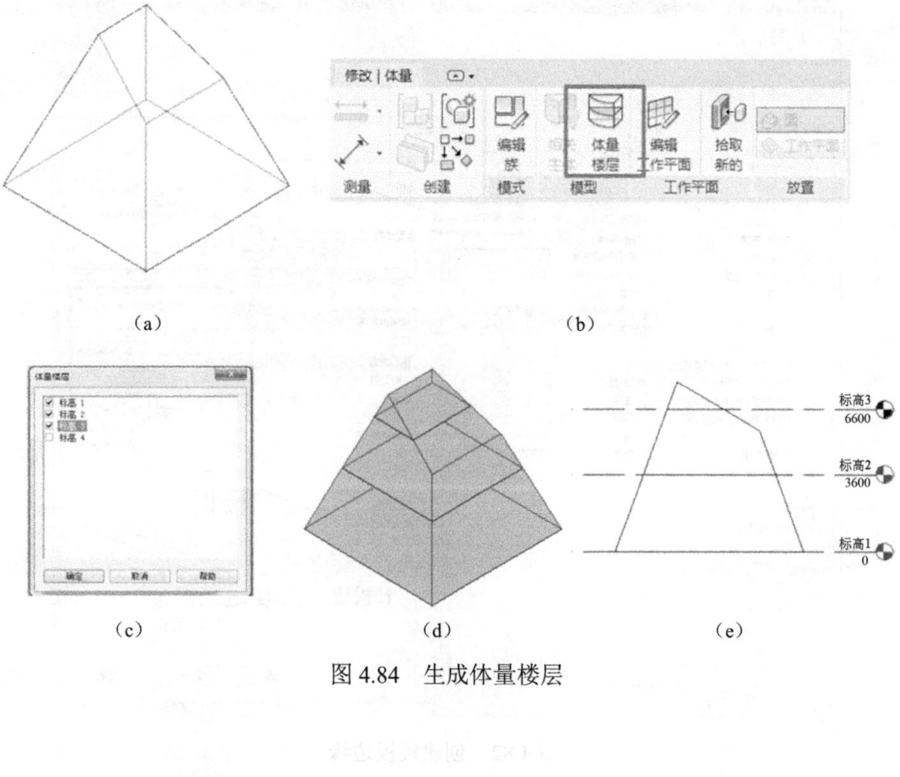

（a）　　（b）

（c）　　（d）　　（e）

图 4.84　生成体量楼层

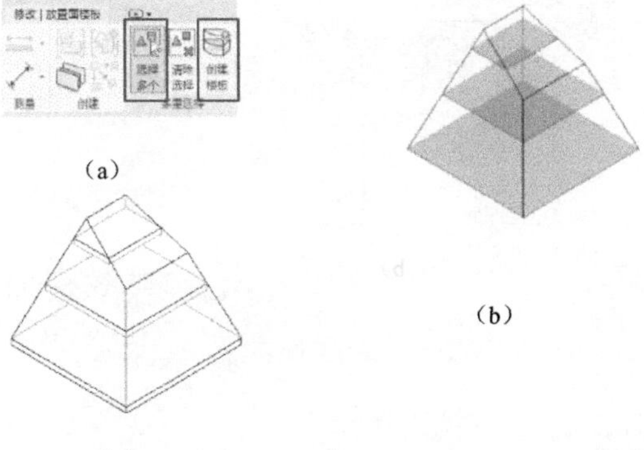

（a） （b） （c）

图 4.85 面楼板创建

⑦ 移动光标以高亮显示某一个体量楼层，如图 4.85（b）所示。

⑧ 单击以选择体量楼层，如果已清除“选择多个”选项，则立即会有一个楼板被放置在该体量楼层上。

⑨ 如果已启用“选择多个”，请选择多个体量楼层。

⑩ 选择完毕，单击创建楼板，如图 4.85（a）所示，结果如图 4.85（c）所示。

> 注：1. 单击未选中的体量楼层即可将其添加到选择中。单击已选中的体量楼层即可将其删除。光标将指示是正在添加（+）体量楼层还是正在删除（–）体量楼层。
>
> 2. 要清整个选择并重新开始，请单击“修改|放置面楼板”选项卡 ➤ “多重选择”面板 ➤ （清除选择）。
>
> 3. 选中要的体量楼层后，单击“修改 | 放置面楼板”选项卡 ➤ “多重选择”面板 ➤ “创建楼板”。

4.7.2 天花板

在建筑专业设计中，天花板用得比较少，一般到后期机电安装、室内装修时才用到。除自动天花板的创建方法外，其他天花板的创建和编辑方法同楼板完全一样。

Revit 可根据墙边界自动生成天花板，也可以绘制其边界创建天花板。天花板也是系统族，有两种：基本天花板和复合天花板。基本天花板为没有厚度的平面图元，表面材料样式可应用于基本天花板平面，如图 4.86（a）所示，复合天花板可像墙体楼板一样定义各层材料及厚度，如图 4.86（b）所示。

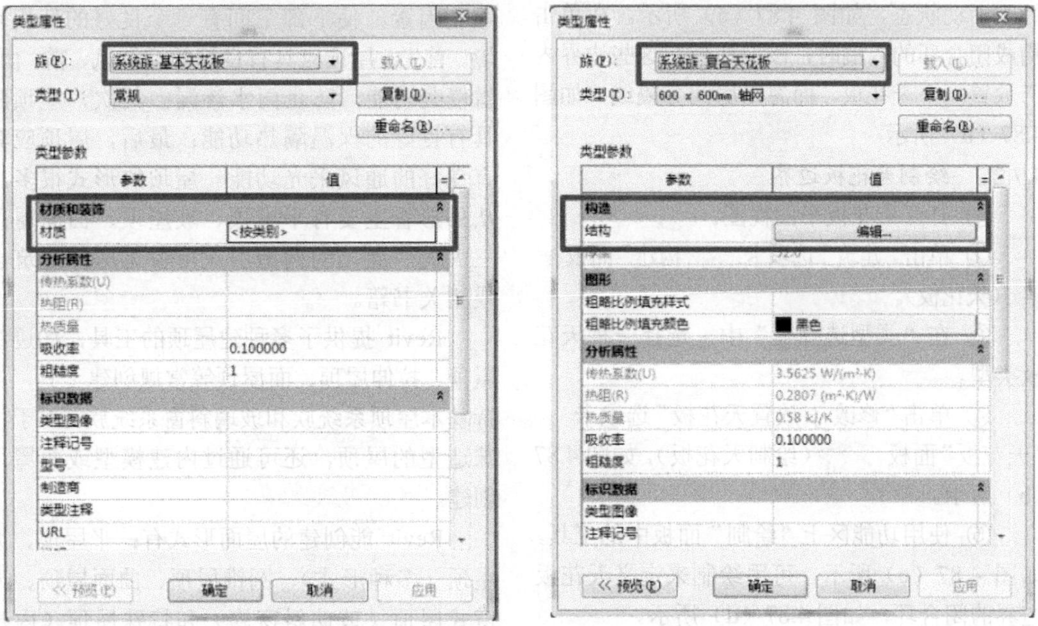

（a） （b）

图 4.86 天花板族

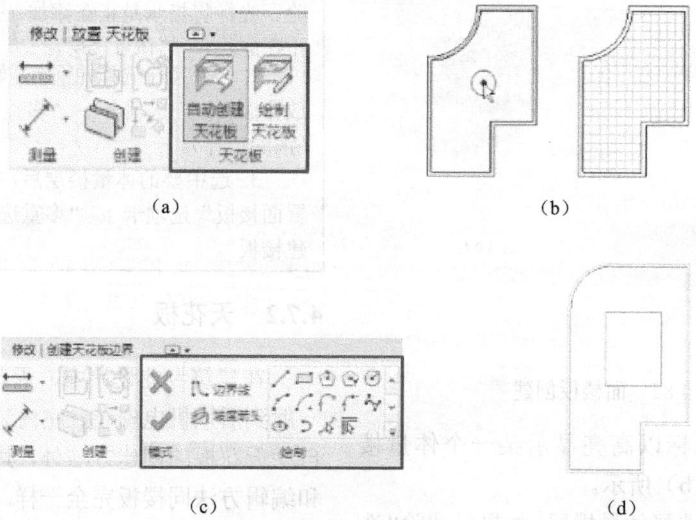

图 4.87 天花板创建

4.7.2.1 自动创建天花板

① 打开天花板平面视图。

② 单击“建筑”选项卡 ➤“构建”面板 ➤ (天花板)。

③ 在“类型选择器”中，选择一种天花板类型。

④ 默认情况下，“自动创建天花板”工具处于活动状态，如图 4.87（a）所示。在单击构成闭合环的内墙时，该工具会在这些边界内部放置一个天花板，而忽略房间分隔线，如图 4.87（b）所示。

4.7.2.2 绘制天花板边界

① 打开天花板平面视图。

② 单击“建筑”选项卡 ➤“构建”面板 ➤ (天花板)。

③ 在“类型选择器”中，选择一种天花板类型。

④ 单击“修改 | 放置天花板”选项卡 ➤“天花板”面板 ➤ (绘制天花板)，如图 4.87（b）所示。

⑤ 使用功能区上“绘制”面板中的工具，如图 4.87（c）所示，可用绘制来定义天花板边界的闭合环，如图 4.87（d）所示。

⑥（可选）要在天花板上创建洞口，请在天花板边界内绘制另一个闭合环，如图 4.87（d）所示。

⑦ 在功能区上，单击 (完成编辑模式)。

4.8 屋顶

屋顶是建筑的重要组成部分，为最上层覆盖的外围护结构，其基本功能是抵御自然界的不利因素，使下部空间有一个良好的使用环境。首先，屋顶应具有良好的抵御风、霜、雨、雪侵袭功能，防止雨水渗漏；其次，屋顶应具有良好的保温隔热功能；最后，屋顶应具有良好的通风采光功能。屋顶的形式很多，从外形看主要有平屋顶、坡屋顶、曲面屋顶三大类。屋顶的构造层次可参见房屋建筑学或相关书籍。

Revit 提供了多种建屋顶的工具，如迹线屋顶、拉伸屋顶、面屋顶等常规创建工具，支持基本屋顶系统族和玻璃斜窗系统族。对于特殊造型的屋顶，还可通过内建模型或面屋顶创建。

Revit 能创建的屋面形式有：平屋顶、坡屋顶（多种形式）、圆锥屋顶、曲面屋顶、天窗式屋顶（玻璃斜窗族）和特殊屋顶（内建模型）。

4.8.1 迹线屋顶与玻璃斜窗

通过创建封闭的轮廓线，设置坡度，自动生成屋顶。能创建平屋顶、坡屋顶（单坡、双坡、多坡）、圆（锥）屋顶，双重斜坡屋顶等，如图 4.88 所示。屋顶命令的启动方式及绘制方式如表 4.8 所示。

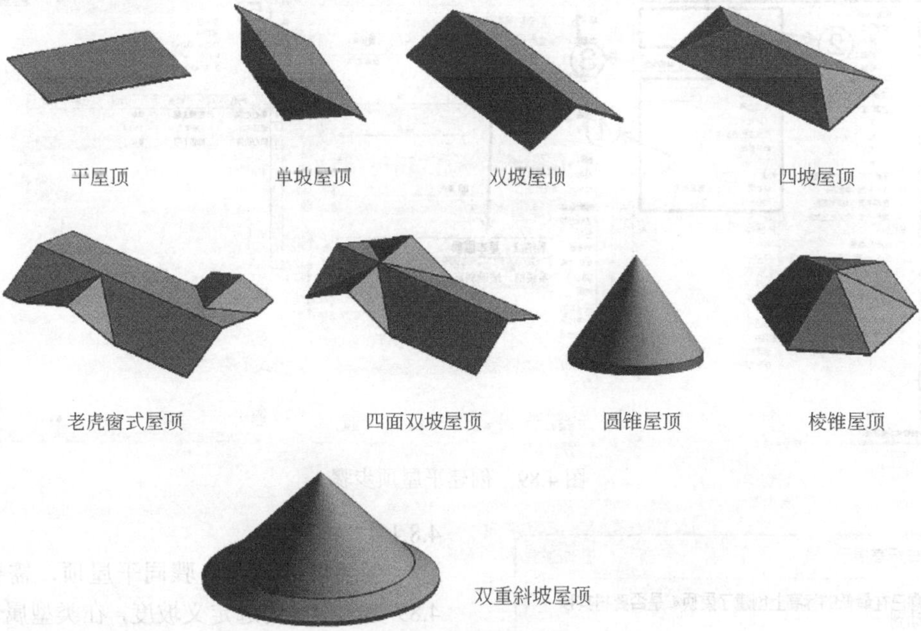

图 4.88 迹线屋顶的形式

表 4.8 迹线屋顶命令的启动与绘制方式

方式	路径	迹线屋顶绘制方式
快捷命令	无	
鼠标操作	“建筑”选项卡 ➤ “构建”面板 ➤ “屋顶”下拉列表 ➤ （迹线屋顶）； “建筑”选项卡 ➤ “构建”面板 ➤ “屋顶”下拉列表 ➤ （拉伸屋顶）； “建筑”选项卡 ➤ “构建”面板 ➤ “屋顶”下拉列表 ➤ （迹线屋顶）或（拉伸屋顶），类型选玻璃斜窗； “建筑”选项卡 ➤ “构建”面板 ➤ “屋顶”下拉列表 ➤ （面屋顶）；或“体量和场地”选项卡 ➤ “面模型”面板 ➤ （面屋顶）	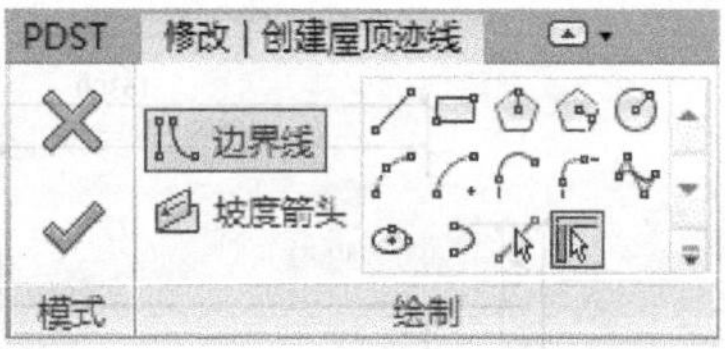

4.8.1.1 平屋顶

Revit 中用楼板和迹线屋顶都可创建平屋顶，区别是操作方式和明细表统计时所归属的类不同。用板创建平屋顶见上节楼板，用迹线创建平屋顶较为简单，步骤如下。

①“建筑”选项卡 ➤“构建”面板 ➤“屋顶”下拉列表 ➤ （迹线屋顶）。

② 取消勾选定义坡度，选择屋顶类型，选择系统族基本屋顶，定义构造层次。

③ 选择绘制方式，进行绘制，如图 4.89 所示。

注：如果试图在最低标高上添加屋顶，则会出现一个对话框，提示用户将屋顶移动到更高的标高上，如图 4.90 所示。

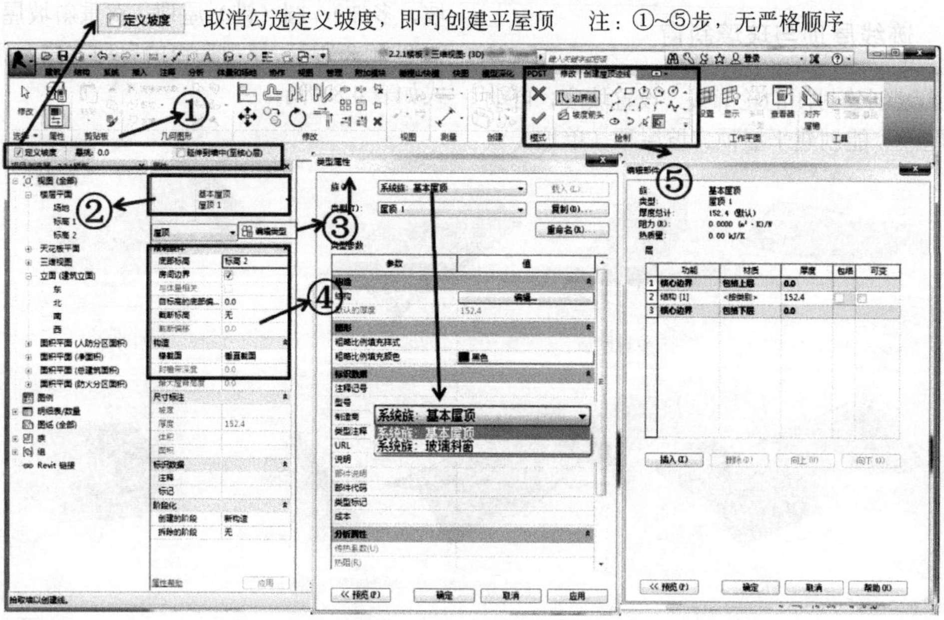

图 4.89 创建平屋顶步骤

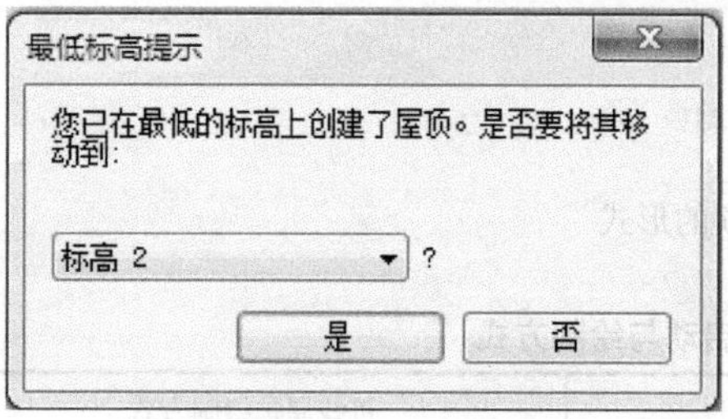

图 4.90 屋顶标高提示

4.8.1.2 坡屋顶

创建坡屋顶的步骤同平屋顶，需要在图 4.89 第①步中勾选定义坡度，在类型属性中定义坡度值即可。下面以图 4.91 为例讲解坡屋顶的创建与编辑。

例：按照图 4.91 平、立面绘制屋顶，屋顶板厚均为 125mm，其他建模所需尺寸可参考平、立面图自定，结果以“屋顶”为文件名保存。

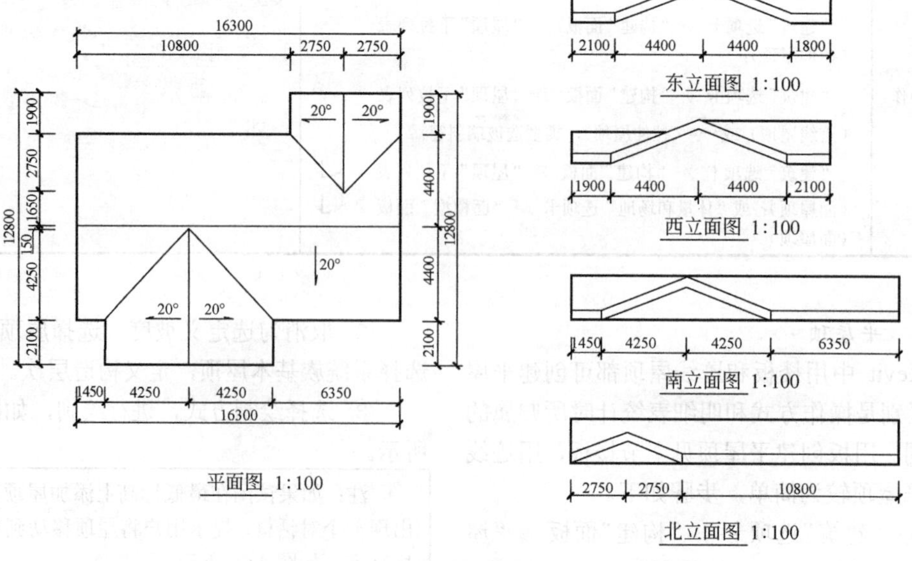

图 4.91 坡屋顶尺寸

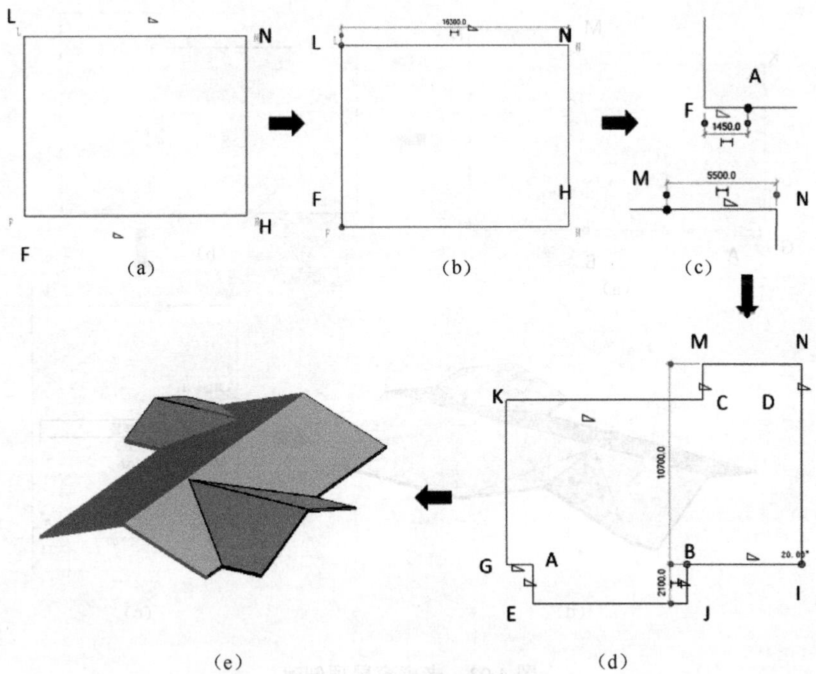

图 4.92　坡屋顶创建

步骤如下。

①“建筑”选项卡 ➤“构建”面板 ➤“屋顶”下拉列表 ➤ （迹线屋顶）。

② 类型选基本屋顶：常规-125mm 或自定义，勾选坡度，坡度定义为 20°，以矩形方式绘制，矩形迹线屋顶：FHNL，尺寸按图 4.91 所示，过程见图 4.92（a）、（b）。

③ 用拆分图元，在 FH、LN 和 NH 上增加点 A、B 和 M、D，用绘线方式添加相应迹线，AE、BJ 和 MC，删除多余的迹线，并用修剪命令编辑，见图 4.92（c）结果如图 4.92（d）所示。

④ 确保每条迹线的坡度为 20°，单击 ✔（完成编辑模式），结果如图 4.92（e）所示。

思考：若图 4.92（d）中 A 点和 E 点重合，B 点和 J 点重合，图 4.93(d)所示屋顶如何创建？

4.8.1.3　老虎窗屋顶

图 4.93 为老虎窗的一种形式，可通过迹线屋顶完成。创建步骤如下。

① 步骤参照图 4.92（a）～（d），不过 A 和 E 重合，B 和 J 重合，如图 4.93（a）所示。

② 取消 AB 迹线的坡度，在 AB 迹线上添加坡度箭头。捕捉 A 点和 AB 的中点，捕捉 B 点和 AB 的中点，如图 4.93（b）所示。

③ 设置坡度：选择两个坡度箭头，在“属性”选项板中，设置“指定”参数为“坡度”，“尾高度偏移”为 0，“坡度”为 20°，如图 4.93（c）所示。

④ 在功能区单击 ✔（完成编辑模式）即可创建图 4.93（d）所示老虎窗屋顶。

4.8.1.4　圆锥与棱锥屋顶

图 4.88 中所示圆锥屋顶与棱锥屋顶的创建步骤如下。

① 启动迹线屋顶命令，绘制方式为圆形，绘制半径为 R 的圆形迹线。

② 设置相应坡度，即可绘制圆锥屋顶。

③ 按 Esc 键退出绘制模式，选择绘制的圆形迹线，在属性栏中设置“完全分段的数量” n 的值分别为 6 和 16，如图 4.94 所示，即可绘制 n 边形棱锥屋顶。

注：也可用绘制内（外）接正多边形的命令直接绘制。

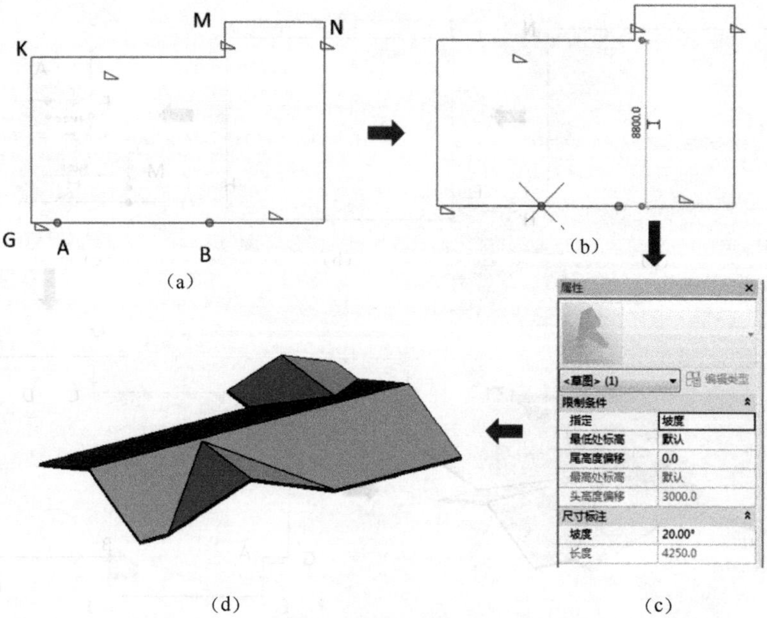

图 4.93　老虎窗屋顶创建

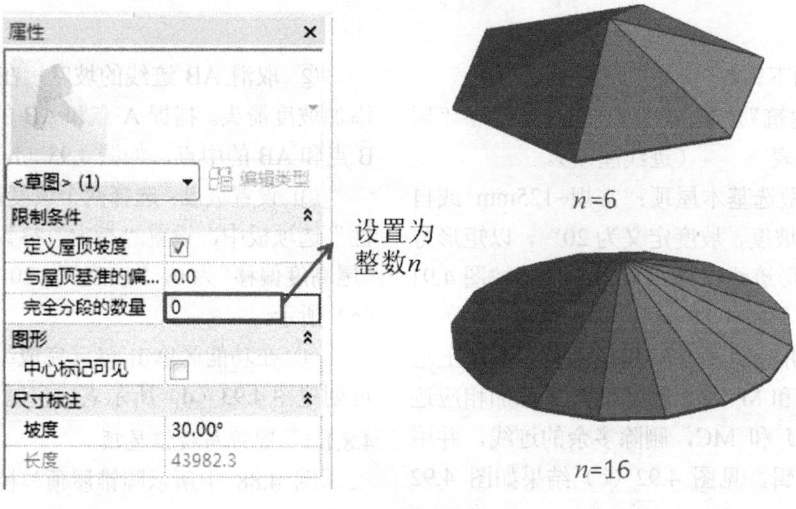

图 4.94　棱锥屋顶创建

4.8.1.5　双重斜坡屋顶

对于一些复杂的坡屋顶，用一个屋顶不能生成，可以分别创建两个或几个屋顶组合而成。方法：先创建一个屋顶，设置“截断标高”和“截断偏移”从中间截断屋顶并删除顶部部分，然后在上面再创建一个屋顶。

根据图 4.95 给定数据创建屋顶，i 表示屋面坡度，请将模型以“圆形屋顶”为文件名保存。

① 启动迹线屋顶命令，在默认标高（如标高 2）以圆的方式绘制底部的圆锥屋顶，在属性栏中设置屋顶类型，厚度为 100，截断偏移为 1000.0，坡度为 1:2，如图 4.96（a）所示，确定结果如图 4.96（b）所示。

② 再次启动迹线屋顶命令，在标高 2 上，在相对应位置以圆的方式绘制上部的圆锥圆顶，属性按图 4.96（c）设置，如图 4.96（d）所示，确定结果如图 4.96（e）所示。

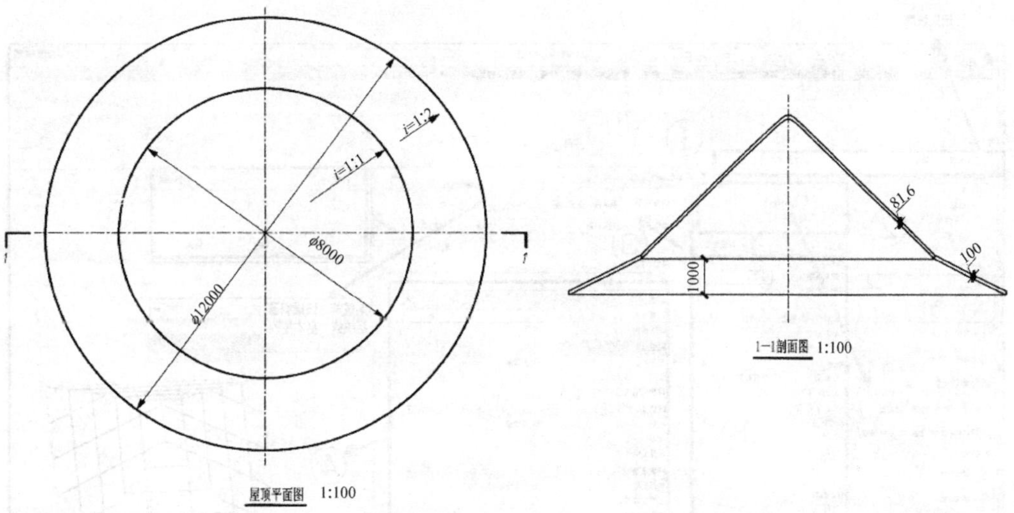

图 4.95　双重斜屋顶的创建

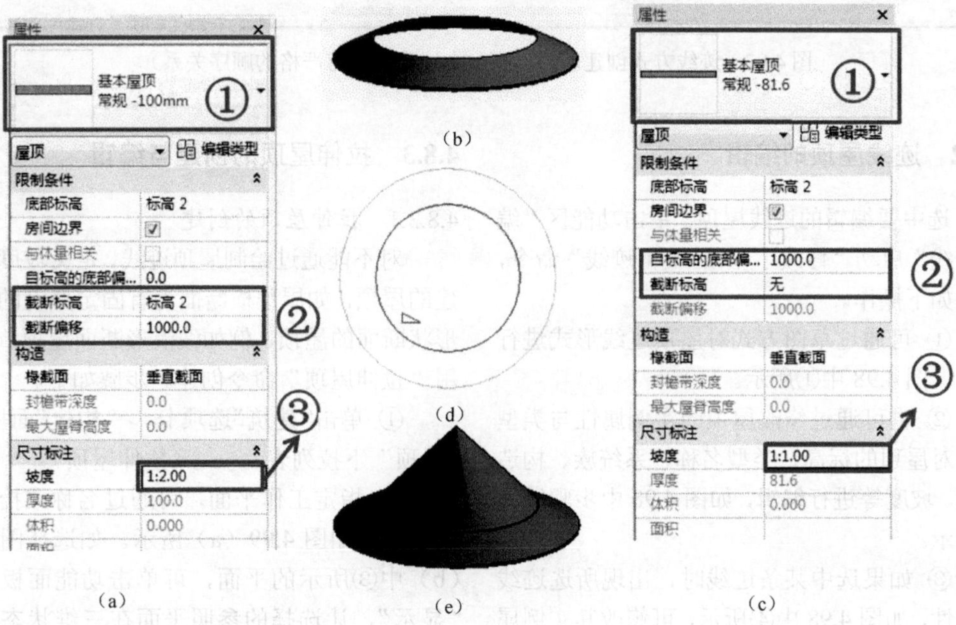

图 4.96　双重屋顶属性设置

4.8.1.6　玻璃斜窗屋顶

玻璃斜窗屋顶是 Revit Architecture 提供的屋顶系统族，用于有采光要求的透明玻璃屋顶，其既具有屋顶的功能，又具有幕墙的功能，用创建迹线屋顶的方法来创建是最有效、最快捷的。步骤如下。

① 启动迹线绘制屋顶命令，设置坡度，选择或新建类型名称——玻璃斜窗，如图 4.97 步骤②，或在类型属性编辑器中系统族选择玻璃斜窗，新建类型，如图 4.97 步骤③和⑤所示。

② 设置玻璃斜窗的实例属性与类型属性，如图 4.97 步骤④和⑥所示。

③ 创建迹线参照上述，功能区单击✔(完成编辑模式)，如图 4.97 右下所示。

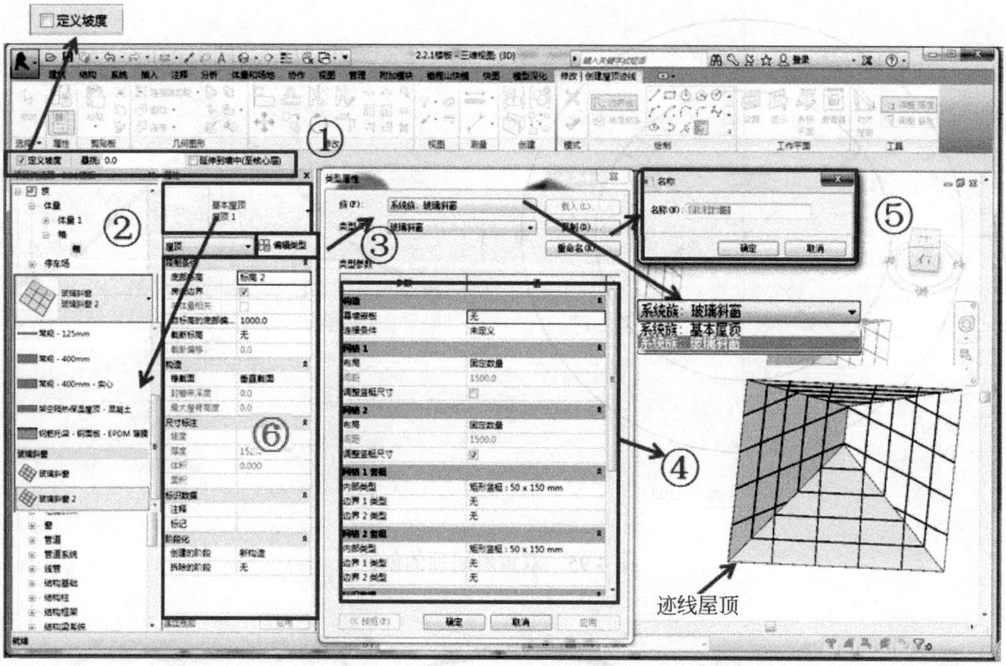

图 4.97 迹线方式创建玻璃斜窗（上述步骤没有严格的顺序关系）

4.8.2 迹线屋顶的编辑

选中要编辑的迹线屋顶，单击功能区“编辑迹线”启动“修改｜屋顶>编辑迹线”命令，进行如下操作。

① 可通过草图方式对屋顶迹线形式进行编辑，图 4.98 中①所示。

② 也可通过修改屋顶的实例属性与类型属性对屋顶的标高、类型名称、系统族、构造层次、坡度等进行编辑，如图 4.98 中步骤②和③所示。

③ 如果选中某条迹线时，出现所选迹线的属性，如图 4.98 中④所示，可修改其实例属性如坡度。

④ 类型的创建、名称的修改、构造层次和材质的创建可参见墙。

> 注：修改图 4.98 中②所示的坡度，是选中的屋顶迹线的属性，即修改的所有迹线轮廓的坡度，修改图 4.98 中④中的坡度，是修改所选的单条迹线的坡度。如所选迹线的坡度不同，则在图 4.98 中③中坡度一栏为空，如图 4.98 中⑤所示。

4.8.3 拉伸屋顶的创建与编辑

4.8.3.1 拉伸屋顶的创建

对不能通过绘制屋顶迹线、定义坡度线创建的屋顶，如屋顶横断面为有固定厚度的规则形状断面的屋顶，例如波浪形断面屋顶，则可用“拉伸屋顶”命令创建。步骤如下。

① 单击“建筑”选项卡 ▶“构建”面板 ▶“屋顶”下拉列表 ▶（拉伸屋顶）。

② 指定工作平面，可通过名称或拾取方式指定，如图 4.99（a）所示。如选择图 4.99（b）中③所示的平面，可单击功能面板中的“显示”，让选择的参照平面在三维状态下显示，如图 4.99（b）中的①所示，也可单击查看器，让参照平面单独显示，如图 4.99（b）中②所示。

③ 在“屋顶参照标高和偏移”对话框中，为“标高”选择一个值。默认情况下，将选择项目中最高的标高。

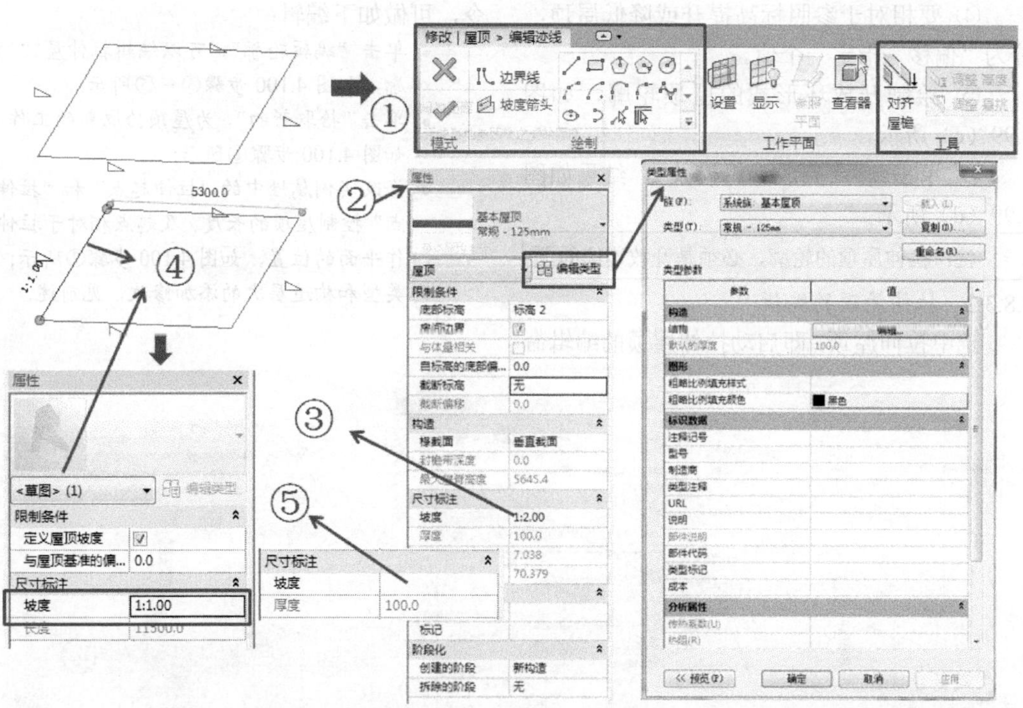

图 4.98　迹线屋顶的编辑

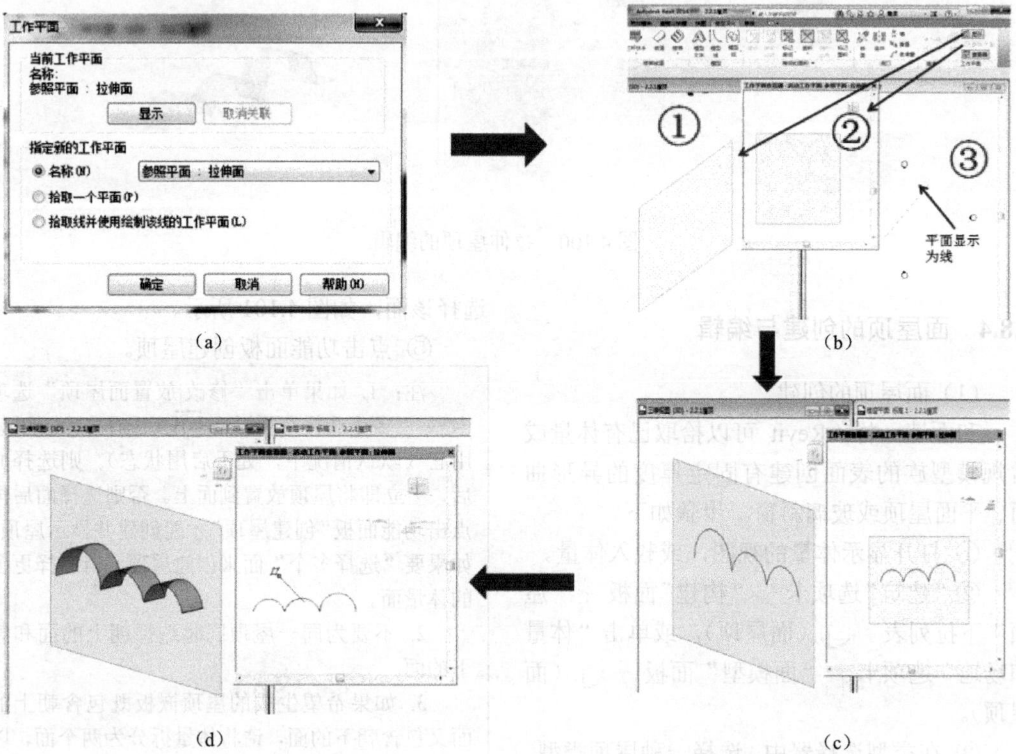

图 4.99　拉伸屋顶的创建

④ 要相对于参照标高提升或降低屋顶，请为“偏移”指定一个值。

⑤ 绘制开放环形式的屋顶轮廓，如图 4.99（c）所示。

⑥ 单击 ✔（完成编辑模式），结果如图 4.99（d）所示。

注：拉伸屋顶的轮廓，必须是开放连续的。

4.8.3.2　拉伸屋顶的编辑

选中拉伸屋顶，即启动拉伸屋顶的编辑命令，可做如下编辑：

- 单击“编辑轮廓”，可以编辑拉伸屋顶的轮廓，如图 4.100 步骤③～⑤所示；
- 单击“拾取新的”，为屋顶拾取新的工作面，如图 4.100 步骤⑥所示；
- 修改实例属性中的“拉伸起点”和“拉伸终点”控制屋顶的长度，及起点相对于拉伸工作平面的位置，如图 4.100 步骤⑦所示；
- 类型和构造层次的添加修改，见前述。

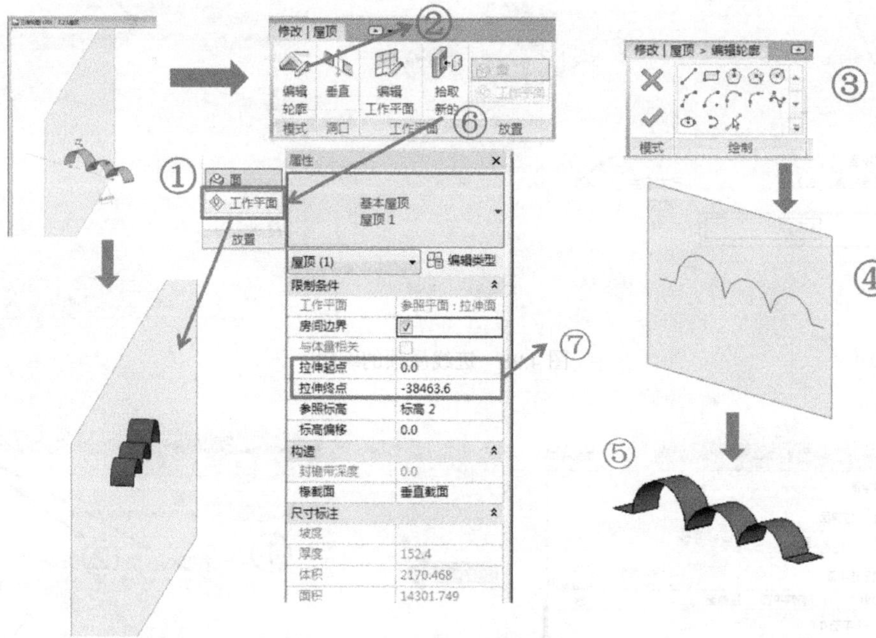

图 4.100　拉伸屋顶的编辑

4.8.4　面屋顶的创建与编辑

（1）面屋顶的创建

和面墙一样，Revit 可以拾取已有体量或常规模型族的表面创建有固定厚度的异形曲面、平面屋顶或玻璃斜窗。步骤如下。

① 打开显示体量的视图，或载入体量。

②“建筑”选项卡 ➤“构建”面板 ➤“屋顶”下拉列表 ➤ （面屋顶），或单击“体量和场地”选项卡 ➤ “面模型”面板 ➤ （面屋顶）。

③ 在类型选择器中，选择一种屋顶类型。如果需要，可以在选项栏上指定屋顶的标高。

④ 移动光标以高亮显示某个面，单击以选择该面，如图 4.101 所示。

⑤ 点击功能面板创建屋顶。

注：1. 如果单击“修改|放置面屋顶”选项卡 ➤ “多重选择”面板 ➤ （选择多个）以禁用它（默认情况下，处于启用状态）。则选择面后，会立即将屋顶放置到面上。否则选择面后再点击功能面板“创建屋顶”才能创建并显示屋顶。如果要“选择多个”面来创建屋顶，请选择更多的体量面。

2. 不要为同一屋顶同时选择朝上的面和朝下的面。

3. 如果希望生成的屋顶嵌板既包含朝上的面又包含朝下的面，请将体量拆分为两个面，以便每一面完全朝上或完全朝下。然后从朝下面创建一个或多个屋顶，从朝上面创建一个或多个屋顶，如图 4.101 所示。

4. 要选择体量的顶（底）面，不能选择体量的侧面或端面生成屋顶。

（2）面屋顶的编辑

通过面屋顶而创建的屋顶，其实例属性和类型属性同前。面屋顶的编辑功能包括“重新创建屋顶”和“面的更新”。

① 重新创建屋顶：如果已在体量或常规模型上创建了面屋顶，当选中所创建的面屋顶时，激活“修改 | 屋顶”，单击“编辑面选择”，选择新的体量的面，点击“重新创建屋顶”，则最初选择的面屋顶，在新选择的面上创建，如图 4.102 所示。

② 面的更新：如果创建的面屋顶和体量分离了，则选择分离的面屋顶，点击“面的更新”，则分离的面屋顶自动依附到相应体量的面上，位置也更改到体量的新位置上，如图 4.102 所示。

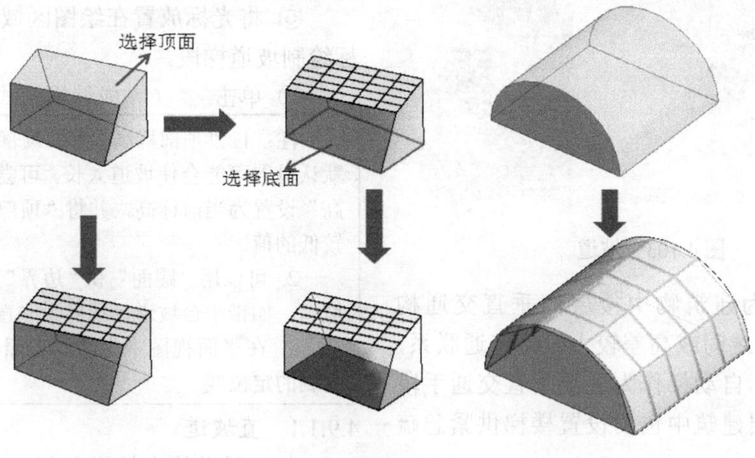

图 4.101　面屋顶的创建

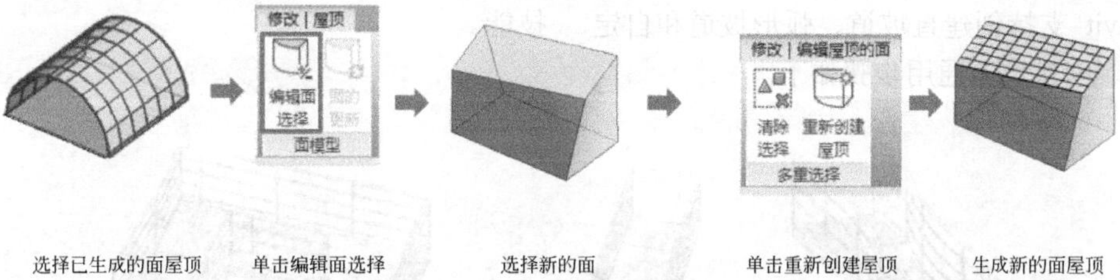

（1）重新创建面屋顶

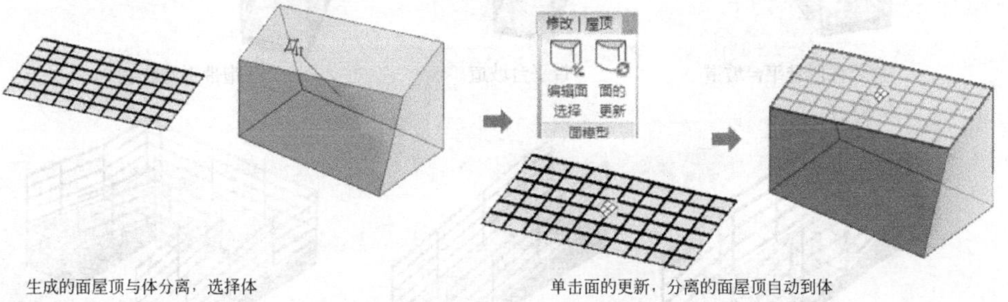

（2）面屋顶的更新

图 4.102　面屋顶的编辑

4.9 坡道与楼梯

坡道与楼梯都是建筑中的垂直交通构件。

坡道是连接高差地面或者楼面的斜向交通通道以及门口的垂直交通疏散措施。根据用途，有轮椅用的、机动车用的、残疾人用的等，如图 4.103 所示。

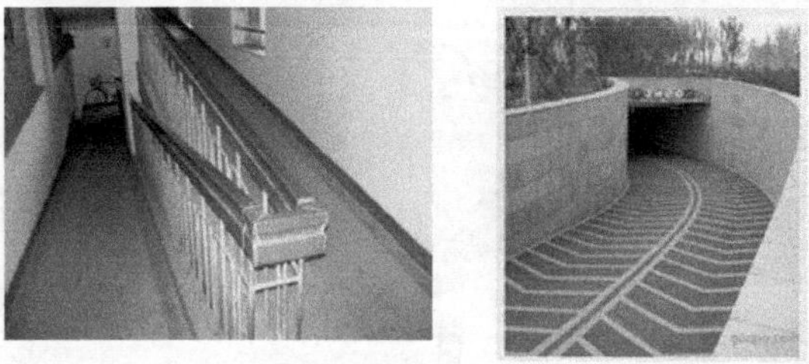

图 4.103　坡道

楼梯作为建筑物中楼层间垂直交通构件，用于楼层之间或高差较大时的交通联系，在设有电梯、自动梯作为主要垂直交通手段的多层或高层建筑中也要设置楼梯供紧急疏散之用。

4.9.1　坡道

Revit 支持创建直坡道、弧形坡道和自定义坡道。创建坡道通用步骤如下。

① 打开平面视图或三维视图。

② 单击“建筑”选项卡 ➤ “楼梯坡道”面板 ➤（坡道）。

③（可选）要选择不同的工作平面，请在“建筑”“结构”或“系统”选项卡上单击“工作平面”面板 ➤ “设置”。

④ 单击“修改 | 创建坡道草图”选项卡 ➤“绘制”面板，然后选择（线）或（圆心-端点弧）。

⑤ 将光标放置在绘图区域中，并拖曳光标绘制坡道梯段。

⑥ 单击（完成编辑模式）。

> 注：1.“顶部标高”和“顶部偏移”属性的默认设置可能会使坡道太长。可尝试将“顶部标高”设置为当前标高，并将“顶部偏移”设置为较低的值。
>
> 2. 可以用“踢面”和“边界”命令绘制特殊坡道，如带平台坡道、边界为非直线的坡道等。
>
> 3. 在平面视图中先绘制参照平面作为楼梯绘制的定位线。

4.9.1.1　直坡道

本处所说的直坡道包括：直线型、折线型（L 形、U 形等）和边界为弧形的坡道，如图 4.104 所示，创建直坡道是坡道创建的基本技能。

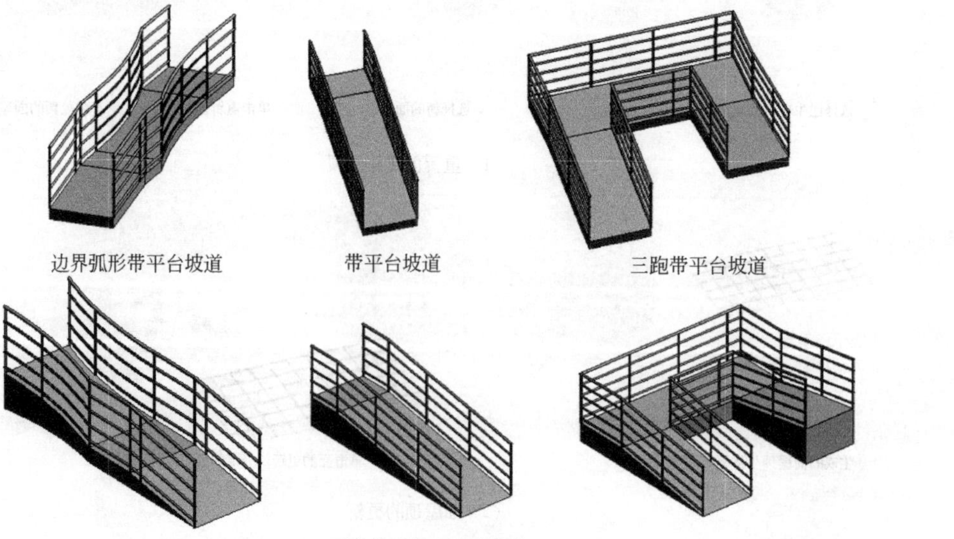

图 4.104　直坡道类型

下面以边界弧形带平台坡道为例讲解，步骤如下。

① 按4.9.1中创建坡道的通用步骤①和步骤②，启动创建坡道命令，按图 4.105 设置相关参数。

② 绘制参照平面：坡道起跑位置、休息平台位置、坡道宽度位置。

③ 以梯段方式绘制 2300mm 长的直跑坡道，如图 4.106（a）所示。

④ 用圆弧方式绘制上方的边界线，如图 4.106（b）所示。用边界绘制中间的平台。

⑤ 用踢面方式绘制平台上方和坡道最上方的踢面线，如图 4.106（c）所示。

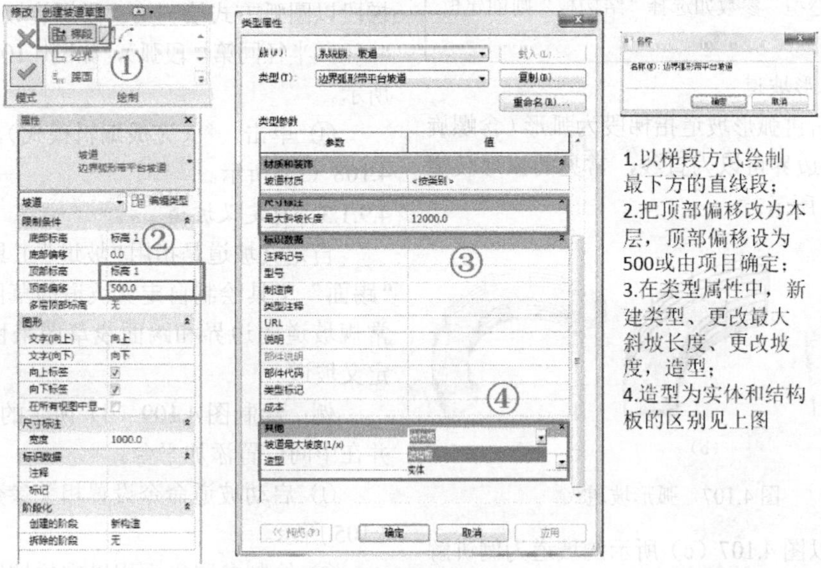

图 4.105　坡道参数设置

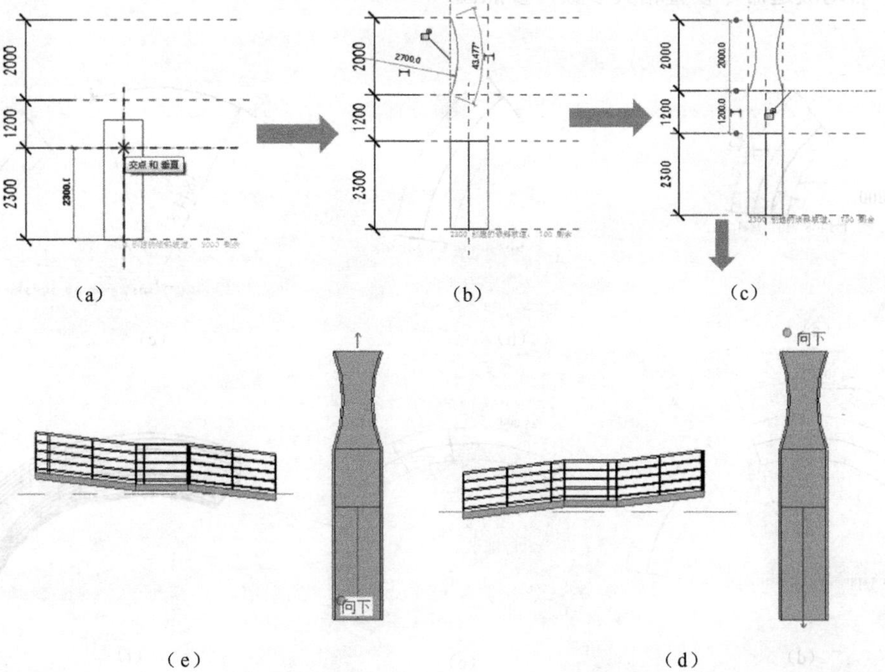

图 4.106　弧形边界带平台坡道绘制

⑥ 单击 ✔（完成编辑模式），结果如图 4.106（d）所示。

⑦ 选中完成的坡道，点击下方的箭头，可更改坡道上行与下行方向，图 4.106（d）和（e）所示。

> 注：1. 坡道最大坡度 1/X：坡道高度和长度的比值。
>
> 2. “造型”参数如选择“结构板”则创建板式坡道。

4.9.1.2 弧形坡道

本节所讲弧形坡道指梯段为弧形（含螺旋坡道），其边界可以为直线，常见的弧形坡道如图 4.107 所示。

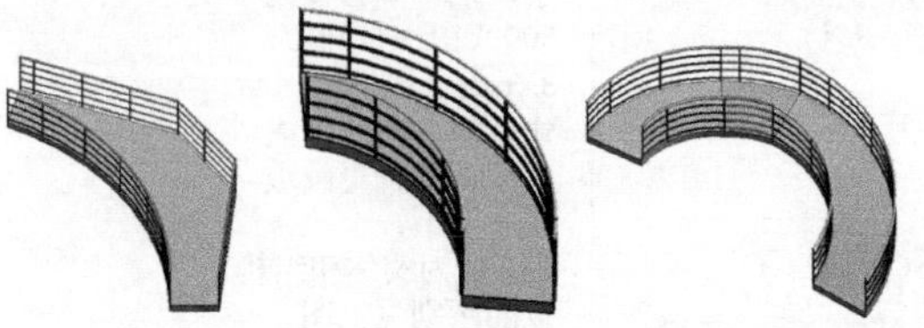

（a）（b）（c）

图 4.107 弧形坡道

下面以图 4.107（c）所示的坡道为例讲解弧形坡道的创建步骤。

① 启动坡道命令设置相关参数，参照图 4.105 所示。

② 绘制参照平面用以定位坡道起点和终点，按梯段以圆弧方式绘制第一段螺旋坡道，半径为 3800，角度为 42°，如图 4.108（a）～（c）所示。

③ 绘制参照平面，确定圆心和第二段圆弧的起点（和第一段弧终点夹角为 20°），按梯段以圆弧方式绘制第二段螺旋坡道（角度为 45°，半径同第一段弧），如图 4.108（d）、（e）所示。

④ 单击 ✔（完成编辑模式），结果如图 4.108（f）所示。

4.9.1.3 自定义坡道

自定义坡道是指用“坡道”工具的“边界”“踢面”工具绘制自定义坡道的草图，或编辑常规坡道的边界和踢面线草图来快速创建自定义坡道。

例：绘制图 4.109（d）所示的弧形坡道，并在中间位置添加平台。

① 启动坡道命令设置相关参数，参照图 4.105 所示。

② 绘制参照平面用以定位坡道起点和终点，按梯段以圆弧方式绘制第一段螺旋坡道，

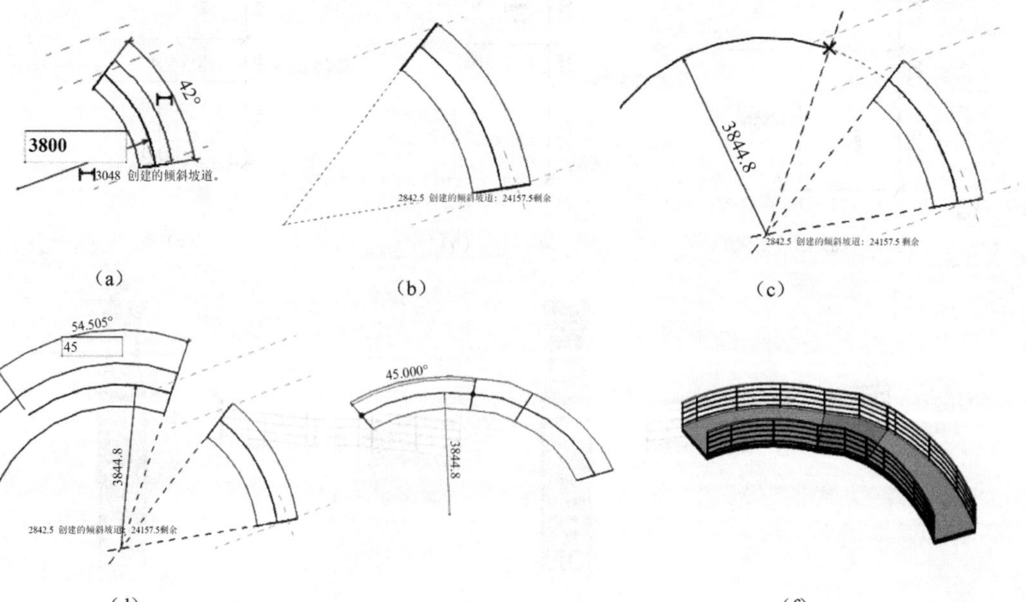

（a）（b）（c）

（d）（e）（f）

图 4.108 弧形带平台坡道创建步骤

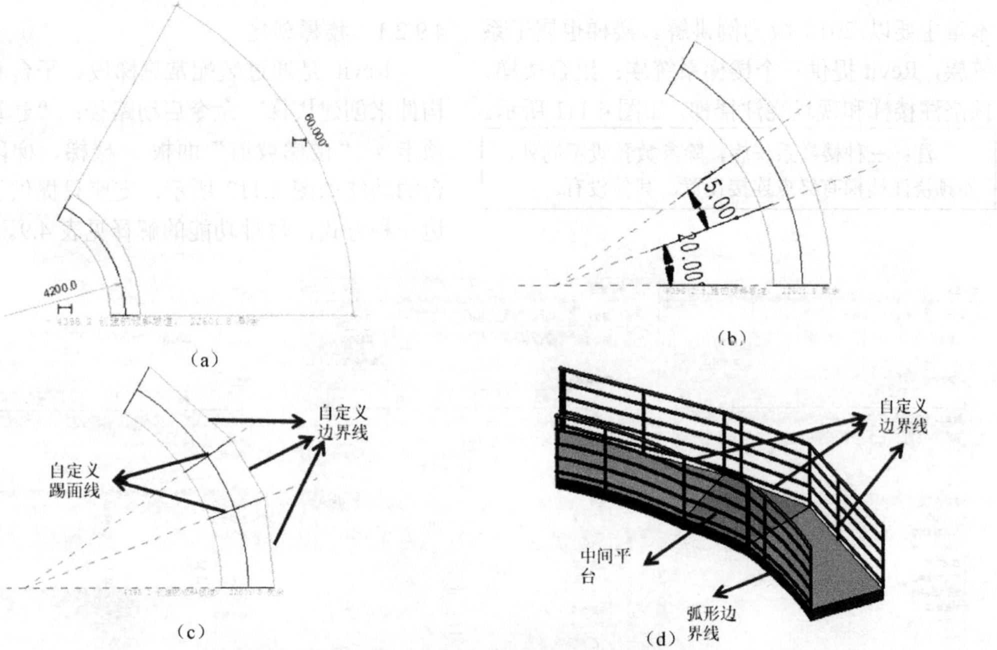

图 4.109　自定义坡道的绘制

半径为 4200，角度为 60°，如图 4.109（a）所示。

③ 单击 ✔（完成编辑模式），再选择坡道，点击“编辑草图”进行编辑状态。或不单击 ✔，直接进行踢面线和边界的修改。

④ 绘制中间平台起始的参照线，角度如图 4.109（b）所示。

⑤ 把外侧要修改的边界线删除，绘制新的边界线和踢面线，单击 ✔（完成编辑模式），结果如图 4.109（d）所示。

> 注：对于像 U 形楼梯、L 形楼梯、三跑楼梯等那样的带 1 个或多个平台的坡道，其他创建方法同楼梯，可参照本书 4.9.2 楼梯相关内容，通过先设置坡道属性，设计合适的“基准标高”“顶部标高”“坡道最大坡度”参数，绘制定位参照平面，可以通过捕捉像绘制楼梯各跑梯段一样绘制坡道的各跑梯段。

4.9.2　楼梯

坡道与楼梯都是建筑中的重互交通构件。楼梯是垂直交通工具，也是重要逃生疏散通道。楼梯作为建筑物中楼层间垂直交通用的构件，用于楼层之间和高差较大时的交通联系。在设有电梯、自动梯作为主要垂直交通手段的多层和高层建筑中也要设置楼梯供紧急疏散之用。

楼梯由梯段、平台、栏杆扶手组成，如图 4.110 所示。根据梯段与平台的组合形式，楼梯分：单跑直楼梯、双跑直楼梯、曲尺楼梯、双跑平行楼梯、双分转角楼梯、双分平行楼梯、三跑楼梯、三角形三跑楼梯、圆形楼梯、中柱螺旋楼梯、无中柱螺旋楼梯、单跑弧形楼梯、双跑弧形楼梯、交叉楼梯、剪刀楼梯。根据结构楼梯分为：板式、梁式、悬挑（剪刀）式和螺旋式，前两种属于平面受力体系，后两种则为空间受力体系。根据材料，楼梯分为钢楼梯、木楼梯、钢筋混凝土楼梯等。还可根据用途分类等。

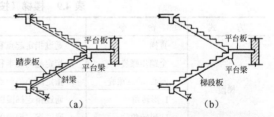

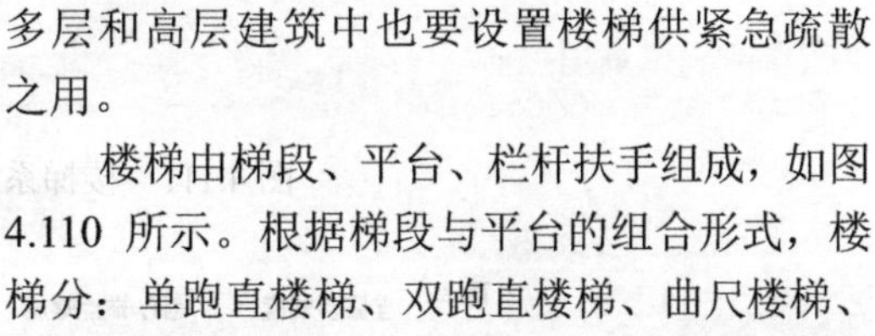

图 4.110　楼梯组成名称

Revit 2018 前的版本提供了两种绘制楼梯的工具：楼梯（按草图）和楼梯（按构件），2018 版将两者合为一个，并增加了新的功能，本章主要以 2018 版为例讲解。楼梯也属于系统族，Revit 提供三个楼梯系统族：组合楼梯、预浇注楼梯和现场浇注楼梯，如图 4.111 所示。

> 注：三种楼梯系统族，除参数预设不同外，如预浇注楼梯有终点连接设置，其他没有。

4.9.2.1　楼梯创建

Revit 是通过装配常见梯段、平台和支撑构件来创建楼梯。命令启动路径："建筑"选项卡 ➤ "楼梯坡道"面板 ➤ 楼梯，梯段和平台的功能如图 4.112 所示，支座只提供了提取边一种方式，每种功能的解释见表 4.9。

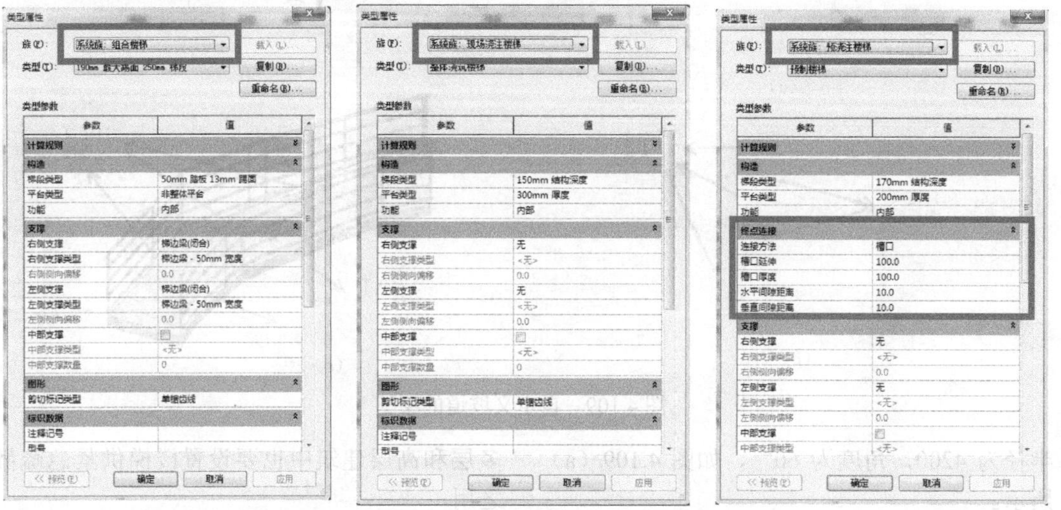

图 4.111　楼梯系统族类型属性的区别

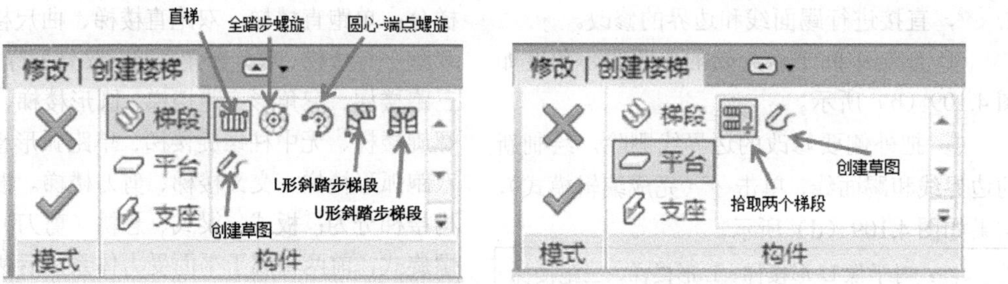

图 4.112　创建楼梯

表 4.9　楼梯（按梯段）命令解释

方　式	命　令	功　能
梯段	直梯	通过指定起点和终点，绘制一个直跑梯段
	全踏步螺旋	指定起点和半径，创建螺旋梯段
	圆心-端点螺旋	指定圆心、起点和端点，创建螺旋梯段
	L 形转角	通过指定梯段的较低端点创建 L 形斜踏步梯段构件
	U 形转角	通过指定梯段的较低端点创建 U 形斜踏步梯段构件
	创建草图	通过绘制形状创建自定义梯段，在平面视图中创建楼梯。同楼梯（按草图）
平台	拾取两个梯段	拾取两个有相同标高的梯段，创建平台
	创建草图	通过绘制形状创建自定义平台
支座	拾取边	通过拾取各个梯段和平台的边创建支座

（1）楼梯梯段的创建

选择梯段构件工具并指定选项的方法如下。

选择梯段构件工具和指定初始选项的步骤对于所有类型的梯段都相同。选择适当的工具和指定初始选项步骤如下，然后参考要创建的梯段类型的特定过程。

① 依次单击“建筑”选项卡 ▶“楼梯坡道”面板 ▶ 楼梯（按构件）。

② 在“构件”面板上，确认“梯段”处于选中状态。

③ 在“绘制”库中，选择下列工具之一，见图 4.112，以创建所需的梯段类型。

- （直梯）
- （全踏步螺旋）
- （圆心-端点螺旋）
- （L 形斜踏步梯段）
- （U 形斜踏步梯段）

④ 在选项栏进行相关设置，如图 4.113 中③所示，解释如下。

- “定位线”设置：定位线为绘制梯段时，确定梯段边位置的线，各种设置及效果如图 4.114 所示。根据创建的梯段类型，选择“定位线”方式。如果要创建斜踏步梯段并想让左边缘与墙体衔接，“定位线”选择“梯边梁外侧：左”。
- “偏移量”设置，为创建路径指定一个可选偏移值。如“偏移量”输入 300，并且“定位线”为“梯段：中心”，则创建路径为向上楼梯中心线的右侧 300，负偏移在中心线的左侧。
- “实际梯段宽度”为梯段宽度值，不包含支撑。
- “自动平台”选项为是否让 Revit 在两个梯段间自动创建平台。如勾选，会在两个梯段之间自动创建平台。如果不需要自动创建平台，不勾选。

⑤ 在“类型选择器”中，选择要创建的楼梯类型。必要时，更改该类型或单击编辑类型，创建新的类型，如图 4.113 中④、⑤所示。

⑥（可选）可以指定梯段实例属性，例如“相对基准高度”和“开始于踢面/结束于踢面”首选项。在“属性”选项板中，选择“新建楼梯：梯段”，并根据需要修改实例的属性，如图 4.113 中⑥、⑧、⑨所示。

⑦（可选）在“工具”选项板上，单击（栏杆扶手），修改栏杆的相关参数，如图 4.113 中⑦所示。

⑧ 按照要创建的特定梯段构件类型（图 4.113 中①所示）进行创建。

（2）直梯

创建如图 4.115 所示楼梯，尺寸参照图示，没有标注的自定。步骤如下。

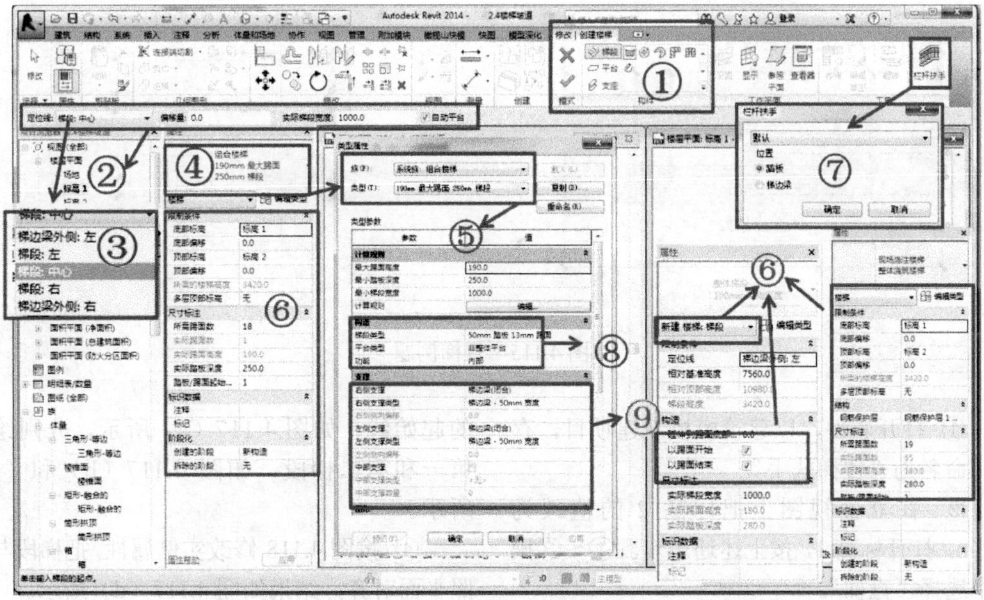

图 4.113　创建楼梯通用设置

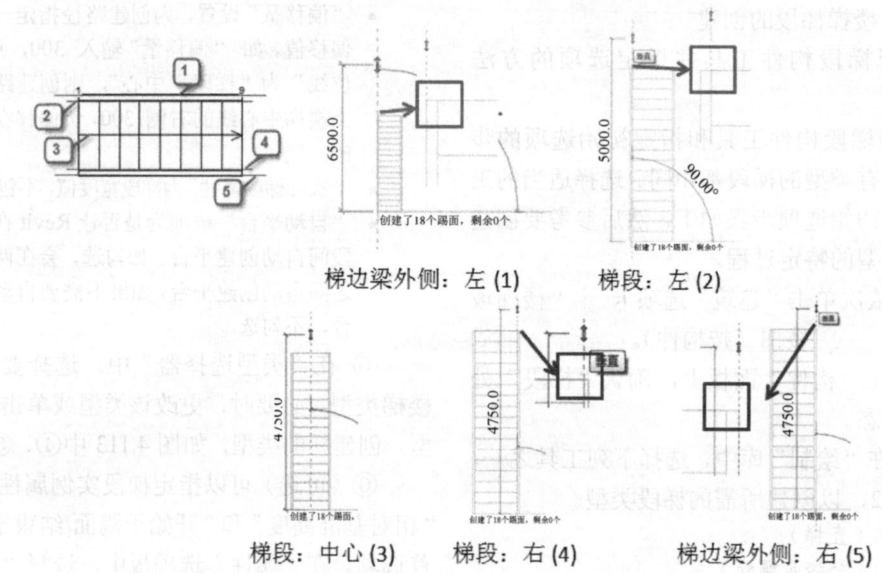

图 4.114　楼板定位线设置区别

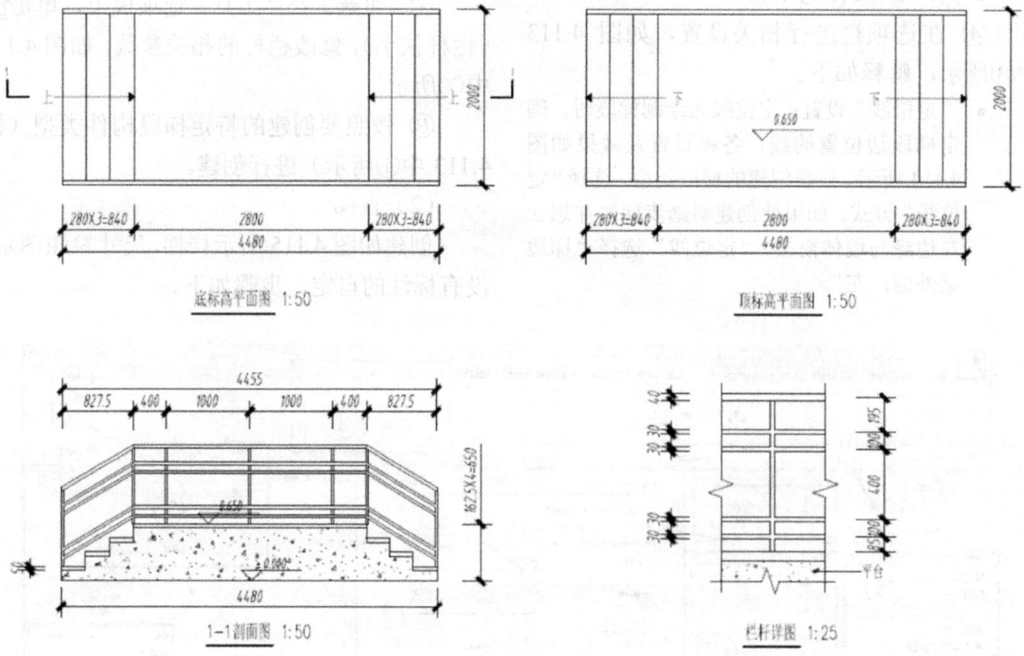

图 4.115　直梯例题

① 打开软件，以建筑模板新建项目，存盘，命名为“楼梯扶手”。

② 在立面视图上把标高 2 的值改为 0.65m，打开标高 1，按上述通用步骤①～③操作中选择“直梯”。

③ 做参照平面：楼梯的起始线，平台的起始线，如图 4.117（a）所示，分别绘制第一和第二梯段，如图 4.117（b）和（c）所示。

④ 按图 4.118 修改实例属性，把梯段与参照平面对齐，结果如图 4.117（d）所示。

⑤ 单击平台，拾取两个梯段。分别拾取

所建的两个梯段，则自动生成平台，如图 4.117（e）所示。

⑥ 修改栏杆：选中栏杆，按图 4.119 所示步骤与数据修改。

⑦ 修改踏板厚度与材质，按图 4.120 所示步骤与数据修改。

⑧ 完成后如图 4.117（f）所示。

> 注：拾取两个梯段创建平台的条件：
>
> - 两个梯段在同一楼梯部件编辑任务中创建；
> - 一个梯段的起点标高或终点标高与另一梯段的起点标高或终点标高相同，如图 4.116 所示。
>
> 
>
> 图 4.116　拾取梯段创建平台的标高要求

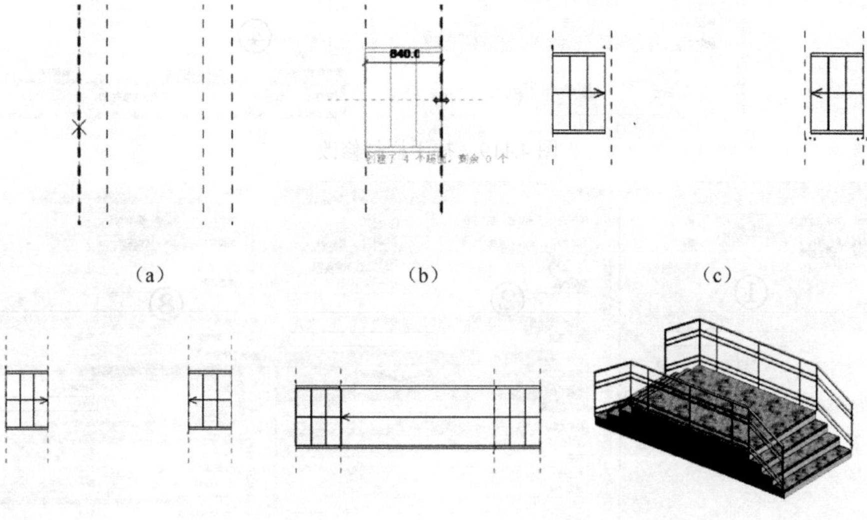

图 4.117　直梯创建步骤

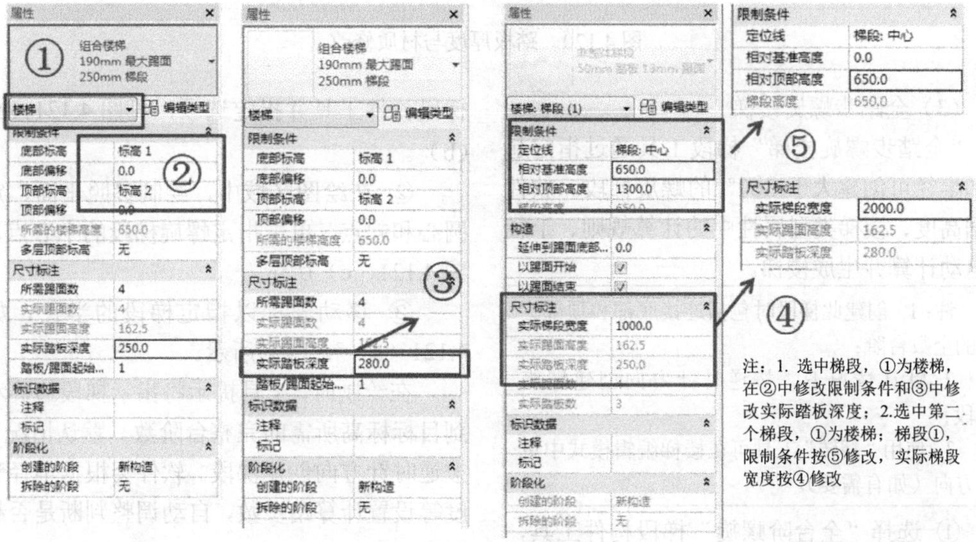

图 4.118　直梯属性修改

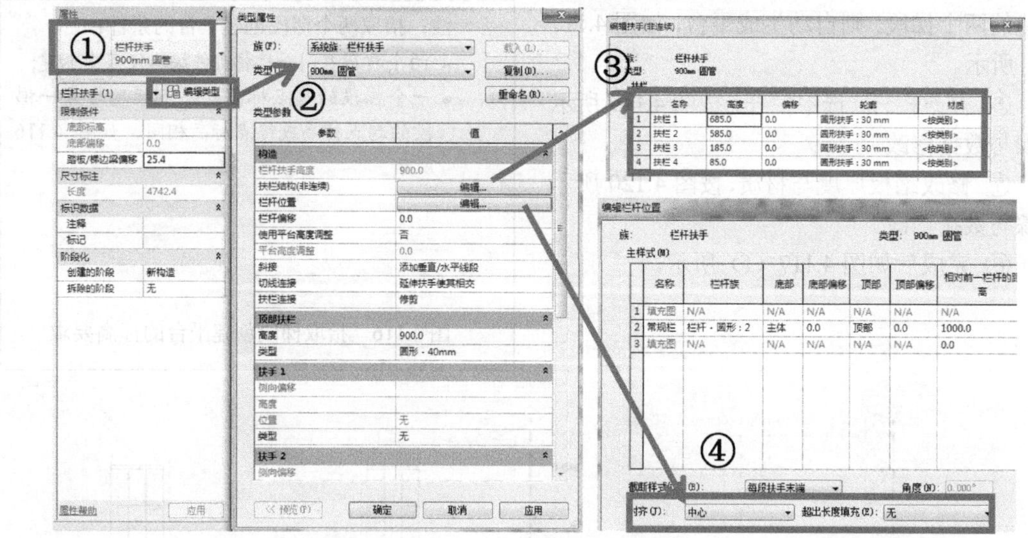

图 4.119　扶手栏杆修改

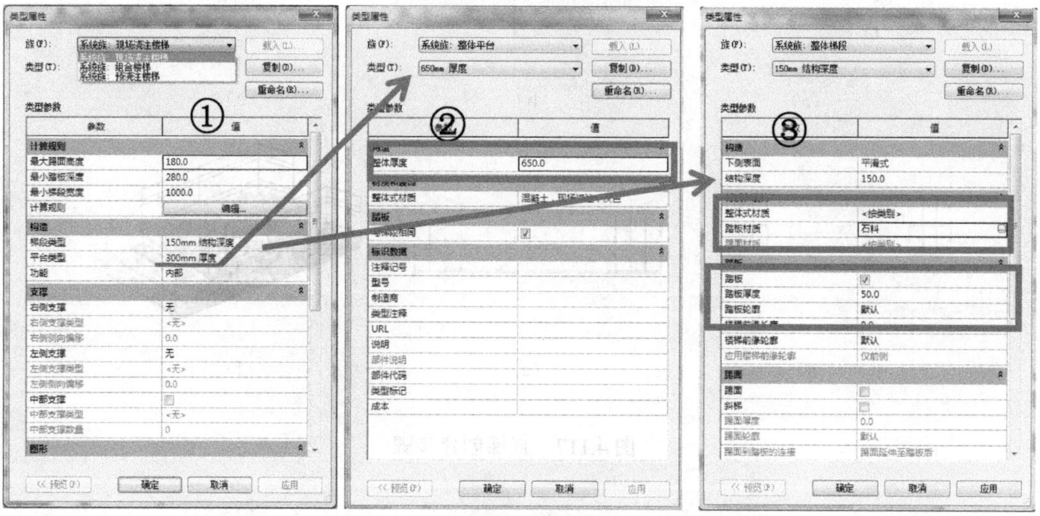

图 4.120　踏板厚度与材质修改

（3）全踏步螺旋楼梯

“全踏步螺旋楼梯”梯段工具通过指定起点和半径可创建大于 360° 的螺旋梯段。软件根据高度、楼梯类型属性中的计算规则、半径值自动计算并生成楼梯。

> 注：1. 创建此梯段时包括连接底部和顶部标高的全数台阶；
>
> 2. 默认情况下，按逆时针方向创建螺旋梯段；
>
> 3. 使用“翻转”工具可在楼梯编辑模式中更改方向（如有需要）。

① 选择“全台阶螺旋”梯段构件工具，然后指定初始选项和属性，可参照前述选择梯段构件工具并指定选项，见图 4.121（a）、（b）。

② 在绘图区域中，绘制参照平面，定位圆心和起点，单击指定螺旋梯段的中心点，如图 4.121（c）所示。

③ 移动光标以指定梯段的半径，如图 4.121（d）和（e）所示。

在绘制时，工具提示将指示梯段边界和达到目标标高所需的完整台阶数。默认情况下，按逆时针方向创建梯段。软件会根据半径和高度等设置计算踏步数，自动调整判断是否超过 360°。

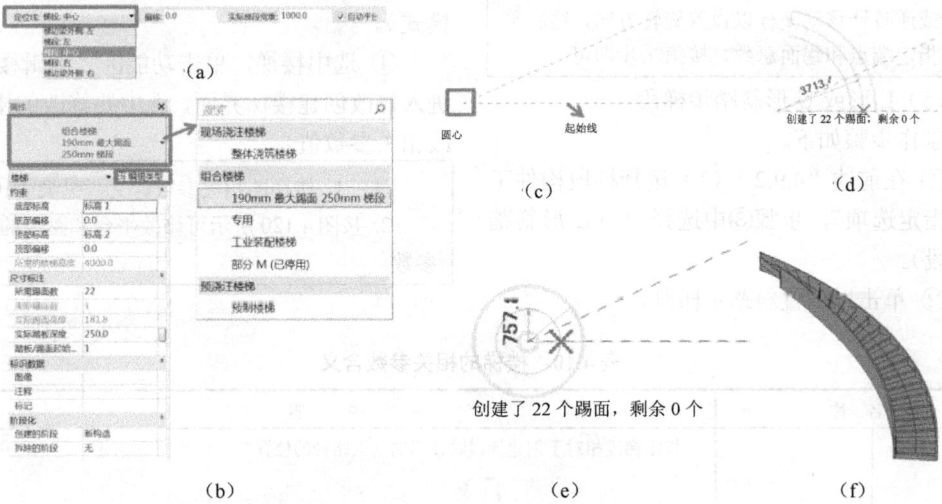

图 4.121　全踏步螺旋楼梯

④ 单击以完成梯段。（可选）在快速访问工具栏上，单击（默认三维视图），在退出楼梯编辑模式之前以三维形式查看梯段，如图 4.121（f）所示。

⑤（可选）在“工具”面板上，单击（翻转）可将楼梯的旋转方向从逆时针更改为顺时针。

⑥ 在“模式”面板上，单击（完成编辑模式）。

（4）圆心-端点螺旋楼梯

“圆心-端点螺旋”梯段工具通过指定梯段的中心点、起点和终点来创建小于 360° 的螺旋梯段。

> 注：1. 在创建梯段时，请逆时针或顺时针移动光标以指定旋转方向；
> 2. 在楼梯编辑模式，“翻转”工具可以根据需要更改旋转方向。

① 选择“圆心-端点螺旋”梯段构件工具，并指定初始选项， 可参照前述选择梯段构件工具并指定选项。

② 在选项栏上，进行相关设置，如图 4.121（a）所示。

- 对于“定位线”，请选择“梯段：中心”。
- 确认“自动平台”处于选定状态。

③ 在绘图区域中，单击以指定梯段的中心和起点，如图 4.122（a）所示。

④ 在达到第一梯段所需的踢面数（小于总数）时指定平台的端点，如图 4.122（a）所示。

⑤ 单击以捕捉到第一条螺旋梯段的中心点，沿着延长线移动光标，然后单击以指定第二个梯段的起点，如图 4.122（b）所示，平台自动创建。

⑥ 单击以指定端点并创建剩下的踢面，如图 4.122（c）所示。

⑦（可选）在快速访问工具栏上，单击（默认三维视图），如图 4.122（d）所示。

⑧（可选）在“工具”面板上，单击（翻转）可将楼梯的旋转方向从逆时针更改为顺时针。

⑨ 在“模式”面板上，单击（完成编辑模式）。

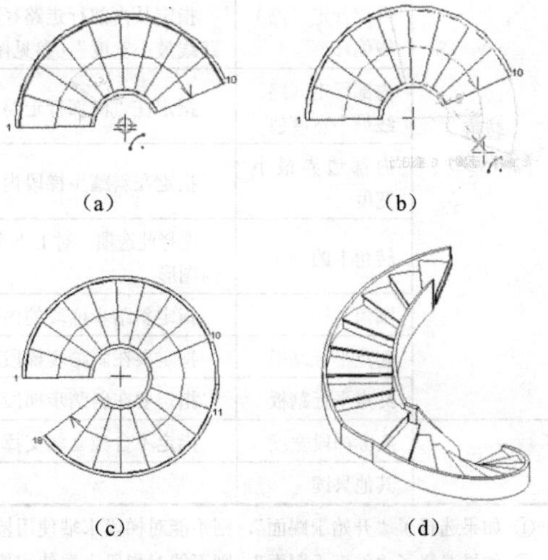

图 4.122　带平台圆心半径螺旋楼梯

> 注：如果不需要中间休息平台，在第④步顺时针或逆时针移动光标以设置旋转方向，然后单击以指定端点和踢面总数，接第⑦步即可。

（5）L 形或 U 形斜踏步梯段

制作步骤如下。

① 在前述“4.9.2.1（1）选择梯段构件工具并指定选项”，步骤③中选择（L 形斜踏步梯段）。

② 单击以放置斜踏步梯段。

③ 在模型面板上，单击✔（完成编辑模式）。

④ 选中楼梯，单击功能区“编辑楼梯”，进入修改创建楼梯界面，选中要修改的楼梯修改相关参数值。

> 注：1. 楼梯的相关参数含义，见表 4.10。
> 2. 按图 4.120 所示可修改平台和踏板的相关参数。

表 4.10　楼梯的相关参数含义

名　称		说　明
约束	定位线	指定梯段相对于创建梯段时使用的向上路径的位置 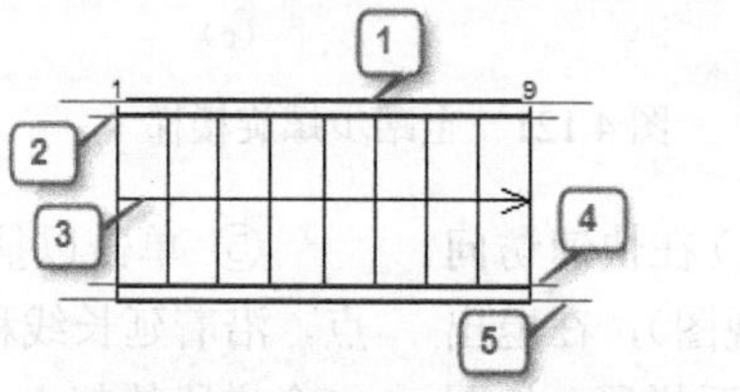 定位线选项包括： 梯边梁外侧：左（1） 梯段：左（2） 梯段：中心（3） 梯段：右（4） 梯边梁外侧：右（5）
	相对基准高度	指定梯段相对于楼梯底部高程的基准高度
	相对顶高度	指定梯段相对于楼梯底部高程的顶高度
	梯段高度	显示计算得出的梯段高度（只读）
构造	延伸到踢面底部之下	指定梯段延伸到楼梯底部标高之下的距离。要将梯段延伸到楼板之下则输入负值，见图 4.123
	开始于踢面①	决定梯段是以踢面开始还是以踏步开始。清除此选项将改变梯段中的踢面数量，可能要手动添加踢面以保持原来的高度
	结束于踢面②	决定梯段是以踢面开始还是以踏步结束。清除此选项将改变梯段中的踢面数量，可能要手动添加或删除踢面以保持原来的高度
转角（斜踏步）	转角样式	指定斜踏步梯段台阶的计算方式，从以下各项中进行选择： 平衡-对称布局样式（默认值）； 单点-不对称布局样式，斜踏步样式是从一个中心点计算得出的
	内部行走（路）线偏移	指定从内部行走路径到斜踏步梯段内部边界的距离。此距离指定从何处测量“内部行走路线最小宽度”（参见图 4.124 注释 1）
	内部行走（路）线最小宽度值	指定在“内部行走路线偏移”处测量的最小踏板深度（参见图 4.124 注释 2）
	内部边界最小宽度	指定在斜踏步梯段内部转角处的最小斜踏步深度（参见图 4.124 注释 3）
	转角上的圆角	选择此选项，对 L 形斜踏步梯段的内部转角或 U 形斜踏步梯段的两个内部转角应用圆角几何图形
	圆角半径	指定斜踏步梯段的内部转角所使用的圆角几何图形的半径（参见图 4.124 注释 4）
	起点平行踏板	指定要在斜踏步梯段起点处添加的统一的台阶数（可选）（参见图 4.124 注释 5）
	终点平行踏板	指定要在斜踏步梯段终点处添加的统一的台阶数（可选）（参见图 4.124 注释 6）
尺寸标注	实际梯段宽度	指定不含独立侧支撑宽度的踏步宽度值
	其他只读	

① 如果选择了“开始于踢面”，则不能对梯段末端使用槽口连接方法。

② 如果选择了“结束于踢面”，则不能对梯段末端使用槽口连接方法。

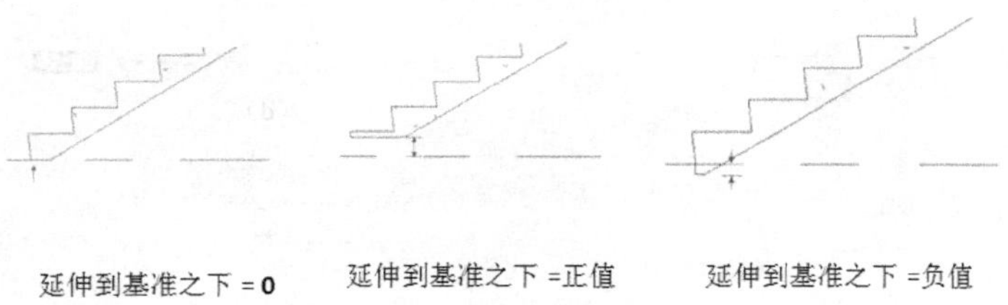

图 4.123　延伸到踢面底部之下

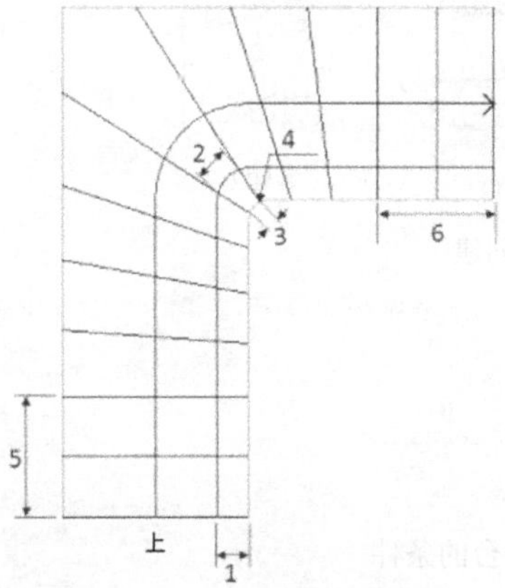

图 4.124　转角（斜踏步属性）

1—内部行走路线偏移；2—内部行走路线最小宽度；3—内部边界最小宽度；4—圆角半径；5—起点平行踏步；6—终点平行踏步

（6）多层楼梯

Revit 2018 增加了多层楼梯功能：在创建楼梯时，使用“多层楼梯：连接标高”工具可在选定标高上创建多层楼梯，或从现有楼梯通过选择标高生成多层楼梯。步骤如下。

① 单击“建筑”选项卡 ➤ “楼梯坡道”面板 ➤ （楼梯），在相关视图（如平面视图）创建所需的楼梯构件，如图 4.125（a）所示。

② 单击“修改 | 创建楼梯”选项卡 ➤ “编辑”面板 ➤ （多层楼梯：连接标高），如图 4.125（b）所示。

③ 如果出现提示：转到视图，请打开立面视图或剖面视图，如图 4.125（c）所示。

④ 选择要创建楼梯的标高：可使用选择框，或按住 Ctrl 键并同时单击标高，按下 Shift 键并单击标高以取消选择，如图 4.125（d）所示。

> 注：选定标高高亮显示，但要等到单击“完成”后才能看到楼梯延伸。

⑤ 单击（完成），在选定标高上创建基于构件的楼梯和多层楼梯，如图 4.125（e）所示。

> 注：若要修改多层楼梯的单个楼梯构件，按 Tab 键以高亮显示楼梯构件，然后单击将其选中。

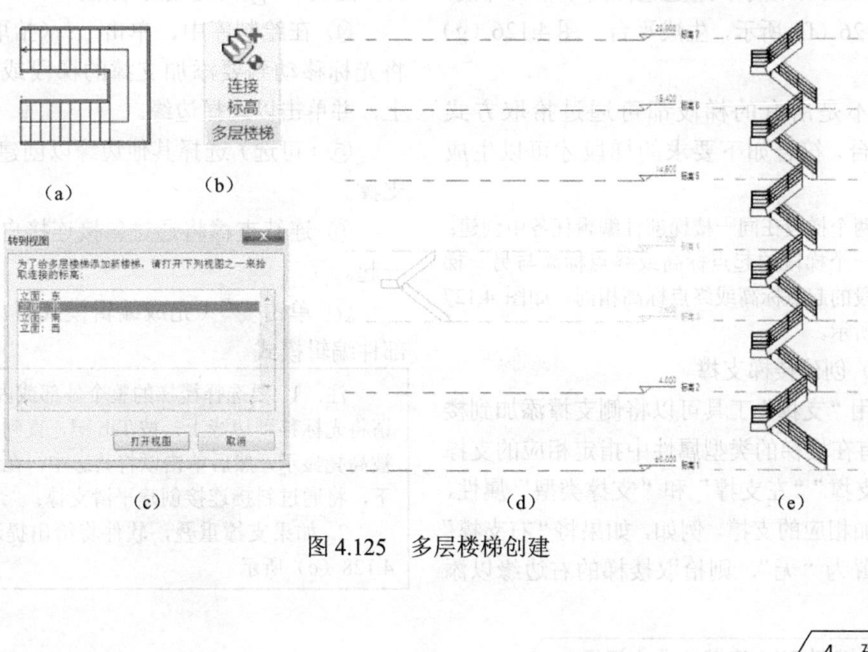

（a）　（b）　（c）　（d）　（e）

图 4.125　多层楼梯创建

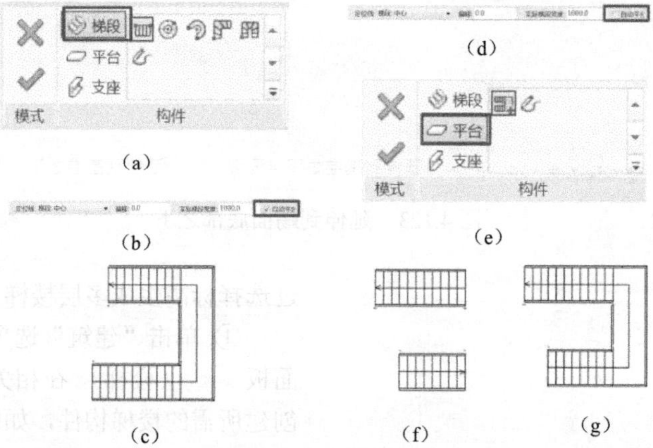

图 4.126　休息平台创建

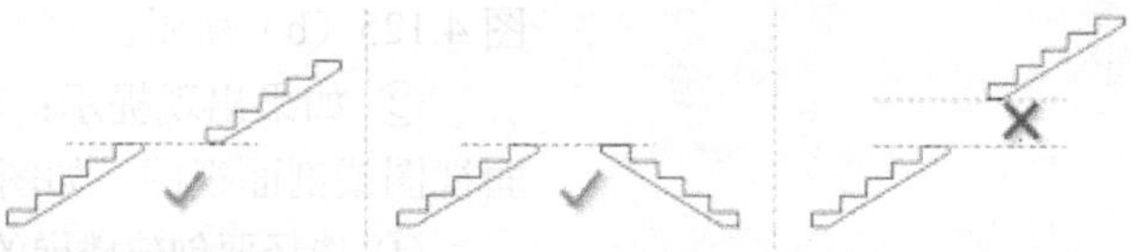

图 4.127　拾取梯段创建平台的条件

（7）楼梯平台的创建

楼梯平台是联系两个梯段之间的构件，Revit 提供了两种创建方式：选择创建梯段，如图 4.126（a）所示，勾选“自动平台”选项，如图 4.126（b）所示，以自动创建连接梯段的平台，结果见图 4.126（c）。如果不选择“自动平台”选项，如图 4.126（d）所示，则可以在稍后选择平台，单击“拾取两个梯段”命令，如图 4.126（e）所示，通过选择两个相关梯段，如图 4.126（f）所示，生成平台，图 4.126（g）所示。

并不是所有的梯段都可通过拾取方式生成平台，符合如下要求的梯段才可以生成平台：

- 两个梯段在同一楼梯部件编辑任务中创建；
- 一个梯段的起点标高或终点标高与另一梯段的起点标高或终点标高相同，如图 4.127 所示。

（8）创建楼梯支撑

使用“支撑”工具可以将侧支撑添加到楼梯。只有在楼梯的类型属性中指定相应的支撑如“右支撑”“左支撑”和“支撑类型”属性，才可添加相应的支撑。例如，如果将“右支撑”属性设置为“无”，则拾取楼梯的右边缘以添加支撑时，系统将提示定义支撑类型。步骤如下。

① 打开平面视图或三维视图。

② 要为现有梯段或平台创建支撑构件，请选择楼梯，并在“编辑”面板上单击（编辑楼梯），如图 4.128（a）所示，楼梯部件编辑模式将处于活动状态。

③ 单击“修改 | 创建楼梯”选项卡 ➤“构件”面板 ➤（支座），如图 4.128（b）所示。

④ 在绘制库中，单击（拾取边缘）。将光标移动到要添加支撑的梯段或平台边缘上，并单击以选择边缘。

⑤（可选）选择其他边缘以创建另一个侧支撑。

⑥ 连续支撑将通过斜接连接自动连接在一起。

⑦ 单击（完成编辑模式），退出楼梯部件编辑模式。

> 注：1. 要选择楼梯的整个外部或内部边界，请将光标移到边缘上，按 Tab 键，直到整个边界被高亮显示，然后单击以将其选中。在这种情况下，将通过斜接连接创建平滑支撑；
>
> 2. 如果支撑重叠，软件将给出提示，如图 4.128（c）所示。

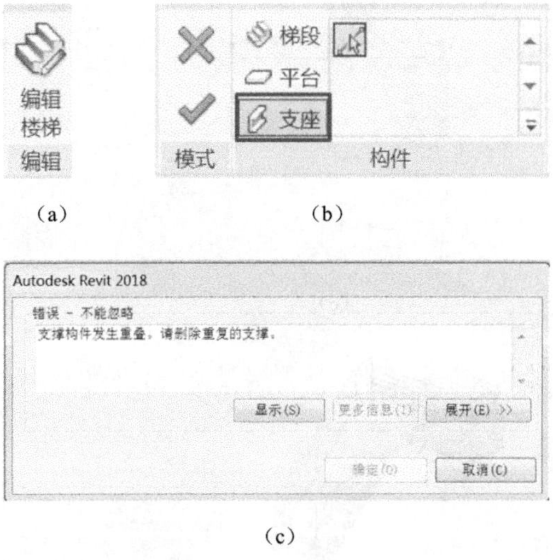

（a） （b）

（c）

图 4.128　楼梯支撑

（9）指定楼梯栏杆

在创建楼梯时，可以指定要自动添加的栏杆扶手类型。步骤如下。

① 启动楼梯命令，单击“修改｜创建楼梯”选项卡 ▶“工具”面板 ▶（栏杆扶手），见图 4.129（a）。

② 在“栏杆扶手”对话框中，选择一种扶栏类型，见图 4.129（b）～（d）。

> 注：1. 如果列表中未出现所需类型，可退出“楼梯”工具，创建栏杆扶手类型，然后重新启动“楼梯”工具。此外，还可以创建具有任何栏杆扶手类型的楼梯，再修改类型。
>
> 2. 如果不希望自动放置栏杆扶手选择“无”。
>
> 3. 默认栏杆扶手类型是在“栏杆扶手”草图模式下在“类型选择器”中指定的栏杆扶手类型。

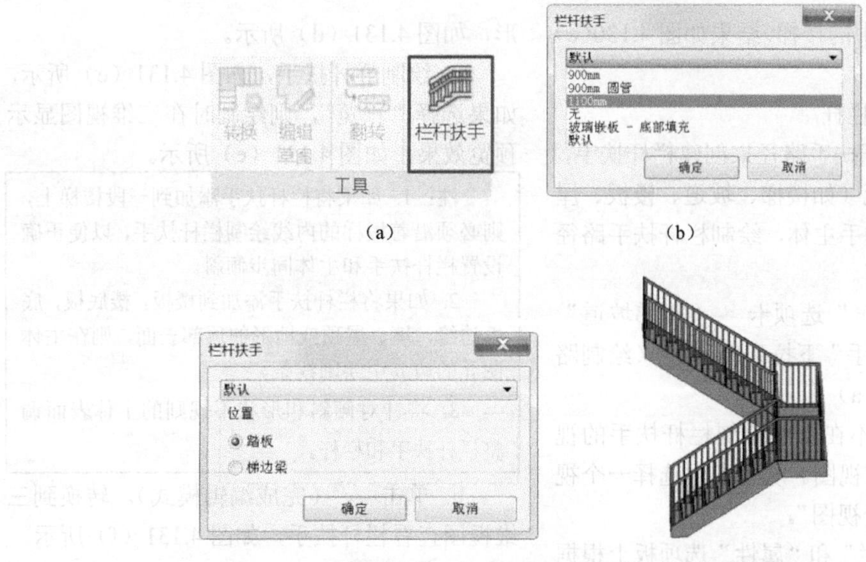

（a） （b）

（c） （d）

图 4.129　指定楼梯栏杆

（10）创建楼梯栏杆

如果在创建楼梯时，没有指定栏杆扶手，即在图 4.129（b）中选择“无”，则在创建楼梯时不会自动添加楼梯。如要在楼板洞口周边添加栏杆扶手时，可用创建楼梯栏杆的功能，手动创建栏杆扶手的方式有如下两种。

① 在楼梯/坡道上放置栏杆扶手

此功能可通过选择楼梯/坡道，直接在楼梯踏板或梯边梁上放置栏杆扶手，操作步骤如下。

a. 单击“建筑”选项卡 ▶“楼梯坡道”面板 ▶“栏杆扶手”下拉列表 ▶（放置在楼梯/坡道上），如图 4.130（a）所示。

b. 在“位置”面板上，单击“踏板”或“梯边梁”，如图 4.130（b）所示。在“类型选择器”中，选择要放置的栏杆扶手的类型，如图 4.130（c）所示。

c. 在绘图区域中选择相应的楼梯/坡道，被选中的楼梯/坡道将高亮显示，如图 4.130（d）所示。

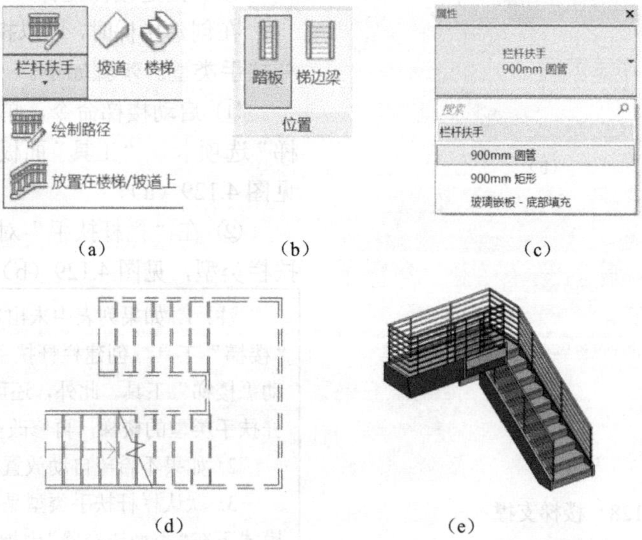

图 4.130　在楼梯/坡道上放置栏杆扶手

d. 单击被选中的楼梯，结果如图 4.130（e）所示。

② 绘制楼梯栏杆

启动绘制栏杆扶手路径来创建栏杆扶手，然后选择一个图元（如楼梯、坡道、楼板、屋顶等）作为栏杆扶手主体，绘制栏杆扶手路径来创建。步骤如下。

a. 单击“建筑”选项卡 ➤ “楼梯坡道”面板 ➤ “栏杆扶手”下拉列表 ➤ （绘制路径），如图 4.131（a）所示。

b. 如果用户不在可以绘制栏杆扶手的视图中，将提示拾取视图。从列表中选择一个视图，并单击“打开视图”。

c. 在“选项栏”和“属性”选项板上根据需要设置选项、修改实例属性或选择栏杆类型，或者单击 （编辑类型）以访问并修改类型属性，如图 4.131（b）和（c）所示。

d. 若要为栏杆扶手设置主体，请单击“修改 | 创建栏杆扶手路径”选项卡 ➤ “工具”面板 ➤ （拾取新主体），如图 4.131（d）所示。将光标放在主体（例如楼板、屋顶、墙顶、楼梯或地形表面）附近。移动光标时，相应的主体会高亮显示。

e. 在主体上单击以选择它。

f.（可选）在“选项”面板上，选择“预览”以沿绘制的路径显示栏杆扶手系统几何图形，如图 4.131（d）所示。

g. 绘制栏杆扶手，如图 4.131（e）所示，如果选择“预览”，则绘制时在三维视图显示预览效果，如图 4.131（e）所示。

> 注：1. 如果将栏杆扶手添加到一段楼梯上，则必须沿着楼梯的内线绘制栏杆扶手，以便正确设置栏杆扶手和主体同步倾斜。
>
> 2. 如果将栏杆扶手添加到楼板，楼底板，底板边缘，墙、屋顶或地形的顶部表面，则在主体图元的边界中绘制线条。
>
> 3. 将针对倾斜和形状不规则的主体表面调整栏杆扶手和栏杆。

h. 单击 （完成编辑模式）。转换到三维视图查看栏杆扶手，如图 4.131（f）所示。

4.9.2.2　楼梯属性

楼梯主要由三部分组成：梯段、平台、栏杆扶手。Revit 把梯段、休息平台和支撑统称为楼梯构件。通过楼梯构件的实例属性和类型属性的修改可影响楼梯的计算规则、梯段和楼梯的类型及支撑等。梯段构件的实例属性和类型属性的修改可影响踢面、踏面的相关设置。下面将逐一讲解楼梯各组成部分的实例和类型属性的主要参数的设置。

（1）楼梯构件的实例和类型属性

选中楼梯，将显示楼梯的实例属性，如图 4.132（a）所示，主要参数的含义如表 4.11 所示。

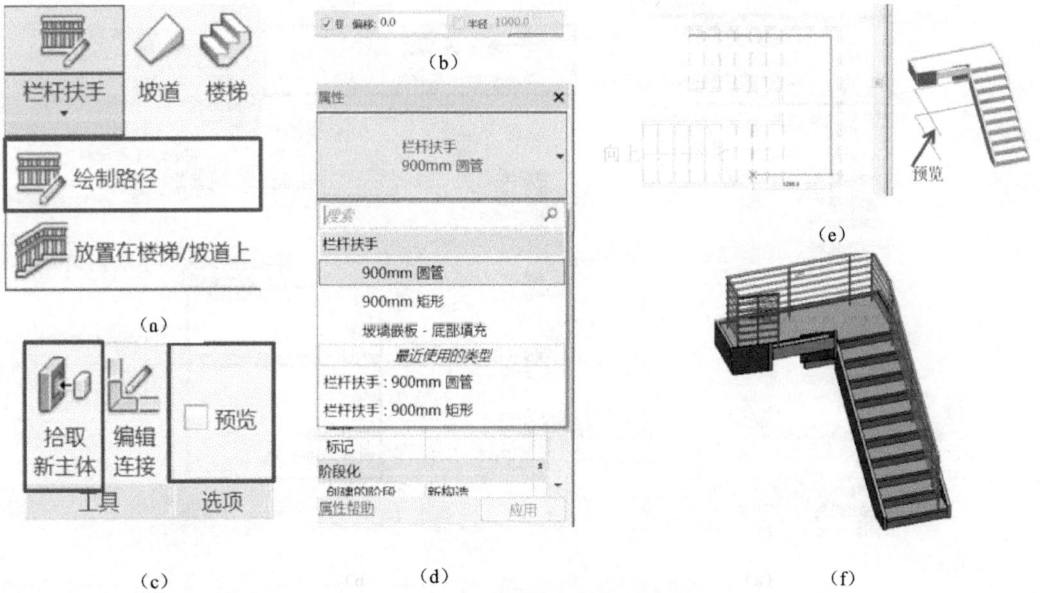

图 4.131　绘制栏杆扶手路径

表 4.11　楼梯构件实例属性主要参数含义

名　称	说　明
	限 制 条 件
底部标高	指定楼梯底部的标高
底部偏移	设置楼梯与底部标高的偏移
顶部标高	设置楼梯的顶部标高。默认值为底部标高上方的标高，如果底部标高上方没有标高，则为“无”
顶部偏移	设置楼梯与顶部标高的偏移（如果“顶部标高”的值为“无”，则不适用）
所需的楼梯高度	指定底部和顶部标高之间的楼梯高度（如果“顶部标高”的值为“无”，则可修改，否则为只读）
	尺 寸 标 注
所需踢面数	踢面数是基于标高间的高度计算得出的
实际踢面数	通常与“所需踢面数”相同，但是，如果没有为给定楼梯的梯段完成添加正确的踢面数，可能会有所不同（只读）
实际踢面高度	显示实际踢面高度。此值小于或等于在楼梯类型属性中指定的“最大踢面高度”的值（只读）
实际踏板深度	您可设置此值以修改踏板深（宽）度，而不必创建新的楼梯类型。另外，楼梯计算器也可修改此值以实现楼梯平衡
踏板/踢面起始编号	为踏板/踢面编号注释指定起始编号
	标 识 数 据
图像	标识与此图元关联的图像
注释	有关图元的特定注释
标记	为图元创建的标签。如果编号已被占用，将会发出警告消息，但用户可以继续使用该编号
	阶　段
创建的阶段	创建图元的阶段
拆除的阶段	拆除图元的阶段

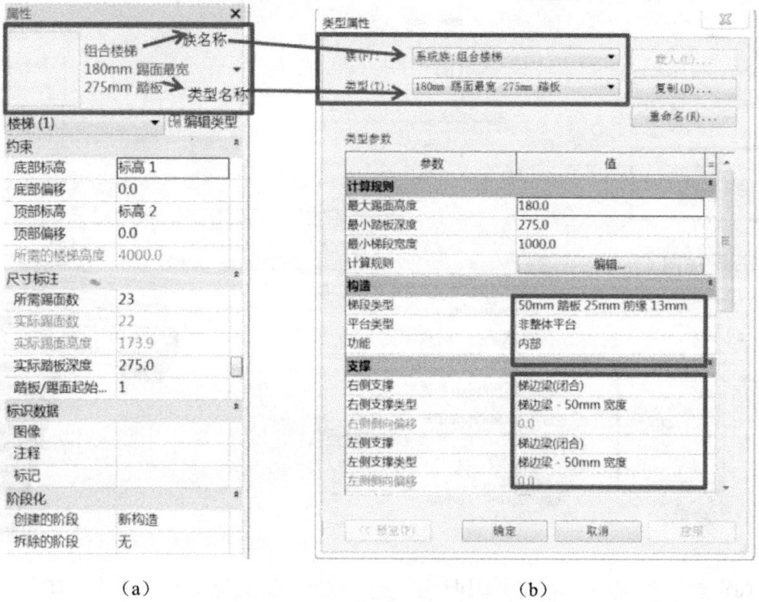

图 4.132　楼梯构件的实例属性

单击编辑类型，则打开类型属性对话框，如图 4.132（b）所示，可更改楼梯族，添加（切换）类型，修改梯段、平台、支撑的相关参数。

楼梯为系统族，共有三种：现场浇注楼梯、预制楼梯和装配楼梯，每种族适用的楼梯类型和示例如表 4.12 所示，选择不同的楼梯族，则参数略有不同。

表 4.12　楼梯族适用类型和示例

楼梯系统族	示　例
现场浇注楼梯：整体梯段和整体平台，分有踏板（左）和无踏板（右）	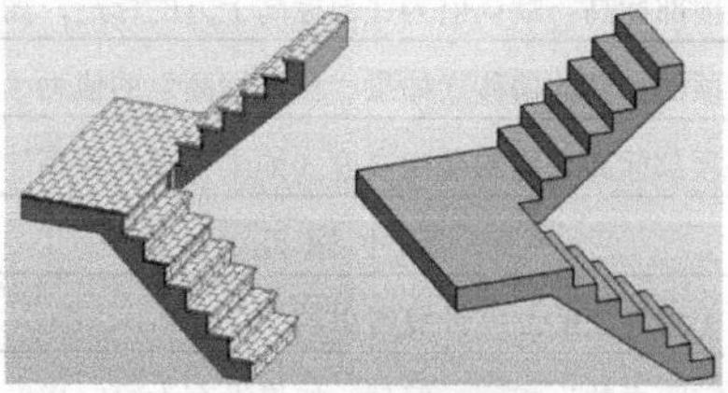
预制楼梯：开槽连接	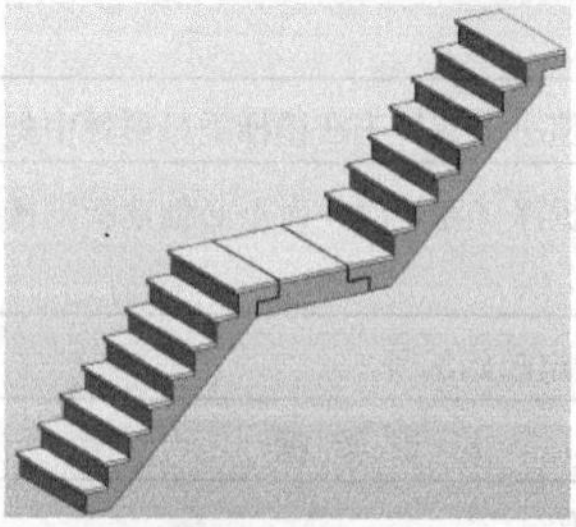
装配楼梯：包括非整体梯段和非整体平台，材质有：木质楼梯、钢制楼梯、钢制梯段和整体平台	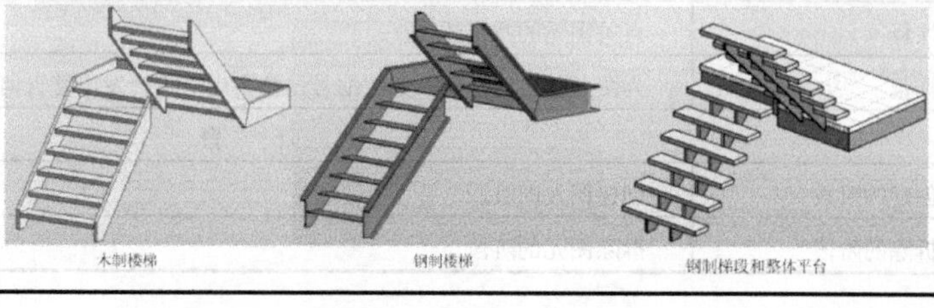

要打开梯段和平台的参数设置，只需在图4.132（b）单击梯段类型和平台类型后面的▭，如图 4.133（a）和（b）所示，则打开相应参数设置对话框如图 4.133（c）和（d）所示，梯段和平台都是系统族，分整体和非整体两种。各种形式的楼梯，就是梯段、平台和支撑［图 4.133（c）］属性参数值的组合不同，下面将分别讲解梯段、平台和支撑的主要参数设置对楼梯的影响。

（2）梯段构件的属性：实例和类型

通过选择楼梯，编辑类型，单击梯段类型后面的▭即可打开梯段构件类型属性对话框，如图 4.133（a）和（c）所示，也可直接选择梯段显示实例属性，通过单击实例属性中编辑类型，打开梯段类型属性对话框，如图 4.134所示。

实例属性各主要参数的含义，如表 4.10所示。如果创建的 L 形和 U 形转角楼梯，其实例属性则增加延伸到踢面底和平台转角的控制参数，如图 4.134（c）所示，相关参数的含义见表 4.10。

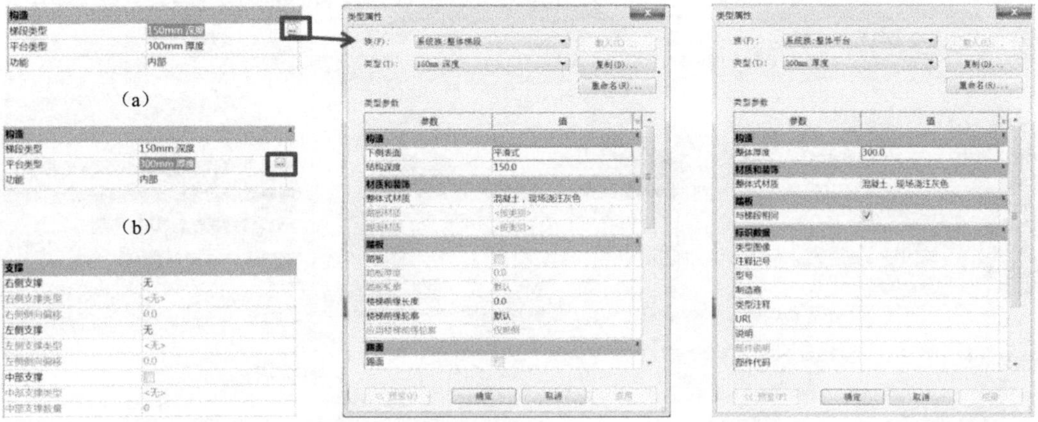

（a） （b） （c） （d） （e）

图 4.133　梯段和平台参数设置对话框

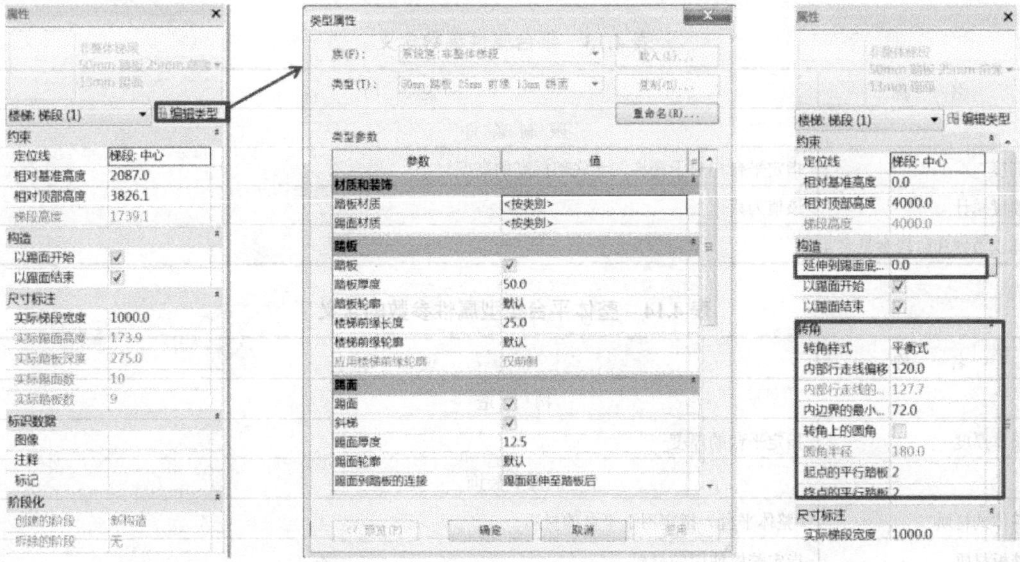

（a） （b） （c）

图 4.134　梯段类型属性对话框

（3）平台构件的属性：实例和类型

平台是系统族，Revit 提供了两种类型：整体平台和非整体平台，如图 4.135 所示。

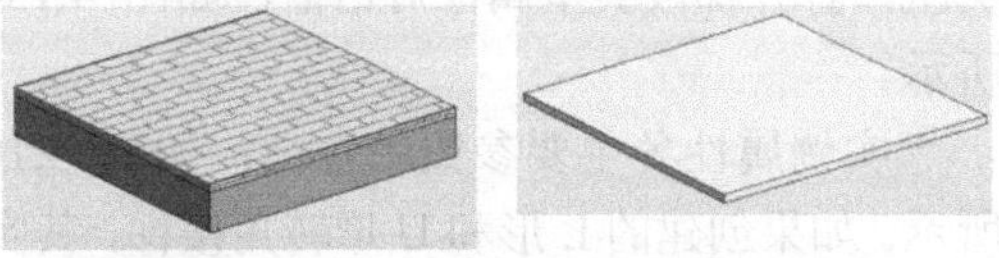

（a）整体平台　　（b）非整体平台

图 4.135　Revit 支持的平台类型

通过选择楼梯，编辑类型，单击平台类型后面的 即可打开平台类型属性对话框如图 2.136（b）和（c）所示，也可直接选平台显示实例属性，通过单击实例属性栏［图 4.136（a）所示］编辑类型，打开梯段类型属性对话框。两种方式打开平台类型属性对话框的区别：通过楼梯属性打开的平台类型对话框可以更改平台的族，通过选择平台，单击实例属性栏上的类型属性打开的类型属性对话框无法更改平台的族类型。

图 4.136（a）中平台属性参数的含义参见表 4.13。图 4.136（b）和（c）中平台属性参数的含义参见表 4.14。

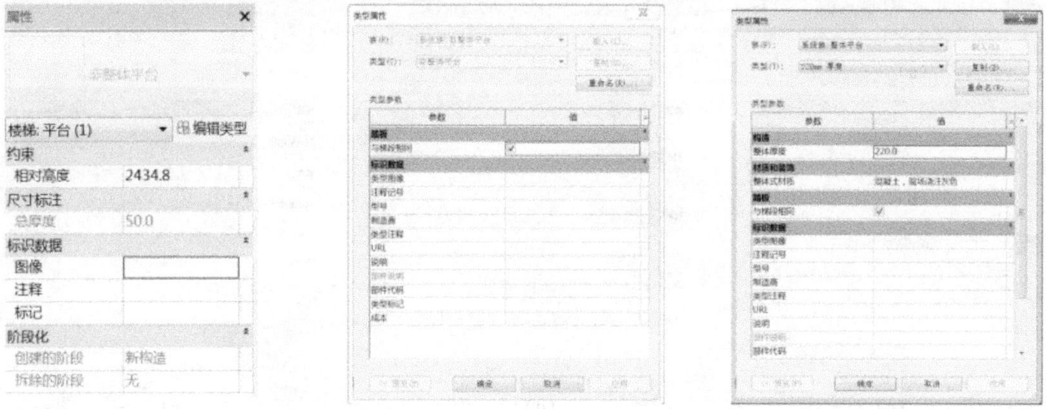

（a）　　（b）　　（c）

图 4.136　楼梯平台属性

表 4.13　平台属性参数含义

名　称	说　明
限制条件	
高度	指定平台相对于楼梯图元底部标高的高度
厚度总计	该值为只读
标识数据和阶段参见表 4.11	

表 4.14　整体平台类型属性参数的含义

名　称	说　明
构　造	
整体厚度	指定平台的厚度
材质和装饰	
整体式材质	（整体平台）指定用于平台的材质
踏板材质	指定踏板使用的材质
踏　板	
与梯段相同	选择此选项可将相同的梯段属性用于踏板，如果希望专门为平台指定踏板属性，则清除此选项

续表

名　称	说　明
	踏　板
踏板	选择此选项可在平台上包括踏板
踏板厚度	指定踏板的厚度
楼梯前缘长度	指定踏板相对于踢面板的悬挑量
楼梯前缘轮廓	指定踏板前侧和/或侧边的放样轮廓
应用楼梯前缘轮廓	指定要应用楼梯前缘轮廓的部位

非整体平台类型属性参数的含义，不勾选与梯段相同，可参见整体平台类型属性参数。

（4）支撑的参数修改

Revit 楼梯支撑是系统族，有两种：梯边梁（踏步梁闭合）和踏步梁（踏步梁开放），如图 4.137 所示。

Revit 中支撑有实例属性和类型属性，选中支撑，属性栏显示支撑的实例属性如图 4.138（a）所示，单击实例属性中"编辑类型"则打开支持的类型属性对话框，如图 4.138（b）和（c）所示。实例属性参数含义见表 4.15，支撑类型属性参数含义见表 4.16。

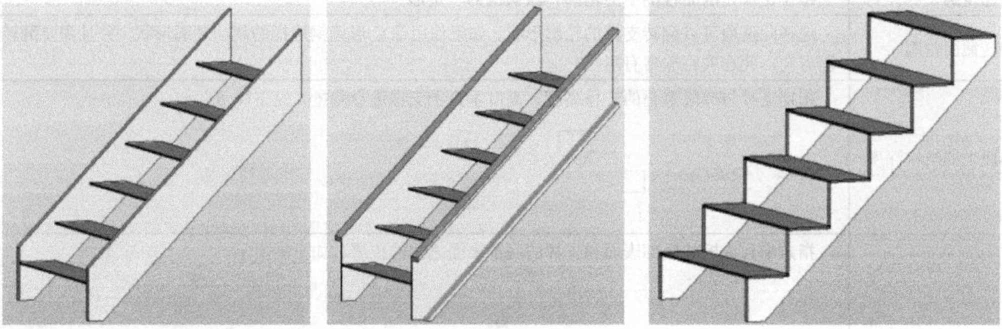

（a）矩形梯边梁支撑（闭合）　　（b）C 形槽钢梯边梁支撑（闭合）　　（c）踏步梁支撑（开放）

图 4.137　梯边梁类型

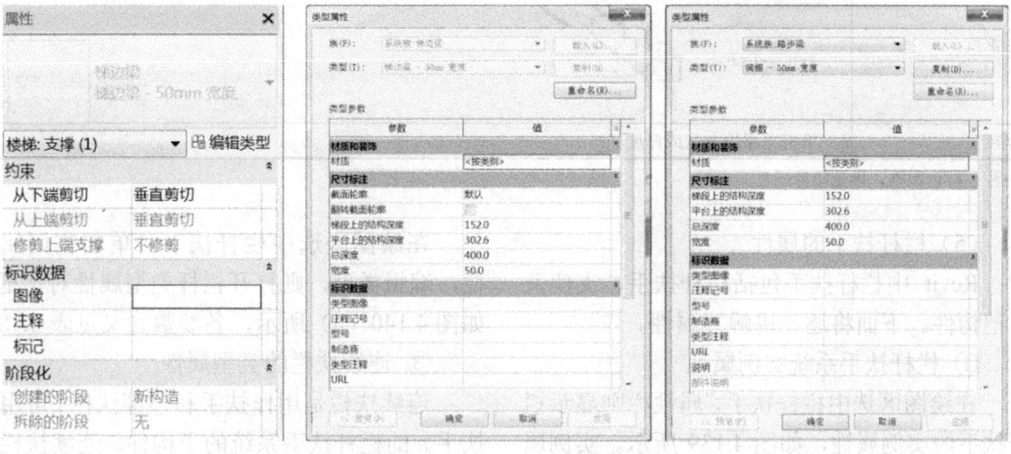

（a）　　（b）　　（c）

图 4.138　支撑实例属性

表 4.15　支撑实例属性参数含义

名　称	说　明
	约　束
从下端剪切	为下部支撑的下端指定剪切方式，有三种剖切方式，如下图所示 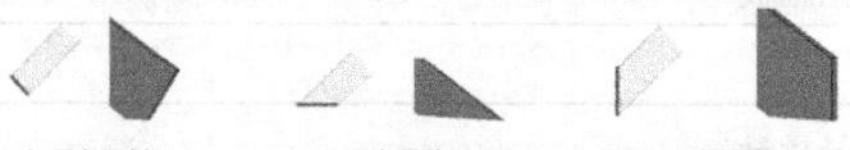 (a) 正交切割　(b) 水平剪切　(c) 垂直剪切
从上端剪切	为上部支撑上端指定剪切方式，有三种剖切方式，见从下端剪切
修剪上端支撑	指定上端支撑在平台处的修剪方式
	标识数据和阶段化见楼梯属性
平台支撑类型	允许手动指定以下平台支撑类型：右支撑、左支撑、中间支撑 例如，对于 T 形楼梯，如果 Revit 难以确定支撑是位于楼梯路径的左侧还是右侧，它会将支撑标识为“左”支撑。可以根据需要使用此属性指定支撑类型

表 4.16　支撑类型属性参数含义

名　称	说　明
	材质和装饰
材质	指定支撑的材质
	尺寸标注
截面轮廓	指定支撑在剖面视图中的轮廓。默认值为“矩形”
翻转截面轮廓	选择此选项可以翻转支撑的轮廓形状。如果使用像 C 形槽钢这样的剖面轮廓形状，并且需要翻转剖面方向，此选项将非常有用
梯段上的结构深度	指定支撑与梯段重叠的支撑高度。高度垂直于支撑进行测量。见下图 *B* 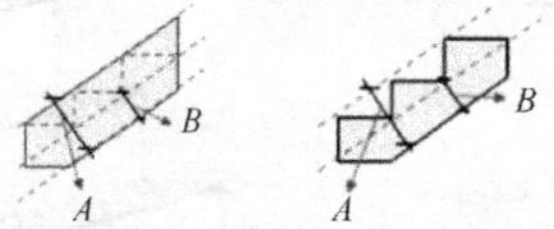
平台上的结构深度	指定平台踏板的底部表面和支撑的底部表面之间的距离，如下图所示 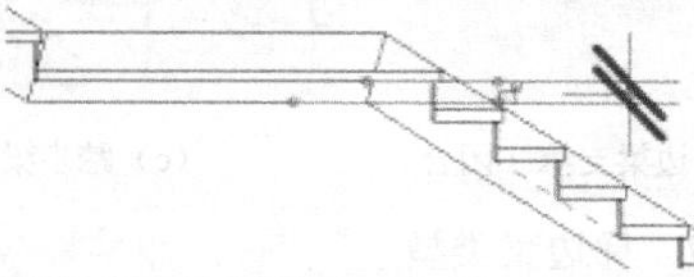
总深度	指定支撑的总深度。深度垂直于支撑进行测量。请参见下图中的 *A* 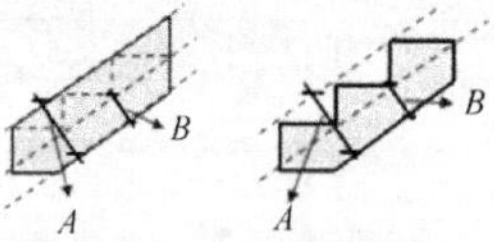
宽度	指定支撑的宽度或厚度

注：标识数据，参见楼梯属性

（5）栏杆扶手的属性

Revit 中栏杆扶手包括栏杆扶手、支座及其他构件。下面将逐一讲解其属性。

① 栏杆扶手系统实例属性

在绘图区选中栏杆扶手，属性栏则显示栏杆扶手的实例属性，如图 4.139 所示。实例属性中各参数含义见表 4.17。

② 栏杆扶手系统类型属性

在绘图区选中栏杆扶手，单击实例属性栏，编辑类型，则打开栏杆类型属性对话框，如图 4.140（a）所示，各参数含义见表 4.18。

③ 连续扶栏的类型属性

连续扶栏是用作扶手和顶部扶栏（可用作扶手）的栏杆扶手系统的子构件。连续扶栏应符合规范要求，如图 4.141（a）所示。可通过选择扶手栏杆，单击属性栏上的编辑类型，在类型属性中，单击扶手 1 中位置，如图 4.141（b）所示，选择扶手 1 的位置，单击类型中的 ⋯，打开扶手 1 类型设置的对话框，如图 4.141（c）所示。属性参数的具体含义见表 4.19。扶手 2 的设置及参数含义参照扶手 1。

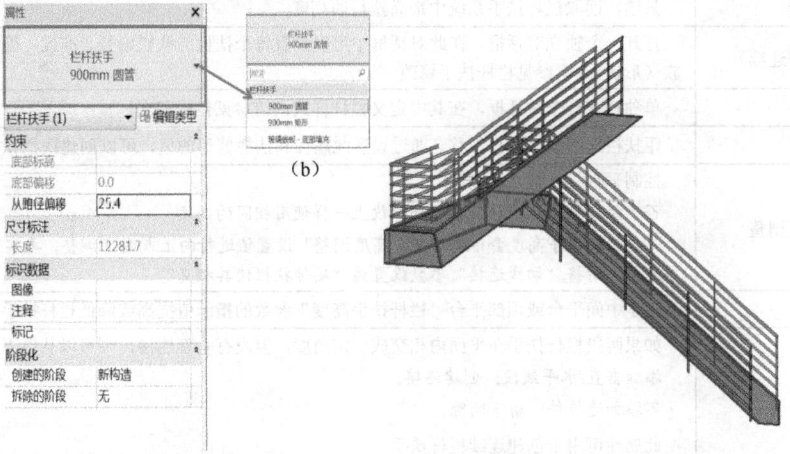

（a）　（b）　（c）

图 4.139　栏杆扶手实例属性

表 4.17　栏杆扶手实例属性参数含义

名　称	说　明
	约　束
底部标高	指定栏杆扶手系统不位于楼梯或坡道上时的底部标高。如果在创建楼梯时自动放置了栏杆扶手，则此值由楼梯的底部标高决定
底部偏移	如果栏杆扶手系统不位于楼梯或坡道上，则此值是楼板或标高到栏杆扶手系统底部的距离
相对路径的偏移	指定相对于其他主体上踏板、梯边梁或路径的栏杆扶手偏移值。如果在创建楼梯时自动放置了栏杆扶手，可以选择将栏杆扶手放置在踏板或梯边梁上
	尺 寸 标 注
长度	栏杆扶手的实际长度

注：标识数据和阶段化，见楼梯属性

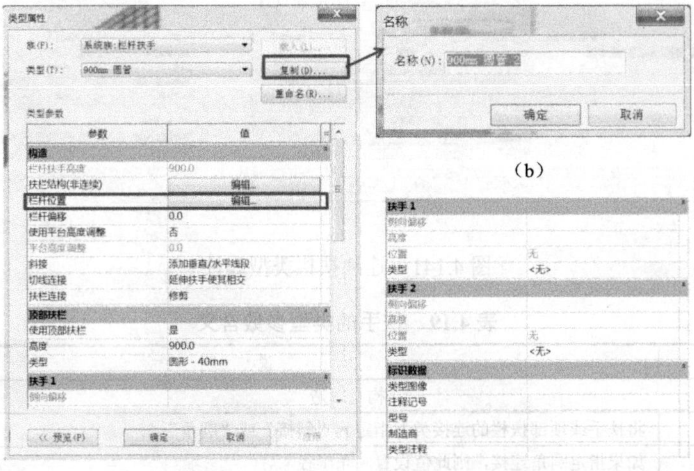

（a）　（b）　（c）

图 4.140　栏杆扶手类型属性对话框

表 4.18 扶手栏杆类型属性参数含义

名 称	说 明
构 造	
栏杆扶手高度	只读，读取栏杆扶手系统中最高扶栏的高度
扶栏结构（非连续）	打开一个独立对话框，在此对话框中可以设置每个扶栏的扶栏编号、高度、偏移、材质和轮廓族（形状）。请参见栏杆扶手修改
栏杆位置	单独打开一个对话框，在其中定义栏杆样式。请参见栏杆和支柱
栏杆偏移	距扶栏绘制线的栏杆偏移。通过设置此属性和扶栏偏移的值，可以创建扶栏和栏杆的不同组合
使用平台高度调整	控制平台栏杆扶手的高度 否：栏杆扶手和平台像在楼梯梯段上一样使用相同的高度 是：栏杆扶手高度会根据“平台高度调整”设置值进行向上或向下调整，要实现光滑的栏杆扶手连接，请将“切线连接”参数设置为“延伸扶栏使其相交”
平台高度调整	基于中间平台或顶部平台“栏杆扶手高度”参数的指示值提高或降低栏杆扶手高度
斜接	如果两段栏杆扶手在平面内相交成一定角度，但没有垂直连接，则可以从以下选项中选择： 添加垂直/水平线段：创建连接。 不添加连接件：留下间隙。 此属性可用于创建连续栏杆扶手
切线连接	如果两段相切栏杆扶手在平面中共线或相切，但没有垂直连接，则可以从以下选项中选择： 添加垂直/水平线段：创建连接。 不添加连接件：留下间隙。 延伸扶栏使其相交：创建平滑连接。 此属性可用于在栏杆扶手高度在平台处进行了修改或栏杆扶手延伸至楼梯末端之外的情况下创建平滑连接
扶栏连接	如果 Revit 无法在栏杆扶手段之间进行连接时创建斜接连接，可以选择下列选项之一。 修剪：使用垂直平面剪切分段。 焊接：以尽可能接近斜接的方式连接分段。接合连接最适合于圆形扶栏轮廓

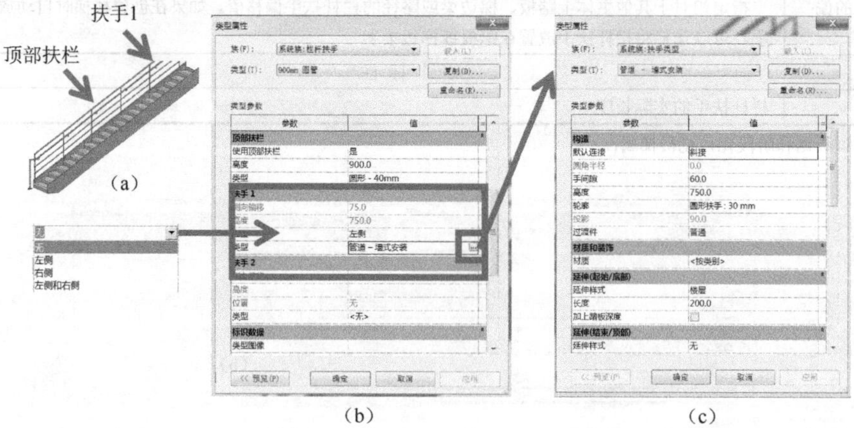

图 4.141 连续扶栏类型属性

表 4.19 扶手的类型参数含义

名 称	说 明
构 造	
默认连接	将扶手或顶部扶栏的连接类型指定为“斜接”或“圆角”
圆角半径	如果指定圆角连接，则此值设置圆角半径
手间隙	指定从扶手的外部边缘到扶手附着到的墙、支柱或柱的距离
高度	指定扶手顶部距离楼板、踏板、梯边梁、坡道或其他主体表面的高度

续表

名　称	说　明
轮廓	指定连续扶栏形状的轮廓
投影	指定从扶手的内部边缘到扶手附着到的墙、支柱或柱的距离
过渡件	指定在扶手或顶部扶栏中使用的过渡件的类型。 无：在包含平台的楼梯系统中，内部扶栏将终止于平台上的第一个或最后一个踏板的梯缘。 鹅颈式：用于存在过渡件密集和复杂扶栏轮廓的情况，如图（a）所示。 普通式：用于存在过渡件密集与圆形扶栏轮廓的情况，如图（b）所示  （a）鹅颈式　（b）普通式
材质和装饰	
材质	指定扶手或顶部扶栏的材质
延伸（起始/底部）	
延伸样式	指定扶栏延伸的附着系统配置（如果有），支持无、墙、楼层和支柱，如下图所示 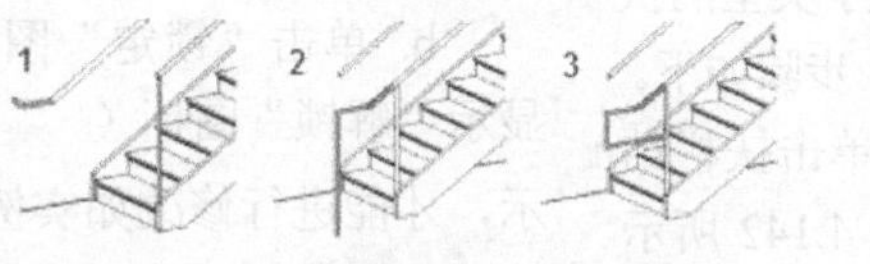 墙　楼层（板）　支柱
长度	指定延伸的长度
加上踏板深度	选择此选项可将一个踏板深度添加到延伸长度
延伸（结束/顶部）	
延伸样式	参见“起始/底部延伸”
长度	参见“起始/底部延伸”
终端	
起始/底部终端	指定顶部扶栏或扶手的起始/底部的终端类型
结束/顶部终端	指定顶部扶栏或扶手的结束/顶部的终端类型
支座［支撑（仅扶手）］	
族	指定扶手支撑的类型
布局	指定扶手支撑的放置。 无。使用户可以手动放置支撑。 固定距离：使用下面定义的“间距”属性指定距离。 与支柱对齐：将支撑自动放置在栏杆扶手系统中的每个支柱上并水平居中。 固定数量：使用下面定义的“数量”属性指定支撑数。 最大间距：沿栏杆扶手系统放置最大数量的支撑，不超过“间距”值。 最小间距：沿扶栏路径适当放置最大数量的支撑，不小于“间距”值
间距	指定 “布局”系统配置固定距离的间距值
对正	指定支撑位置的对正选项：(仅布局为固定距离时有效)。 起点：扶栏的下端（如果自动将扶栏放置在楼梯上），或第一个单击位置（如果手动放置扶栏）。 中心：整个扶手路径居中放置。 终点：扶栏的上端（如果自动将扶栏放置在楼梯上），或最后一个单击位置（如果手动放置扶栏）
数目	如果将“布局”设置为“固定数量”，该值将指定使用的支撑数
标识数据（略）	

④ 栏杆扶手（非连续）修改

栏杆扶手（非连续）位置和名称如图 4.142 所示。

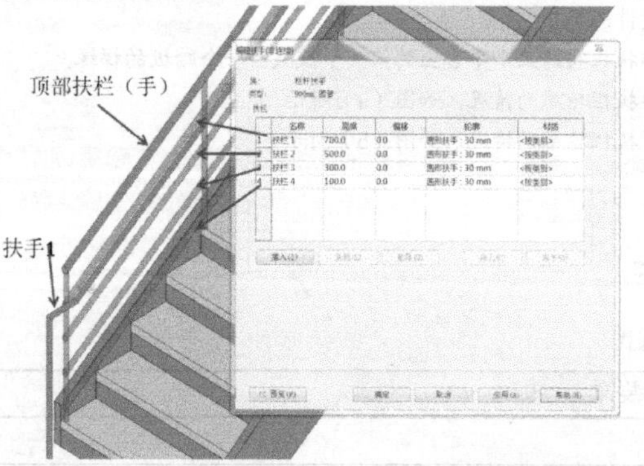

图 4.142　栏杆扶手（非连续）位置和名称

在图4.142 对话框可修改栏杆扶手类型的扶栏高度、偏移、轮廓、材质和数量。步骤如下。

a. 在图 4.140（a）对话框中，单击扶栏结构非连续，后面的“编辑”，进入图 4.142 所示的编辑扶手（非连续）对话框。

b. 在“编辑扶栏”对话框中，为每个扶栏指定下列属性。

- 名称：单击可修改扶栏的名字。
- 高度：扶栏相对于主体的高度。
- 偏移：扶栏相对于路径的水平偏移距离。
- 轮廓：单击可在下拉菜单中选择已载入的轮廓。
- 材质：单击可进入材质浏览器对话框，进入材质设置对话框。

c. 要另外创建扶栏，请单击“插入”。输入扶栏的名称，以及高度、偏移、轮廓和材质属性。

d. 单击“向上”或“向下”可调整栏杆扶手在对话框中的顺序，在项目的竖向位置由高度值确定。

e. 单击“应用”，预览模型中的更改。

f. 完成后，单击“确定”。

> 注：对类型属性所做的修改会影响项目中同一类型的所有栏杆扶手。

⑤ 手支座（撑）的属性

若要修改栏杆扶手的支座，可按以下步骤。

a. 选择扶手支座（可按 Tab 键帮助选择），如图 4.143（a）所示。

b. 单击“锁定”图标（ ）解锁，支撑显示“解锁”图标（ ），如图 4.143（b）所示，才能进行修改如实例替换。

c. 沿扶手路径拖动支撑，或使用“修改”面板上的移动工具（ ）。

d. 解锁后，可修改其实例属性和类型属性，如图 4.143（c）和（d）所示，各参数含义见表 4.20 和表 4.21。

> 注：要让支撑返回其原始位置，请单击“解锁”图标（ ）。

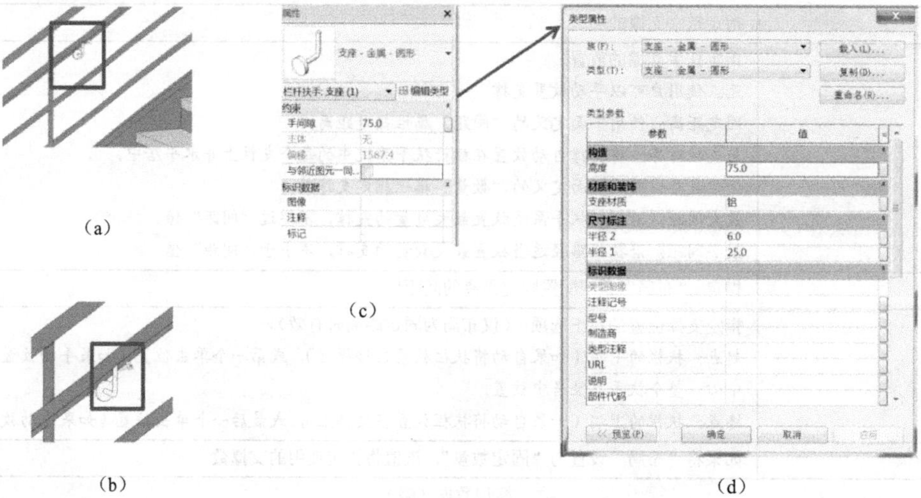

（a）　（b）　（c）　（d）

图 4.143　扶手支座修改

表 4.20　扶手支座实例属性参数含义

名　称	说　明
	限 制 条 件
手间隙	指定从扶手顶部到支撑顶部的距离
主体	由栏杆扶手系统类型属性中的扶手“类型”属性确定（只读）
偏移	指定支撑顶部与扶栏的偏移距离
与邻近图元一同移动	确定支撑是否随邻近的图元一同移动
标识数据和阶段化（略）	

表 4.21　扶手支座类型属性参数含义

名　称	说　明
	构　造
高度	指定支撑底部相对于扶栏的位置
材质和装饰	
支座（撑）材质	指定支座（撑）的材质
	支　座
支座材质	指定支撑的材质。单击该值，然后单击“浏览”按钮以打开“材质”对话框
	尺 寸 标 注
半径 1	指定支撑臂的半径
半径 2	指定底部安装法兰的半径
其他	
弯曲半径	指定支撑臂与底部安装法兰连接处的弯曲半径
	标识数据（略）

⑥ 栏杆和支柱的属性

对于每个栏杆扶手类型，可以定义栏杆样式，指定栏杆族，附着到顶部和底部的方式、其间距、截断样式等属性。对于支柱，可以指定起点支柱、转角支柱和终点支柱的设计，如截面轮廓族，顶（底）偏移等。通过上述值的设置，可设计项目中大部分的栏杆。步骤如下。

a. 在平面视图中，选择一个栏杆扶手。

b. 在“属性”选项板上，单击“编辑类型”。

注：对类型属性所做的修改会影响项目中同一类型的所有栏杆扶手。

c. 在“类型属性”对话框中，单击“栏杆位置”对应的“编辑”，如图 4.140（a）所示。

d. 在主样式对话框，名称列，可输入栏杆样式的名称。

e. 对于栏杆族，可执行表 4.22 栏杆的操作。

f. 对于基准，在底（顶）部列选择参照的对象，在顶（底）部偏移列，输入相应的偏移值。参照的对象含义见表 4.23。

g. 相对于前一栏杆的距离和偏移，其参数的含义见表 4.24。

表 4.22　栏杆的操作

目　标	操　作
显示扶栏和支柱，但不显示栏杆	选择“无”
使用已载入到项目中的栏杆族	在列表中选择一个栏杆
使用尚未载入到项目中的栏杆族	进行任何选择之前载入其他栏杆族。参见加载族

表 4.23　楼梯属性基准的含义

如果要指定基准作为...	操　作
楼板边缘、楼梯踏板、楼层或坡道	选择主体
图纸中的一个现有扶栏结构	在列表中选择指定的扶栏
图纸中没有定义的扶栏结构	选择“取消”，然后在“类型属性”对话框中单击“扶栏结构（非连续）”对应的“编辑”，添加相应的扶栏

表 4.24 相对于前一栏杆的距离和偏移参数的含义

相对前一栏杆的距离	控制样式中栏杆的间距，对于第一个栏杆（主样式表的第 2 行），该属性指定栏杆扶手段起点或样式重复点与第一个栏杆放置位置之间的间距。对于每个后续行，该属性指定新栏杆与上一栏杆的间距。 在列表中的最后一个栏杆之后，到样式终点还有一段距离。如果样式终点后的栏杆扶手段仍然继续，则该样式将重复，直到没有足够的空间为止
偏移	相对栏杆扶手路径内侧或外侧的距离

h. 对于截断样式，其参数的含义见表 4.25。

相应操作及目标如表 4.26 所示。

i. 指定对齐方式：起点、中心、终点、展开样式以匹配，其含义见表 4.27。

j. 如果为“对齐”选择了“起点”“终点”或“中心”，则请选择“超出长度填充”，如超出长度中选择了具体的栏杆，则可指定栏杆的间距，其参数含义见表 4.28。

表 4.25 截断样式参数含义

截断样式位置	栏杆扶手段上的栏杆样式中断点
角度	此值指定某个样式的中断角度。如果“截断样式位置”的选择值为“角度大于”，则此属性可用
样式长度	“相对前一栏杆的距离”列中列出的所有值的和

表 4.26 截断样式的操作和目标

操　作	目　标
选择“每段扶手末端”	沿各栏杆扶手段长度展开
选择“角度大于”，然后输入一个“角度”值。如果栏杆扶手转角等于或大于此值，则会截断样式并添加支柱。一般情况下，此值保持为 0。转角是在平面视图中进行测量的。没有发生于转角处的栏杆扶手段截断将被忽略	在栏杆扶手转角处截断并放置支柱
选择“从不”。栏杆分布于整个栏杆扶手长度	无论栏杆扶手中的任何分离或转角，始终保持不发生截断

表 4.27 对齐方式

对齐	某个样式中的各个栏杆沿栏杆扶手段长度方向进行对齐
起点对齐	表示样式始自栏杆扶手段的始端。如果样式长度不是恰为栏杆扶手长度的倍数，则最后一个样式实例和栏杆扶手段末端之间则会出现多余间隙
终点对齐	表示样式始自栏杆扶手段的末端。如果样式长度不是恰为栏杆扶手长度的倍数，则最后一个样式实例和栏杆扶手段始端之间则会出现多余间隙
中心对齐	表示第一个栏杆样式位于栏杆扶手段中心，所有多余间隙均匀分布于栏杆扶手段的始端和末端
展开样式以匹配	表示沿栏杆扶手段长度方向均匀扩展样式。不会出现多余间隙，且样式的实际位置值不同于“样式长度”中指示的值

注：Revit 确定起点和终点取决于栏杆扶手的绘制方式，绘制的第一点为起点。

表 4.28 填充参数含义

超出长度填充	如果栏杆扶手段上出现多余间隙，但无法使用样式对其进行填充，用户可以指定此间隙的填充方式。可指定特定栏杆族填充多余间隙，并设置间隙增量。 可指定截断栏杆样式以填充多余长度，也可不进行指定以保持多余间隙不被填充。注意：“对齐”设置为“起点”“终点”或“中心”，才可使用此属性
间距	填充栏杆扶手段上任何多余长度的各个栏杆之间的距离。如果对于“超出长度填充”属性选择了某个栏杆或支柱族，才可使用此属性

⑪ 楼梯上每个踏板都使用栏杆，勾选此选项，则相对前一栏杆的距离则为无效，并可指定每一踏板上的栏杆数量，如图 4.144（d）和（e）所示。

⑫ 在“编辑栏杆位置”对话框的“支柱”下，指定起点支柱、转角支柱和终点支柱的族，如果不希望在栏杆扶手起点、转角或终点处出现支柱，请选择“无”。

⑬ 对于基准，在底（顶）部列选择参照的对象，在顶（底）部偏移列，输入相应的偏移值，其含义可参照第 6 步，空间列的距离是支柱沿栏杆路径的移动。

⑭ 转角支柱的位置设置，如图 4.144（f）所示，其操作的含义如表 4.29 所示。

⑮ 单击“应用”，预览模型中的更改，符合要求单击“确定”即可。

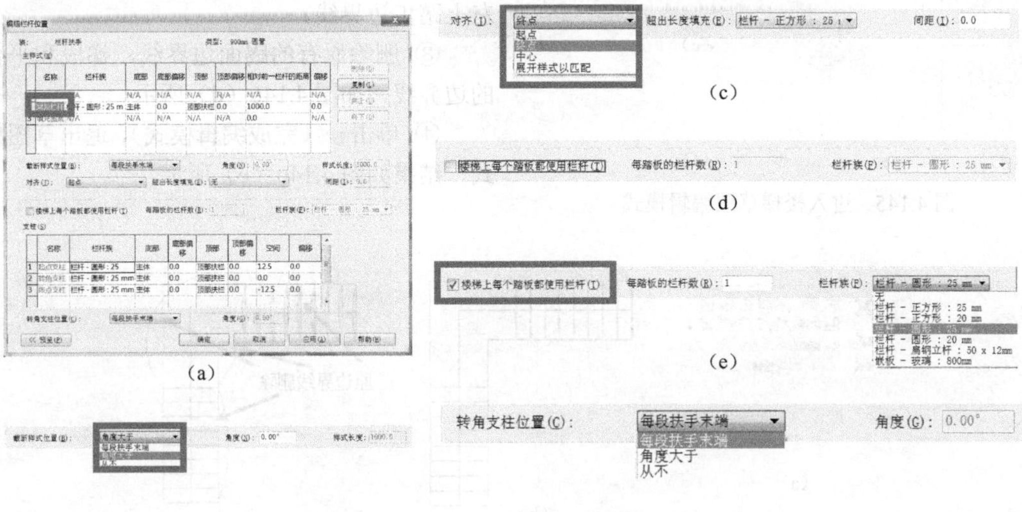

图 4.144 栏杆与支柱设置

表 4.29 转角支柱位置设置操作的含义

目 标	操 作
希望在各栏杆扶手段末端放置转角支柱	选择“每段扶手末端”
希望在栏杆扶手段转角大于指定值时放置转角支柱	选择“角度大于”，然后输入一个“角度”值。如果栏杆扶手转角大于此值，即会在转角处放置支柱。一般情况下，此值保持为 0。 这里需注意：1.转角是在平面视图中进行测量的；2.非转角处的栏杆扶手段截断将被忽略
无论栏杆扶手中出现什么分离或转角，都不希望放置支柱	选择“从不”

4.9.2.3 楼梯修改

楼梯创建完毕后，可通过对楼梯梯段、平台、栏杆扶手系统、支撑等的实例属性和类型属性进行修改，以满足项目中各种楼梯形式的需要。楼梯梯段、平台、栏杆扶手系统和支撑的实例与类型属性的修改，读者参照 4.9.2.2 楼梯属性的相关内容进行修改。本节主要讲述草图模式对楼梯梯段、踏步和平台的边界等进行修改。

（1）进入草图模式

步骤如下。

① 在三维视图中，选择楼梯，单击工具面板上的“编辑楼梯”，如图 4.145（a）所示，进入楼梯编辑界面。

② 在楼梯编辑界面，选择要编辑的梯段，单击工具面板上的“转换”工具，如图 4.145（b）所示。

③ 弹出对话框，如图 4.145（c）所示，关闭对话框，编辑草图命令高亮显示，如图 4.145（d）所示，单击编辑草图，则进入草图

编辑模式，如图 4.145（e）和（f）所示。

> 注：图 4.145（e）所示为三维视图中草图编辑，图 4.145（f）所示为平面视图的草图编辑，建议在平面视图下进行编辑。

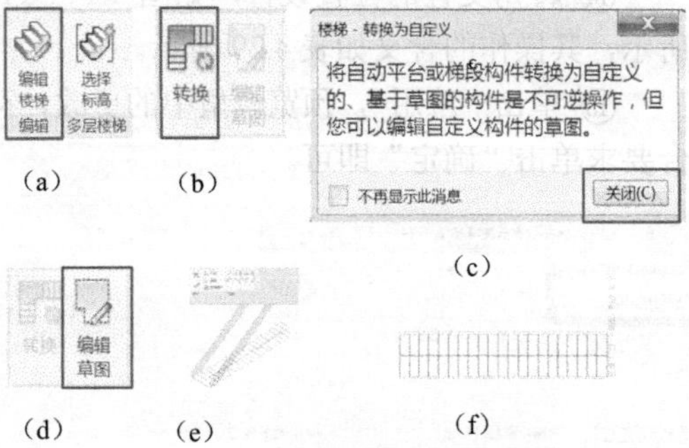

图 4.145　进入楼梯草图编辑模式

（2）在草图模式中对边界进行修改

进入草图编辑模式，可对楼梯的边界线、踢面线和路径进行修改，操作如下。

① 单击“绘制”面板 ▶（边界），对梯段或平台的边界线进行修改，如图 4.146（c）所示。

② 单击“绘制”面板 ▶ 踢面（踢面），对踢面的边界线进行修改，如图 4.146（c），左上踏步边界线。

③ 删除原有的踢面边界线，梯段和平台的边界线，如图 4.146（d）所示。

④ 单击（完成编辑模式），退出草图模式，结果如图 4.146（e）所示。

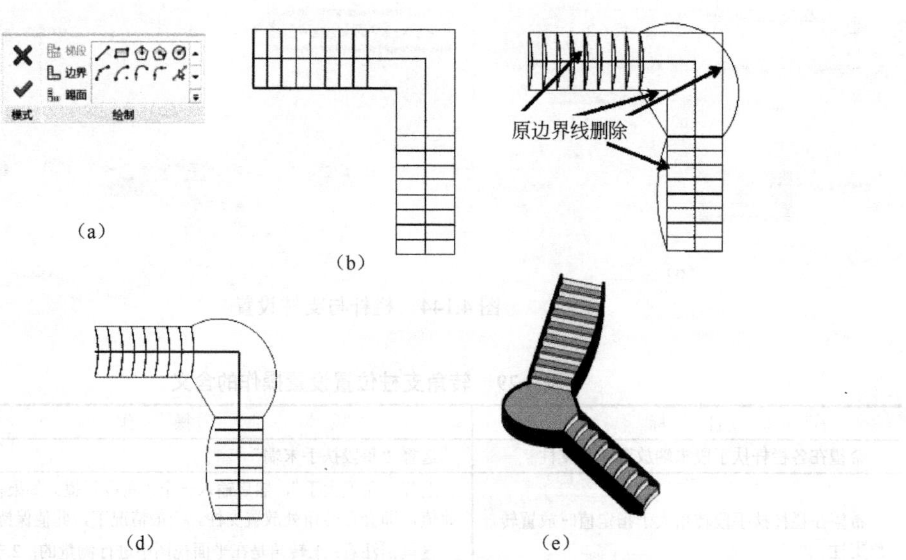

图 4.146　楼梯草图编辑模式

4.9.2.4　楼梯文档

（1）给踏板和踢面编号

对于基于构件的楼梯，可在平面、立面或剖面视图中，给梯段的组成部分踏板/踢面进行编号。步骤如下。

> 注：1. 编号数字仅在标注视图中显示。
> 2. 踏板/踢面注释不能添加到基于草图的楼梯。

① 单击“注释”选项卡 ▶“标记”面板 ▶（踏板数量），如图 4.147（a）所示。

② 在“属性”选项板中，修改实例属性，如标记类型、显示规则、对齐方式等，见图 4.147（b）。

③ 在平面视图中，将光标放在用户希望放置编号的参照上，从而高亮显示该参照（梯段上的位置），如图 4.147（c）所示。

④ 单击以放置踏板/踢面编号，结果如图 4.147（d）所示。

⑤ 如果需要，可以重复上一步向楼梯中的所有梯段添加踏板/踢面编号。

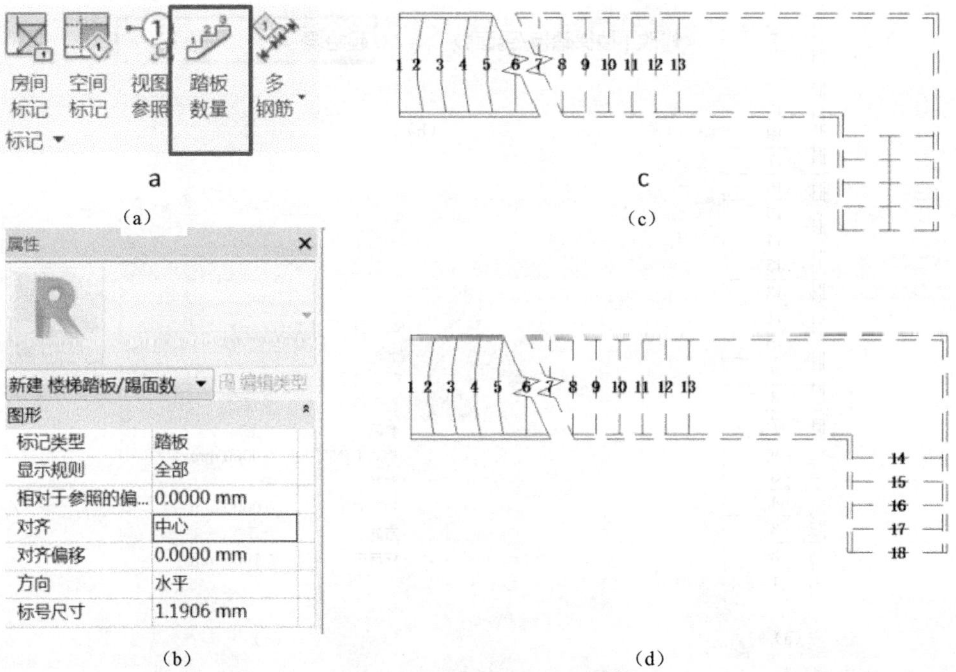

图 4.147　给踏板或踢面进行编号

⑥ 完成后，单击 Esc 以结束该命令。

> 注：1. 在剖面视图或立面视图中，踏板/踢面编号只能使用楼梯路径作为放置的参照。
>
> 2. 楼梯中所有梯段的踏板/踢面编号都是按顺序排列的。

（2）修改踏板和踢面编号

如果放置编号后，要修改踏板/踢面的编号，步骤如下。

① 选择踏板/踢面注释（根据需要使用 Tab 键将其高亮显示），如图 4.148（a）所示。

② 在选项栏上，根据需要更改“起始编号”的值，如图 4.148（b）所示，“踏板/踢面编号”的顺序将根据新值自动更改，并且楼梯中的所有踏板/踢面注释都将更新。

③ 在“属性”选项板中，修改实例属性，如图 4.148（c）所示。

④ 若要删除选定的踏板/踢面注释，请按“删除”。

（3）楼梯路径标注与移动

在平面图中，对于尚未显示楼梯路径的楼梯，可以添加注释以包含楼梯和行走线的向上方向。步骤如下。

① 依次单击“注释”选项卡 ➤ “符号”面板 ➤ （楼梯路径），如图 4.149（a）所示。

② 选择楼梯，楼梯路径注释将在楼梯上显示，如图 4.149（b）和（c）所示。

③ 根据需要修改楼梯路径实例属性，如图 4.149（d）所示，选择不显示“向上”文字或显示其他文字，并指定文字字体和方向。

④ 还可以自定义楼梯路径族的类型属性，以将更改应用于使用此类型的所有楼梯路径，如图 4.149（e）所示。

（4）设置与修改楼梯的剪切标记

剪切标记是假想平面剖切获得平面视图时，假想平面与楼梯相交部位的剖切符号。可通过修改楼梯的剪切标记类型属性进行自定义，如修改现有剪切标记符号的类型属性，或复制类型以创建新剪切标记符号，然后根据需要更改属性参数值。步骤如下。

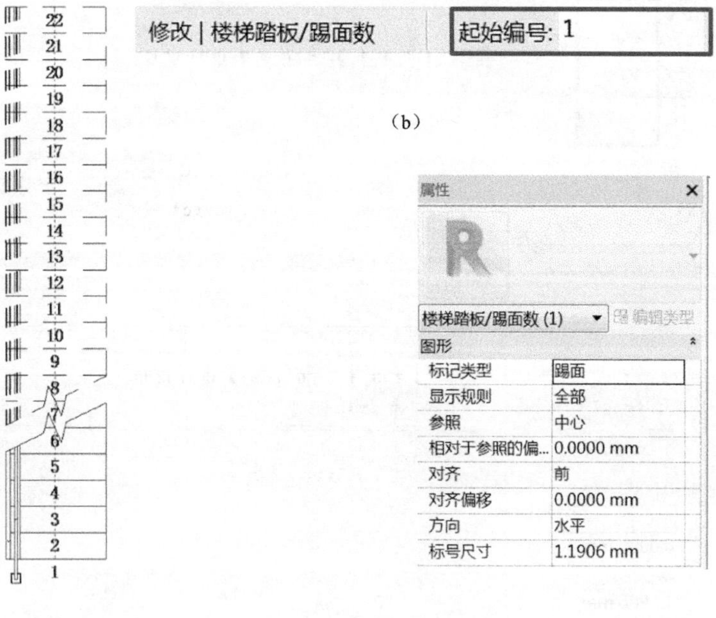

（a）（b）（c）

图 4.148　踏板/踢面编号修改

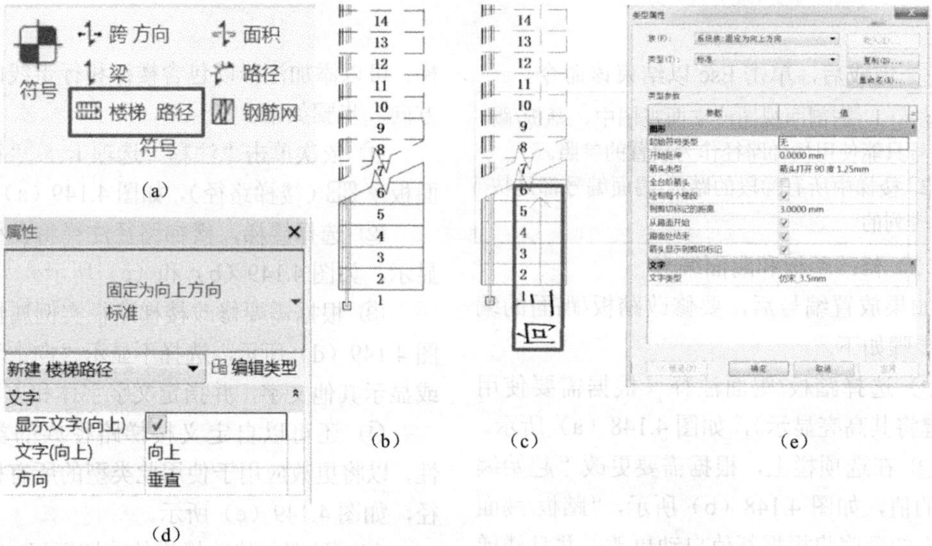

（a）（b）（c）（d）（e）

图 4.149　楼梯路径标注

① 在绘图区域中选择楼梯。

② 在属性选项板上，单击（编辑类型）。

③ 在“类型属性”对话框（用于楼梯类型）中的“图形”下单击“剪切标记类型”的值，然后单击浏览按钮，如图 4.150（a）所示。

④ 在“类型属性”对话框（用于剪切标记）中。

- 修改现有类型的属性。
- 单击“复制”，输入新类型的名称，然后修改属性。

⑤ 单击“确定”以关闭用于剪切标记类型的“类型属性”对话框。

⑥ 单击“确定”以关闭用于楼梯类型的“类型属性”对话框。

（5）创建不同详细程度的楼梯视图

如果想在平面视图［图 4.151（a）］中，

仅以轮廓表示楼梯，如图 4.151（c）所示，或更详细的视图，包括所有楼梯模型和注释子类别，如踏板、踢面和楼梯走向信息。可通过如下设置实现。

① 在项目浏览器中的视图名称上单击鼠标右键，然后单击“复制视图” ➤“带细节复制”，具体参照“5.2.5　视图创建”相关内容。

② 在项目浏览器中的视图“副本”上单击鼠标右键，然后单击“重命名”。

③ 在“重命名视图”对话框中，为视图输入一个描述性名称。

④ 在新视图处于打开状态时，单击“视图”选项卡 ➤“图形”面板 ➤ （可见性/

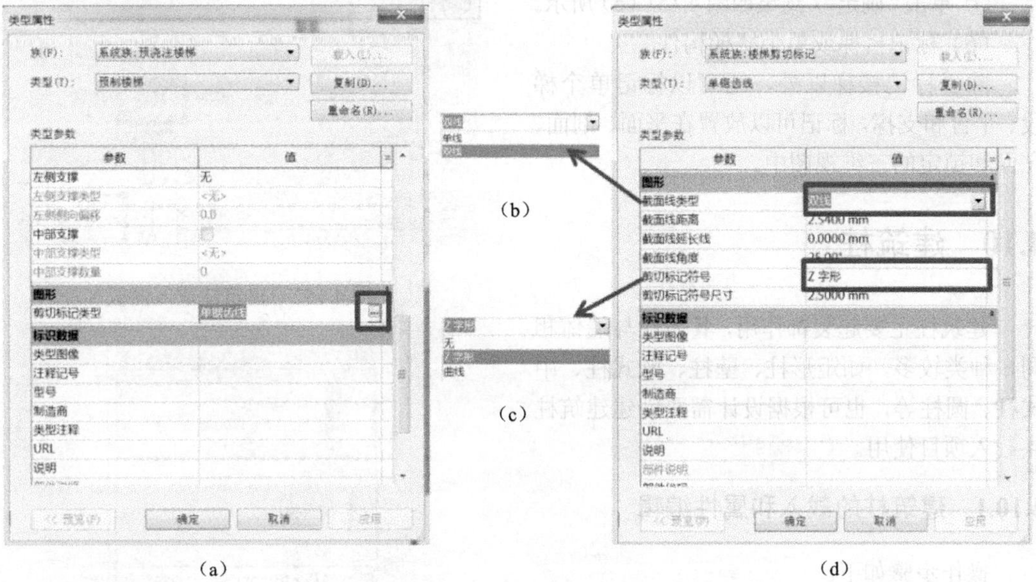

图 4.150　剪切标记修改

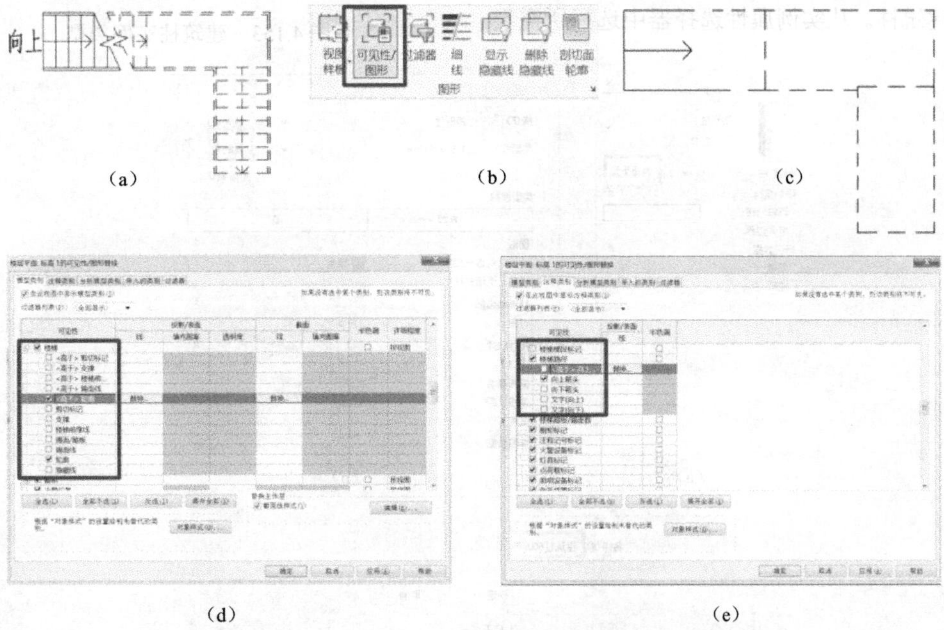

图 4.151　创建不同详细程度的楼梯视图

图形)，如图 4.151（b）所示。

⑤ 在“模型类别”选项卡上，展开“楼梯”，并清除除“<高于> 轮廓”和“轮廓”外的所有子类别，如图 4.151（d）所示。

⑥ 在“注释类别”选项卡上，展开“楼梯走向”，然后清除“向上箭头”之外的子类别，如图 4.151（e）所示。

⑦ 单击“确定”，结果如图 4.151（c）所示。

（6）标记楼梯或单个楼梯构件

除了标记楼梯以外，还可以标记单个梯段、平台和支撑。标记可以放置在平面、剖面、立面和锁定的三维视图中。

4.10 建筑柱

建筑柱主要起装饰作用，其属性与墙体相同，种类较多，如矩形柱、壁柱、欧式柱、中式柱、圆柱等，也可根据设计需要创建建筑柱族载入项目使用。

4.10.1 建筑柱的载入和属性编辑

操作步骤如下。

① 单击“建筑”选项卡下“构建”的“柱”下拉按钮，如图 4.152 所示，在弹出的列表中选择建筑柱。从实例属性选择器中选择所需尺寸大小的柱子类型，如图 4.153 所示，如没有所需尺寸大小的类型，单击“类型属性”按钮，在“类型属性”编辑面板中选择“复制”并命名，如图 4.154 所示，创建新的尺寸大小的建筑柱，并修改面板中的柱子长度、宽度尺寸参数。

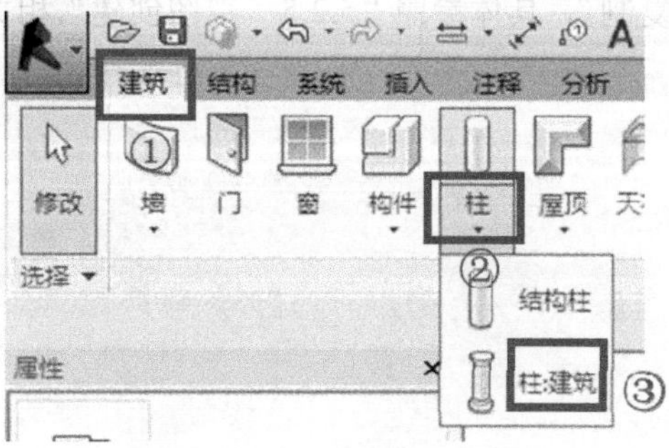

图 4.152 建筑柱载入面板

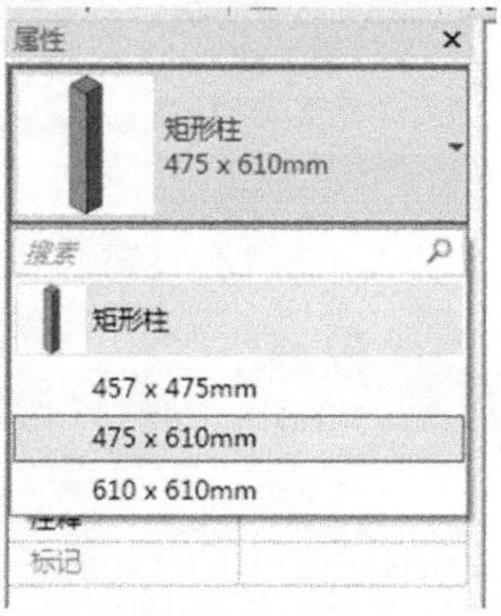

图 4.153 建筑柱实例类型

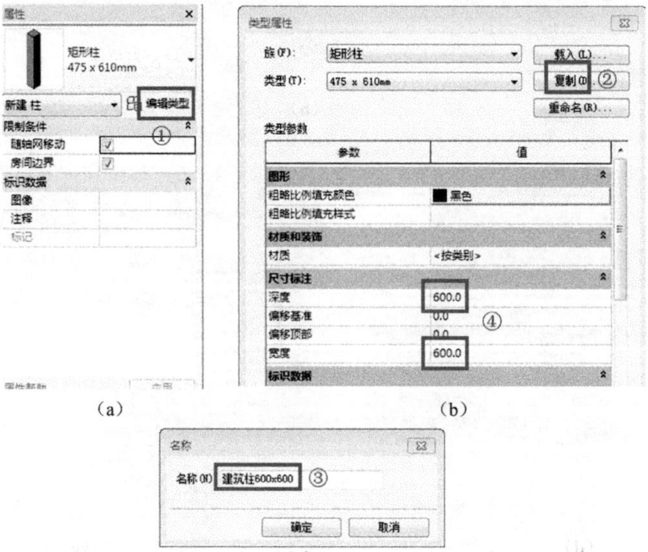

（a） （b）

（c）

图 4.154 建筑柱类型属性

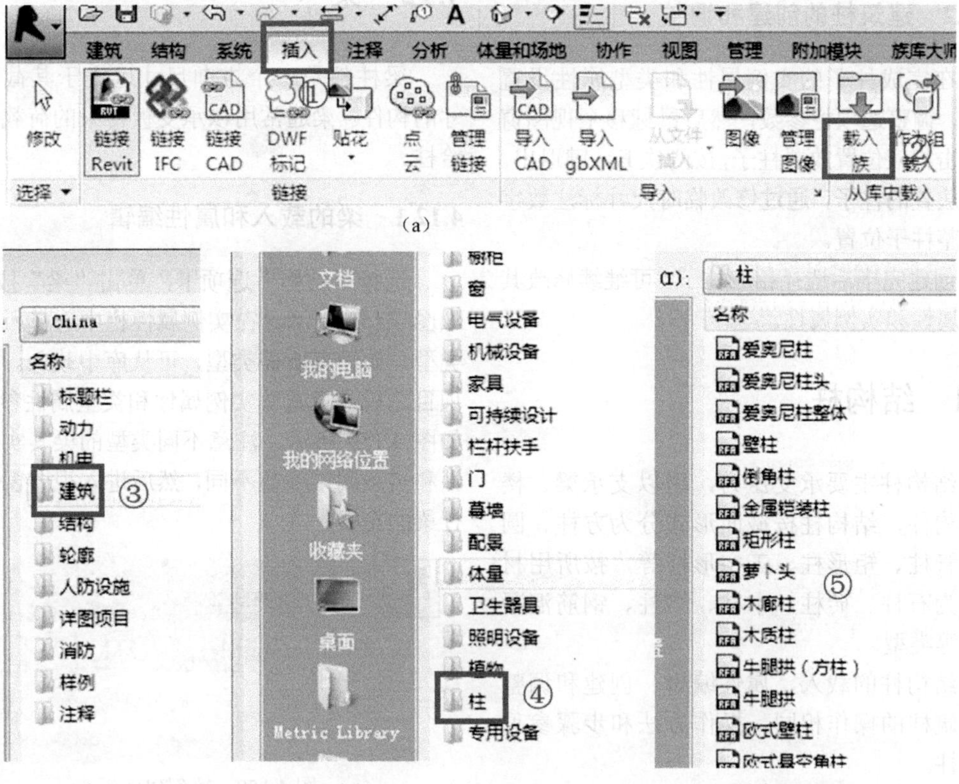

图 4.155　建筑柱族载入

② 如在实例属性面板中无所需的柱类型，在“插入”选项卡中选择“载入族”，打开相应的族库或自定义的建筑柱族载入，如图 4.155 所示。

③ 在实例属性面板中修改相应参数，如房间边界、随轴网移动等参数，前者确定放置的柱子是否为房间的边界，后者确定放置柱子时是否随着轴网移动，如图 4.156 所示。

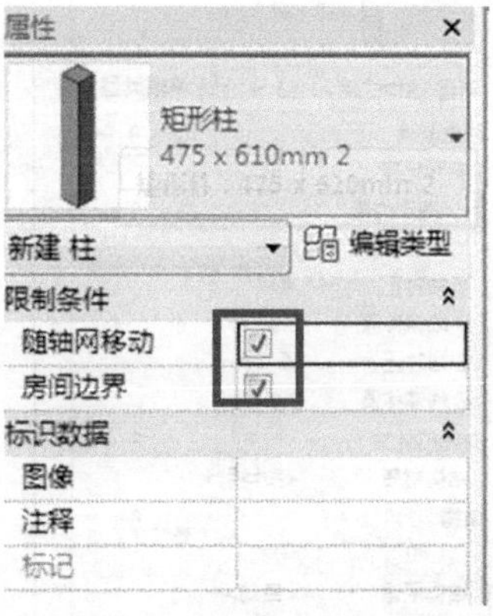

图 4.156　建筑柱实例属性

④ 在选项栏设置放置标高等参数，如图 4.157 所示。放置后旋转是指确定放置后可继续进行旋转操作；高度/深度是指设置柱子布置方式为深度或高度值；未连接是指直接设置柱子高度数值，选择标高 1 或 2 时表示柱子高度直至所选标高。

注：1. 高度指以本层标高为柱底向上延伸。
2. 深度指以本层标高为柱顶向下延伸。

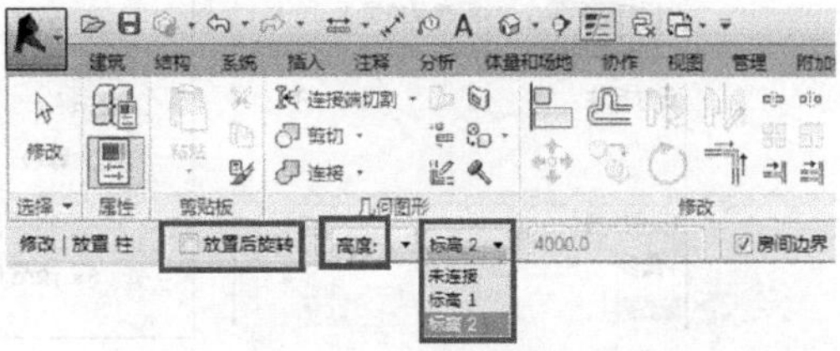

图 4.157　选项栏

4.10.2　建筑柱的创建和调整

在完成柱子的实例属性和类型属性设置之后，调整选项栏参数，然后鼠标移至视图窗口点击相应位置放置柱子，按两次 Esc 键退出。单击放置的柱子，通过修改临时尺寸标注数字可调整柱子位置。

创建完毕后选择相应柱子，可继续修改其类型属性和实例属性。

4.11　结构柱

结构柱主要承受压力，用以支承梁、楼板等构件，结构柱按截面形式分为方柱、圆柱、管柱、矩形柱、工字形柱等，按所用材料分为石柱、砖柱、木柱、钢柱、钢筋混凝土柱等类型。

结构柱的载入、属性编辑、创建和调整与建筑柱的操作相同，操作方法和步骤参见建筑柱。

4.12　梁

梁柱都是一个方向尺寸远大于其截面尺寸的构件。梁通常用以承受板传来的荷载并传给柱。

4.12.1　梁的载入和属性编辑

选择“结构”选项卡，单击“梁”按钮，如图 4.158 所示，在实例属性栏中选择所需梁类型，如没有所需类型，可从库中载入。载入项目之后，设置其实例属性和类型属性参数，如图 4.159 所示，注意不同类型的梁其实例属性和类型属性参数不同，然后进入视图窗口进行梁的布置。

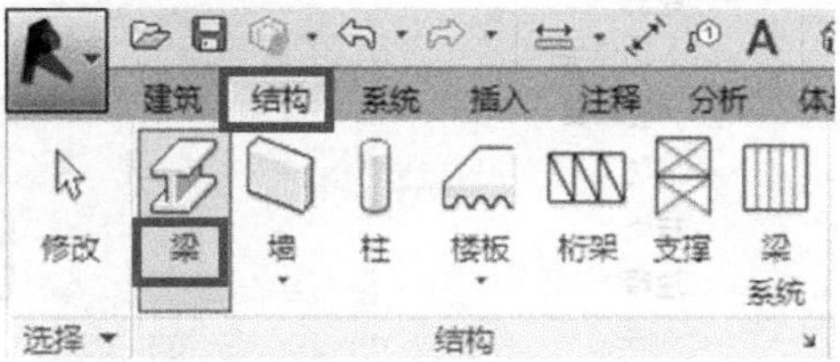

图 4.158　梁创建面板

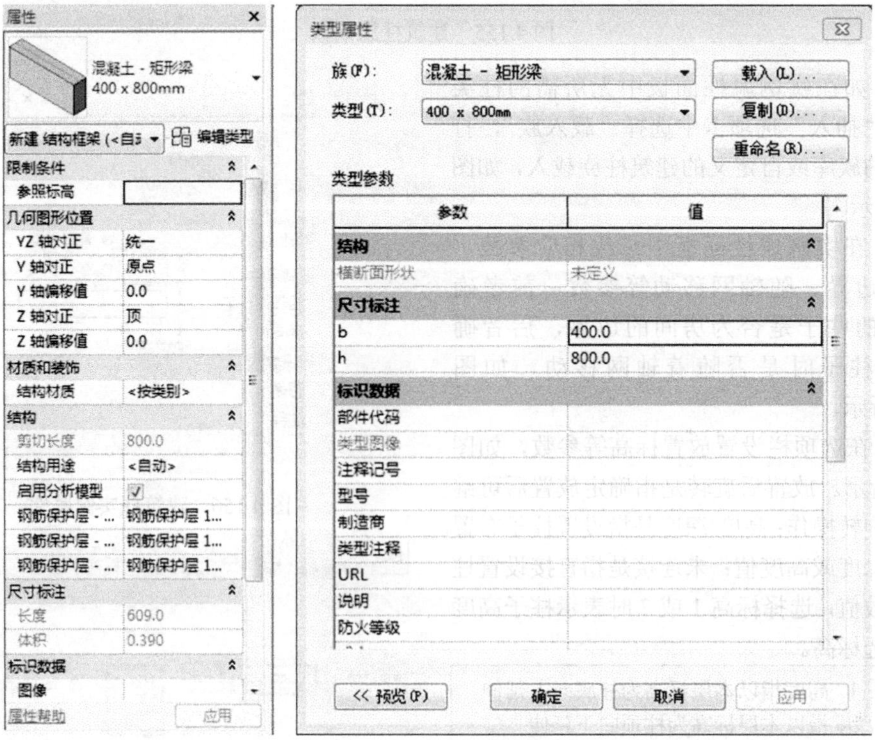

（a）　　　　（b）

图 4.159　混凝土矩形梁实例属性和类型属性参数

图 4.160 选项栏参数设置

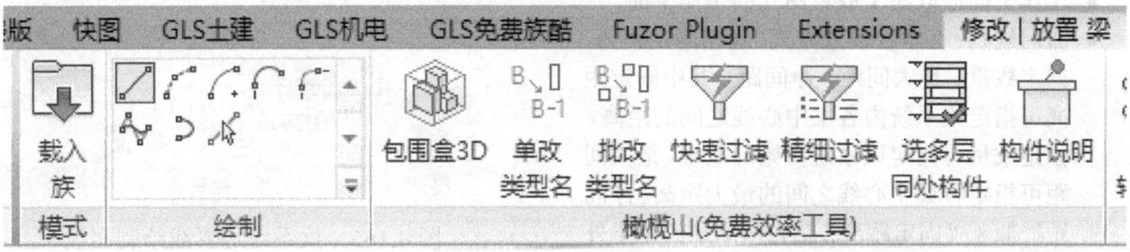

图 4.161 梁绘制面板工具

4.12.2 梁的创建和调整

梁参数设置完成之后，即可在平面视图或三维视图中创建。操作步骤如下。

① 选择“结构”选项卡，单击“梁”按钮，在属性栏中选择已设置好参数的梁类型。

② 选项栏参数设置。在选项栏设置梁的放置标高、结构用途，确定是否通过三维捕捉和链方式绘制，如图 4.160 所示。

③ 在“上下文选项卡”选择“绘制”面板中的绘制工具，鼠标移至绘图区域进行绘制，如图 4.161 所示。

④ 选择已创建的梁，可以修改其实例属性参数，如标高、起点高度、端点高度等。通过修改临时尺寸标注数值精确定位，通过两端的拖曳点可以拖曳梁的端点调整梁的长度。

4.13 梁系统

梁系统是指包含一系列平行放置的梁的结构框架图元。

4.13.1 梁系统属性编辑

梁系统的参数设置包括实例属性和类型属性。类型属性面板主要是关于梁系统的标识数据的设置，在此不做赘述，本部分主要讲述实例属性的设置。

单击“结构”选项卡，选择“梁系统”，如图 4.162 所示，在实例属性面板中设置其实例参数，如图 4.163 所示。

图 4.162 梁系统创建面板

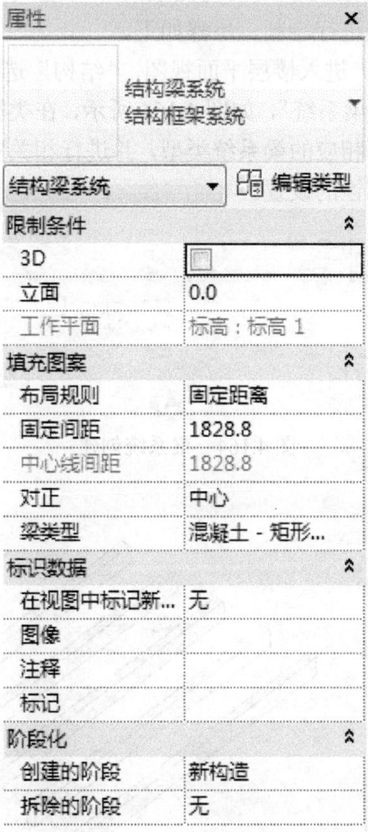

图 4.163 梁系统实例属性面板

梁系统的主要功能参数如下。

- 3D：在梁绘制线定义梁立面的地方，创建非平面梁系统。

- 立面：梁系统中的梁距离梁系统工作平面的垂直偏移。
- 工作平面：取决于放置图元的工作平面。
- 布局规则：有四种设置方式，包括固定距离、固定数量、最大间距、净间距。其中固定距离可指定梁系统内各梁中心线之间的距离。固定数量可指定梁系统内梁的数量。最大间距可指定各梁中心线之间的最大距离。净间距类似于“固定距离”值，但测量的是梁外部之间的间距，而不是中心线之间的间距。
- 固定间距：梁间距。
- 中心线间距：梁中心线之间的距离。
- 对正：指定梁系统相对于所选边界的起始位置（起点、终点或中心）。
- 梁类型：将用于在梁系统中创建梁的结构框架类型。

4.13.2 梁系统的创建和调整

梁系统参数设置完成后即可进入楼层平面视图进行绘制，步骤如下。

① 进入楼层平面视图，“结构”选项卡，单击“梁系统”，如图 4.164 所示，在类型容器中选择相应的梁系统类型，并进行相关实例和类型属性的设置。

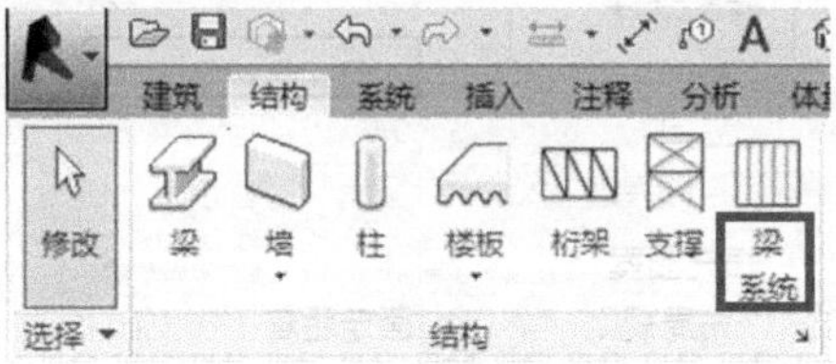

图 4.164 梁系统创建

② 绘制边界线：在绘制面板选择相应的绘制工具，绘制一个封闭的区域，如图 4.165 所示。

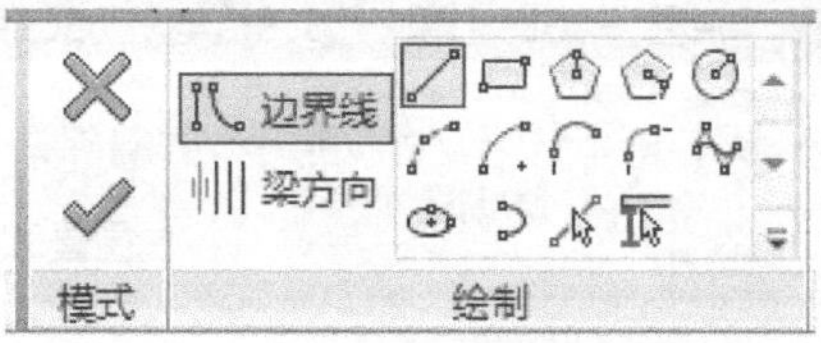

图 4.165 梁系统边界线绘制面板

③ 确定梁方向：单击梁方向按钮，选择相应绘制方式，绘制一条确定方向的线条，单击面板中完成按钮，完成梁系统绘制，如图 4.166 所示。

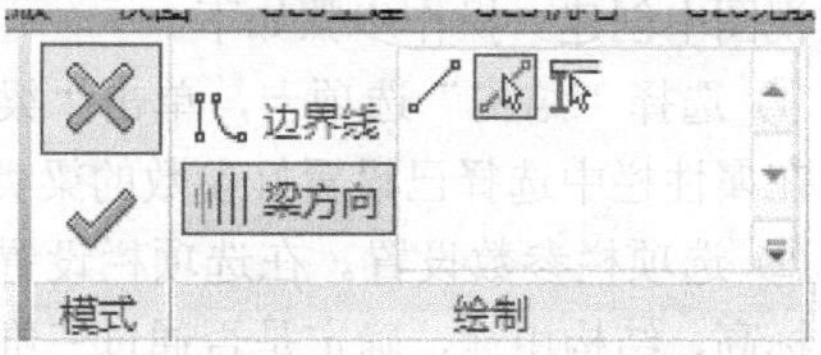

图 4.166 梁系统梁方向绘制面板

④ 选择已创建的梁系统，可修改其实例属性，通过梁系统面板工具可修改梁系统中每根梁的实例属性。

- 梁系统实例属性的修改参见梁系统属性编辑。
- 梁系统面板工具见图 4.167。
- 设置梁系统中每根梁的实例属性，选择梁系统的单根梁，进入实例属性面板调整相关参数，如图 4.168 所示。

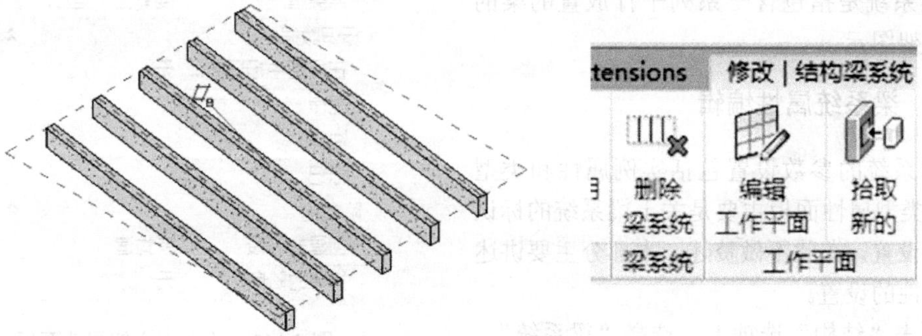

(a)　　(b)

图 4.167 梁系统面板工具

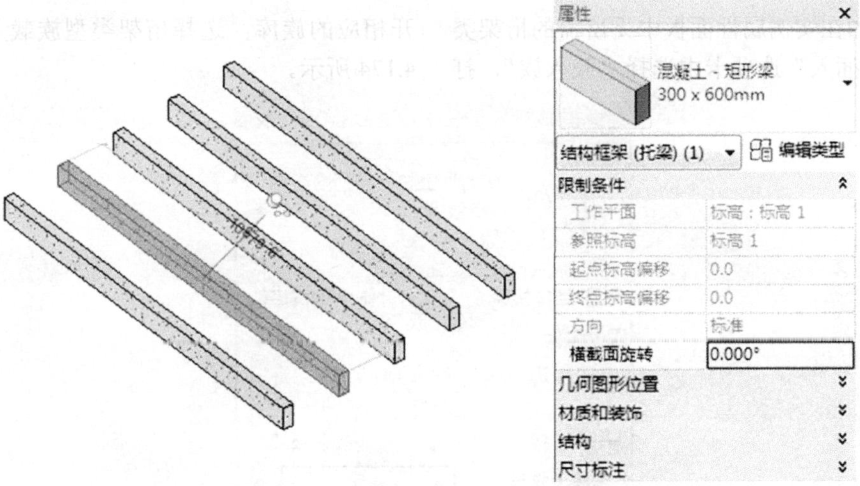

（a）　　　　　　　　（b）

图 4.168　梁系统中梁的实例属性面板

4.14　支撑

支撑是指在平面视图或框架立面视图中添加的连接梁和柱的斜构件。

（1）支撑族的载入和属性编辑

创建支撑之前，首先从库中载入所需支撑族类型并进行实例属性和类型属性参数设置。支撑的实例属性和类型属性参数设置方法与梁一致。

（2）支撑的创建和调整

支撑属性参数设置完成后即可进入平面视图进行绘制，操作步骤如下。

① 进入相应平面视图，单击“结构”选项卡下的“支撑”按钮，如图 4.169 所示。

图 4.169　支撑创建面板

② 设置选项栏。

③ 绘制支撑。在视图绘图区，单击支撑的起点和终点完成创建。

4.15　桁架

桁架由直杆组成的，一般具有三角形单元的平面或空间结构。

4.15.1　桁架的载入和属性编辑

创建桁架之前，首先从库中载入所需桁架类型并进行实例属性和类型属性参数设置，进入绘图区进行创建。创建步骤如下。

① 单击“结构”选项卡下的“桁架”按钮，如图 4.170 所示。从实例属性选择器中选择所需相应参数的桁架类型，修改实例属性参数，如图 4.171、图 4.172 所示。如没有所需相应参数大小的类型，单击“类型属性”按钮，在“类型属性”编辑面板中选择“复制”并命名，创建新的桁架类型，并修改面板中的桁架上、下弦杆及腹杆参数，如图 4.173 所示。

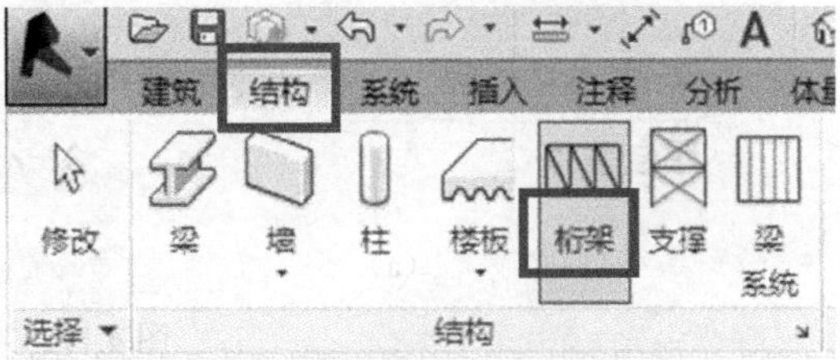

图 4.170　桁架创建面板

② 如在实例属性面板中无所需的桁架类型，在“插入”选项卡中选择“载入族”，打开相应的族库，选择桁架类型族载入，如图 4.174 所示。

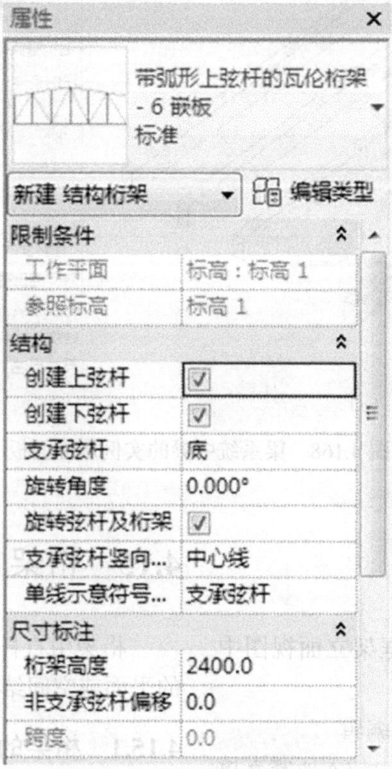

图 4.171　桁架实例属性

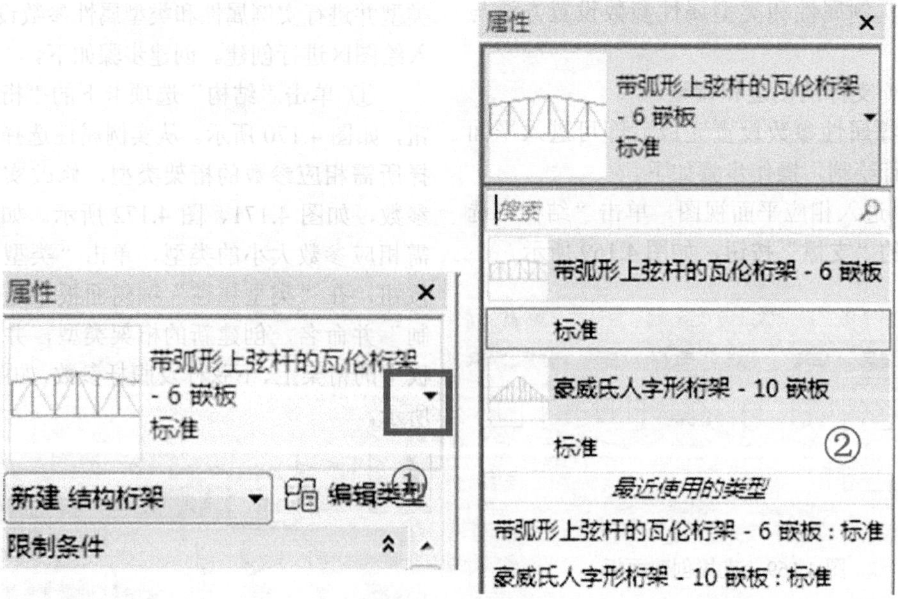

（a）　　　　　　（b）

图 4.172　桁架实例选择

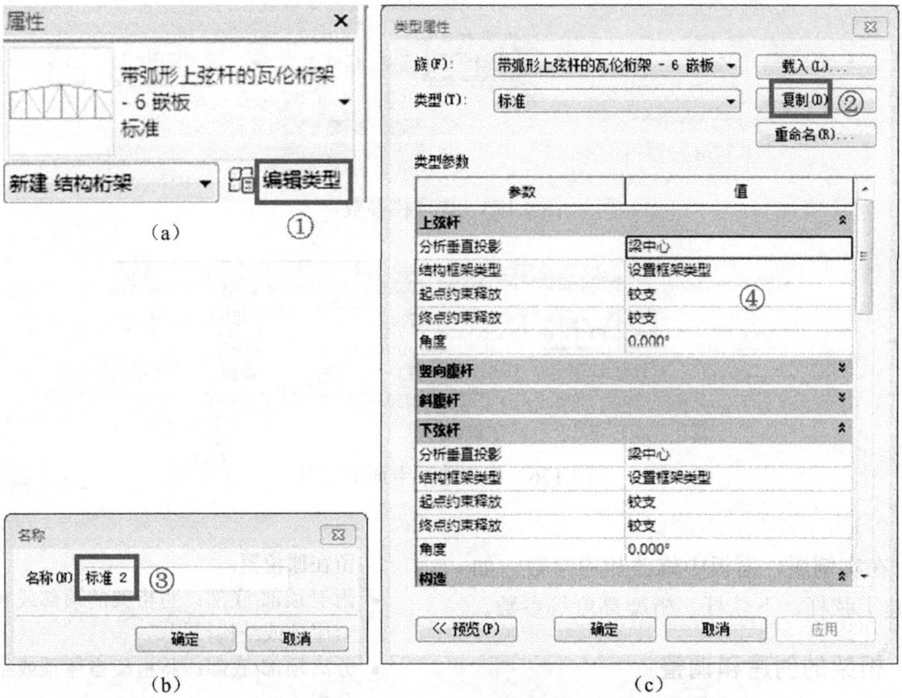

图 4.173　桁架类型属性

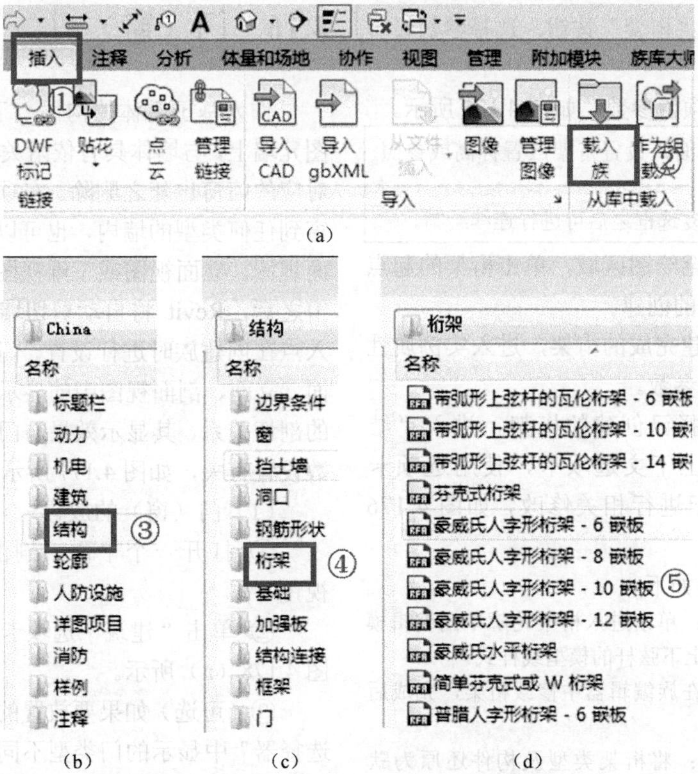

图 4.174　桁架族的载入

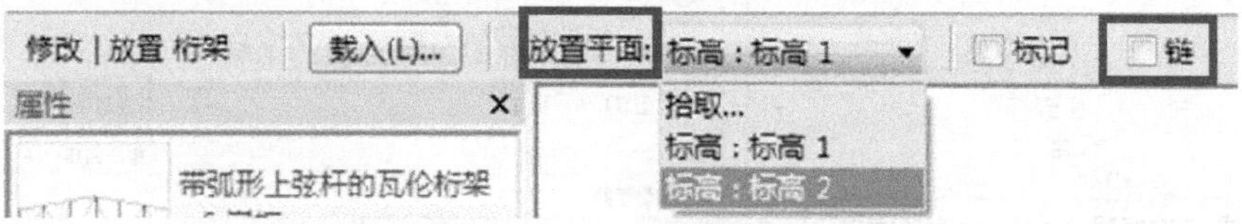

图 4.175　选项栏参数

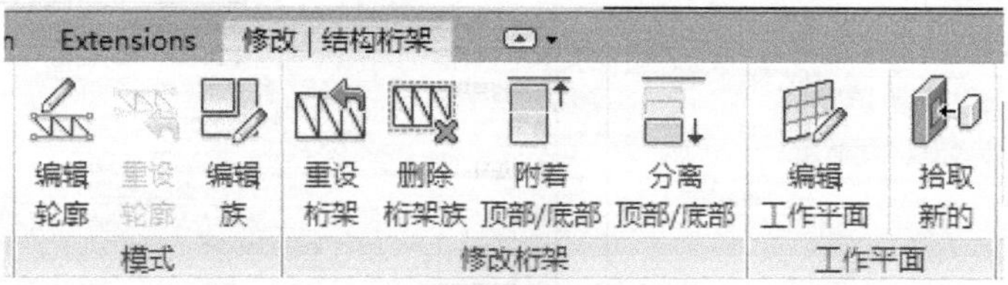

图 4.176　桁架选项卡面板工具

③ 在实例属性面板中修改相应参数，如是否创建上弦杆、下弦杆、桁架高度等参数。

4.15.2　桁架的创建和调整

桁架参数设置完成之后，即可在平面视图中创建桁架，操作步骤如下。

① 进入绘制桁架的平面视图，单击“结构”选项卡下的“桁架”按钮，选择参数设置好的桁架类型。

② 设置选项栏参数，如图 4.175 所示。

> 注：放置平面，设置桁架放置标高或参照平面。
> 链，勾选此复选框之后可进行连续绘制。

③ 鼠标移至绘图区域，单击桁架的起点和终点完成桁架的创建。

④ 选择创建完成的桁架，进入实例属性栏可修改相应的参数。

⑤ 单击选择已创建的桁架，进入“结构|结构桁架”上下文选项卡，使用选项卡面板工具对桁架进行相关修改，如图 4.176 所示。

各工具用途如下。

- 编辑轮廓：单击进入桁架轮廓草图编辑模式，编辑上下弦杆的模型线样式。
- 编辑族：在族编辑器中修改桁架，完成后载入。
- 重设桁架：将桁架类型及构件还原为默认值。
- 删除桁架族：删除桁架族，使弦杆和腹杆保留在原位置。
- 附着顶部/底部：将桁架的顶部或底部附着至屋顶或结构楼板。
- 分离顶部/底部：将桁架自屋顶或结构楼板分离。
- 编辑工作平面：用于修改与当前桁架关联的工作平面，也可取消与工作平面的关联。

4.16　门（窗）

作为基于主体的构件，门窗必须放于主体图元墙上，与墙体具有依附关系。删除墙体后，对应的门窗也随之删除。在项目中可以添加门窗到任何类型的墙内，也可以在平面视图、剖面视图、立面视图或三维视图中添加，添加门窗之后，Revit 将自动剪切墙体并放置门，插入点在创建族时进行设置。门窗图元模型在平面、立面、剖面视图中的显示表达并不是对应的剖切关系，其显示效果与门窗族创建时的参数设置有关，如图 4.177 所示。

（1）门（窗）的放置

① 打开一个平面、剖面、立面或三维视图。

② 单击“建筑”选项卡“门”选项，如图 4.178（a）所示。

③（可选）如果要放置的门类型与“类型选择器”中显示的门类型不同，从下拉列表中选择其他类型，如图 4.178（b）所示。

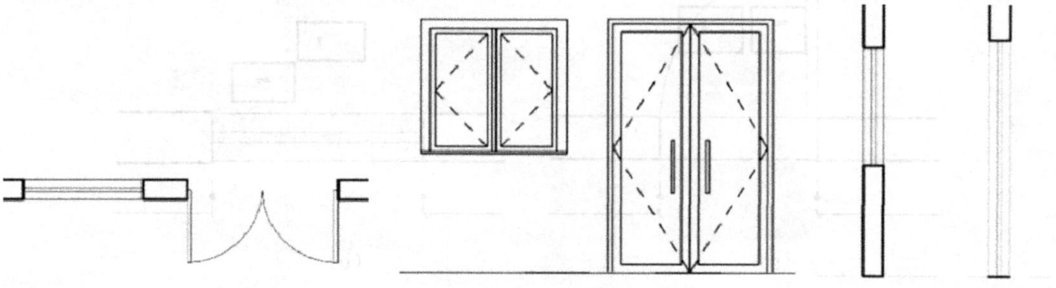

（a）平面图中的门窗　（b）立面图中的门窗　（c）剖面图中的门窗

图 4.177　门窗在平面、立面、剖面视图中的显示表达

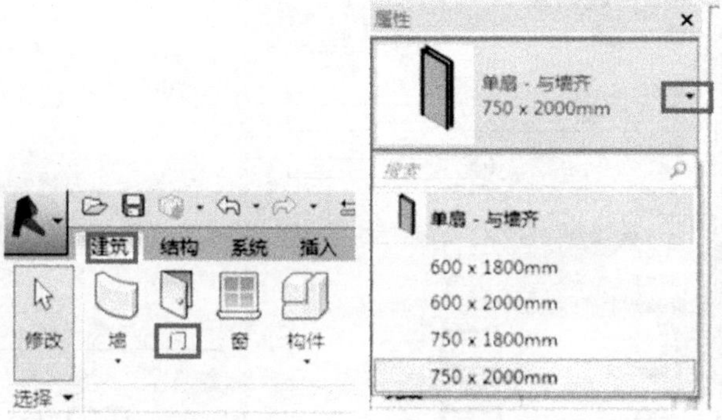

（a）　（b）

图 4.178　门类型选择

④（可选）如果希望在放置门时自动对门进行标记，单击“修改|放置门”选项卡“标记”面板（在放置时进行标记），然后在选项栏上指定标记选项，如图 4.179 所示。

⑤ 将光标移到墙上以显示门的预览图像。在平面视图中放置门时，按空格键可调整门开启方向和门轴位置，也可以点击翻转控制柄调整门开启方向和门轴位置。同样通过翻转控制柄可调整窗的水平方向或垂直方向，如图 4.180 所示。默认情况下，翻转控制柄所在部位为门窗的外部。

⑥ 若要修改类型属性，单击“属性”面板 （类型属性），复制并命名新的门或窗类型，以增加新的类型，如 C0820、M1524 等，然后修改属性栏中相应的高度、宽度参数，如图 4.181 所示。

注：高度、宽度、材质、窗台高等参数在类型属性栏中位置，不同类型的窗可能不同，与建立族时参数的设置有关系。

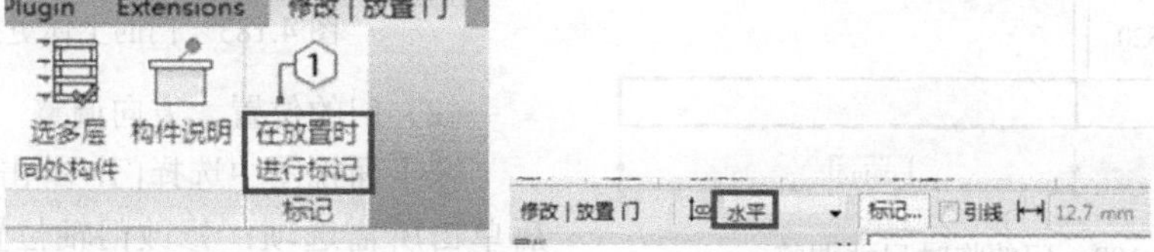

（a）　（b）

图 4.179　门标记

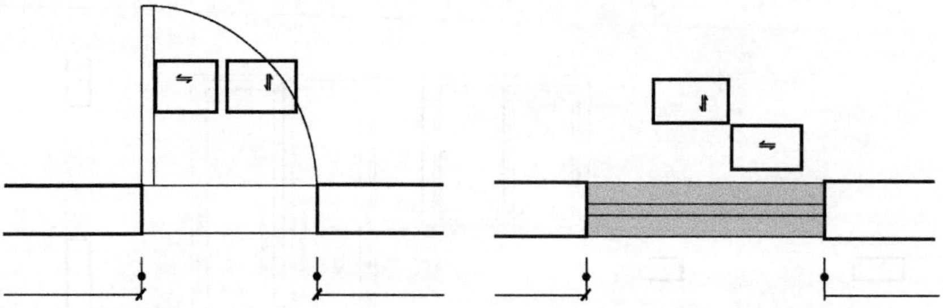

（a）　　　　　　　　　　　　（b）

图 4.180　门（窗）翻转控制柄

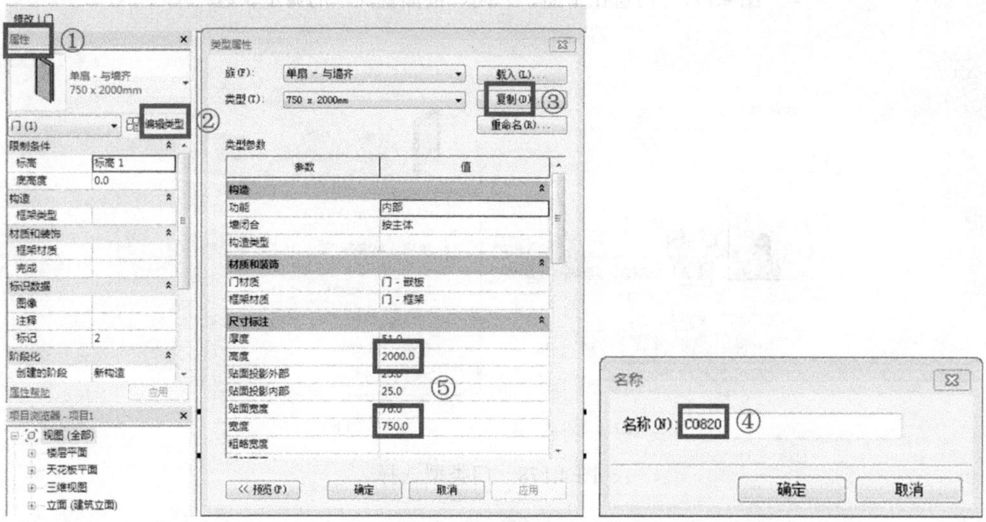

（a）　　　　　　　　　　　　（b）

图 4.181　门类型的创建

⑦ 预览图像位于墙上所需位置时，单击以放置门。

⑧ 通过临时尺寸调整门或窗的位置。单击临时尺寸数字，输入所需尺寸，如图 4.182 所示。默认情况下，临时尺寸标注指示从门中心线到最近垂直墙的中心线的距离。要更改这些设置，参见临时尺寸标注设置。

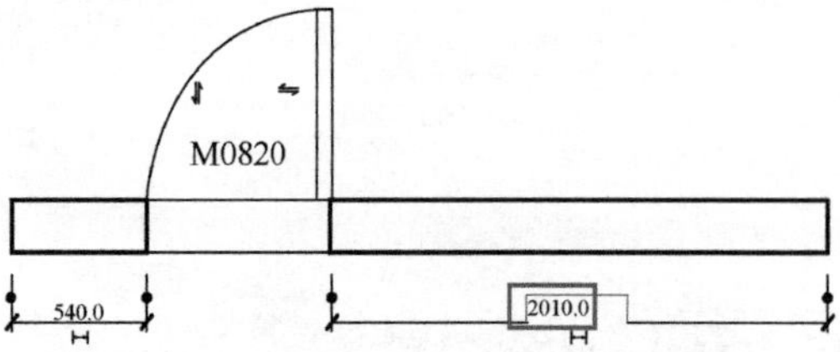

图 4.182　门的临时尺寸调整

⑨ 门的主体更换。若要将门移到另一面墙，选择门——单击“修改|门”选项卡“主体”面板，“拾取新主体”——将光标移到另一面墙上，当预览图像位于所需位置时，单击以放置门，如图 4.183 所示。

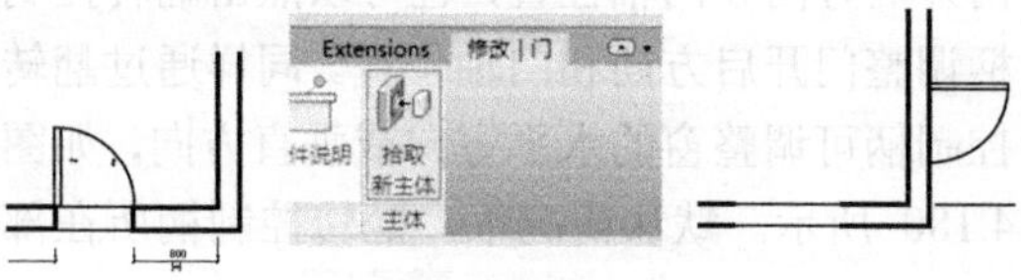

（a）　　　　（b）　　　　（c）

图 4.183　门的主体更换

（2）门的位置、方向调整

在平面视图中选择门，单击鼠标右键，然后单击所需选项：修改门轴位置（右侧或左侧）、门打开方向（内开或外开），如图 4.184 所示；也可以鼠标左键单击翻转控制柄直接调

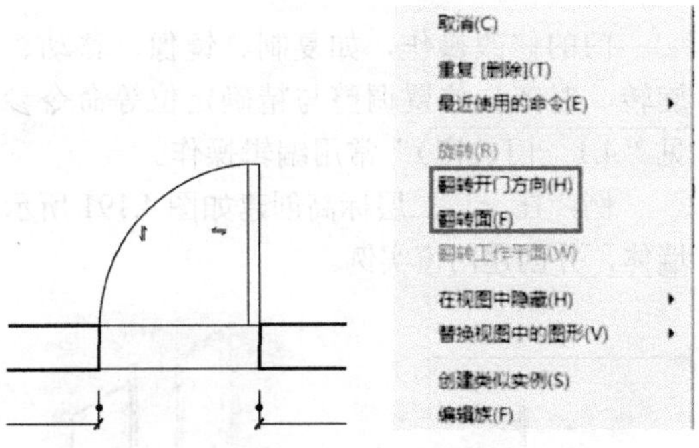

（a）（b）

图 4.184　通过右键调整门翻转方向和翻转面

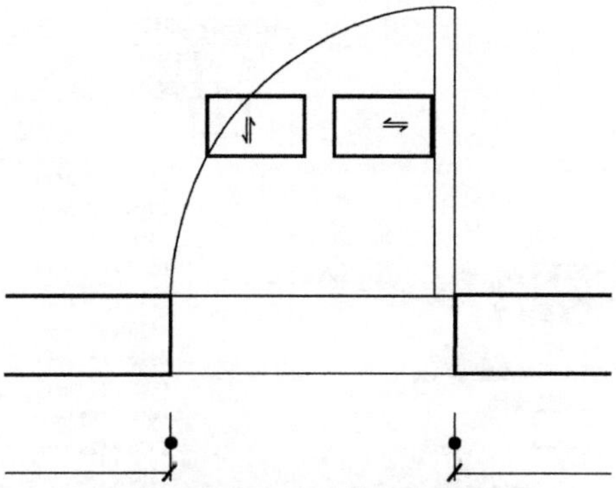

图 4.185　平面视图中门的翻转控制符号

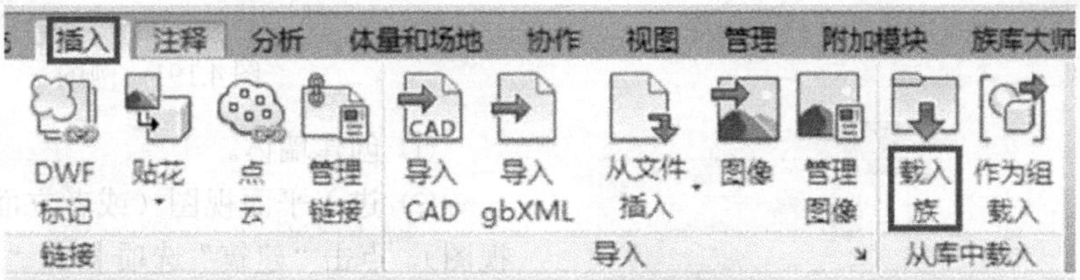

图 4.186　载入族

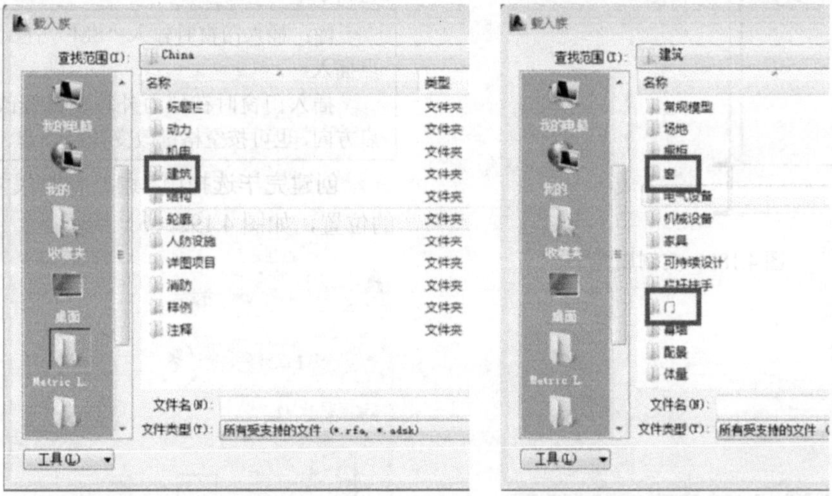

（a）（b）

图 4.187　外部门族的载入

整，或者选择门，按空格键调整门的方向，如图 4.185 所示。

（3）外部门族的载入

插入 ➤ 载入族，如图 4.186 所示，找到相应族文件，如图 4.187 所示。

通过项目浏览器放置门族：项目浏览器 ➤ 族 ➤ 门，选中所需要族，左键点击拖动至项目视图中，如图 4.188 所示。

（4）门标记

参见本书“5.2.6　图纸标注”。

（5）门材质修改

参见本书“4.6.1.2 墙体材质修改与添加”。

（6）门创建完毕后的调整

选择门可调整实例、类型属性，也可以替换实例（如图 4.189 所示）或类型（如图 4.190 所示）。

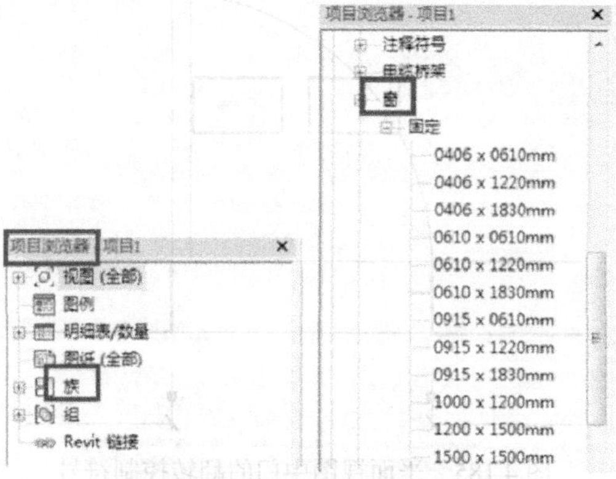

（a）　　　　（b）

图 4.188　项目浏览器中放置门族

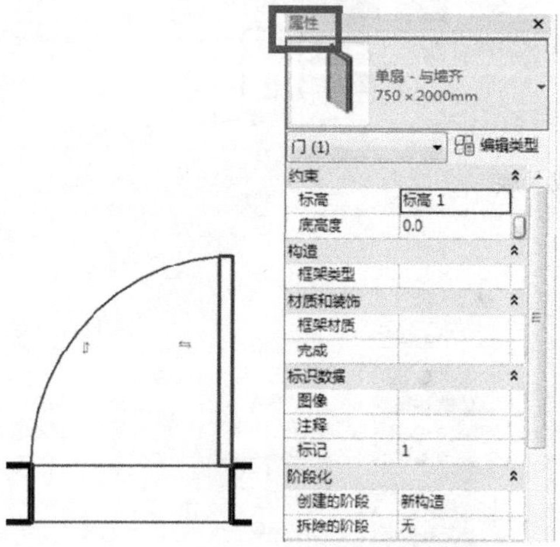

图 4.189　实例属性

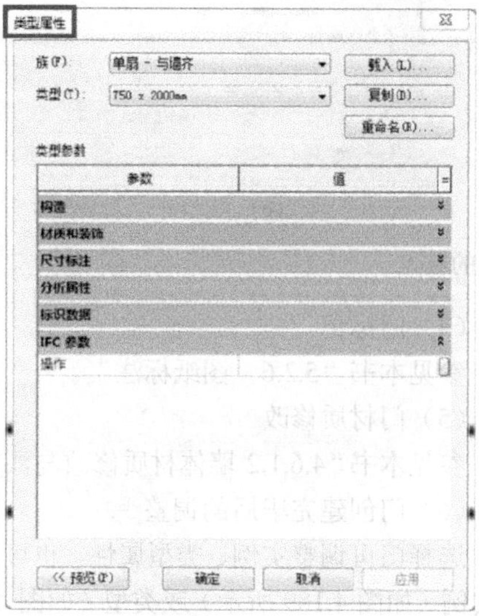

图 4.190　类型属性

门的修改操作，如复制、镜像、移动、旋转、对齐、位置调整与精确定位等命令参见“4.1　门（窗）”常用编辑操作。

例：在一、二层标高创建如图 4.191 所示墙体，并创建门窗实例。

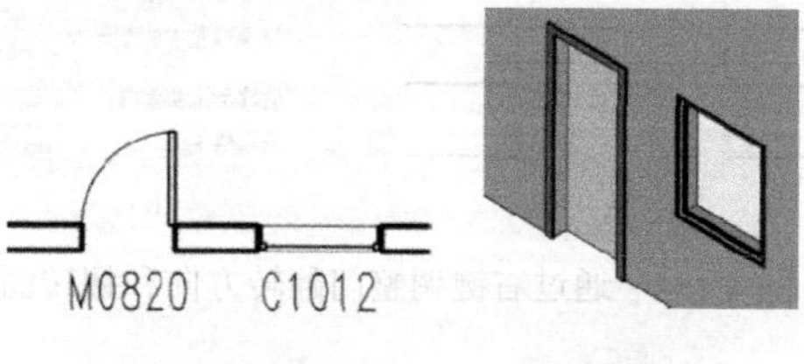

（a）　　　　（b）

图 4.191　例图

① 创建墙体。

② 进入平面视图（或者立面视图、三维视图），点击“建筑”选项卡 ➤ “门”（门的创建快捷方式：DR），属性栏选择门类型，如图 4.192（a）所示，鼠标移至墙体图元上，点击放置门。

> 注：插入门窗时输入“SM”，自动捕捉到中点插入。
>
> 插入门窗时在墙内外移动鼠标改变内外开启方向，也可按空格键改变开启方向、门轴位置。

创建完毕选择门，调整临时尺寸以改变门的位置，如图 4.192（b）所示。

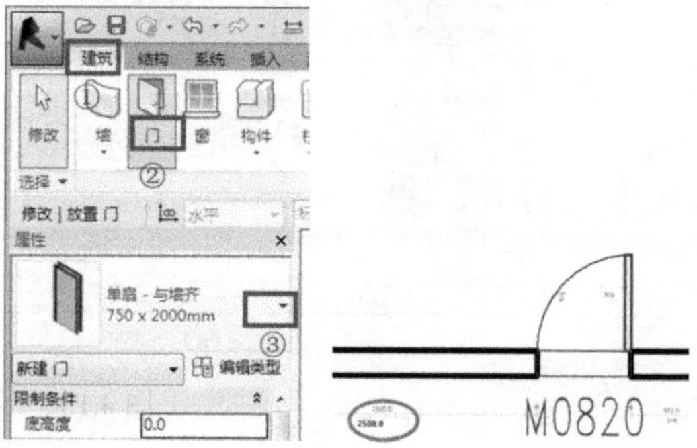

（a）　　　　（b）

图 4.192　门的放置与临时尺寸调整

③ 门类型的创建：门类型的创建可通过两种方式创建。

第一种方式：在创建门时点击属性栏中的“编辑类型”，然后点击“复制”并命名类型，如图 4.193 所示，并在类型属性面板中修改门的高度、宽度、材质等参数，注意面板中选项不同的门类型，其选项不同。

第二种方式：通过选择已创建的门，然后点击属性栏面板中的“编辑类型”进行创建，点击属性栏中的“编辑类型”，并在类型属性面板中修改门的高度、宽度等参数。

④ 门实例属性的修改：选择创建的门图元，点击门类型下拉菜单，选择相应的门类型。在属性栏中可修改门的相应参数，如图 4.194 所示。

⑤ 门类型属性的修改：选择已创建的门实例，点击属性栏中的“编辑类型”，调整相关参数。

⑥ 门方向的修改：选择已创建的门实例，按空格键，每按一次，门方向改动一次，直至需要的方向；也可单击翻转控制柄进行调整或者单击鼠标右键进行修改。

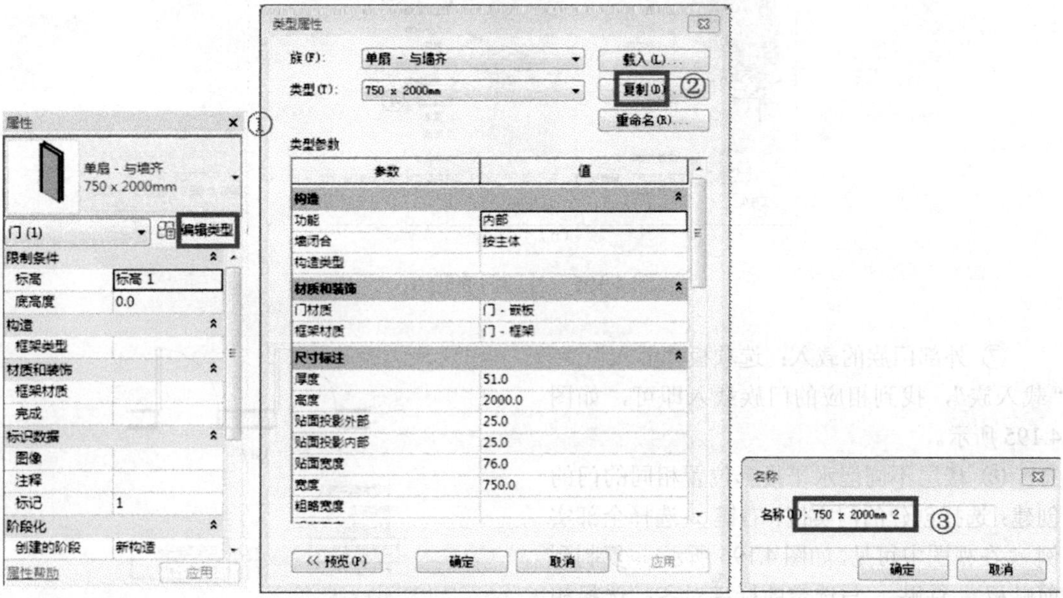

(a) (b) (c)

图 4.193　门类型的创建

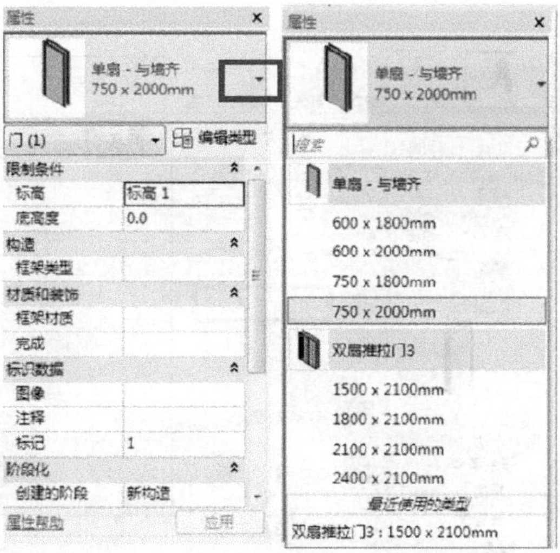

(a) (b)

图 4.194　门实例属性修改

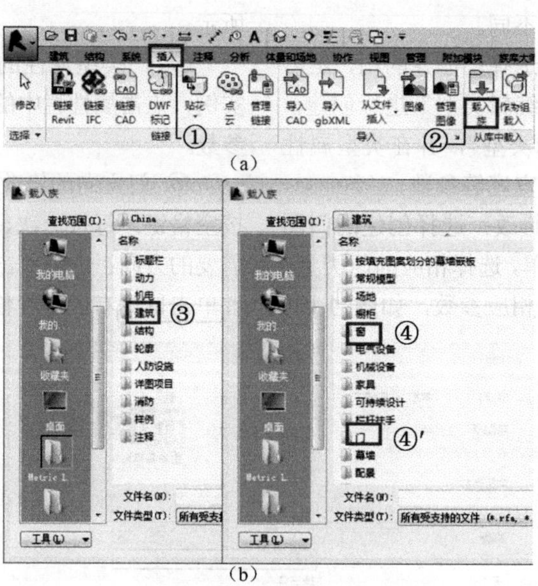

（a）

（b）

图 4.195　外部门族载入

⑦ 外部门族的载入：选项板“插入” ➤ “载入族”，找到相应的门族载入即可，如图 4.195 所示。

⑧ 楼层不同但水平投影位置相同的门的创建：选择创建的门实例，右键 ➤ 选择全部实例 ➤ 在视图中可见，如图 4.196 所示 ➤ 复制到剪贴板 ➤ 粘贴 ➤ 与选定的标高对齐：选择相应的标高，即可复制到相应的标高上，如图 4.197 所示。

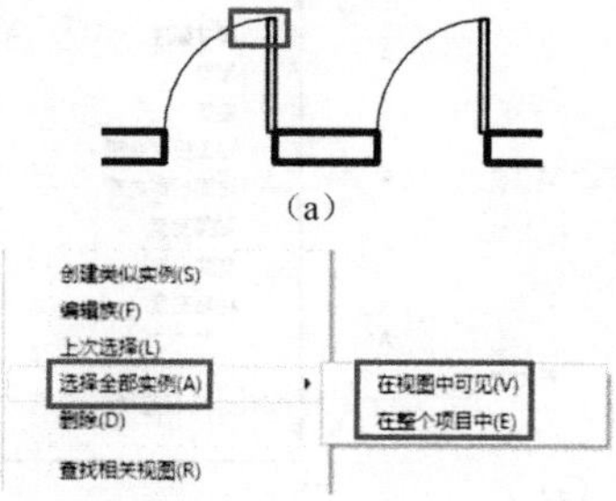

（a）

（b）　　（c）

图 4.196　实例图元的选择

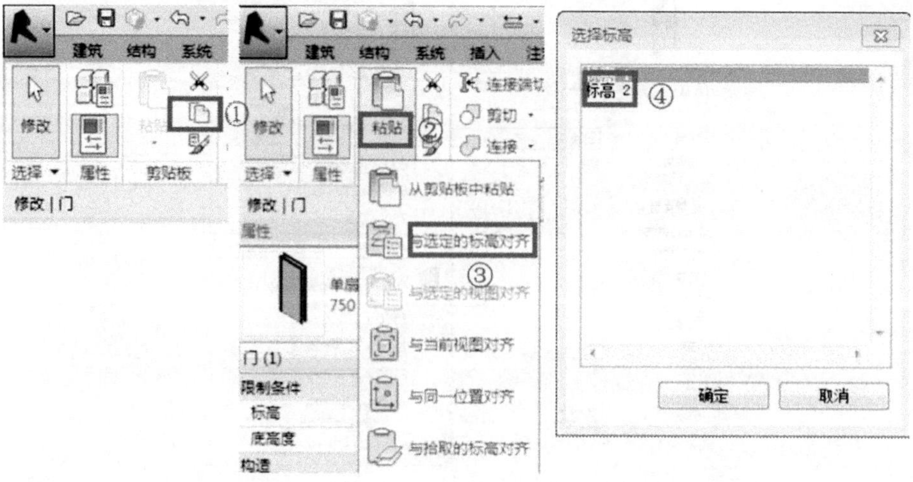

（a）　　（b）　　（c）

图 4.197　通过复制创建不同楼层的门或窗

最终成果如图 4.198 所示。

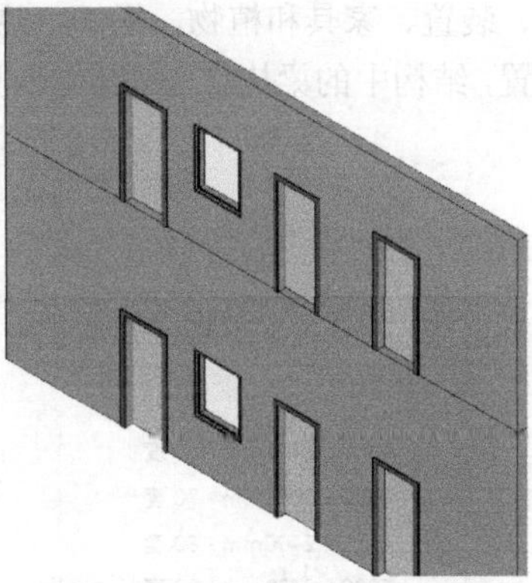

图 4.198　插入门窗后三维视图中的效果

4.17　家具等构件图元

（1）通过功能区面板放置家具

步骤如下。

① 打开适用于要放置的构件类型的项目视图，如平面视图或三维视图。进行如下之一操作。

- “建筑”选项卡“构件”面板：放置构件，如图 4.199 所示。

图 4.199　从建筑面板插入构件

- “结构”选项卡“模型”面板“构件”下拉列表：放置构件，如图 4.200 所示。
- “系统”选项卡“模型”面板“构件”下拉列表：放置构件，如图 4.201 所示。

> 注：如果所需的构件族尚未载入到项目中，请单击“修改|放置构件”选项卡“模式”面板（载入族），载入外部选定的构件族。

② 在实例“属性”选项板顶部的“类型选择器”中，选择所需的构件类型，如图 4.202 所示。

③ 如果选定构件族为基于面或基于工作平面的族，在“修改 | 放置构件”选项卡➤“放置”面板上单击下列选项之一：放置在垂直面上，此选项仅允许放置在垂直面上；放置

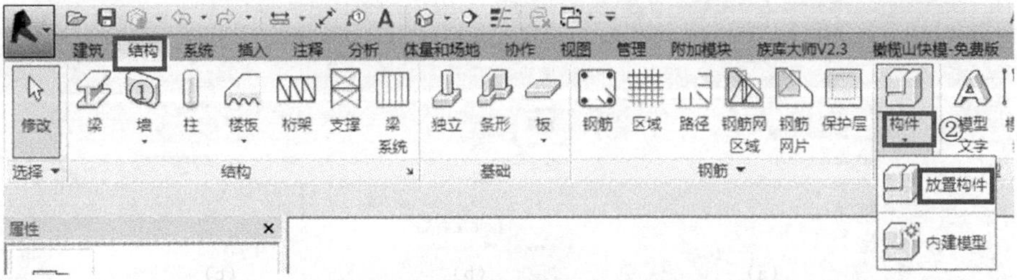

图 4.200　从结构面板插入构件

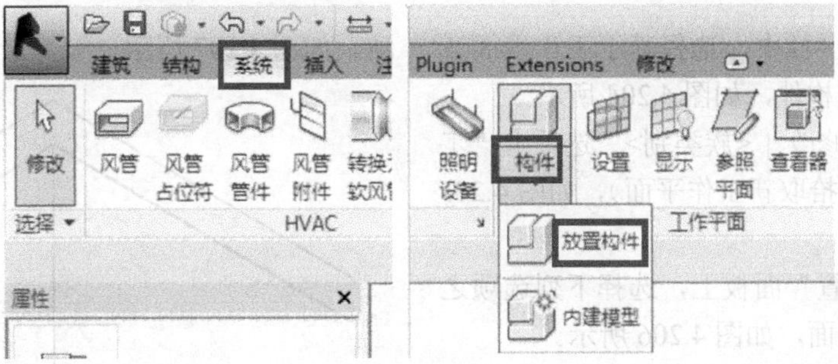

（a）　（b）

图 4.201　从系统面板插入构件

在面上，与方向无关；放置在视图中定义的工作平面上，可以在工作平面上的任何位置放置构件。

④ 在绘图区域中，移动光标直到构件的预览图像位于所需位置。如果要修改构件的方向，请按空格键以通过其可用的定位选项旋转预览图像。

⑤ 当预览图像位于所需位置和方向后，单击以放置构件。

（2）通过项目浏览器放置家具

进入项目浏览器 ▶ 族 ▶ 家具、橱柜族图元，选中相应的族拖动到项目中，在视图中点击，如图 4.203 所示，然后按 ESC 键确认。如需要修改族类型参数，操作步骤与门窗相同。

（3）将基于工作平面或基于面的构件图元移动到其他主体

可以将基于工作平面或基于面的构件或图元移动到其他工作平面或面上，基于工作平面的图元包括线、梁、模型文字和族几何图形，如橱柜、装置、家具和植物，锅炉、热水器和卫浴装置，结构中的梁构件等。操作步骤如下。

图 4.202　构件类型选择

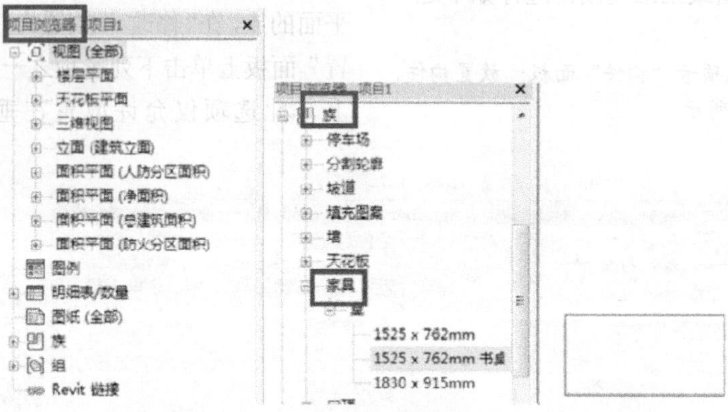

（a）　（b）　（c）

图 4.203　通过项目浏览器中放置家具

① 在绘图区域中，选择基于工作平面或基于面的图元或构件，如图 4.204 所示。

② 单击“修改 | <族类别>”选项卡“工作平面”面板（拾取新工作平面），如图 4.205 所示。

③ 在“放置”面板上，选择下列选项之一：面、工作平面，如图 4.206 所示。

④ 在绘图区域中，移动光标直到高亮显示所需的新主体（面或工作平面），且构件的预览图像位于所需的位置，然后单击以完成移动，如图 4.207 所示。

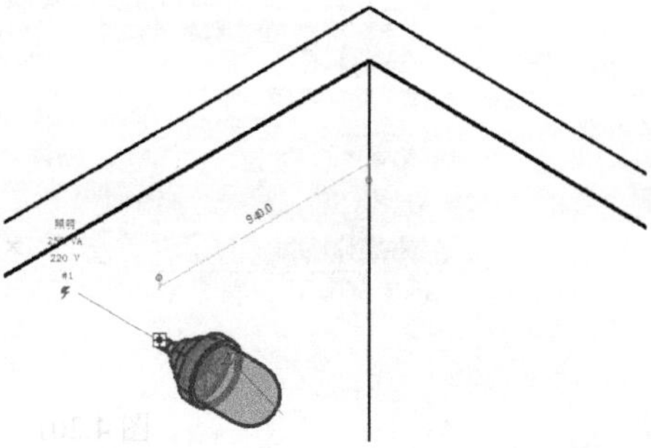

图 4.204　选择面

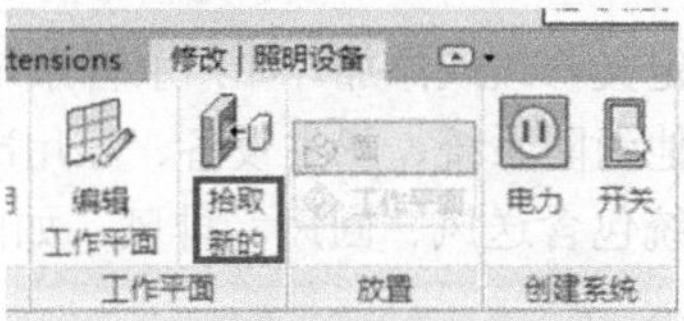

图 4.205　拾取新的工作面板

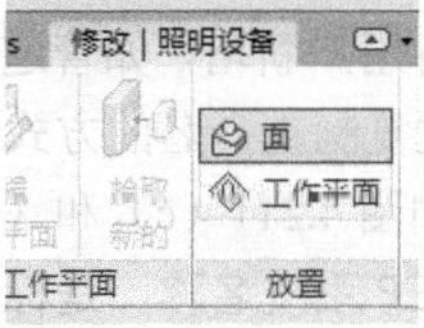

图 4.206　面或工作平面选择

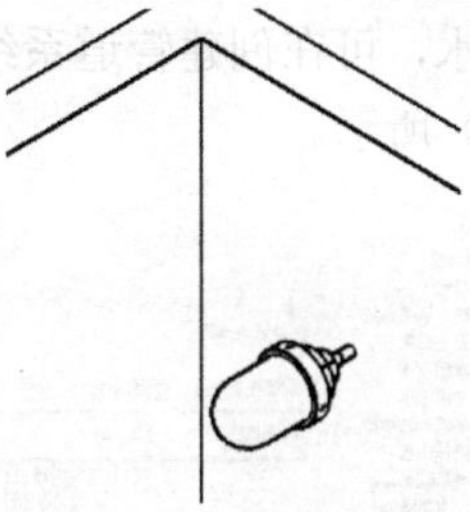

图 4.207　放置后的效果

（4）将基于标高的构件移动至其他主体

基于标高的构件包括家具、植物和卫浴装置，可以将基于标高的构件移动到其他标高、楼板或表面，所放置的构件保持在主体的无限平面上。将桌子放置在楼板上，如图 4.208 所示；然后将桌子拖曳至楼板边界之外时，桌子将保持在与楼板相同的平面上，如图 4.209 所示。

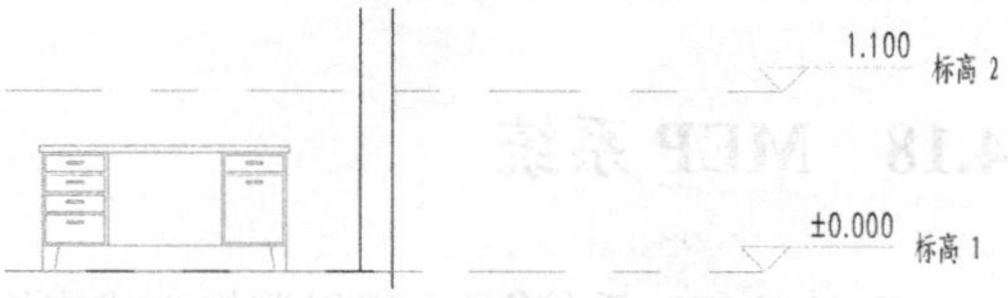

图 4.208　立面视图中位于楼板上的书桌

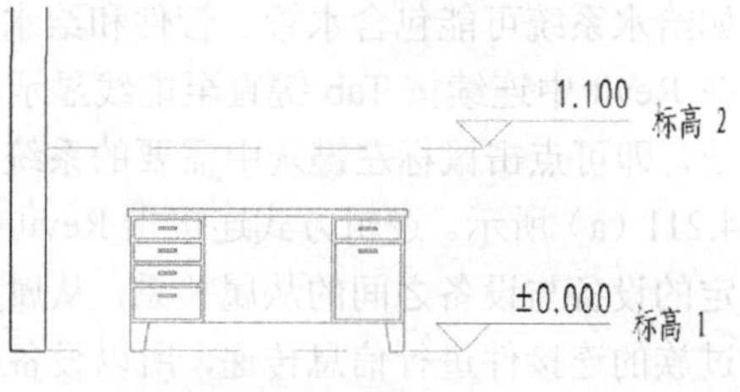

图 4.209　立面视图中书桌移至标高上的效果

若将构件移至不同主体上，如将图 4.210（a）中书桌自标高 2 移至标高 1，步骤如下。

① 在剖面视图或立面视图中，选择基于标高的构件。

② 单击“修改 | 家具”“主体”面板：拾取新主体，如图 4.210（b）所示。

③ 在绘图区域中，高亮显示所需的新主体（楼板、表面或标高），然后单击以完成移动，如图 4.210（c）所示。

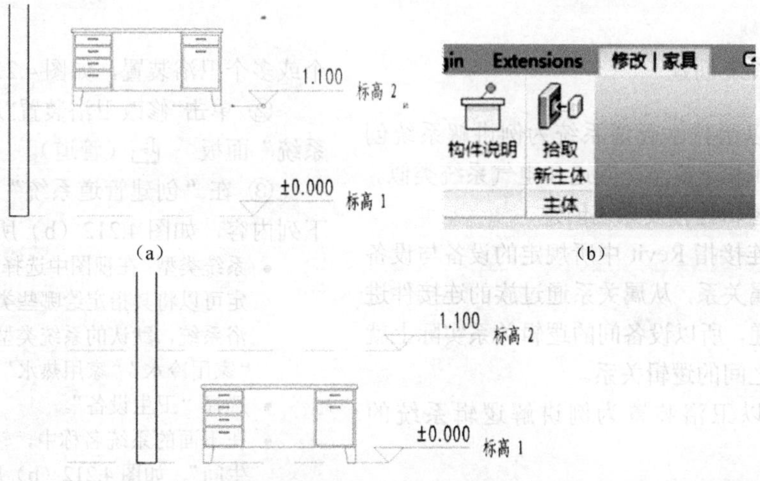

图 4.210　家具主体的更换

4.18 MEP 系统

Revit MEP 系统[1]是一组以逻辑方式连接（物理连接指通常意义上的管道连接）的图元，如给水系统可能包含水管、管件和给水设备。在 Revit 中连续按 Tab 键直至虚线显示所选系统，即可点击鼠标左键选中需要的系统，如图 4.211（a）所示。逻辑方式连接指 Revit 中所规定的设备与设备之间的从属关系，从属关系通过族的连接件进行信息传递，所以设备间的逻辑关系实际上就是连接件之间的逻辑关系。

Revit MEP 系统分类是用于区别不同功能系统的分类，在 Revit 中已预定义，暂不支持用户自定义修改或添加。如：水管系统包含其他、其他消防系统、卫生设备、家用冷水等；风管系统包含送风、回风、排风；如图 4.211（b）所示。

Revit MEP 系统类型也是用于区别不同功能系统的分类，类似于“系统分类”的再分类。系统类型支持用户新增，如管道系统，基于卫生设备，通过复制重命名的方式创建污水系统和雨水系统如图 4.211（c）和（d）所示。

Revit MEP 系统名称，是标识系统的字符串，可由软件自动生成，也可以由用户自定义。比如一个项目的多个污水系统，如卫生间污水、厨房污水，可在创建管道系统时创建，如图 4.211（e）所示。

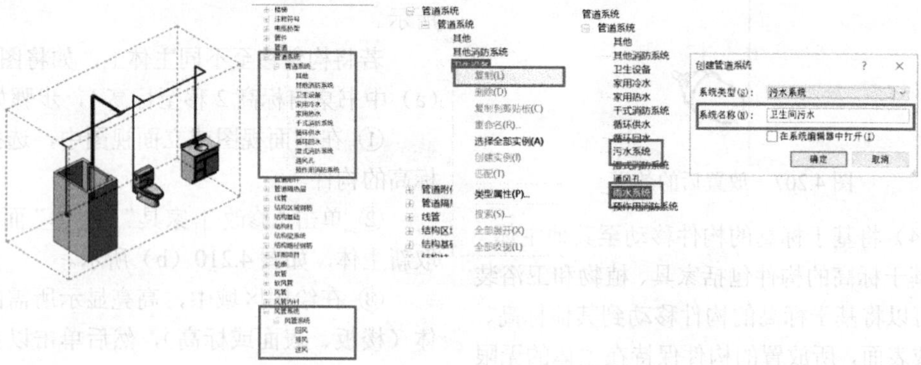

（a） （b） （c） （d） （e）

图 4.211 系统

4.18.1 系统创建

本节以给排水管道系统为例讲解系统创建的方法和基本概念，暖通和电气系统类似。

（1）逻辑连接及系统创建

逻辑连接指 Revit 中所规定的设备与设备之间的从属关系，从属关系通过族的连接件进行信息传递，所以设备间的逻辑关系实际上就是连接件之间的逻辑关系。

下面以卫浴装置为例讲解逻辑系统的创建。

① 在视图（平面或三维都可）中选择一个或多个卫浴装置，如图 4.212（a）所示。

② 单击“修改卫浴装置”选项卡 ➤ “创建系统”面板 ➤ （管道）。

③ 在“创建管道系统”对话框中，指定下列内容，如图 4.212（b）所示。

- 系统类型：在视图中选择的装置类型用于确定可以将其指定给哪些类型的系统。对于卫浴系统，默认的系统类型包括“卫生设备”“家用冷水”“家用热水”“其他”。
- 选择“卫生设备”。
- 在下面的系统名称中，输入“卫生设备-卫生间”，如图 4.212（b）所示。
- 勾选在系统编辑器中打开（如果不需要添加装置或设备可不勾选）。

> 注：也可以创建自定义的系统类型，以处理其他类型的构件和系统。

---

[1] 中国著名学者钱学森认为：系统是由相互作用相互依赖的若干组成部分结合而成的，具有特定功能的有机整体，而且这个有机整体又是它从属的更大系统的组成部分。

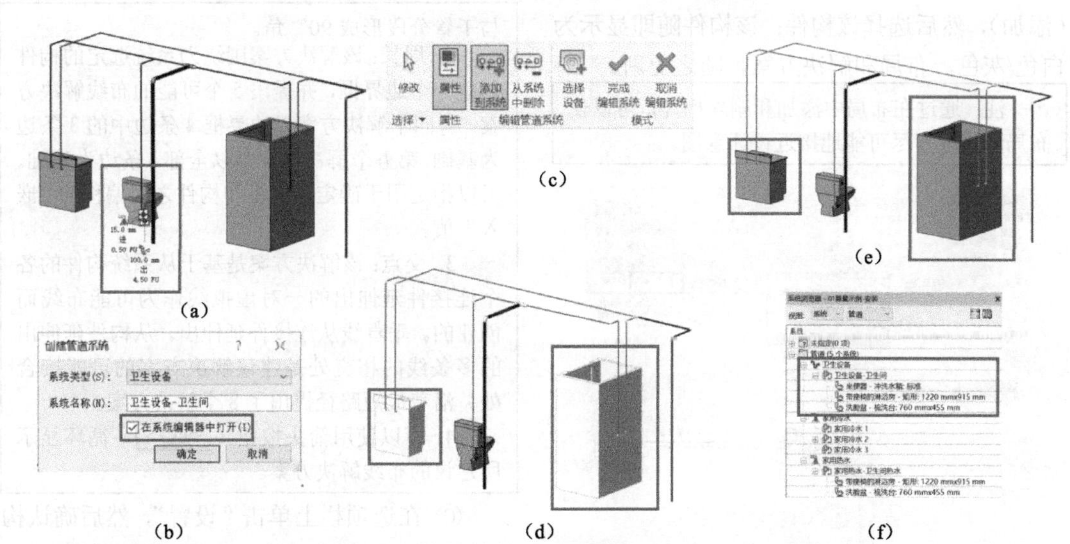

(a) (b) (c) (d) (e) (f)

图 4.212　系统创建方式

④ 单击“确定”。

⑤ 如果勾选在系统编辑器中打开，则打开系统编辑器，如图 4.212（c）所示。

⑥ 选择添加到系统，在视图中选择要添加的装置，如图 4.212（d）和（e）所示。

⑦ 单击完成✔（完成编辑系统）。

⑧ 在系统浏览器中出现如图 4.212（f）所示新创建的系统：卫生设备-卫生间。

用相同的方法可创建所需的系统，没有指定系统的可在系统浏览器“未连接”中查到。

系统逻辑连接完成后，就可以进行物理连接。物理连接指的是完成设备之间的管道连接。逻辑连接和物理连接良好的系统才能被 Revit 识别为一个正确有效的系统，进而使用软件提供的分析计算和统计功能来校核系统流量和压力等参数。

完成物理连接有两种方法，一种是使用 Revit 提供的“生成布局”功能自动完成管道布局连接；另一种是手动绘制管道。“生成布局”适用项目初期或简单的管道布局，提供简单的管道布局路径，示意管道大致的走向，粗略计算管道的长度、尺寸和管路损失。当项目比较复杂、卫生器具和设备等数量很多，或者当用户需要按照实际施工的图集绘制，精确计算管道的长度、尺寸和管路损失时，使用“生成布局”可能无法满足设计要求，通常需要手动绘制管道。下面对两种方法做简单介绍，详细步骤可参照 Revit 帮助文件。

（2）生成布局

下面以水管，卫生设备为例讲解，排水系统布局的生成，步骤和方法不是唯一的，本节所讲步骤是众多方法中的一个。

① 打开三维视图和平面视图，并平铺，打开系统浏览器，在系统浏览器中选择要创建布局的卫生设备，如卫生设备-卫生间，如图 4.213 所示。

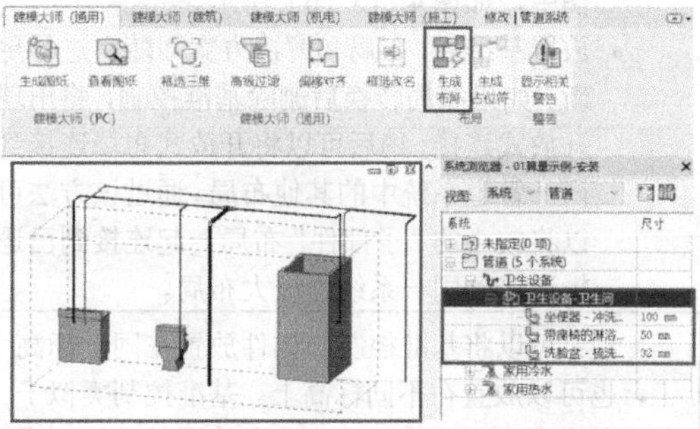

图 4.213　选择卫生设备

② 单击“修改/管道系统”选项卡 ▶ “布局”面板 ▶ “生成布局”或 “生成占位符”，此时将出现“生成布局”和选项卡，其中提供各种布局工具，如图 4.214（a）所示，布局显示在绘图区域中，如图 4.215（a）所示。

③ 要从布局中删除或添加某个构件，请在“生成布局”选项卡上单击 （删除）/

（添加），然后选择该构件；该构件随即显示为白色/灰色，布局和解决方案也随之更新。

注：通过在布局中添加和删除构件，可以使布局解决方案尽可能地接近设计意图。

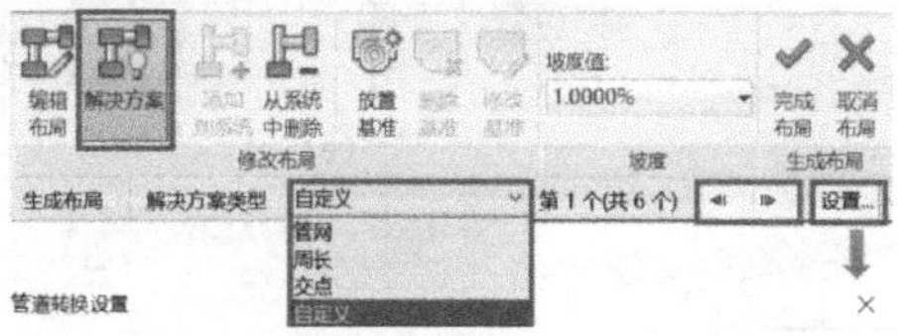

（a）

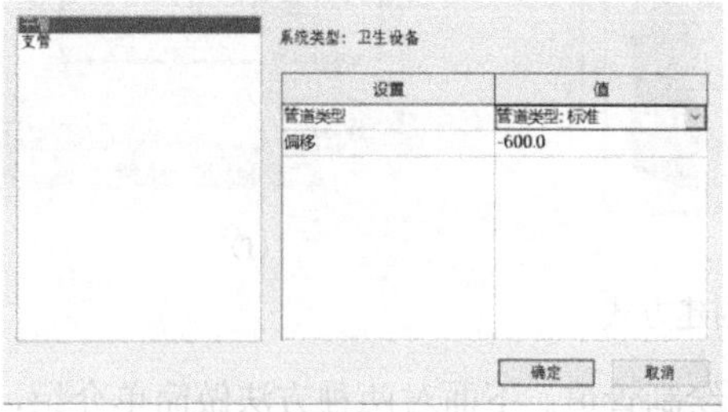

（b）

图 4.214　生成布局

④ 要解决布局的上游端（流量来源和出口），执行下列操作之一。

- 要创建闭合的布局，或创建包含已经放置并添加到系统中的基准（上游）构件的布局，请继续执行下一步（步骤⑤）。
- 要创建包含上游开放式连接的布局，请在“生成布局”选项卡上单击（放置基准），然后将基准控制放置在楼板平面或三维视图中，如图 4.215（b）所示。
- 放置基准后，布局和解决方案即随之进行更新。如果布局转换后删除基准控制，将出现开放式连接。稍后可以将开放式布局连接到同一管道系统中的其他布局。通过该方法可以将较小的“子部件”布局一起连接到已逻辑连接到同一系统的较大布局。

注：可以将基准控制与构件放置在同一标高上，也可以放置在不同标高上。基准控制类似于临时基准（上游）构件。建议在放置基准控制后再对其进行修改。

⑤ 在“生成布局”选项卡上，单击（解决方案），选择提供的布局与设计意图最为接近的解决方案类型，如图 4.215（c）和（d）所示。

注：1. 网络：该解决方案围绕为风管系统选择的构件创建一个边界框，然后基于沿着边界框中心线的干管分段提出 6 个解决方案，其中支管与干管分段形成 90° 角。

2. 周长：该解决方案围绕为系统选定的构件创建一个边界框，并提出 5 个可能的布线解决方案。有四个解决方案以边界框 4 条边中的 3 条边为基础。第五个解决方案则以全部 4 条边为基础。可以指定用于确定边界框和构件之间偏移的“嵌入”值。

3. 交点：该解决方案是基于从系统构件的各个连接件延伸出的一对虚拟线作为可能布线而创建的。垂直线从连接件延伸出。从构件延伸出的多条线的相交处是建议解决方案的可能接合处。沿着最短路径提出了 8 个解决方案。

4. 可以使用箭头按钮（◁▷）循环显示所建议的布线解决方案。

⑥ 在选项栏上单击“设置”，然后确认构件的设置，如图 4.214（a）和（b）所示。

注：对于“坡度”，如果需要，请指定整个布局的坡度。如果要分别设置各个分段的坡度，请在转换布局后单独修改管段的坡度。

⑦ 要修改布局线，请在“生成布局”选项卡上单击（修改），然后选择要修改的布局线，如图 4.214 所示，可进行平移和修改管线高度。

注：1. 平移控制：可以将整条布局线沿着与该布局线垂直的轴移动。如果需要维持系统的连接，将自动添加其他线。

连接控制：表示 T 形三通。表示四通。通过这些连接控制，可以在干管和支管分段之间将 T 形三通或四通连接向左右或上下移动。移动操作仅限于与连接控制符号关联的端点。

弯头/端点控制：可以使用该控制移动两条布局线之间的交点或布局线的端点。此外，还可以使用它合并布局线。如果需要维持系统的连接，将自动添加其他布局线。

2. 只有相邻的布局线才能合并。但是，无法修改连接到系统构件的布局线，因为必须通过它们将构件连接到布局。

3. 一次操作最多只能将一条布局线移到 T 形三通或四通管件处。可以再次选择该线，并将其移过 T 形三通或四通管件。

⑧ 在“生成布局”选项卡上，单击（完成布局）以生成布局。

注：如果转换操作创建的管路不完整，请撤销转换（Ctrl+Z），修改有问题的区域的布局，然后转换布局。

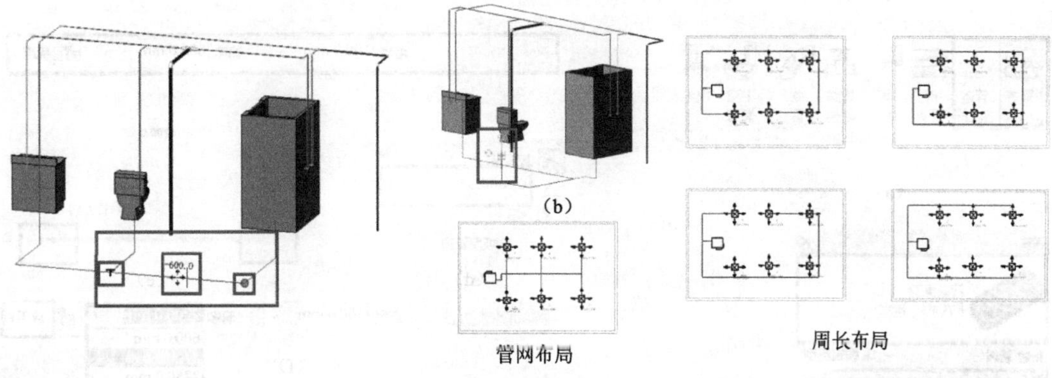

(a) (b) (c) (d)

图 4.215 编辑布局

（3）手动绘制

当项目比较复杂、卫生器具和设备等数量很多，或者当用户需要按照实际施工的图集绘制，通常自动布局无法满足要求，可通过手动绘制管道来完成物理连接。

手动绘制方法不是本书的重点，读者可参照相关资料如 Revit 帮助或《Autodesk Revit 2015 机电设计应用宝典》。本节以水管为例简单介绍下管道的手动绘制，主要步骤如下。

① 打开系统视图，如平面、三维或剖面并平铺。

② 依次单击“系统”选项卡 ➤“卫浴和管道”面板 ➤（管道）或（管道占位符），如图 4.216（a）所示。

③ 在类型选择器中，选择管道类型，设置管控对正方式，及高度如图 4.216（b）所示。

④ 在选项栏，设置管径或偏移值，偏移值和属性栏设置为联动，图 4.216（c）所示。

- 直径：指定管道的直径。如果无法保持连接，则将显示警告消息。
- 偏移：指定管道相对于当前标高的垂直高程。可以输入偏移值或从建议偏移值列表中选择值。
- /：锁定/解锁管段的高程。锁定后，管段会始终保持原高程，不能连接处于不同高程的管段。
- 应用：应用当前的选项栏设置。指定偏移以在平面视图中绘制垂直管道时，单击“应用”将在原始偏移高程和所应用的设置之间创建垂直管道。

⑤ 在带坡度管道面板设置坡度值，如图 4.216（d）所示。

⑥ 在平面图管道起点位置单击鼠标左键，确定管道起点，像画墙一样确定下点位置，如图 4.216（e）所示，可连续绘制，如图 4.216（g）所示。

⑦ 如要绘制垂直管道，通过在绘制管段时修改选项栏上的“偏移”值，如图 4.216（f）所示，设置偏移值后，单击应用两次，即可绘制垂直管道，结果如图 4.216（h）所示，可以在平面视图中绘制管道的垂直分段。

4.18.2 管道绘制技巧

管道绘制方法简单，为加快速度、提高效率，常用的诀窍或方法如下。

（1）运用多视图

在绘图区域，同时打开平面视图、三维视图和剖面视图，可以增强空间感，从多角度观察边管是否合理。单击“视图”选项卡 ➤“窗口”面板 ➤（平铺）或者快捷方式“WT”，可同时查看所有打开的视图。在绘图时，平面视图和三维视图可以通过缩放，将要编辑的绘图区域放大。而立面视图由于构件易重合，不利于选取器具和管道，可采用剖面视图进行辅助设计。

（2）使视图变“干净”

除了使用剖面图，还可以用“临时隐藏/隔离”或“可见性/图形转换”或“工作集”，使视图变的“干净”，方便选取器具、设备、管道、管件和管路附件等。在“工作集”对话框中，通过设置工作集的可见性，控制图元在所有视图中的可见性。较之于修改图元在视图

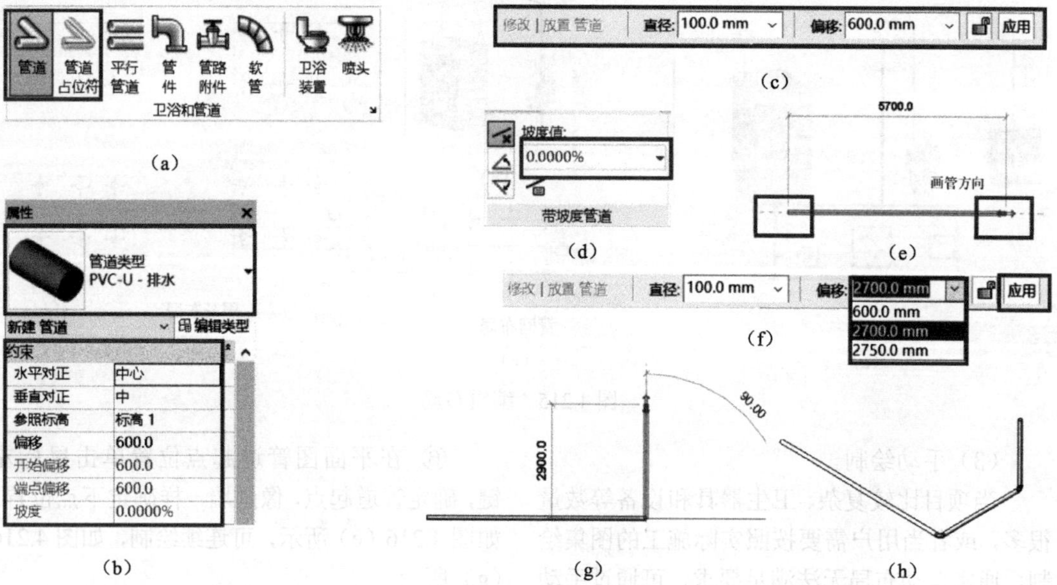

图 4.216 手动绘管

中可见性，更为快捷。

（3）利用连接到工具

此命令用来创建选定构件和管道或风管之间的物理连接。当选中构件（如管件、阀门、器具和设备等），如有未连接的连接件，则功能区上下文选项卡上会出现“连接到”这个工具。选择要连接到的管道或风管，软件会自动创建管道。

（4）快速对齐和连接管道

应用“对齐”和“修剪/延伸”工具，实现管道的快速对齐和连接。

（5）创建类似图元

选中要创建的某一图元，单击“修改 |<图元>”选项卡 ➤“创建”面板 ➤（创建类似）。可绘制与选定图元类型相同的图元。如绘制管道时，用该工具使新画的管道继承前一管道类型，十分便捷。

（6）管道坡度设置

通过“坡度”工具绘制具有坡度的管道。要注意如下几点。

① 使用自动“生成布局”功能布置管道，在完成布局后，管道两端被前后“牵制”，坡度很难再修改到统一值，所以在使用该功能时，在指定布局解决方案时，应指定坡度。

② 在手动绘制时，建议按以下顺序绘制管道：该层排水横管从管路最低点（接入该层排水立管处）画起，先画干管后画支管，并且从低处往高处画。管路最低点的偏移值需预估，其值需保证管路最高点的排水横管能正确连到卫生器具排水口上。

（7）添加存水弯

自动布局不会为卫生器具添加存水弯，如果用户需要在排水系统中体现存水弯，一般有两种方法。

① 在族编辑器中将存水弯和卫生器具建在一起，为了增加这种“组合族”的灵活性，用户可以添加参数调整存水弯在器具下的偏移值，以适应不同排水口高度的要求。这种方法可省去在项目中添加存水弯的工作量。

② 手动添加。添加时要注意存水弯的插入点和方向。建议结合技巧①（运用多视图）按以下步骤添加。

a. 在剖面上如图 4.217（a）所示，从卫生器具排水连接一段立管。

b. 在平面视图上，将存水弯的插入点对准卫生器具的排水立管连接件后放置存水弯，如图 4.217（b）所示。

c. 放置存水弯后，如果存水弯排水口方向不对，可以通过按“旋转”符号改变方向，如图 4.217（c）所示。

d. 旋转方向后，在剖面上，绘制存水弯另一端的立管，如图 4.217（d）所示。

（8）运用布线解决方案

对于排水管道连接，我国设计规范要求排水横管作 90°水平转弯时，或排水立管与排出管端部的连接，宜采用两个 45°弯头或大转弯半径的 90°弯头。可通过布线解决方案，调整连接方式。

① 在要调整布线或对正的剖面中，至少选择两个管段（不包括管件），如图 4.218（a）所示。

> 注：如果提示找不到布线解决方案，可删除所选管的连接件，重新选择两个段管如图 4.218（a）所示。

② 单击“修改 | 选择多个”选项卡 ➤“布局”选项卡 ➤ （布线解决方案），以激活用于调整管道布线的工具，如图 4.218（b）所示。

③ “布线解决方案”面板上将激活下列布线工具，如图 4.218（c）所示。

- 占位符：显示选定布线解决方案的占位符图元。
- 三维图元：显示选定布线解决方案的三维图元。
- 解决方案：1（共 n 个）可以使用箭头按钮循环显示建议的解决方案。

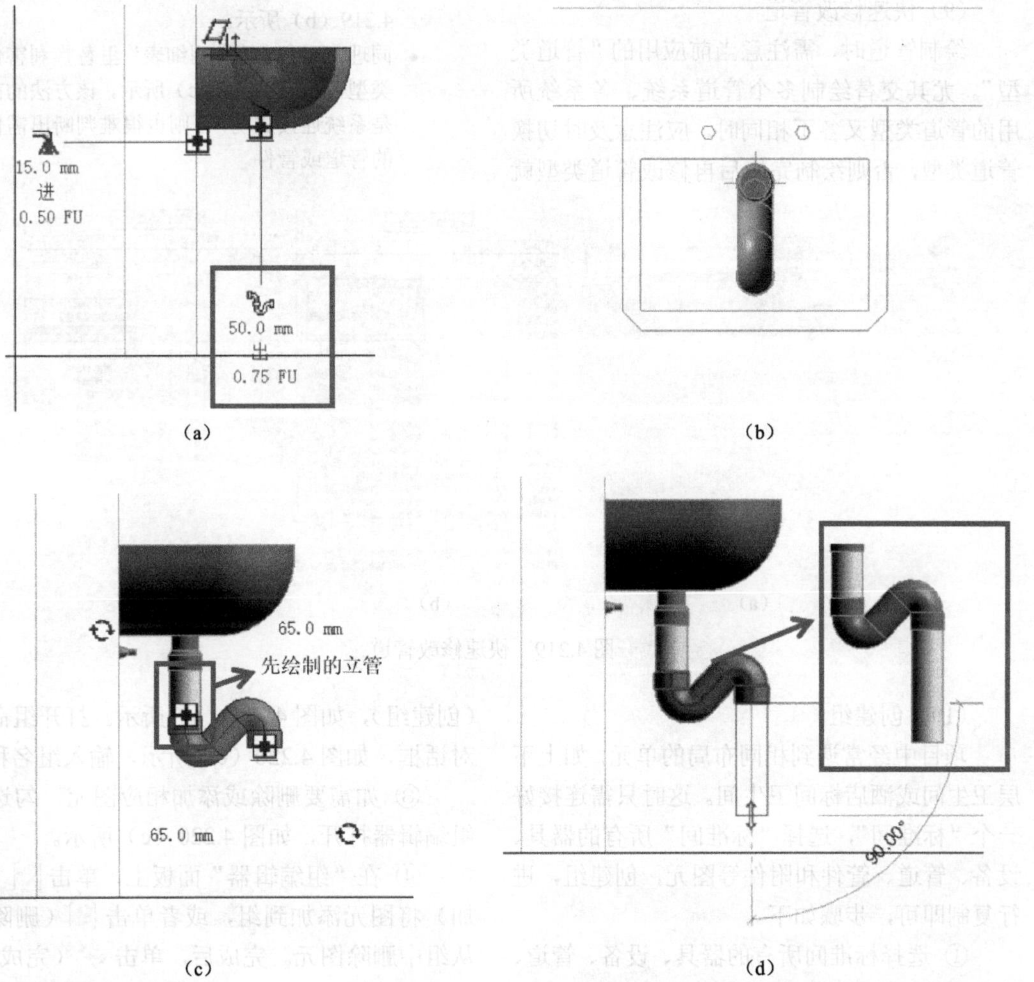

图 4.217　存水弯的添加

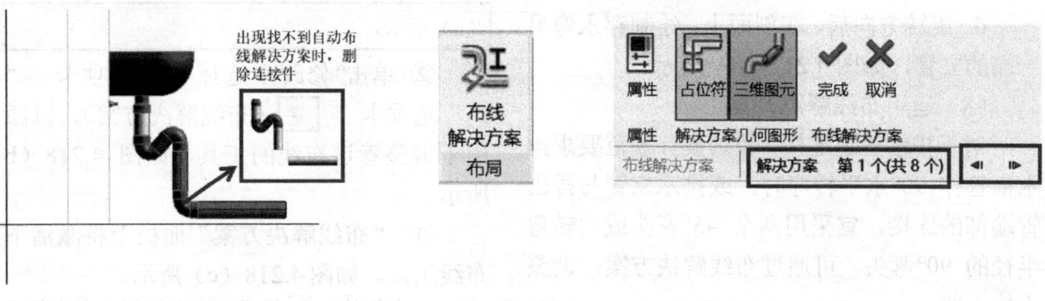

（a）（b）（c）

图 4.218 布线解决方案

④ 选择一个解决方案，根据需要，调整布线、添加、删除和拖曳控制点。

⑤ 如果对布线感到满意，单击“完成”以应用修改，或单击（取消）退出布线解决方案编辑器，而不应用这些修改。

（9）快速修改管道

绘制管道时，需注意当前应用的“管道类型”。尤其交替绘制多个管道系统、各系统所用的管道类型又各不相同时，应注意及时切换管道类型，否则绘制完毕后再修改管道类型就麻烦了。下面推荐两种比较快速的修改方法。

- 使用“修改类型”功能快速修改管道，如图 4.219（a）所示。
- 对于连接良好的管道系统，通过创建“管道明细表”，添加“族与类型”字段，可在“族与类型”下拉菜单中替换管道类型，如图 4.219（b）所示。
- 同理，可在“管件明细表”里替换利害攸关类型，如图 4.219（c）所示。该方法的前提是系统连接成功，否则也很难判断出需修改的管道或管件。

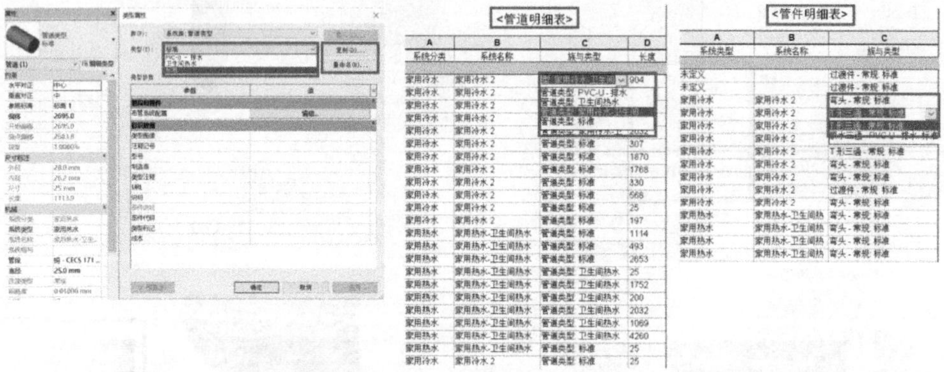

（a）（b）（c）

图 4.219 快速修改管道

（10）创建组

项目中经常遇到相同布局的单元，如上下层卫生间或酒店标间卫生间。这时只需连接好一个“标准间”，选择“标准间”所有的器具、设备、管道、管件和附件等图元，创建组，进行复制即可，步骤如下。

① 选择标准间所有的器具、设备、管道、管件和附件等图元，如图 4.220（a）所示；

② 单击修改选项卡 ➤ 创建面板 ➤（创建组），如图 4.220（b）所示。打开组命名对话框，如图 4.220（c）所示，输入组名称。

③ 如需要删除或添加相应图元，勾选在组编辑器打开，如图 4.220（c）所示。

④ 在“组编辑器”面板上，单击（添加）将图元添加到组，或者单击（删除）从组中删除图元。完成后，单击（完成）。

⑤ 选择相应组，复制，粘贴即可。

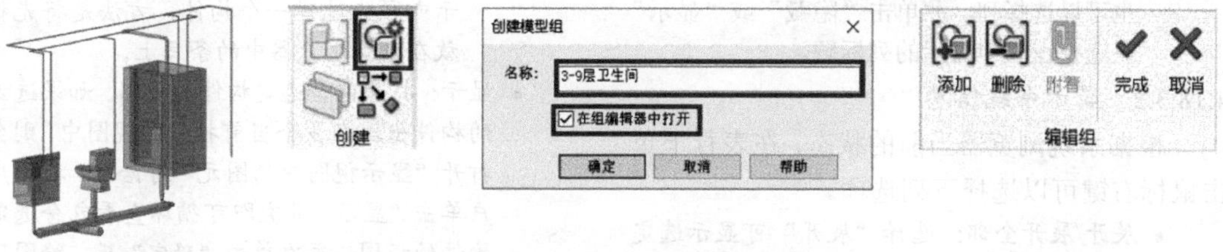

（a）（b）（c）（d）

图 4.220 创建组

以上是管道绘制的方法和技巧，用户可根据需要选择相关方法。上面以管道绘制为例讲解，风管和桥架可参照。

4.18.3 系统浏览器

系统浏览器是一个用于高效查找未指定给系统的构件的工具，单独打开一个窗口，并在窗口中按系统或分区显示项目中各个规程的所有构件的层级列表，如图 4.221（a）所示。可以将窗口悬停在绘图区域上方或下方，也可以将该窗口拖曳到绘图区域中。

若要访问“系统浏览器”，请使用以下任意方法。

- 单击“视图”选项卡 ➤“窗口”面板 ➤ “用户界面”下拉列表 ➤ “系统浏览器”，如图 4.221（b）所示；
- 在绘图区域中，单击鼠标右键（上下文菜单）➤ “浏览器” ➤ “系统浏览器”，如图 4.221（c）所示；
- 也可以使用 F9 快捷键显示系统浏览器。

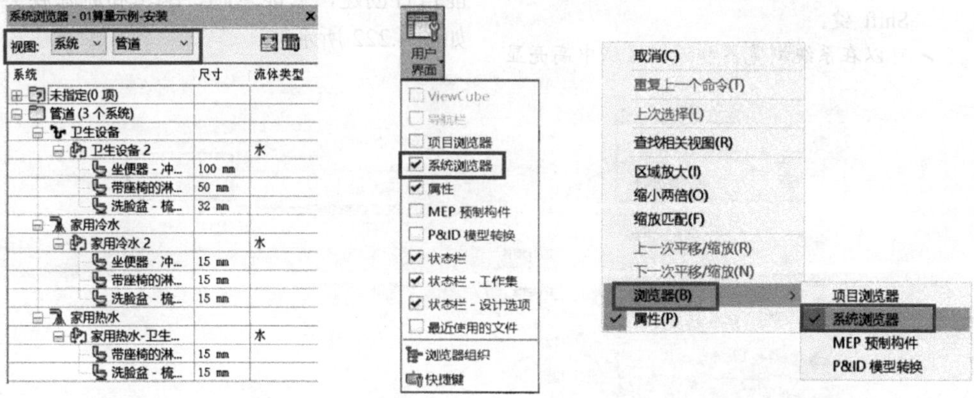

（a）（b）（c）

图 4.221 系统浏览器

系统浏览器的主要功能如下。

4.18.3.1 自定义视图

利用视图栏中的选项，可以在系统浏览器中对系统进行排序，还可以自定义系统的显示方式。

- 系统：按照针对各个规程创建的主系统和辅助系统显示构件。
- 分区：显示分区和空间。展开每个分区，可以显示分配给该分区的空间。
- 全部规程：针对各个规程（机械、管道和电气），在单独的文件夹中显示构件。管道包括卫浴和消防系统。
- 机械：只显示“机械”规程的构件。
- 管道：只显示“管道”规程（包括管道、卫浴和消防系统）的构件。
- 电气：只显示“电气”规程的构件。
- 自动调整所有列：调整所有列的宽度，以便与标题文字相匹配。也可以双击列标题，自动调整列的宽度。
- 列设置：打开“列设置”对话框，在该对话框中可以指定针对各个规程显示的列信息。根据需要展开各个类别（常规、机械、管道、电气），然后选择要显示为列标题的属性。

也可以选择列，并单击“隐藏”或“显示”以选择在表中显示的列标题。

4.18.3.2　显示系统信息

根据系统浏览器当前的状态，在表行上单击鼠标右键可以选择下列选项。

- 展开/展开全部：选择“展开”可显示选定文件夹中的内容。选择“展开全部”可显示层级中选定文件夹下的所有文件夹的内容。
- 折叠/折叠全部：关闭选定的文件夹/所有文件夹。虽然不可见，“折叠”会将所有已展开的子文件夹保持在展开状态。选择“折叠全部”可以关闭选定的文件夹和所有展开的子文件夹。要折叠文件夹，也可以双击分支或单击文件夹旁边的减号（-）。
- 选择：选择系统浏览器和当前视图图纸中的构件。
- 提示
  - ➢ 可以在绘图区域中选择一个构件，以使其在系统浏览器中高亮显示。
  - ➢ 可以在系统浏览器和绘图区域中选择多个构件，方法是在选择项时按住 Ctrl 或 Shift 键。
  - ➢ 可以在系统浏览器和绘图区域中高亮显示或预先选择一个构件，方法是将光标放在系统浏览器中的条目上。
- 显示：打开包含选定构件的视图。如果选定的构件出现在多个当前打开的视图中，则会打开“显示视图中的图元”对话框，指导用户单击“显示”多次即可循环查看包含选定构件的视图。每次单击“确定”后，绘图区域中都会显示不同的视图，并且视图中高亮显示了在系统浏览器中选择的构件。
- 如果当前打开的视图中不包含选定的构件，则将会提示用户打开相应视图，或“取消”操作并关闭该消息。
- 删除：从项目中删除选定的构件。任何孤立的构件都将被移到系统浏览器的“未指定”文件夹中。
- 属性：打开选定构件的“属性”选项板。

4.18.4　管道、风管和桥架设置

4.18.4.1　类型

风管、管道和桥架都属于系统族，用户不能自行创建，只能复制、编辑和删除族类型。如图 4.222 所示。

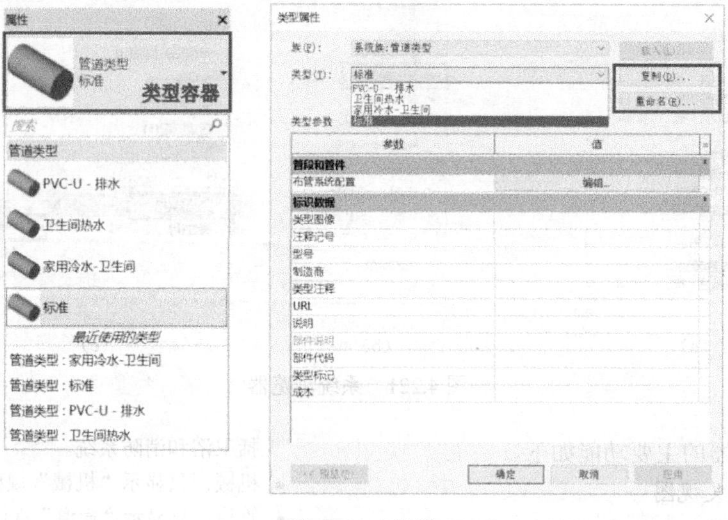

图 4.222　类型

4.18.4.2　管道设置

布管系统、管段、显示符号的方法和步骤如下。

管道绘制前，除前面系统创建，还需进行布管系统的设置和相关机械设置，绘制时才能智能连接，满足使用要求。下面对这两者做简单介绍。

（1）指定布管系统配置

步骤如下。

① 在项目浏览器中，展开“族” ➤ “管道” ➤ “管道类型”，如图 4.223（a）所示；

② 在管道类型上单击鼠标右键，然后单击“类型属性”，如图 4.223（a）所示。

注：若在执行管道命令时编辑类型属性，请

单击属性栏的（编辑类型）。

③ 在“类型属性”对话框中的“管段和管件”下，单击“布管系统配置”对应的“编辑”，如图 4.223（b）所示。

④ 在“布管系统配置”对话框中，指定使用时的零件和尺寸范围，如图 4.223（c）所示。

⑤ 一个布管系统配置中可以添加多个管段。各个零件类型的部分可以添加多个管件（弯头、连接、四通、过渡件、活接头、管帽），如图 4.223（c）所示。

⑥ 如果有多个作为管件的零件满足布局条件，则将使用所列出的第一个零件。可以向上或向下移动行，以更改零件的优先级，如图 4.223（c）所示。

⑦ 在指定零件的尺寸范围时，“无”表示将永远不会使用该零件，“全部”表示将始终使用该零件。在布局后修改管件时，将尺寸范围设置成“无”很有用。在启用约束布管系统配置选项时，尺寸被设置成“无”的管件将显示在“类型选择器”中。

（2）添加行/删除行

如要添加/删除管段以及不同管段或管径下连接方式，则可用添加行/删除行进行设置，如图 4.223（c）所示，步骤如下。

① 在区域中选择要添加新行的行/要删除的行。

② 单击“添加行/删除行”。

（3）调整连接方式的优先级

如要调整不同连接方式的优先级，可用移动行命令设置，如图 4.223（c）所示。

① 选择要移动的行。

② 单击“向上移动行”或“向下移动行”。

（4）添加或修改管段和尺寸

步骤如下。

① 单击“管段和尺寸”，如图 4.223（c）所示。

② 打开机械设置对话框来添加或删除管段、修改其属性，或者添加或删除可用的尺寸，如图 4.224（a）所示。

注：1. 进行管道布管时，Revit 首先使用布管系统配置中的设置，如图 4.223（c）所示，然后如有需要，使用“机械设置”中的“角度”设置，如图 4.224（b）所示。

2. 如果更改了布管系统配置，并希望更新设计中相同类型的现有管路，选择现有的管段和管件，并在“修改”选项卡中，编辑面板单击（重新应用类型）。

3. 如果希望更改管路的类型，并使用其他布管系统配置，则在“修改”选项卡，编辑面板上单击（更改类型）。

（5）机械设置

如要指定布管时的角度，打开机械设置对话框，进行相关设置，如图 4.224（b）所示，如要设置主干管的默认偏移值，可在机械设置

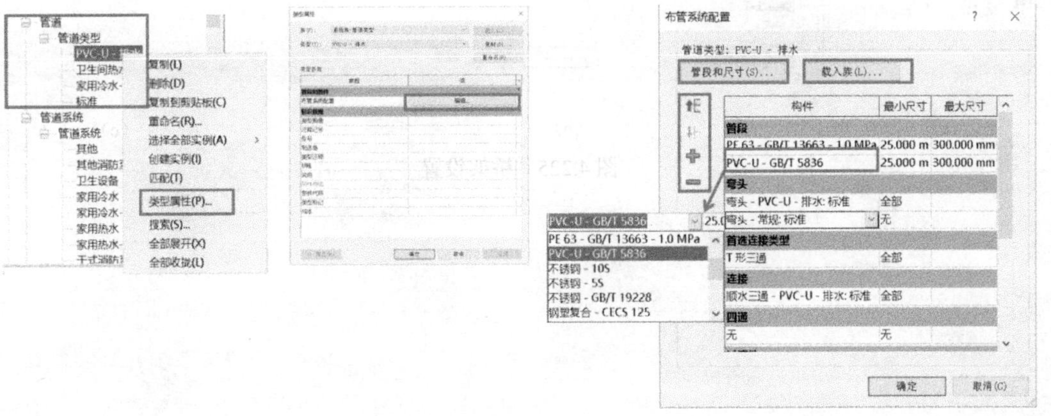

（a）　（b）　（c）

图 4.223　布管系统

转换界面进行设置，如图 4.224（c）所示。显示设置也可在机械设置界面中进行调整修改，用户可参照 Revit 帮助文件，限于篇幅在此不做详细介绍了。

4.18.4.3 风管设置

风管设置方法和位置与管道基本相同，可参照 4.18.4.2 节，或《Autodesk Revit 2015 机电设计应用宝典》。

4.18.4.4 桥架设置

桥架建模和管道类似，但是其管件设置在类型属性中，如图 4.225 桥架设置所示。

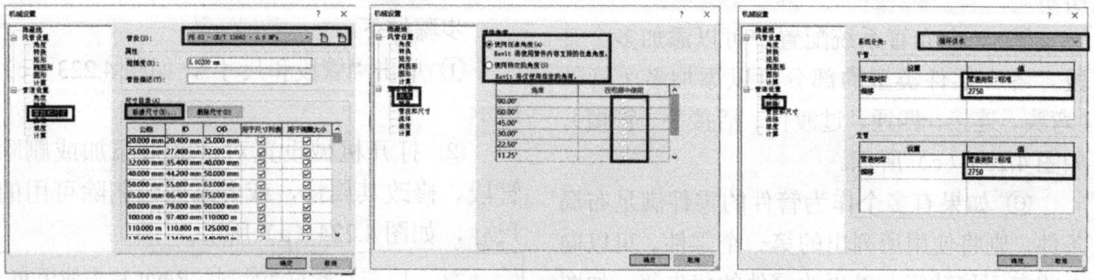

(a)　　(b)　　(c)

图 4.224 机械设置

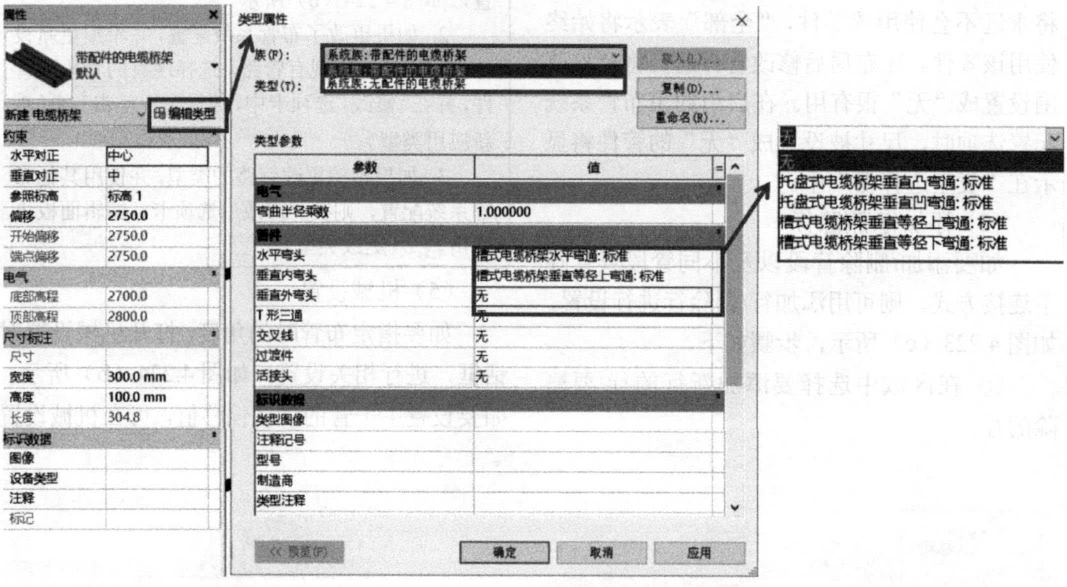

(a)　　(b)　　(c)

图 4.225 桥架设置

5 BIM模型应用与成果输出

BIM的核心价值是信息的收集与应用，要更好地应用各种信息，一定要标准化和统一化，这样才能更好地协作，信息才能更好地传递。在应用各种BIM软件建模，均需要制订适合本团队的工作流程。下面以Revit翻模应用为例简单介绍BIM模型创建流程、BIM模型应用及成果输出。

5.1 BIM模型创建流程

5.1.1 指南编写

在应用BIM前应编写指南，用以指导BIM的实施，在指南中要明确应用目标、应用内容、技术路线及协作方式、文件管理及保障措施等。

5.1.1.1 BIM应用目标

BIM实施目标即在建设项目中将要实施的主要价值和相应的BIM应用（任务）。目标必须是具体的、可衡量的，以及能够促进建设项目的规划、设计、施工和运营成功进行的。BIM目标可分为两大类。

第一类为项目目标，分为两种：一种跟项目的整体表现有关，如缩短项目工期、降低工程造价、提升项目质量等；另一种跟具体任务有关，如利用BIM模型提高出图效率、根据BIM模型快速统计工程量进行概预算等。

第二类为公司目标：包括业主通过样板项目描述设计、施工、运营之间的信息交换，设计机构获取高效使用数字化工具的经验等。

没有明确的BIM目标而盲从发展BIM技术，可能会达不到预期目的或在弱势技术领域过度投入，而产生不必要的资源浪费，只有结合自身建立有切实意义的服务目标，才能提升技术实力。

5.1.1.2 BIM应用内容

BIM可应用于项目的各阶段，其应用内容很多，如在设计阶段包括设计方案论证、设计建模、能耗分析、结构分析、设备分析、工程量统计、管线综合等；在施工阶段包括4D虚拟建造、深化设计、施工方案论证、资源管理和协调，施工预算和成本核算等；在运营维护阶段包括信息查询、能耗管理、安全监控管理等。

5.1.1.3 技术路线及协作方式

项目BIM技术路线是指对要达到项目目标准备采取的技术手段、具体步骤及解决关键性问题的方法等在内的研究途径。首先要明确BIM应用需要实现的业务目标以及BIM应用的具体内容以后，才能选择相应的BIM技术路线，而使用什么BIM软件则是BIM技术路线的核心内容。

下面以施工企业土建安装和商务成本控制两类典型部门的BIM应用情况为例，介绍目前常用的技术路线。

技术路线1：商务部门根据CAD施工图利用广联达、鲁班及斯维尔和品茗等算量软件建模，计算工程量及成本估算。技术部门根据CAD图利用Revit、Tekla等建模，进行深化设计、施工模拟、进度管理及质量管理等。

技术路线2：技术部门根据CAD图利用Revit（HiBIM）、Tekla等建模，进行深化设计、施工模拟、进度管理及质量管理等。商务部门根据技术部门所建的模型进行工程量计算及成本估算。

技术路线3：商务部门根据CAD施工图利用广联达、鲁班及斯维尔等算量软件建模进行工程量及成本估算。而技术部门根据商务部门的算量模型进行深化设计、施工过程模拟、施工进度及质量管理等。

技术路线4：商务部门或技术部门根据

CAD 图利用基于一个 BIM 平台上进行快速翻模/建模、优化、算量、出图，进行深化设计、施工模拟、进度和质量控制、成本管理。

各技术路线的优缺点如下。

技术路线 1 的不足：技术部门和商务部门需要根据各自的业务需求创建两次模型，技术模型和算量模型之间的信息互用还没有成熟到普及应用的程度。此技术路线是目前常用的做法。

技术路线 2 是一个模型从技术部到商务部的应用，减少重复建模的工作量，目前已有多例成功案例，也是 BIM 发展的趋势。

技术路线 3 虽然也减少了重复建模，从算量模型到设计应用，目前还没有类似的尝试，无论从技术上还是业务流程上其合理性和可行性都值得商榷。

技术路线 4 是 BIM 应用的趋势：一次建模，数据一次录入，各阶段可用。如目前在民用建筑领域广泛应用的 Revit 平台避免模型互导，提高了工作效率。

5.1.2　项目样板文件制作

项目样板的制作内容：视图浏览器组织、视图样板属性设置、族的载入、构件类型的创建、材质库创建、明细表创建等。为了避免样板文件太大，可以把不同的内容放在不同的样板文件中，应用时通过项目传递的方式传到所需要的项目中。如把墙的各种类型、构造等做在一个“墙体”的样板文件中。

5.1.2.1　视图浏览器组织

通过右键单击项目浏览器中的视图，选择打开浏览器组织进行设置，或通过视图 ➤ 用户界面 ➤ 浏览器组织，打开浏览器组织界面，如图 5.1 所示。视图名称设置过程如图 5.2 所示。

浏览器组织的过程如下。

① 在立面上建立标高，选择相应标高平面，设置其规程，见图 5.3 中②和③。

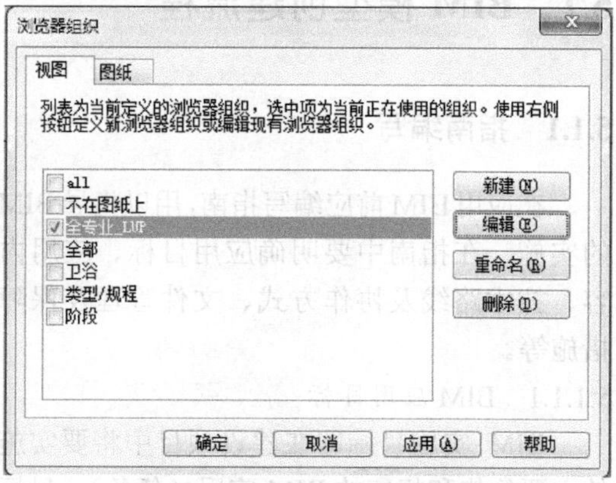

图 5.1　浏览器视图设置对话框

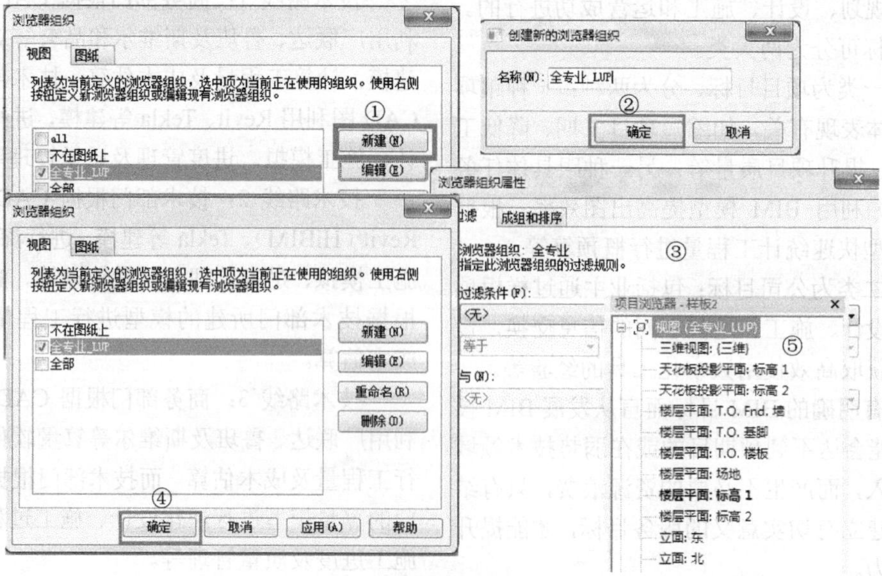

图 5.2　浏览器视图名称设置过程

② 在浏览器组织和属性对话框，选择成组和排序，如图 5.3 第①步所示，设置成组条件为规程；重复上述步骤，即可设置成如图 5.4（c）所示符合自己习惯的视图组织。

浏览器的排序组的创建，过滤器的添加等可参照 5.1.3 视图管理。

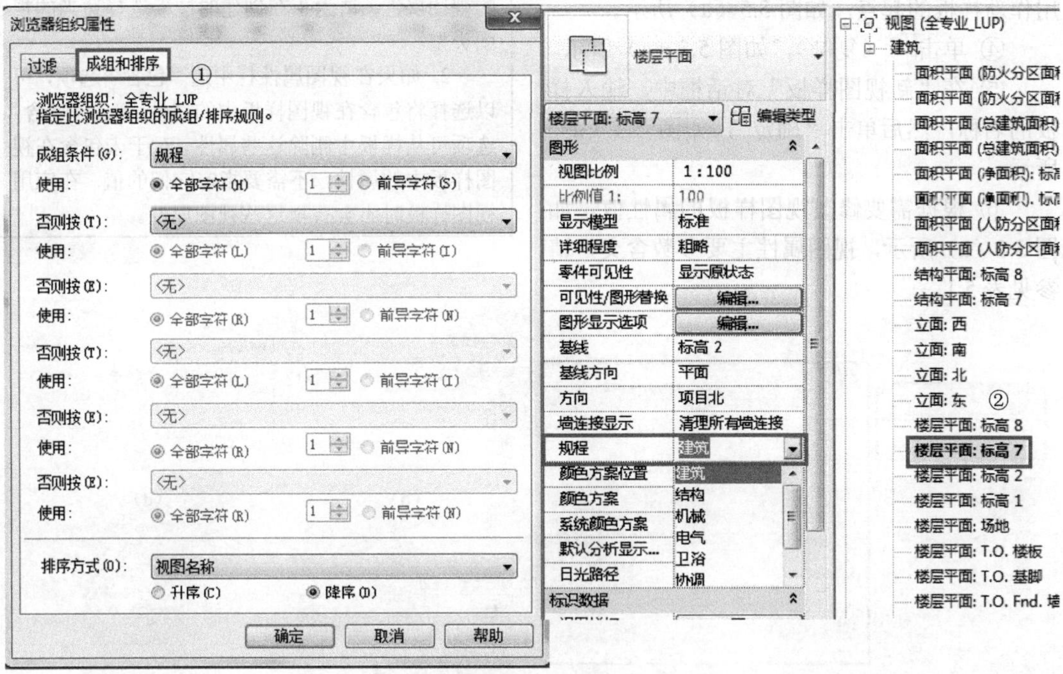

图 5.3　浏览器组织属性成组和排序

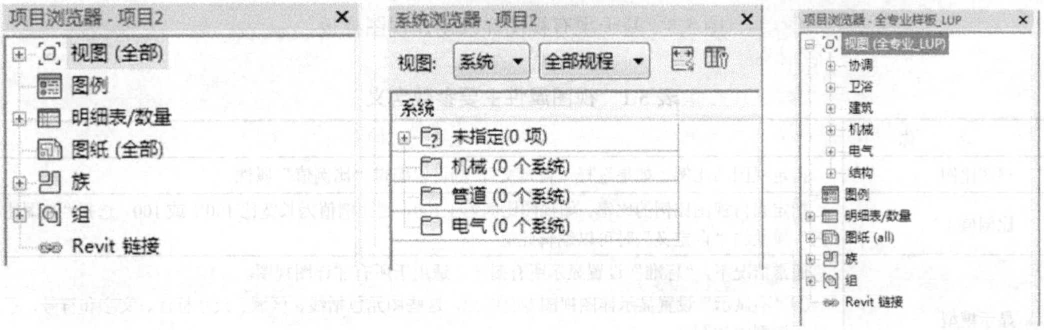

（a）　　　　（b）　　　　（c）

图 5.4　浏览器设置

5.1.2.2　视图样板属性设置

视图样板是一系列视图属性，例如，视图比例、规程、详细程度以及可见性设置。创建视图样板的方法有三种。

- 通过复制现有的视图样板，并进行必要的修改来创建新的视图样板；
- 从项目视图对话框中创建视图样板；
- 直接从“图形显示选项”对话框中创建视图样板。

下面将分别讲述三种创建方法的操作。

5.1.2.3　基于现有视图样板创建视图样板

步骤如下。

① 单击“视图”选项卡 ➤“图形”面板 ➤“视图样板”下拉列表 ➤“管理视图样板”，如图 5.5（e）所示。

② 在“视图样板”对话框中的“视图样板”下，使用“规程过滤器”和“视图类型过

滤器”限制视图样板列表，如图 5.5（a）～（c）所示。

③ 在“名称”列表中，选择视图样板以用作新样板的起点，如图 5.5（a）所示。

④ 单击（复制），如图 5.5（a）所示。

⑤ 在“新视图样板”对话框中，输入样板的名称，然后单击“确定”，如图 5.5（d）所示。

⑥ 根据需要修改视图样板的属性值，如图 5.5（a）所示，视图属性主要参数含义，请参见表 5.1。

⑦ 单击“确定”。

管理视图样板如图 5.5（e）所示。

> 注：1. 每个视图类型的样板都包含一组不同的视图属性。请为正在创建的样板选择适当的视图类型。
>
> 2. 如果在视图属性栏中选“包含”选项，可以选择将包含在视图样板中的属性。清除“包含”选项可从样板中删除这些属性。对于未包含在视图样板中的属性，不需要指定它们的值。在应用视图样板时不会替换这些视图属性。

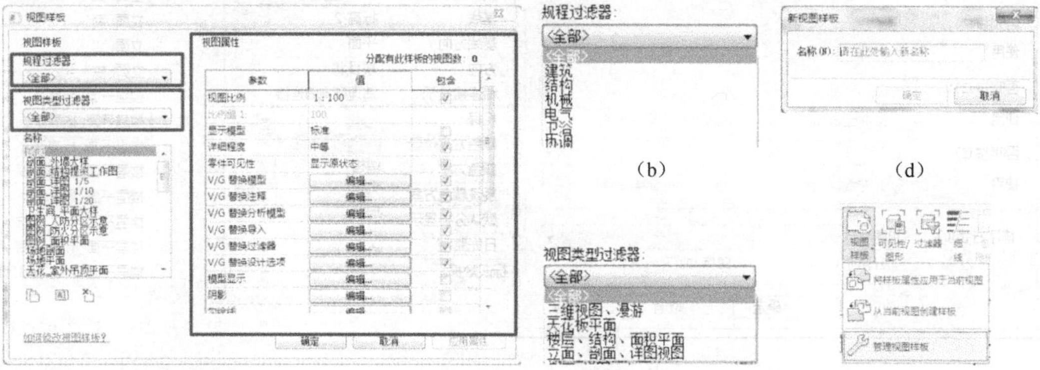

（a）（b）（c）（d）（e）

图 5.5　基于现有视图样板创建视图样板

表 5.1　视图属性主要参数含义

名　称	说　明
视图比例	指定视图的比例。如果选择“自定义”，则可以编辑“比例值”属性
比例值 1：	指定来自视图比例的比率。如视图比例为 1:100，则比例值为长宽比 100/1 或 100。选择“视图比例”属性的“自定义”时可以编辑此值
显示模型	通常情况下，“标准”设置显示所有图元，适用于所有非详图视图。 ①“不显示”设置显示详图视图专有图元，这些图元包括线、区域、尺寸标注、文字和符号，不显示模型中的图元； ②“半色调”设置通常显示详图视图特定的所有图元，而模型图元以半色调显示
详细程度	将详细程度设置应用于视图中
零件可见性	指定在视图中是否显示从中创建的构件和图元
V/G 替换模型	定义模型类别的可见性/图形替换
V/G 替换注释	定义注释类别的可见性/图形替换
V/G 替换分析模型	定义分析模型类别的可见性/图形替换
V/G 替换导入	单击“编辑”可查看和修改导入类别的可见性选项
V/G 替换过滤器	定义过滤器的可见性/图形替换
V/G 替换工作集	定义工作集的可见性/图形替换
V/G 替换设计选项	定义设计选项的可见性/图形替换
模型显示	定义表面（视觉样式，如线框、隐藏线等）、透明度和轮廓的模型显示选项
背景	对于三维视图，指定要显示的背景，其中包括天空、渐变色或图像

续表

名　称	说　明
底图方向	对于使用底图的楼层平面和天花板投影平面，指定底图是否显示相应的楼层平面或天花板投影平面。例如，对于天花板投影平面，可以将相应的楼层平面显示为底图，以帮您放置照明设备
视图范围	定义平面视图的视图范围

5.1.2.4　基于项目视图设置创建视图样板

步骤如下。

① 在项目浏览器中，选择要从中创建视图样板的视图，如图 5.6（a）所示。

② 单击“视图”选项卡 ➤“图形”面板 ➤“视图样板”下拉列表 ➤“从当前视图创建样板”，如图 5.6（b）所示，或单击鼠标右键并选择“通过视图创建视图样板”，如图 5.6（c）所示。

③ 在“新视图样板”对话框中，输入样板的名称，然后单击“确定”，如图 5.6（d）所示，此时显示“视图样板”对话框，如图 5.5（a）所示。

④ 根据需要修改视图样板的属性值，视图属性参数含义，请参见表 5.1。

⑤ 单击“确定”。

注：如果选中“包含”选项，可以选择将包含在视图样板中的属性。清除“包含”选项可删除这些属性。对于未包含在视图样板中的属性，不需要指定它们的值。在应用视图样板时不会替换这些视图属性。

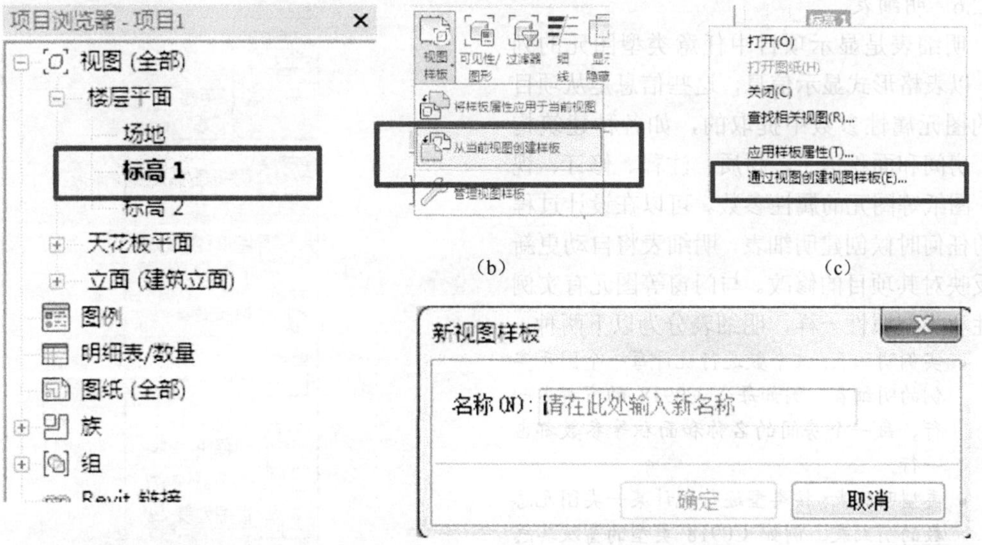

（a）　　　　　　　　　　　　　　　　（d）

图 5.6　基于项目视图设置创建视图样板

5.1.2.5　从“图形显示选项”对话中框创建视图样板

步骤如下。

① 在视图控制栏上，单击“视觉样式” ➤“图形显示选项”，如图 5.7（a）所示。

② 在“图形显示选项”对话框中，根据需要定义选项，单击“另存为视图样板”，如图 5.7（c）所示。

③ 在“新视图样板”对话框中，输入样板的名称，然后单击“确定”，此时显示“视图样板”对话框，如图 5.7（b）所示。

④ 根据需要修改视图样板的属性值，如图 5.5（a）所示。

⑤ 单击“确定”。

注：新视图样板将反映当前视图的视图类型。

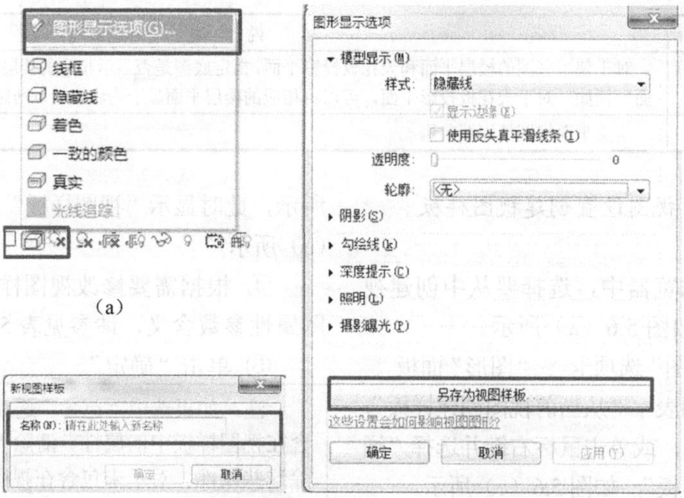

(a) (b) (c)

图 5.7　从“图形显示选项”对话框中创建视图样板

5.1.2.6　明细表

明细表是显示项目中任意类型图元的列表，以表格形式显示信息，这些信息是从项目中的图元属性参数中提取的，如各种建筑构件、房间和面积信息、材质、注释、修订、视图、图纸等图元的属性参数。可以在设计过程中的任何时候创建明细表，明细表将自动更新以反映对其项目的修改。与门窗等图元有实例属性和类型属性一样，明细表分为以下两种。

- 实例明细表：按个数逐行统计每一个图元实例的明细表。例如每个 C0918 的窗都占一行、每一个房间的名称和面积等参数都占一行。
- 类型明细表：按类型逐行统计某一类图元总数的明细表。例如 C0918 类型的窗及其总数占一行。

单击“视图”选项卡 ➤“创建”面板 ➤“明细表”下拉列表，选择所要创建的明细表，目前 Revit 明细表下拉菜单中有六个明细表工具，见图 5.8。

- 明细表/数量：用于统计各种建筑、结构、设备、场地、房间和面积等构件明细表，如门窗表、梁柱构件表、卫浴装置统计表、房间统计表，用地面积统计表、土方量明细表、体量楼层明细表等。
- 图形柱明细表：以图形的方式显示柱高、位置等信息，如图 5.9 所示。

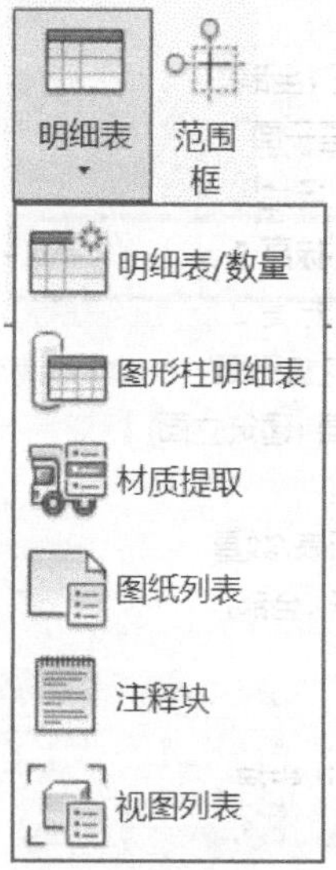

图 5.8　明细表创建

- 材质提取：用于统计各种建筑、结构、室内外设备、场地等构件的材质用量明细表，如墙、结构柱等的混凝土用量统计表。
- 图纸列表：用于统计当前项目文件中所有施工图的图纸清单。
- 注释块：用于统计使用“符号”工具添加的全部注释实例。
- 视图列表：用于统计当前项目文件中的项目浏览器中所有楼层平面、天花板平面、立面剖面、三维、详图等各种视图的明细表。

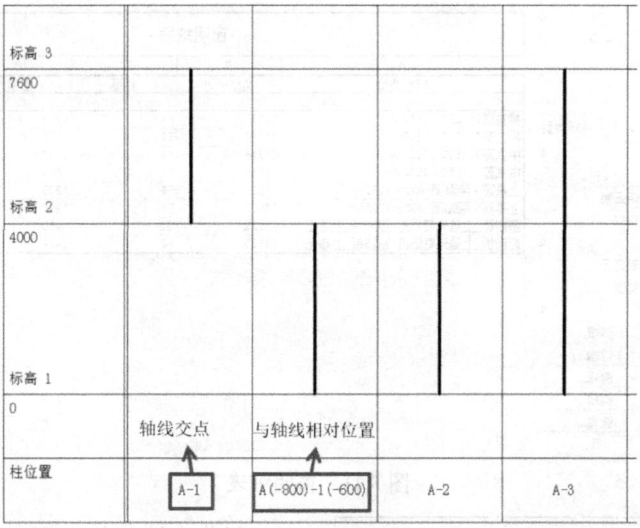

图 5.9　图形柱明细表

（1）明细表创建

上述六类明细表的创建步骤是类似的："视图"选项卡 ➤ "创建"面板 ➤ "明细表"下拉列表 ➤ 选择要创建的明细表。

- （明细表/数量）
- （图形柱明细表）
- （材质提取）
- （图纸列表）
- （注释块）
- （视图列表）

下面以创建明细表/数量为例讲解明细表的创建、表格属性设置。

a. 单击"视图"选项卡 ➤"创建"面板 ➤ "明细表"下拉列表 ➤ "明细表/数量"。

b. 在"新明细表"对话框的"类别"列表中选择一个构件"窗"，"名称"文本框中会显示默认名称"窗明细表"，可以根据需要修改该名称，如图 5.10（a）所示。

c. 选择"建筑构件明细表"，不要选择"明细表关键字"。

d. 指定阶段——新构造(统计新建的窗)。

e. 单击"确定"。

f. 在"明细表属性"对话框中，"字段"中选择所需要统计字段，点击添加，即添加到明细表字段中，如图 5.10（b）所示；

g. 单击"确定"，结果如图 5.11 所示。

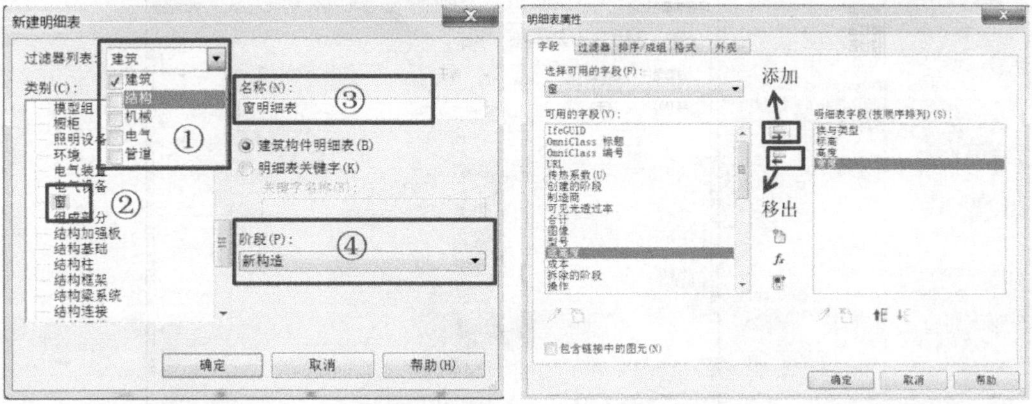

（a）　　　　　　　　　　　　（b）

图 5.10　创建窗明细表

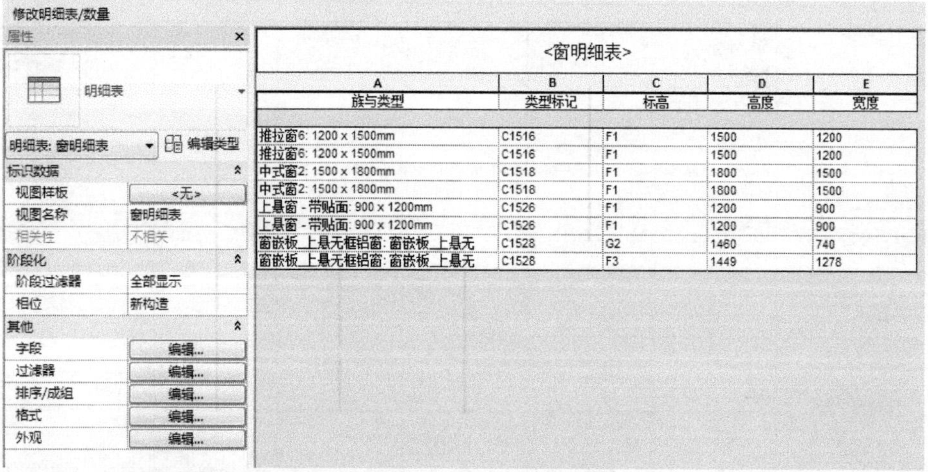

图 5.11　窗明细表

注：1. 图 5.10（a）所示中的步骤顺序，可不严格执行。

2. 图 5.10（a）所示过滤器列表中的内容，只有勾选的才能出现在类别列表中。

3. 图 5.10（b）所示，明细表字段也可以选中单击移出而取消统计。

4. 图 5.10（b）所示，明细表字段可以选中单击“上移”或“下移”而调整其位置。

下面将逐一讲解，图 5.10（b）所示过滤器、排序/成组、格式和外观的设置。

① 过滤器的作用和操作方法。

通过设置过滤器可统计符合过滤条件的部分构件，不设置过滤器则统计全部构件。通过过滤器可查看明细表中的特定类型信息。

操作方法：在“明细表属性”对话框（或“材质提取属性”对话框）的“过滤器”选项卡上，创建限制明细表中数据显示的过滤器。并不是所有明细表字段都能作为过滤器条件，具体字段由明细表类型及字段确定。如图 5.12 所示设置，只显示 C1516 的窗。如图 5.13 所示，过滤条件为“标高 1”时，则只显示一层的窗。

② 排序/成组属性设置方法。

如图 5.13 所示的窗明细表，按图 5.14（a）所示设置排序方式，结果图 5.14（b）所示。排序/成组中主要参数含义见表 5.2。

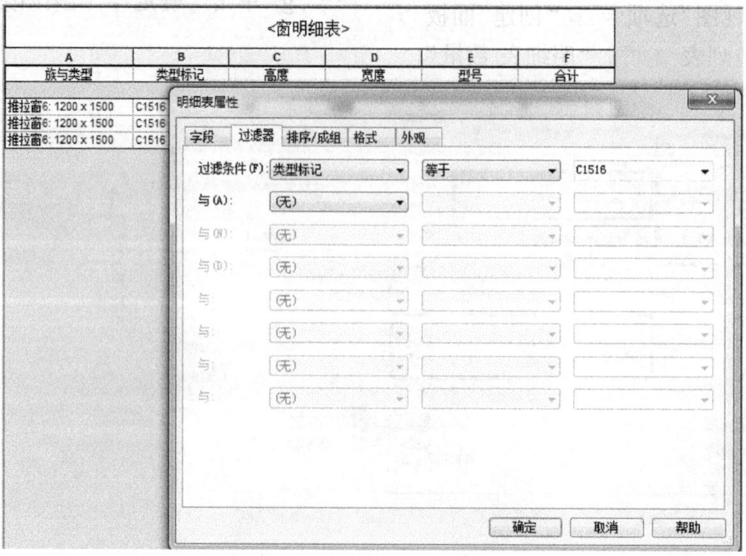

图 5.12　过滤器设置 C1516 的窗

图 5.13　过滤器设置 F1 层的窗

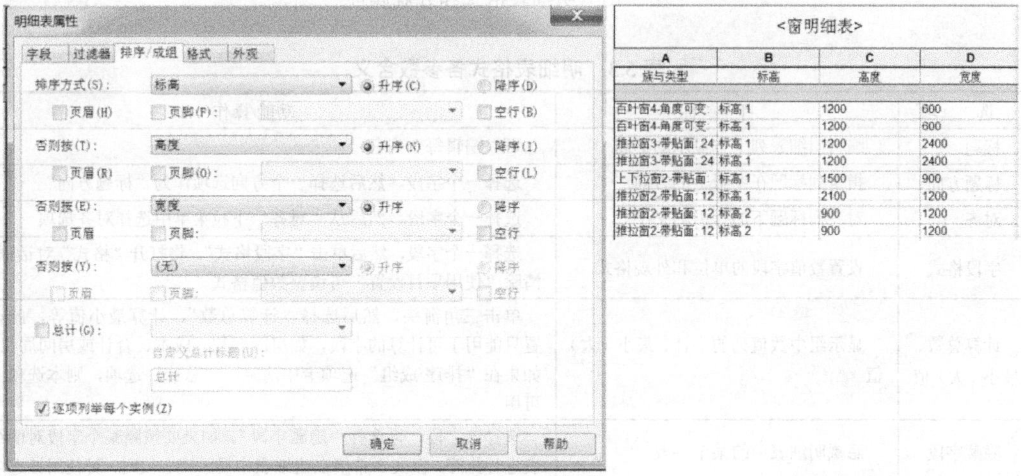

（a）　　　　　　　　　　　　　　（b）

图 5.14　排序/成组属性

表 5.2　排序/成组主要参数含义

名　称	目标/操作
排序方式	用于“排序”的字段，选择“升序”或“降序”。多个条件时用“否则按”，选择其他字段
页眉	将排序参数值作为明细表的页眉，如按标高对窗明细表进行了排序，标题可设置为 F1
页脚	在排序组下方添加页脚信息，即页脚显示的信息。 1. 标题、合计和总数：“标题”显示页眉信息，“合计”显示组中图元的数量，两者左对齐显示在组的下方。“总数”在对应列的下方显示其小计，小计之和即为总计。具有小计的列的范例有“成本”和“合计”。须在“格式”选项卡上对这些列进行总计（计算总数）。 2. 标题和总数：显示标题和小计信息。 3. 合计和总数：显示合计值和小计。 4. 仅总数：仅显示可求和的列的小计信息
“空行”	在排序组间插入一空行
“逐项列举每个实例”元的每个实例	逐项列举明细表中的图元：该选项逐行显示图元的实例。如果清除此选项，则多个实例会根据排序参数压缩到同一行中，如果未指定排序参数，则所有实例将显示到一行中

③ 设置构件属性参数字段在表格中的列标题、单元格式对齐方式等，如图 5.15（a）所示，各参数主要含义见表 5.3。

④ 外观选项，可设置明细表表格放在图纸上以后，表格边线、标题和正文的字体等，如图 5.15（b）所示，各参数含意见表 5.4。

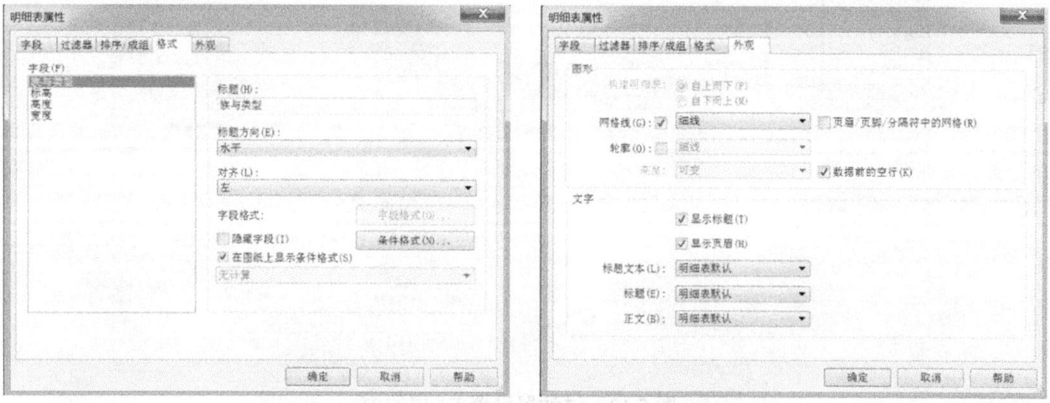

（a）（b）

图 5.15 明细表格式和外观属性

表 5.3 明细表格式各参数含义

选 项	目 标	功能/操作
标题	编辑明细表列上方显示的标题	可以编辑每个列名
标题方向	指定列标题在图纸上的方向	选择一个字段。然后选择一个方向选项作为“标题方向”
对齐	对齐列标题下的行中的文字	选择一个字段，然后从“对齐”下拉菜单中选择对齐选项
字段格式	设置数值字段的单位和外观格式	选择一个字段，然后单击“字段格式”，将打开“格式”对话框，清除“使用项目设置”可调整数值格式
计算总数、最小（大）值	显示组中数值列的小计、最小（大）值	单击三角箭头，然后选择“计算总数”、计算最小值等，此设置只能用于可计算的字段，如房间面积、成本、合计或房间周长。如果在“排序/成组”选项卡中清除了“总计”选项，则本选项不可用
隐藏字段	隐藏明细表中的某个字段	选择该字段，再选择“隐藏字段”。如果要按照某个字段对明细表进行排序，但又不希望在明细表中显示该字段时，可使用该选项
在图纸上显示条件格式	将字段的条件格式包含在图纸上	选择该字段，然后选择“在图纸上显示条件格式”。格式将显示在图纸中，也可以打印出来
条件格式	基于一组条件高亮显示明细表中的单元格	选择一个字段，然后单击“条件格式”。在“条件格式”对话框中调整格式参数

注：在明细表视图中，可隐藏或显示任意项。要隐藏一列，应选择该列中的一个单元格，然后单击鼠标右键。从关联菜单中选择“隐藏列”。要显示所有隐藏的列，请在明细表视图中单击鼠标右键，然后选择“取消隐藏全部列”。

表 5.4 明细表外观设置参数含义

选 项	目 标	操 作
网格线	在明细表行周围显示网格线	列表中选择网格线样式。 可以创建新的线样式
页眉/页脚/分隔符中的网格	将垂直网格线延伸至页眉、页脚和分隔符	“页眉/页脚/分隔符中的网格”
轮廓	在明细表周围显示边界	勾选“轮廓”，再从列表中选择线样式。将明细表添加到图纸视图中时将显示边界。如不勾选，但仍选中“网格线”选项，则网格线样式被用作边界样式

续表

选　项	目　标	操　作
数据前空行（见图 5.16 中③）	在数据前设置/不设置一空行	勾选或不勾选
显示标题	显示明细表的标题	显示标题
显示页眉	显示明细表的页眉	选择“显示页眉”
标题文本	指定表格标题文字的字体	从“标题”文字列表中选择文字类型。如有需要，可以创建新的文字类型
标题文本（见图 5.16 中①）	指定标题文字的字体	从下拉表中选择相应的文字样式类型
标题（见图 5.16 中②）	指定标题文字的字体	从“页眉”文字列表中选择文字类型。如有需要，可以创建新的文字类型
正文（见图 5.16 中④）	指定正文文字的字体	从“正文”文字列表中选择文字类型。如有需要，可以创建新的文字类型

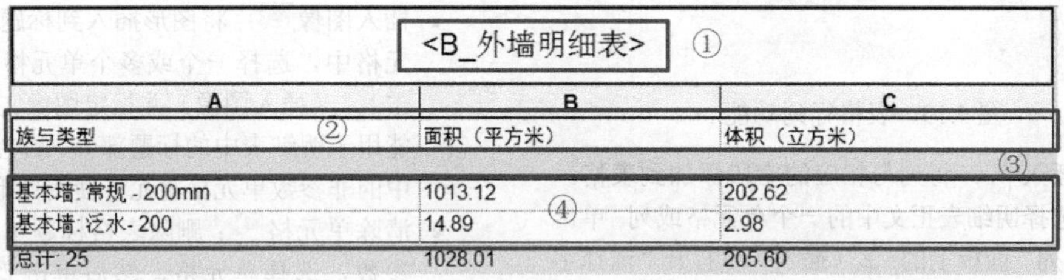

图 5.16　明细表外观名称

（2）明细表表格编辑

除上述明细表“属性”选项板外，还有专用的明细表视图编辑工具，可编辑表格样式或自动定位构件在图形中的位置。主要功能如图 5.17 所示。

① 属性与功能面板上的按键位置如图 5.18 所示，功能作用如下。

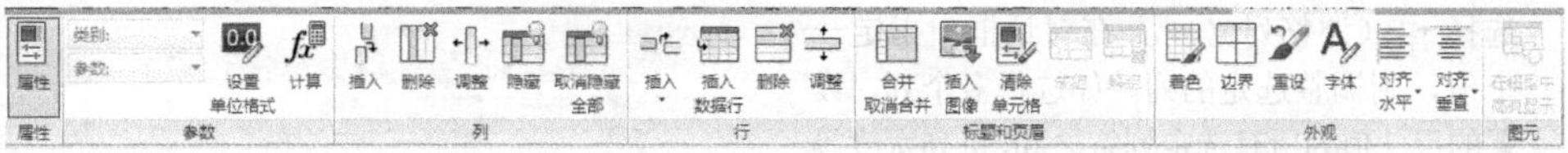

图 5.17　明细表表格编辑功能

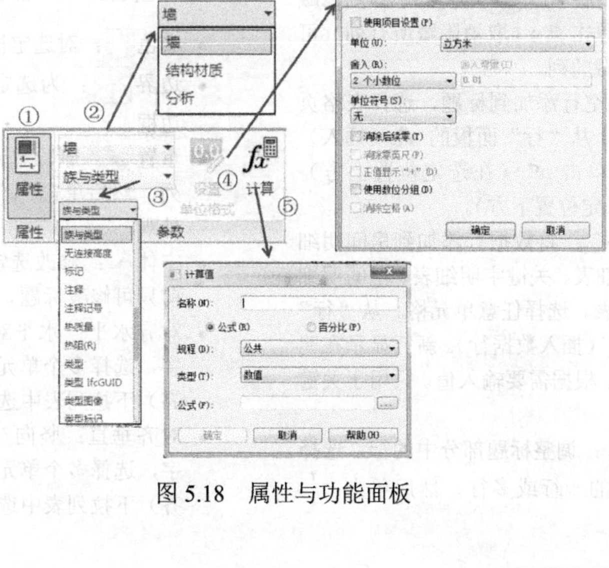

图 5.18　属性与功能面板

- 通过单击，属性面板可打开或关闭属性对话框。
- 表格标题名称：可修改表格名称及所统计内容。
- 列标题：可修改统计字段，不同表格内容不同。
- 设置单位格式：可设置选定列的单位格式。
- 计算：为表格添加计算值，并修改选定列标题。

② 列和行面板按键见图 5.19，各功能简述如下。

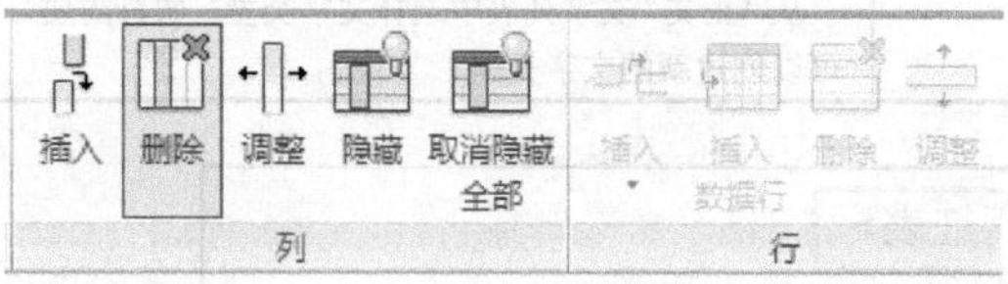

图 5.19 表格行列功能

- 插入：将列与相应的字段添加到表格。选择明细表正文中的一个单元格或列。单击“列”面板上的（插入）以打开“选择字段”对话框，其作用类似于“明细表属性”对话框的“字段”选项卡。添加新的明细表字段，并根据需要调整它们的顺序。
- 删除/：删除列/行，选择单元格，然后单击（删除列）/（删除行），则删除单元格所在的行或列。
- 调整列宽：选择单个/多个单元格，然后选择（调整列宽），并在对话框中指定一个值，则调整选定的列。如选择多个列，设置的尺寸值为所有选定列宽之和，每列宽度等间距分配。
- 隐藏/取消隐藏列/：选择一个单元格或列页眉，然后单击（隐藏列），则隐藏相应的列。单击（取消隐藏所有列）可显示所有隐藏的列。
- 插入：将空行添加到标题，选择表格页眉中的一行。从“行”面板的（插入）下拉菜单中单击（在选定位置上方）或（在选定位置下方）。
- 插入数据行：将数据行添加到房间明细表、面积明细表、关键字明细表、空间明细表或图纸列表。选择任意单元格。从“行”面板单击（插入数据行）。新行显示在明细表的底部。根据需要输入值。只用于关键字明细表。
- 调整行高：调整标题部分中的行，选择标题部分中的一行或多行，然后单击（调整行高），并在对话框中指定一个值。

③ 标题和页眉功能面板见图 5.20，各功能简述如下。

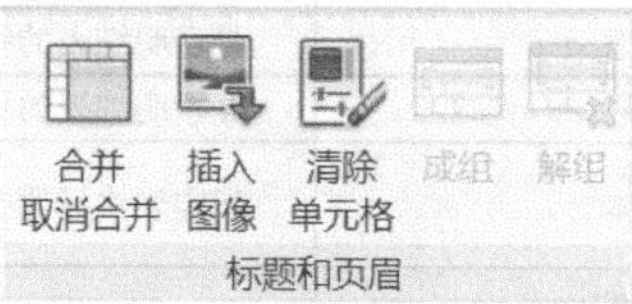

图 5.20 表格标题和页眉功能面板

- 合并/取消合并：选择要合并的页眉单元格（明细表名称），然后单击（合并）。选择合并的单元格，然后再次单击（合并）可分离合并的单元。
- 插入图像：将图形插入到标题部分的单元格中，选择一个或多个单元格，然后单击（插入图像）并指定图像文件。此功能用于明细表中的标题部分。配电盘明细表中的非参数单元格将允许使用图形。
- 清除单元格：删除表格标题单元格中的参数，选择单元格，然后单击（清除单元）。
- 成组：在选定的两列或多列标题单元格上方增加一个合并后的单元格。
- 解组：对已成组的单元格分解。

④ 外观与图元功能面板见图 5.21。各功能简述如下。

图 5.21 外观与图元功能面板

- 着色：对选定标题添加背景色。
- 边界：为选定的单元格指定线样式和边框。
- 重置：删除单元格格式，选择单元格或列，然后单击（重设），恢复为最初的外观。
- 字体：修改选定单元格的字体属性，目前只可修改标题。
- 对齐水平：水平对齐列标题下各行中的文字，选择多个单元格，然后从（水平对齐）下拉列表中选择对齐选项。
- 对齐垂直：竖向对齐列标题下各行中的文字，选择多个单元格，然后从（垂直对齐）下拉列表中选择对齐选项。

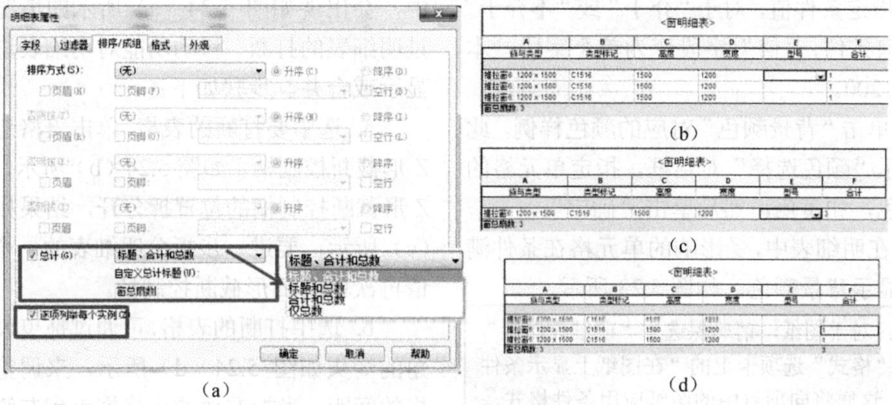

图 5.22 明细表合计

- 在模型中高亮显示：在表格中选中相应的图元，单击，则在模型中高亮显示选定的图元。

（3）明细表应用技巧

明细表是对工程量进行统计的表格，除了创建外，还可进行如下的设置，以符合个性化要求。

① 控制明线表中的数据显示。

通过过滤器中的过滤条件的设置，控制明细表中数据是否显示，具体见 5.1.2.6 中（1）下的①“过滤器的作用和操作方法”。

② 对明线表的字段进行排序。

通过表格属性，排序/成组，设置相应的排序方式，如图 5.14 所示。具体见 5.1.2.6 中（1）下的②“排序/成组属性设置方法”。

③ 在明细表中合计。

在明细表底部统计总数，步骤如下。

a. 在项目浏览器中，选择明细表名称。

b. 在“属性”选项板上，单击“排序/成组”对应的“编辑”。

c. 在“排序/成组”选项卡上，选择“总计”以显示所有组中图元的总和，如图 5.22（a）所示。从下拉菜单中选择，选项如图 5.22（a）所示。

- 标题、合计和总数：标题显示“自定义”总计标题字段上的文字。
- 标题和总数：显示“自定义”总计标题字段上的文字和小计信息。
- 合计和总数：显示合计值和小计。
- 仅总数：仅显示可求和的列的小计信息。

d.（可选）在“自定义”总计标题字段中，输入自定义文字以替换默认的“总计”标题，如图 5.22（a）改为窗总扇数。也可以清除该字段中的文字，并以无标题的形式显示总计。

e. 如勾选图 5.22（a）中“逐项列举每个实例”，结果如图 5.22（b）所示。如不勾选“逐项列举每个实例”，结果如图 5.22（c）所示。

f. 单击“确定”。

注：1. “合计”：显示组中图元的数量，标题和合计左对齐显示在组的下方。

2. “总数”：在列的下方显示其小计，小计之和即为总计，例如“成本”。

3. 若要显示可计算字段（例如“成本”）的小计和总计，请确认在“格式”选项卡上为字段选择“计算总数”，结果如图 5.22（d）所示。由于标题与合计左对齐位置的原因，在“计算总数”指定为明细表中的第一列时，将不会显示标题与合计，仅显示小计。

④ 指定明细表的条件格式。

如果要以不同着色的方式显式明细表中的内容，可用“格式”属性中的“条件格式”来实现。步骤如下。

a. 在项目浏览器中，选择明细表名称。

b. 在“属性”选项板上，单击“格式”对应的“编辑”。

c. 单击“条件格式”。“条件格式”对话框将打开，如图 5.23 所示。

d. “字段”下拉列表包含出现在明细表中的字段列表，单击选择相应的字段，如高度。

e. 在“测试”下，单击下拉列表以选择格式规则，如大于。

f. 指定条件值，对于“介于”或“不介于”之外任何条件，“值”字段变为单个字段，本例设为1200。

g. 单击“背景颜色”对应的颜色样例，此时将显示“颜色选择”对话框，指定单元格的背景颜色，如黄色，然后单击“确定”。

h. 在明细表中，受影响的单元格在条件满足时将显示背景颜色，如图5.23所示。

注：对于图纸，请确保选中“明细表属性”对话框“格式”选项卡上的“在图纸上显示条件格式”。这样将向项目中的图纸应用条件格式，并且将相应地打印出来。

⑤ 在图纸上拆分明细表。

如果明细表过长，应把明细表插入到图纸中，会出现如图5.24（a）所示的情况，可通过明细表的打断、移动功能对明细表进行分列显示或合并。步骤如下。

a. 选中要打断的表格，单击表格边线上的Z形截断控制柄，如图5.24（b）所示，大约在Z形截断控制柄的位置拆分开，结果如图5.24（c）所示，要进一步拆分明细表的一个分段，请再次单击Z形截断控制柄。

b. 选中打断的表格，可通过拖曳表格左上角的箭头如图5.24（d）所示，来调整两个表格的间距，当把右边的表格拖曳到左侧表格的正文重叠时，则表格自动融合为一个表格。

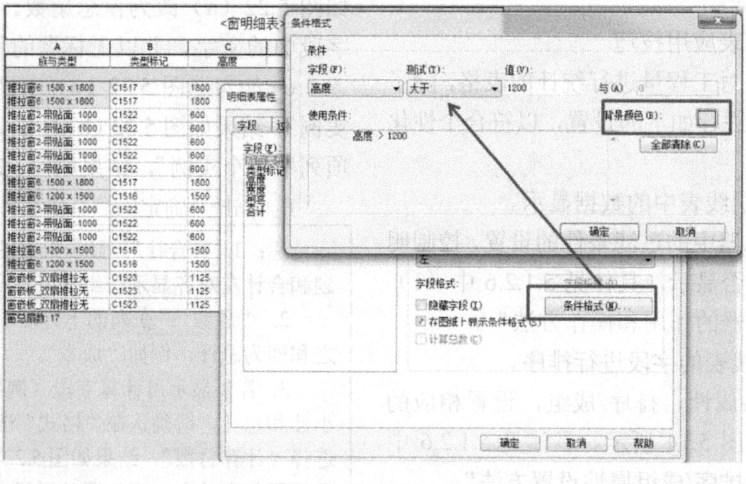

图5.23 明细表中条件格式

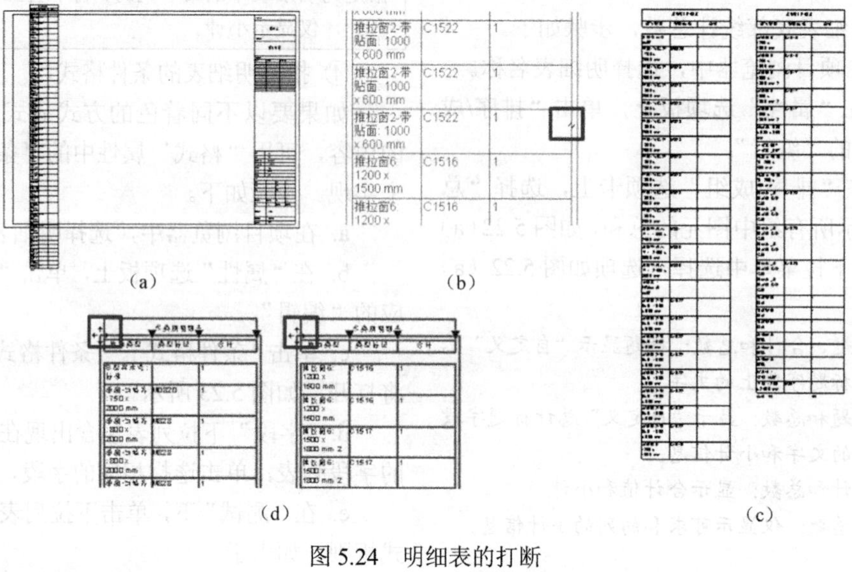

图5.24 明细表的打断

c. 要调整明细表分段中的行数，请拖曳第一个分段底部的蓝点，如果缩小明细表分段，容纳不下的行会自动移动到下一分段。

> 注：不能从图纸删除明细表分段。不能将明细表分段从一个图纸中拖曳到另一个图纸中。

⑥ 创建关键字明细表并赋值

当需要给某一类或几类构件添加一个或几个共同的参数，并且希望该参数既能在“属性”选项板中显示并编辑，也能在明细表中统计并编辑。如给所有的家具添加一个“物资编码”的参数，不同的类型家具、同类型家具不同规格的家具其“物资编码”不同，此参数只在当前项目中需要，使用“关键字明细表”可方便地实现。

步骤如下。

a. 单击“视图”选项卡 ➤“创建”面板 ➤“明细表”下拉列表 ➤ “明细表/数量”。

b. 在“新建明细表”对话框中，选择要设置明细表关键字的图元类别，如图 5.25（a）所示。

c. 选择“明细表关键字”，Revit 会自动填写关键字名称。这个名称将出现在图元的实例属性之中。如果需要，可输入一个新名称。

d. 单击“确定”。

e. 在“明细表属性”对话框中为样式添加预定义字段，如图 5.25（b）所示。

> 注：在关键字明细表中不能使用共享参数。

f. 单击“确定”，此时关键字明细表打开，如图 5.25（c）所示。

g. 单击“修改明细表/数量”选项卡 ➤“行”面板 ➤ （插入数据行），以便在表中添加行。在每一行创建一个新关键字值。例如，如果要家具编号关键字明细表，可以为家具创建编号等关键值，如图 5.25（d）所示。

h. 填写每个关键字值的相应信息，如图 5.25（d）所示。

⑦ 把关键字赋给相应的家具。

创建了关键字明细表，并给关键字进行了赋值，下一步就是把关键字赋给相应的家具。

步骤如下。

a. 选择含有预定义关键字的图元。例如，可以在平面视图中选择家具，如图 5.26（a）所示。

b. 在“属性”选项板中，找到关键字名称（例如，“物资编码”），然后单击值列。

c. 从列表中选择要赋给桌子的“关键字”，如图 5.26（a）所示“家具 001、家具 002…”。

d. 打开家具明细表，结果如图 5.26（b）所示。

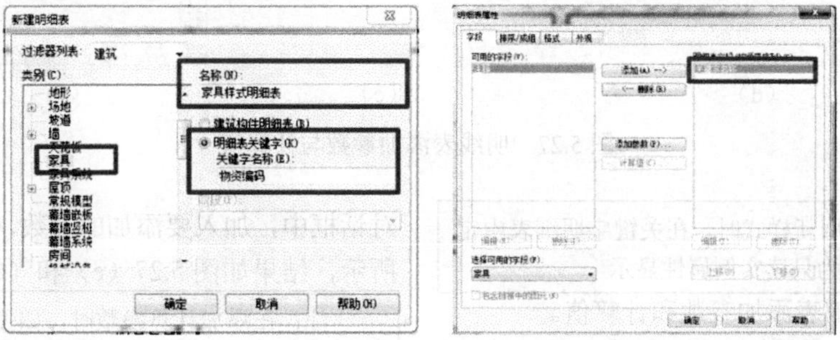

（a）　　（b）

<家具样式明细表>	
A	B
关键字名称	注释

（c）

<家具样式明细表>	
A	B
关键字名称	注释
家具001	
家具002	
家具003	
家具004	
家具005	
家具006	

（d）

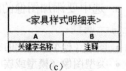

图 5.25　创建关键字明细表

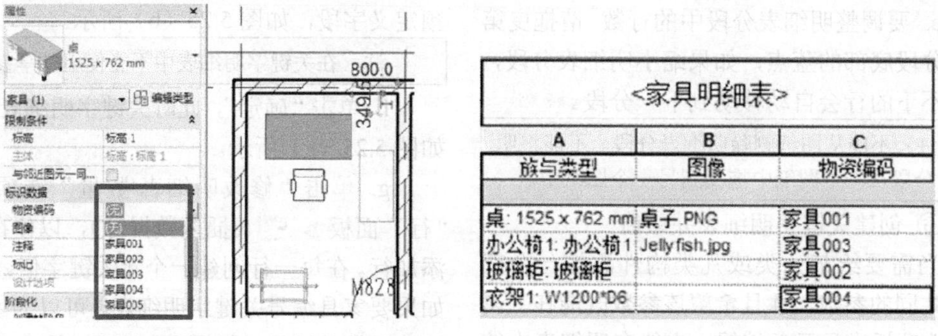

（a）（b）

图 5.26 关键字赋予家具

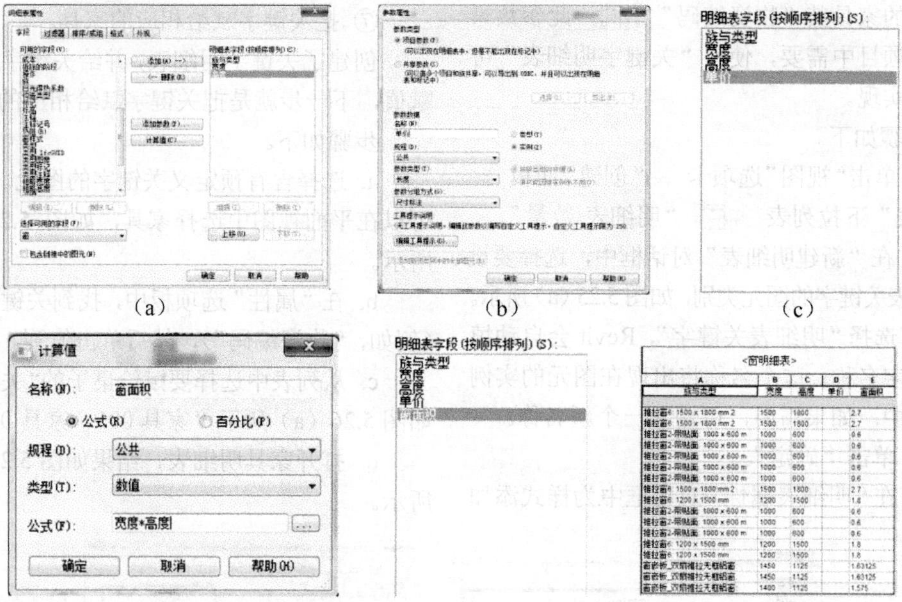

（a）（b）（c）

（d）（e）（f）

图 5.27 明线表添加参数与计算值

> 注：当应用新样式时，在关键字明细表中定义的属性将作为只读实例属性显示。

⑧ 给明细表添加参数和计算值。

a. 单击“视图”选项卡 ➤“创建”面板 ➤“明细表”下拉列表 ➤“明细表/数量”。

b. 在“新明细表”对话框的“类别”列表中选择一个构件“窗”，“名称”文本框中会显示默认名称“窗明细表”，根据需要添加相应的字段，如图 5.27（a）所示。

c. 点击图 5.27（a）中添加参数，在弹出的对话框中，加入要添加的参数，如图 5.27（b）所示，结果如图 5.27（c）所示。

d. 点击图 5.27（a）中计算值，在弹出的对话框中，加入要添加的参数，如图 5.27（d）所示，结果如图 5.27（e）和（f）所示。

> 注：在添加计算参数时，如弹出单位不一致时，可把公式改为：宽度*高度/1，即可。

⑨ 创建带有图像的明细表。

创建带有图像的明细表即明细表带有图元的图像，如图 5.28（c）所示。

a. 选中要添加图像的图元，浏览图元的以下任意一属性：

- 图像（模型中图元的实例属性）；
- 类型图像（模型或族中图元的类型属性）；
- 形状图像（钢筋形状类型族的类型属性）。

b. 单击属性的值字段，然后单击浏览按钮以打开“管理图像”对话框，如图5.28（b）所示。

c. 单击“添加”，然后浏览到与该图元关联的图像位置。

d. 选择该图像，然后单击“打开”。

e. 单击“确定”，该图像会导入并与模型一起保存。

f. 根据指定图像的方式创建明细表，其中包括“图像”“类型图像”或“形状图像”字段。

g. 创建图纸视图，并将明细表放置在图纸上，图像显示在图纸上放置的明细表视口中，如图5.28（c）所示。

注：1. 对于系统族，例如墙、楼板和屋顶，可以编辑模型中图元的“图像和类型图像”参数，以将图像与实例或族类型相关联。

2. 对于可载入的族，编辑模型中的“图像”属性可以将图像与可载入族的实例相关联。若要更改与族类型关联的图像，必须在“族编辑器”中打开该族，编辑族的“类型图像”属性，然后将族重新载入到模型中，并覆盖现有族和参数。

3. 对于钢筋形状族，可在“族编辑器”中打开该族，修改“钢筋形状参数”对话框（族类型）中的“形状图像”类型属性并重新加载族来管理与族关联的图像。“形状图像”属性与钢筋形状组关联。更改模型中钢筋图元的指定形状，也会更改“形状图像”。

4. “图像”和“类型图像”属性归类在“属性”选项板和“类型属性”对话框的“标识数据”下，“形状图像”归类在“构造”下。

5. 在第3和4步中，可将所有图像一次载入，在明细表中一一对应。

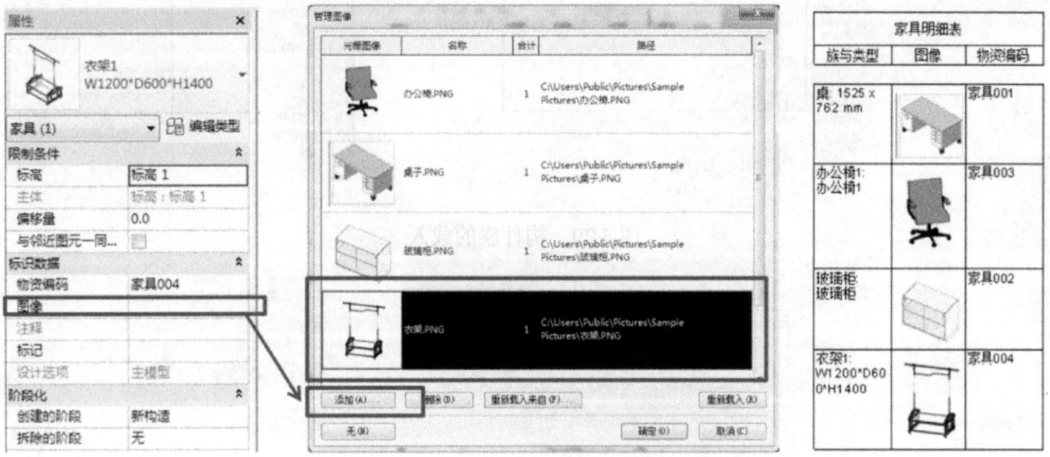

（a）　（b）　（c）

图5.28　创建带有图像的明细表

5.1.2.7　族的载入

（1）构件族的载入

① 单击“插入”选项卡 ➤“从库中载入”面板 ➤（载入族），图5.29（a）所示。

② 在“载入族”对话框中，双击要载入的族的类别，图5.29（b）所示。

③ 预览类别中的任意族（RFA）：

- 要预览单个族，请从列表中选择一个族；
- 在对话框右上角的“预览”下，会显示该族的缩略图；
- 要在列表中为该类别的所有族显示一个缩略图图像，请在对话框的右上角单击“视图”➤“缩略图”。

④ 选择要载入的族，然后单击“打开”，它将显示在项目浏览器中“族”下的相应类别中，图5.29（c）所示，现在该族类型就可以放置到项目中。

（2）构件族的载入——项目标准传递

对于系统族无法通过载入的方式加入项目中，可以把系统族的各种设置做成项目（样板）文件，通过“传递项目标准”的方式“载入”到另一个项目中。

① 打开源项目和目标项目。

② 在目标项目中，单击“管理”选项卡 ➤“设置”面板 ➤（传递项目标准），如图5.30

（a）所示。

③ 在“选择要复制的项目”对话框中，选择要从中复制的源项目，如图 5.30（b）所示。

④ 选择所需的项目标准。要选择所有项目标准，请单击“选择全部”，如图 5.30（a）所示。

⑤ 单击“确定”。

注：如果显示“重复类型”对话框，选择以下选项之一。

• 覆盖：传递所有新项目标准，并覆盖复制类型。

• 仅传递新类型：传递所有新项目标准，并忽略复制类型。

• 取消：取消操作。

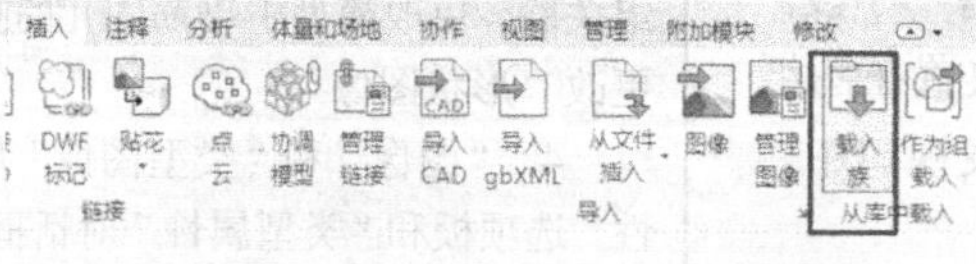

（a）

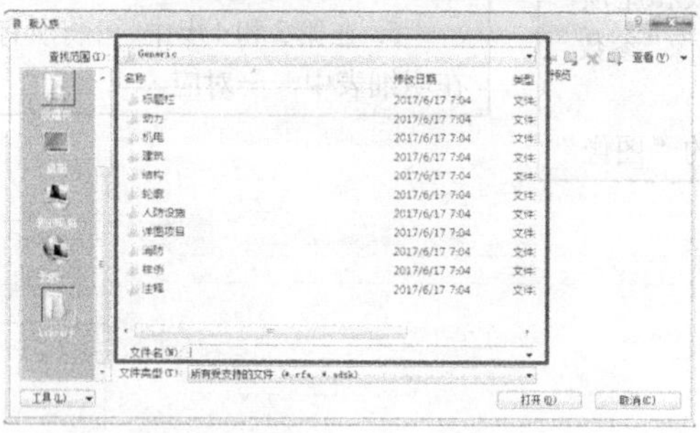

（b）

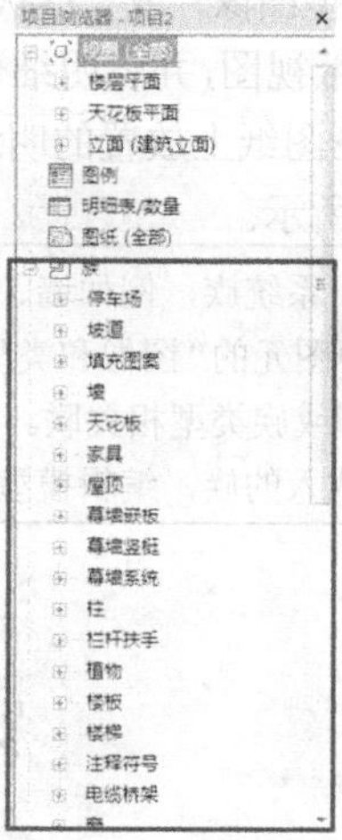

（c）

图 5.29　构件族的载入

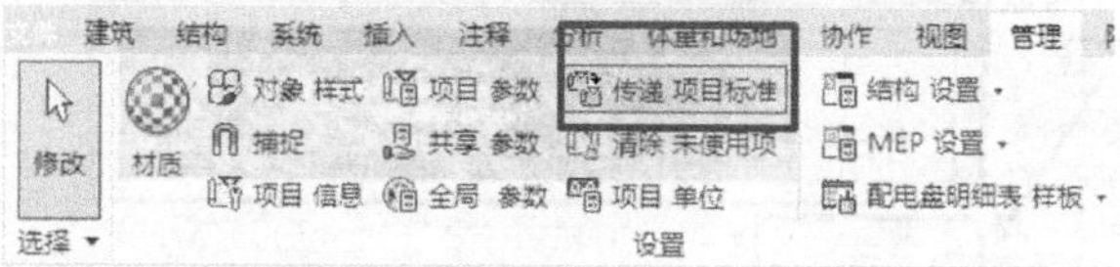

（a）

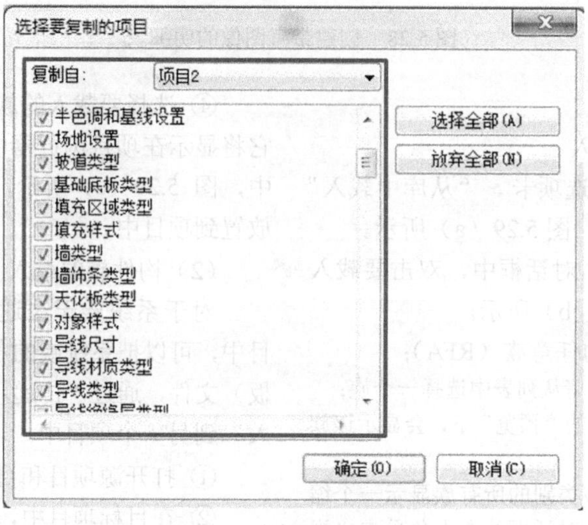

（b）

图 5.30　传递项目标准

5.1.2.8 其他设置

管理选项卡内容主要有：设置、项目位置、设计选项、管理项目、阶段化、选择、查询、宏。样板制作时，主要是设置选项卡中的材质、对象样式、捕捉、项目单位、传递项目标准、结构设置、MEP 设置、其他设置等。

（1）材质与对象样式设置

Revit 产品中的材质代表实际的材质，例如混凝土、木材和玻璃。为对象提供真实的外观和行为及物理特性（例如，屈服强度和热传导率）支持工程分析。在样板制作时要设置好自己的材质库及相应材料外观、物理特性等。可通过管理选项卡，单击材质打开材质浏览器，可通过左下角三个按钮来建材质库，新建和复制材质，打开材质资源浏览器，选择相应的材质添加到材质浏览器中，如图 5.31（a）所示。

“对象样式”工具可为项目中不同类别和子类别的模型对象、注释对象和导入对象指定线宽、线颜色、线型图案和材质，影响模型、视图的显示，及最后的出图。可通过单击“管理”选项卡 ▶“设置”面板 ▶（对象样式），如图 5.31（b）所示。

（2）项目单位

可以对项目的单位提前进行设置：如长度、面积、体积、角度、坡度、货币、质量密度，如图 5.32（a）所示，点击要设置的内容，出现格式设置对话框，如图 5.32（b）所示，进行相应的设置即可。

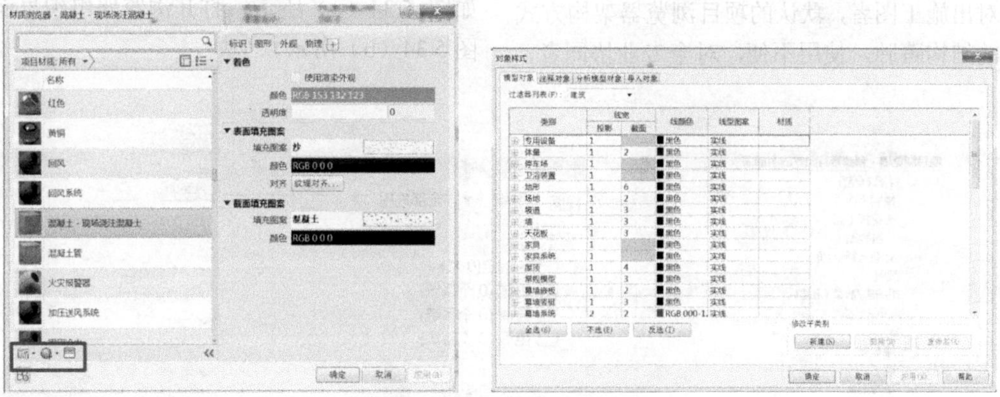

（a） （b）

图 5.31 材质与对象样式设置

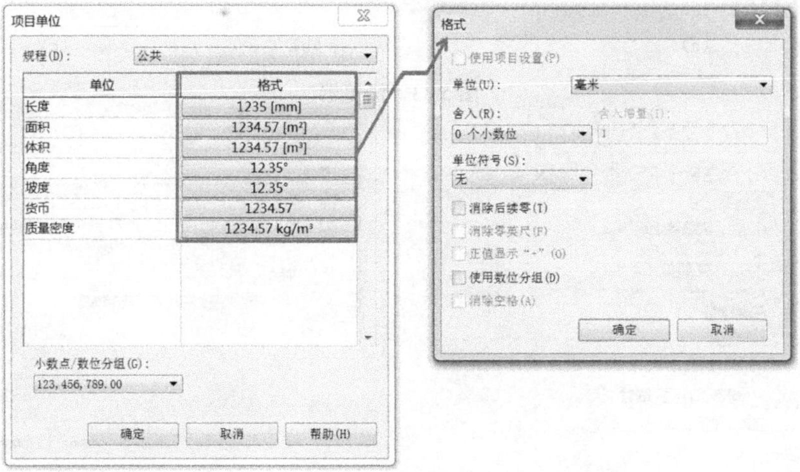

（a） （b）

图 5.32 项目单位设置

5.1.3 视图管理

Revit 的浏览器有两种：系统浏览器和项目浏览器，系统浏览器是一个用于高效查找未指定系统的构件的工具，如图 5.33（a）所示，项目浏览器是显示当前项目中所有视图、明细表、图纸、族、组和其他部分的逻辑层次的工具，用于导航和管理复杂项目，如图 5.33（b）所示。

系统/项目浏览器可通过，"视图"选项卡 ➤ "窗口"面板 ➤ "用户界面"下拉菜单 ➤ "系统浏览器" ➤ "项目浏览器" 打开，如图 5.33（c）所示。

对于只做模型的 BIMer（BIM 使用者），Revit 默认的浏览器组织方式通常是够用的。但对出施工图者，默认的项目浏览器架构方式显的结构臃肿，使用不便，对全专业协同者，为了链接的方便，默认样板使用也不便，为提高出出图效率和建模效率有必要对项目浏览器架构进行组织。

下面将对浏览器的组织结构和设置方法做简单介绍。

5.1.3.1 项目浏览器视图组织结构

浏览器视图组织结构的原理或架构：按照视图或图纸的任意属性值对项目浏览器中的视图和图纸进行排序，如按规程（专业）、阶段和视图类型为排序顺序组织的。"视图" 分支的顶层也显示了当前所应用的排序组的名称（在本示例中为"规程"）。

通过右键单击项目浏览器中的视图，选择打开浏览器组织进行设置，如图 5.34（a）所示，或通过视图 ➤ 用户界面 ➤ 浏览器组织，如图 5.34（a）所示，打开浏览器组织界面如图 5.34（b）所示。

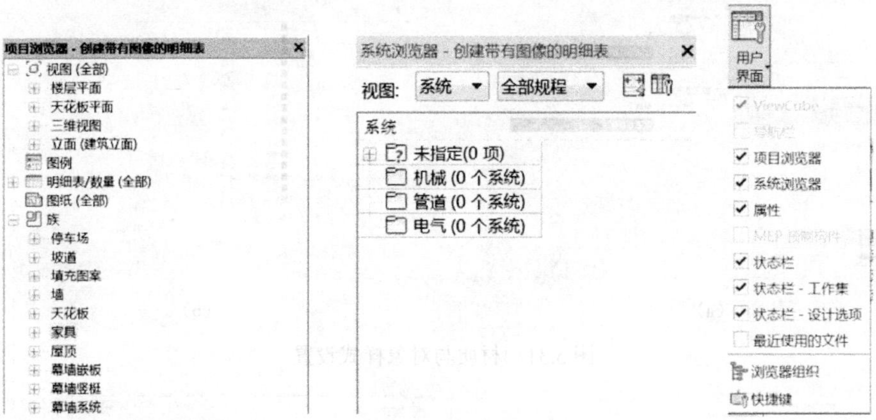

（a） （b） （c）

图 5.33 浏览器

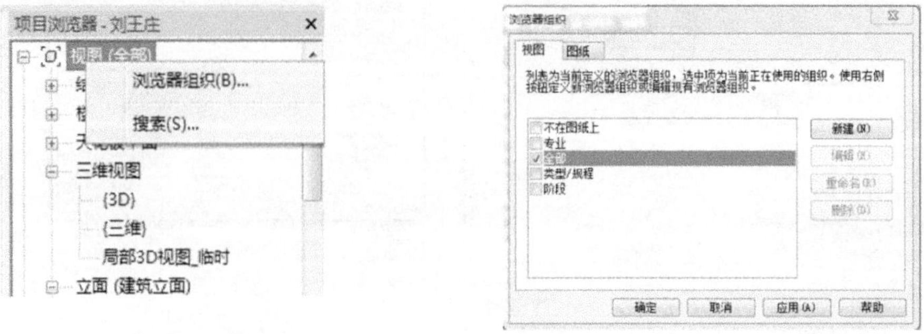

（a） （b）

图 5.34 浏览器组织

在如图 5.34(b)所示的几种组织结构中，“全部”“专业”“类型/规程”是最常用的组织方法，区别在于属性值的组织和排序方式不同。

（1）全部

如图 5.35 所示，默认显示所有的项目视图，并按视图类型进行分类放置的排序方式，是系统默认的“全部”组织结构，但不能对全部组织结构进行编辑。

（2）专业

规程成组/排序方式就是按照专业（图 5.36）和视图类型分组组织视图，该排序方式适用于如下情况。

- 在设计过程中，需要给其他专业提条件图，为此可以复制一个视图出来，在该视图中只创建其他专业需要的设计信息，同时希望把该视图单独放置到项目浏览器一个单独的节点下（如协调）统一管理。
- 有多个专业进行工作集协同设计时，希望项目浏览器中的视图按专业分类放置。

（3）类型/规程

如图 5.37 所示，该组织结构和规程的排序规则正好相反：先按“族与类型”（视图类型）分组，再按“规程”（专业）分组，然后每个视图按“视图名称”的升序排序。

通过上述三个浏览器视图组织的了解可以看出，不同组织方式的区别：视图或图纸的属性值按不同的方式排序。

下面将讲述如何对其进行组织排序。

（4）MEP 设置与其他设置

对机电安装则要进行 MEP 的设置，如图 5.38（a）所示，点击机械设置对风管、管道的角度、尺寸等进行设置，如图 5.38（b）所示。

为了更好表现，还要在其他设置中对填充样式、材质资源、线样式、线宽、详图索引标记、立/剖面标记、箭头、尺寸标注样式、详细程度按要求设置，如图 5.38（c）所示。

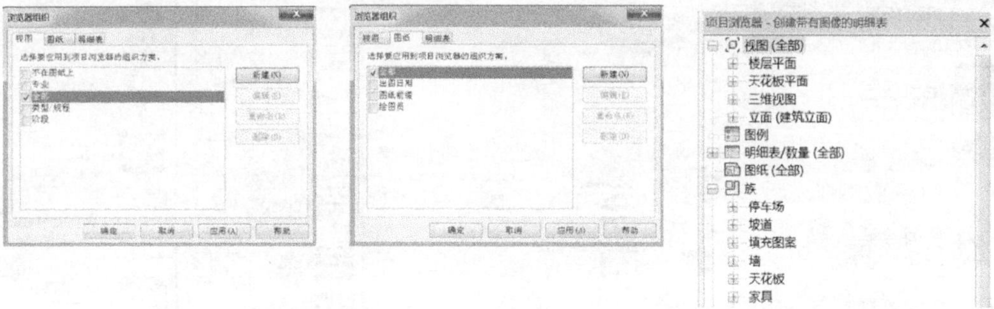

（a）　（b）　（c）

图 5.35　浏览器组织——全部

（a）　（b）

图 5.36　浏览器组织——专业

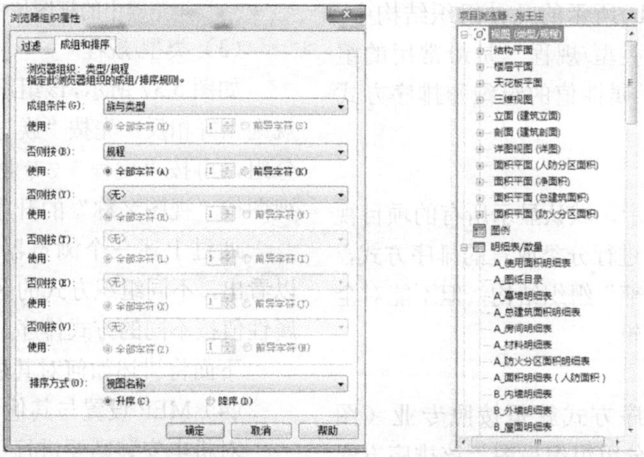

（a）　　　　　　　　　　　　　　　（b）

图 5.37　浏览器组织——类型/规程

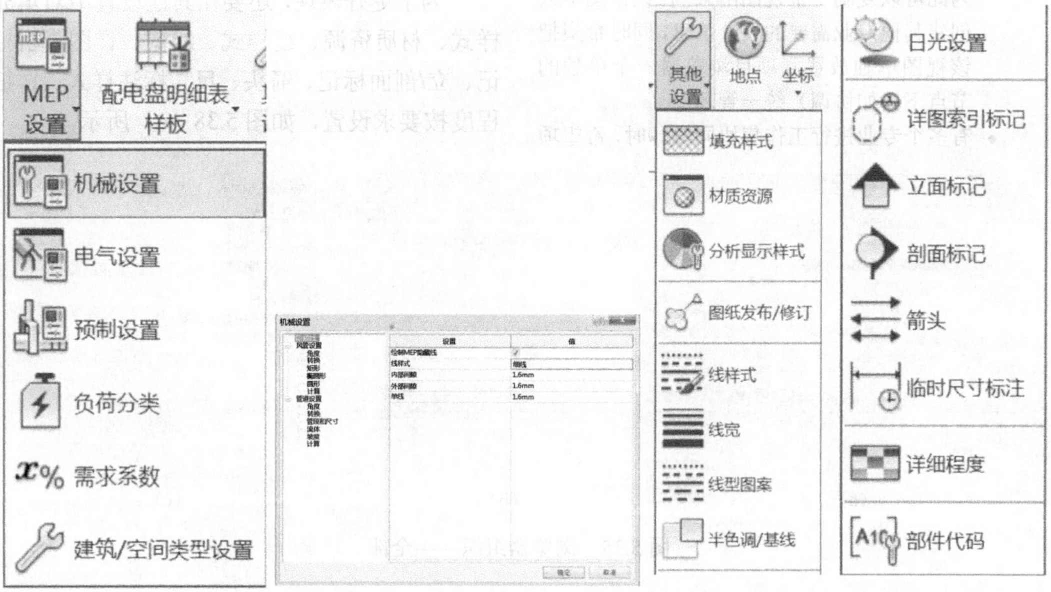

（a）　　　　　　　　　　（b）　　　　　　　　　　（c）

图 5.38　MEP 设置和其他设置

（5）多余项的清除

按要求（制图、个人习惯、企业规定）对样板文件设置好后，对于有些不需要的内容，可以清除，以减小样板文件的大小，提高查找效率。这时需要用到清理未使用项选项，通过单击“管理”选项卡 ▶“设置”面板 ▶（清除未使用项），打开清除未使用项对话框，如图 5.39 所示，选择要清理的项，点击确定即可。

5.1.3.2　创建排序组

可以为项目视图或图纸创建排序组，步骤如下。

① 单击“视图”选项卡 ▶“窗口”面板 ▶“用户界面”下拉列表 ▶“浏览器组织”，如图 5.40（a）所示。

② 在“浏览器组织”对话框中，单击“视图”选项卡可为项目视图创建排序组，或单击“图纸”选项卡为图纸创建排序组，见图 5.40（b）。

③ 单击“新建”，见图 5.40（c）输入排序组的名称，然后单击“确定”，如图 5.40（d）

所示。

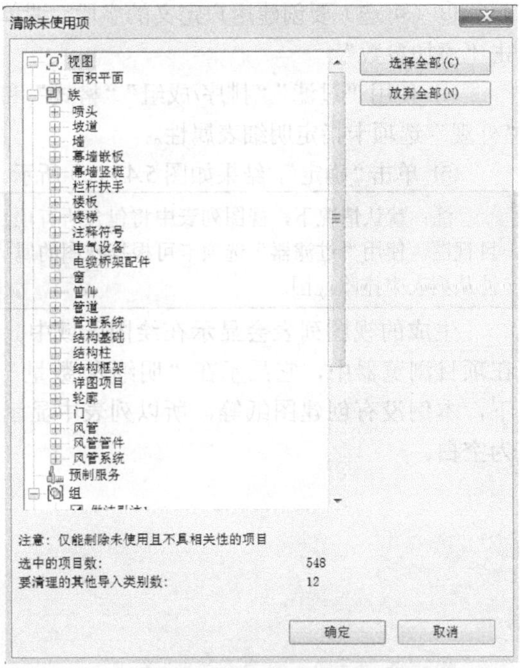

图 5.39　清除未使用项

④ 在第一个“成组条件”列表中，选择作为成组条件的视图或图纸属性，见图 5.41（a）。

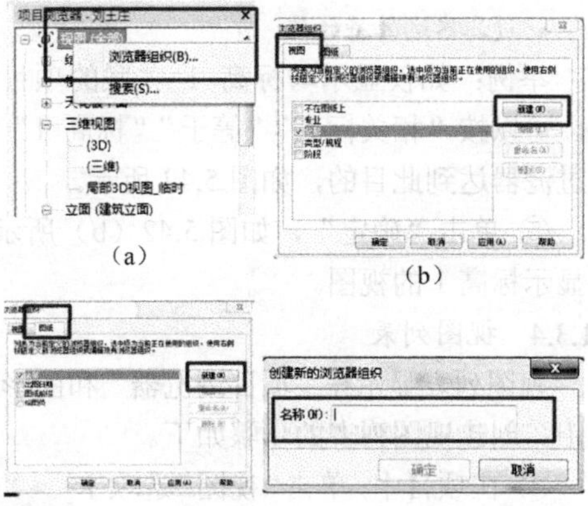

（a）　（b）　（c）　（d）

图 5.40　创建排序组 1

> 注：为了使排序能正常进行，必须为各个视图或图纸定义所选属性的值。要编辑视图或图纸属性，请在项目浏览器中的视图或图纸名称上单击鼠标右键，然后选择“属性”。

⑤ 如果只想考虑属性值的前几个字符，请选择“前导字符”，然后指定一个值，见图 5.41（b）。

⑥ 在“排序方式”列表中，选择相应的方式，然后选择升序或降序，见图 5.41（c）。

⑦ 单击“确定”。

（a）　（b）　（c）

图 5.41　创建排序组 2

5.1.3.3　为排序组添加过滤器

过滤器可以根据设置来显示，如只显示与标高 1 关联的项目视图。步骤如下。

① 单击“视图”选项卡 ➤“窗口”面板 ➤“用户界面”下拉列表 ➤ “浏览器组织”。

② 在“浏览器组织”对话框中，单击“视图”选项卡以将过滤器应用于项目视图，或单击“图纸”选项卡以将过滤器应用于图纸。

③ 在“浏览器组织属性”对话框中，单击“过滤器”选项卡，如图 5.42（a）所示。

④ 选择下列项目，可添加一个或多个过滤器。

- 视图或图纸属性作为过滤器；
- 过滤器运算符；

• 过滤器运算符的值。

举例：如仅显示与标高 1 关联的项目视图，可以按“相关标高”“等于”“标高 1”创建过滤器达到此目的，如图 5.42 所示。

⑤ 单击“确定”，如图 5.42（b）所示，只显示标高 1 的视图。

5.1.3.4 视图列表

视图列表显示在“项目浏览器”和图形区域中。创建视图列表的步骤如下。

① 在项目中，单击“视图”选项卡 ➤“创建”面板 ➤“明细表”下拉列表 ➤（视图列表），如图 5.43（a）所示；

② 在“视图列表属性”对话框的“字段”选项卡上，选择要包含在视图列表中的字段，如图 5.43（b）所示。

③（可选）要创建用户定义的字段，请单击“添加参数”。

④ 使用“过滤”“排序/成组”“格式”和“外观”选项卡指定明细表属性。

⑤ 单击“确定”，结果如图 5.43（c）所示。

> 注：默认情况下，视图列表中将包含所有项目视图。使用“过滤器”选项卡可根据视图的属性从列表中排除视图。

生成的视图列表会显示在绘图区域中。在项目浏览器中，它显示在“明细表/数量”下，本例没有创建图纸等，所以列表中显示为空白。

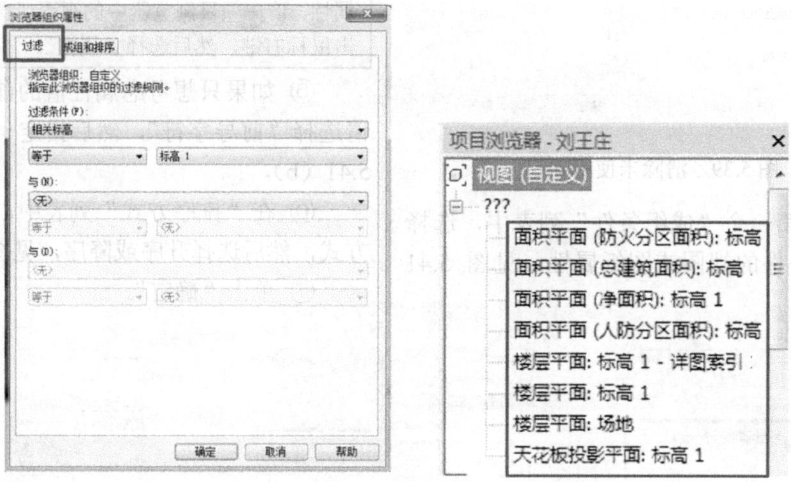

（a）　　　　（b）

图 5.42　创建过滤器

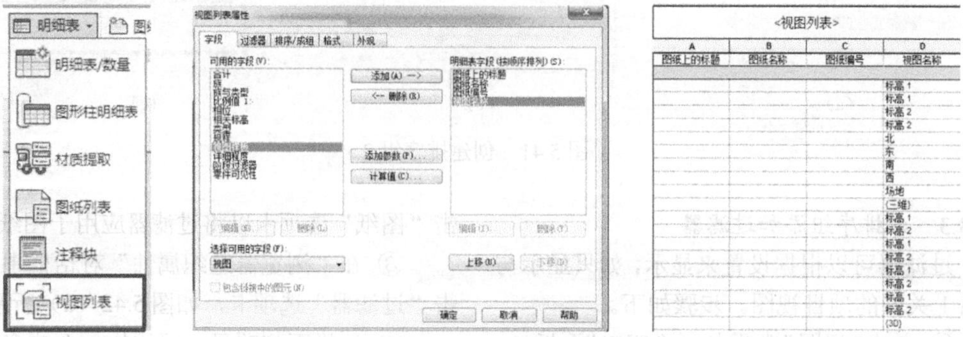

（a）　　　　（b）　　　　（c）

图 5.43　创建视图列表

5.2 BIM 模型创建

Revit 建模，是上面各知识点的应用。但是 Revit 不同于 CAD 画图，其建模按一定的顺序，才比较顺畅和更好地提高效率。在设计阶段，通常是体量来进行方案推敲，用 CAD 进行初步方案推敲，把体量放置于项目中，生成体量楼层，用面墙、面楼板、面屋顶创建，墙、楼板和面屋顶、细部构件建模等。如果已有 CAD 的施工图，直接链接 CAD 平立剖面施工图进行建模，则又称为翻模，最后为用模，如图 5.44 所示。

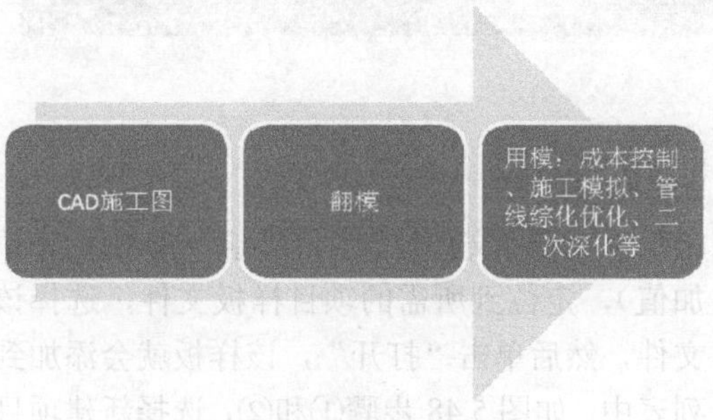

图 5.44　翻模用模流程

5.2.1 样板的应用

前面所制作的样板文件不能通过双击或直接打开在其绘图区进行建模。Revit 应用样板新建项目通常有如下几种方式。

（1）用样板新建项目

启动 Revit 界面，如图 5.45（a）所示，点击图 5.45（a）中新建，在打开的新建项目中单击浏览，在随后打开的对话框中，打开相应的样板文件，单击图 5.45（b）所示的确定，则以选定的样板新建项目。

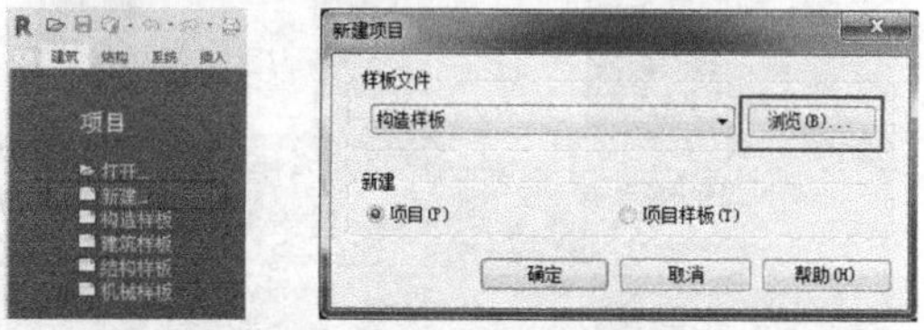

（a）　　（b）

图 5.45　应用样板新建项目方式 1

（2）用近期使用过的样板新建项目

已经在处理 Revit 任务，用样板创建项目时，可用如下方式。

- 通过单击“视图”选项卡 ▶“窗口”面板 ▶“用户界面”下拉列表 ▶“最近使用的文件”，如图 5.46（a）所示，返回图 5.45（a）所示窗口，结果如图 5.46（b）所示，参照方式（1）的方式创建项目即可。

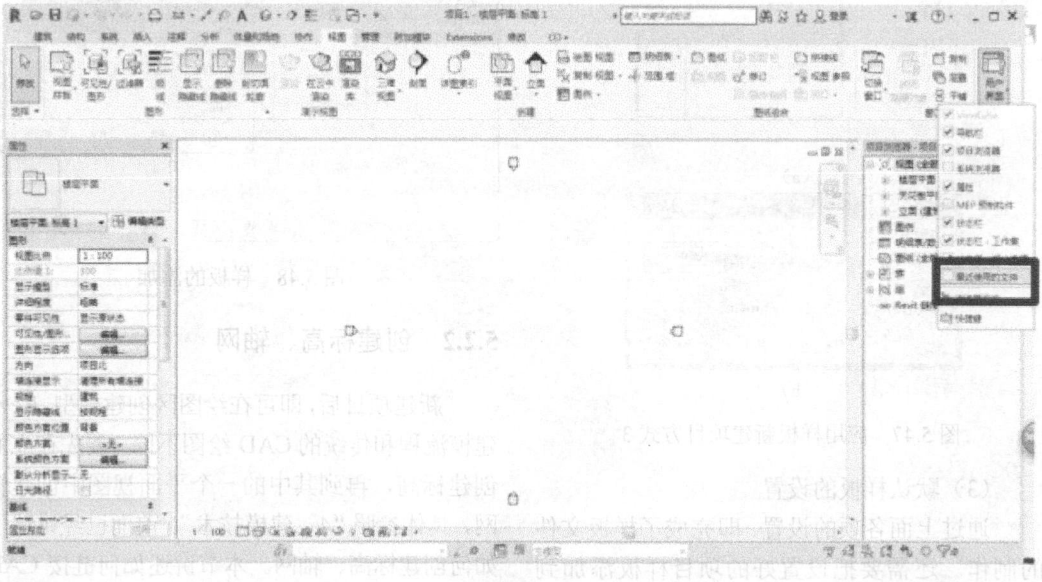

（a）

图 5.46

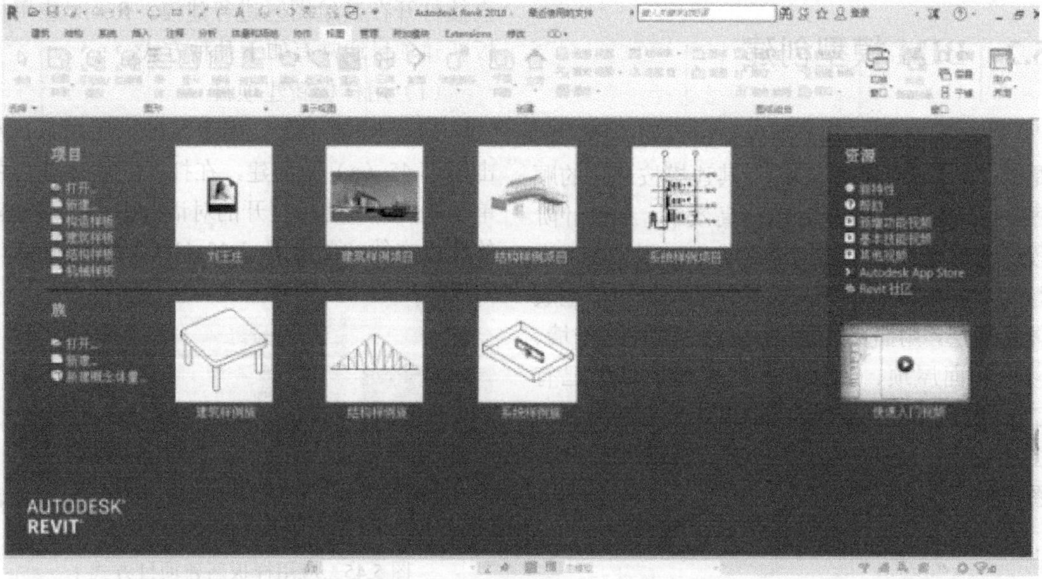

（b）

图 5.46　应用样板新建项目方式 2

• 单击“文件”选项卡 ▶ 新建 ▶ （项目），如图 5.47（a）所示，在随后打开的对话框［图 5.47（b）］，参照方法 1 所述。

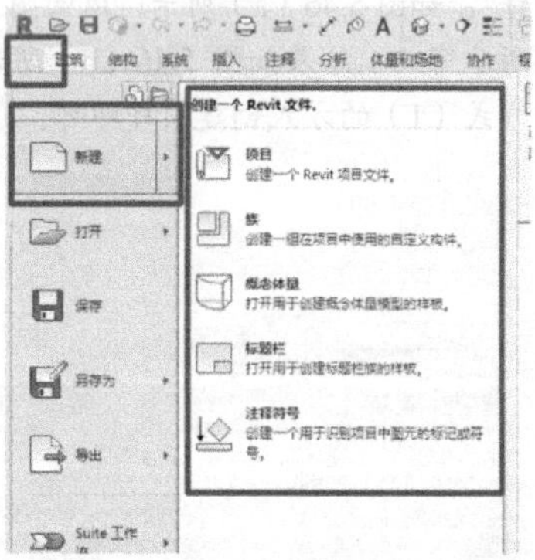

（a）

（b）

图 5.47　应用样板新建项目方式 3

（3）默认样板的设置

通过上面各项的设置，即完成了样板文件的制作。还需要把设置好的项目样板添加到 Revit 的样板库中，才可方便地利用已做好的样板文件建立新项目。通过单击“文件” ▶ “选项” ▶ 单击“文件位置”选项卡 ▶ 单击 （添加值），定位到所需的项目样板文件，选择该文件，然后单击“打开”，该样板就会添加到列表中。如图 5.48 步骤①和②，选择新建项目时，如图 5.48 步骤③和④。

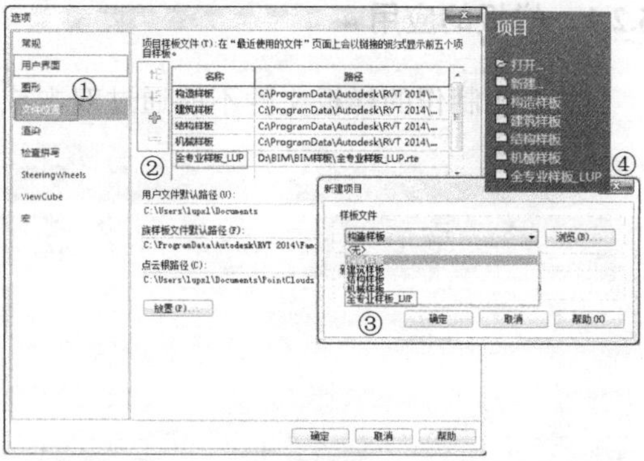

图 5.48　样板的添加

5.2.2　创建标高、轴网

新建项目后，即可在绘图区创建模型，Revit 建模流程和传统的 CAD 绘图不同。要先在立面创建标高，再到其中的一个平面视图中创建轴网，具体参照“4　建模技术”。前面已经讲述了如何创建标高、轴网。本节讲述如何链接 CAD 图，根据链接进的 CAD 图创建标高轴网。

步骤如下。

① 单击“插入”选项卡 ➤“链接”面板 ➤ （链接 CAD）。

② 在对话框中，对于“文件类型”，选择所需的文件类型。

③ 导航到包含要链接文件的文件夹，然后选择文件。

④ 指定以下选项。

- 如果希望链接文件仅显示在当前视图中，请选择“仅当前视图”。
- 如果未选择该选项，则链接文件将显示在所有相关二维视图中。
- 为“图层”选择下列值之一。
  - ➢ 全部：在项目中显示所有链接的文件图层，包括隐藏的图层。
  - ➢ 可见：在项目中显示链接文件的可见图层。在 AutoCAD DWG 文件中当前隐藏的图层不会显示在 Revit 中。
  - ➢ 指定：允许从列表中选择要在项目中显示的图层。单击“打开”之后，Revit 将显示图层列表，可从中进行选择。

⑤ 单击“打开”。

⑥ 通过拾取 CAD 图上的标高和轴线，在 Revit 中生成标高和轴网。

注：1. 如果您为“图层”选择了“指定”，则“选择要导入/链接的图层/标高”对话框中将列出文件中的图层。选择所需图层，然后单击“确定”；

2. 未选择的图层在 Revit 项目中不可用（但是，这些图层仍然存在于 CAD 文件中）。

5.2.3 面墙、面楼板、面屋顶

根据体量，生成面墙、面楼板、面屋顶，具体方法参照“族与体量”中的相关内容。

5.2.4 构件细化

构件细化，就是进一步建模，建模精度和详细程度，可根据 BIM 目标和应用内容，参照国家标准制定。各种构件的创建方法可参照前面所述内容。

5.2.5 视图创建

在计算机领域，视图是一个虚拟表，指计算机数据库中的视图，基本内容由查询定义组成，同真实的表一样，视图包含一系列带有名称的列和行数据。在建筑制图中，视图是将物体按正投影法向投影面投射时所得到的投影。在 Revit 中视图图元包含楼层平面图、天花板平面图、三维视图、立面图、剖面图及明细表等。

在 Revit 中，视图图元的平面图、立面图、剖面图及三维轴测图、透视图等都是基于模型生成的视图表达，它们是相互关联的，可以通过软件对象样式的设置来统一控制各个视图的对象显示，如图 5.49 所示。

每一个平面、立面、剖面视图都具有相对的独立性，如每一个视图都可以对其进行构件可见性、详细程度、出图比例、视图范围等进行设置。下面将主要平、立、剖面，三维，明细表视图进行简单的介绍。

5.2.5.1 平面视图

平面视图属于二维视图，是 Revit 最重要的设计视图，大部分设计内容都是在平面视图中操作完成的。除常用的楼层平面视图、天花板投影平面视图、结构平面视图、场地平面视图和面积平面视图外，设计中常用的房间分析平面、可出租和总建筑面积平面、防火分区平面等平面视图都是从楼层平面视图演化而来，并和楼层平面视图保持一定的关联关系。

（1）平面视图的创建

平面视图的创建有如下三种方式。

① 绘制标高时创建。在立面视图中创建标高时，勾选选项栏中的“创建平面视图”选项，则会自动创建相关视图。

②“平面视图”命令。当通过复制和阵列创建标高时，不自动创建平面视图。可通过单击“视图”选项卡 ➤“创建”面板 ➤“平面视图”选择要创建的相关平面视图。

③“复制视图”工具。有三种方式，具体见表 5.5。

楼层平面、结构平面、天花板平面和三维视图的相关概念及创建方法如表 5.6 所列。

（2）平面视图编辑与设置

创建的平面视图，可以根据设计需要，通过视图控制栏（图 5.50）或视图实例属性面板中（图 5.51）的选项设置视图比例、图元可见性、详细程度、显示样式、视图裁剪等。

图 5.49　可见性控制视图

表 5.5　复制视图工具

命令	内　容
复制视图	该命令中复制图中的轴网、标高和模型图元，其他门窗标记、尺寸标注、详图线等注释类图元都不复制。而且复制的视图和原始视图之间仅保持轴网、标高、现有及新建模型图元的同步自动更新，后续添加的所有注释类图元都只显示在创建的视图中，复制的视图中不同步
带细节复制	复制当前视图所有的轴网、标高、模型图元和注释图元。但复制的视图和原始视图之间仅保持轴网、标高、现有及新建模型图元、现有注释图元的同步自动更新，后续添加的所有注释类图元都只显示在创建的视图中，复制的视图中不同步
复制作为相关	可复制当前视图所有的轴网、标高、模型图元和注释图元，而且复制的视图和原始视图之间保持绝对关联，所有现有图元和后续添加的图元始终自动同步

注：也可在项目浏览器的“楼层平面”节点下选择要复制的视图，单击鼠标右键，选择“复制视图”的相关命令，复制视图后再“重命名”视图。

表 5.6　平面视图相关概念与创建方法

名　称	概　念	创 建 方 法
楼层平面视图	楼层平面视图是新建项目的默认视图，为建筑平面视图	1.绘制新标高时自动创建; 2.“视图”选项卡 ➤“创建”面板 ➤“平面视图”下拉列表 ➤（楼层平面）
结构平面视图	结构平面视图是使用结构样板开始新项目时的默认视图	1.绘制新标高时自动创建; 2.“视图”选项卡 ➤“创建”面板 ➤“平面视图”下拉列表 ➤（结构平面）
天花板投影平面视图	天花板的投影视图	1.绘制新标高时自动创建; 2.“视图”选项卡 ➤“创建”面板 ➤“平面视图”下拉列表 ➤（天花板投影平面）

续表

名称		概念	创建方法
面积平面视图		面积平面是模型中面积方案的视图	“视图”选项卡 ▶“创建”面板 ▶“平面视图”下拉列表 ▶（面积平面）
三维视图	正交三维视图	正交三维视图用于显示三维视图中的建筑模型，在正交三维视图中，不管相机距离的远近，所有构件的大小均相同	1.打开一个平面视图、剖面视图或立面视图； 2.单击“视图”选项卡 ▶“创建”面板 ▶“三维视图”下拉列表 ▶“相机”； 3.在选项栏上清除“透视图”选项； 4.在绘图区域中单击一次以放置相机，然后再次单击放置目标点
三维视图	透视三维视图	透视三维视图用于显示三维视图中的建筑模型，在透视三维视图中，越远的构件显示越小，越近的构件显示越大	1.打开一个平面视图、剖面视图或立面视图； 2.单击“视图”选项卡 ▶“创建”面板 ▶“三维视图”下拉列表 ▶“相机”； 3. 在选项栏上勾选“透视图”选项； 4.在绘图区域中单击以放置相机，将光标拖曳到所需目标然后单击即可放置
	默认三维视图	相当于将相机放置在模型的东南角之上，同时目标定位在第一层的中心	

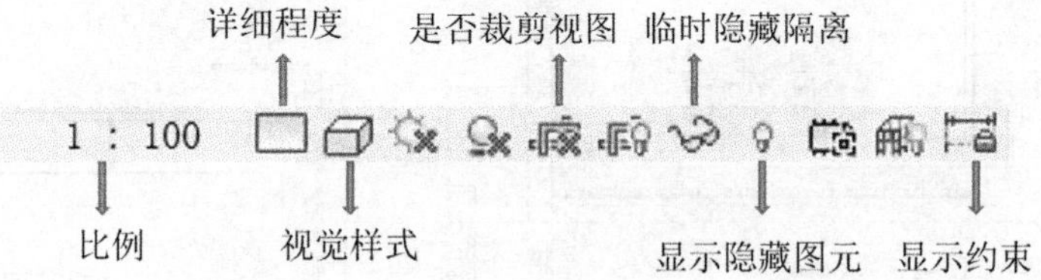

图 5.50　视图控制栏

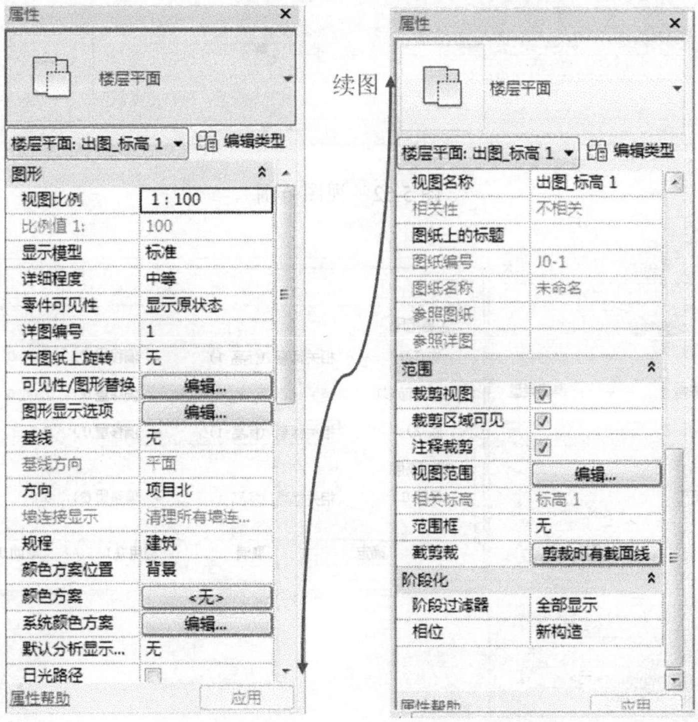

（a）　　　　　　　　　　（b）

图 5.51　视图实例属性面板

Revit 中平面视图图元的显示，由视图范围、平面区域与截剪裁的参数设置控制。

① 视图范围的概念。

视图范围是控制对象在视图中的可见性和外观的水平平面集。每个平面图都具有视图范围属性，该属性也称为可见范围。定义视图范围的水平平面为“俯视图”“剖切面”和“仰视图”。顶剪裁平面和底剪裁平面表示视图范围的最顶部和最底部的部分。剖切面是一个平面，用于确定特定图元在视图中显示为剖面时的高度。这三个平面可以定义视图范围的主要范围。

视图深度是主要范围之外的附加平面。更改视图深度，以显示底裁剪平面下的图元。默认情况下，视图深度与底剪裁平面重合。

图 5.52 显示平面视图的视图范围⑦：顶部①、剖切面②、底部③、偏移（从底部）④、主要范围⑤和视图深度⑥。

右侧平面视图显示了此视图范围的结果。平面视图范围的设置如图 5.53 所示。

与剖切平面相交的图元，在平面视图中，除非指定基线以显示视图范围之外的标高平面视图的内容，否则视图范围外的图元不会显示在该视图中，与剖切面相交的图元，Revit 使用以下规则显示。

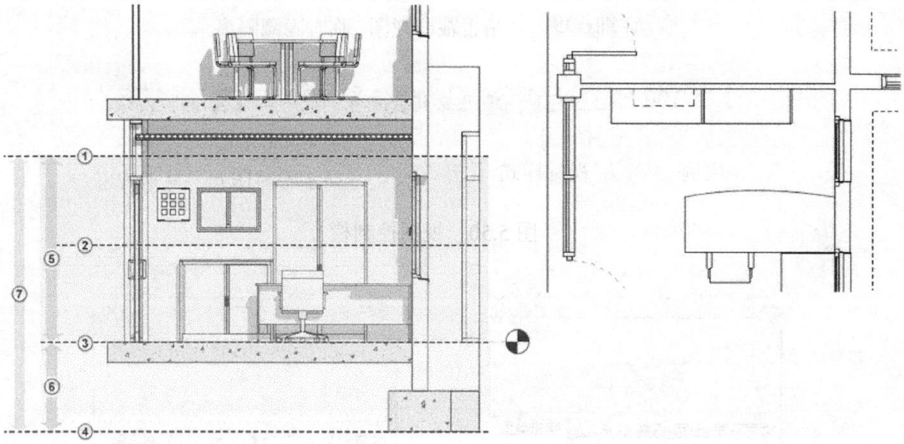

图 5.52 视图范围

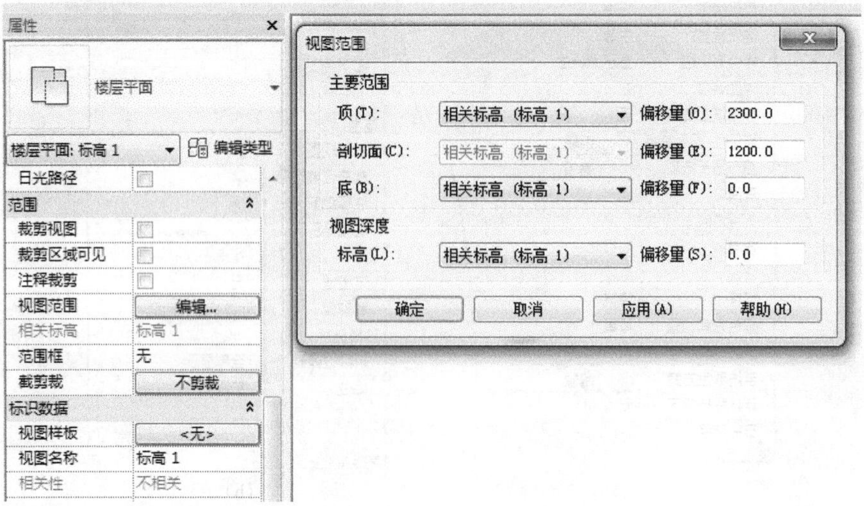

图 5.53 平面视图范围的设置

- 使用其图元类别的剖面线宽绘制。
- 当图元类别没有剖面线宽时，该类别不可剖切，此图元使用投影线宽绘制。

例外情况包括以下内容：

- 高度小于 6ft（或 2m）的墙不会被截断，即使它们与剖切面相交。如创建的墙的顶部比底剪裁平面高 6ft（或 2m），则在剖切平面上剪切墙。当墙顶部不足 6ft（或 2m）时，整个墙显示为投影，即使是与剖切面相交的区域也是如此；
- 如族被定义为不可剖切，则其图元与剖切平面相交时，使用投影线宽绘制（如图 5.54 中②所示）；
- 如族被定义为可剖切，则其图元与剖切面相交时，使用剖切线宽绘制（如图 5.54 中①所示）。

低于剖切面且高于底剪裁平面的图元，在平面视图中，Revit 使用图元类别的投影线宽绘制这些图元。图 5.55 所示，蓝色高亮显示低于剖切面且高于底剪裁平面的图元（图中框、桌、椅等），右侧平面视图显示以下内容：使用投影线宽绘制的图元（①所示），因为它们不与剖切面相交（橱柜、桌子和椅子）。

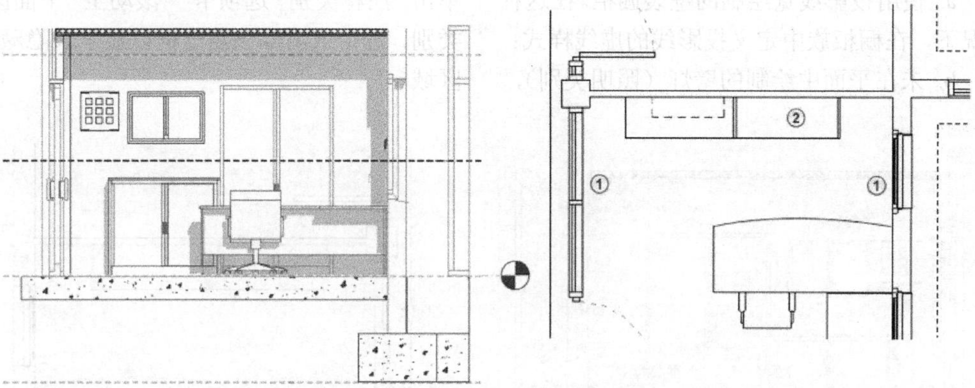

图 5.54　与剖切平面相交的图元显示

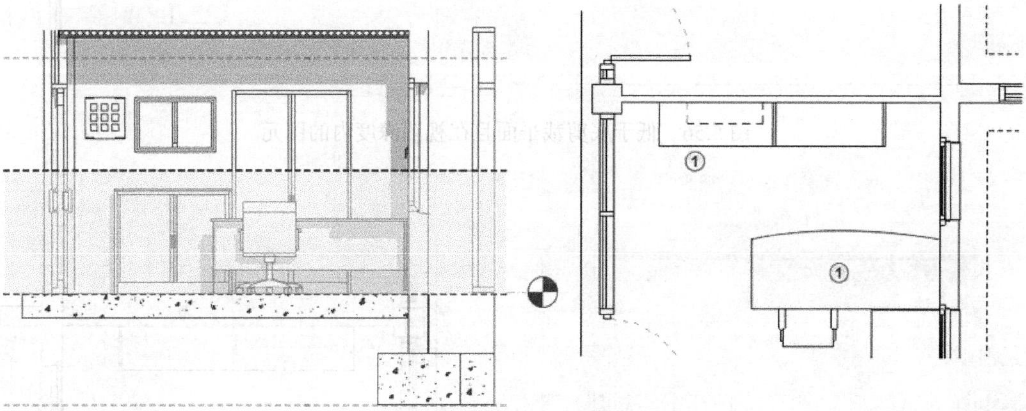

图 5.55　低于剖切面且高于底剪裁平面的图元

低于底剪裁平面且在视图深度内的图元，低于底剪裁平面且在视图深度内的图元使用 <超出> 线样式绘制，与图元类别无关。

例外情况：位于视图范围之外的楼板、结构楼板、楼梯和坡道使用一个调整后的范围，比主要范围的底部低 4ft（约 1.22m）。在该调整范围内，使用该类别的投影线宽绘制图元。如果它们存在于此调整范围之外但在视图深度内，则使用 <超出> 线样式绘制这些图元。如图 5.56 中，蓝色高亮显示指示低于底剪裁平面且在视图深度内的图元（图中地面以下部分）。右侧平面视图显示以下内容：

a. 使用<超出>线样式绘制的视图深度内的图元（基础）；

b. 使用投影线宽为其类别绘制的图元，因为它满足例外条件。

高于剖切面且低于顶剪裁平面的图元，这些图元不会显示在平面视图中，除非其类别是窗、橱柜或常规模型。这三个类别中的图元使用从上方查看时的投影线宽绘制。如图 5.57 中，蓝色高亮显示指示视图范围顶部和剖切平面之间出现的图元（图中装饰画等），右侧平面视图显示以下内容：

a. 使用投影线宽绘制的壁装橱柜。在这种情况下，在橱柜族中定义投影线的虚线样式；

b. 未在平面中绘制的壁灯（照明类别），因为其类别不是窗、橱柜或常规模型。

② 平面区域。

平面区域用于定义平面视图中的多个剖切面。如图 5.58 所示，可选中平面区域的绿色虚线（图右侧虚线），在属性栏中，视图范围，设置平面区域的视图范围剖切面偏移量高于墙底高（1600mm），使墙 2 显示在平面图中。

如果不需要平面区域的绿色虚线（图右侧虚线）显示在平面图中，可通过单击“视图”选项卡 ▶ “图形” 面板 ▶ （可见性/图形） ▶ 单击“注释类别”选项卡 ▶ 滚动至“平面区域”类别，选中或清除该复选框以显示或隐藏平面区域。

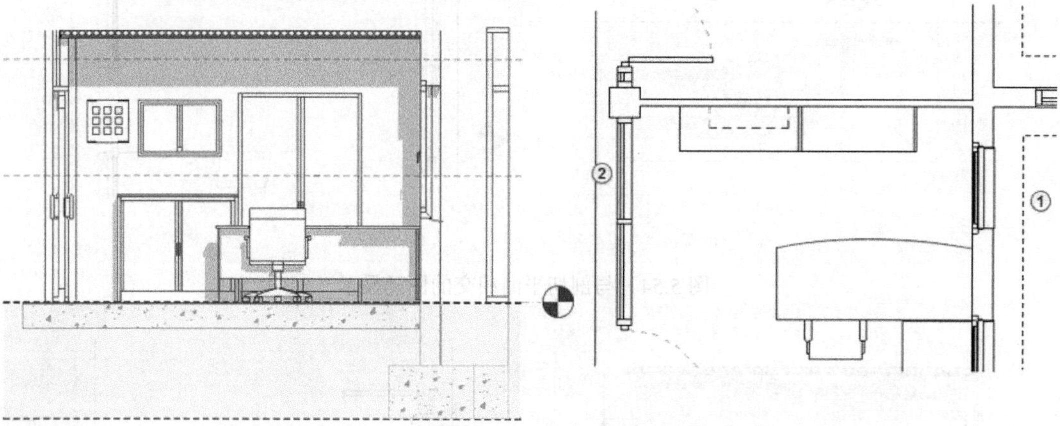

图 5.56　低于底剪裁平面且在视图深度内的图元

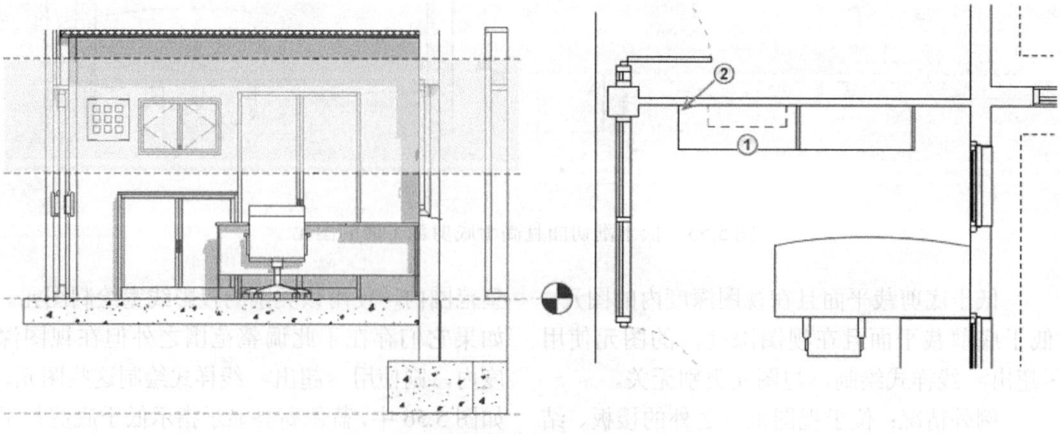

图 5.57　高于剖切面且低于顶剪裁平面的图元

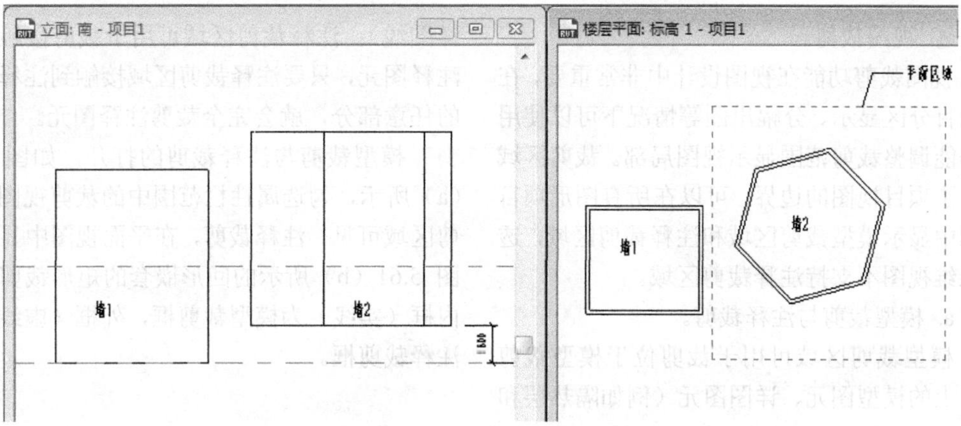

图 5.58　平面区域示例

③ 截剪裁。

控制给定剪裁平面下方的模型零件的可见性，设置方法如下。

a. 在项目浏览器中，打开要由截剪裁平面剖切的平面视图。

b. 在“属性”选项板上的“范围”下，找到“截剪裁”参数。

c. “截剪裁”参数可用于平面视图和场地视图。

d. 单击“值”列中的按钮。此时显示“截剪裁”对话框如图 5.59 所示。

截剪裁设置对平面视图的影响如图 5.60（a）所示为二层建筑，在侧面有两斜墙，在二层平面视图中，三种设置对平面视图显示的影响如图 5.60（b）所示。

图 5.59　截剪裁对话框

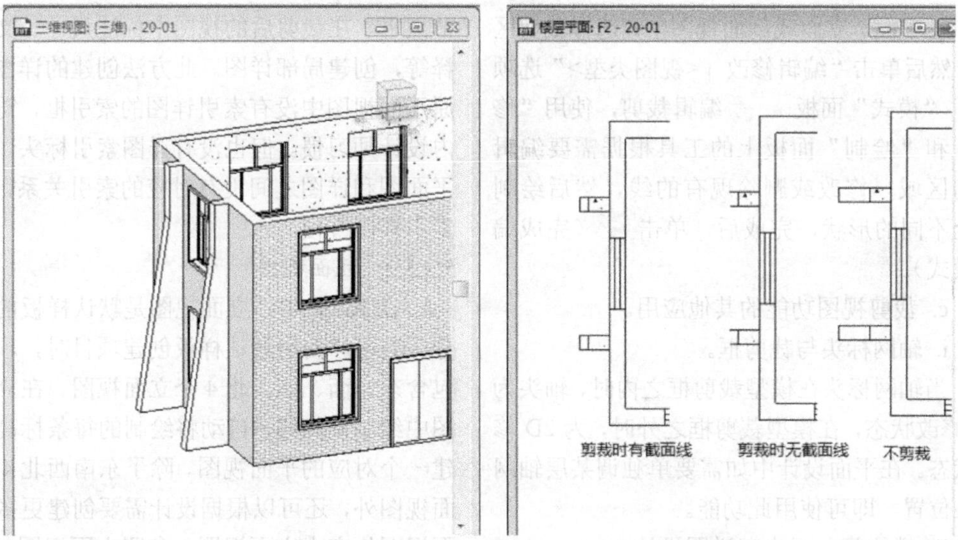

（a）　　　　（b）

图 5.60　截剪裁设置对平面视图的影响

④ 视图裁剪。

视图裁剪功能在视图设计中非常重要，在大项目分区显示、分幅出图等情况下可以使用该功能调整裁剪范围显示视图局部。裁剪区域定义了项目视图的边界，可以在所有图形项目视图中显示模型裁剪区域和注释裁剪区域，透视三维视图不支持注释裁剪区域。

a. 模型裁剪与注释裁剪。

模型裁剪区域可用于裁剪位于模型裁剪边界上的模型图元、详图图元（例如隔热层和详图线）；注释裁剪区域可用于裁剪接触到的注释图元，只要注释裁剪区域接触到注释图元的任意部分，就会完全裁剪注释图元。

模型裁剪与注释裁剪的打开，如图 5.61（a）所示，勾选属性栏范围中的裁剪视图、裁剪区域可见、注释裁剪，在平面视图中显示如图 5.61（b）所示的回形嵌套的矩形裁剪框：内框（实线）为模型裁剪框，外框（虚线）为注释裁剪框。

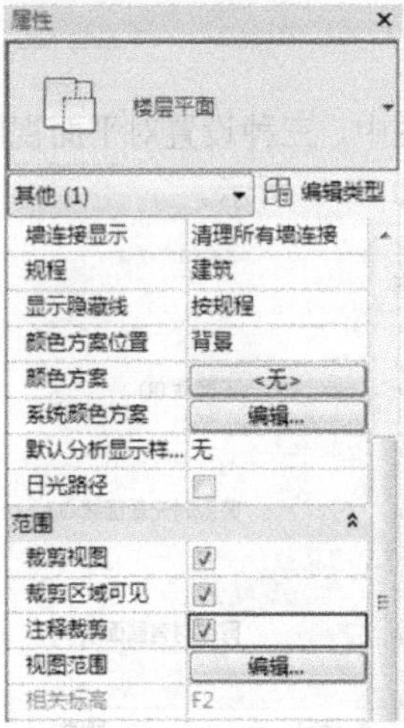

（a）

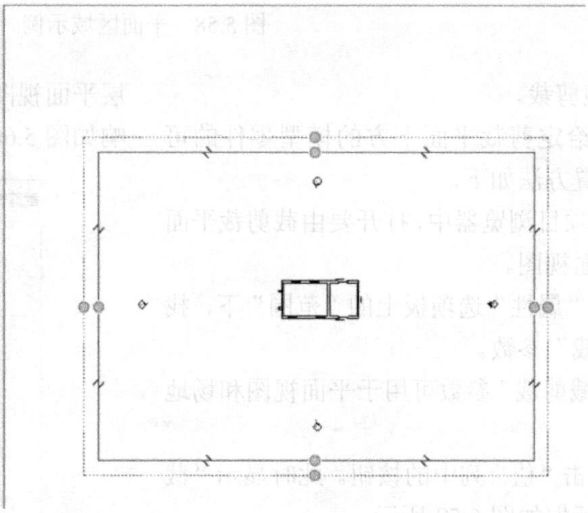
（b）

图 5.61　视图裁剪

b. 编辑裁剪区域。

在平面、立面或剖面视图中，选择裁剪区域，然后单击“编辑修改 |<视图类型>”选项卡 ▶“模式”面板 ▶ 编辑裁剪，使用“修改”和“绘制”面板上的工具根据需要编辑裁剪区域。修改或删除现有的线，然后绘制完全不同的形状，完成后，单击 ✔（完成编辑模式）。

c. 裁剪视图功能的其他应用。

i. 轴网标头与裁剪框。

当轴网标头在模型裁剪框之内时，轴头为3D 修改状态，在模型裁剪框之外时，为 2D 修改状态。在平面设计中如需要单独调某层轴网标头位置，即可使用此功能。

ii. 楼梯间、卫生间详图设计。

先用“带细节复制”工具复制并重命名平面视图，然后裁剪视图到楼梯间或卫生间位置。该详图在项目浏览器中和原平面图在同一节点下。在裁剪后的视图中标注尺寸、文字注释等，创建局部详图。此方法创建的详图，在原平面视图中没有索引详图的索引框，符合国内设计师习惯。但也没有详图索引标头，原始平面图和详图之间没有对应的索引关系，不如索引详图方便。

5.2.5.2　立面视图

在 Revit 中，立面视图是默认样板的一部分。当用户使用默认样板创建项目时，项目将包含东、西、南、北 4 个立面视图。在立面视图中绘制标高线，自动将绘制的每条标高线创建一个对应的平面视图。除了东南西北 4 个立面视图外，还可以根据设计需要创建更多的立面视图如室内立面视图、参照立面视图。

东南西北4个正立面视图是根据楼层平面视图上的 4 个不同方向的立面符号 自动创

建的，立面符号由立面标记和标记箭头两部分组成，如图 5.62 所示。

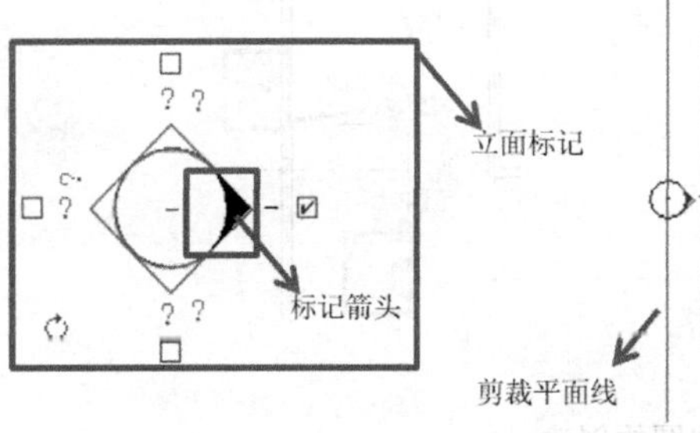

（a）　　（b）

图 5.62　立面符号

① 单击选择圆完整的立面标记如图 5.62（a）所示，符号四面有 4 个正方形复选框（不同模板外观可能不同），勾选即可自动创建一个立面视图。单击并选定左下角的旋转符号，可以旋转立面符号，创建斜立面。此功能无法精确控制旋转角度，可用修改中的旋转命令，创建斜立面。

② 单击圆外的黑色三角标记箭头，在立面符号中心位置出现一条蓝色的线，如图 5.62（b）中右侧直线所示，代表立面剪裁平面，如图 5.62（b）所示。

注：如果建筑的范围超出了 4 个立面符号的范围，范围外的构件在立面上不显示。可通过移动工具将立面符号及蓝色线（剪裁线）移动到建筑范围之外。

如果删除立面符号，则对应的立面视图也将被删除。虽然可以用“立面”命令重新创建立面视图，但在原来视图中已经创建的尺寸标注、文字注释等注释图元将不能恢复。

（1）立面视图

立面视图包括立面视图，室内立面视图，框架立面视图，参照立面视图。

① 立面视图的创建步骤如下。

a. 打开平面视图。

b. 单击“视图”选项卡 ➤“创建”面板 ➤“立面”下拉列表 ➤ （立面）。

c. 此时会显示一个带有立面符号的光标，移动光标，把立面符号放在相应的位置。

d. 可通过勾选或不勾选相应的方框设置相应的立面，如图 5.62（a）所示。

e.（可选）在项目浏览器，更改新建的立面视图名称。

② 室内立面视图。

室内立面视图依然是用“立面”工具创建，其创建、裁剪范围设置、重命名、打开方法同立面视图一样，不同之处为：室内立面创建时，其左右裁剪边界自动定位到左右内墙面，上裁剪边界自动定位到楼板的下表面，上裁剪边界自动定位到上面楼板或天花板的下表面。可通过立面视图裁剪边界，根据需要调整裁剪边界位置。

③ 框架立面视图。

框架立面视图是一种特殊的立面视图，可作为辅助设计的一个工作平面使用。当创建竖向结构支撑或创建其他模型图元，但在常规平面等视图中难以捕捉定位时，可以使用框架立面视图功能。

Revit Architecture 可以自动捕捉并对齐图中已有的轴线、已命名的参照平面图元来创建框架立面视图，同时将该轴线或参照平面作为该立面视图的工作平面，然后即可直接在图中创建结构支撑等图元，无须再设置工作平面。框架立面视图的裁剪范围也被限制在垂直于选定轴线的左右相邻轴线之间的区域。

步骤如下。

a. 单击“视图”选项卡 ➤“创建”面板 ➤“立面”下拉列表 ➤ （框架立面）。

b. 将框架立面符号垂直于选定的轴网线或参照平面线并沿着要显示的视图的方向放置，然后单击以将其放置如图 5.63（c）所示。

c. 按 Esc 键完成，可通过图 5.63（c）所示框内的拖拽符号调整立面 1-a 的视图范围。

d. 双击立面箭头可打开框架立面。

④ 参照立面视图。

前面用“立面”工具创建立面和框架立面视图时，都在项目浏览器中创建了一个真实的立面视图，可以在其中进一步完善立面施工图设计。而在实际设计中，经常有几个地方的立面视图完全一样的情况，那么中需要在项目浏览器中创建一个立面视图，其他地方都用参照立面视图功能直接指向该立面视图即可，从而减少重复劳动。

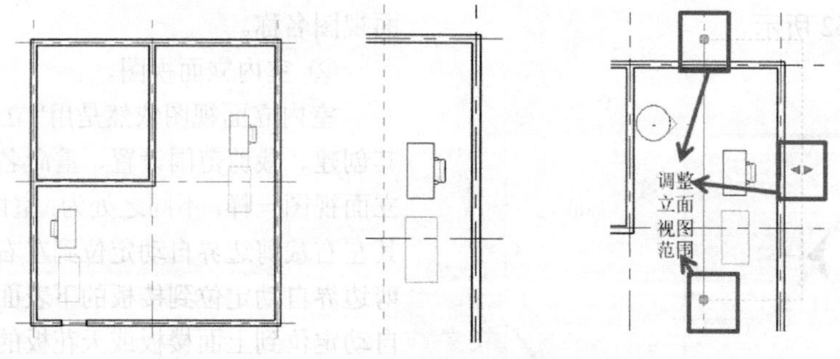

（a） （b） （c）

图 5.63 框架立面视图的创建

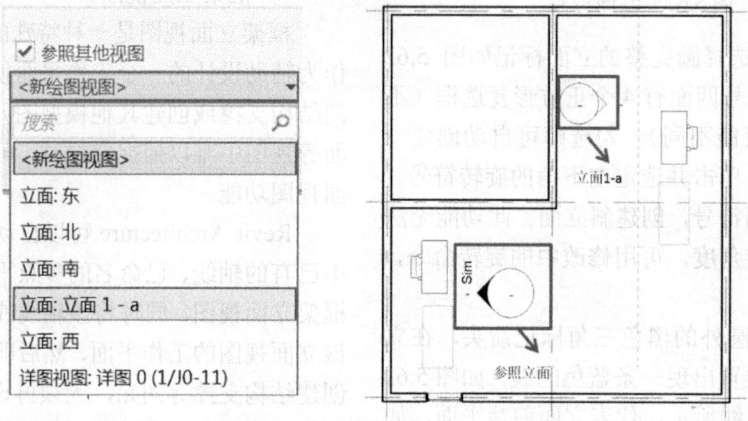

（a） （b）

图 5.64 参照立面创建

另外，在设计前期，当模型还不够完善，立面视图不能用来做汇报时，可以把已经完成的效果图或草图文件载入到项目中，然后用参照立面功能在模型立面和该视图之间创建关联关系。

a. 参照现有立面视图。

参照图 5.63 已创建的立面 1-a。步骤如下。

i. 单击“视图”选项卡 ➤“创建”面板 ➤ “立面”下拉菜单 ➤ （立面）。

ii. 在“参照”面板上，勾选“参照其他视图”，如图 5.64（a）所示。

iii. 从下拉列表中选择参照视图“立面：立面 1-a”，如图 5.64（a）所示。

iv. 结果如图 5.64（b）所示。

v. 在浏览器中并没有创建新的立面视图，双击参照立面符号则打开立面 1-a 视图。

b. 参照图纸视图。

用外部视图做立面的参照并建立关联，创建方法如下。

i. 单击“视图”选项卡 ➤“创建”面板 ➤ （绘图视图），如图 5.65（a）所示。

ii. 在“新绘图视图”对话框中，输入一个值作为“名称”，然后选择一个值作为“比例”。

iii. 如果选择“自定义”，请输入一个值作为“比例值”，单击“确定”。

iv. 绘图视图将在绘图区域中打开，单击“插入”选项卡 ➤“导入”面板 ➤ （图像），如图 5.65（c）所示。

v. 在“导入图像”对话框中，定位到包含要导入的图像文件的文件夹，选择文件，然后单击“打开”。

vi. 导入的图像将显示在绘图区域中，并随光标移动。此图像以符号形式显示，带有两条交叉线指明图像的范围，如图 5.65（c）所示，单击以放置图像。

vii. 单击“视图”选项卡 ▶“创建”面板 ▶“立面”下拉菜单 ▶ （立面）。

viii. 在“参照”面板上，选择“参照其他视图”，从下拉列表中选择所创建的绘图视图，如图 5.65（d）所示。

ix. 在平面图中放置立面符号，即创建了参照图纸视图，如图 5.65（e）所示。

x. 在浏览器中并没有创建新的立面视图，双击参照立面符号即可打开所创建的绘图视图。

（2）立面视图的远剪裁设置

立面视图的复制视图、视图比例、详细程度、视图可见性、过滤器设置、视觉样式、视图“属性”、视图裁剪等设置，和楼层平面视图的设置方法完全一样。本节讲平面视图没有的“远剪裁”功能。

在平面视图的视图“属性”中有一个“截剪裁”参数，在立面视图中与之对应的功能是“远剪裁”，其功能和设置方法完全一样，如图 5.66 所示。步骤如下。

① 在项目浏览器中，在要按远剪裁平面进行剪切的视图上单击鼠标右键，然后单击“属性”，或如果该视图在绘图区域中处于活动状态，请单击鼠标右键，再单击“属性”，打开视图实例属性栏。

② 在“实例属性”选项板中，找到“远剪裁偏移”参数，设置合适的值，或在绘图区域拖曳调整，如图 5.66（a）和（b）所示。

③ 在“实例属性”选项板中，找到“远剪裁”参数，如图 5.66（a）所示。

④ 单击“值”列中的按钮，此时显示“远剪裁”对话框。

⑤ 在“远剪裁”对话框中，选择一个选项，并单击“确定”。

⑥ 三种远剪裁设置的效果如图 5.66（c）～（e）所示。

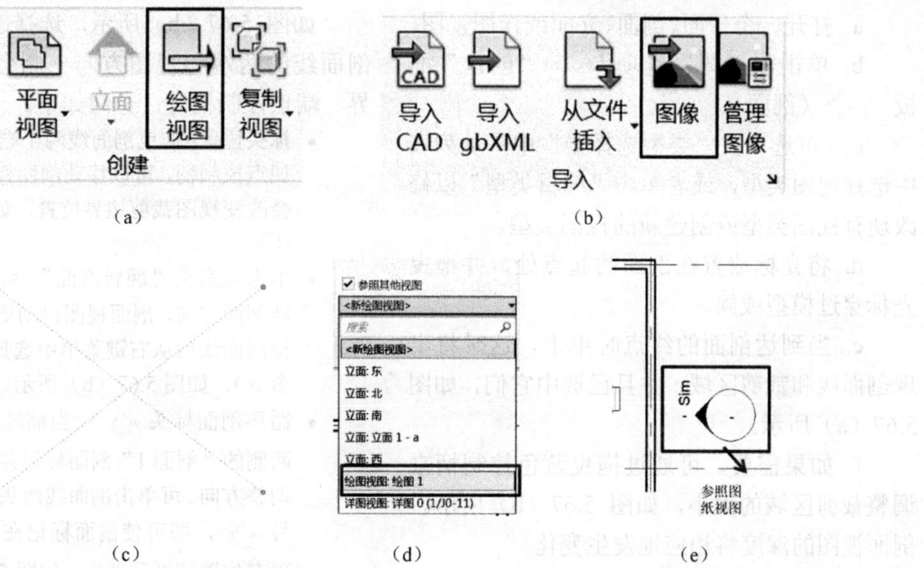

图 5.65　参照图纸视图创建

5.2.5.3　剖面视图

Revit 提供了两种剖面视图类型：建筑剖面和详图剖面。两种剖面视图的创建和编辑方法相同，但剖面标头显示不同、用途不同。建筑剖面用于建筑整体或局部的剖切，详图剖面用于墙身大样等的剖切详图设计。

剖面视图的复制视图、视图比例、详细程度、视图可见性、过滤器设置、视觉样式、视图属性、视图裁剪等设置，和楼层平面、立面视图的设置方法完全一样。

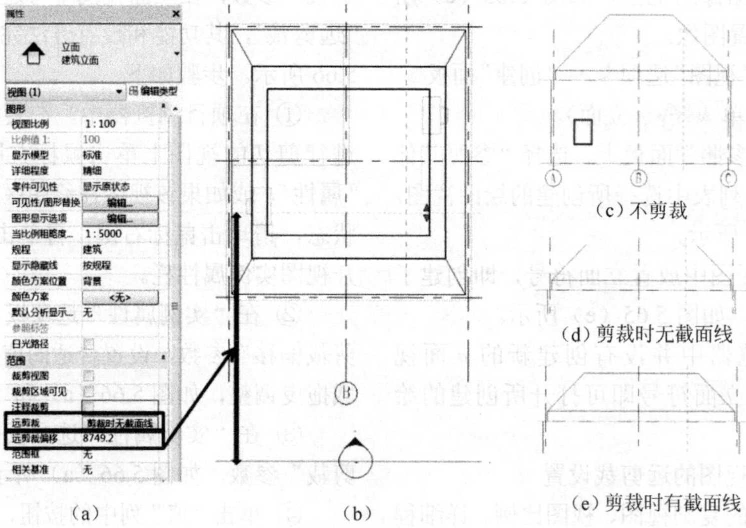

图 5.66 远剪裁设置

(1) 建筑剖面视图

① 创建建筑剖面视图。

Revit 可在平面、剖面、立面或详图视图中创建剖面视图，创建步骤如下。

a. 打开一个平面、剖面、立面或详图视图。

b. 单击“视图”选项卡 ➤ “创建”面板 ➤ (剖面)。

c.（可选）在“类型选择器”中，从列表中选择视图类型，或者单击“编辑类型”以修改现有视图类型或创建新的视图类型。

d. 将光标放置在剖面的起点处，并拖曳光标穿过模型或族。

e. 当到达剖面的终点时单击，这时将出现剖面线和裁剪区域，并且已选中它们，如图 5.67（a）所示。

f. 如果需要，可通过拖曳蓝色控制柄来调整裁剪区域的大小，如图 5.67（b）所示。剖面视图的深度将相应地发生变化。

g. 单击“修改”或按 Esc 键以退出“剖面”工具。

h. 要打开剖面视图，请双击剖面标头或从项目浏览器的“剖面”组中选择剖面视图。当修改设计或移动剖面线时剖面视图将随之改变。

② 编辑建筑剖面视图。

剖面视图的复制视图、视图比例、详细程度、视图可见性、过滤器设置、视觉样式、视图属性、视图裁剪等设置，和楼层平面、立面视图的设置方法完全一样。本节补充讲解剖面线的几个编辑方法。

a. 剖面标头位置调整。

如图 5.67（b）所示，选择剖面线后，在剖面线的两端和视图方向一侧会出现裁剪边界、端点控制柄等，介绍如下。

- 标头位置：拖曳剖面线两个端点的蓝色实心加点控制柄，可以移动剖面标头位置，但不会改变视图裁剪边界位置，如图 5.67（b）所示。
- 单击双箭头“翻转剖面” 符号可以翻转剖面方向，剖面视图自动更新（也可以选择剖面线后从右键菜单中选择“翻转剖面”命令），如图 5.67（b）所示。
- 循环剖面标头 ：当翻转剖面方向后，两侧的“剖面 1”剖面标记并不会自动跟随调整方向。可单击剖面线两头的循环箭头符号 ，即可使剖面标记在对面、中间和现有位置间循环切换，如图 5.67（b）所示。
- 线段间隙：单击剖面线中间的折断符号，可以将剖面线截断，拖曳中间两个蓝色实心加点控制柄到两端标头位置即可和中国制图标准的剖面标头显示样式保持一致，如图 5.67（b）所示。

b. 转折剖面视图。

Revit Architecture 可以将一段剖面线拆分为几段，从而创建转折剖面，方法如下。

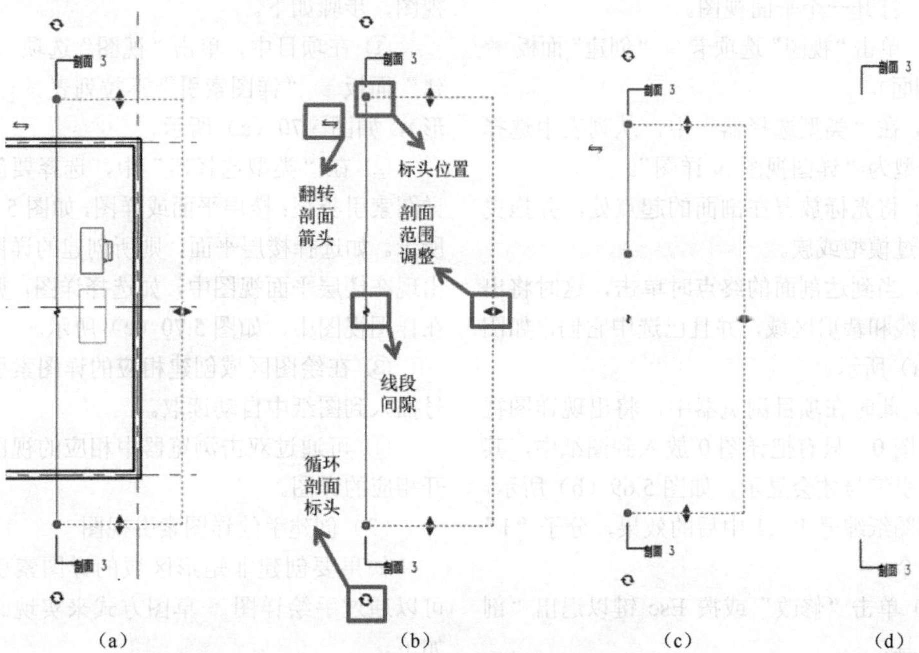

图 5.67　平面上创建剖面图和剖面标头

i. 绘制一个剖面，或选择一个现有剖面，如图 5.68（a）所示。

ii. 单击“修改 | 视图”选项卡 ➤“剖面”面板 ➤ （拆分线段）。

iii. 将光标放在剖面线上的分段点处并单击。

iv. 将光标移至要移动的拆分侧，并沿着与视图方向垂直的方向移动光标，如图5.68(b)所示。

v. 单击剖面线中间的折断符号，把剖面线拆分为几部分，并分别调整每部分，如图 5.68（c）所示。

（2）墙身等详图剖面视图

墙身等详图剖面视图的创建和编辑方法同建筑剖面完全一样，与建筑剖面不同的是：详图剖面的标头为带索引标头的剖面标头，且生成的剖面视图不在项目浏览器中“剖面（建筑剖面）”节点中，而在“详图视图（详图）”节点中。

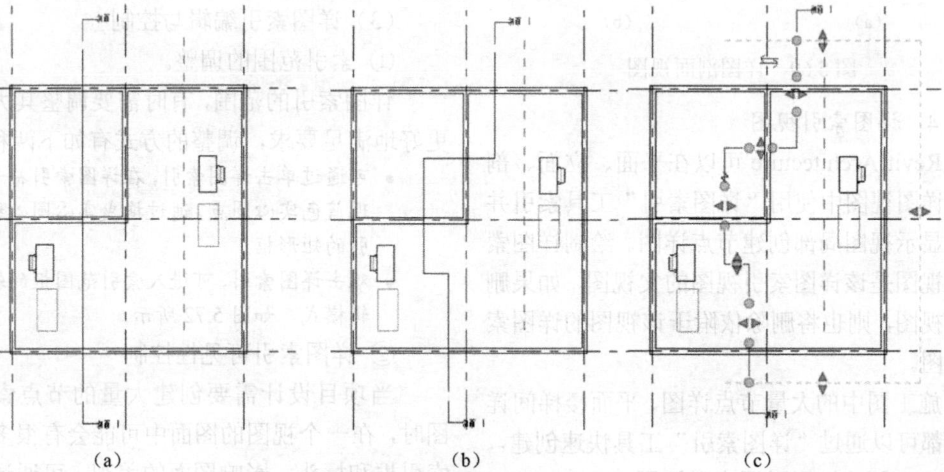

图 5.68　转折剖视面的创建

① 打开一个平面视图。

② 单击“视图”选项卡 ➤ “创建”面板 ➤ （剖面）。

③ 在“类型选择器”中，从列表中选择视图类型为“详图视图 ➤ 详图”。

④ 将光标放置在剖面的起点处，并拖曳光标穿过模型或族。

⑤ 当到达剖面的终点时单击，这时将出现剖面线和裁剪区域，并且已选中它们，如图5.69（a）所示。

⑥ 此时在项目浏览器中，将出现详图视图，详图0。只有把详图0放入到图纸中，其详图索引编号才会显示，如图5.69（b）所示，为放到图纸编号J0-11中后的效果，分子“1”为第一个。

⑦ 单击“修改”或按Esc键以退出“剖面”工具。

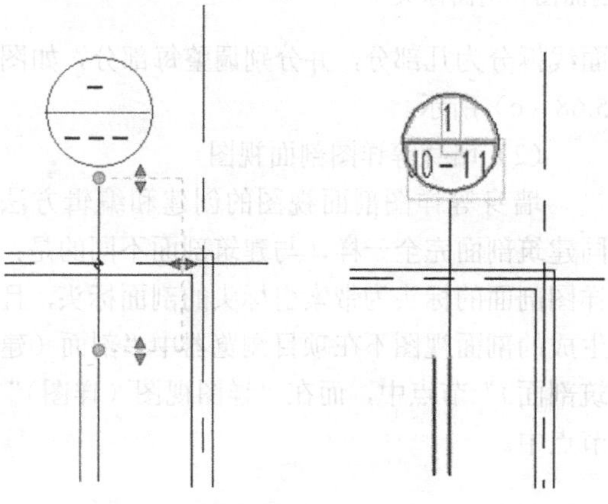

（a）（b）

图5.69 详图剖面视图

5.2.5.4 详图索引视图

Revit Architecture可以在平面、立面、剖面、详图视图中使用“详图索引”工具索引并放大显示视图局部创建节点详图。绘制详图索引的视图是该详图索引视图的父视图，如果删除父视图，则也将删除依附于该视图的详图索引视图。

施工图中的大量节点详图、平面楼梯间详图等都可以通过“详图索引”工具快速创建。

（1）创建矩形详图索引视图

矩形详图索引视图常用于节点详图索引视图，步骤如下。

① 在项目中，单击“视图”选项 ➤ “创建”面板 ➤ “详图索引”下拉列表 ➤ （矩形），如图5.70（a）所示。

② 在“类型选择器”中，选择要创建的详图索引类型：楼层平面或详图，如图5.70（b）所示。如选择楼层平面，则所创建的详图视图出现在楼层平面视图中，如选择详图，则出现在详图视图中，如图5.70（c）所示。

③ 在绘图区域创建相应的详图索引，编号插入到图纸中自动读取。

④ 可通过双击浏览器中相应的视图，打开相应的详图。

（2）创建手绘详图索引视图

如果要创建非矩形区域的详图索引，则可以通过手绘详图 ➤ 草图方式来实现。步骤如下。

① 在项目中，单击“视图”选项卡 ➤ “创建”面板 ➤ “详图索引”下拉列表 ➤ （草图）。

② 在“类型选择器”中，选择要创建的详图索引类型：楼层平面或详图，如图5.71（b）所示。如选择楼层平面，则所创建的详图视图出现在“楼层平面视图”中，如选择详图，则出现在“详图”视图中，如图5.71（b）所示。

③ 在绘图区域绘制详图范围，如图5.71（a）所示，确认后，结果如图5.71（b）所示。

（3）详图索引编辑与控制

① 索引范围的调整。

详图索引的范围，有时需要调整其大小以更好地满足要求，调整的方式有如下两种。

- 可通过单击详图索引，在详图索引符号上出现蓝色实心圆点，通过拖曳实心圆心编辑索引的矩形框。
- 双击详图索引，可进入索引范围框的轮廓编辑模式，如图5.72所示。

② 详图索引可见性控制

当项目设计需要创建大量的节点索引详图时，在一个视图的图面中可能会有很多详图索引框和标头，影响图面的美观。可通过以下方法控制其可见性。

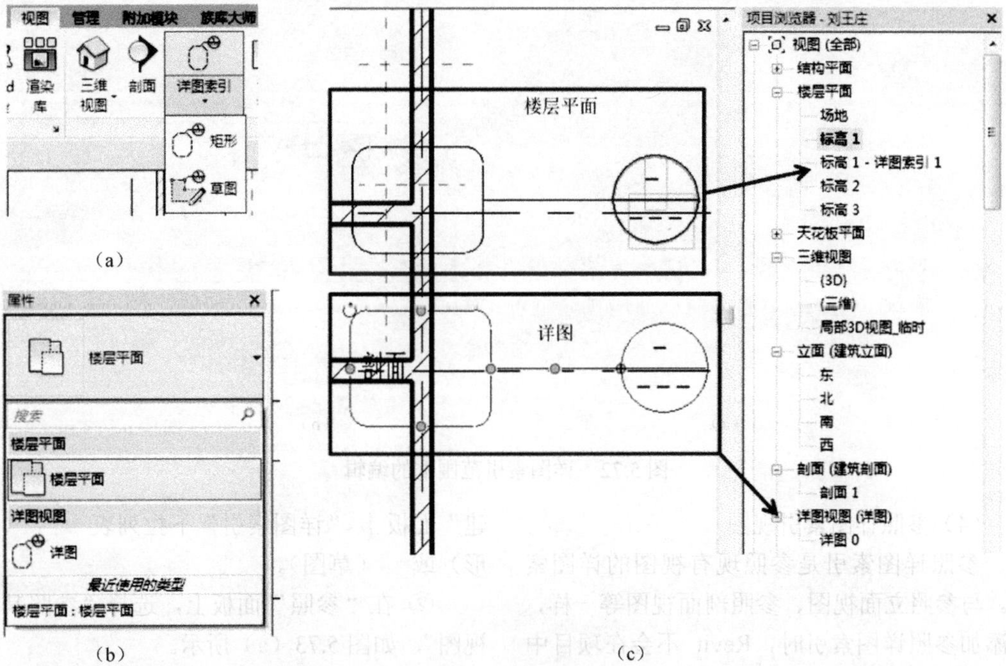

图 5.70　详图索引视图

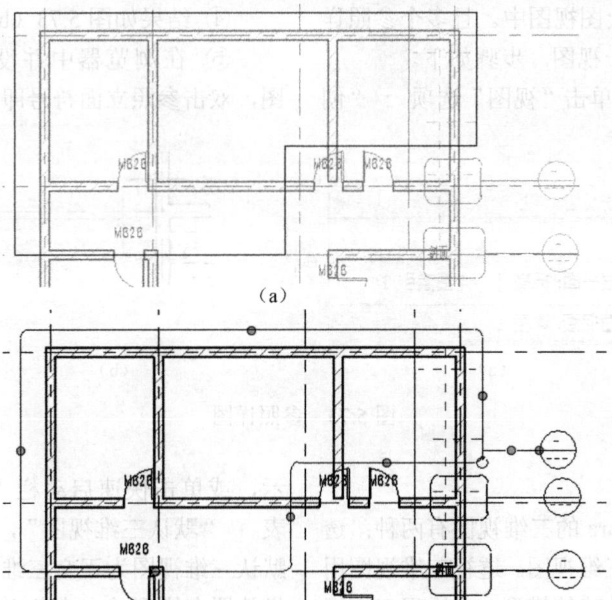

图 5.71　手绘方式创建详图

- 裁剪区域：在父视图中通过裁剪区域来控制索引符号的显隐，详图索引标记是否在父视图的裁剪区域之外，则不显示索引区域。可通过在父视图中的视图控制栏上，单击（显示裁剪区域）。将裁剪区域扩展到图纸边界，以显示详图索引标记。
- 可见性/图形设置：打开要显隐控制详图索引标记的视图。单击“视图”选项卡 ▶ “图形”面板 ▶ （可见性/图形）。在“注释类别”选项卡上的“可见性”下，确保已选择“详图索引”，则显示详图索引（要在该视图中隐藏所有详图索引标记，请清除该选项）。

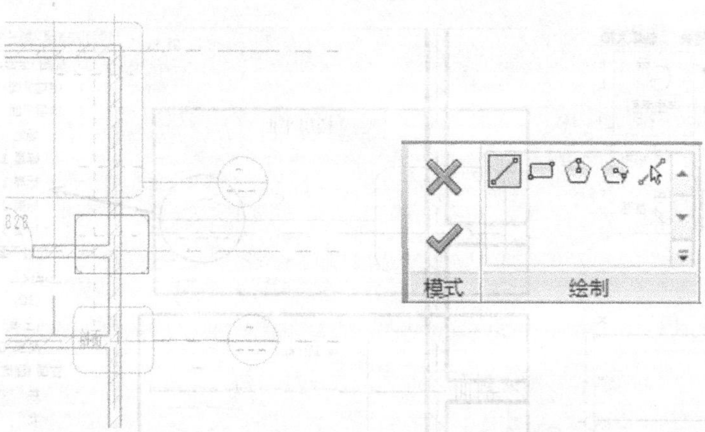

(a)　　(b)

图 5.72　详图索引范围框的编辑

（4）参照详图索引视图

参照详图索引是参照现有视图的详图索引。与参照立面视图、参照剖面视图等一样，在添加参照详图索引时，Revit 不会在项目中创建视图，而是创建指向指定的现有视图的指针。可以将参照详图索引放置在平面、立面、剖面、详图索引和绘图视图中。且多个参照详图索引可以指向同一视图。步骤如下。

① 在项目中，单击“视图”选项 ➤“创建”面板 ➤“详图索引”下拉列表 ➤（矩形）或（草图）。

② 在“参照”面板上，选择“参照其他视图”，如图 5.73（a）所示。

③ 从下拉列表中选择参照视图“详图视图：详图 1”，如图 5.73（a）所示。

④ 结果如图 5.73（b）所示。

⑤ 在浏览器中并没有创建新的立面视图，双击参照立面符号即可打开详图 1 视图。

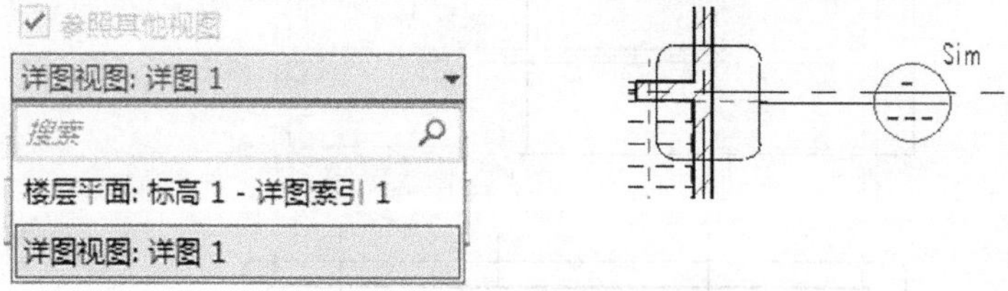

(a)　　(b)

图 5.73　参照详图

5.2.5.5　三维视图

Revit Architecture 的三维视图有两种：透视三维视图和正交三维视图。透视三维视图用于显示三维视图中的建筑模型，在透视三维视图中，越远的构件显示越小，越近的构件显示越大；正交三维视图用于显示三维视图中的建筑模型，在正交三维视图中，不管相机距离的远近，所有构件的大小均相同。

默认三维视图创建方法如下：单击“视图”选项卡 ➤“创建”面板 ➤“三维视图”下拉列表 ➤“默认三维视图”，如图 5.74（a）所示，或单击快速启动栏“三维视图”下拉列表 ➤“默认三维视图”，如图 5.74（b）所示。默认三维视图为正交三维视图，此操作会将相机放置在模型的东南角之上，同时目标定位在第一层的中心。

（1）透视三维视图

① 创建透视三维视图的步骤如下。

a. 打开一个平面视图、剖面视图或立面视图。

b. 单击“视图”选项卡 ➤“创建”面板 ➤“三维视图”下拉列表 ➤“相机”。

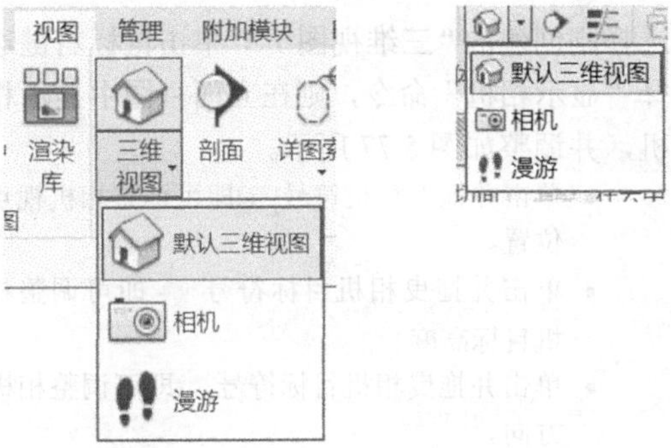

（a）　　　　　　　　（b）

图 5.74　默认三维视图创建

注：如果清除选项栏上的“透视图”选项，则创建的视图会是正交三维视图，不是透视视图。

c. 在绘图区域中单击以放置相机，如图 5.75（a）所示。

d. 将光标拖曳到所需目标然后单击即可放置，如图 5.75（a）所示。

e. Revit 将创建一个透视三维视图，并为该视图指定名称：三维视图 1、二维视图 2 等。要重命名视图，在项目浏览器中的该视图上单击鼠标右键并选择“重命名”。

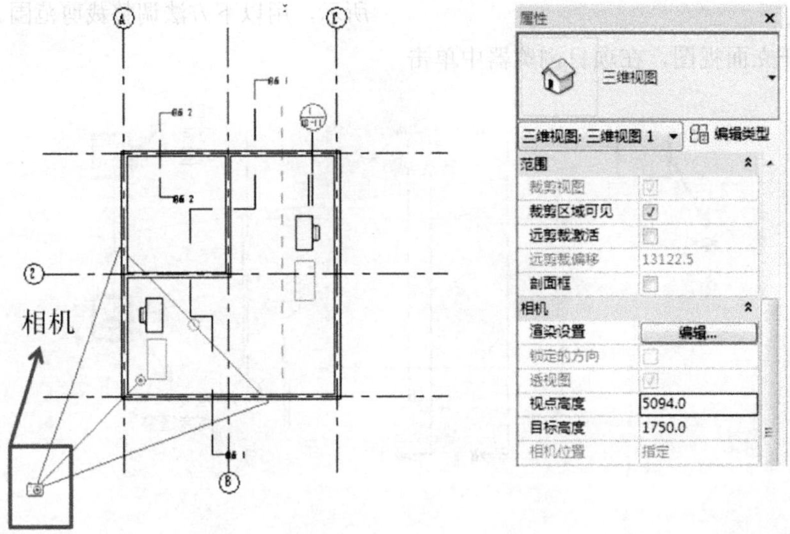

（a）　　　　　　　　（b）

图 5.75　相机及其属性

② 编辑透视三维视图。

刚创建的透视三维视图需要精确设置相机的高度和位置、相机目标点的高度和位置、相机远裁剪、视图裁剪框等，才能得到预期的透视图效果，设置方法如下。

a. 相机属性选项板。

在浏览器中双击刚创建“三维视图：三维视图 1”，在透视图“属性”选项板如图 5.75（b）所示，设置以下参数，设置相机和视图。

- 在视图控制栏，“视觉样式”中选择“着色”。
- 远剪裁激活：取消勾选该选项，则可以看到相机目标点处远裁剪平面之外的所有图元（默认勾选该选项，只能看到远裁剪平面之内的图元），如图 5.76 所示。

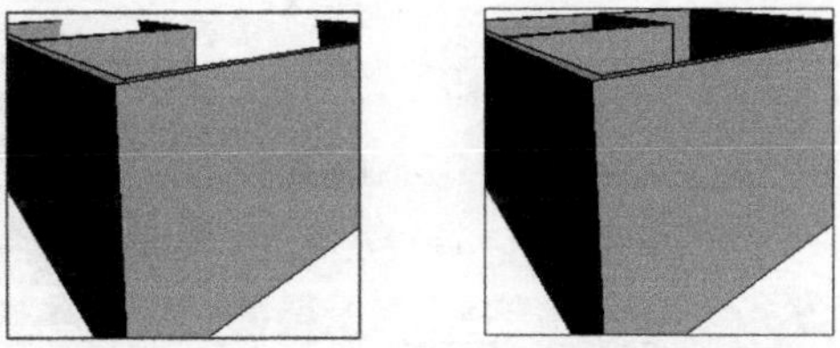

（a）勾选远剪裁激活　　　　（b）不勾选远剪裁激活

图 5.76　是否勾选远剪裁激活对视图的影响

- 视点高度：此值为创建相机时的相机高度“偏移量”参数值，本例中为 5094.0mm。
- 目标高度：此参数和视点高度决定了透视三维视图的相机由 5094.0mm 鸟瞰 1750.0mm 高度位置。

b. 在平面、立面视图中显示相机并编辑。前面在透视图“属性”选项板设置了相机的“视点高度”“目标高度”等高度位置，除此之外，还可以在立面视图中拖曳相机视点和目标的高度位置；相机平面位置必须在平面视图中拖曳调整。在平立面中相机的编辑方法如下。

i. 打开平面视图，在项目浏览器中单击选择刚创建的“三维视图 1”，单击鼠标右键选择“显示相机”命令，则在平面视图中显示相机。

- 单击并拖曳相机符号即可调整相机视点水平位置。
- 单击并拖曳相机目标符号即可调整相机方向。

ii. 打开立面视图，在项目浏览器中单击选择刚创建的“三维视图 1”，单击鼠标右键选择“显示相机”命令，则在立面视图中显示相机，并调整如图 5.77 所示。

- 单击并拖曳相机符号即可调整相机视点位置。
- 单击并拖曳相机目标符号即可调整相机目标高度。
- 单击并拖曳相机目标符号即可调整相机方向。

c. 裁剪视图。

打开三维视图，在实例属性栏中勾选“裁剪视图”和“裁剪区域可见”，如图 5.78（a）所示，用以下方法调整裁剪范围。

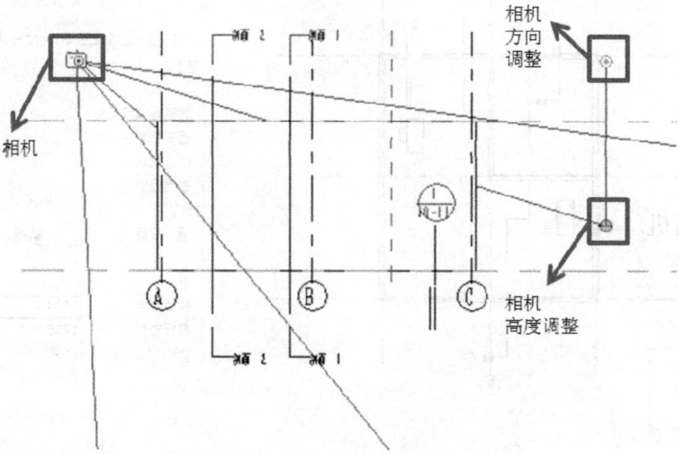

图 5.77 在立面视图中调整相机

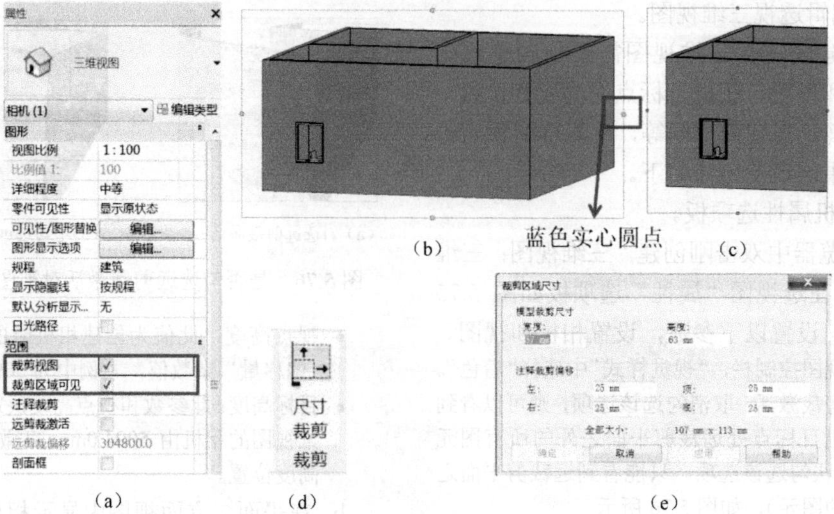

图 5.78 裁剪视图

- 拖曳裁剪框：单击并拖曳视图裁剪框四边的蓝色实心圆点，即可调整透视图裁剪范围，如图 5.78（b）和（c）所示。
- 尺寸裁剪：单击功能区“尺寸裁剪”工具，设置宽度和高度即可对三维视图进行调整，如图 5.78（d）和（e）所示。

注：透视三维视图无法使用注释裁剪选项。

（2）正交三维视图

正交三维视图用于显示三维视图中的建筑模型，在正交三维视图中，不管相机距离的远近，所有构件的大小均相同。创建正交三维视图的方法与步骤如下。

① 用相机创建正交三维视图。

a. 打开一个平面视图、剖面视图或立面视图。

b. 单击“视图”选项卡 ▸“创建”面板 ▸“三维视图”下拉列表 ▸“相机”。

c. 在选项栏上清除“透视图”选项。

d. 在绘图区域中单击一次以放置相机，然后再次单击放置目标点，如图 5.79 所示。

② 复制定向正交三维视图。

除用相机创建正交三维视图外，还可以使用复制并定向的方法快速创建正交三维视图。

- 在项目浏览器，右键单击默认正交三维视图［三维（3D）］，选择复制视图，带细节复制。
- 右键单击绘图区域右上角的视图导航 ViewCube 工具，打开 ViewCube 关联菜单，选择“确定方向”，选择要创建的方向，模型即可自动定向到相应的方向，如图 5.80 所示。

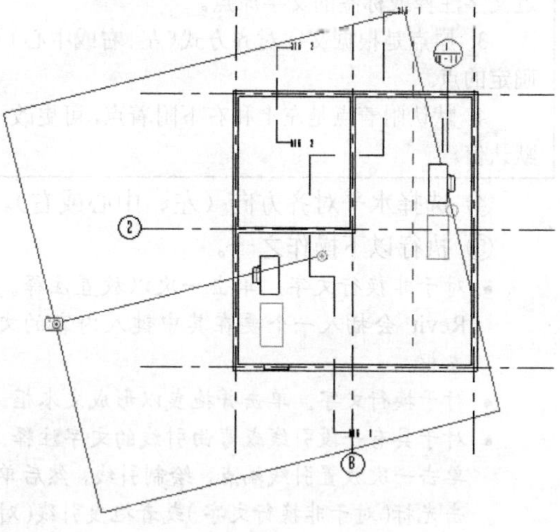

图 5.79　正交三维视图

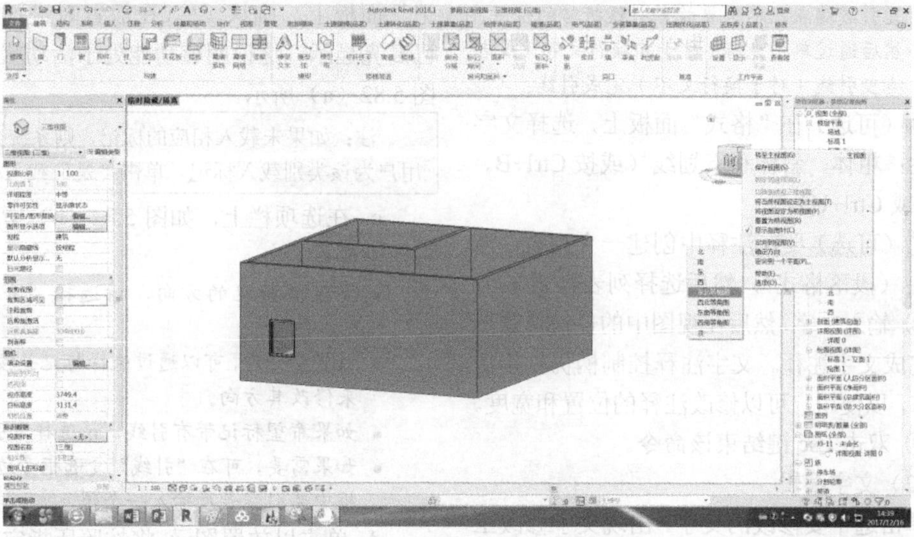

图 5.80　复制定向正交三维视图

5.2.6　图纸标注

5.2.6.1　文字注释

（1）文字添加

① 单击“注释”选项卡 ▸“文字”面板 ▸ A（文字）。此时光标变为文字工具 ┼A。

② 在“格式”面板上，选择一个引线选项：

- 无引线（默认）；
- 一段引线；

- 二段引线；
- 曲线形 - 要修改曲线形状，拖曳折弯控制柄。

③ 选择一个左附着点和一个右附着点。

> 注：1. 当放置带引线的文字注释时，引线的终点会从附近的文字注释中捕捉所有可能的引线附加点。
>
> 2. 放置没有引线的文字注释时，它会捕捉附近文字注释或标签的文字原点。
>
> 3. 原点是根据文字对齐方式（左、右或中心）确定的点。
>
> 4. 默认附着点是左上和右下附着点，可更改默认值。

④ 选择水平对齐方向（左、中心或右）。

⑤ 执行以下操作之一。

- 对于非换行文字。单击一次以放置注释。Revit 会插入一个要在其中键入内容的文本框。
- 对于换行文字。单击并拖曳以形成文本框。
- 对于具有一段引线或弯曲引线的文字注释。单击一次放置引线端点，绘制引线，然后单击光标（对于非换行文字）或者拖曳引线（对于换行文字）。
- 对于具有二段引线的文字注释。单击一次放置引线端点，单击要放置引线折转的位置，然后通过单击光标（对于非换行文字）或者拖曳引线（对于换行文字）完成引线。

⑥（可选）在“格式”面板上，选择文字的属性：粗体、斜体和下划线（或按 Ctrl+B、Ctrl+I 或 Ctrl+U）。

⑦（可选）要在注释中创建一个列表，请单击☰（段落格式），然后选择列表样式。

⑧ 输入文字，然后在视图中的任何位置单击以完成文字注释。文字注释控制柄仍处于活动状态，以便用户可以修改注释的位置和宽度。

⑨ 双击 Esc 键结束该命令。

（2）文字编辑

单击选中要修改的文字，出现文字修改工具，如图 5.81 所示。在格式工具中可进行添加引线修改引线的样式、对齐方式、编号、加粗等修改。在工具下拉菜单中，可进行拼写检查和查找/替换。

> 注：1. 拼写检查：可检查选定内容或者当前视图或图纸中的文字注释的拼写。
>
> 2. 查找/替换：可查找需要的文字，并将其替换为新的文字。

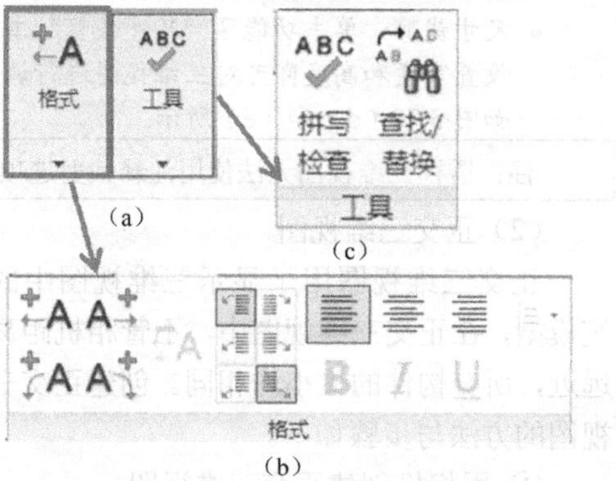

图 5.81 文字编辑命令

5.2.6.2 标记

标记是用于在图纸中识别图元的注释，各种构件图元都可以根据需要创建自己的标记。

（1）创建标记

① 自动标记。

创建图元时，自动标记的步骤如下。

a. 在绘图区放置图元时，自动放置标记。

b. 在“修改|放置<图元>”选项卡 ➤“标记”面板上，确认（在放置时进行标记）已高亮显示，这说明该功能处于活动状态，如图 5.82（a）所示。

> 注：如果未载入相应的标记，则系统会提示用户为该类别载入标记。单击“是”载入标记。

c. 在选项栏上，如图 5.82（b）所示，选择所需操作。

- 要设置标记的方向，请选择“垂直”或“水平”。
- 放置标记后，可以通过选择标记并按空格键来修改其方向。
- 如果希望标记带有引线，请选择“引线”。
- 如果需要，可在“引线”复选框旁边的文本框中为引线长度输入一个值。

d. 单击以放置图元，将按照所指定的方式显示标记，如图 5.82（c）所示。

② 手动标记。

a. 逐一标记的步骤如下。

i. 单击“注释”选项卡 ➤“标记”面板 ➤（按类别标记），如图 5.83（a）所示。

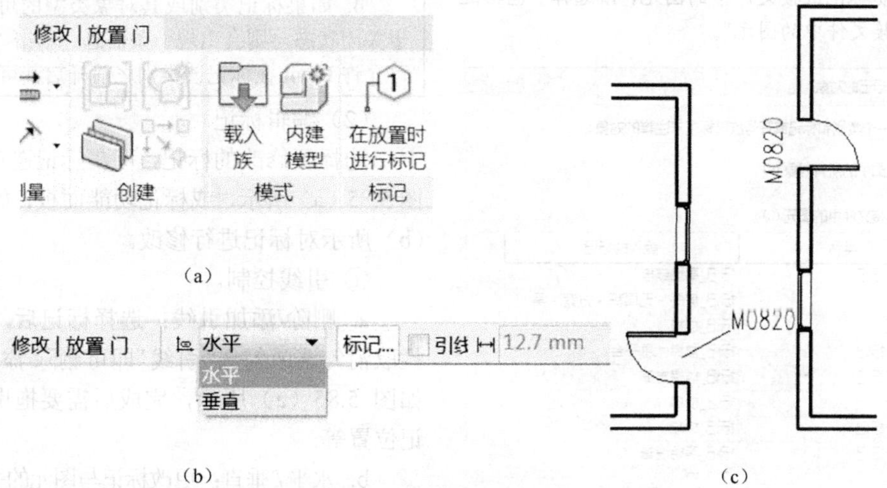

图 5.82 自动创建标记

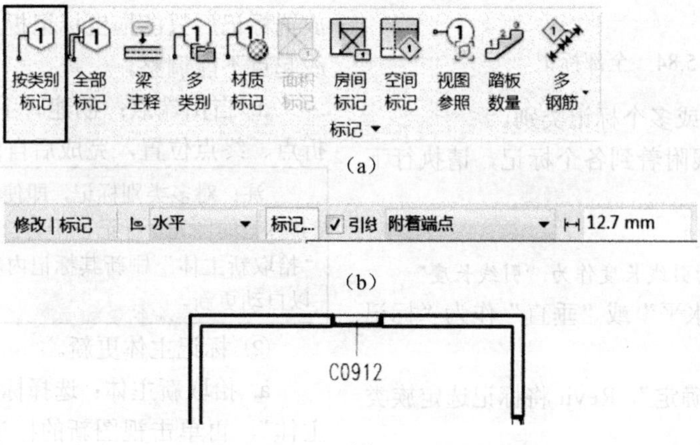

图 5.83 逐一标记

ii. 在选项栏上，如图 5.83（b）所示，选择所需操作。

- 要设置标记的方向，请选择“垂直”或“水平”。
- 放置标记后，可以通过选择标记并按空格键来修改其方向。
- 如果希望标记带有引线，请选择“引线”。
- 指定引线将带有“附着端点”还是“自由端点”。
- 如果需要，可在“引线”复选框旁边的文本框中为引线长度输入一个值。

iii. 高亮显示要标记的图元并单击以放置标记，如图 5.83（c）所示。在放置标记之后，它将处于编辑模式，而且可以重新定位。您可以移动引线、文字和标记头部的箭头。

b. 批量标记步骤如下。

i. 打开要在其中对图元进行标记的视图。

ii.（可选）选择一个或多个要标记的图元。如果没有选择图元，“标记所有未标记的对象”工具将标记视图中所有尚未标记的图元。

iii. 单击“注释”选项卡 ▶“标记”面板 ▶“全部标记”。此时显示“标记所有未标记的对象”对话框，如图 5.84 所示。

iv. 指定要标记的图元。

- 要标记当前视图中未标记的所有可见图元，请选择“当前视图中的所有对象”。
- 要标记在视图中选定的那些图元，请选择“仅当前视图中的所选对象”。

- 要标记链接文件中的图元，请选择“包括链接文件中的图元”。

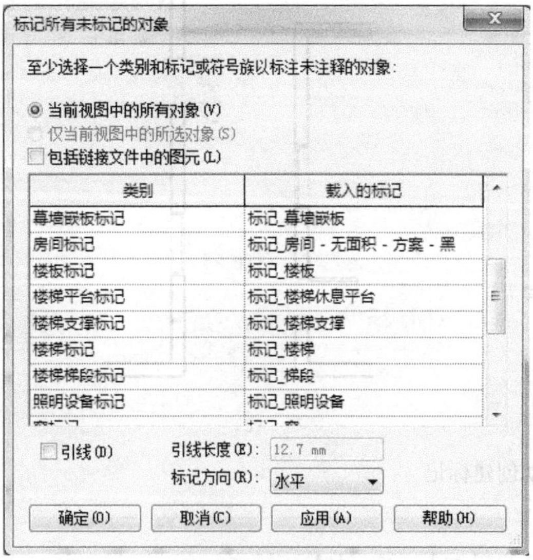

图 5.84　全部标记

v. 选择一个或多个标记类别。

vi. 要将引线附着到各个标记，请执行下列操作：

- 选择“引线”；
- 输入合适的引线长度作为“引线长度”。

vii. 选择“水平”或“垂直”作为“标记方向”。

viii. 单击“确定”，Revit 将标记选定族类别的图元。

> 注：1. 符号适用于结构图元。
>
> 2. 通过选择多个标记类别，可以通过一次操作标记不同类型的图元（例如，详图项目和常规模型）。
>
> 3. 要选择多个类别，请在按住 Shift 键或 Ctrl 键的同时，选择所需的类别。

> 4. 如果标记类别或其对象类型的可见性处于关闭状态，则会出现一条信息。单击“确定”可允许 Revit 在标记该类别之前开启其可见性。

（2）编辑标记

选择要修改的标记，可在标记选项栏，如图 5.85（a）所示，或标记功能面板，如图 5.85（b）所示对标记进行修改。

① 引线控制。

a. 删除/添加引线：选择标记后，在选项栏取消勾选或勾选“引线”即可删除/添加引线，如图 5.85（a）所示，完成后需要拖曳调整标记位置等。

b. 水平 / 垂直：更改标记与图元的关系——水平或垂直。

c. 附着端点：创建时自动捕捉引线起点，放置标记后只能拖曳标记折点和标记位置，引线起点不能调整。

d. 自由端点：创建时手动捕捉引线起点、折点、终点位置，完成后自由拖曳其位置。

> 注：对多类别标记，即使拖曳引线起点离开其标记的图元，标记也不会自动更新。必须使用“拾取新主体”刷新其标记内容，材质标记才可以自动更新。

② 标记主体更新。

a. 拾取新主体：选择标记，单击“拾取新主体”，再单击视图新的标记图元，则标记内容自动更新，如图 5.85（b）所示。

b. 协调主体：用于链接模型的标记注释图元的更新或删除，如图 5.85（b）所示。当外部链接模型文件发生变更时，以其为主体的标记图元可能需要更新，或需删除已经无用的孤立标记，则可以使用该工具。

（a）标记选项栏

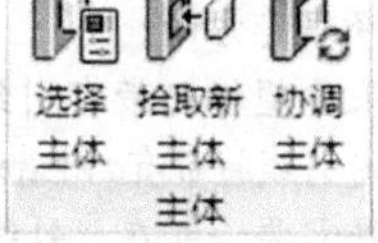

（b）标记功能面板

图 5.85　编辑标记功能

5.2.6.3　符号与注释块明细表

（1）符号

① 创建符号。

使用“符号”工具可以在项目中放置二维图纸符号，如指北针、坡度符号、参考图籍符号等。

单击“注释”选项卡 ▶“符号”面板 ▶ (符号)，则打开符号属性栏，如图5.86所示，选择相应的符号及类型，放到相应位置即可。

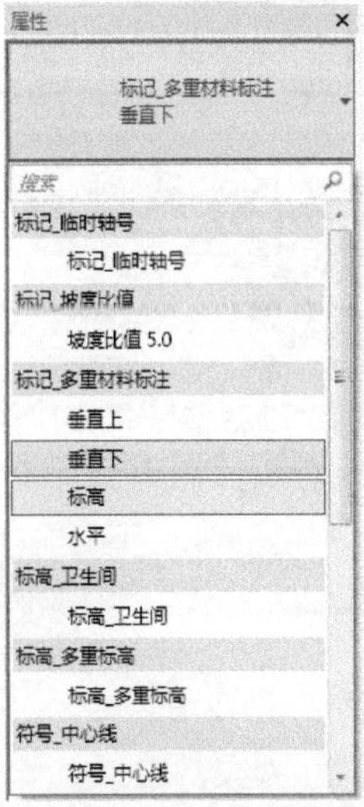

图5.86　符号属性

② 编辑符号。

选择符号，功能面板显示修改丨常规注释子选项卡，如图5.87所示。

符号的编辑方法和文字与标记类似，可以添加/删除引线、可以鼠标拖曳引线端点和符号位置、可以在“属性”面板中选择其他类型、设置符号实例参数或设置符号的类型属性参数。

注：符号的实例和类型参数，因符号不同而不同。

(2) 注释块明细表

Revit 可以自动使用“注释块”明细表工具，自动统计使用“符号”工具添加的全部符号实例。具体操作参见前面明细表。

注释块的自动统计功能可以用来在表格中批量修改符号类型，如要给几面墙附着了同样的符号注释，当修改注释时，为提高效率，希望一次性修改所有相同的注释，则可以先统计该符号注释，然后在表格中编辑修改，图形中的符号注释即可自动更新。

5.2.6.4　尺寸标注

尺寸标注在项目中显示测量值，可通过“注释”选项卡 ▶“尺寸标注”面板，选择相应的尺寸标注方式，如图5.88 (a) 所示。Revit有两种尺寸标注类型。

临时尺寸标注：是当放置图元、绘制线或选择图元时在图形中显示的测量值，在完成动作或取消选择图元后，这些尺寸标注会消失。如图5.88 (b) 所示。

永久尺寸标注：是添加到图形以记录设计的测量值。它们属于视图专有，并可在图纸上打印，如图5.88 (c) 所示。

图5.87　修改丨常规注释子选项卡

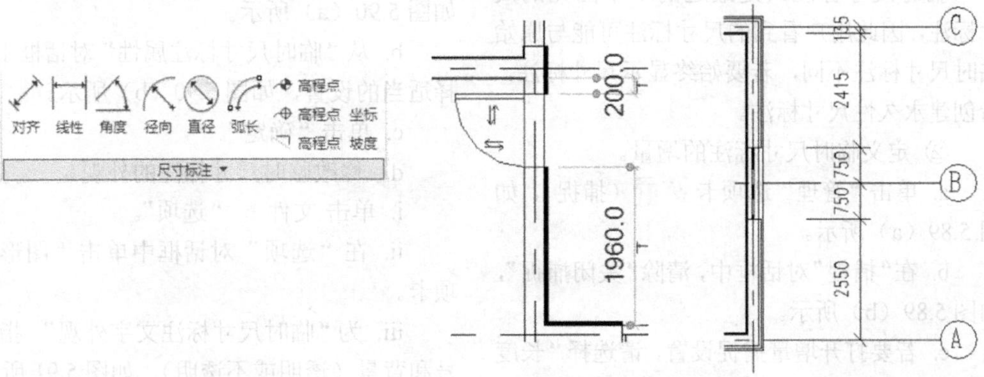

(a)　(b)　(c)

图5.88　尺寸标注

(a)

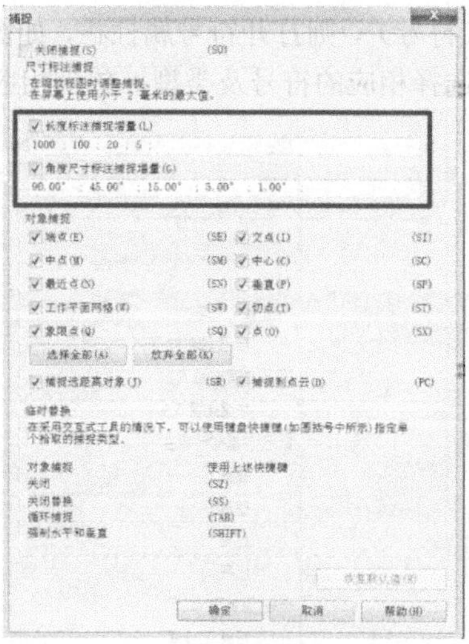

(b)

图 5.89　临时捕捉设置

（1）尺寸标注样式的设置

Revit 的两种尺寸标注类型：临时尺寸标注和永久性尺寸标注，其样式设置方式不同，下面分别叙述。

① 临时尺寸标注的设置。

临时尺寸标注捕捉到最近的垂直图元并按定义的值进行调整。用户可以定义捕捉增量，如果将捕捉增量定义为 6cm，则移动图元进行放置时，尺寸标注按 6cm 递增或递减。放置图元后，Revit 会显示临时尺寸标注，当放置另一个图元时，前一个图元的临时尺寸标注将不再显示。要查看某个图元的临时尺寸标注，请单击“修改”，然后选择该图元。

临时尺寸标注只是最近的一个图元的尺寸标注，因此用户看到的尺寸标注可能与原始临时尺寸标注不同，若要始终显示尺寸标注，请创建永久性尺寸标注。

② 定义临时尺寸标注的增量。

a. 单击“管理”选项卡 ➤ （捕捉），如图 5.89（a）所示。

b. 在“捕捉”对话框中，清除“关闭捕捉”，如图 5.89（b）所示。

c. 若要打开增量捕捉设置，请选择“长度标注捕捉增量”和“角度尺寸标注捕捉增量”，如图 5.89（b）所示。

d. 对于每个捕捉增量集，请输入用分号分隔的数值。

e. 单击“确定”。

> 注：可以指定任意多个增量，用分号隔开。如角度标注捕捉增量的示例：90°；45°；15°；5°；1°。

③ 指定临时尺寸标注设置。

临时尺寸标注可以以下方式设置。

- 从墙中心线、墙面、核心层中心或核心层表面开始测量。
- 从门和窗的中心线或洞口开始测量。

步骤如下。

a. 单击“管理”选项卡 ➤“设置”面板 ➤“其他设置”下拉列表 ➤ （临时尺寸标注），如图 5.90（a）所示。

b. 从“临时尺寸标注属性”对话框中，选择适当的设置，如图 5.90（b）所示。

c. 单击“确定”。

d. 修改临时尺寸标注的外观。

i. 单击 文件 ➤“选项”。

ii. 在“选项”对话框中单击“图形”选项卡。

iii. 为“临时尺寸标注文字外观”，指定字号和背景（透明或不透明），如图 5.91 所示。

（a）

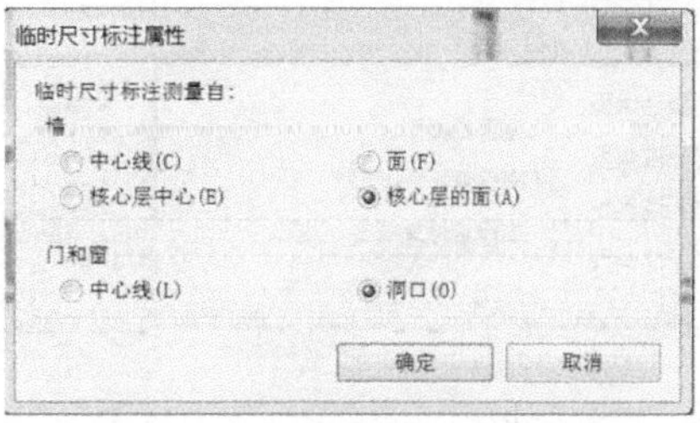

（b）

图 5.90 临时尺寸标注

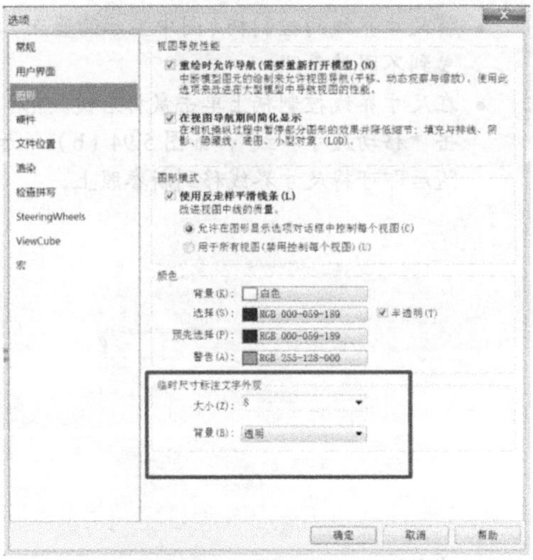

图 5.91 临时尺寸标注文字外观设置

④ 永久尺寸标注样式的设置。

尺寸标注的文字字体、字体大小、高宽比、文字背景、尺寸记号、尺寸界线样式、尺寸界线长度、尺寸界线延伸长度、尺寸线延伸长、中心线符号信样式、尺寸标注颜色等尺寸标注的细节设置，都可在相应尺寸标注样式对话框中事先设置或随时设置，设置完成后，尺寸标注将自动更新。

不同的尺寸标注其标注样式也不完全一样，但其设置方法完全一样，通用步骤如下。

a. 单击“注释”选项卡 ▶“尺寸标注”面板下拉列表，然后选择一个选项，如图 5.92（a）和（b）所示。

b. 从“类型属性”对话框的“类型”列表中选择要使用的尺寸标注类型，如图 5.92（c）所示。

c. 如果需要，单击“重命名”以重命名该类型，或单击“复制”以创建新尺寸标注类型。

d. 指定尺寸标注显示属性，如图 5.92（c）所示。

（2）临时尺寸标注应用

① 图元查询与定位。

当创建或选择几何图形时，Revit 会在图元周围显示临时尺寸标注，使用临时尺寸标注以动态控制模型中图元的放置。或选择已创建好的图元，将显示其与相邻图元的位置关系，如图 5.93 所示。

② 转换为永久尺寸标注。

可以将临时尺寸标注转换为永久性尺寸标注，以便其始终显示在图形中，步骤如下。

a. 在绘图区域中选择部件。

b. 单击在临时尺寸标注附近出现的尺寸标注符号 ├─┤，如图 5.94（a）所示，即可将临时尺寸标注转换为永久尺寸标注。

c. 单击选择转换后的永久尺寸标注，即可编辑其尺寸界线位置、文字替换等。

③ 移动临时尺寸标注的尺寸界线。

a. 选择一个图元，显示临时尺寸标注，如图 5.94（a）所示。

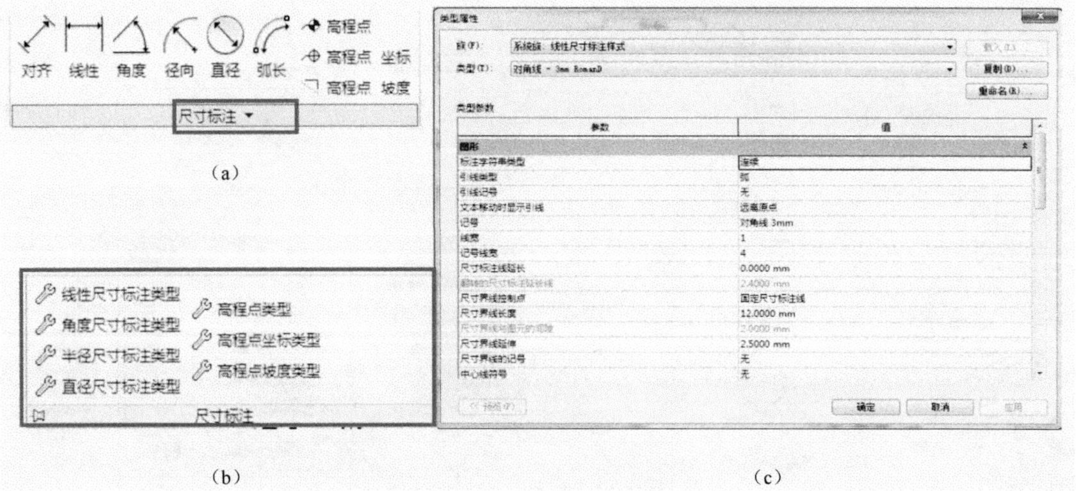

（a）（b）（c）

图 5.92 永久尺寸标注样式设置

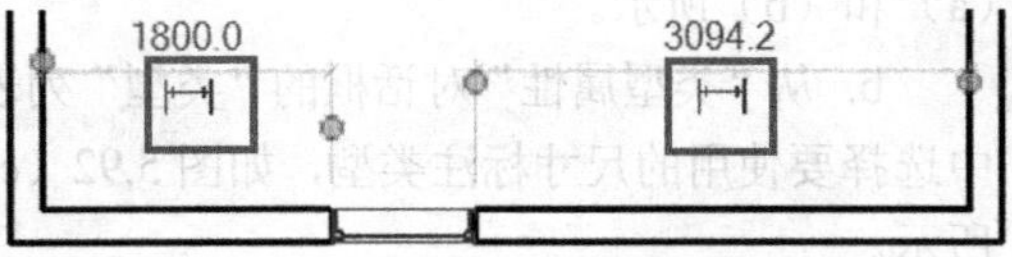

图 5.93 临时尺寸标注

b. 执行下列操作之一：

- 将尺寸界线的控制柄（图中显示的蓝点）拖曳到不同的参照；
- 在尺寸界线控制柄上单击鼠标右键，然后单击“移动尺寸界线”，如图 5.94（b）所示。随后即可将尺寸界线移到新参照上。

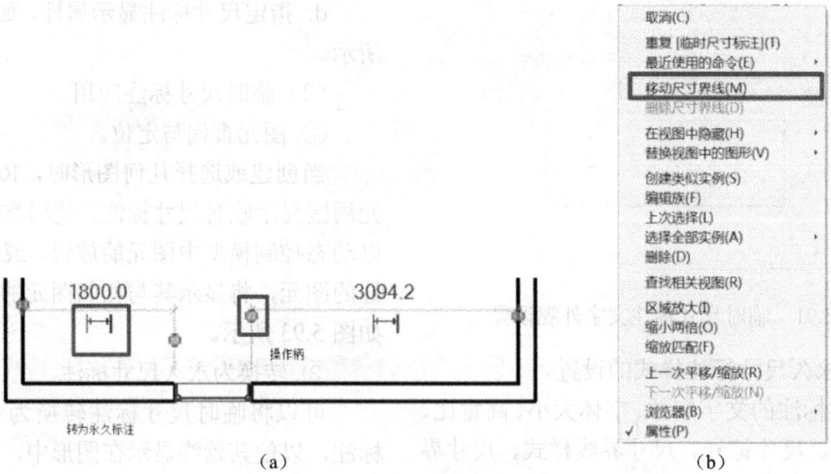

（a）（b）

图 5.94 移动尺寸界线

（3）创建永久尺寸标注

永久性尺寸标注是一个视图专有的图元，记录了模型中测量单位。永久性尺寸标注有两种不同的显示状态:可修改状态和不可修改状态。若要修改某个永久性尺寸标注数值，请选择该尺寸标注的几何图形，并修改几何图形的尺寸，尺寸标注自动更新。

在 Revit 功能区“注释”选项卡中共有 9 个永久尺寸标注工具：对齐尺寸标注、线性尺寸标注、角度尺寸标注、径向尺寸标注、直径尺寸标注、弧长度尺寸标注、高程点标注、高程点坐标标注、高程点坡度标注。

下面将分别讲述如何创建各种尺寸标注及如何编辑永久尺寸标注。

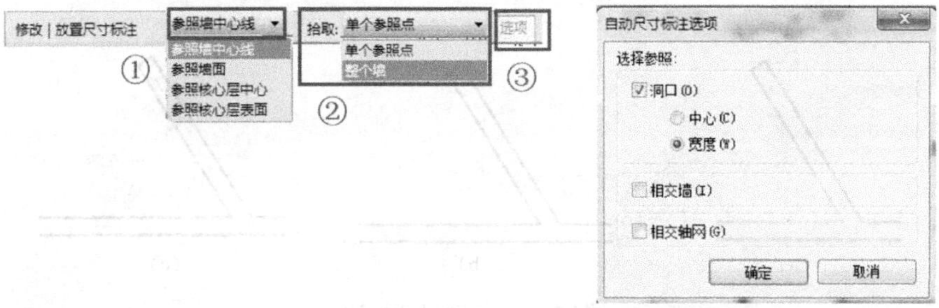

（a）　　　　　　　　（b）

图 5.95　永久尺寸标注设置

① 对齐尺寸标注——单个参照点：逐点捕捉标注。

a. 单击“注释”选项卡 ➤“尺寸标注”面板 ➤（对齐）。

> 注：选项栏的设置选项有“参照墙中心线”“参照墙面”“参照核心层中心”和“参照核心层表面”，如图 5.95（a）中①所示。如选择墙中心线，则将光标放置于某面墙上时，光标将首先捕捉该墙的中心线。

b. 在选项栏上，选择“单个参照点”作为“拾取”设置，图 5.95（a）中②所示。

c. 将光标放置在某个图元（例如墙）的参照点上，如果可以在此放置尺寸标注，则参照点会高亮显示。

d. 单击以指定标注位置。

e. 将光标放置在下一个参照点的目标位置上并单击。

f. 当选择完参照点之后，鼠标离开图元到合适位置，并单击，永久性对齐尺寸标注将会显示出来。

> 注：1. 第 c.步选择时，按 Tab 键可以在不同的参照点之间循环切换。
>
> 2. 第 e.步可以连续选择多个参照，当移动光标时，会显示一条尺寸标注线。

② 对齐尺寸标注——整个墙：自动捕捉批量标注。

a. 单击“注释”选项卡 ➤“尺寸标注”面板 ➤（对齐）。

b. 在选项栏上，选择“整个墙”作为“拾取”设置，如图 5.95（a）中②所示。

c. 单击“选项”，弹出如图 5.95（b）所示对话框，含意如下。

- “洞口”：对某面墙及其洞口进行尺寸标注，可选择“中心”或“宽度”设置洞口参照。
- 如选择“中心”，尺寸标注链将使用洞口的中心作为参照。如果选择“宽度”，尺寸标注链将测量洞口宽度。
- “相交墙”：对某面墙及其相交墙进行尺寸标注。选择要放置尺寸标注的墙后，多段尺寸标注链会自动显示。
- “相交轴网”：对某面墙及其相交轴网进行尺寸标注。选择要放置尺寸标注的墙后，多段尺寸标注链会自动显示，并参照与墙中心线相交的垂直轴网。

> 注：如果轴线与另一个墙参照点（例如墙端点）相重合，则不为此轴网创建尺寸界线。该功能避免创建长度为零的尺寸标注线段。

d. 单击“确定”。

e. 将光标放置于某墙之上，待该墙高亮显示之后单击鼠标。如果需要，继续高亮显示其他墙，将其添加至尺寸标注链中。

f. 将光标从墙上移开，以使尺寸标注线显示出来，在合适位置单击放置尺寸标注。

> 注：当轴线很多时，“整个墙”功能可以用来快速自动标注第 2 道开间（进深）尺寸。先绘制一面穿过所示轴线的辅助墙，然后用“整个墙”功能，并设置“自动尺寸标注选项”为只勾选“相交轴网”，然后单击捕捉墙即可创建第 2 道尺寸，但墙两头有两个多余的尺寸。删除辅助墙，多余尺寸自动删除即可完成第 2 道开间（进深）尺寸标注。

③ 线性尺寸标注。

“线性”尺寸标注工具可以标注两个点之间（如墙或线的角点或端点）的水平或垂直距离尺寸，步骤如下。

a. 单击“注释”选项卡 ➤“尺寸标注”面板 ➤（线性）。

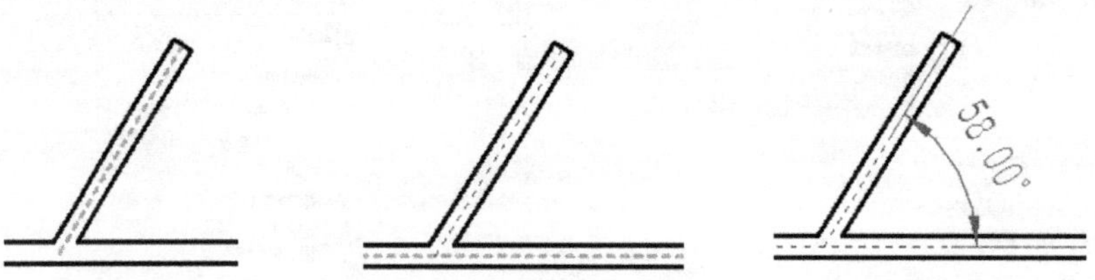

图 5.96　角度尺寸标注

b. 将光标放置在图元（如墙或线）的参照点上，或放置在参照的交点（如两面墙的连接点）上。如果可以在此放置尺寸标注，则参照点会高亮显示。通过按 Tab 键可以在交点的不同参照点之间切换。

c. 单击以指定参照。

d. 将光标放置在下一个参照点的目标位置上并单击。当移动光标时会显示一条尺寸标注线。如果需要，可以连续选择多个参照。

e. 选择另一个参照点后，按空格键使尺寸标注与垂直轴或水平轴对齐。

f. 当选择完参照点之后，从最后一个图元上移开光标并单击，此时显示尺寸标注。

> 注：按 Tab 键切换捕捉相应的点。

④ 角度尺寸标注。

角度尺寸标注，用于标注有公共交点的多个参照点上，不能通过拖曳尺寸标注弧来标注整圆。步骤如下。

a. 单击“注释”选项卡 ➤“尺寸标注”面板 ➤（角度）。

b. 将光标放置在构件上，然后单击以创建尺寸标注的起点，如图 5.96（a）所示。

c. 将光标放置在与第一个构件不平行的某个构件上，然后单击鼠标，如图 5.96（b）所示。

d. 拖曳光标以调整角度标注的大小，当尺寸标注大小合适时，单击以进行放置，如图 5.96（c）所示。

> 注：1. 通过按 Tab 键，可以在墙面和墙中心线之间切换尺寸标注的参照点。
>
> 2. 可以为尺寸标注选择多个参照点。所标注的每个图元都必须经过一个公共点。要在四面墙之间创建一个多参照的角度标注，每面墙都必须经过一个公共点。

⑤ 径向尺寸标注。

径向尺寸标注是将径向尺寸标注添加到图形以测量弧的半径。

a. 单击“注释”选项卡 ➤“尺寸标注”面板 ➤（径向）。

b. 将光标放置在弧上，然后单击，一个临时尺寸标注将显示出来，如图 5.97 所示。

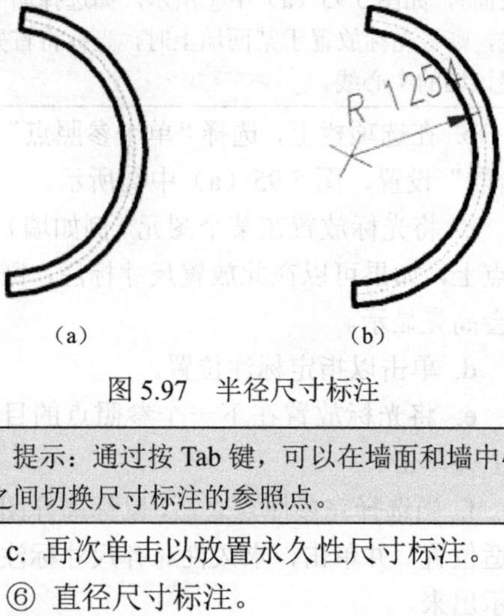

图 5.97　半径尺寸标注

> 提示：通过按 Tab 键，可以在墙面和墙中心线之间切换尺寸标注的参照点。

c. 再次单击以放置永久性尺寸标注。

⑥ 直径尺寸标注。

使用图形中的直径尺寸标注，测量圆或圆弧的直径。

a. 单击“注释”选项卡 ➤“尺寸标注”面板 ➤（直径）。

b. 将光标放置在圆或圆弧的曲线上，然后单击，一个临时尺寸标注将显示出来。

c. 将光标沿尺寸线移动，并单击以放置永久性尺寸标注。

> 注：通过按 Tab 键，可以在墙面和墙中心线之间切换尺寸标注的参照点。

⑦ 弧长度尺寸标注。

可以对弧形墙或其他弧形图元进行尺寸标注，以获得墙的总长度。步骤如下。

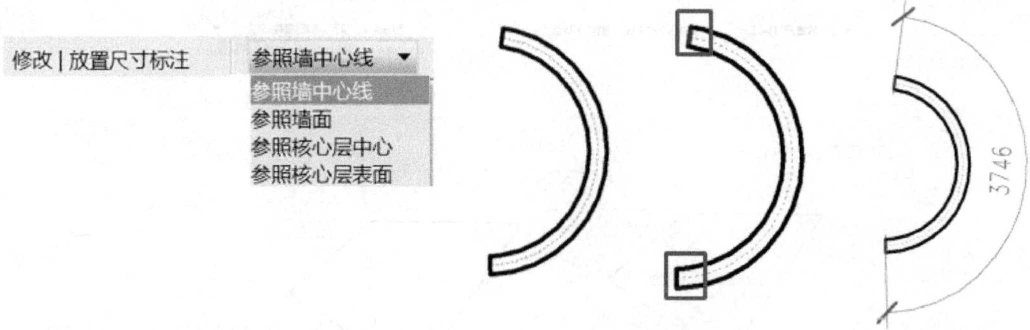

（a）　（b）　（c）　（d）

图 5.98　弧长尺寸标注

a. 单击“注释”选项卡 ➤ “尺寸标注”面板 ➤（弧长度）。

b. 在选项栏上，选择一个捕捉选项，如图5.98（a）所示，如选择“参照墙中心线”，以使光标捕捉内墙或外墙中心线。捕捉选项有助于选择径向点。

c. 将光标放置在弧上，并单击左键选择，如图5.98（b）所示，然后单击选择弧的起点和终点，如图5.98（c）所示。

d. 然后将光标向上移离弧形，单击放置该弧长度尺寸标注，如图5.98（d）所示。

⑧ 高程点标注。

用高程点标注可以获取或标注图元（如坡道、道路、地形表面或楼梯平台）的高程。步骤如下。

a. 单击“注释”选项卡 ➤ “尺寸标注”面板 ➤（高程点）。

b. 在“类型选择器”中，选择要放置的高程点的类型。在选项栏上执行下列操作，如图5.99（a）所示。

- 选中或清除“引线”，如果选中了“引线”，可以选择“水平段”，以在高程点引线中添加一个折弯。
- 如果要放置相对高程点，请选择一个标高作为“相对于基面”的值。
- 为“显示高程”选择一个选项（在平面视图中放置高程点时，会启用该功能）。
- “实际（选定）高程”：显示图元上的选定点的高程。
- “顶部高程”：显示图元的顶部高程。
- “底部高程”：显示图元的底部高程。
- “顶部高程和底部高程”会显示图元的顶部和底部高程。

c. 选择图元的边缘，或选择地形表面上的某个点。在可以放置高程点的图元上移动光标时，绘图区域中会显示高程点的值，如图5.99（b）所示。

d. 如果要放置高程点，请执行下列操作。

- 如果不带引线，单击即可放置。
- 如果带引线，请将光标移到图元外的位置，然后单击即可放置高程点。
- 如果带引线和水平段，请将光标移到图元外的位置。单击一次放置引线水平段。再次移动光标并单击以放置该高程点。

e. 要完成该操作，请按 Esc 键两次，结果如图5.99（a）所示。

> 注：如果放置高程点之后再选择它，可以使用拖曳控制柄来移动它。如果删除其参照的图元或关闭其可见性，高程点将被删除。

⑨ 高程点坐标标注。

a. 单击“注释”选项卡 ➤ “尺寸标注”面板 ➤（高程点坐标）。

b. 在“类型选择器”中，选择要放置的高程点坐标的类型。

c. 在选项栏上，选中或清除“引线”。如果选中了“引线”，可以选择“水平段”，以在高程点引线中添加一个折弯。

d. 除了要显示高程点坐标外，如果还要显示高程，请执行下列操作：

- 在属性选项板上，单击（编辑类型）；
- 在“文字”下，选择“包括高程”。

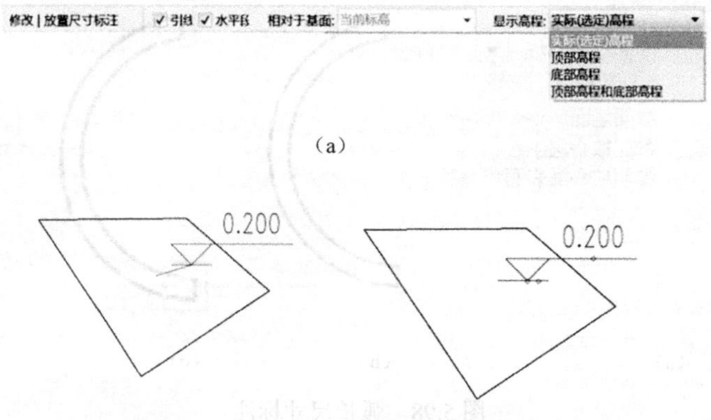

图 5.99　高程点标注

e. 选择图元的边缘或选择地形表面上的点。将光标移动到可以放置高程点坐标的图元上方时，高程点坐标值会显示在绘图区域中。

f. 如果要放置高程点坐标，请执行下列操作：

- 如果不带引线，单击即可放置；
- 如果带引线，请将光标移到图元外的位置，然后单击即可放置高程点坐标；
- 如果带引线和水平段，请将光标移到图元外的位置，单击一次放置引线水平段，再次移动光标，然后单击以放置高程点坐标。

g. 要完成该操作，请按 Esc 键两次。

如果放置高程点坐标之后再选择它，可以使用拖曳控制柄来移动它。如果删除参照的图元或关闭其可见性，则将会删除高程点坐标。若要修改高程点的外观，请选择该高程点并修改其属性。

⑩ 高程点坡度标注。

a. 单击“注释”选项卡 ➤ “尺寸标注”面板 ➤ ⋱! (高程点坡度)。

b. 在“类型选择器”中，选择要放置的高程点坡度的类型。

c.（可选）在选项栏上修改下列内容：

- 选择“箭头”或“三角形”作为“坡度表示”(在立面或剖面视图中启用)；
- 输入“相对参照的偏移”值，该值可以相对于参照移动高程点坡度，使之离参照更近或更远。

d. 单击要放置高程点坡度的边缘或坡度。

e. 单击以放置高程点坡度，可以位于坡度上方或下方。

> 注：将光标移动到可以放置高程点坡度的图元上时，绘图区域中会显示高程点坡度的值。

f. 放置高程点坡度时，您还可以执行下列操作。

- 单击翻转控制柄（⇅）以翻转高程点坡度尺寸标注的方向。
- 坡度表示具有两种表示形式：箭头或三角形。尽管两种表示形式的显示方式不同，但其中的信息都相同。三角形不能用在平面视图中。

g. 要完成该操作，请按 Esc 键两次。

(4) 编辑永久尺寸标注

尺寸标注的编辑方法有以下 6 种：编辑尺寸界线、鼠标控制、图元与尺寸关联更新、编辑尺寸标注文字、“类型属性”参数编辑（尺寸标注样式）和限制条件。尺寸标注样式见前述，限制条件见下页（5）“限制条件的应用”。本节重点讲解前 4 种功能的应用。

① 编辑尺寸界线。

该编辑方法仅适用于“对齐”和线性尺寸标注类型。选择尺寸标注，将以蓝色亮显，如图 5.100（a）所示。可以选择图 5.100（a）中①和②所示的点进行拖曳，从而调整尺寸界线位置及间隙、删除尺寸界线和增加尺寸界线。具体步骤如下。

② 编辑尺寸界限——移动尺寸界线和间隙。

a. 在两个或多个图元之间（例如在两面墙之间）创建线性尺寸标注，如图 5.100（a）

所示。

b. 选择一条尺寸标注线。尺寸界线上将出现蓝色控制柄，如图 5.100（a）所示，①可调整尺寸界线位置，②可调整尺寸界线与图元的间隙。

c. 将光标放在尺寸界线端点处的一个蓝色控制柄上，然后拖曳控制柄来调整尺寸界线与图元之间的间隙或尺寸界线的位置。

> 提示：当移动尺寸标注线所参照的图元时，间隙的距离将保持不变。

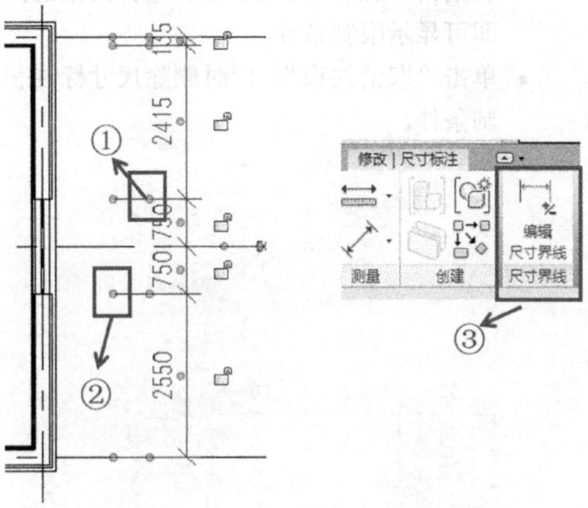

（a）　　（b）

图 5.100　尺寸界线编辑

③ 编辑尺寸界限——删除或增加尺寸界线。

a. 择一个永久性尺寸标注。

b. 在尺寸界线中点处的蓝色圆形控制点[如图 5.100（a）图①点]上单击鼠标右键，然后单击“删除尺寸界线”。

c. 如要增加尺寸界线，选中尺寸标注，单击功能面板上“编辑尺寸界线”，在图形上单击要增加的参照。

④ 编辑尺寸标注文字。

Revit 的尺寸值是自动提取的实际值，单独选择尺寸标注，其文字不能直接编辑。但可以在尺寸值前后增加辅助文字或其他前缀后缀等，或直接用文本替换尺寸值。如图 5.101（a）所示，结果如图 5.101（b）所示。

⑤ 图元与尺寸关联更新。

与临时尺寸一样，Revit 的永久尺寸标注和其标注的图元之间始终保持关联更新关系，可以通过“先选择图元，然后编辑尺寸值”的方式精确定位图元。

（5）限制条件的应用

① 应用尺寸标注的限制条件。

锁定尺寸标注可使其值无法更改，还限制了参照图元的移动。只要在放置永久性尺寸标注后，单击尺寸的锁形符号，如图 5.102（a）所示，锁定尺寸标注，即可锁定选择的尺寸，结果如图 5.102（b）所示。

② 相等限制条件。

相等限制条件可用于快速等间距定位图元，例如定位参照平面、门窗间距、内墙间距

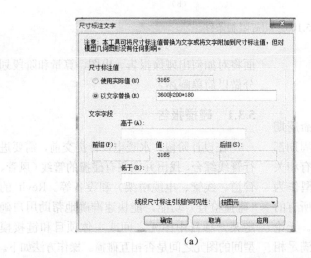

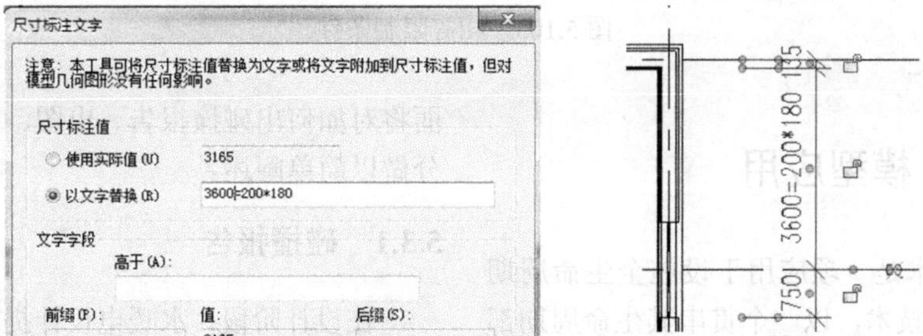

（a）　　（b）

图 5.101　尺寸标注文字替换

等。如图 5.103（a）所示尺寸标注，选中相应的连续标注，单击尺寸标注上的 EQ，结果如图 5.103（b）所示，可实现尺寸的自动等间距，图元也等间距布置。

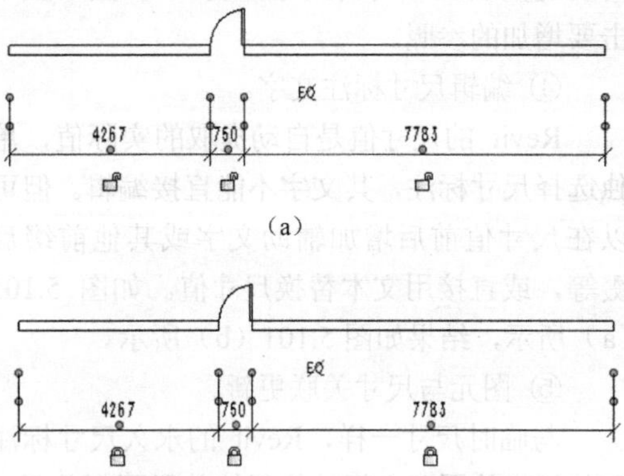

（a）

（b）

图 5.102　锁定永久尺寸

③ 删除限制条件。

可使用以下三种方法取消、删除限制条件。

a. 单击锁形符号解除锁定。

b. 单击 EQ 符号变为“不相等”符号 EQ，解除相等限制条件。

c. 删除应用了限制条件的尺寸标注时，在弹出的提示对话框中按以下方法执行。

- 单击“确定”：只删除尺寸标注，保留了限制条件。限制条件可以独立于尺寸标注存在和编辑，删除尺寸标注后，选择约束的图元即可显示限制条件。
- 单击“取消约束”：同时删除尺寸标注和限制条件。

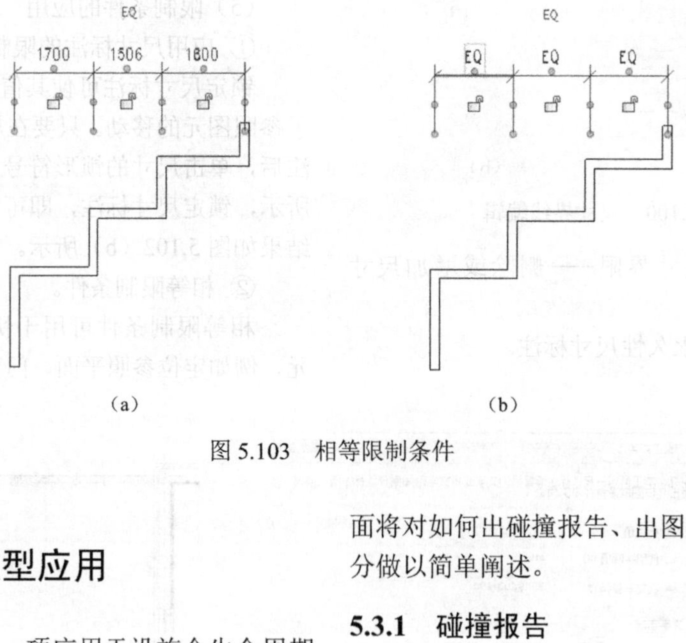

（a）　（b）

图 5.103　相等限制条件

5.3　BIM 模型应用

BIM 技术是一项应用于设施全生命周期的 3D 数字化技术，以一个贯串其生命周期都通用的数据格式，创建、收集该设施所有相关的信息并建立起信息协调的信息化模型作为项目决策的基础和共享信息的资源。其所有的数据都是一次录入，各阶段，终身可用。无论任一阶段创建的 Revit 模型，只要建模满足相应的标准，均可用于其他阶段：如出碰撞报告、管线优化、算量、出施工图、施工模拟等。下面将对如何出碰撞报告、出图、算量和阶段划分做以简单阐述。

5.3.1　碰撞报告

在设计阶段，水暖电设计提交前，需要进行管线综合，找出并调整有碰撞的管线（风管、管道、线管、电缆桥架）和设备等。Revit 的“碰撞检查”功能，能快速准确地帮助用户确定某一项目中图元之间或主体项目和链接模型间的图元之间是否相互碰撞。操作方法如下。

5.3.1.1　选择图元

如果要进行项目局部图元碰撞检查，应先

选择所需检查的图元。要检查该视图范围内网管管路和水管管路的碰撞，可框选该视图范围中的所有图元。如果要检查整个项目中的图元，可以不选择任何图元，直接进入下一步的操作。

5.3.1.2　运行碰撞检查

单击功能区“协作”选项卡 ➤ “协调”面板 ➤ “碰撞检查”下拉列表 ➤ （运行碰撞检查），如图 5.104（a）所示。如果在视图中选择图元，则该对话框将进行过滤，显示当前选择的图元类别。如果未选择任何图元，则对话框将显示当前项目中的所有类别，如图 5.104（b）所示。

5.3.1.3　选择碰撞检查内容

通过图 5.104（b）中“类别来自”，选择要进行碰撞检查的内容。碰撞检查：

- 能检查“当前选择”和“链接模型（包括其中的嵌套链接模型）”之间的碰撞；
- 能检查“当前项目”和“链接模型（包括其中的嵌套链接模型）”之间的碰撞；
- 不能检查项目中两个“链接模型”之间的碰撞。一个类别选了链接模型后，另一个类别无法再选择其他链接模型。

5.3.1.4　选择图元类别

分别在类别 1 和类别 2 下勾选所需检查图元的类别。如图 5.104（c）所示，将检查当前项目中的风管类别的图元，和链接文件“水泵房建筑结构”中的结构柱和结构框架（梁）之间的碰撞。

5.3.1.5　检查冲突报告

完成以上步骤后，单击“碰撞检查”对话框右下角的“确定”按钮。如果没有要报告的冲突，则会显示一个对话框，通知“未检测到冲突”，如图 5.105（a）所示。如果有要报告的冲突，则会显示“冲突报告”对话框，列出相互之间发生冲突的所有图元，如图 5.105（b）所示。

在图 5.105（b）所示的冲突报告界面可进行如下操作。

- 显示：要查看其中一个有冲突的图元，在“冲突报告”对话框中单击该图元名称，单击下方“显示”按钮，该图元将在当前视图中高亮显示。要解决冲突，在视图中直接修改该图元即可。
- 导出：可以生成 HTML 版本的报告。在“冲突报告”对话框中，单击“导出”，输入名称，定位到保存报告的文件夹，然后单击“保存”。

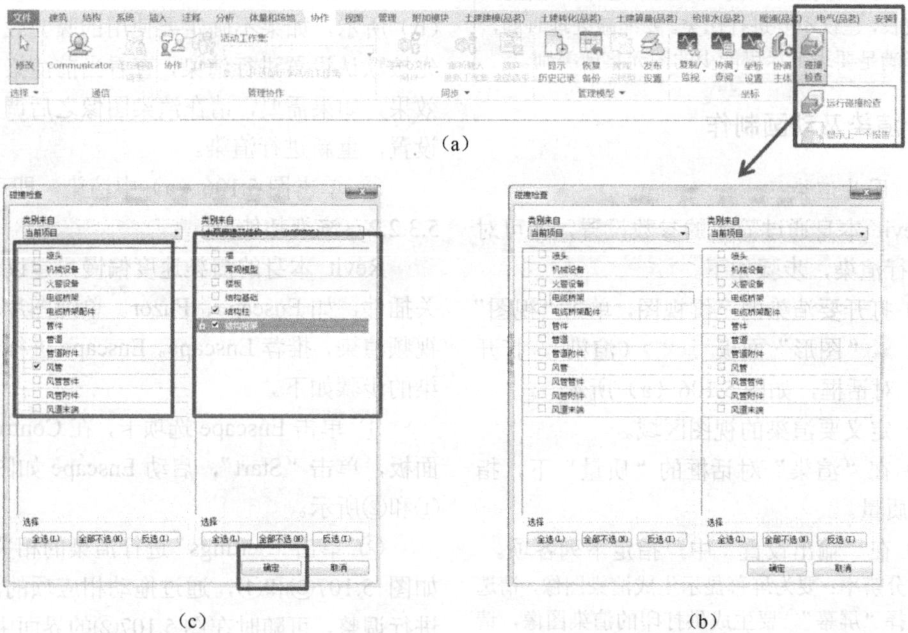

(a)　(c)　(b)

图 5.104　运行碰撞检查

(a)

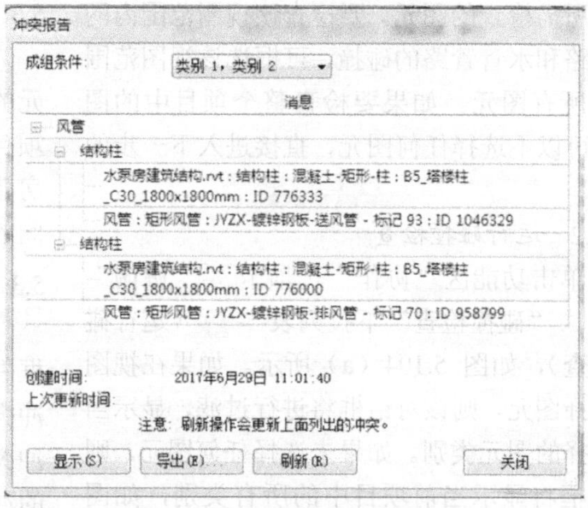

(b)

图 5.105 冲突报告

- 刷新：解决冲突后，在“冲突报告”对话框中单击“刷新”。如果问题已解决，则会从冲突列表中删除发生冲突的图元。注意“刷新”仅重新检查报告中的冲突，它不会重新运行碰撞检查。

关闭“冲突报告”对话框后，要再次查看生成的上一个报告，可以单击功能区中的“协作”，碰撞检查，显示上一个报告，如图 5.104（a）所示。该命令不会重新运行碰撞检查。

> 注：在大模型中，对所示类别进行相互检查费时较长，建议不要进行比类。要缩减处理时间，应选择满足要求下尽可能少的图元集或类别。

5.3.2 渲染及动画制作

5.3.2.1 图片渲染

Revit 本身通过简单的参数设置，即可对图片进行渲染，步骤如下。

① 打开要渲染的三维视图，单击“视图”选项卡 ➤“图形”面板 ➤（渲染），打开“渲染”对话框，如图 5.106（a）所示。

② 定义要渲染的视图区域。

③ 在“渲染”对话框的“质量”下，指定渲染质量。

④ 在“输出设置”中，指定下列各项。

- 分辨率：要为屏幕显示生成渲染图像，请选择“屏幕”。要生成供打印的渲染图像，请选择“打印机”。
- DPI：如“分辨率”选“打印机”时，要设置 DPI 值（每英寸点数，如果该项目采用公制单位，则 Revit 会先将公制值转换为英寸，再显示 DPI 或像素尺寸）。选择一个预定义值，或输入一个自定义值。
- “宽度”“高度”和“未压缩的图像大小”字段会更新以反映这些设置。

⑤ 在“照明”下，为渲染图像指定照明设置，如图 5.106（a）所示。

⑥ 在“背景”下，为渲染图像指定背景，如图 5.106（a）所示。

⑦ 为渲染图像调整曝光设置，如图 5.106（b）所示，如果不确定要使用的曝光设置，请先按默认设置进行渲染，查看当前渲染设置的效果，如果需要，请在渲染图像之后调整曝光设置，重新进行渲染。

⑧ 单击图 5.106（a）中渲染，即可。

5.3.2.2 渲染插件

Revit 本身的渲染速度偏慢，建议使用相关插件，如 Enscape、Fuzor。单纯图片和漫游视频渲染，推荐 Enscape。Enscape 进行图片渲染的步骤如下。

① 单击 Enscape 选项卡，在 Control 功能面板，单击“Start”，启动 Enscape 如图 5.107①和②所示。

② 单击“Settings”进行渲染的相关设置，如图 5.107③和④，通过拖动相应项的滑标杆进行调整，可随时在图 5.107②的界面中显示。

③ 调好后，单击 Render Imange 即进行渲染，如图 5.107⑤所示。

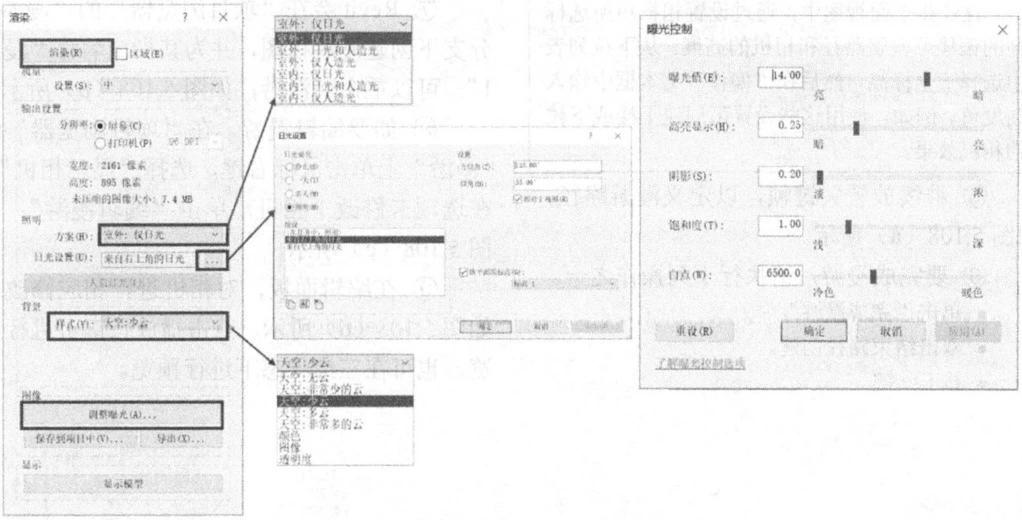

（a）　　　　　　　　　　（b）

图 5.106　渲染对话框

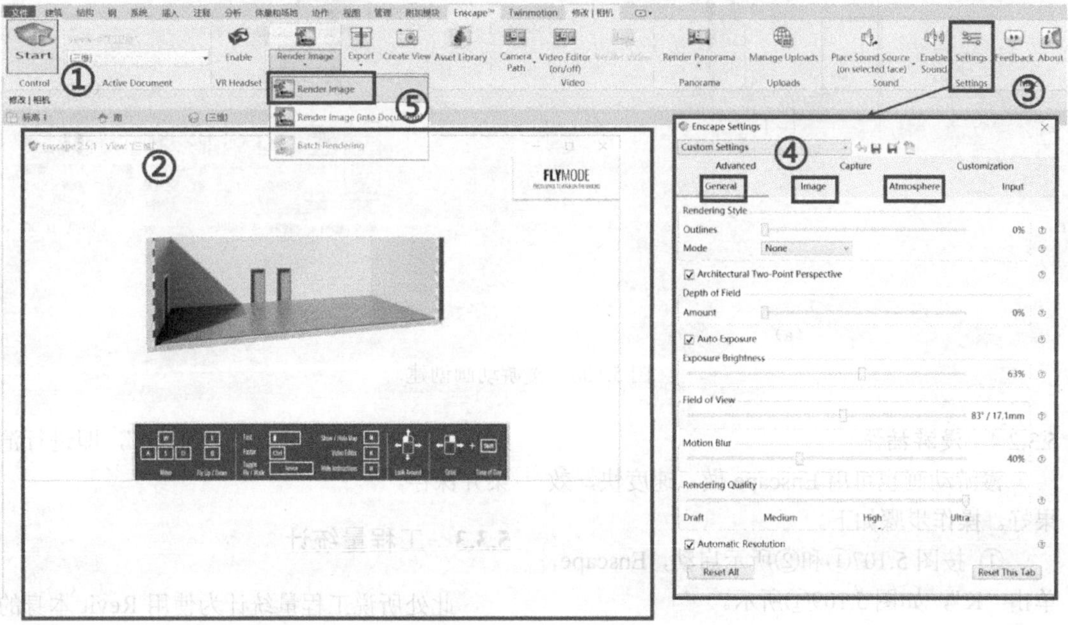

图 5.107　Enscape 渲染图片

5.3.2.3　*漫游动画*

漫游动画：通过定义穿过建筑模型的路径，并创建动画或一系列图像，以向团队成员或客户展示模型。其步骤如下。

① 打开要放置漫游路径的视图，通常，以平面视图开始创建漫游较为方便，在创建过程中，打开其他视图（如立面、剖面等），可有助于精确定位路径和相机。

② 单击“视图”选项卡 ➤“创建”面板 ➤“三维视图”下拉列表 ➤ 👣（漫游）。

③ 若要将漫游创建为正交三维视图，请清除选项栏上的“透视图”复选框。

④ 创建关键帧，如图 5.108（a）所示。将光标置于视图中并单击即可放置关键帧。沿所需方向移动光标以绘制路径。

> 注：在平面视图中，通过设置相机距所选标高的偏移可调整路径和相机的高度。从下拉列表中选择一个标高，然后在“偏移”文本框中输入高度值。例如，使用这些设置可创建上楼或下楼的相机效果。

⑤ 继续放置关键帧，以定义漫游路径，如图 5.108（a）所示。

⑥ 要完成漫游，请执行下列操作之一。

- 单击“完成漫游”。
- 双击结束路径创建。
- 按 Esc 键。

⑦ Revit 会在“项目浏览器”的“漫游”分支下创建漫游视图，并为其指定名称“漫游 1”。可以重命名漫游，如图 5.108（b）所示；

⑧ 如要编辑漫游，在“项目浏览器”的“漫游”上单击鼠标右键，选择“显示相机”，在选项卡修改 | 相机，单击“编辑漫游”，如图 5.108（c）所示。

⑨ 在编辑面板，对相机进行相应修改，如图 5.108（d）所示，点击播放按键可进行预览，也可在三维状态下进行预览。

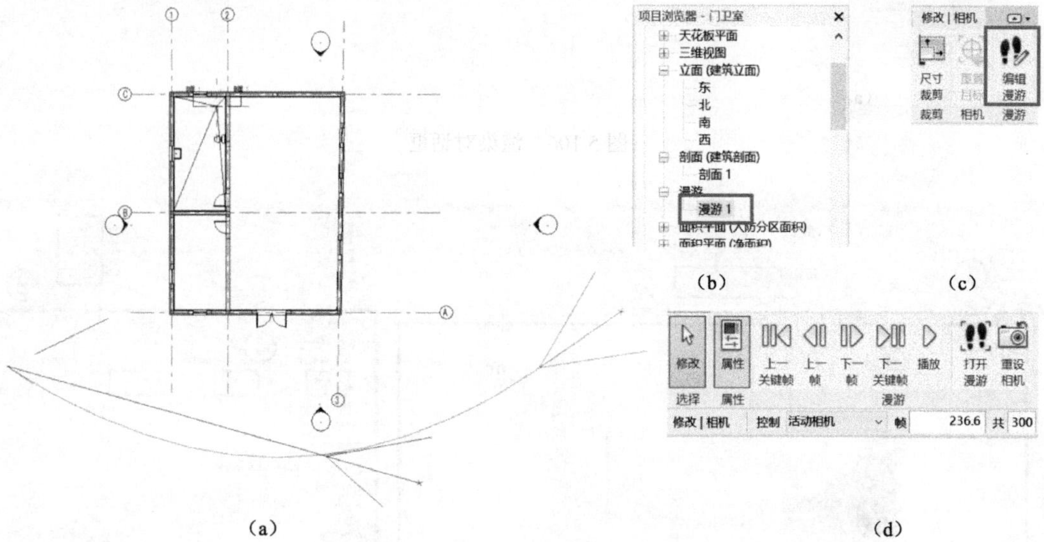

图 5.108　漫游动画创建

5.3.2.4　漫游插件

漫游动画也可用 Enscape 做，速度快，效果好。操作步骤如下。

① 按图 5.107①和②所示启动，Enscape，单击“K”，如图 5.109①所示。

② 启动关键帧的创建，如图 5.109（b）所示，单击“Add KeyFrame”，如图 5.109②所示，添加相应关键帧。

③ 单击 Timeline 的三角符号，如图 5.109③所示，启动关键帧的编辑，如图 5.109（d）所示。

④ 修改好后，单击“Back”返回到图 5.109（c），单击“Preview”进行预览。

⑤ 调整好后，单击“Render Video”，如图 5.110①所示，在启动后的界面，选择保存路径，输入文件名，单击“保存”，即进行渲染并保存。

5.3.3　工程量统计

此处所说工程量统计为使用 Revit 本身的明细表功能进行的统计，具体操作可参照“5.1.2.6　明细表”，如要出符合中国清单和定额的工程量，只能采用国内软件厂商开发的基于 Revit 的插件，如国泰新点的 5D 算量。具体操作可参考《BIM 技术与工程应用》（刘云平主编，化学工业出版社即将出版）。

5.3.4　构件的时间属性——4D

Revit 中的“阶段”和建筑设计中常说的方案阶段、扩初阶段、施工图阶段的时间“阶段”概念不同。Revit 的“阶段”用来追踪创建或拆除视图或图元的阶段——即赋予图元以时间属性。利用此功能可以模拟项目施工的工程以及按施工阶段统计不同阶段的图元构件，方便后期施工管理。

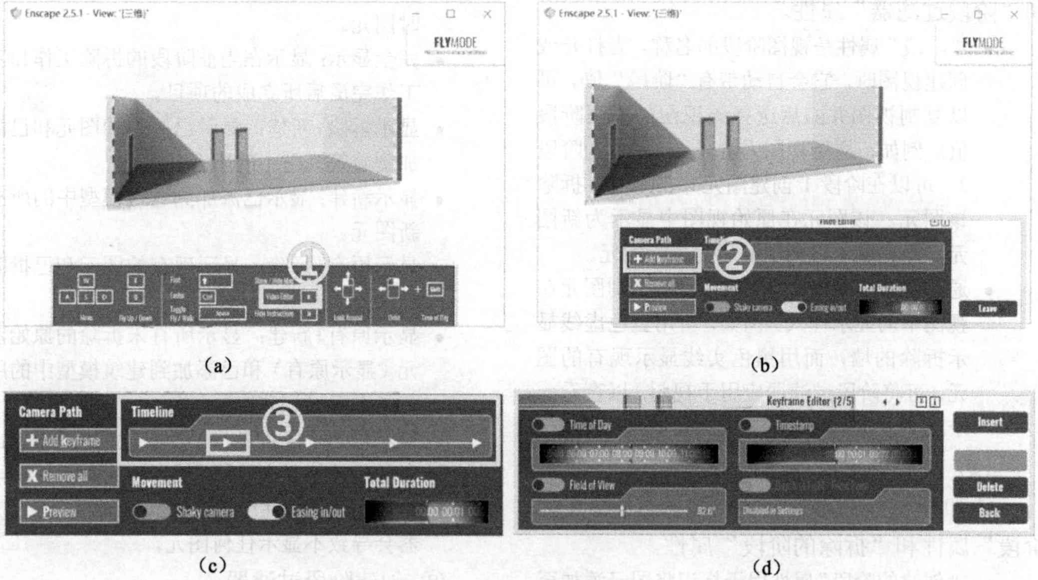

图 5.109　Enscape 漫游动画

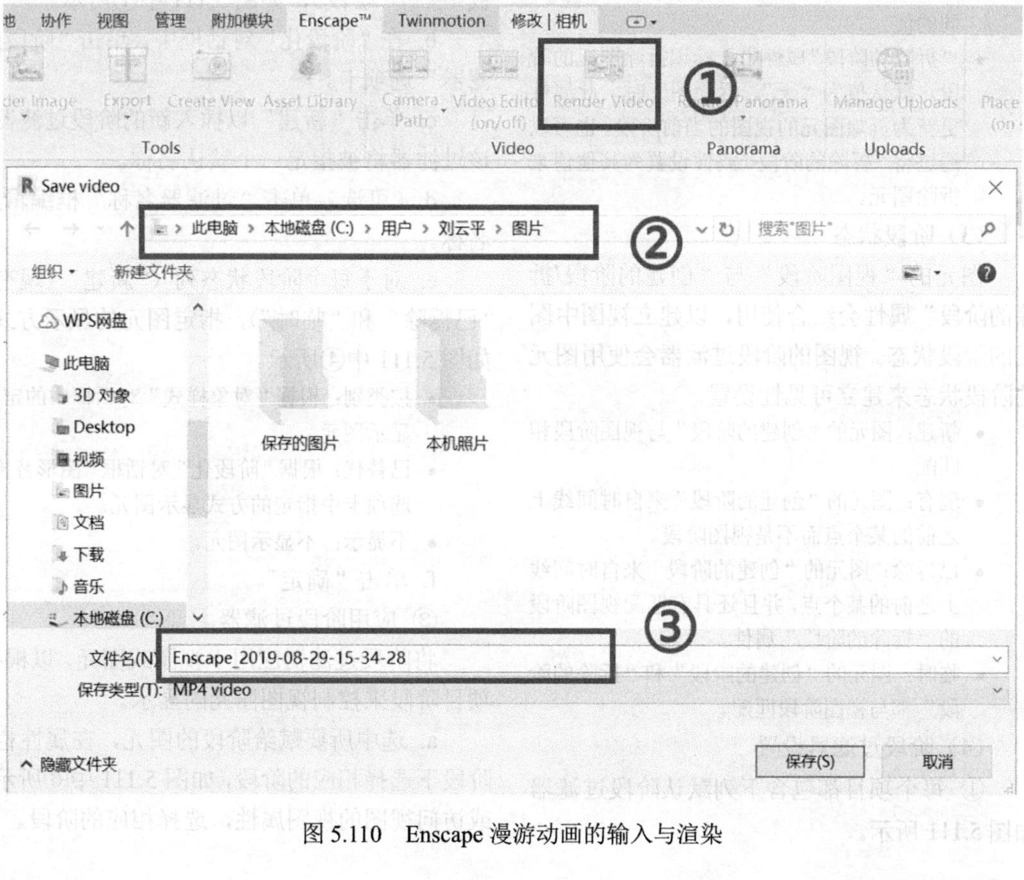

图 5.110　Enscape 漫游动画的输入与渲染

5.3.4.1 视图的阶段属性

（1）阶段和阶段过滤器

Revit 中的每个视图都具有“阶段”属性和“阶段过滤器”属性。

- “阶段”属性是视图阶段的名称。当打开或创建视图时，它会自动带有“阶段”值。可以复制视图并随后选择该视图的不同阶段值。例如，原始视图为阶段 1；副本为阶段 2。可以在阶段 1 创建图元并在阶段 2 拆除该图元。该图元在原始视图中显示为新图元，而在副本视图中显示为拆除图元。
- 通过“阶段过滤器”属性，可以控制图元在视图中的显示样式。例如，可用蓝色虚线显示拆除的墙，而用黑色实线显示现有的图元。可将阶段过滤器应用于视图，以查看一个或多个指定阶段的图元。

（2）图元的阶段属性

添加到项目中的每个图元都具有“创建的阶段”属性和“拆除的阶段”属性。

- “创建的阶段”属性用于标识将图元添加至建筑模型的阶段。该属性的默认值和当前视图的“阶段”值相同。可以根据需要指定不同的值。
- “拆除的阶段”属性用于标识拆除图元的阶段。默认值为“无”。拆除图元时，此属性更新为拆除图元的视图的当前阶段。也可以通过将“拆除的阶段”属性设置为其他值来拆除图元。

（3）阶段状态

图元的“视图阶段”与“创建的阶段/拆除的阶段”属性会结合使用，以建立视图中图元的阶段状态。视图的阶段过滤器会使用图元的阶段状态来建立可见性设置。

- 新建：图元的“创建的阶段”与视图阶段相匹配。
- 现有：图元的“创建的阶段”来自时间线上之前的某个点而不是视图阶段。
- 已拆除：图元的“创建的阶段”来自时间线上之前的某个点，并且还具有匹配视图阶段的“拆除的阶段”属性。
- 临时：图元的“创建的阶段”和“拆除的阶段”都与视图阶段匹配。

（4）阶段过滤器设置

① 每个项目都包含下列默认阶段过滤器如图 5.111 所示。

- 无：不对视图应用阶段过滤器。视图显示所有阶段的全部图元。
- 全部显示：显示新图元（使用为该类别的图元定义的图形设置）以及现有、已拆除和临时图元。
- 完全显示：显示在当前阶段的拆除工作和新工作完成后所完成的项目。
- 显示拆除+新建：显示已拆除的图元和已添加到建筑模型中的所有新图元。
- 显示新建：显示已添加到建筑模型中的所有新图元。
- 显示原有+拆除：显示现有的图元和已拆除的图元。
- 显示原有+新建：显示所有未拆除的原始图元（显示原有）和已添加到建筑模型中的所有新图元（+新建）。
- 显示早期阶段：显示早期阶段的所有图元。在项目的第一个阶段，现有图元对于该阶段是新图元，因此应用“显示早期阶段”过滤器会导致不显示任何图元。

② 创建阶段过滤器。

a. 单击“管理”选项卡 ➤ “阶段化”面板 ➤ （阶段），如图 5.111 中①所示。

b. 在“阶段化”对话框中，单击“阶段过滤器”选项卡。

c. 单击“新建”以插入新的阶段过滤器。该过滤器将被指定一个默认名称。

d.（可选）单击“过滤器名称”框编辑此名称。

e. 对于每个阶段状态列（“新建”“现有”“已拆除”和“临时”），指定图元的显示方式，如图 5.111 中④所示。

- 按类别：根据“对象样式”对话框中的定义显示图元。
- 已替代：根据“阶段化”对话框“图形替换”选项卡中指定的方式显示图元。
- 不显示：不显示图元。

f. 单击“确定”。

③ 应用阶段过滤器。

将阶段过滤器应用于视图或图元，以根据项目阶段来控制视图图元的显示。

a. 选中所要赋给阶段的图元，在属性栏，阶段下选择相应的阶段，如图 5.111 中⑥所示，或访问视图的视图属性，选择相应的阶段。

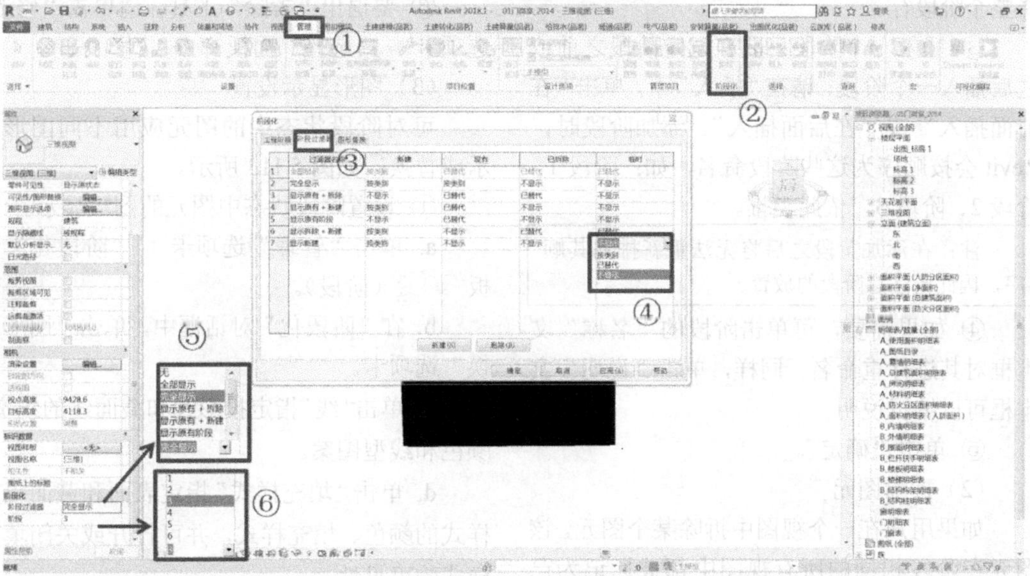

图 5.111　阶段过滤器

b. 在“属性”选项板中，对于“阶段过滤器”，选择下列项之一。

- 默认阶段过滤器。
- 所创建的阶段过滤器。
- “无”：选择此项时，将不为视图应用任何过滤器（在不进行任何图形替换的情况下，所有图元都显示在视图中）。

5.3.4.2　阶段应用简介

（1）工程阶段创建

确定要对项目进行追踪的工作阶段，并为每个工作阶段创建一个阶段，步骤如下。

① 单击“管理”选项卡 ➤ “阶段化”面板 ➤ （阶段），如图 5.112 所示。

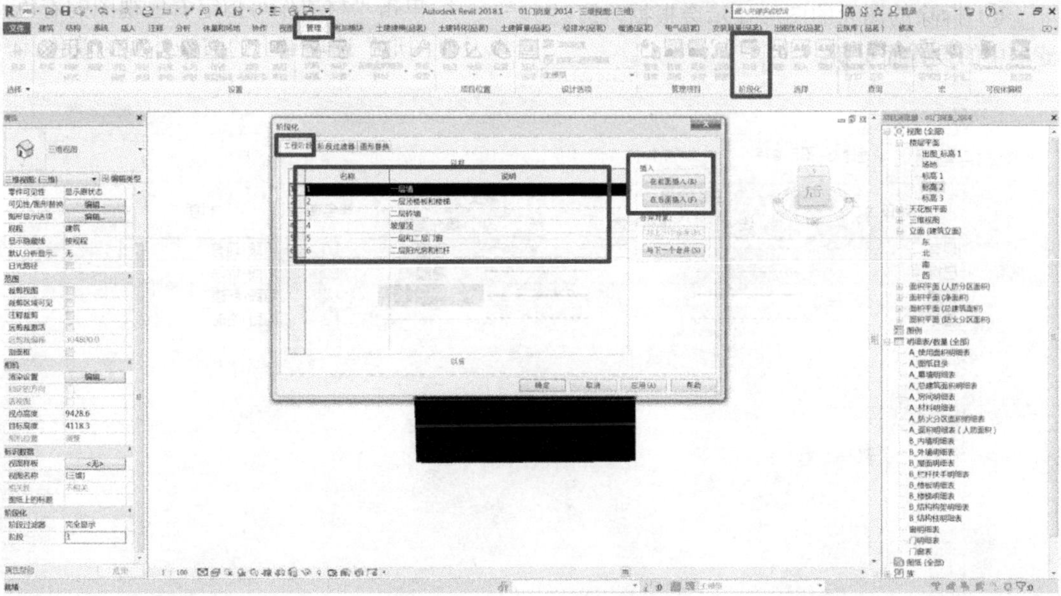

图 5.112　工程阶段创建

“阶段化”对话框将打开，其中显示“工程阶段”选项卡。默认情况下，每个工程都有称为“现有构造”和“新构造”的阶段。

② 单击与阶段相邻的编号框，Revit 会选

择整个阶段行。

③ 插入一个阶段：要在选定阶段之前或之后插入一个阶段，请在“插入”下，单击“在前面插入”或“在后面插入”。添加阶段时，Revit 会按顺序为这些阶段命名，如：阶段 1、阶段 2、阶段 3，依此类推。

> 注：在添加阶段之后将无法重新排列其顺序，因此请注意阶段的放置。

④ 如果需要，可单击阶段的“名称”文本框对其进行重命名。同样，单击“说明”文本框可以编辑说明。

⑤ 单击“确定”。

（2）拆除图元

如果用户在一个视图中拆除某个图元，该图元在阶段相同的所有视图中都被标记为已拆除。

① 打开要在其中拆除图元的视图。

② 单击“修改”选项卡 ▶“几何图形”面板 ▶ （拆除）。

③ 光标将变成锤子形状，单击要拆除的图元。

④ 将光标移到可以拆除的图元上时，这些图元将高亮显示，单击选择。

⑤ 拆除的图元的图形显示会根据阶段过滤器中的设置而更新。

⑥ 要退出“拆除”工具，请单击“修改”选项卡 ▶“选择”面板 ▶ （修改）。

（3）图形显示设置

可对阶段状态中的图元应用不同图形显示或替换，如图 5.113 所示。

① 设置阶段状态中图元的图形显示。

a. 单击“管理”选项卡 ▶“阶段化”面板 ▶ （阶段）。

b. 在“阶段化”对话框中，单击“图形替换”选项卡。

c. 单击“线”指定投影线和截面线的线宽、颜色和线型图案。

d. 单击“填充样式”指定表面和截面填充样式的颜色、填充样式，并可打开或关闭填充样式的可见性：

- 要为“阶段状态”不显示填充样式，请清除“可见性”选择；
- 要根据“设置”下定义的“对象样式”显示填充图案，请选择“无替换”。

e. 单击“半色调”可将线颜色与视图背景色相混合。选择了该选项时，所有线图形（包括填充图案）和实心样式都将以半色调绘制；半色调对着色视图中的材质颜色没有任何影响。

f. 单击“材质”可指定着色视图的着色，以及“图形”选项卡上的渲染外观的着色。

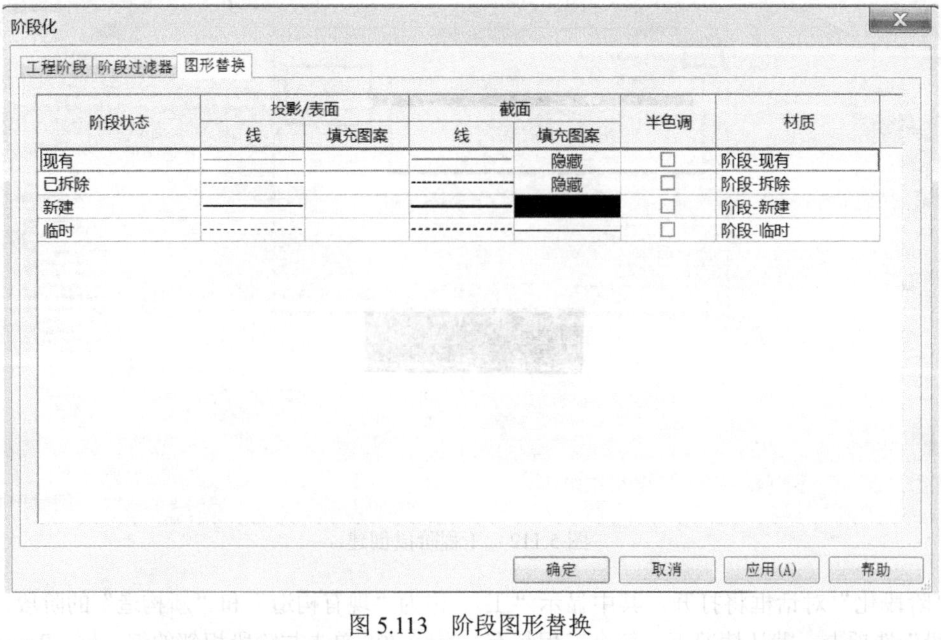

图 5.113　阶段图形替换

注：从“材质”对话框的“图形”选项卡上只能选择“着色”和“渲染外观”两个有效选项。表面填充图案和截面填充图案是在“阶段化”对话框的“图形替换”选项卡上所指定的设置。

g. 单击“确定”。

② 为阶段过滤器定义图形显示。

根据需要定义图形替换来修改使用阶段过滤器的视图中图元的显示方式，步骤如下。

a. 单击“管理”选项卡 ➤“阶段化”面板 ➤（阶段）。

b. 在“阶段化”对话框中，单击“图形替换”选项卡。

c. 单击相应的框，以定义新建、临时、已拆除和现有图元的显示方式。

d. 单击“阶段过滤器”选项卡。

e. 对于每个过滤器，指定每个阶段状态（新建、现有、已拆除和临时）下的图元显示方式。为使用图形替换设置的阶段选择“已替代”。

f. 单击“确定”。

5.4 成果输出

5.4.1 出图与打印

5.4.1.1 视图分幅

对一些超长视图可以将视图分幅出图，为了保证后面对视图的修改同步传递到分幅的视图中，需要使用“复制作为相关”工具复制主视图为几个相关视图并裁剪其出图范围，在主视图中绘制“拼接线”指示视图拆分的位置，创建图纸面图，最后再添加视图参照标记，步骤如下。

① 在项目浏览器中，打开（选择）要为其创建相关视图的主视图，单击“视图”选项卡 ➤“创建”面板 ➤“复制视图”下拉列表 ➤“复制作为相关”，或者在视图名称上单击鼠标右键，然后单击“复制视图” ➤“复制作为相关”，如图 5.114（a）所示，并命名，本例为 F1_北区，F1_南区，如图 5.114（b）和（c）所示。

注：不能从一个相关视图创建另一个相关视图。

② 在要分幅的位置绘制参照平面，后裁剪视图，如果裁剪区域不可见，请在视图控制栏上单击（显示裁剪区域），在 F1_北区和 F1_南区视图上分别裁剪到要分幅的位置，如图 5.114（d）和（e）所示。

③ 绘制拼接线，单击“视图”选项卡 ➤“图纸组合”面板 ➤（拼接线），选择拾取线，拾取前面绘制的参照平面，结果如图 5.115（a）所示。

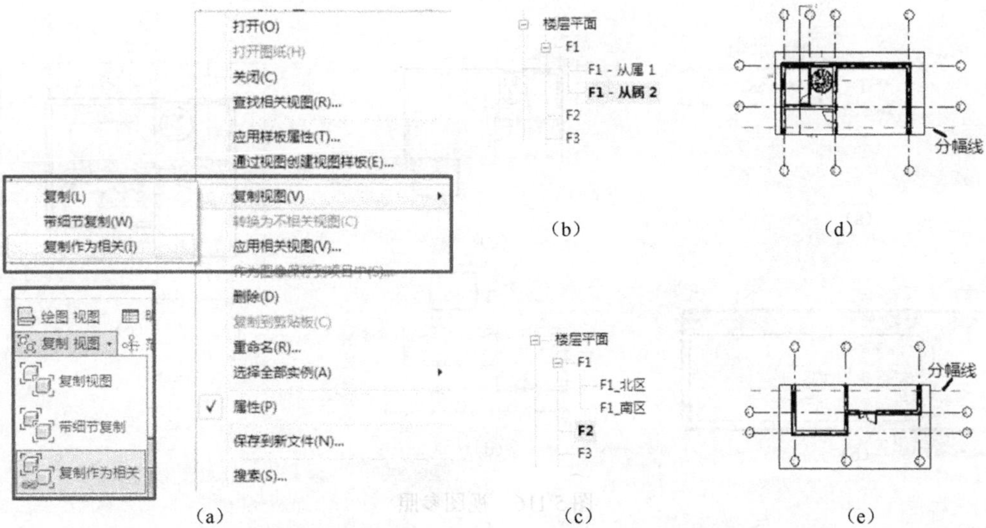

图 5.114 视图分幅 1

④ 单击“完成拼接线”✔，结果如图5.115（b）所示，在分视图上结果如图5.115（c）和（d）所示。

⑤ 添加视图参照：创建图纸，并把F1北区和南区分别放在图纸上，打开F1主视图或F1_北区视图或F1_南区区视图。选择视图面板，图纸组合，视图参照，如图5.116（a）所示，打开视图参照面板，如图5.116（b）所示。在图5.116（b）中“目标视图”选项栏，选择要放置的视图如“F1_北区”或“F1_南区”，在平面的相应位置单击鼠标左键进行放置，结果如图5.116（c）和（d）所示。在主视图的结果如图5.116（e）所示。

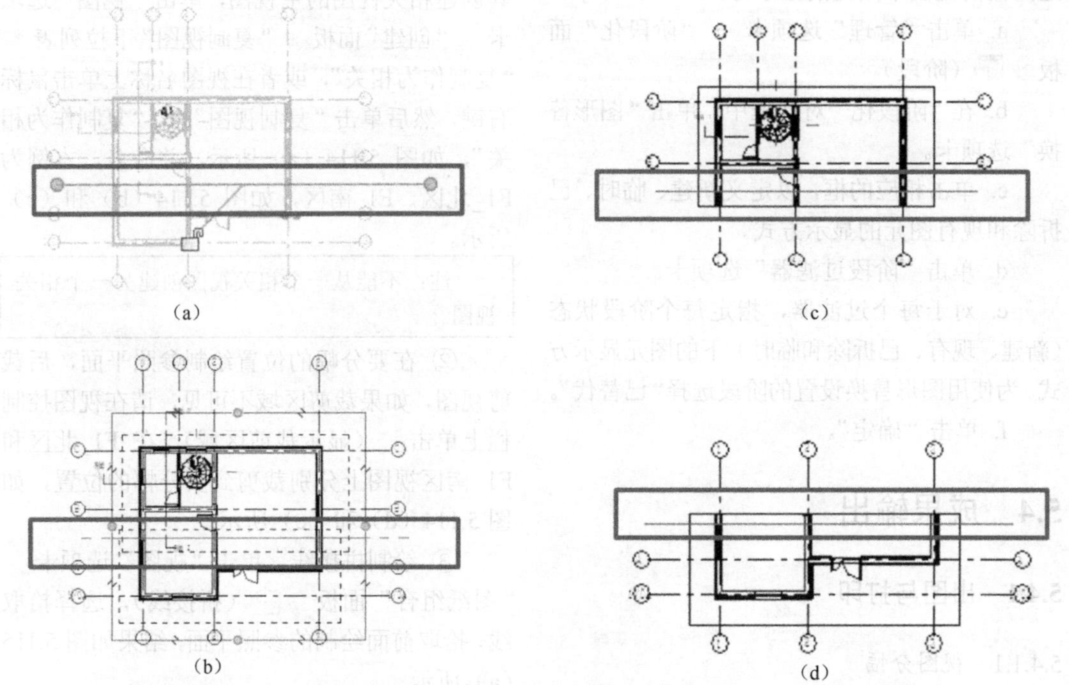

图5.115　视图分幅2

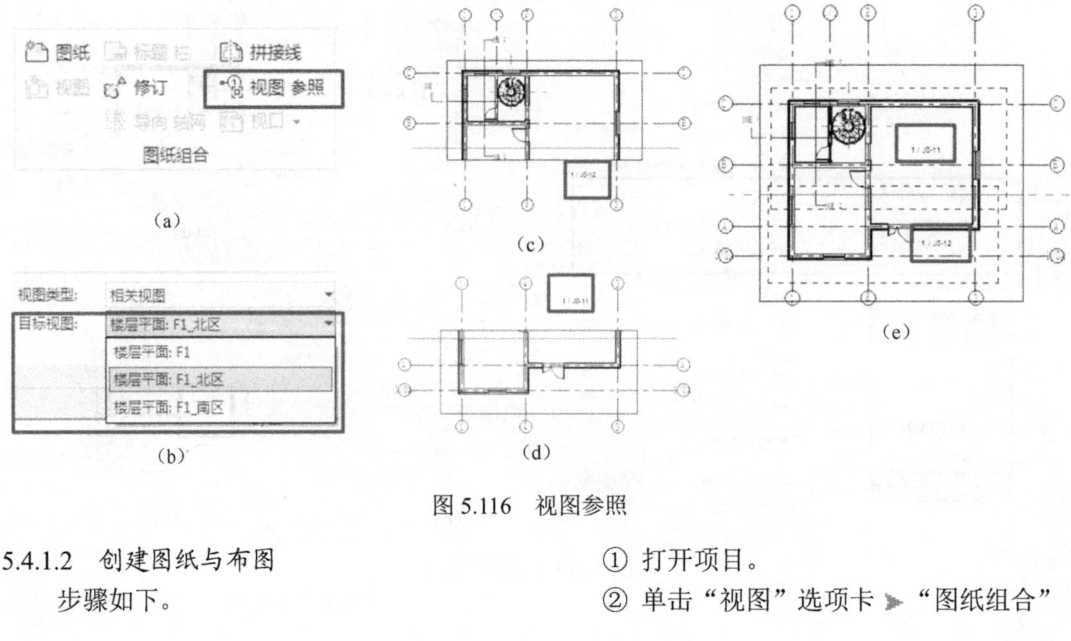

图5.116　视图参照

5.4.1.2　创建图纸与布图

步骤如下。

① 打开项目。

② 单击“视图”选项卡 ➤ “图纸组合”

面板 ▶ （图纸）。

③ 选择标题栏，如下所示。

a. 在“新建图纸”对话框中，从列表中选择一个标题栏，如图 5.117（a）所示，如果该列表没有所需的标题栏，请单击“载入”。在“Library”文件夹中，打开“标题栏”文件夹，或定位到该标题栏所在的文件夹。选择要载入的标题栏，然后单击“打开”。选择“无”将创建不带标题栏的图纸。

b. 单击“确定”。

④ 在图纸的标题栏［图 5.117（b）所示］中输入信息。

⑤ 将视图添加到图纸中，如图 5.117（b）所示，并拖动调整位置。

⑥ 按要求修改 Revit 已指定给该图纸的默认编号和名称。

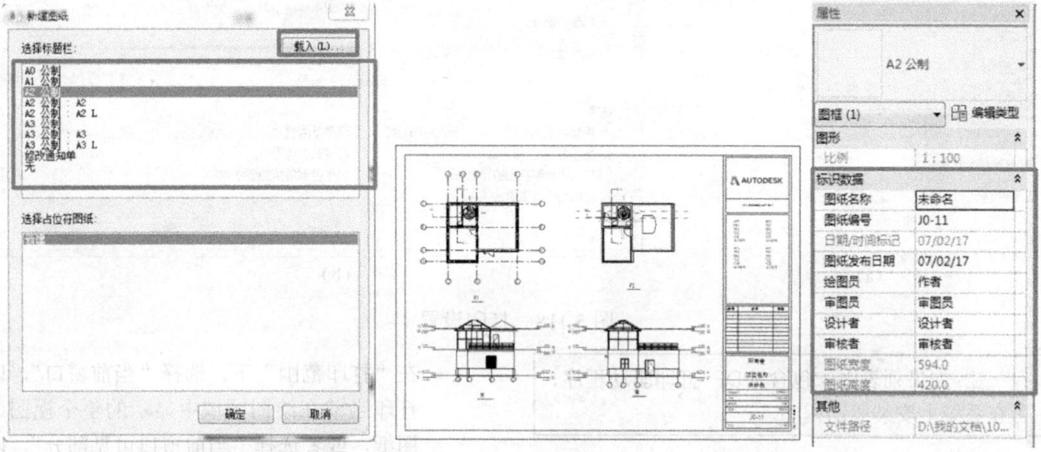

(a)　(b)　(c)

图 5.117　创建图纸与布局

5.4.1.3　打印

要简化打印过程，可为不同类型的打印作业创建和保存打印设置。还可以创建和保存视图/图纸集，这样以后重新打印就会很方便。

在 Revit 中打印的输出为“所见即所得（WYSIWYG）”，但下列几种情况例外：

- 打印作业的背景颜色始终为白色；
- 默认情况下，不打印参照平面、工作平面、裁剪边界、未参照视图的标记和范围框。要将它们添加到打印机作业中，请在“打印设置”对话框中清除相应的“隐藏”选项；
- 打印作业包含那些使用“临时隐藏/隔离”工具在视图中隐藏的图元；
- 使用“细线”工具修改过的线宽使用其默认线宽进行打印。

（1）打印设置

可以将打印设置保存在项目中，以供以后重用。例如，可以创建一个规范检查的打印设置，并创建另一个设计用于出图页面的打印设置。对于设置好的打印设置，可以进行修改、保存、恢复和删除。

“文件”选项卡 ▶ 打印 ▶ （打印设置），如图 5.118 打印设置所示。

> 注：使用“传递项目标准”可将打印设置传递到其他项目中。单击“管理”选项卡 ▶“设置”面板 ▶ （传递项目标准），然后在“选择要复制的项目”对话框中，选择“打印设置”。

（2）打印为 PDF

PDF 文件格式可以将文字、字形、格式、颜色及独立于设备和分辨率的图形图像等封装在一个文件中。文件小，易于传输与储存。具有纸版书的质感和阅读效果，可以逼真地展现原书的原貌。由于 PDF 文件可以不依赖操作系统的语言和字体及显示设备，阅读起来很方便。为与其他团队成员共享施工图文档，用于打印和在线查看，可将文档保存为 PDF（便携文档格式）。步骤如下。

① 单击“文件”选项卡 ▶ （打印）。

② 在“打印”对话框中，选择 PDF 打印驱动程序作为“名称”，如图 5.119（a）所示。

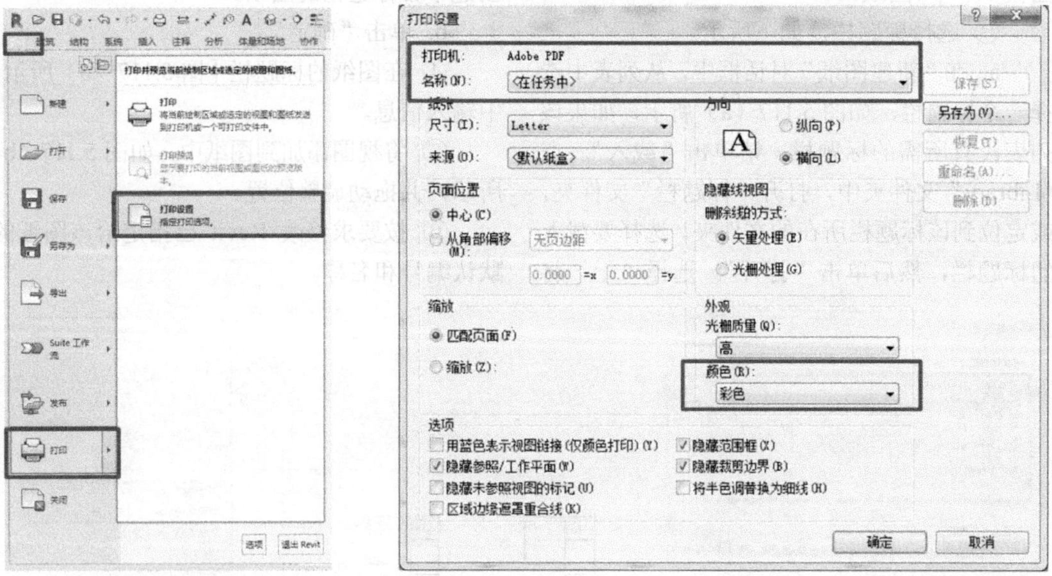

（a）　　　　　　　　　　　　（b）

图 5.118　打印设置

> 注：如果列表中未包含 PDF 打印驱动程序，可在系统上安装驱动程序。

③ 单击“属性”。

④ 在“属性”对话框中，根据需要定义 PDF 打印驱动程序的设置，然后单击“确定”，如图 5.119（b）所示。

⑤ 仅打印绘图区域中的图纸或视图。

- 在“打印范围”下，选择“当前窗口”，以打印当前在绘图区域中显示的整个视图或图纸，或者选择“当前窗口可见部分”，以打印当前在绘图区域中显示的部分视图或图纸。
- 在“文件”下，指定生成的 PDF 文件的名称和位置作为“名称”。如果需要，单击“浏览”并定位到目标文件夹。

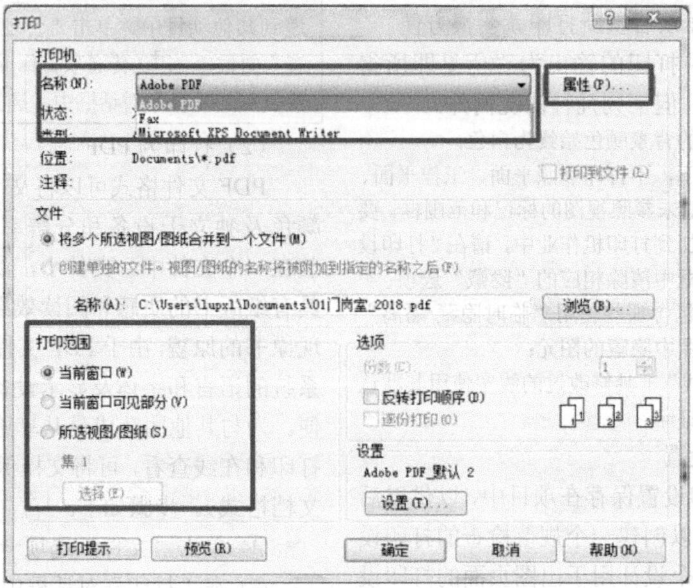

（a）

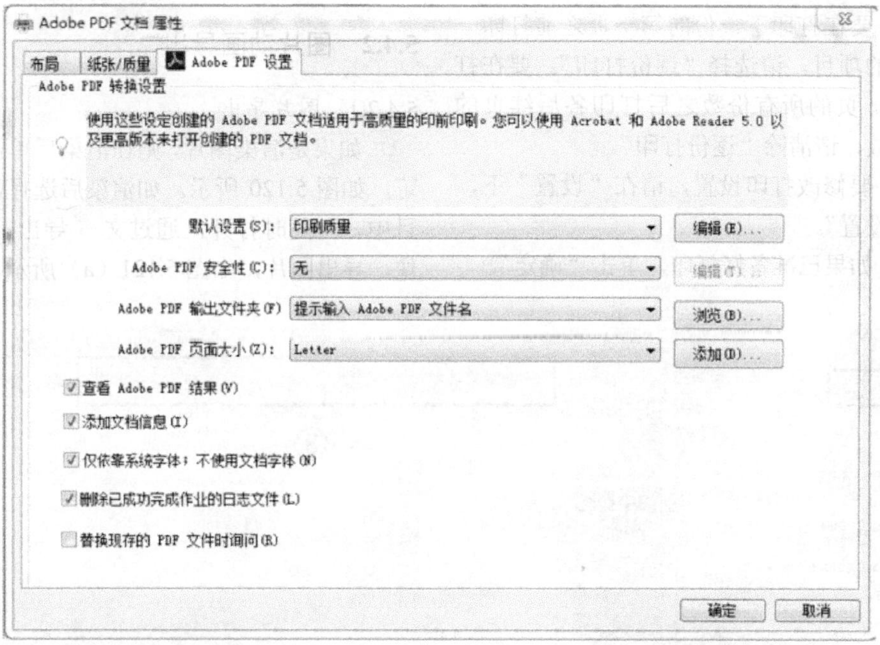

（b）

图 5.119　打印为 PDF

⑥ 如果要打印多个视图和图纸，方法如下。

a. 在“打印范围”下，选择“所选视图/图纸”。

b. 单击“选择”。

c. 在“视图/图纸集”对话框中，选择要打印到 PDF 的视图和图纸，然后单击“确定”。

d. 要生成包含所有选定视图和图纸的单个 PDF 文件，请在“文件”下选择“将多个所选视图/图纸合并到一个文件”。要为每个所选视图和图纸生成一个 PDF 文件，请选择“创建单独的文件”。

e. 指定生成的 PDF 文件的名称和位置作为“名称”。如果需要，单击“浏览”并定位到目标文件夹。

f. 若要生成多个 PDF 文件，会将指定的文件名用作前缀。该名称会附加到所选视图和图纸的名称上。

g. 若要打印多页，而且要按相反顺序打印，请在“选项”下选择“反转打印顺序”。

h. 要修改打印设置，请在“设置”下，单击“设置”，在随后的打印设置对话框中修改相应的设置。

i. 如果已准备好打印，请单击“确定”。

j. 某些 PDF 打印驱动程序可能会显示另一个对话框，要求提供 PDF 文件的位置和名称。提供请求的信息后，单击“确定”。

（3）打印到图纸上

Revit 中的打印到图纸上，和 CAD 或 Office 的打印，有很多类似之处。

① 单击“文件”选项卡 ▶ 🖨（打印）。

② 在“打印”对话框中，选择一个打印机作为“名称”，如图 5.119（a）所示。

> 注：单击“属性”，配置打印机；选择“打印到文件”，可以将打印作业另存为“PRN”或“PLT”文件；若要打印到 PDF，在“名称”字段中选择 PDF 打印驱动程序，步骤参照前述。

③ 在“打印范围”下，指定要打印的是当前窗口、当前窗口的可见部分，还是所选视图/图纸。若要打印所选视图和图纸，请单击“选择”，选择要打印的视图和图纸，然后单击“确定”，如图 5.119（a）所示。

④ 在“选项”下，请指定打印份数以及是否按相反顺序打印视图/图纸。可以为多页打印作业选择“反转打印顺序”，这样将最先打印最后一页。

⑤ 要在打印下一份的第一页之前打印一份完整的项目，请选择“逐份打印”。要在打印完第一页的所有份数之后打印各后续页的所有份数，请清除“逐份打印”。

⑥ 要修改打印设置，请在“设置”下，单击“设置”。

⑦ 如果已准备好打印，单击“确定”。

5.4.2 图片动画导出

5.4.2.1 图片导出

如果是渲染图片，则在渲染后单击导出即可，如图 5.120 所示。如渲染后选择保存到项目中，可随时打开，通过文 ▶ 导出 ▶ 选择图像，导出图片，如图 5.121（a）所示。

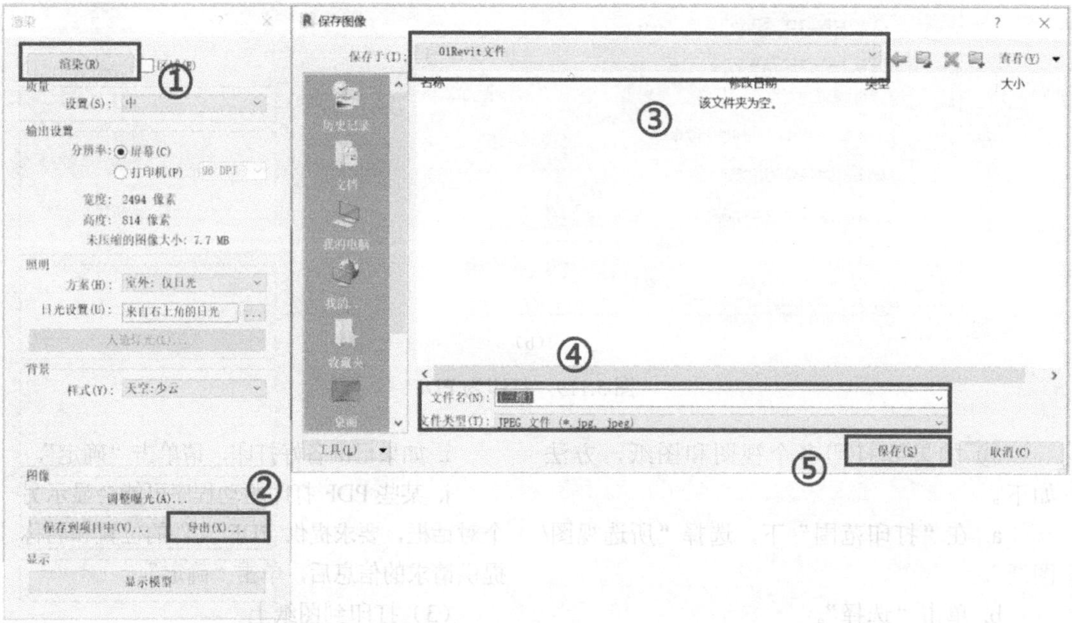

图 5.120 Revit 渲染图片导出

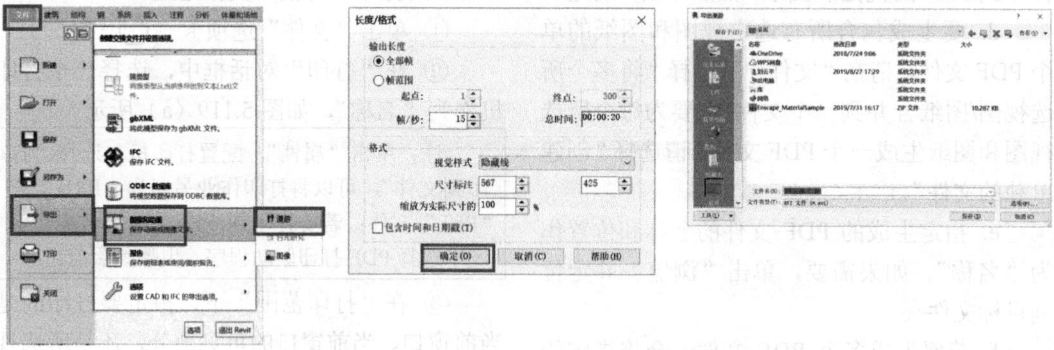

（a）　　　　（b）　　　　（c）

图 5.121 动画导出

5.4.2.2 动画导出

按 5.3.2.3 制作好漫游动画后，如要导出，打开相应的漫游 ▶ 选择文件 ▶ 导出 ▶ 选择漫游，如图 5.121（a）所示，在图 5.121（b）中设置相应的参数，单击确定，在图 5.121（c）中选择路径并输入保存的文件名，单击保存，如图 5.121（c）所示。

5.4.3 报告与明细表导出

打开要导出的明细表，单击文件，导出，

报告，选择明细表，如图 5.122 所示，在随后的对话框选择路径和输入（修改）文件名，单击保存，保存为扩展名为 txt 的文件，可用 Excel 打开成表格文件，进行相应的处理和保存为表格文件。

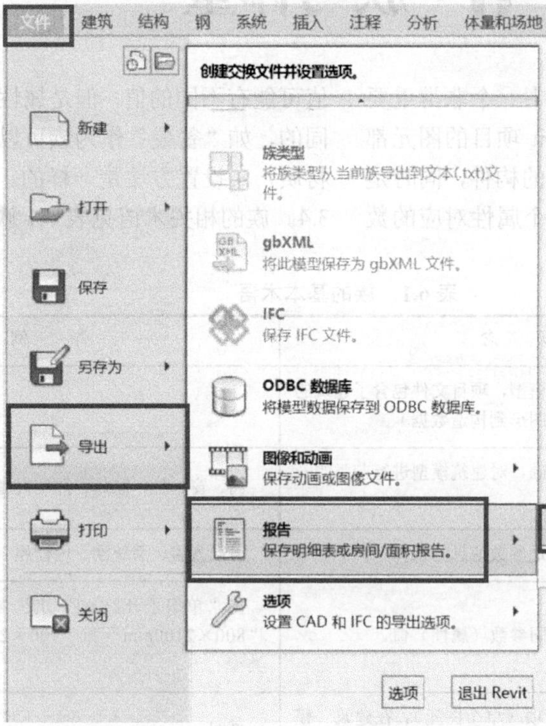

图 5.122　明细表导出

6 族与体量

族是 Autodesk Revit 软件中一个非常重要的构成要素，所有添加到 Revit 项目的图元都是用族创建的。族是组成项目的构件，同时是参数信息的载体。一个族中各个属性对应的数值可能有不同的值，但是属性的设置方法是相同的，如“餐桌”作为族可以有不同的尺寸和材质，其设置方法是一样的。族分三类，见图 3.4。族的相关术语见表 6.1 族的基本术语。

表 6.1　族的基本术语

名称	概　念	举　例
项目	单个设计信息数据库模型，项目文件包含了建筑的所有设计信息（从几何图形到构造数据）	
类别	以建筑构件性质为基础，对建筑模型进行归类的一组图元	门、窗、柱、家具、照明设备族等
族	组成项目的构件，也是参数信息的载体	可载入族、系统族、内建族
类型	用于表示同一族的不同参数（属性）值	如“单扇平开门.rft”族包含“700×2100mm”“800×2100mm”和“900×2100mm”三种不同类型
实例	放置在项目中的实际项（单个图元）。在建筑（模型实例）或图纸（注释实例）中都有特定的位置	见图
图元	建筑模型中的单个实际项（对象），由族组成	

6.1　内建族（模型）

内建族（模型）又称构件集。其创建通用步骤如下。

① 打开项目。

② 在功能区上，单击（内建模型），如图 6.1 中①所示，不同选项卡如下。

“建筑”选项卡 ▶“构建”面板 ▶“构件”下拉列表 ▶（内建模型）。

“结构”选项卡 ▶“模型”面板 ▶“构件”下拉列表 ▶（内建模型）。

“系统”选项卡 ▶“模型”面板 ▶“构件”下拉列表 ▶（内建模型）。

③ 在“族类别和族参数”对话框中，为图元选择一个类别，然后单击“确定”，如图 6.1 中②、③所示。

④ 如果选择了某个类别，则内建图元的族将在项目浏览器的该类别下显示如图 6.1 中⑥所示，并添加到该类别的明细表中，而且还可以在该类别中控制该族的可见性。

⑤ 在“名称”对话框中，键入一个名称，并单击“确定”，如图 6.1 中④所示。

⑥ 族编辑器即会打开，如图 6.1 中⑤所示。

⑦ 使用族编辑器工具创建内建图元。

⑧ 完成内建图元的创建，单击完成模型，如图 6.1 中⑤所示，回到项目中。

6.1.1　创建形状的操作

Revit 在内建模型形状工具中提供了五种创建实体的方法，并通过创建空心形状来进行布尔操作。这五种创建方式的功能见表 6.2。

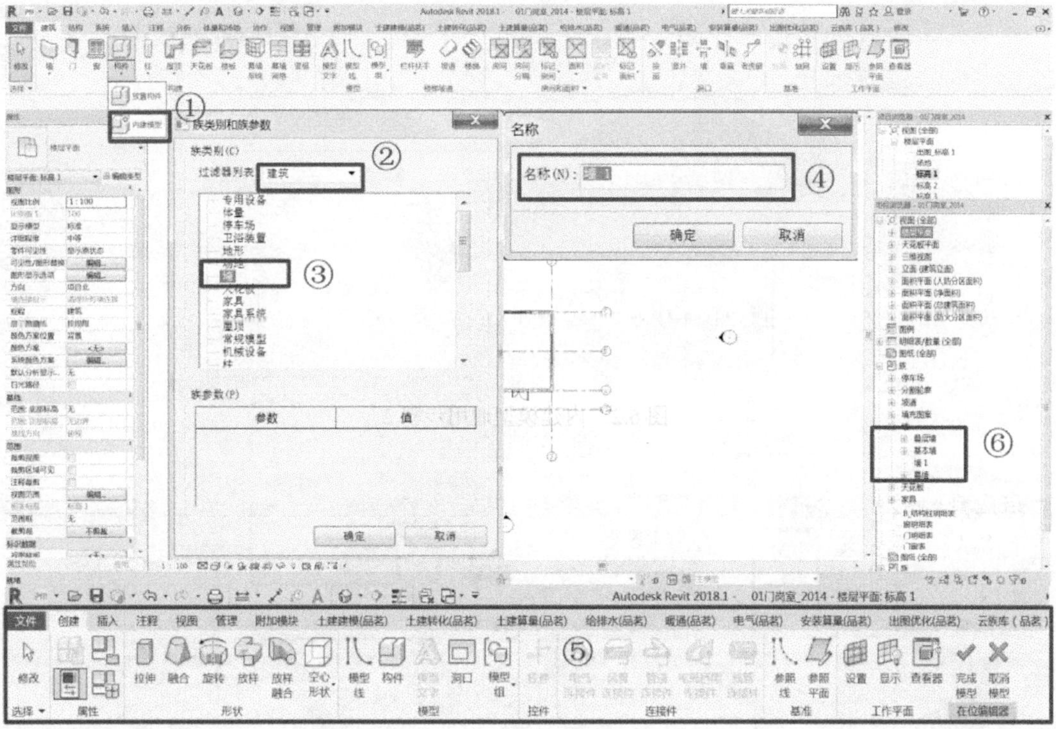

图 6.1　内建模型通用步骤 1

表 6.2　内建模型形状创建方式

名称	概　念	示　例
拉伸	通过拉伸二维形状，来创建三维形状	见图 6.2，需注意，拉伸，轮廓必须在一个平面上，且是封闭的。程序默认垂直于轮廓所在的面拉伸
融合	将在两个平行平面上的二维形状（闭合轮廓），融合成三维形状	如图 6.3 所示。 1. 启动融合，默认编辑顶部； 2. 选择工作平面为“标高 1”，建二维轮廓； 3. 选择编辑底部，设置工作平面为“标高 2”； 4. 绘制二维轮廓，单击完成编辑； 5. 新建融合模型，如步骤（e）所示
旋转	通过绕轴旋转二维轮廓，创建三维形状	如图 6.4 所示。 1. 启动旋转命令； 2. 在（a）中点击边界线，绘制二维轮廓； 3. 在（a）中点击轴线，绘制旋转轴（直线）； 4. 确定
放样	通过沿路径放样二维轮廓，创建三维形状	见图 6.5
放样融合	沿路径放样融合二维形状，创建三维形状	此命令是放样和融合的结合，可参照融合和放样命令
空心形状	操作同实心形状，结果是空心形状，用来剪切实心形状	参照实心形状操作

注：上述所说的二维形状，须是封闭的轮廓，否则会提示错误，且无法生成三维形状，如图 6.6 所示。

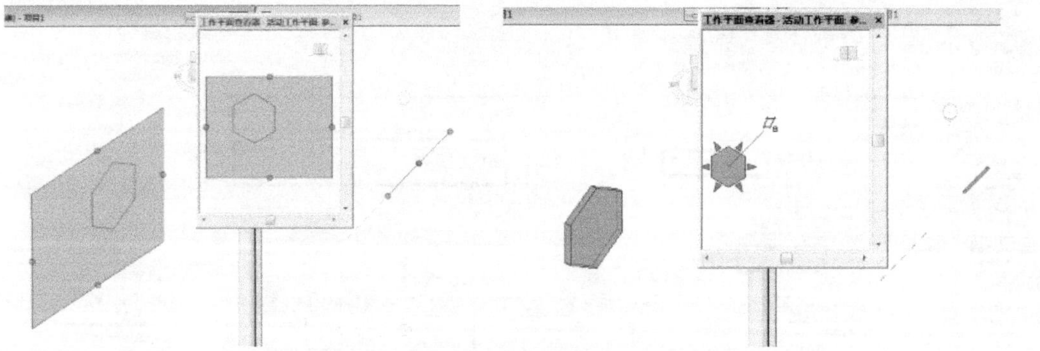

图 6.2　内建模型通用步骤 2

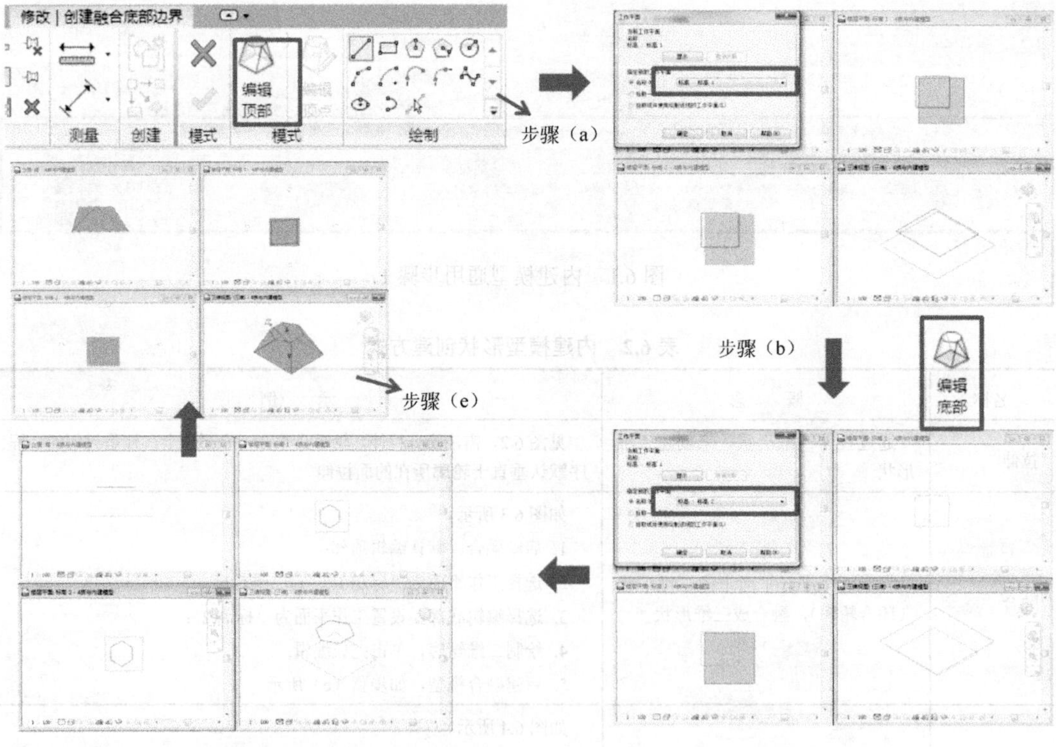

图 6.3　融合示例

注：放样的轮廓在生成三维图形时如自相交则无法生成放样。

6.1.2　操作实例——U 形墩柱创建

题目：根据图 6.7 给定数据，用构件集形式创建 U 形墩柱，整体材质为混凝土，请将模型以“U 形墩柱”为文件名保存。

思路：拉伸创建实心形状，创建空心形状剪切，生成所需模型，关键是通过平立面图，想象出三维形状。所用命令：拉伸，放样，剪切。步骤如下。

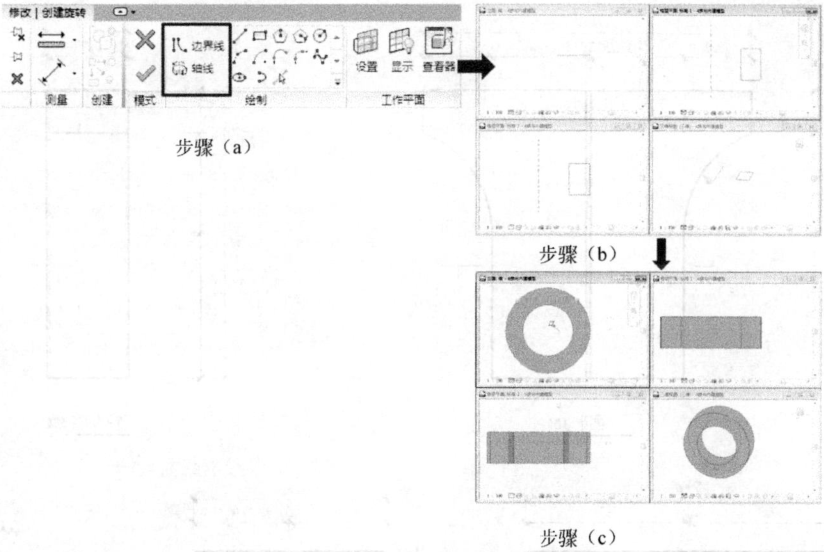

图 6.4　旋转示例

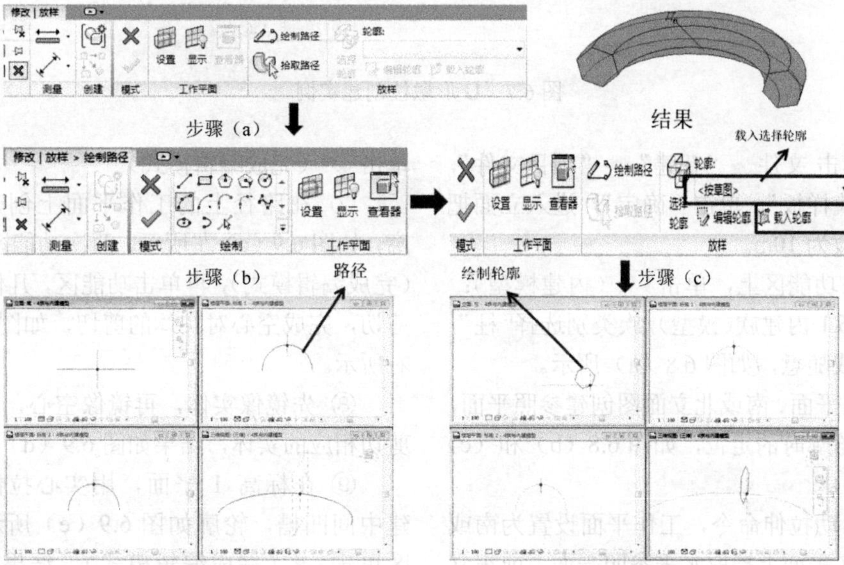

图 6.5　放样

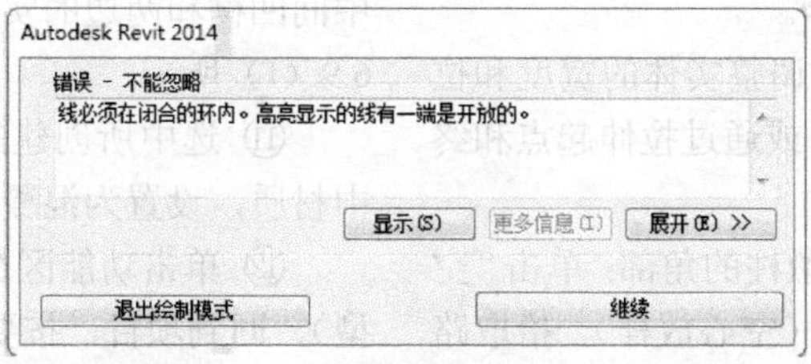

图 6.6　轮廓不闭合时的错误提示

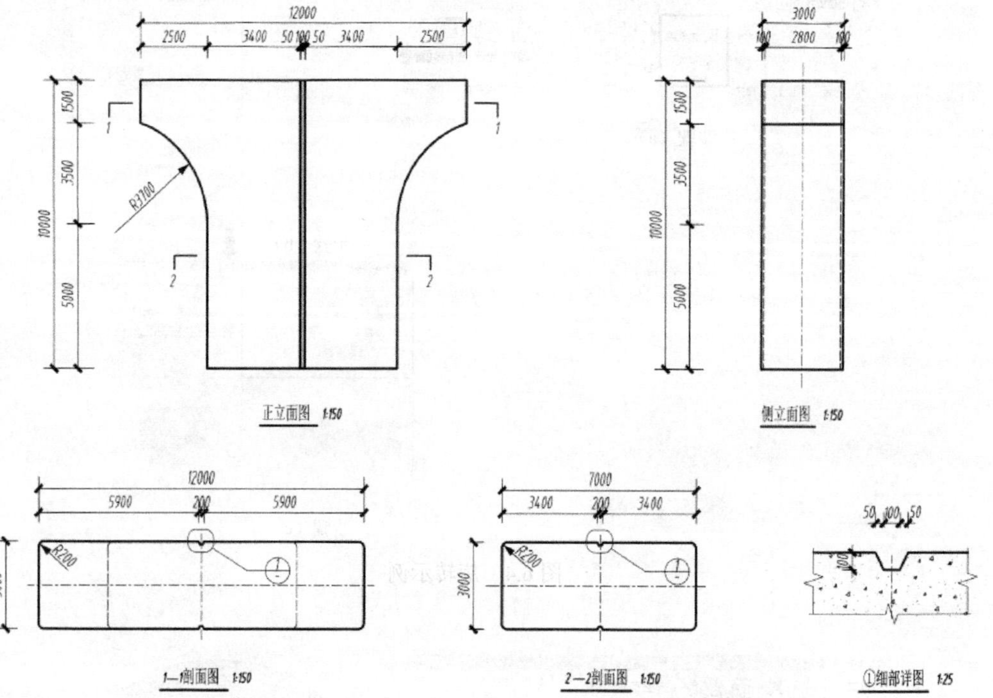

图 6.7　U 形墩柱创建实例

① 单击 文件 ▶“新建” ▶“项目文件”，选择“建筑样板”，单击“确定”，进入立面把标高 2 值改为 10m。

② 在功能区上，单击 （内建模型）：位置参见 6.1 内建族（模型），族类别选择“柱”，名称默认或随意，如图 6.8（a）所示。

③ 在平面、南或北立面图创建参照平面，用于创建轮廓时的定位，如图 6.8（b）和（c）所示。

④ 启动拉伸命令，工作平面设置为南或北立面［在平面上拾取水平参照平面，或东立面上拾取竖向参照平面，选择打开南或北立面，如图 6.8（c）所示］，在立面绘制 1/2 拉伸轮廓，如图 6.8（d）所示。

⑤ 到东或西立面，调整实体的宽度和位置，如图 6.8（e）所示，或通过拉伸起点和终点控制。

⑥ 创建空心，剪切墩柱的角部：单击“空心形状”下拉列表 ▶ （空心放样），拾取路径，拾取三维边，如图 6.9（a）所示，功能区单击 （完成编辑模式）。

⑦ 在路径上的工作平面上创建圆角轮廓，如图 6.9（c）左所示，两次功能区单击 （完成编辑模式），再单击功能区，几何图形 ▶ 剪切，完成空心对实体的剪切，如图 6.9（c）右所示。

⑧ 先镜像实体，再镜像空心，再用空心剪切相应的实体，结果如图 6.9（d）所示。

⑨ 在标高 1 平面，用实心拉伸命令创建中间凹槽，轮廓如图 6.9（e）所示，功能区单击 （完成编辑模式），结果如图 6.9 所示。

⑩ 单击功能区，几何图形 ▶ 连接，连接中间凹槽和两边的实体成一个整体，结果如图 6.9（f）所示。

⑪ 选中所创建的所有实体，单击属性框中材质，设置为混凝土，如图 6.9（g）所示。

⑫ 单击功能区在位编辑器 ▶ （完成模型），回到项目，按要求存盘，即可。

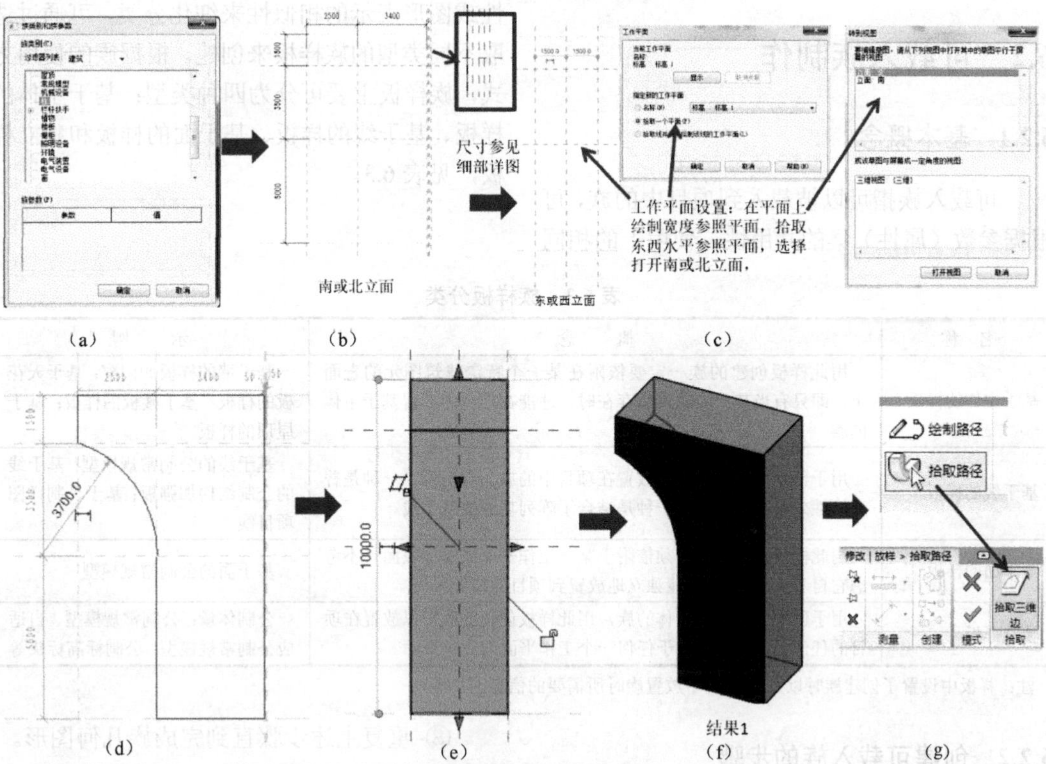

图 6.8 U 形墩创建步骤 1

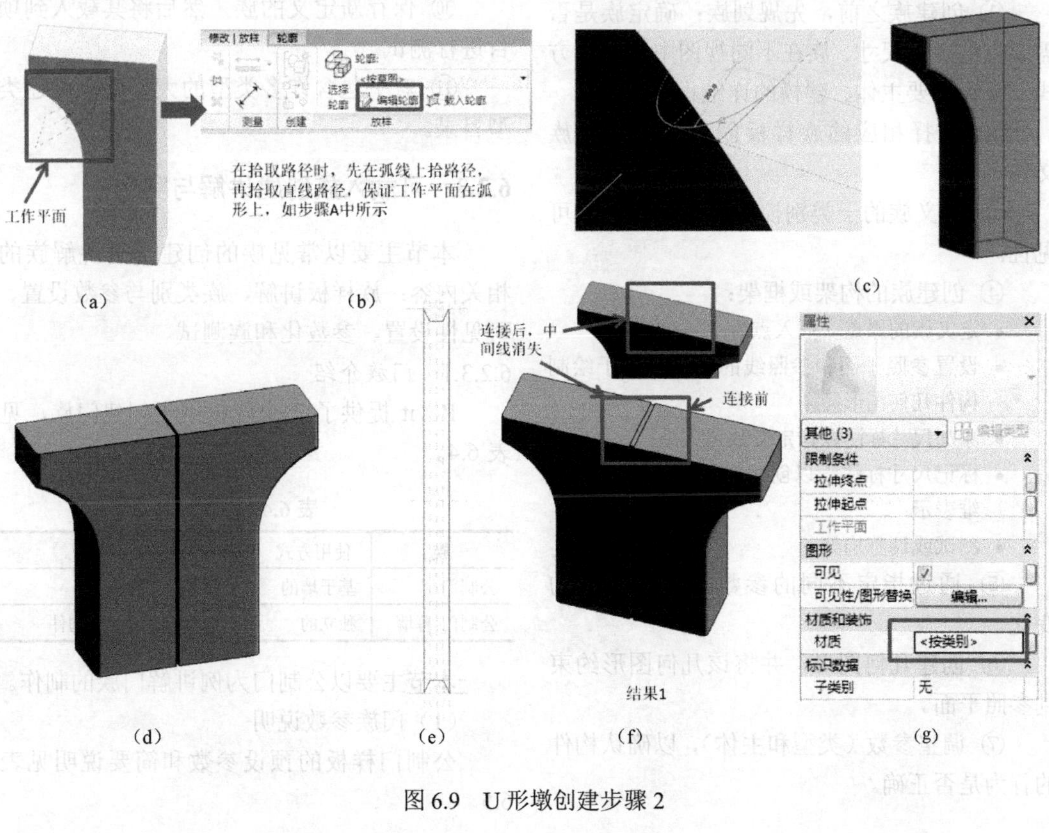

图 6.9 U 形墩创建步骤 2

6.2 可载入族制作

6.2.1 基本概念

可载入族指可以被载入到项目中的族，可根据参数（属性）集的共用性、使用上的相同性或图形表示的相似性来细化分类，可通过选取不同类型的族样板来创建。根据族的使用方式，族样板主要可分为四种类型：基于主体的样板、基于线的样板、基于面的样板和独立样板，见表6.3。

表6.3 族样板分类

名 称	概 念	示 例
基于主体的样板	用此样板创建的族一定要依附在某一个特定建筑图元的表面上，即只有当其对应的主体存在时，才能在项目中放置基于主体的族	基于墙的样板如门窗；基于天花板的样板；基于楼板的样板；基于屋顶的样板
基于线的样板	用于使用两次拾取形式放置在项目中的族，有两种，一种是普通线性效果的基于线，一种是结合了阵列功能的基于线	基于线的公制常规模型；基于线的公制结构加强板；基于公制详图项目线
基于面的样板	用此样板创建的族必须依附于某一工作平面或实体表面（不考虑它自身的方向），不能独立地放置到项目的绘图区域	基于面的公制常规模型
独立样板	用于创建不依赖于主体的族，用此样板创建的族可以放置在项目的任何位置，不依附于任何一个工作平面或实体表面。	公制体量；公制常规模型、自适应公制常规模型；公制标高标头等

注：样板中设置了创建族时以及在项目中放置族时所需要的信息。

6.2.2 创建可载入族的步骤

通用步骤如下。

① 创建族之前，先规划族：确定族是否需要容纳多个尺寸、族在不同视图中的显示方式、是否需要主体、建模的详细程度。

② 选择相应的族样板创建一个新的族文件。

③ 定义族的子类别控制族几何图形的可见性。

④ 创建族的构架或框架：

- 定义族的原点（插入点）；
- 设置参照平面和参照线的布局有助于绘制构件几何图形；
- 添加尺寸标注以指定参数化关系；
- 标记尺寸标注，以创建类型/实例参数或二维表示；
- 测试或调整构架。

⑤ 通过指定不同的参数定义族类型的变化。

⑥ 创建几何图形，并将该几何图形约束到参照平面。

⑦ 调整参数（类型和主体），以确认构件的行为是否正确。

⑧ 重复上述步骤直到完成族几何图形。

⑨ 使用子类别和实体可见性设置指定二维和三维几何图形的显示特征。

⑩ 保存新定义的族，然后将其载入到项目进行测试。

⑪ 对于包含许多类型的大型族，创建类型目录。

6.2.3 可载入族创建讲解与实例

本节主要以常见族的创建为例讲解族的相关内容：族样板讲解、族类别与参数设置、可见性设置、参数化和族测试。

6.2.3.1 门族介绍

Revit 提供了 2 个样板用于创建门族，见表6.4。

表6.4 门族

族	使用方式	说 明
公制门	基于墙的	创建普通门构件
公制门-幕墙	独立的	创建用于幕墙的门构件

本节主要以公制门为例讲解门族的制作。

(1) 门族参数说明

公制门样板的预设参数和简要说明见表6.5。

表 6.5　公制门样板的预设参数和简要说明

参　　数	值（默认）	作　　用
功能（类型）	内部	定义门的功能："内门"（内部）、"外门"（外部），如图 6.10（a）所示
高度（类型）	2000	定义门的基本参数，如图 6.10（b）所示
宽度（类型）	1000	
框架投影外部	25	定义预设构件基本参数，如图 6.10（c）所示
框架投影内部	25	
框架宽度	75	

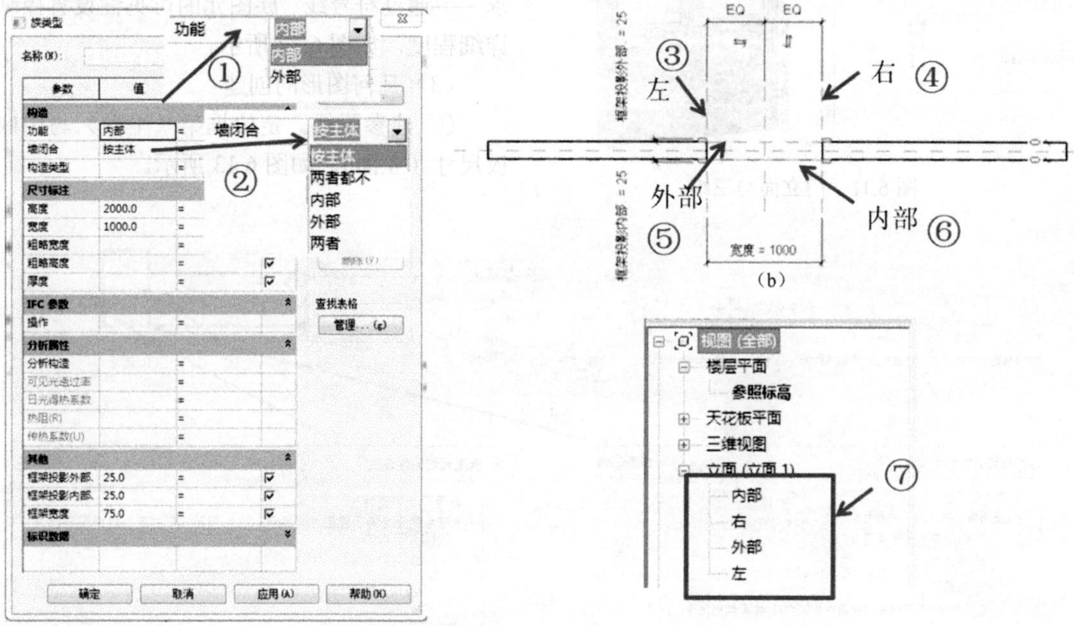

（a）　（b）　（c）

图 6.10　公制门参数示意

（2）预设构件

该样板是"基于墙的"样板，样板中预设了主体图元"墙"，并添加了"洞口"。同时，为方便创建，样板中还预设了门的常用构件"框架"。预设的主体墙的厚度为 150mm，实际创建中，可根据需要调整其厚度。选中墙，单击"属性"选项板 ▶"编辑类型"，在打开的"类型属性"对话框中，在"构造" ▶结构 ▶编辑中修改墙厚度。

（3）预设参照平面

样板默认视图中预设了多条参照平面，如图 6.10（b）所示。参照平面（左、右）用于定义洞口宽度，参照平面（内部、外部）用于定义墙的内外边界。不可随意删除这些参照平面，它们确保门族加载到项目中后与主体墙的定位关系。并且，在创建门族的几何图形时，可以通过它们建立门族与洞口和墙的联系，从而保证门族的正常使用。

（4）视图名称

样板中默认修改了视图名称为"内部"立面视图和"外部"立面视图（一般为前视图和后视图），并与平面图中的标注相统一，如此设置便于用户更容易地确定门的内外方向，如图 6.10（c）所示。

（5）其他

参数"墙闭合"，定义开洞后墙体的面层包络位置。

6.2.3.2　门族创建实例

例：创建双扇门，门芯镶嵌玻璃，如图 6.11 所示。尺寸：门框架 50mm×90mm，距墙外部边 20mm，门嵌板 40mm 厚，居门框架中间，玻璃 10mm 厚居中，长 900mm，距上、左、右尺寸为 120mm。门宽和高参数化。

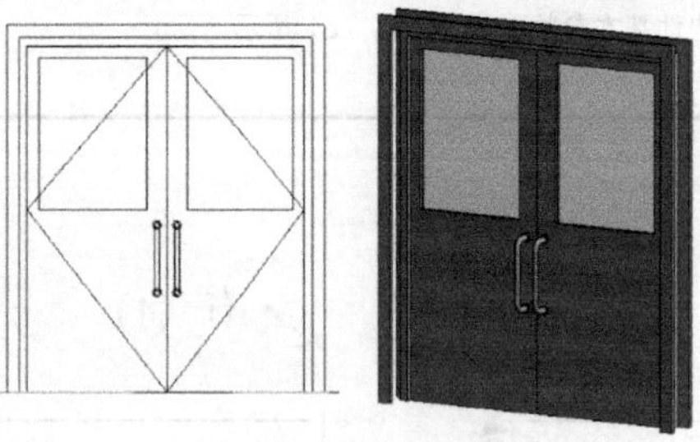

图 6.11　门立面与三维

步骤如下。

（1）规划与构思

如图 6.11 所示，门由贴面、门框架、嵌板和把手四个主要部分组成。采用参数化建模：门宽度、高度、材质均设为参数，门把手为嵌套族，主体为墙，平立面显示设置按制图规范。

（2）设置门族可见性

选择族样板“公制门”，把手为嵌套族（载入提前做好的族），平立面表达按制图规范要求——通过符号线、族图元的可见性设置控制详细程度，如图 6.12 所示。

（3）几何图形的创建

① 建参照线。定位框架（平面）与门嵌板尺寸（立面），如图 6.13 所示。

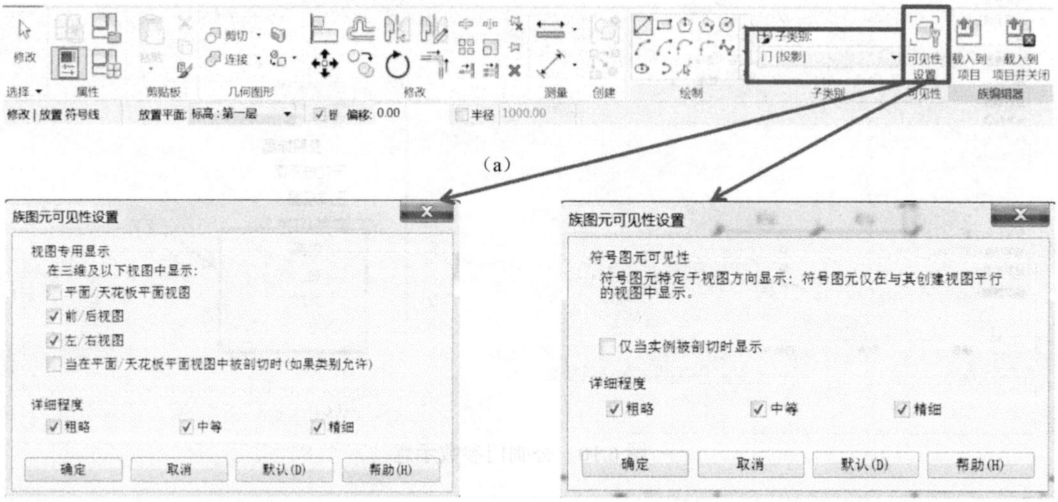

（a）

（b）　　（c）

图 6.12　平立面表达与可见性设置

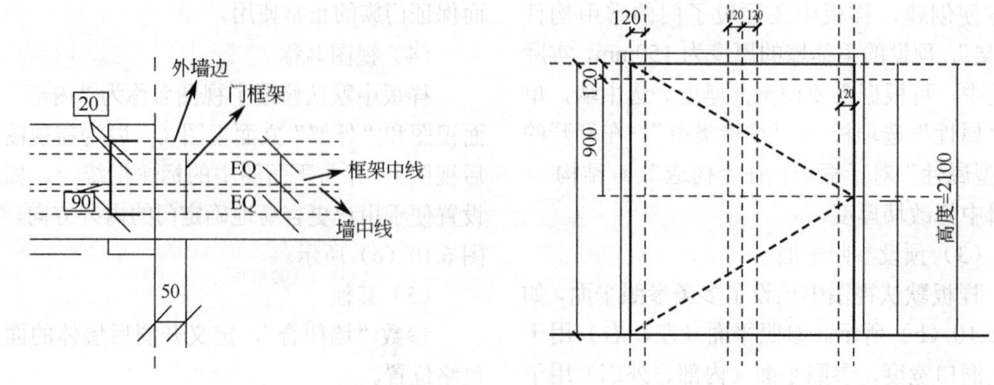

图 6.13　门族参照平面

② 拉伸（放样）创建框架。

a. 启动拉伸命令。

b. 选择框架中心参照平面，打开内部或外部立面视图，绘制封闭轮廓，如图 6.14（a）所示。

c. 在属性栏设置拉伸起点-45.0 终点为 45.0，或在左或右立面视图调整，如图 6.14（b）所示。

d. 或采用放样，在立面上绘制路径，如图 6.14（c）所示，平面上绘制轮廓如图 6.14（d）所示。

③ 拉伸创建门嵌板、嵌板玻璃，操作过程如图 6.15 所示。

a. 为框架中线的参照平面命名为：门框中线。

b. 在设置中选择门框中线，打开内或外立面均可。

c. 绘制轮廓，如图 6.15（a）和（b）所示。

d. 设置拉伸终点和起点值，如图 6.15（c）和（d）所示。

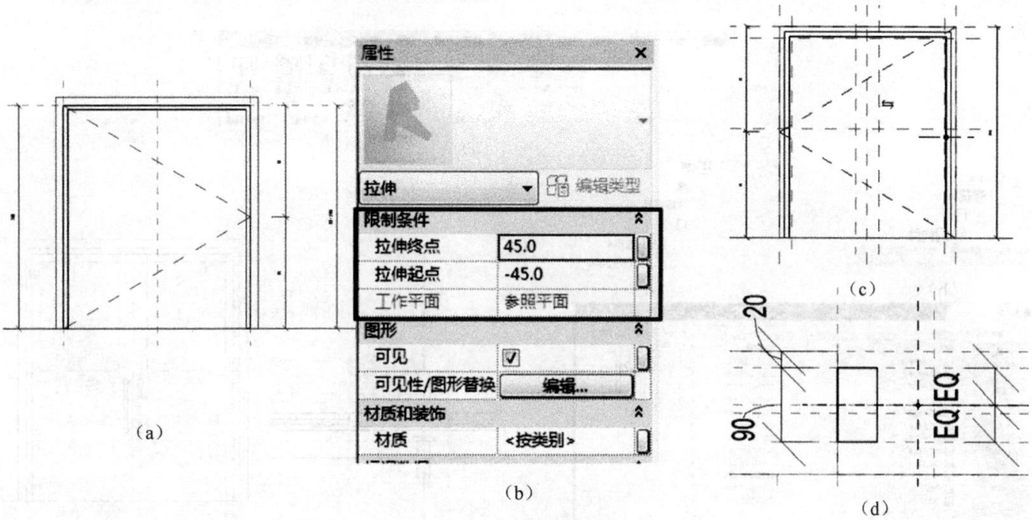

图 6.14　拉伸创建门族框架

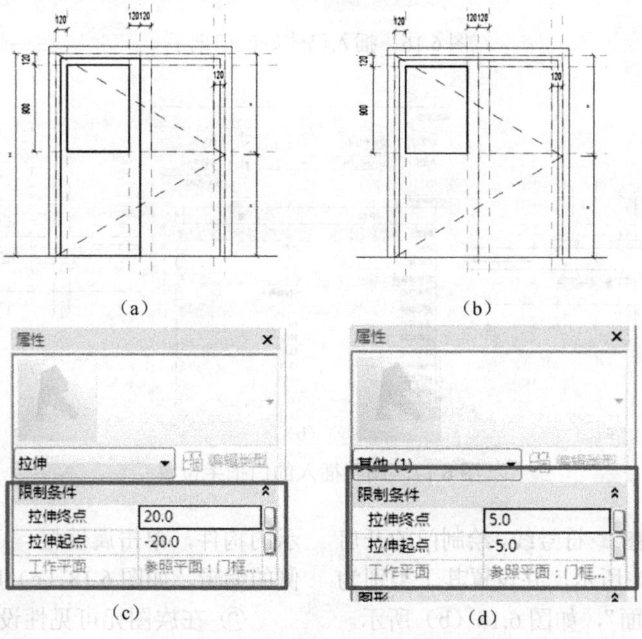

图 6.15　门嵌板及嵌板玻璃的创建

e. 用修改面板中的镜像命令，复制另外一半。

④ 插入并调整门把手。

插入已建好的门把手，并调整位置，过程如下。

a. 把手族创建（略）。

b. 通过插入，载入建好的把手族，如图 6.16（a）～（c）所示。

c. 在项目浏览器中找到载入的把手族，拖到项目中，如图 6.16（d）所示。

d. 在平面、立面上通过参照平面调整好把手的位置如图 6.16（e）和（f）所示。

e. 选择调好平立面位置的把手，如图 6.17（a）所示。

f. 在属性栏中点击编辑类型。

g. 在类型属性对话框中，修改面板厚度为门板厚度 40mm，如图 6.17（b）所示，确定，把手调整结果如图 6.17（c）所示。

（4）平面表达创建

平面表达创建的过程如图 6.18 所示。

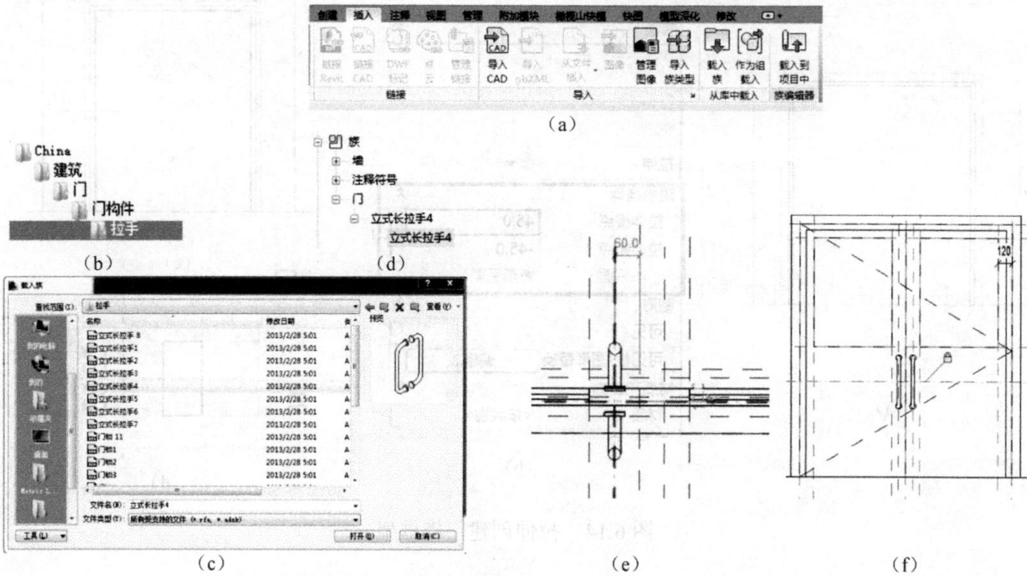

图 6.16　插入已建好的门把手

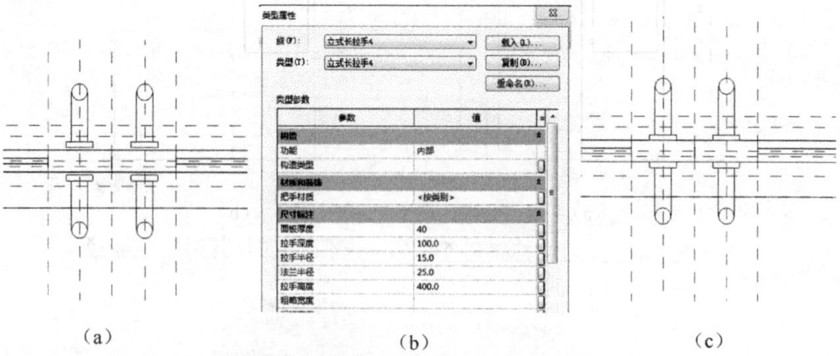

图 6.17　调整插入的门把手位置

① 注释 ➤ 详图 ➤ 符号线，绘制门的开启线，如图 6.18（a）所示，并设置其子类别为平面打开方向“截面”，如图 6.18（b）所示。

② 选中门框、把手等不需在平面图中显示的构件，单击属性栏 ➤ 可见性/图形替换右侧的编辑，如图 6.18（c）所示。

③ 在族图元可见性设置对话框中设置在哪些视图中显示及以何种详细程度显示，如图

6.18（d）所示。

（5）门立面表达创建与设置

操作过程如图 6.19 所示。

① 打开立面，删除原来的开启线，绘制新的开启线如图 6.19（a）所示，并设置子类别为“立面打开方向”投影。

② 选中把手等不需在立面图中显示的构件，单击属性栏可见性/图形替换右侧的编辑，在族图元可见性设置对话框中设置在哪些视图中显示，及以何种详细程度显示，如图 6.19（b）所示。

（6）材质参数的设置

操作过程如图 6.20 所示。

① 选中要设置材质的构件，点击属性栏，材质，<按类别>，则进入材质浏览器，设置所选构件的材质。

② 单击按类别右侧的方框，如图 6.20（a）②所示，进入关系族参数添加对话框。

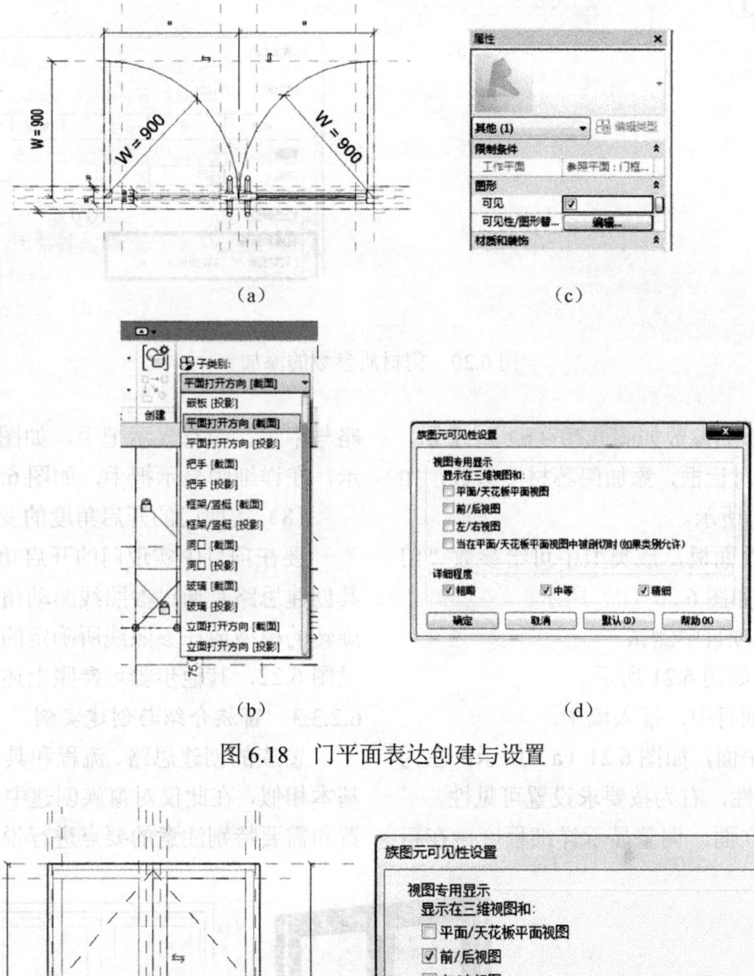

（a）（c）（b）（d）

图 6.18 门平面表达创建与设置

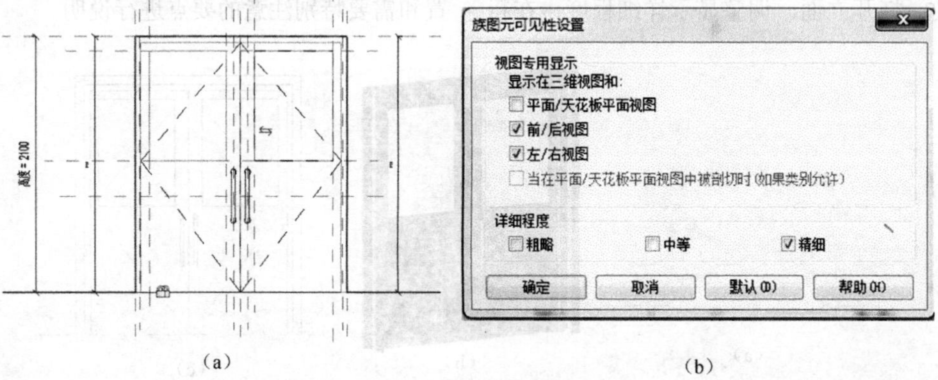

（a）（b）

图 6.19 门立面表达创建与设置

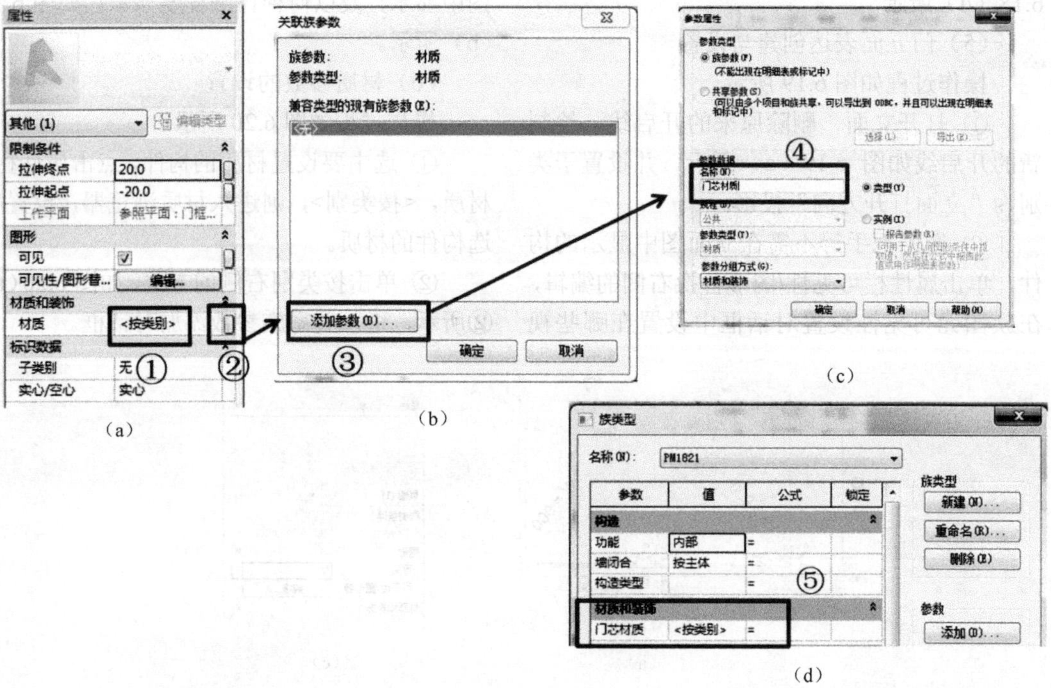

图 6.20　门材质参数的添加

③ 单击添加参数如图 6.20（b）③所示，进入参数属性对话框，添加门芯材质参数，如图 6.20（c）④所示。

④ 在属性面板，族类型中可给参数“门芯材质”赋值如图 6.20（d）所示。

（7）载入项目中测试

操作过程如图 6.21 所示。

① 载入项目中，插入墙中。

② 打开平面，如图 6.21（a）所示，左为没有设置可见性，右为按要求设置可见性。

③ 打开立面，调整显示详细程度，在粗略与中等，没有显示把手，如图 6.21（b）所示，在详细中显示把手，如图 6.21（c）所示。

（8）实现门的开启角度的变化

要在项目中实现门的开启角度发生变化，其创建思路是通过参照线驱动角度的变化，要旋转的模型放在参照线所确定的工作平面上，见图 6.22，其他步骤可参照上述门的创建。

6.2.3.3　窗族介绍与创建实例

窗族的创建思路、流程和具体步骤和门族基本相似，在此仅对窗族创建中的一些特殊设置和需要特别注意的要点进行说明。

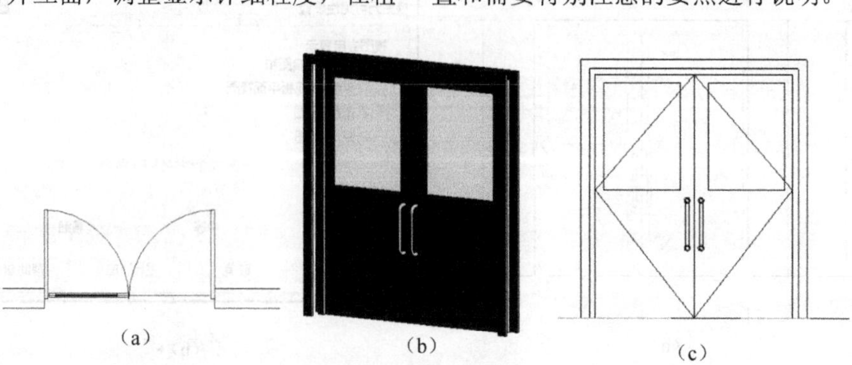

图 6.21　门族测试

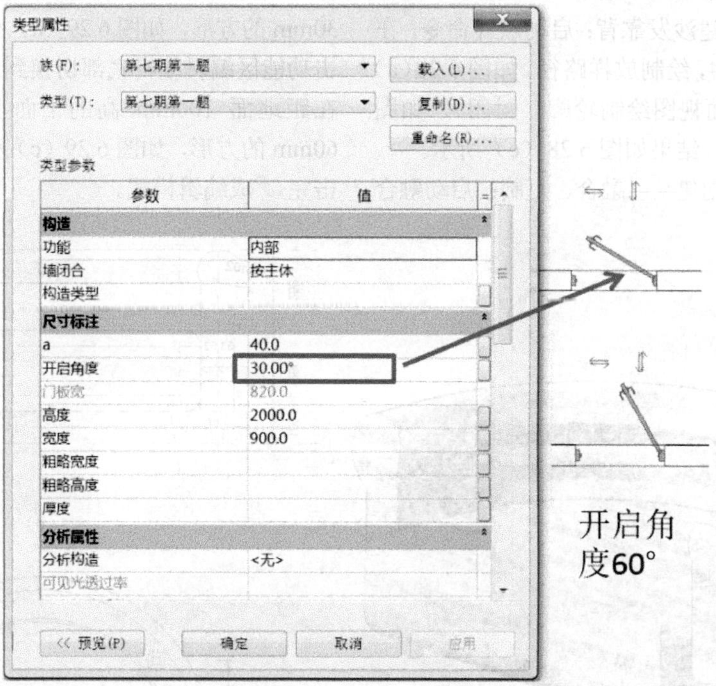

图 6.22 门的开启角度的变化

（1）选择族样板

窗族样板有“带贴面公制窗”和“公制窗”两种。两者的区别在于：前者提供了窗的贴面构件以及相关参数。

（2）设置族类型、族参数与子类别

设置参见门族。窗族中“默认窗台高度”参数是指：窗族第一次载入项目文件并被调用时的默认高度。当在项目文件中需要改变窗构件的窗台高度时，这个族类型参数将不再起作用。如果要改变，选取绘图区域内的窗构件，在“属性”对话框中选取“默认窗台高度”参数进行修改。

（3）创建把手嵌套族

建议用“基于面的常规模型”族样板，这样在载入主体族时，可以非常便捷地附着在合适的窗框架上。在把手几何形状创建完成后，将族类型改为“窗”，确保把手的子类别可以与主体族的子类别设置相一致。

6.2.3.4 家具族创建讲解与实例

家具族包括单个家具（公制家具样板）与组合家具（公制家具系统样板），本节以单人沙发创建为例，讲解单个家具的创建，并以创建组合沙发加茶几为例讲解组合家具的创建。

（1）单人沙发的创建

例：单人沙发的尺寸和形状如图 6.23 所示，尺寸不可变，靠背、坐垫和沙发腿材质可变，创建思路、流程和具体步骤可参照门窗族。操作过程如下。

① 构思。尺寸按图示尺寸，无需设置参数，对靠背、坐垫和沙发腿的材质设置材质参数，插入点为模板默认的参照平面的交点。

② 选择族样板。单击文件 ▶“新建” ▶“族”，选择“公制家具”族样板，如图 6.24 所示。

③ 定义原点。选择样板中的两条默认的参照平面，确保属性栏中的定义原点勾选，如图 6.25 所示。

④ 设置族类型和基本族参数。

a. 属性面板打开族类型对话框。

b. 命名族类型如图 6.26（a）①～③所示。

c. 添加族材质参数，如图 6.26（b）所示。

d. 结果如图 6.26（c）所示。

⑤ 创建几何形状。

a. 创建参照平面：在平面与前立面上创建

参照平面，如图 6.27（a）和（b）所示。

b. 放样创建沙发靠背：启动放样命令，在参照标高视图中，绘制放样路径，如图 6.28（a）所示；在前立面视图绘制轮廓（封闭），如图 6.28（b）所示；结果如图 6.28（c）所示。

c. 沙发腿创建——融合、复制：启动融合命令，在参照标高上创建桌腿的底平面 30mm×30mm 的方形，如图 6.29（a）和（b）所示；单击功能区编辑编辑底部切换到顶部编辑状态，在距地面 100mm 高的平面上创建 60mm×60mm 的方形，如图 6.29（c）和（d）所示；单击完✔成编辑模式。

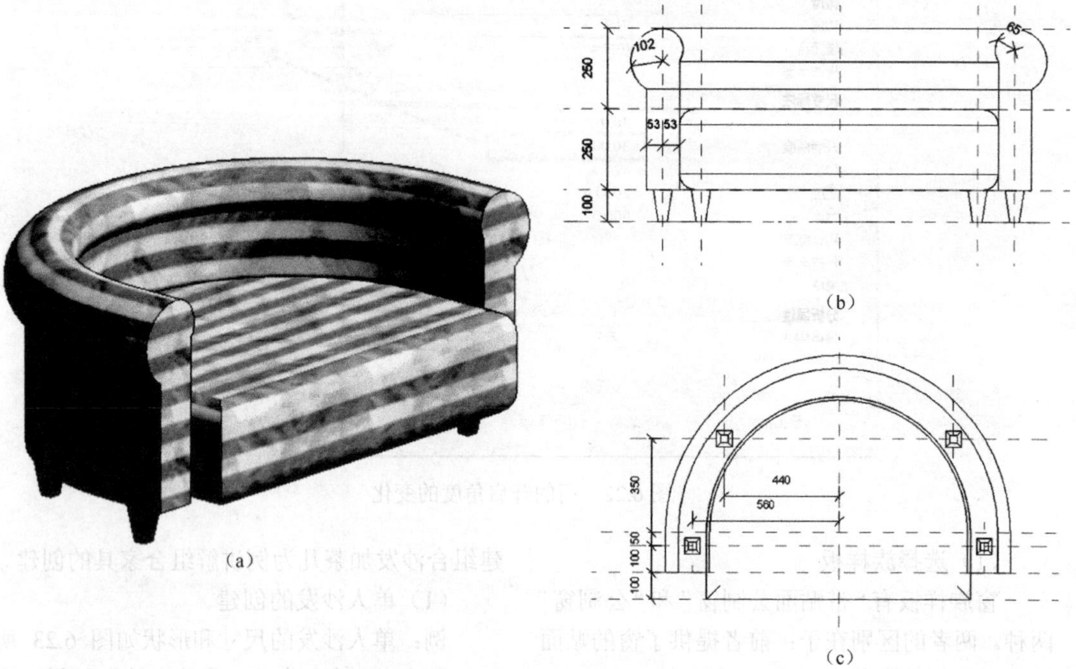

图 6.23　单人沙发形状及尺寸

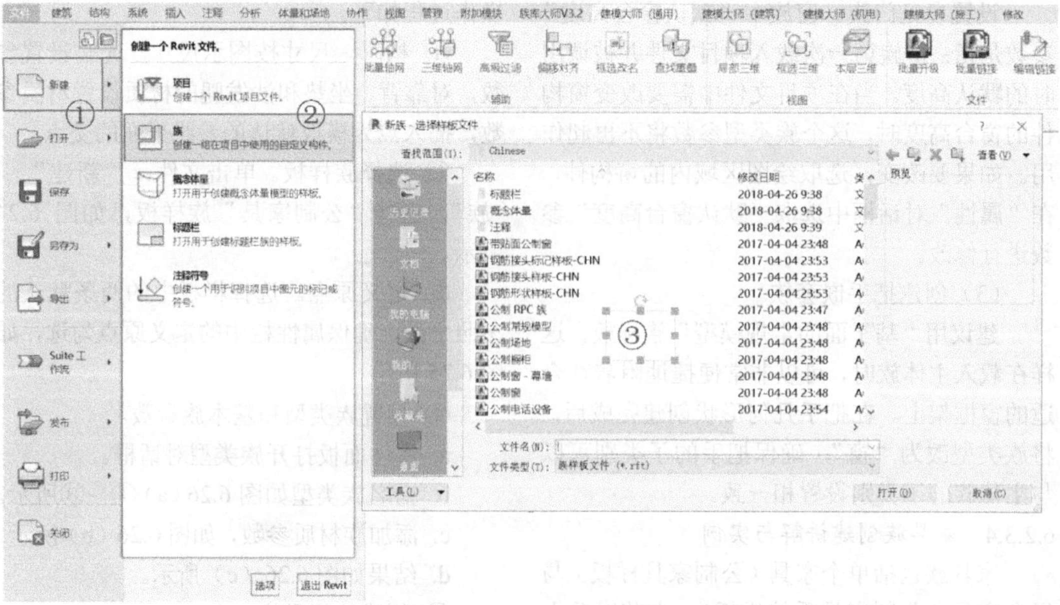

图 6.24　族样板的选择

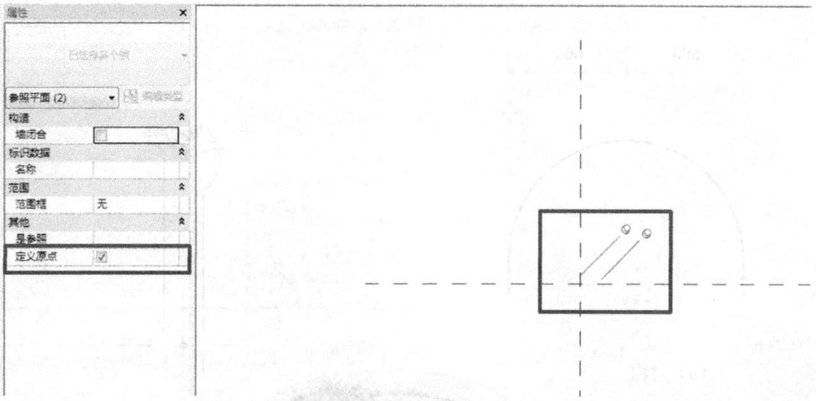

图 6.25　插入原点定义

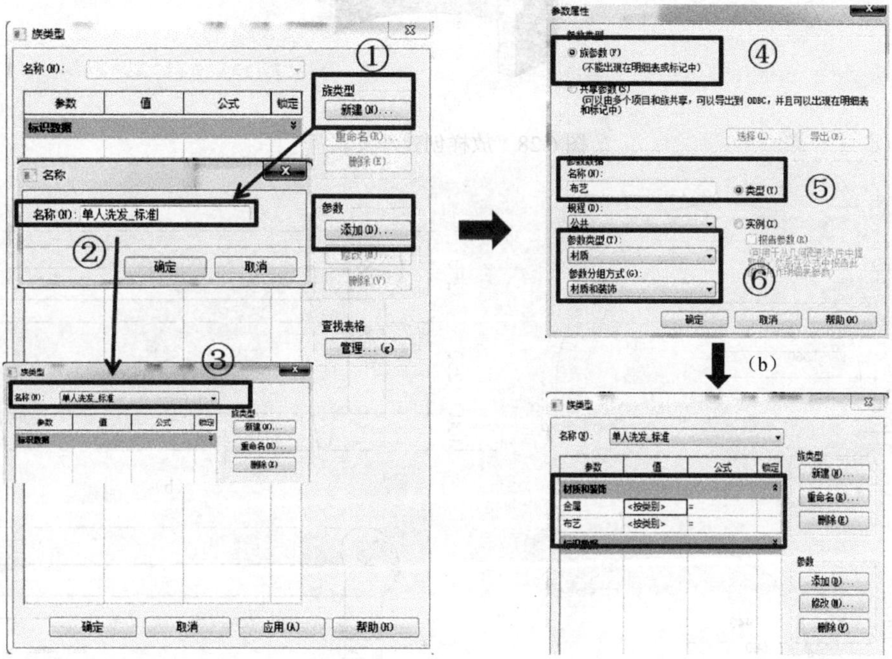

（a）

（b）

（c）

图 6.26　沙发族类型与材质参数定义

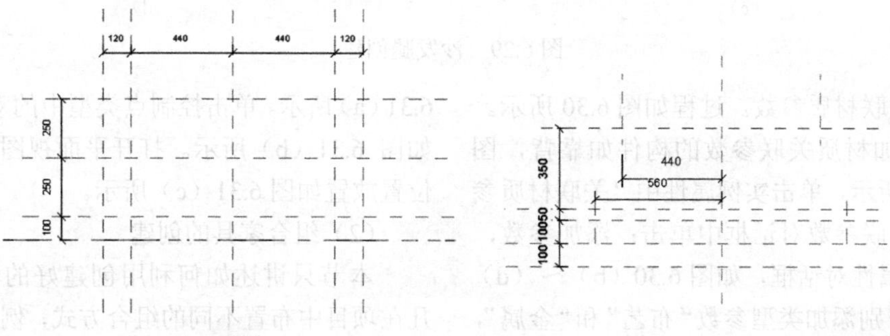

（a）平面　　（b）立面

图 6.27　沙发参照平面

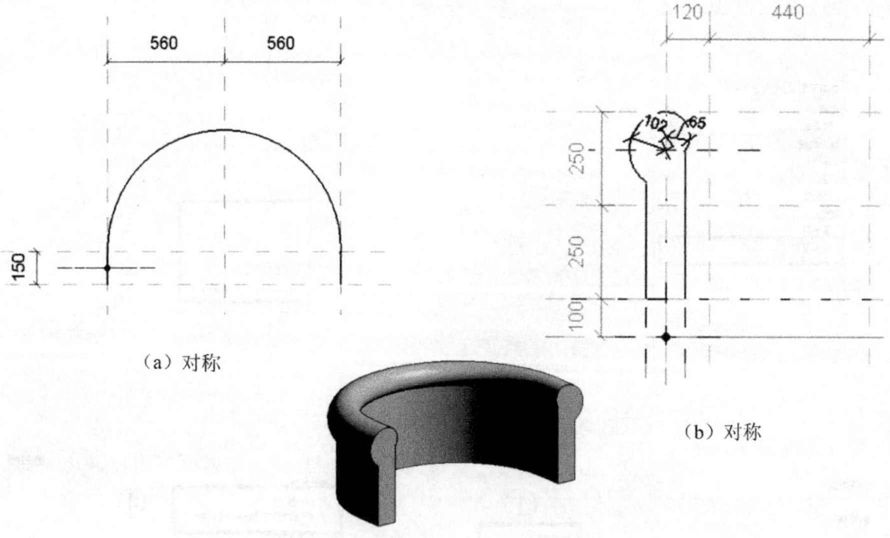

(a) 对称　(b) 对称　(c)

图 6.28　放样创建沙发靠背

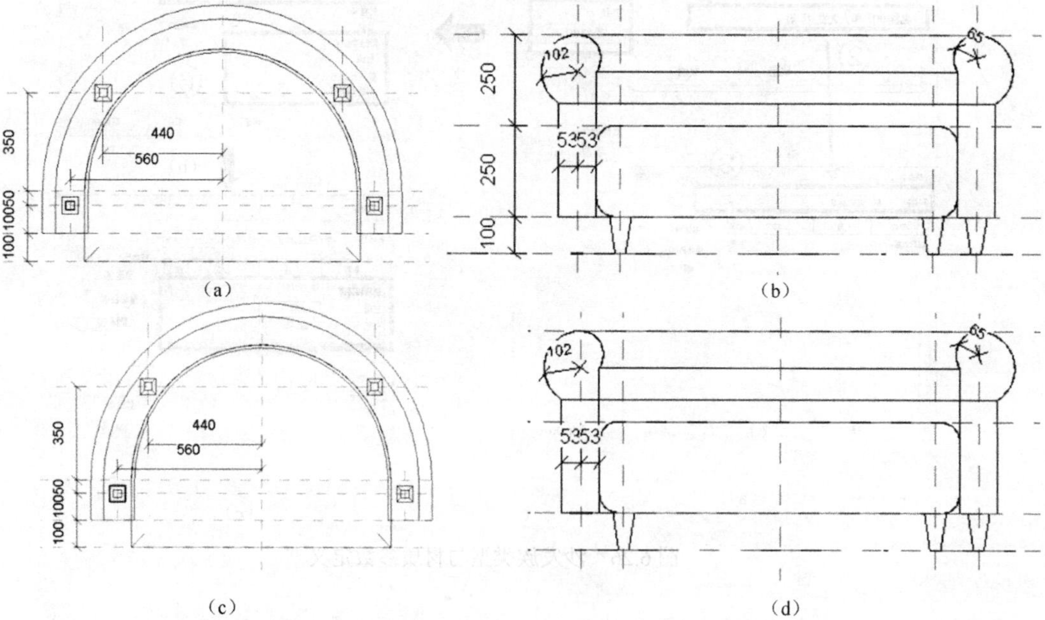

(a)　(b)　(c)　(d)

图 6.29　沙发腿创建

⑥ 关联材质参数。过程如图 6.30 所示。选中要添加材质关联参数的构件如靠背，图 6.30（a）所示，单击实例属性中“关联材质参数”。在关联参数对话框中单击：添加参数，进入参数属性对话框，如图 6.30（b）～（d）所示。在分别添加类型参数“布艺”和“金属”，分组方式为“材质和装饰”如图 6.30（d）③和④所示。

⑦ 添加控件。单击创建中的控件，如图 6.31（a）所示。单击控制点类型中的双向垂直，如图 6.31（b）所示。打开平面视图，在相应位置放置如图 6.31（c）所示。

（2）组合家具的创建

本节只讲述如何利用创建好的沙发和茶几在项目中布置不同的组合方式，例题中只讲述了两种方案，超过两种时，可参照执行，如图 6.32 所示。

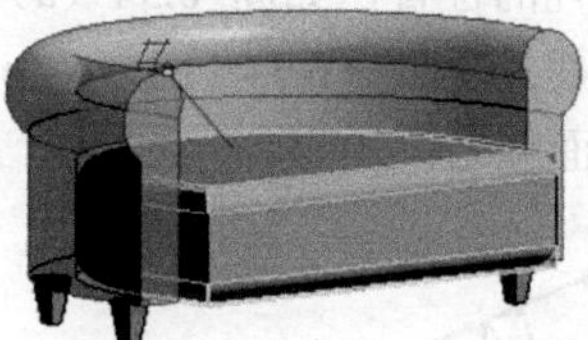

（a）

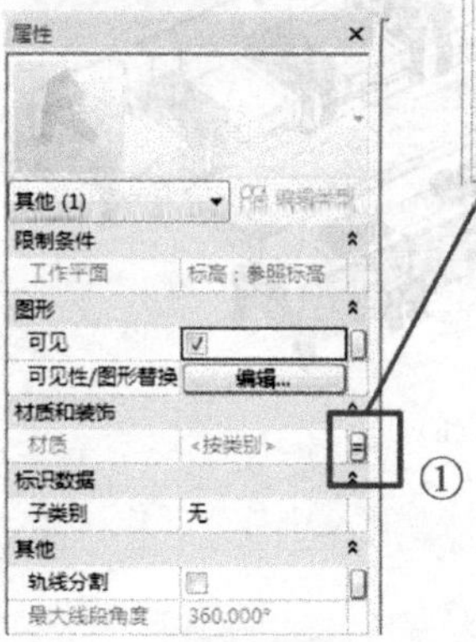

（b）

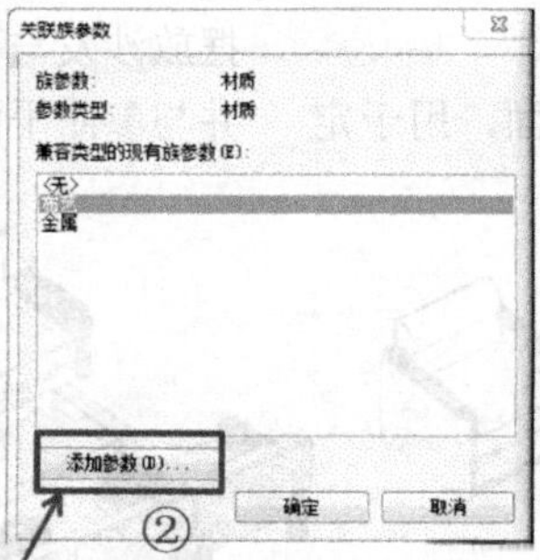

（c）

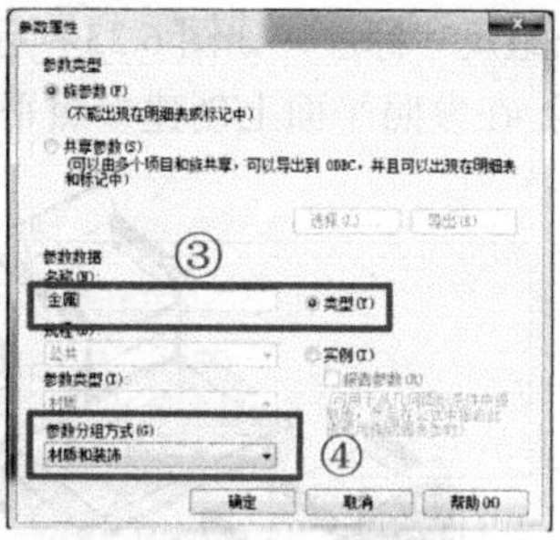

（d）

图 6.30　沙发材质参数关联

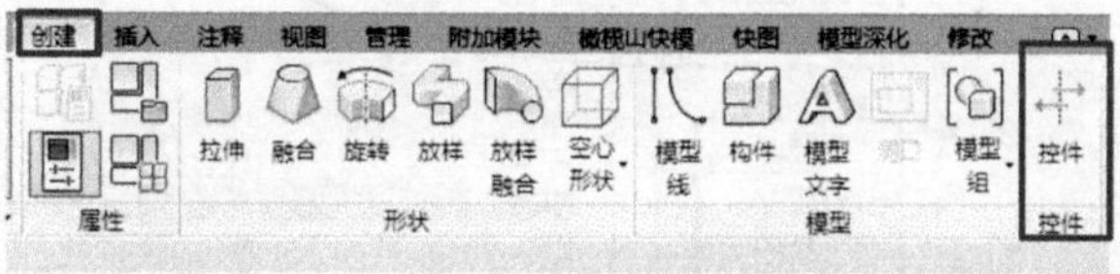

（a）

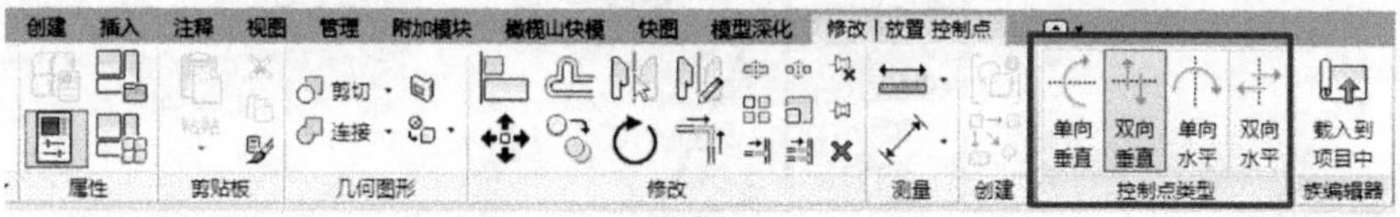

（b）

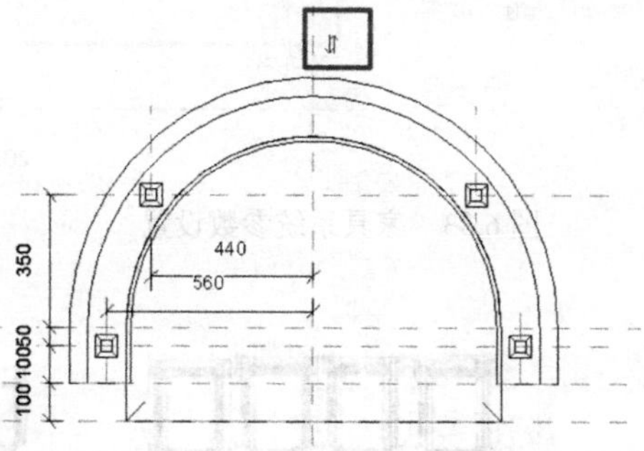

（c）

图 6.31　添加沙发控件

① 创建目标和构思：创建由单人沙发和茶几的组合，组合方案有两种：2 个沙发和茶几，如图 6.32（a）所示，4 个沙发和茶几，如图 6.32（b）所示。茶几的尺寸随组合方案而变化，沙发和茶几的材质在项目均可调。

② 新建族，选择族样板为“公制家具系统”。沙发和茶几的创建略，本例直接插入已创建好的茶几和沙发族，方法：单击“插入”选项卡 ▶“从库中载入”面板 ▶ (载入族)。

③ 创建参数，新建族类型参数：沙发×2，沙发×4；新建参数，S*2 和 S*4，类型是否，分组可见性；新建参数，茶几宽、茶几长、茶

几高，并设置初始值，勾选锁定，参数类型长度，分组尺寸标注，如图 6.33 所示。

④ 在参照平面上创建参照平面，用于定位沙发和茶几的位置，如图 6.34（a）所示，摆放沙发与茶几，如图 6.34（b）和（c）所示，并与参照平面锁定。

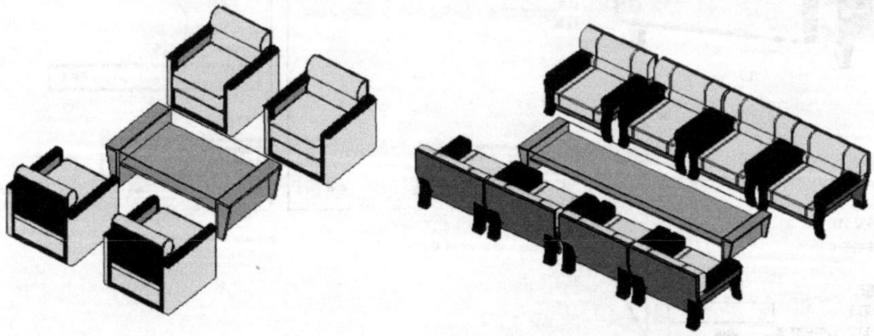

（a）　　（b）

图 6.32　家具组合方案

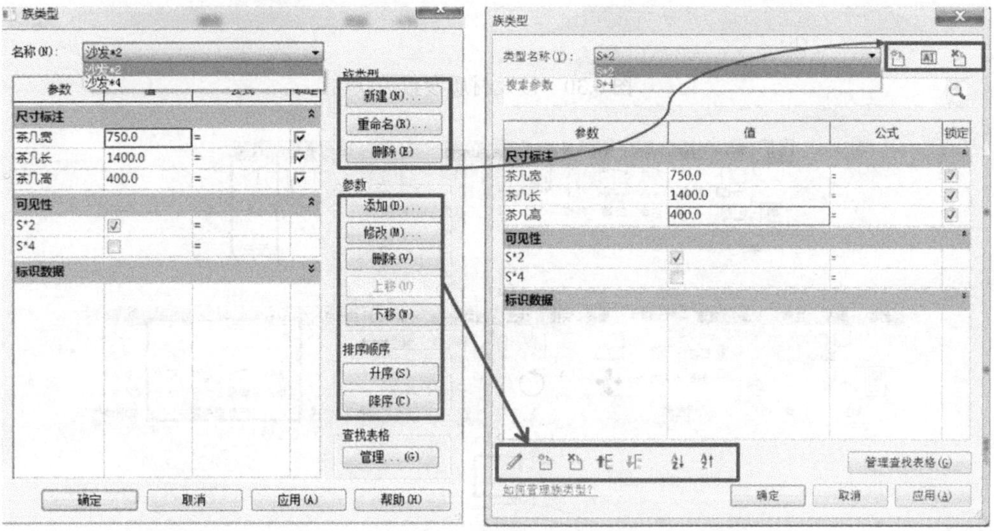

2018版前　　2018版

图 6.33　家具系统参数设置

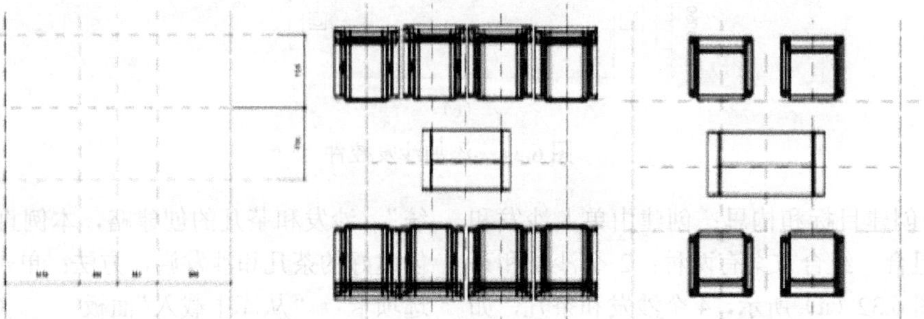

（a）　　（b）　　（c）

图 6.34　家具系统摆放

⑤ 建立沙发参数关联：选中如图所示沙发，如图 6.35（a）所示，点击属性栏中“可见”后面的按钮“关联族参数”如图 6.35（b）所示，选择 S*2 参数，如图 6.35（c）所示。

⑥ 建立茶几参数关联：选中项目中沙发，点击属性栏中的类型编辑，在打开的类型编辑对话框中，单击打开茶几的尺寸旁边的：关联族参数，在打开的关联族参数对话框，选择相应的参数进行关联，茶几长对应宽度，茶几宽对应深度，茶几高对应高度，如图 6.36 所示。

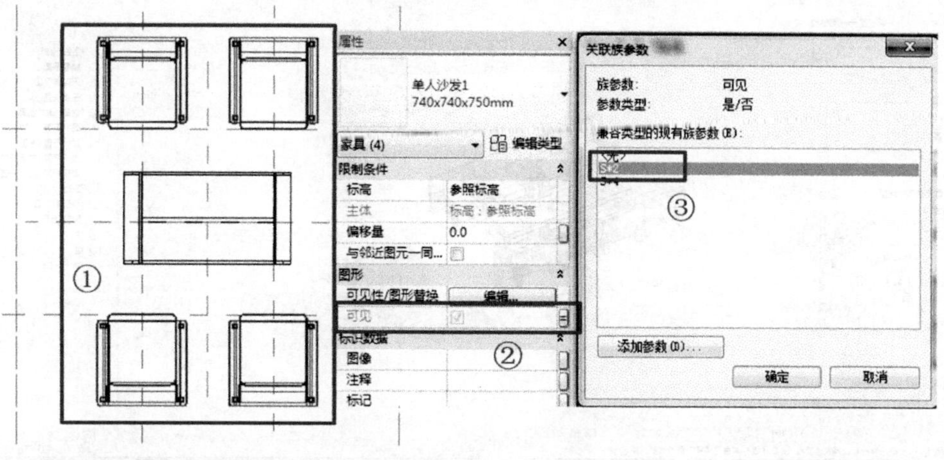

（a）（b）（c）

图 6.35 S*2 沙发关联

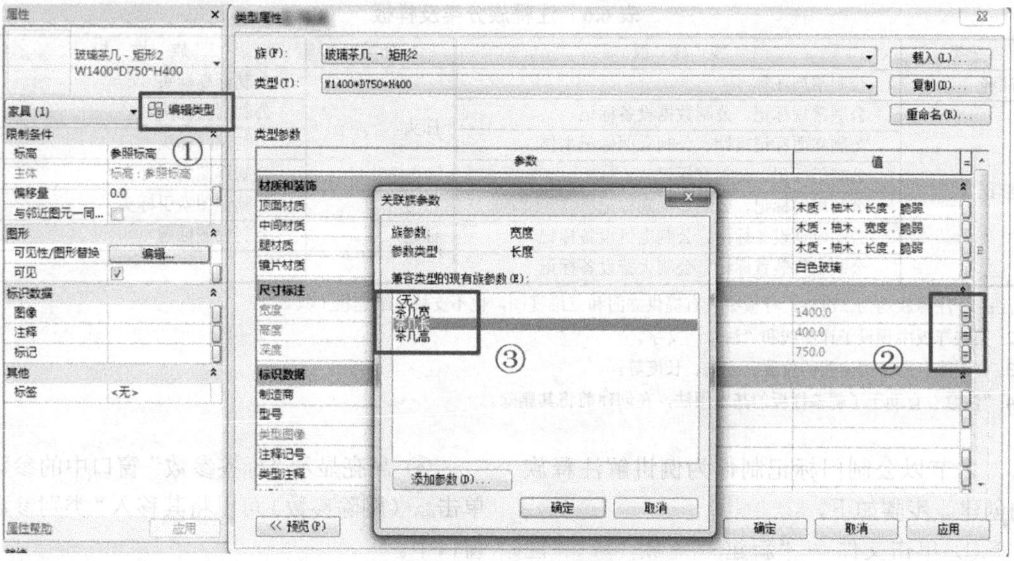

图 6.36 茶几尺寸参数的关联

⑦ 重复第⑤步，建立 S*4 与另外八个沙发的关联。

⑧ 把创建好的族载入到项目中，通过放置构件，或直接从项目浏览器中插入到项目，可以选中插入的家具系统，在属性栏中选择相应的类型进行切换，如图 6.37 所示。

6.2.3.5 注释族创建讲解与实例

在项目中，注释符号族可以自动提取模型中的参数信息，自动创建构件标记注释。同时，注释族会随着视图比例变化而成比例地变化，从而保证了同一种符号在不同规格的图纸中的外观尺寸是一致的。在 Revit 族库中，注释族可分为两大类：“标记”和“符号”。区别在于，标记可以标识图元的属性；而符号与被标识图元的属性无关，仅为独立的图形。其样板具体如表 6.6 所示。

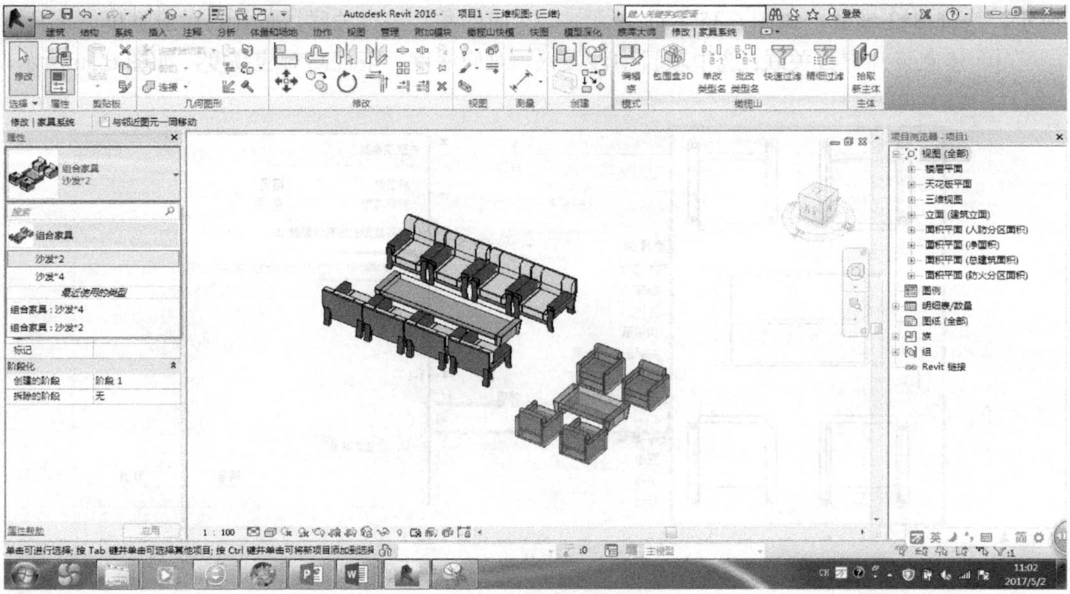

图 6.37　家具系统的测试

表 6.6　注释族分类及样板

分类	族　样　板	分类	族　样　板
注释	公制常规注释	标头	公制标高标头
标记	公制常规标记、公制数据设备标记		公制剖面标头
	公制立面标记指针、公制立面标记主体		公制轴网标头
	公制门标记、公制窗标记		公制详图索引标头
	公制房间标记、公制多类别标记	符号	公制详图索引标头
	公制电话设备标记、公制电气设备标记	标题	公制视图标题
	公制电气装置标记、公制火警设备标记		

注：1. 注释族均为二维族，样板中没有提供立面和三维视图，也不支持三维建模工具。

2. 某些样板中预设了详图线和“注意”文字。

3. 详图线有助于确定族的位置、方向、长度等。

4. “注意”有助于了解该样板的基本用法，在创建前将其删除。

本节以公制门标记制作为例讲解注释族的创建。步骤如下。

① 单击文件 ➤ “新建” ➤ 族 ➤ “注释” ➤ 公制门标记，如图 6.38（a）所示。

② 在“族编辑器”中，单击“创建”选项卡 ➤ “文字”面板 ➤ （标签），如图 6.38（b）所示，在参照平面交点附近，单击鼠标，打开“编辑标签”对话框，如图 6.38（c）所示。

③ 高亮显示“类别参数”窗口中的参数，单击（添加参数）可以将其移入“标签参数”窗口中。

④ 高亮显示“标签参数”窗口中的参数，单击（删除参数）可以将其移入“类别参数”窗口中。

6.2.3.6　轮廓族创建讲解与实例

轮廓族可用来生成几何图形的二维闭合形状，可以单独或组合使用。可同时应用于项目环境或标准族编辑器中。Autodest Revit 共提供了 6 个样板用于创建轮廓族，见表 6.7。

本节以公制轮廓——主体族为例讲解轮廓族的制作，创建基于楼板边缘生成的楼梯。步骤如下。

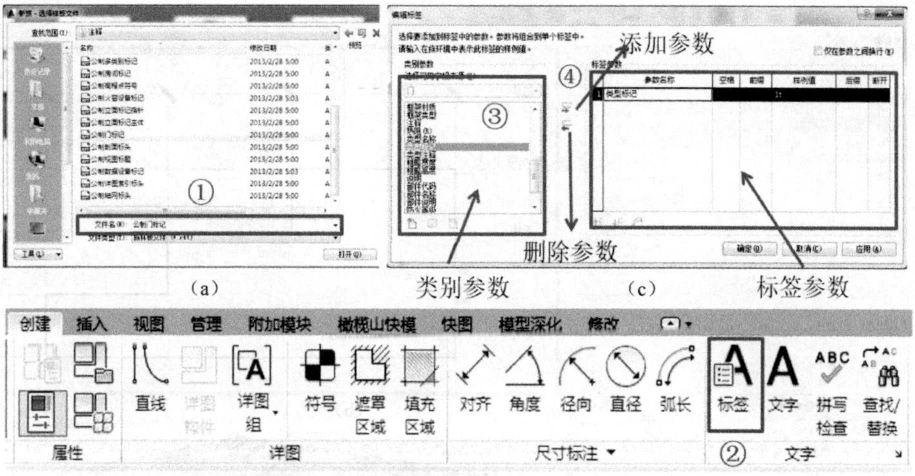

(b)

图 6.38　公制门标记制作

表 6.7　轮廓族样板

族 样 板	说　明
公制轮廓	用于创建在项目文件中进行主体放样的所有轮廓族
公制轮廓-分割缝	用于创建在项目文件中进行主体放样（墙分隔缝）的轮廓族
公制轮廓-扶栏	用于创建在项目设置扶手族的轮廓
公制轮廓-楼梯前缘	用于创建在项目文件中进行楼梯族的踏板前缘的设置
公制轮廓-竖梃	用于创建在项目文件中设置幕墙竖梃的轮廓族
公制轮廓-主体	用于创建在项目文件中进行主体放样（墙饰条、屋顶封檐带、屋顶檐槽、楼板边缘）的轮廓族

① 单击文件 ➤“新建” ➤ 族 ➤ 选择“公制轮廓-主体”族样板，默认设置如图 6.39（a）所示。

② 创建 ➤ 详图 ➤ 直线，按要求绘制台阶的截面轮廓，如图 6.39（b）所示。

③ 创建 ➤ 族类别和族参数，设置轮廓用途为楼板边缘，如图 6.39（c）所示，存为台阶。

④ 载入到项目中，绘制楼板，再选择楼板边缘，选择相应的边，结果如图 6.39（d）所示。

6.2.3.7　机电设备族的创建

Revit 设备（水暖电）族的三维形体创建方法和前面门窗族或内建族的三维形状的方法一样，其精髓之一是连接件的使用，正确设置连接可最大限度地应用 RevitMEP 提供的分析计算功能，进行相关的分析。不同的是不同机电设备的参数不同，如照明设备有光源特性和电气连接件的设置，卫浴装置有管道连接件的设置等。

（1）连接件设备族的创建

① 创建设备族的三维形状，如图 6.40（c）所示。

② 选择创建 ➤ 连接件 ➤ 管道连接件，如图 6.40（a）所示，单击面，如图 6.40（b）所示。

③ 在相应位置的面上单击，如图 6.40（c）所示，选择放置的连接件，如图 6.40（c）所示。

④ 在属性栏修改相应的参数值，如图 6.40（d）所示。

⑤ 单击关联族参数，可激活“关联族参数”对话框，进行参数的关联，如图 6.40（d）所示。

注：其他连接件的创建和应用方法类似。

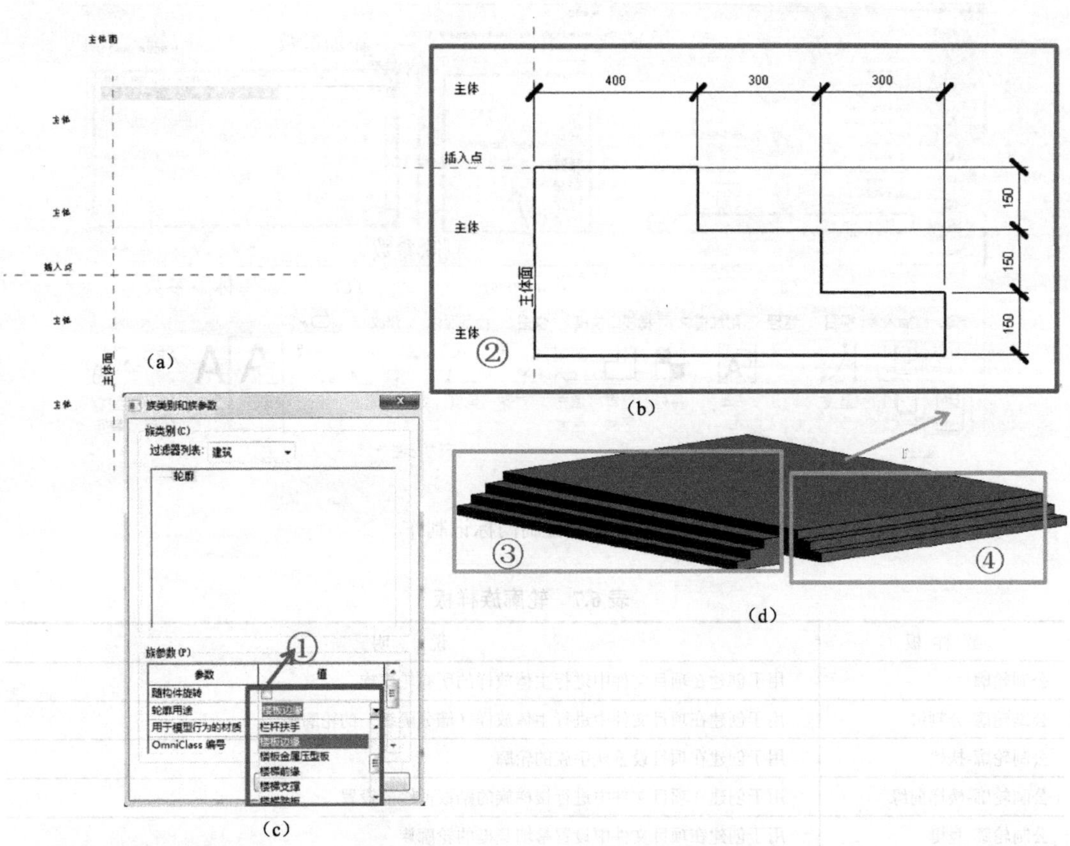

图 6.39　公制轮廓——楼板边缘制作

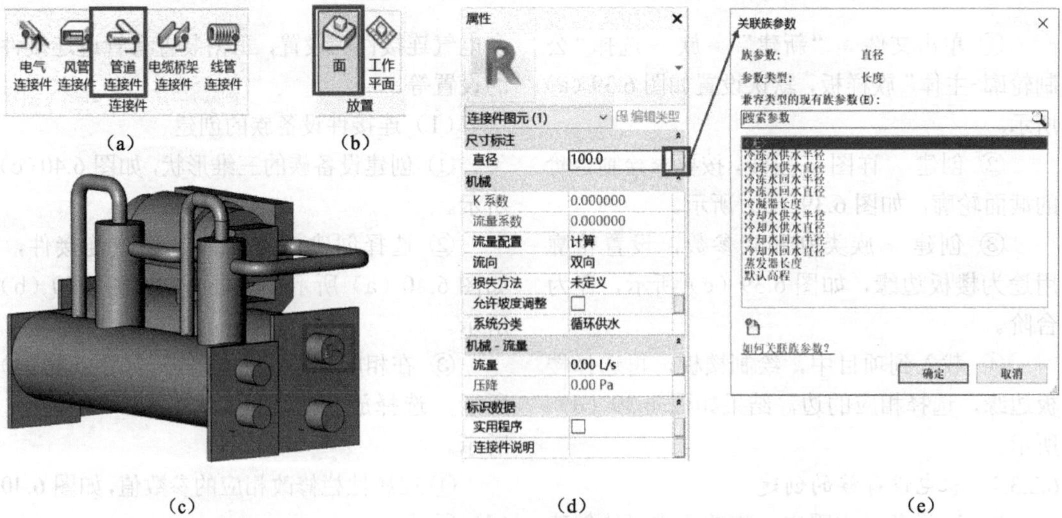

图 6.40　管道连接件

（2）照明设备族样板的设置

有的设备族其特性参数设置不同，下面以照明设备如图 6.41（a）所示为例说明。

① 选择照明设备族样板，创建吊灯的三维形状，参照前面的方法添加电气连接件，如图 6.41（a）所示。

② 选择电气连接件，修改相应的参数，如图 6.41（b）所示。

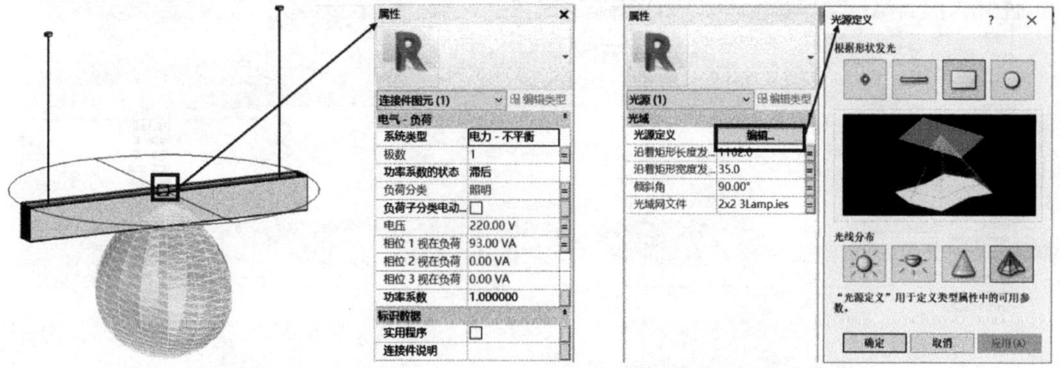

（a）　　　　（b）　　　　（c）

图 6.41　照明设备族连接件与光源定义

③ 选择光源如图 6.41（a）黄色所示，进行光源的定义，如图 6.41（c）所示。

6.3　体量的创建

体量可以在项目内部（内建体量）或项目外部（可载入体量族）创建，内建体量用于表示项目独特的体量形状，操作界面如图 6.42 所示，如在一个项目中放置体量的多个实例或者在多个项目中使用体量族时，通常使用可载入体量族（可载入体量族），操作界面如图 6.43 所示。

内建体量与可载入体量族的区别如下。

- 一个是项目内创建、一个是项目外创建。
- 操作便利性：可载入体量族的三维视图中可以显示三维参照平面、三维标高等用于定位和绘制的工作平面，可以快速在工作平面之间自由切换，提高设计效率，如图 6.43 所示。

> 注：设计前期的概念设计，建筑师更习惯在三维视图中推敲设计方案，建议使用可载入体量族来创建概念体量设计。

体量族与前述的构件族（可载入族）的区别如下。

- 参数化：体量族一般不需要像构件族一样设置很多的控制参数，一般只有几个简单的尺寸控制参数或没有参数。
- 创建方法：创建构件族时，是先选择某一个“实心”或“空心”形状命令，再绘制轮廓、路径等创建三维模型；而体量族必须先绘制轮廓、对称轴、路径等二维图元，然后才能用“创建形状”工具的“实心形状”或“空心形状”命令创建三维模型。

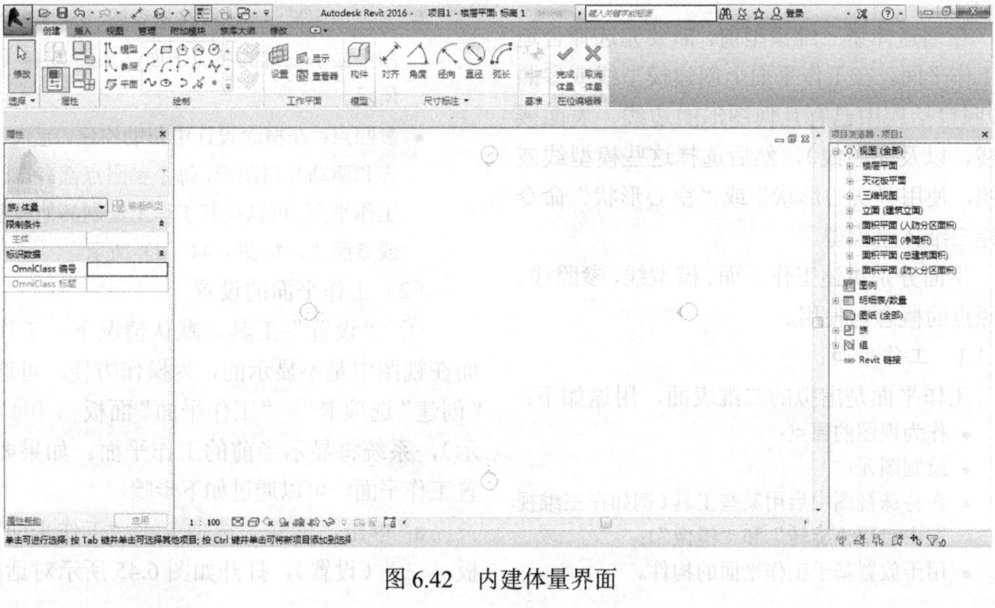

图 6.42　内建体量界面

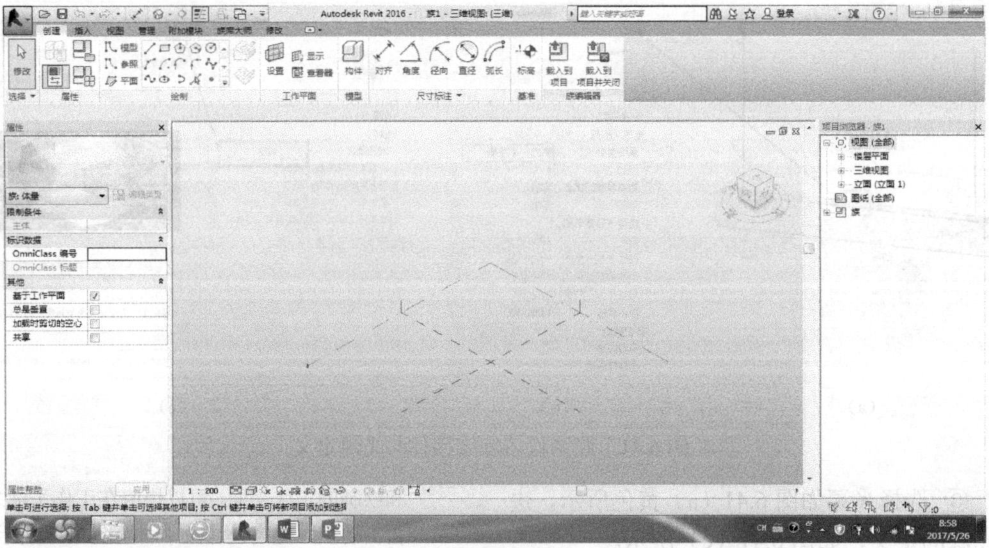

图 6.43　可载入体量族界面

- 模型复杂程度：构件族只能用拉伸、整合、旋转、放样、放样融合 5 种方法创建相对比较复杂的三维实体模型；而体量族则可以使用点、线、面图元创建复杂的实体模型和面模型（用开放轮廓线创建）。
- 表面有理化与智能子构件：体量族可以自动使用有理化图案分割体量表面，并且可以使用嵌套的智能子构件来分割体量表面，从而实现一些复杂的设计。

下面分别讲述内建体量和可载入体量族的创建。

6.3.1　工作平面、模型线、参照线、参照点

在创建体量三维模型前，需要先选择合适的工作平面，在工作平面上创建模型线或参照（参照包括族中已有几何图形的边线、表面或曲线，以及参照线），然后选择这些模型线或参照，使用“实心形状”或“空心形状”命令创建三维体量模型。

下面分别讲述工作平面、模型线、参照线、参照点的概念与使用。

6.3.1.1　工作平面

工作平面是虚拟的二维表面，用途如下：

- 作为视图的原点；
- 绘制图元；
- 在特殊视图中启用某些工具（例如在三维视图中启用“旋转”和“镜像”）；
- 用于放置基于工作平面的构件。

（1）工作平面图元

Revit Architecture 的以下图元可以作为绘制的工作平面。

- 表面：可以拾取已有模型的表面作为绘制的工作平面，如图 6.44（a）所示。
- 三维标高：即楼层平面，只有在可载入体量族的概念设计环境三维视图中才能显示，即可以选择楼层标高平面作为工作平面，在平面图中默认把当前楼层平面作为工作平面，拖曳标高面的四个蓝色实心圆控制柄可以改变工作平面大小，如图 6.44（b）所示。
- 三维参照平面：即常规参照平面，在平立剖面视图中显示为线，在概念设计环境三维视图中显示三维的参照平面，如图 6.44（c）所示。
- 参照点：在概念设计中帮助构建、定向、对齐和驱动几何图形，每个参照点都有自己的工作平面，可以在其工作上绘制其他模型线或参照线，如图 6.44（d）所示。

（2）工作平面的设置

① “设置”工具。默认情况下，工作平面在视图中是不显示的，为操作方便，可通过“创建”选项卡 ➤“工作平面”面板 ➤（显示），系统将显示当前的工作平面。如果要设置工作平面，可以通过如下步骤。

a. 单击“创建”选项卡 ➤“工作平面”面板 ➤（设置），打开如图 6.45 所示对话框。

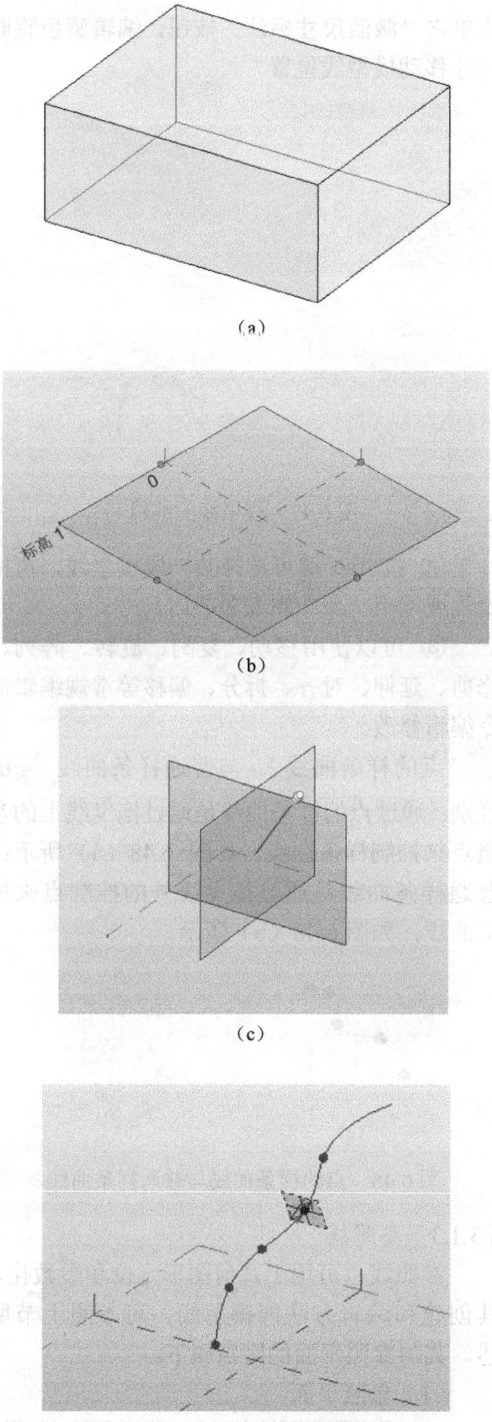

图 6.44　工作平面图元

b. 在“工作平面”对话框中的“指定新的工作平面”下，选择下列选项之一。

- 名称：从列表中选择一个可用的工作平面，然后单击“确定”。列表中包括标高、轴线和已命名的参照平面。
- 拾取一个平面：把所选的平面作为工作平面。选择此选项并单击“确定”。然后将光标移动到绘图区域上以高亮显示可用的工作平面，再单击以选择所需的平面。可以选择任何可以进行尺寸标注的平面，包括墙面、链接模型中的面、拉伸面、标高、网格和参照平面。
- 拾取线并使用绘制该线的工作平面：Revit将创建与选定线的工作平面共面的工作平面。选择此选项并单击“确定”，然后将光标移动到绘图区域上以高亮显示可用的线，再单击以选择。
- 从“选项栏”的“放置平面”下拉列表中拾取一个平面。

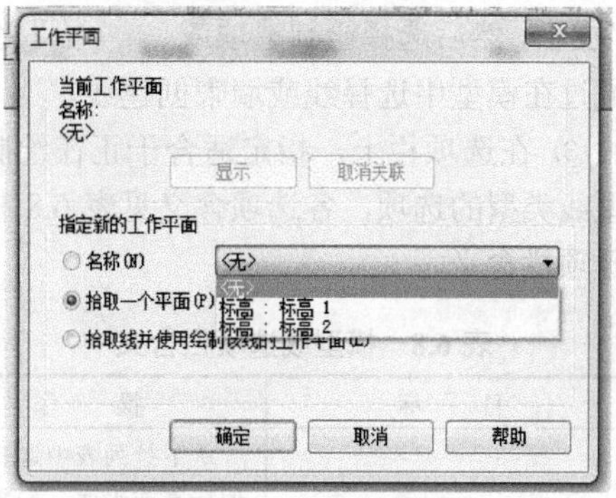

图 6.45　工作平面设置

② 查看器。

工作平面查看器提供一个临时性的视图，不会保留在“项目浏览器”中。此功能对于编辑形状、放样和放样融合中的轮廓非常有用。可从项目环境内的所有模型视图中使用工作平面查看器。使用“工作平面查看器”可以修改模型中基于工作平面的图元。

查看器示例如下。

a. 选择轮廓作为平面，如图 6.46（a）所示。

b. “创建”选项卡 ➤ “工作平面”面板 ➤ 查看器，“工作平面查看器”将打开，并显示相应的二维视图，如图 6.46（b）所示。

当在“工作平面查看器”中进行更改时，其他视图会实时更新。

6.3.1.2　模型线

（1）模型线创建

“模型线”工具所创建的线为三维线，在各视图及三维视图中都可见，创建步骤如下。

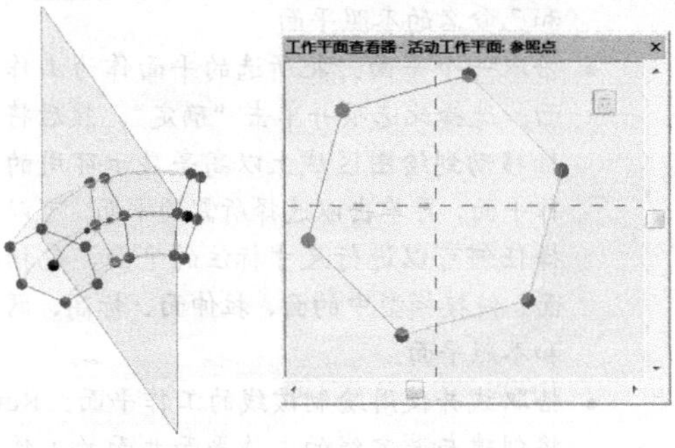

（a）　　　　　　　　（b）

图 6.46　工作平面查看器

①"创建"选项卡 ➤"绘制"面板 ➤（模型线）。

② 单击"修改 | 放置线"选项卡 ➤"绘制"面板，然后选择绘制选项或（拾取线），可通过在模型中选择线或墙来创建线。

③ 在选项栏上，指定适合于正在绘制的模型线类型的选项，各选项含义见表 6.8 模型线选项栏含义。

表 6.8　模型线选项栏含义

目　　标	操　　作
在非"放置平面"当前值的平面上绘制模型线	从下拉列表中选择其他标高或平面。如果没有列出所需平面，请选择"拾取"，然后使用"工作平面"对话框指定一个平面
绘制多条连接的线段	选择"链"
从光标位置或从在绘图区域中选择的边缘偏移模型线	为"偏移"输入一个值
为圆形或弯曲模型线指定半径，或者为矩形上的圆角或线链之间的圆角连接指定半径	选择"半径"，然后输入一个值

④ 在绘图区域中，绘制模型线，或者单击现有线或边缘，具体取决于用户正在使用的绘制选项。

（2）模型线编辑

直线、矩形、圆、椭圆等模型线的编辑方法相同，如图 6.47 所示，步骤如下。

① 选中创建的模型线，出现临时尺寸标注，及蓝色实心圆点、交点和半径的蓝色空心圆点即可编辑模型线的端点和交点位置（或圆的半径），拖曳边线可移动模型线位置或选项栏单击"激活尺寸标注"按钮，编辑蓝色临时尺寸移动模型线位置。

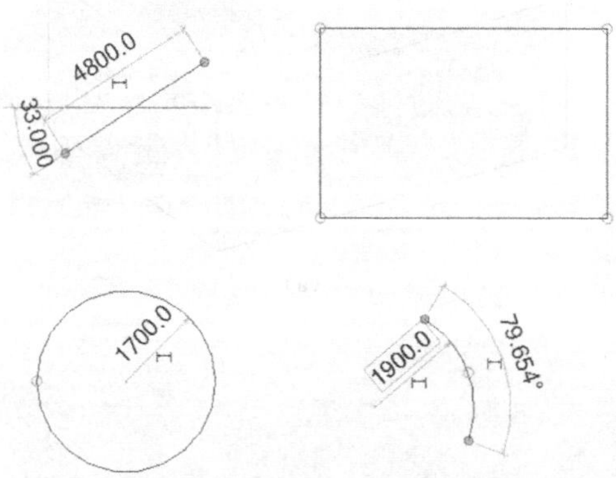

图 6.47　模型线的编辑

② 按 Tab 键可选择某一段模型线，可拖曳线或端点、或编辑蓝色临时尺寸。

③ 可以使用移动、复制、旋转、阵列、修剪、延伸、对齐、拆分、偏移等常规编辑命令编辑修改。

点的样条曲线与普通样条曲线的区别：通过点的样条曲线是通过拖曳线上的参照点来控制样条曲线，如图 6.48（a）所示；普通样条曲线是通过拖曳线外的控制点来控制曲线，如图 6.48（b）所示。

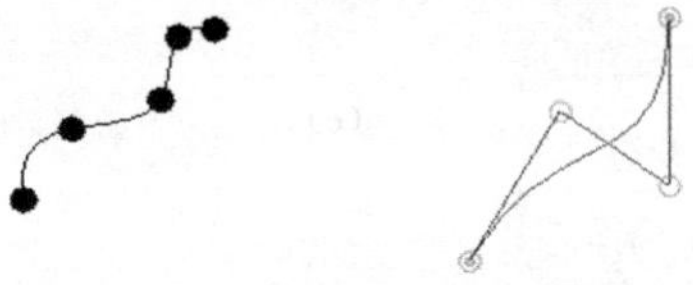

（a）　　　　　　　　（b）

图 6.48　点的样条曲线与普通样条曲线

6.3.1.3　参照线

参照线也可用于几何图形定位和参数化，其创建和编辑方法同模型线，可参照上节所述，其与参照平面的区别如下。

（1）参照平面

- 一条参照平面只有一个工作平面可以使用。
- 参照平面是无限大的，从线的角度看，参照平面没有中点，不能标注长度尺寸。

（2）参照线

- 参照线有长度、有中点，可以标注参照线的长度尺寸。
- 一条参照线所确定的工作平面数因线形状

不同而不同：直线确定4个工作平面沿长度方向有两个相互垂直的工作平面，在端点位置各有1个工作平面，如图6.49（a）所示；弧形参照线在端点位置有2个工作平面，如图6.49（b）所示；普通样条曲线也只有两个工作平面，如图6.49（c）所示；点的样条曲线在每个点处有一个参照平面，如图6.49（d）所示。

6.3.1.4 参照点

参照点是一个空间点，其提供了三个参照平面，如图6.50所示，可以通过设置，选择任一个面作为工作平面。参照点分为两类：自由点和基于主体的点。

（1）自由点

“自由点”是放置在工作平面上独立的参照点，“自由点”被选中后会显示其三维控件，通过控制三维控件可以将自由点移动到三维工作空间内的任意位置，如图6.51（a）所示。

（2）基于主体的点

“基于主体的点”是放置在现有样条曲线、线、边或表面上的参照点。每一个点都提供自己的工作平面，用以添加垂直于其主体的更多几何图形。基于主体的点既可随主体图元一起移动，也可以沿主体图元移动，如图6.51（b）和（c）所示。

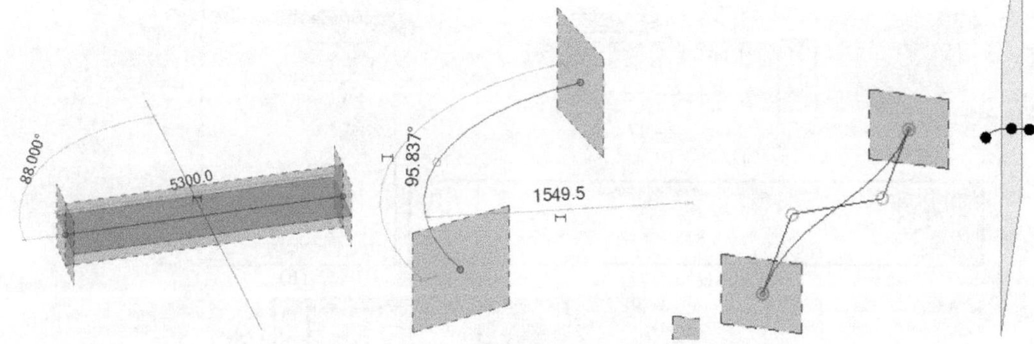

（a）（b）（c）（d）

图6.49 参照线（直线、弧线）

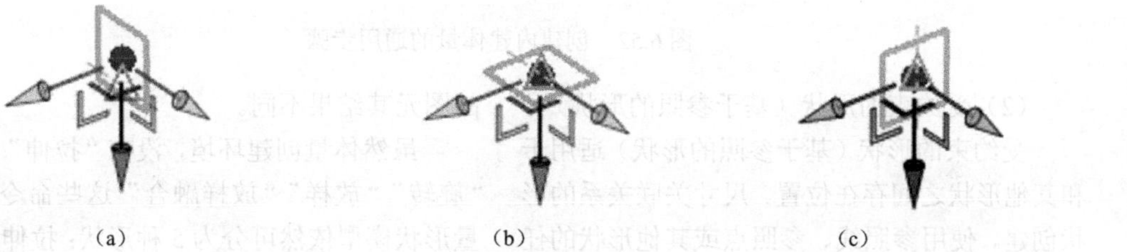

（a）（b）（c）

图6.50 参照点

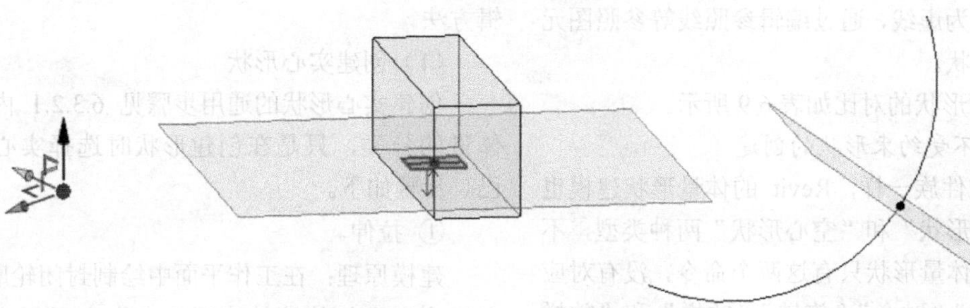

（a）（b）（c）

图6.51 自由点和基于主体的点

6.3.2 内建体量的创建

6.3.2.1 内建体量的分类

创建内建体量的通用步骤如下。

① 单击“体量和场地”选项卡 ➤ “概念体量”面板 ➤ （内建体量），如图 6.52（a）所示，或在功能区上，单击（内建模型），族类别选择体量，如图 6.52（b）所示。

② 输入内建体量族的名称，然后单击“确定”。

③ 应用程序窗口显示内建体量的选项，如图 6.52（c）所示。

④ 通过设置，选择相应的工作平面。如不设置则基于默认的工作平面。

⑤ 使用“绘制”面板上的工具创建所需的形状，在选项栏进行相关的设置。

⑥ 单击（创建形状），选择“实心”或“空心”，如图 6.52（d）所示。

⑦ 生成相应的形状（根据预览图形的提示，选择要生成的形状）。

⑧ 完成后，单击“完成体量”。

（1）不受约束的形状（自由形状）

不受约束的形状（自由形状）适用于和其他形状没有关联关系、独立存在的形状设计，使用模型线创建，选择不受约束的形状时显示实线，可直接编辑形状的顶点、边线和表面来创建复杂形状。

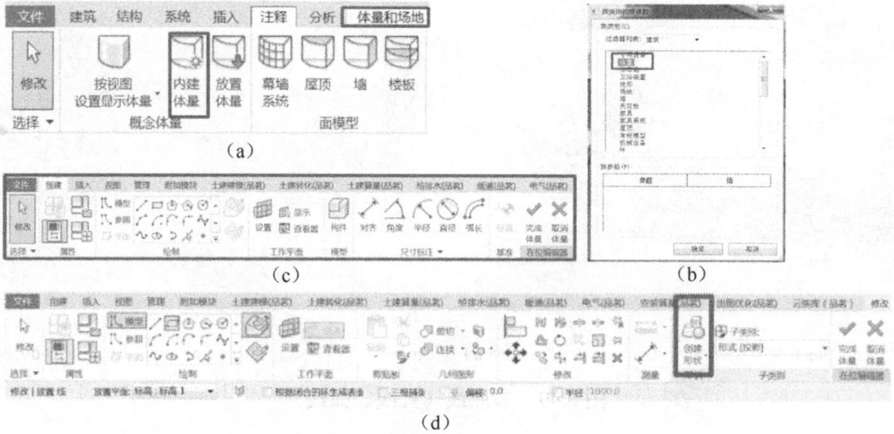

图 6.52 创建内建体量的通用步骤

（2）受约束的形状（基于参照的形状）

受约束的形状（基于参照的形状）适用于和其他形状之间存在位置、尺寸关联关系的形状创建。使用参照线、参照点或其他形状的任何部分创建基于参照的形状。选择受约束的形状时显示为虚线，通过编辑参照线等参照图元来控制形状。

两种形状的对比如表 6.9 所示。

6.3.2.2 不受约束形状的创建

和构件族一样，Revit 的体量形状建模也有“实心形状”和“空心形状”两种类型，不同的是，体量形状只有这两个命令，没有对应的“拉伸”“融合”“旋转”“放样”和“放样融合”等命令。创建体量形状模型的结果完全取决于所选择的模型线、参照线等图元，不同的图元其结果不同。

虽然体量创建环境，没有“拉伸”“融合”“旋转”“放样”“放样融合”这些命令，但体量形状模型依然可分为 5 种形状：拉伸、旋转、扫描、放样、表面。下面逐一讲解其创建和编辑方法。

（1）创建实心形状

创建实心形状的通用步骤见 6.3.2.1 内建体量的分类，只是在创建形状时选择实心而已。步骤如下。

① 拉伸。

建模原理：在工作平面中绘制封闭轮廓，在垂直方向拉伸该轮廓至一定高度后创建柱状形状。步骤如下。

表 6.9　自由形状和基于参照的形状区别

不受约束的形状（自由形状）	受约束的形状（基于参照的形状）
借助“绘制”面板中的任何工具使用（模型线）创建的轮廓	借助“绘制”面板中的任何工具使用（参照线）、参照点或另一个形状的任何部分创建的轮廓
高亮显示后显示实线 	显示线周围的虚线参照平面 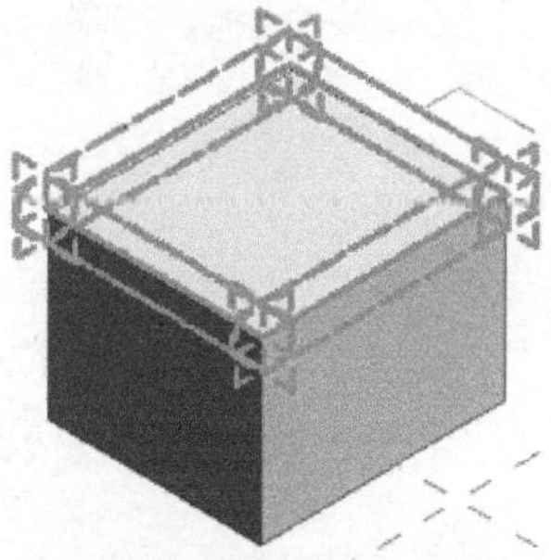
在无需依赖另一个形状或参照类型时创建	在形状与另一个几何图形或参照之间需要参数关系时创建
不依赖于其他对象	依赖于其参照。其依赖的参照发生变化时，基于参照的形状也随之变化
轮廓在默认情况下处于解锁状态	对于拉伸和扫描，轮廓在默认情况下处于锁定状态
可以直接编辑边、表面和顶点	通过直接编辑参照图元来进行编辑。例如，选择一条参照线，并通过三维控件进行拖曳
若要将线转换为基于参照，请选择“属性”选项板中“标识数据”下的“是参照线”属性	若要将线转换为不受约束，请清除“属性”选项板中“标识数据”下的“是参照线”属性

a. 在“创建”选项卡 ➤ “绘制”面板，选择一个绘图工具。

b. 单击绘图区域，然后绘制一个闭合环。

c. 选择闭环（只有一个闭合环时，默认为选中）。

d. 单击“修改 | 线”选项卡 ➤ “形状”面板 ➤ （创建形状）。将创建一个实心形状拉伸，如图 6.53 所示。

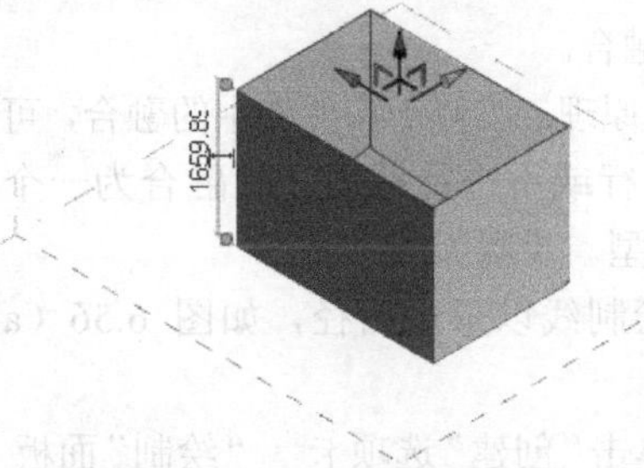

图 6.53　创建拉伸体量

注：体量形状模型不能通过设置“图元属性”的“拉伸起点”“拉伸终点”参数来调整拉伸高度。

② 旋转。

建模原理：在同一个工作平面中绘制封闭轮廓线和旋转轴，轮廓绕轴旋转一定角度后创建形状。步骤如下。

a. 在某个工作平面上绘制一条线，在同一工作平面上邻近该线绘制一个闭合轮廓，如图 6.54（a）所示。

注：可以使用未构成闭合环的线来创建表面旋转。

b. 选择线和闭合轮廓，如图 6.54（b）所示。

c. 单击“修改 | 线”选项卡 ➤ “形状”面板 ➤ （创建形状），如图 6.54（c）所示。

③ 放样。

建模原理：先绘制放样路径，再在和路径垂直的工作平面中绘制封闭轮廓线，轮廓沿路径扫描后创建形状。步骤如下。

a. 绘制一条或一系列连在一起的（模型）线来构成路径，如图 6.55（a）所示。

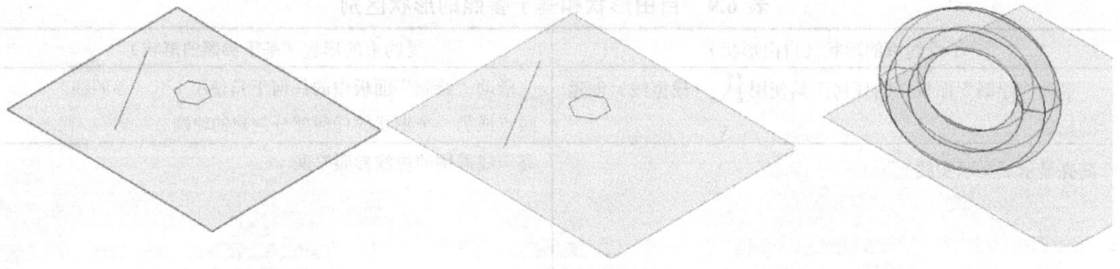

图 6.54　创建旋转体量

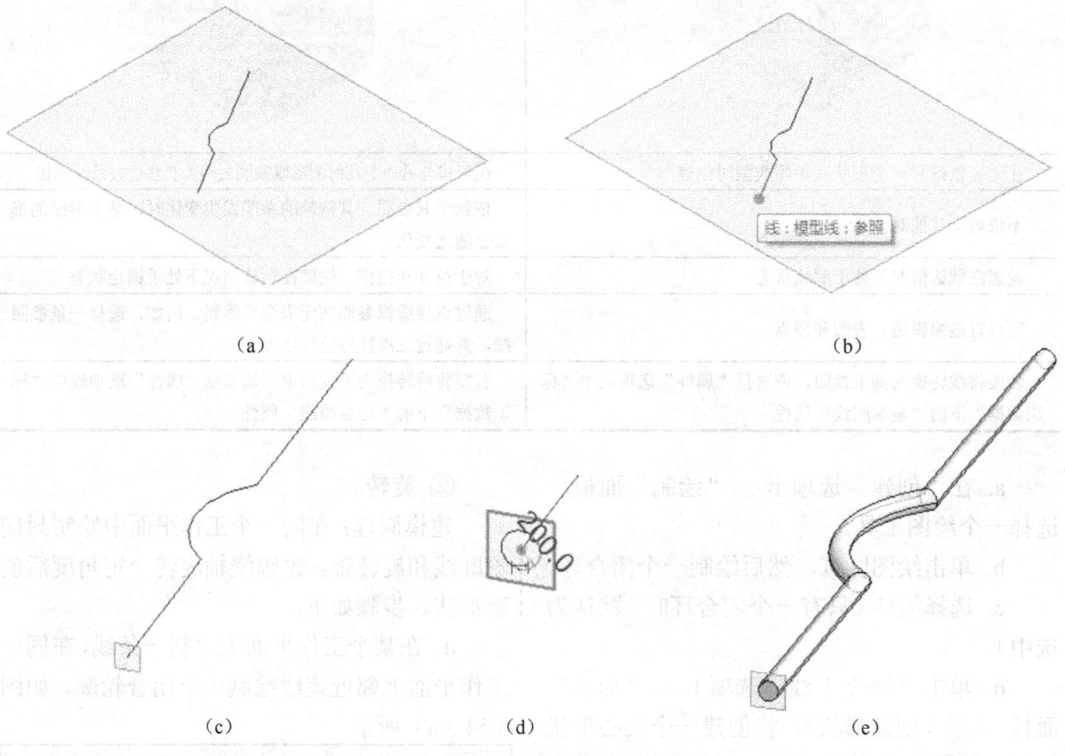

图 6.55　创建放样体量

b.“创建”选项卡 ▶“工作平面”面板 ▶（设置），选择线端点，作为工作平面，如图 6.55（b）和（c）所示；或单击“创建”选项卡 ▶“绘制”面板 ▶（点图元），然后沿路径单击以放置参照点，选择参照点，工作平面将显示出来。

c. 在工作平面上绘制一个闭合轮廓，如图 6.55（d）所示。

d. 选择线和轮廓。

e. 单击“修改 | 线”选项卡 ▶“形状”面板 ▶（创建形状），沿路径放样，如图 6.55（e）所示。

④ 融合。

建模原理：类似于构件族中的融合，可以在多个平行或不平行截面之间融合为一个复杂体量模型。步骤如下。

a. 绘制线以形成路径，如图 6.56（a）所示。

b. 单击“创建”选项卡 ▶“绘制”面板 ▶（点图元），然后沿路径放置放样融合轮廓的参照点，如图 6.56（b）所示。

c. 选择一个参照点并在其工作平面上绘制一个闭合轮廓，如图 6.56（c）所示。

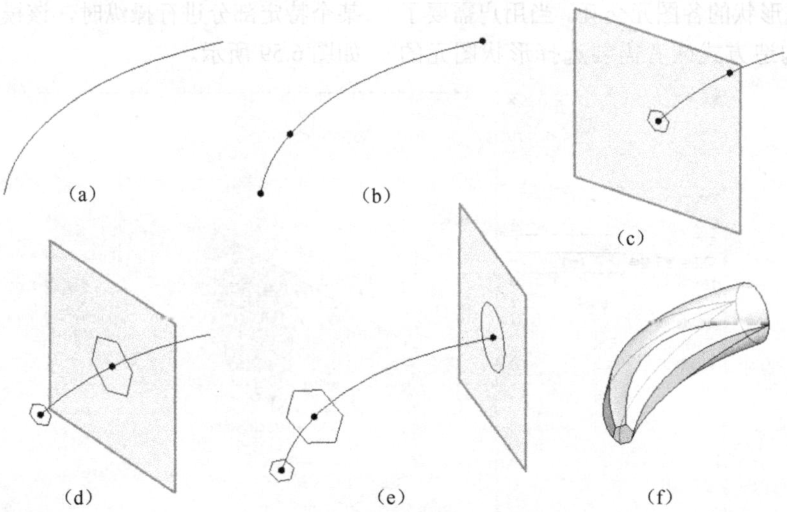

图 6.56　放样融合

d. 绘制其余参照点的轮廓，如图 6.56（d）和（e）所示。

e. 选择路径和轮廓，按 Ctrl 键，加选。

f. 单击“修改 | 线”选项卡 ➤ “形状”面板 ➤ （创建形状），结果如图 6.56（f）所示。

⑤ 表面。

建模原理：上述拉伸、旋转、放样、融合的实体模型都是使用封闭轮廓创建的，如果选择开放模型线或参照线，然后再拉伸、旋转、放样、融合即可创建表面模型。步骤如下。

a. 在绘图区域中绘制或选择模型线、参照线或几何图形的边，如图 6.57（a）所示。

b. 单击“修改 | 线”选项卡 ➤ “形状”面板 ➤ （创建形状），线或边将拉伸成为表面，如图 6.57（b）所示。

> 注：绘制闭合的二维几何图形时，在选项栏上选择“根据闭合的环生成表面”以自动绘制表面形状。

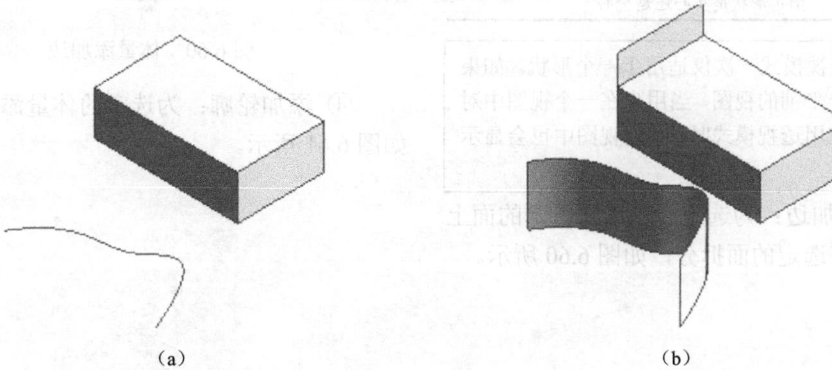

图 6.57　创建表面形状

（2）编辑实心形状

由模型线创建体量形状后，模型线即转化为形状的边、截面、路径等，不能再单独选择模型线编辑来调整形状。可通过以下方法编辑自由形状。

①“属性”选项板：选中形状，在体量属性选项板中可设置形状的图形、材质和装饰、标识数据相关参数，如图 6.58 所示。属性选项板中参数含义见表 6.10。

② 透视：在体量环境中，透视模式将形状显示为透明，并显示所选形状的基本几何骨架（轮廓、路径、点和轴），使用户可以更直

接地与组成形状的各图元交互。当用户需要了解形状的构造方式或者需要选择形状图元的某个特定部分进行操纵时，该模式非常有用。如图 6.59 所示。

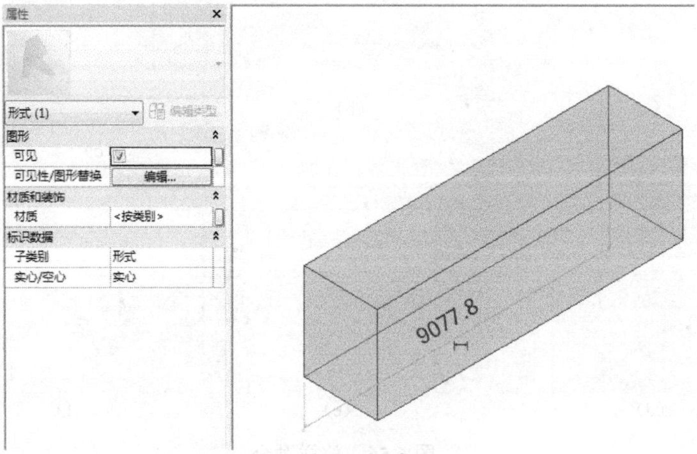

图 6.58 体量属性选项板

表 6.10 体量属性选项板参数含义

名 称	说 明
可见	选中后，形状为可见并访问“关联族参数”对话框，用以查看现有参数和添加新参数
可见性/图形替换	指定三维视图作为“视图专用显示”，将“详细程度”设置为“粗略”“中等”“精细”
材质	指定形状图元使用的材质
子类别	指定线的子类别为“形状 ［投影］”或“空心”
实心/空心	指定形状是实心还是空心

注：透视模式一次仅适用于一个形状。如果显示了多个平铺的视图，当用户在一个视图中对某个形状使用透视模式时，其他视图中也会显示透视模式。

③ 添加边：为选定的体量在特定的面上添加边，将选定的面拆分，如图 6.60 所示。

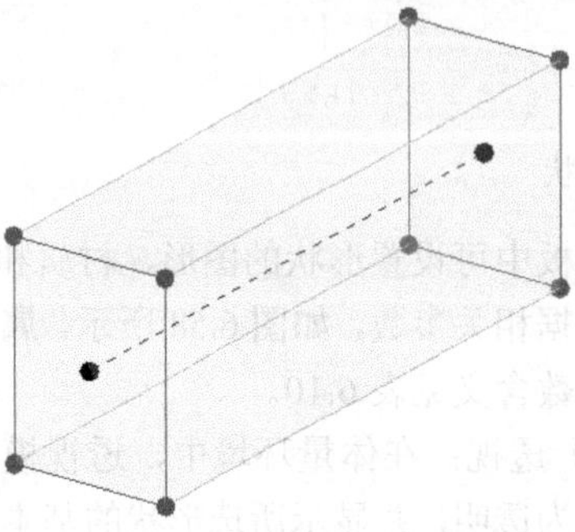

图 6.59 体量的透视模式

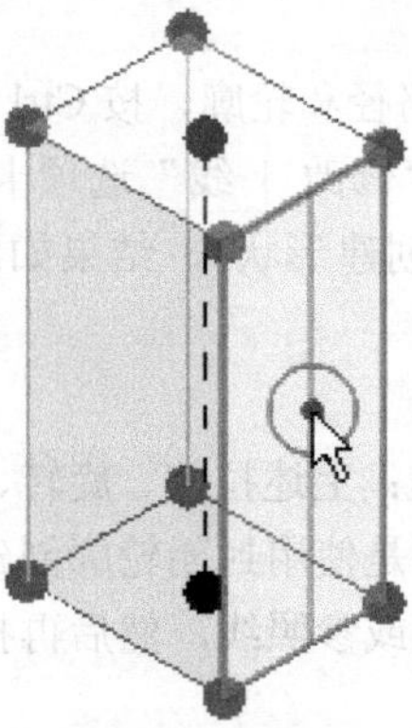

图 6.60 体量添加边

④ 添加轮廓：为选定的体量添加轮廓，如图 6.61 所示。

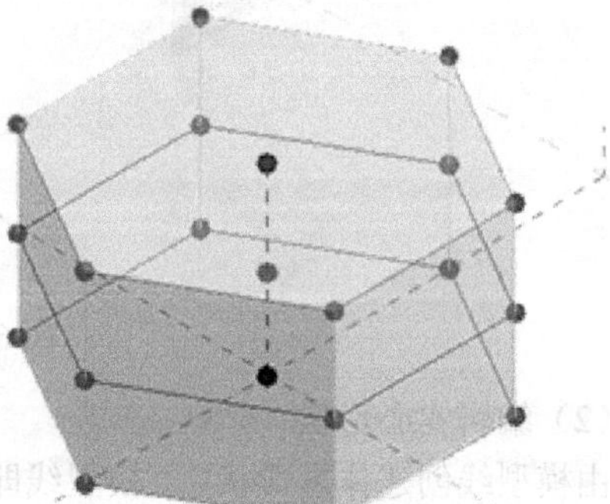

图 6.61 体量添加轮廓

⑤ 三维控制箭头：和参照点一样，选择体量的形状的每一个顶点、边、面都会出现一

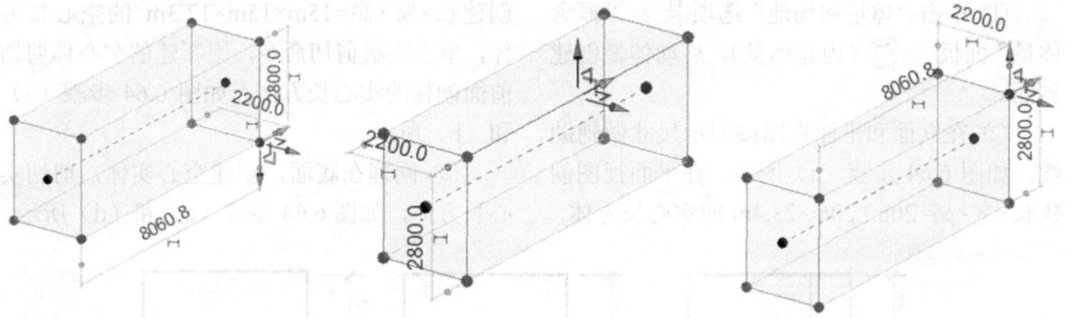

（a）　（b）　（c）

图 6.62　三维控制箭头

个红绿蓝三色坐标控制箭头，如图 6.62 所示。拖曳控制箭头可变化出各种异型形状。

⑥ 临时尺寸：选择体量的顶点、边、面时，也会显示蓝色的临时尺寸，编辑尺寸值可以精确控制顶点、边和面的大小和位置，如图 6.62 所示。

⑦ 锁定/解锁轮廓：使用三维控制箭头和临时尺寸，可以单独编辑形状的每个顶点、边和面，从而创建复杂形状。但有些时候，如拉伸形状，需要始终保持上下截面的完全一致，则可以使用该功能。

锁定轮廓后，形状会保持顶部轮廓和底部轮廓之间的关系，并且操纵方式受到限制。在操纵一个锁定轮廓时，也会影响另一个轮廓，进而影响整个形状。例如，如果选择顶部轮廓并将其锁定，所有轮廓会采用顶部轮廓的形状。

> 注：1. 建议使用透视模式访问形状轮廓。
>
> 2. 慎用锁定轮廓功能，一旦锁定轮廓，则前面手工添加的轮廓全部自动删除，仅剩下上下两个端面轮廓，且相互保持关联修改关系，即使用“解锁轮廓”功能也无法恢复锁定前的形状。特别是对多截面放样创建的形状，锁定轮廓后将以起点轮廓为准，解锁轮廓无法复原。
>
> 3. 参数控制：可像构件一样，给比较规则的形状自定义高度、半径等控制参数。
>
> 4. 可以用移动、复制、旋转、镜像、连接、剪切等编辑命令编辑形状。

（3）创建和编辑空心形状

和构件族的空心形状一样，可以创建体量族的空心形状和实心形状进行布尔运算剪切实心体量。

空心形状的创建方法和实心形状完全一样：先设置工作平面、绘制模型线，然后选择模型线图元，单击“修改 | 线”选项卡 ➤“形状”面板 ➤“创建形状”下拉菜单 ➤（空心形状）。

空心形状的编辑方法也同实心形状完全一样，可以透视、添加边、添加轮廓、拖曳顶点边和面、锁定/解锁轮廓、移动复制等。

> 注：选择实心或空心形状，在属性选项板中设置参数“实心/空心”可以在实心和空心形状之间互相转换。

6.3.2.3　受约束的形状（基于参照的形状）

（1）形状的创建

受约束的形状又称为基于参照的形状，其与自由形状(不受约束的形状)的区别见 6.3.2.1 内建体量的分类。其创建思路和自由形状完全一样：先设置工作平面，绘制参照线，然后选择参照线图元，单击“修改 | 线”选项卡 ➤“形状”面板 ➤“创建形状”下拉菜单选择实心形状或空心形状命令，即可创建实心和空心形状。

（2）形状的编辑

受约束的形状不能用移动、复制、镜像等编辑命令。不受约束的形状编辑，可参照自由形状的编辑。

（3）例 1“仿央视大楼”模型创建

题目：用体量创建图 6.63 中的“仿央视大楼”模型，并将模型以“仿央视大厦”为文件名保存。

思路：先创建三维立方实体，用三维空心形状剪切，生成所需模型。步骤如下。

① 单击“体量和场地”选项卡 ➤“概念体量”面板 ➤（内建体量），启动体量创建界面。

② 在立面和平面视图按图示尺寸做辅助线，如图 6.64 步骤（a）所示。在平面视图创建长×宽×高=20m×20m×23.4m 的实心长方体，创建长×宽×高=15m×15m×17.3m 的空心长方体，单击面板剪切命令，用新建的空心体剪切前面创建的实心长方体，如图 6.64 步骤（a）和（b）所示。

③ 同理在底面，创建空心实体，剪切实心长方体，如图 6.64 步骤（c）和（d）所示。

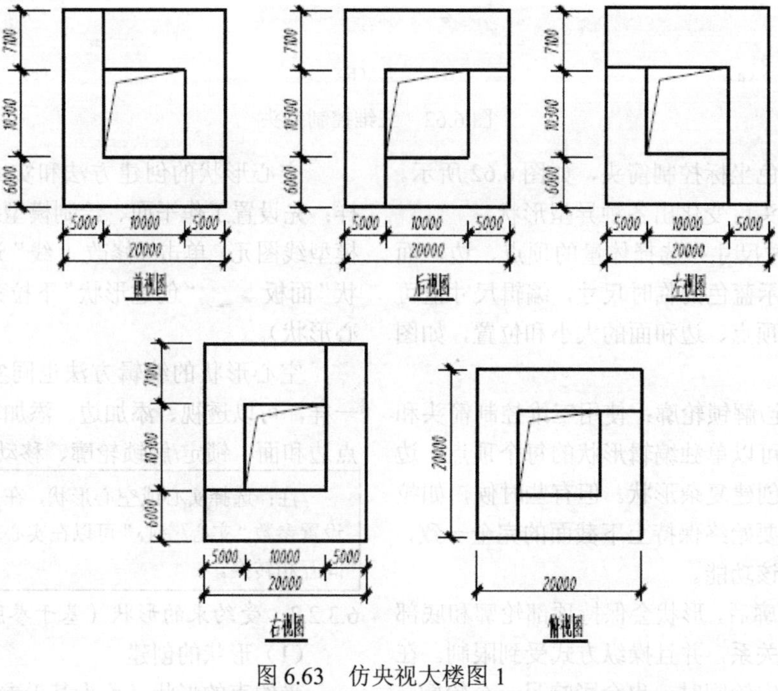

图 6.63　仿央视大楼图 1

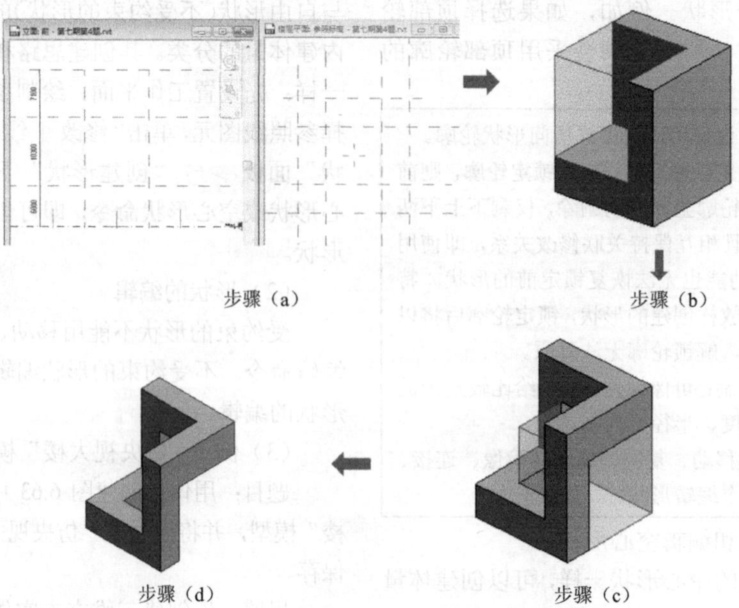

图 6.64　仿央视大楼 1 操作步骤

（4）例 2“仿央视大楼 2”模型创建

题目：根据图 6.65 给定数据，用体量方式创建模型，请将模型以“体量模型”为文件名保存。

思路：用空心形状剪切，生成所需模型，关键是通过平立面图，想象出三维形状。步骤如下。

① 单击“体量和场地”选项卡 ▶“概念体量”面板 ▶（内建体量），启动体量创建界面。

② 在平立面图创建所需的参照平面，如图 6.66（a）所示。在平面视图用拉伸创建 L 形实体如图 6.66（b）所示。

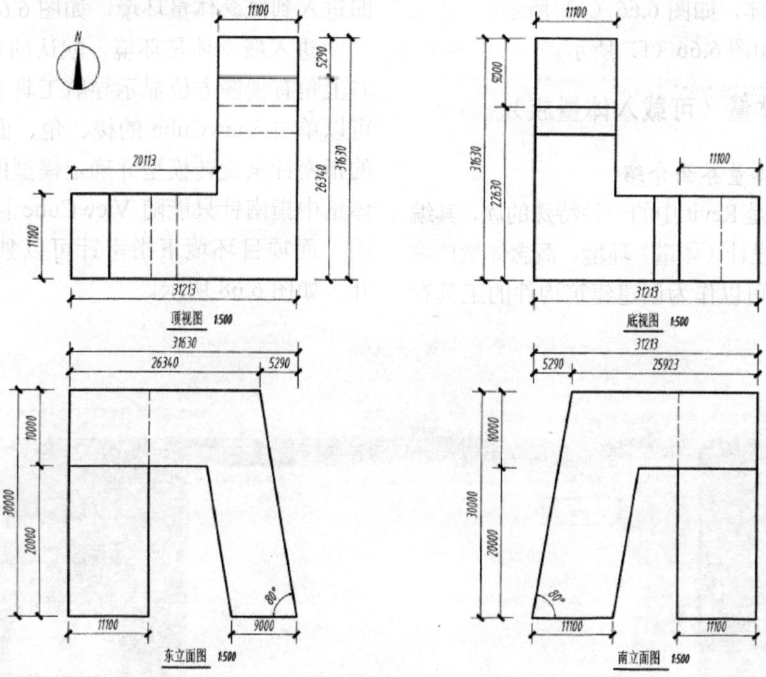

图 6.65　仿央视大楼图 2

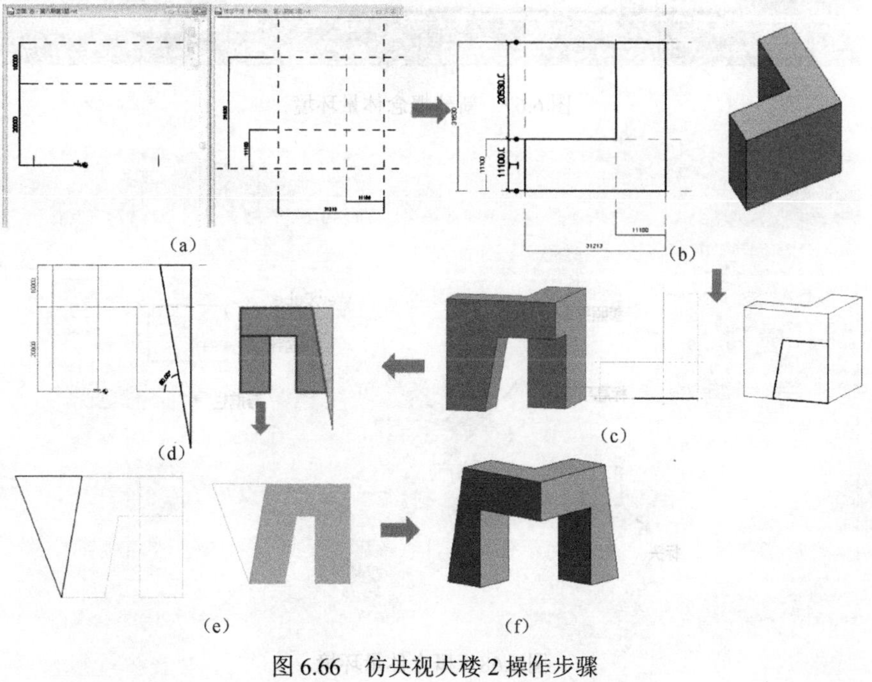

图 6.66　仿央视大楼 2 操作步骤

③ 在南立面创建空心剪切，如图 6.66（c）所示，同理在东立面（右视图）做同样的空心剪切。

④ 到东立面（右视图），创建三角形空心体剪切实体，如图 6.66（d）所示。

⑤ 同理到南立面（前视图），创建三角形空心体剪切实体，如图 6.66（e）所示。

⑥ 结果如图 6.66（f）所示。

6.3.3 概念体量（可载入体量族）

6.3.3.1 概念体量界面介绍

概念体量是 Revit 中的一种特殊的族，其编辑器称为概念设计（体量）环境。概念体量族编辑器，不仅仅可以作为创建建筑构件的工具存在，在其中，还可以完成建筑整个形体的概念设计，而由此生成的族文件被称之为体量族。

进入概念体量环境，可通过 Revit 初始界面“族”区域，单击“新建概念体量”在弹出的界面选择“公制体量”族样板，单击打开，或双击“公制体量”族样板，如图 6.67 所示，即进入到概念体量环境，如图 6.68 所示。

进入概念体量环境，默认的是三维视图，右上角有视图方位显示导航工具（ViewCube），可以单击 ViewCube 的棱、角、面或通过下方的指南针来旋转模型并确定模型的“北”方向。体量中指南针只能随 ViewCube 同时打开或关闭，而项目环境下指南针可以独自关闭或打开，如图 6.68 所示。

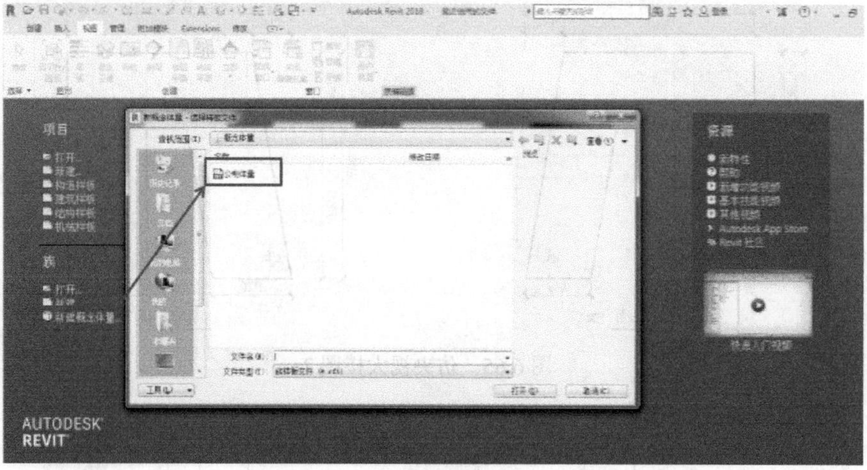

图 6.67　新建概念体量环境

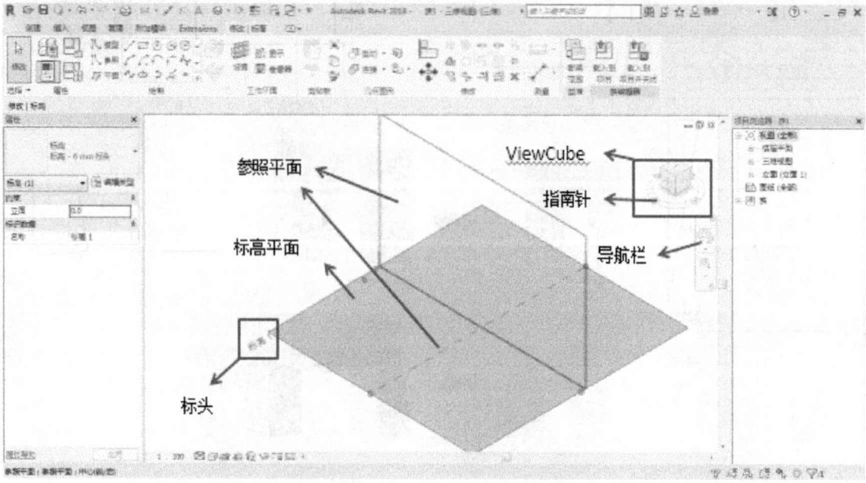

图 6.68　概念体量环境

标高线为浅灰色的单点划线，标头在三维视图中始终显示在左侧，如图 6.68 所示。参照平面为紫色的虚线且默认锁定，只在解锁以后才能移动。选中参照平面，四边的中间会有蓝色的实心圆点，在参照平面解锁后才可以拖动，以扩大该参照平面的显示范围。

在创建选项卡下，没有“形状”面板，因为在概念体量环境里，形状的生成是先画线，再选择相应线，由软件根据用户所选定的图形自行判断的。如果能够生成的形状多于一个，软件会给出相应的缩略图，等待用户选择后再生成相应的形状。

在新建概念体量环境中，其界面与内建体量的默认界面不同，如图 6.69 所示，形状的创建同内建体量，具体操作可参照内建体量一节，本节主要讲体量的有理化处理表面，自适应构件族的制作。本节所述操作也适合内建体量。

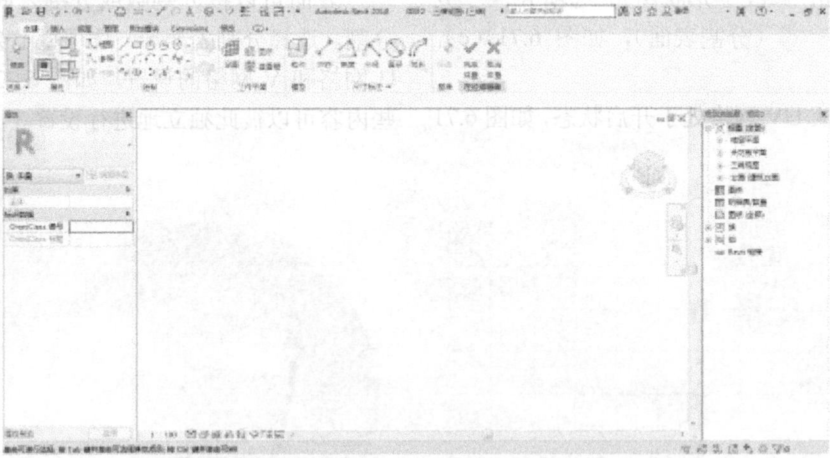

（a）内建体量

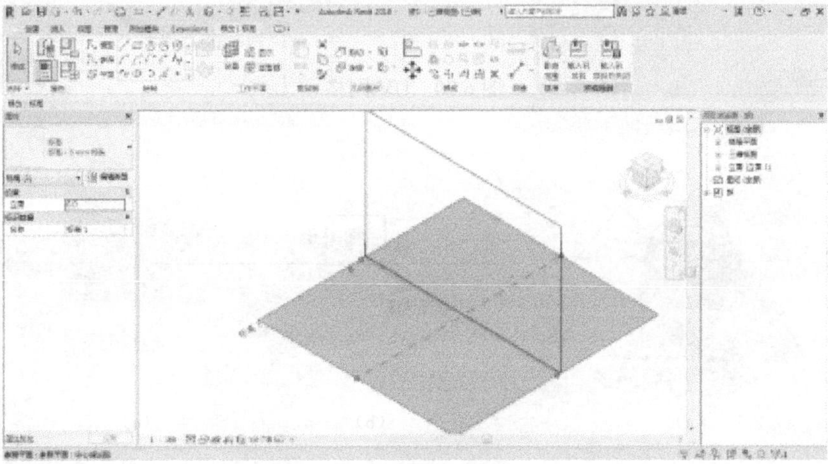

（b）概念体量环境

图 6.69　体量界面

6.3.3.2　有理化处理表面

概念设计环境中，可以通过分割一些形状的表面并在分割的表面中应用填充图案，包括平面、规则表面、旋转表面和二重曲面等，来将表面有理化处理为参数化的可构建构件。有理化处理表面，可以丰富形状的表面形态，使之满足建筑外立面对于玻璃幕墙和其他赋有重复机理效果的要求。

（1）通过 UV 网格分割表面

由于表面不一定是平面，因此绘制位置时

采用 UVW 坐标系。这在图纸上表示为一个网格，针对非平面表面或形状的等高线进行调整，UV 网格用在概念设计环境中，相当于 XY 网格，如图 6.70 所示。

① 创建 UV 网格。

a. 选择要分割的表面，如图 6.71（a）所示。如果无法选择曲面，请按 Tab 键切换，或启用“按面选择图元”选项，如图 6.71（b）所示。

b. 单击“修改 | 形状图元”选项卡 ➤ “分割”面板 ➤ （分割表面），如图 6.71（c）所示。

c. 默认 UV 网格处于开启状态，如图 6.71（d）所示。

d. 所选的面按默认的 UV 网格划分结果如图 6.71（e）所示。

② 启用和禁用 UV 网格。

a. 选择分割表面。

b. 在功能区上，单击 U 网格或 V 网格即可实现：单击“修改 | 分割的表面”选项卡 ➤ “UV 网格和交点”面板 ➤ （U 网格）或[（V 网格）]，可启用/禁用 UV。

③ 通过选项栏调整 UV 网格。

表面可以按分割数或分割之间距离进行分割。选择分割表面后，选项栏上会显示用于 U 网格和 V 网格的设置，如图 6.72 所示，这些内容可以彼此独立地进行设置。

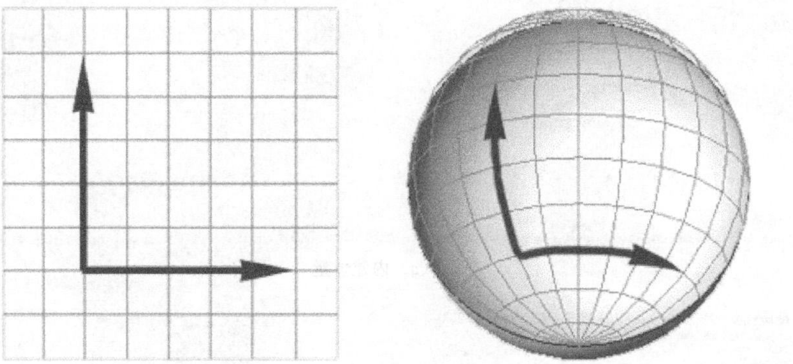

图 6.70　UV 网格

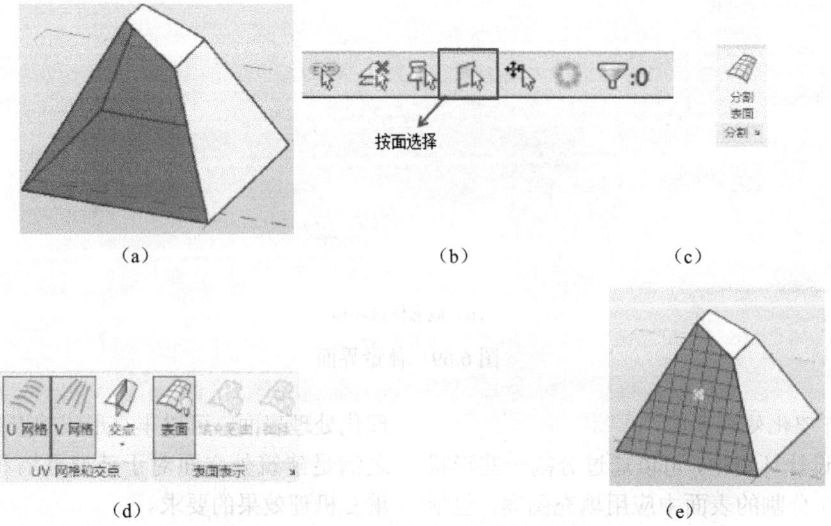

图 6.71　创建 UV 网格

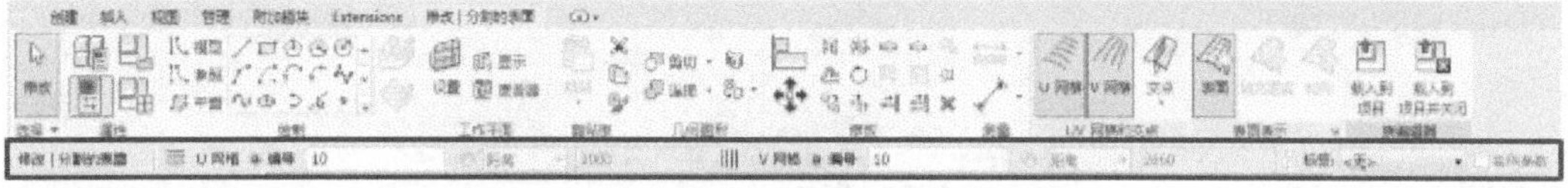

图 6.72　UV 网格选项栏

a. 按分割数分布网格：选择“编号”选项，输入将沿表面平均分布的分割数。

b. 按分割之间距离分布网格：选择“距离”选项，输入沿分割表面分布的网格之间的距离。“距离”下拉列表中除“距离”外，还有“最小距离”或“最大距离”选项。

- “距离”代表的是固定距离，与实际分割的距离值一致。如表面为 20m×20m，此时设定“距离”为 3m，表面分割效果如图 6.73（a）所示。
- “最大距离”和上限，实际被分割的距离不一定等于这个值，而只要满足这个范围即可。当指定了最大距离后，将确定在这个范围内的最多分割数；然后根据分割数最终确定网格距离值，每个网格的距离值相等。如表面为 20m×20m，此时设定“最大距离”为 3m，表面分割效果如图 6.73（b）所示，数量为 7×7，均分。
- “最小距离”指定了距离的下限，实际被分割的距离不一定等于这个值，而只要满足这个范围即可。当指定了最小距离后，将确定在这个范围内的最多分割数；然后根据分割数最终确定网格距离值，每个网格的距离值相等。如表面为 20m×20m，此时设定“最小距离”为 3m，表面分割效果如图 6.73（c）所示，数量为 6×6，均分。

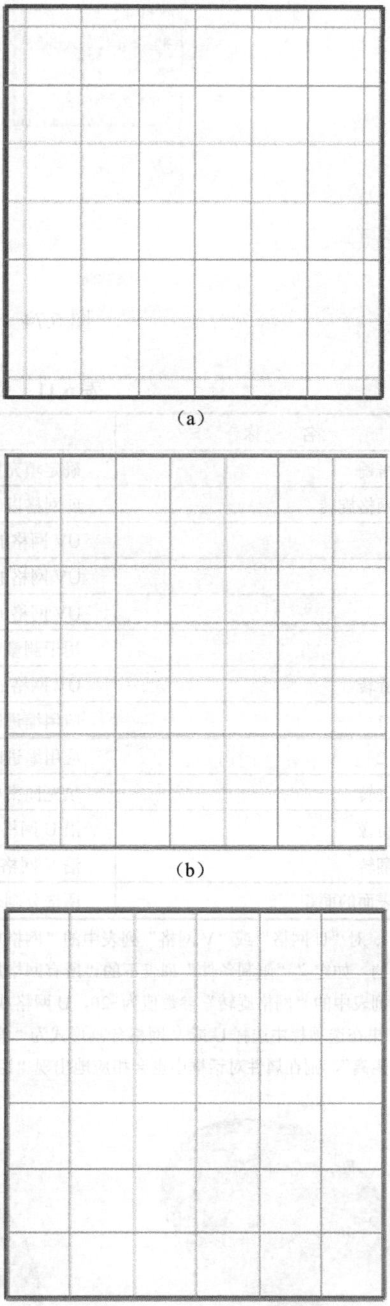

（a）

（b）

（c）

图 6.73　按距离分隔

④ 通过“属性”对话框调整 UV 网格。

单击选择分割表面，在“属性”对话框各列表中调整 UV 网格参数值，如图 6.74 所示，并且大部分属性可以关联一个族参数来控制其参变，各参数的含义如表 6.11 所示。

⑤ 通过“面管理器”调整 UV 网格。

“面管理器”是一种编辑模式，可以在选择分割表面分，通过在三维组合小控件的中心单击“面管理器”图标来访问，如图 6.76（a）中所示。选择后，UV 网格编辑控件即显示在表面上，如图 6.76（b）所示。通过“面管理器”，也可以调整 UV 网格的间距、旋转和网格定位等。面管理器功能见表 6.12。

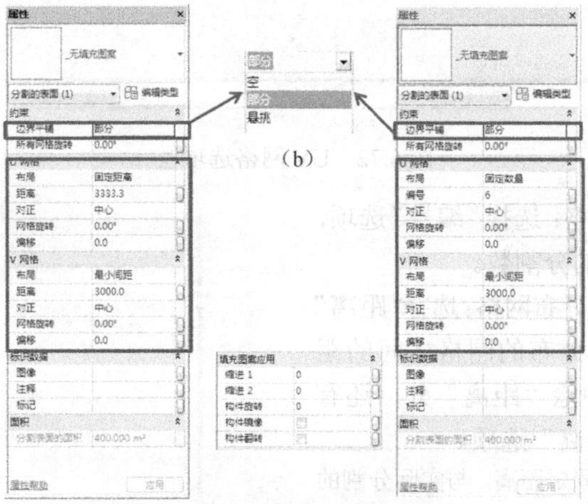

（a）　（b）　（c）　（d）

图 6.74　通过属性栏调整 UV 网格

表 6.11　网格的实例属性各参数含义

名　称	说　明
边界平铺	确定填充图案与表面边界相交的方式：空、部分或悬挑，如图 6.75 所示
所有网格旋转	U 网格以及 V 网格的旋转
布局	UV 网格的间距单位："固定数量"或"固定距离"
数目	UV 网格的固定分割数
距离	UV 网格的固定分割距离
对正	用于测量 U 网格的位置："起点""中心""终点"
网格旋转	UV 网格的旋转
缩进 1	应用缩进时，填充图案偏移的 U 网格分割数
缩进 2	应用缩进时，填充图案偏移的 V 网格分割数
构件旋转	填充图案构件族在其填充图案单元中的旋转：0°、90°、180°或 270°
构件镜像	沿 U 网格水平方向镜像构件
构件翻转	沿 V 网格翻转构件
分割表面的面积	所选分割表面的总面积

注：1. 对"U 网格"或"V 网格"列表中的"网格旋转"参数的定义是在定义了"限制条件"中"所有网格旋转"参数的基础进行的。如定义"限制条件"列表下的"所有网格旋转"参数值为 20，UV 网格都被旋转了 20°；再定义"U 网格"或"V 网格"列表中的"网格旋转"参数值为-20，U 网格或 V 网格的旋转角度为 20+（-20）=0°。

2. 如果在选项栏中选择 U 或 V 网格分割形式为"编号"，那么在属性对话框中也会相应地出现编号参数；反之，如果分割形式为"距离"，则在属性对话框中也会相应地出现"距离"参数。

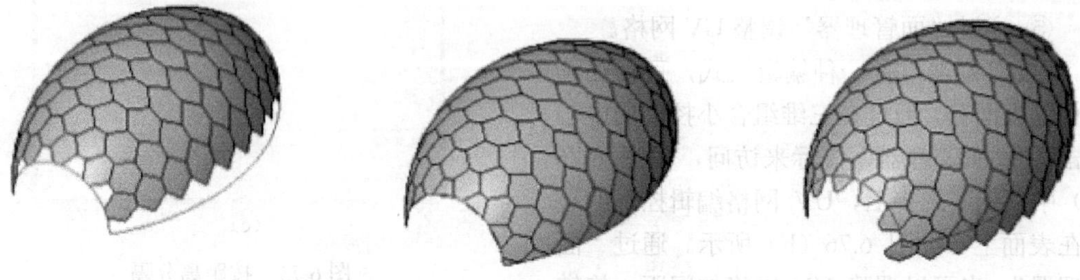

（a）空　（b）部分　（c）悬挑

图 6.75　边界平铺方式

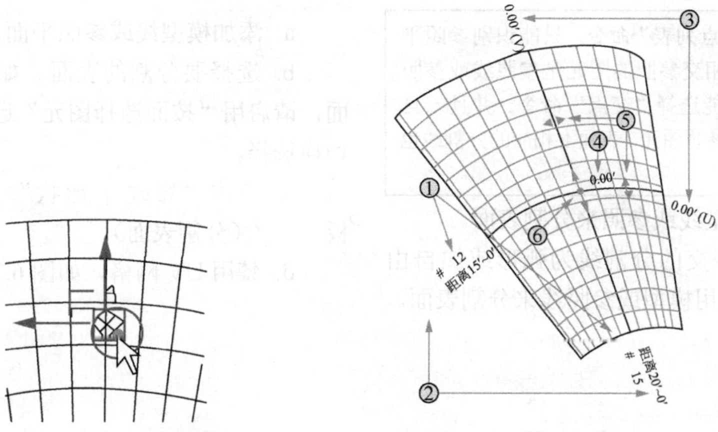

（a）　　　　（b）

图 6.76　面管理器

表 6.12　面管理器功能

名　称	功　能
固定数量	单击绘图区域中的数值，然后输入新数量
固定距离	单击绘图区域中的距离值，然后输入新距离
网格旋转	单击绘图区域中旋转值，然后输入两种网格的新角度
所有网格旋转	单击绘图区域中的旋转值，然后输入新角度以均衡旋转两个网格
区域测量	单击并拖曳这些控制柄以沿着对应的网格重新定位带。每个网格带表示沿曲面的线，网格之间的弦距离将由此进行测量。距离沿着曲线可以是不同的比例
对正	单击、拖曳并捕捉该小控件至表面区域（或中心）以对齐 UV 网格。新位置即为“UV 网格”布局的原点。也可以使用“对齐”工具将网格对齐到边

注：“选项栏”上的“距离”下拉列表也列出最小或最大距离，而不是绝对距离。只有表面在最初就被选中时（不是在面管理器中），才能使用该选项。

（2）通过相交分割表面

除采用 UV 网格来分割表面，还可使用相交的三维标高、参照线、参照平面和参照平面上所绘制的模型线来分割表面。这种分割方式与 UV 网格分割表面的不同在于：使用 UV 网格可以为网格距离或者分割数关联一个参数控制参变；而使用相交分割方式，则不具备这样的功能。

① 通过三维标高和参照平面分割表面。

a. 添加必要的标高和参照平面。如有必要，请在与形状平行的工作平面上绘制曲线。

b. 选择要分割的表面。如果无法选择曲面，请启用“按面选择图元”选项或按 Tab 键切换选择。

c. 单击“修改 | 形状” ➤ “分割”面板 ➤ （分割表面）。

d. 禁用 UV 网格，如图 6.77（a）所示。

e. 单击“修改 | 形状” ➤ “UV 网格和交点”面板 ➤ （交点），如图 6.77（a）所示。

f. 选择将分割表面的所有标高、参照平面及参照平面上所绘制的曲线，如图 6.77（b）所示。

g.（可选）除了在“交点”下拉表下选择“交点”选项，还可以单击选择“交点列表”。在交点列表对话框中可以勾选所要相交的参照平面或标高，如图 6.77（d）所示。

h. 单击“修改 | 形状” ➤ “UV 网格和交点”面板 ➤ （完成）。否则，请单击（取消）以忽略选定的参照并退出“相交”工具。

> 注：1. 只有被命名的参照平面和标高才会出现在“交点列表”对话框中；

> 2. 使用“交点列表”命令，只能识别参照平面和标高。如果相交参照的图元是参照线或参照平面上的线，只能选择“交点”命令。并且一旦删除用于分割的参照图元，表面上相应的分割线也会消失。

② 使用模型线或参照来分割表面。

如果形状相交的分割线为弧形或加自由的形状，可以使用模型或参照线来分割表面。

a. 添加模型线或参照平面。

b. 选择要分割的表面。如果无法选择曲面，请启用“按面选择图元”选项或按 Tab 键切换选择。

c. 单击“修改 | 形状” ▶“分割”面板 ▶（分割表面）。

d. 禁用 UV 网格，如图 6.77（a）所示。

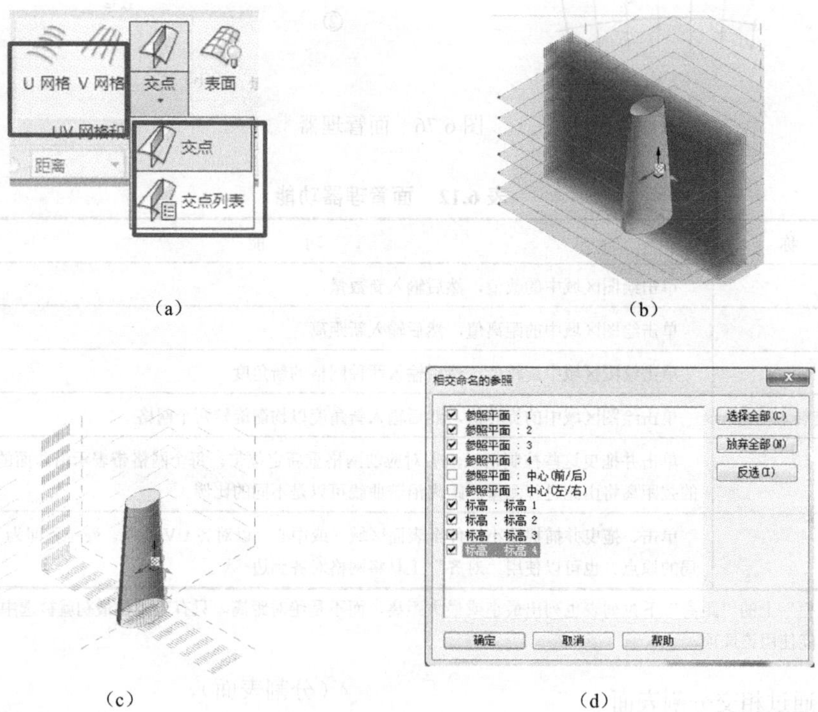

图 6.77 交点分割表面

e. 单击“修改 | 形状” ▶“UV 网格和交点”面板 ▶（交点），如图 6.77（a）所示。

f. 选择将分割表面的模型线和参照平面。

g. 单击“修改 | 形状” ▶“UV 网格和交点”面板 ▶（完成）。否则，请单击（取消）以忽略选定的参照并退出“相交”工具。

(3) 填充图案

① 在表面中填充图案。

在概念设计环境中，将填充图案应用于表面以快速预览、编辑和定位已规划的填充图案构件的常规形状。填充图案以族的形式存在，在应用填充图案前可以在“类型选择器”中以图形方式进行预览。

在分割后的表面应用填充图案后，这些填充图案成为分割表面的一部分，填充图案的每一个重复单元（即在“类型选择器”中预览看到的图案）需要特定数量的表面网格单元，而具体数量取决于填充图案的形状。因而在设计表面的分割数时，必须要考虑填充图案所需表面网格单元的因素，否则在分割的比例上就会产生偏差，进而影响设计效果，表 6.13 列出了 Revit 概念设计环境族样板文件中自带的 17 种填充图案的表面单元数及填充图案布局。

表 6.13 填充图案的表面单元数及填充图案布局

序　号	填充图案名称	需要的表面单元数	填充图案布局
1	 无填充图案	0	从分割表面删除填充图案
2	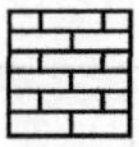 1/2 错缝	2（1×2）	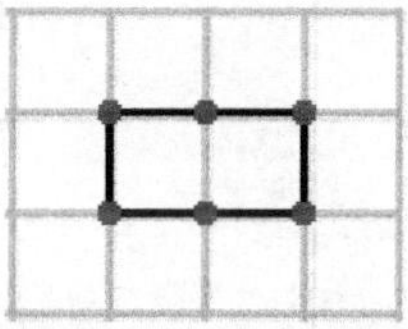
3	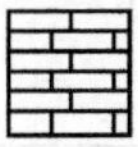 1/3 错缝	3（1×3）	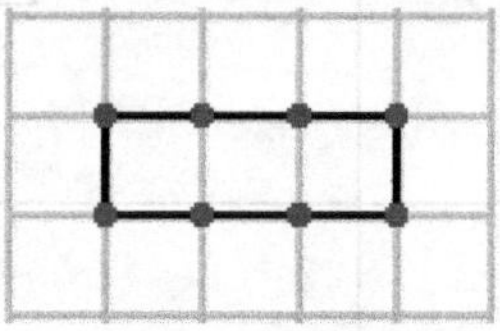
4	 箭头	12（3×4）	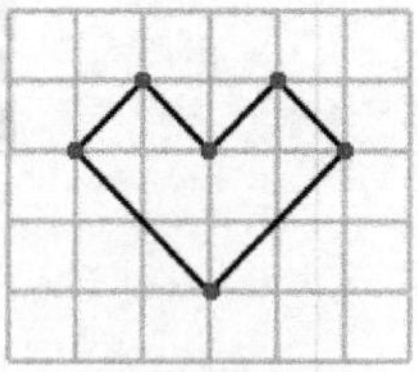
5	 六边形	6（2×3）	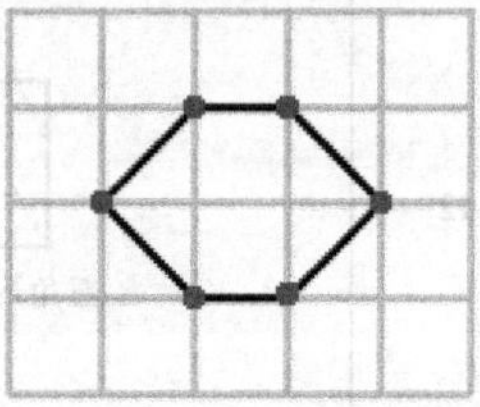
6	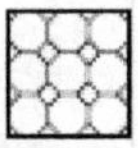 八边形	9（3×3）	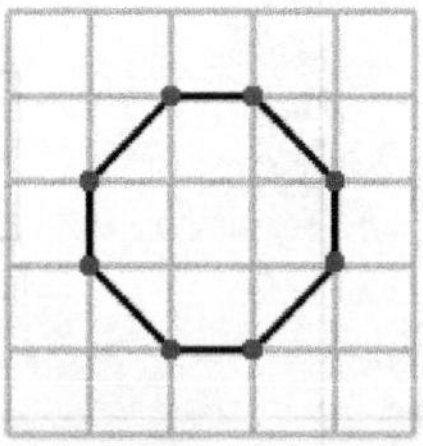
7	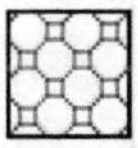 八边形旋转	9（3×3）	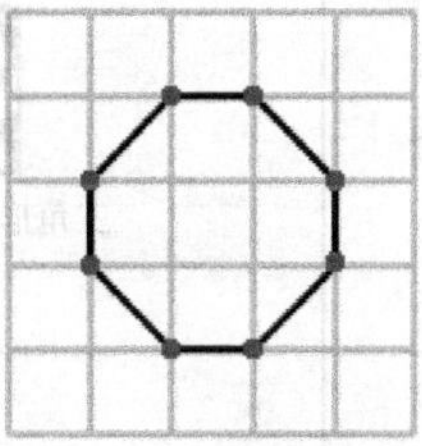
8	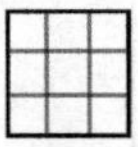 矩形	1（1×1）	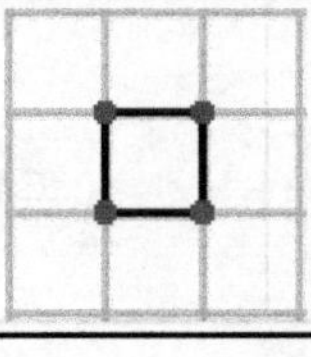

续表

序　号	填充图案名称	需要的表面单元数	填充图案布局
9	 矩形棋盘	1（1×1）	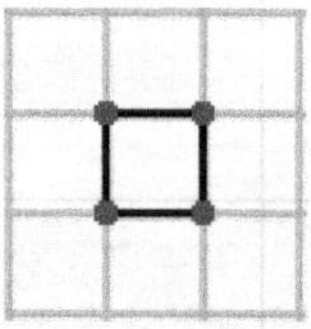
10	 菱形	4（2×2）	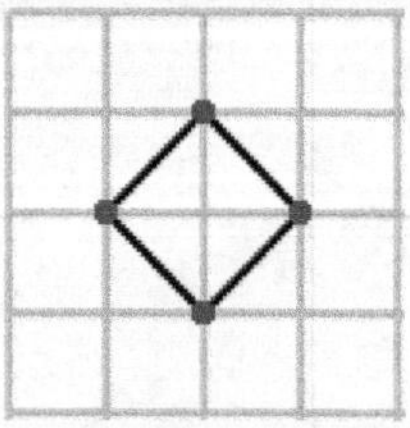
11	 菱形棋盘	4（2×2）	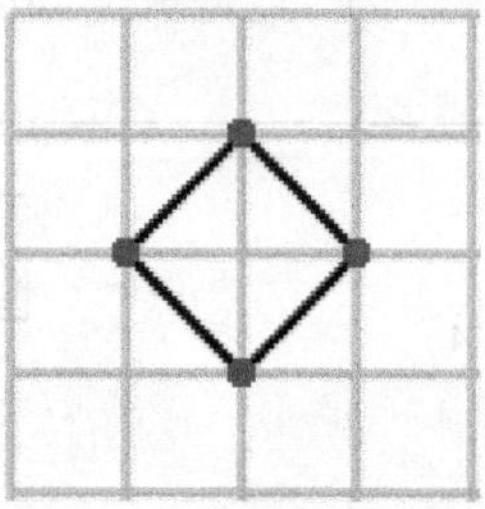
12	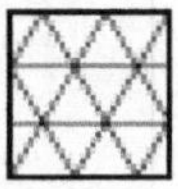 三角形（弯曲）	2（1×2）	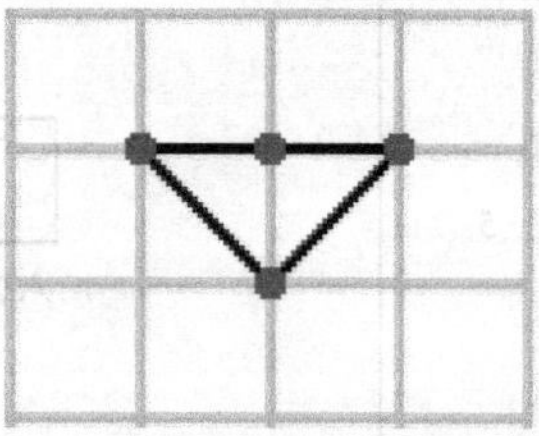
13	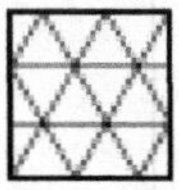 三角形（扁平）	2（1×2）	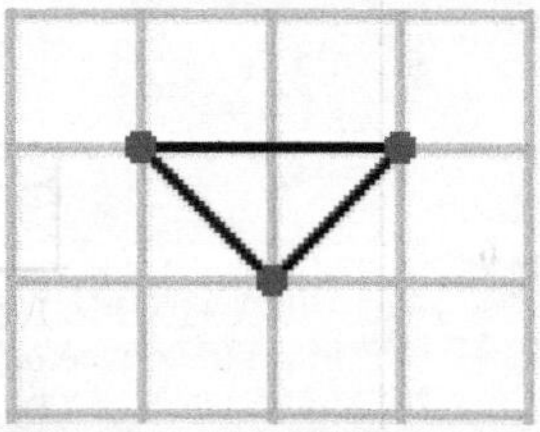
14	 三角形棋盘（弯曲）	2（1×2）	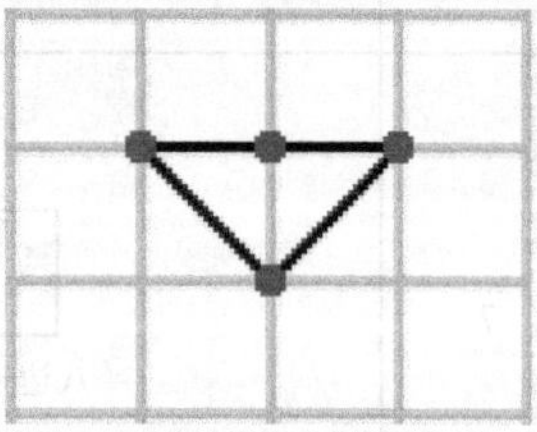
15	 三角形棋盘（扁平）	2（1×2）	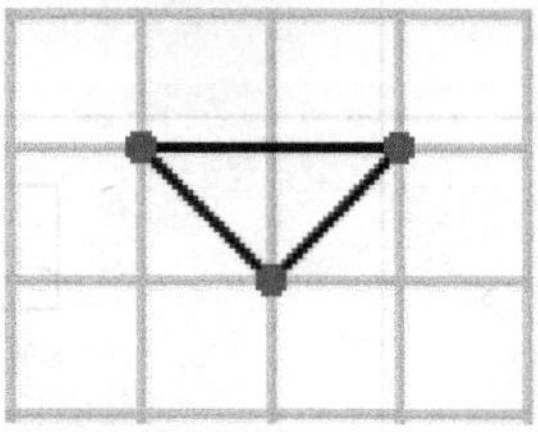

续表

序　　号	填充图案名称	需要的表面单元数	填充图案布局
16	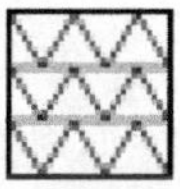 三角形错缝（弯曲）	2（1×2）	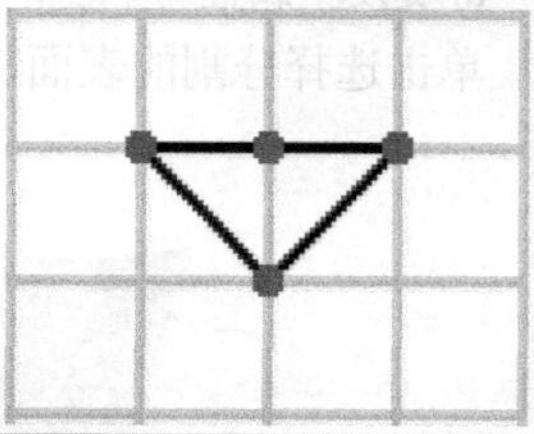
17	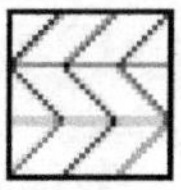 Z 字形	2（1×2）	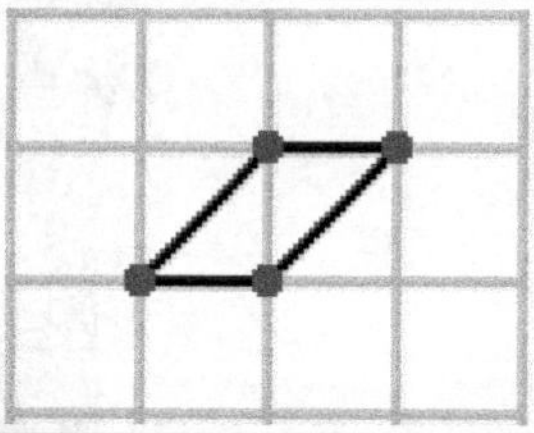

在填充图案中，有些预览图显示为全白，而有些显示为黑白相间。全白的填充图案表示分割表面的所有单元格将被全部填充上图案。而有黑白相间的填充图案，表示分割表面的单元格将被间隔地填充上图案，例如“矩形”和“矩形棋盘”填充图案，如图 6.78 所示。有些填充图案的名称里注明“扁平”，有些注明“弯曲”。在弯曲的分割平面上分别填充相同样式的“扁平”和“弯曲”填充图案，可以观察到“扁平”的填充图案在曲面上显示为直线连接，而“弯曲”的填充图案在曲面上显示为曲线连接，如图 6.79 所示。

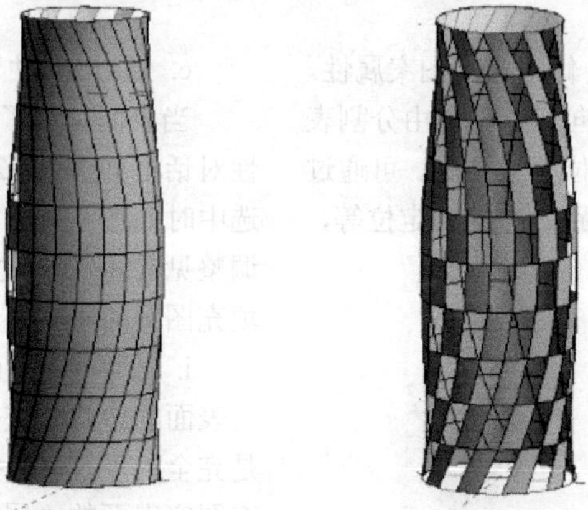

（a）矩形　　（b）矩形棋盘

图 6.78　矩形和矩形棋盘图案填充

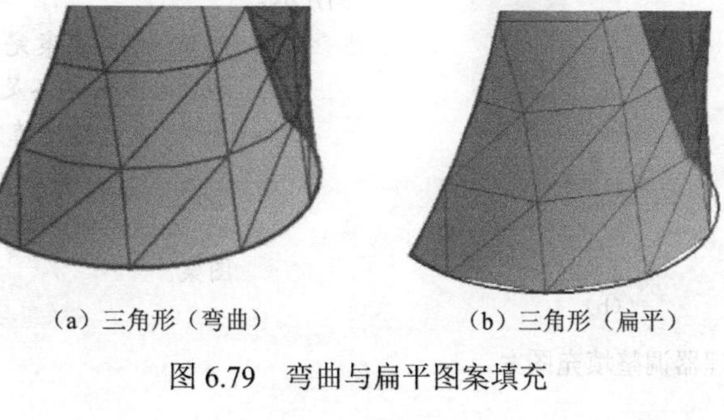

（a）三角形（弯曲）　　（b）三角形（扁平）

图 6.79　弯曲与扁平图案填充

② 修改已填充图案的表面。

a. 通过“属性”对话框修改填充图案属性。单击选择分割的表面，然后从其“属性”对话框的“类型选择器”下拉列表中选择新的填充图案样式，如图 6.80 所示。

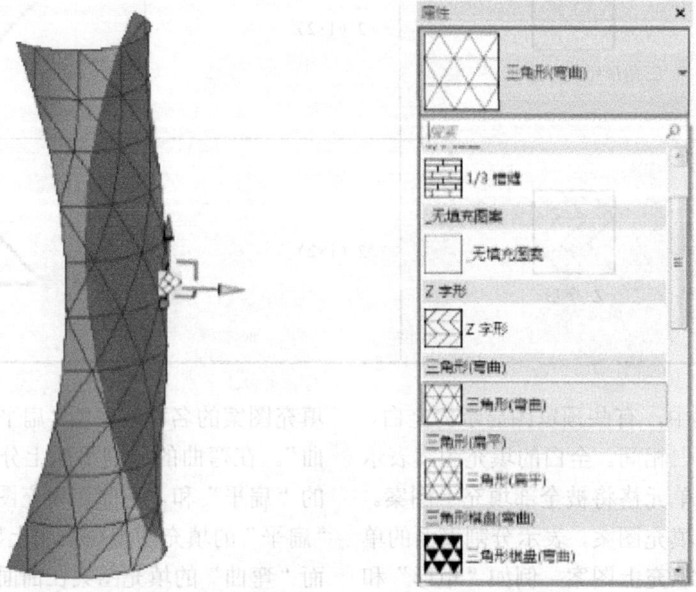

图 6.80　通过属性对话框修改图案属性

b. 通过“面管理器”修改填充图案属性。

填充图案的间距、方向和定位等由分割表面的网格间距、方向和定位等来控制。可通过面管理器来调整图案的间距、方向和定位等，见图 6.81。

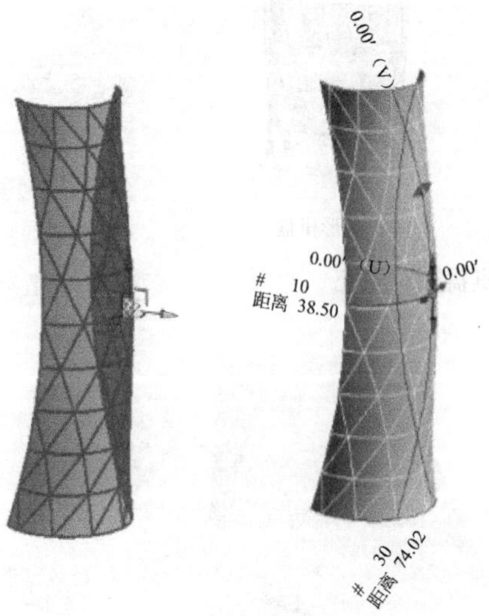

（a）　（b）

图 6.81　面管理器调整填充图案

c. 通过“属性”对话框修改填充图案属性。

当表面填充了图案，选中填充图案，其属性对话框如图 6.82（a）所示，无填充图案，选中时如图 6.82（b）所示，对于 UV 网格的调整见前述。本节主要讲述边界平铺与缩进对填充图案的影响。

i. 边界平铺：已填充图案的表面可能会有与表面的边缘相交的边界平铺，它们可能产不是完全的平铺。这些边界平铺条件可以在已填充图案表面的“属性”对话框上“限制条件”列表中的“边界平铺”实例参数中设置为“部分”“悬挑”或“空”。其填充效果对比如图 6.75 所示。

- 部分：填充图案完全贴合分割表面边界，自动切除或补齐不足一个填充单元部分。
- 悬挑：在边界处填充不满足一个单元的填充图案。
- 空：在边界处不填充不满足一个单元的填充图案。

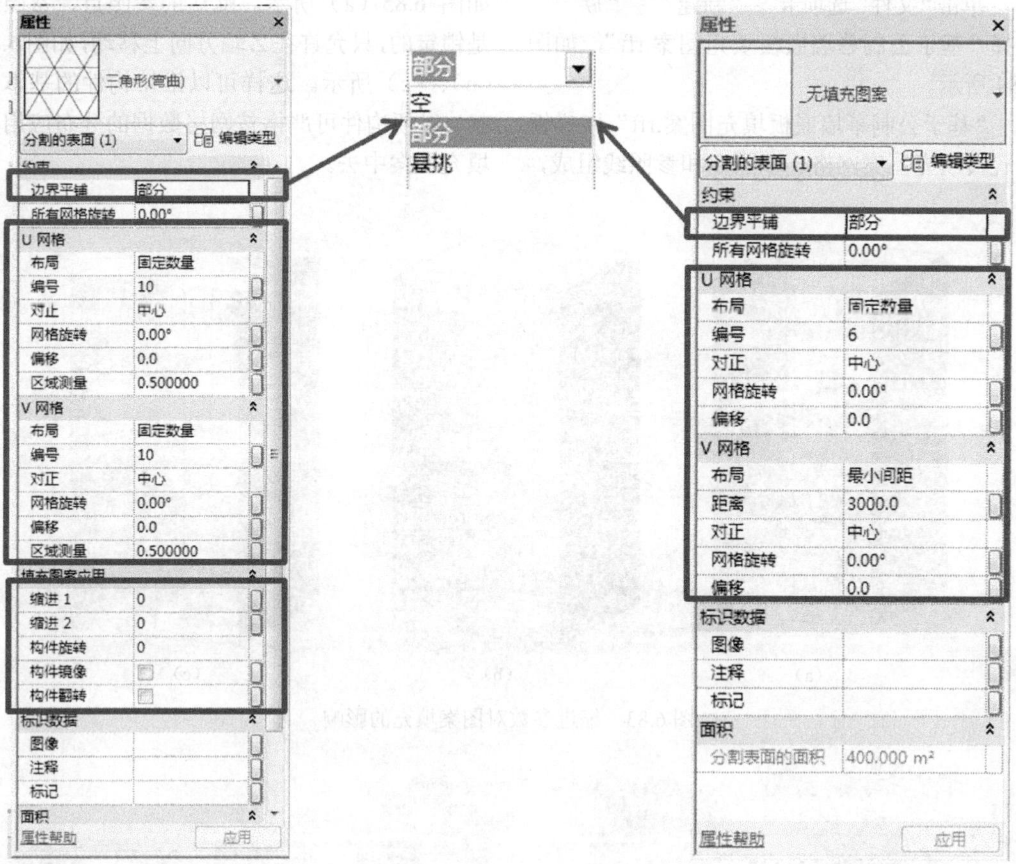

（a）　　　　　　　　　　（b）

图 6.82　有无填充图案的属性对话框差别

> 注：默认边界平铺为“部分”，这也是最为常见的一种“边界平铺”方式。
>
> 此后将构件应用到表面，边界构件会继承在为表面填充图案时所设置的边界平铺条件。

ii. 缩进参数：应用“填充图案应用”列表下的“缩进 1”和“缩进 2”时，可分别控制填充图案偏移 V 网格（缩进 1）和 U 网格（缩进 2）分格数。这两个参数值必须为整数，可以是正值、负值或零。其填充效果对比如图 6.83 所示。

当缩进 1=0，缩进 2=0 时，如图 6.83（a）所示。

当缩进 1=1，缩进 2=0 时，如图 6.83（b）所示，分割表面在 V 网格（竖向）上正偏移一个网格。

当缩进 1=0，缩进 2=1 时，如图 6.83（c）所示，分割表面在 U 网格（水平）上正偏移一个网格。

（4）填充图案构件族

用“基于公制幕墙嵌板填充图案.rft”和“基于填充图案的公制常规模型.rft”的族样板，可以创建填充图案嵌板构件。这些构件可作为体量族的嵌套族载入概念体量族中，并应用到已分割或已填充图案的表面。同时也可以将这两个族样板文件创建的族作为幕墙嵌板类别加入明细表中。用这两个族样板构建构件时，也可以通过形状生成工具来创建各种形状。

将填充图案构件应用到分割表面后，可以统一对所有构件或单个构件进行修改。

本节以“基于公制幕墙嵌板填充图案.rft”为例，详细介绍如何创建填充图案构件族。

① 填充图案构件族样板。

单击“文件”选项卡 ▶“新建” ▶“族” ▶ 选择“基于公制幕墙嵌板填充图案.rft”，如图 6.84 所示。

“基于公制幕墙嵌板填充图案.rft”族样板由瓷砖填充图案网格、参照点和参照线组成，如图 6.85（a）所示。默认的参照点、参照线是锁定的，只允许在 Z 轴方向上移动，如图 6.85（b）、（c）所示。这样可以维持构件的基本形状，以便构件可严格按网格数据的分布应用到填充图案中去。

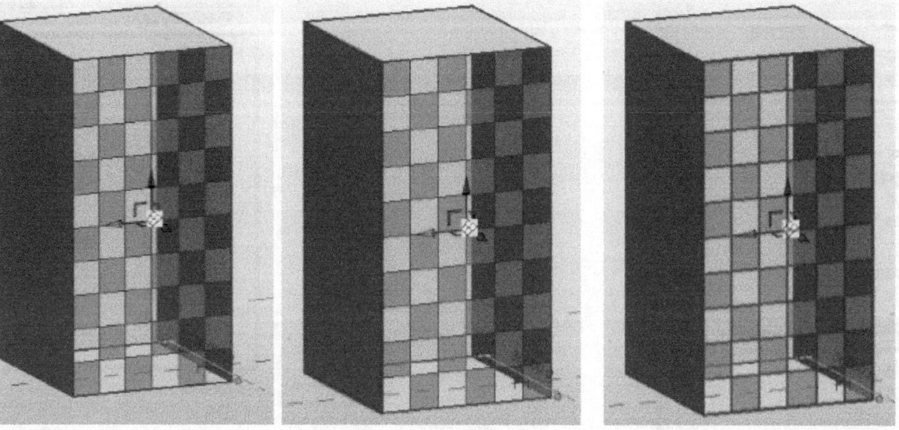

（a） （b） （c）

图 6.83 缩进参数对图案填充的影响

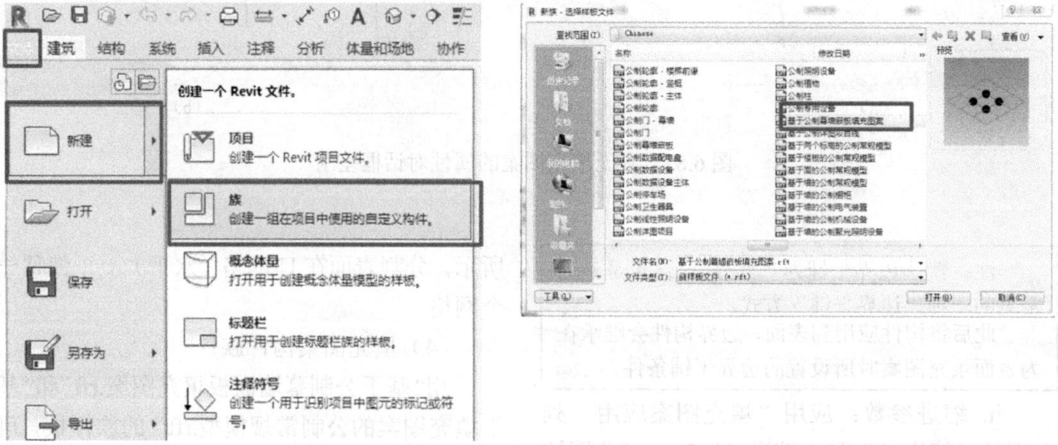

（a） （b）

图 6.84 新建填充图案

如图 6.85（d）所示，在此样板中只有一个楼层平面视图，且不能添加标高来生成一个新的楼层平面视图，也没有立面视图和默认的垂直参照平面；在创建族时，也不能添加三维参照平面。参照线和模型线工具可用。

② 选择填充图案网格。

设计填充图案构件前，首先需要选择一个符合填充表面的瓷砖填充图案网格。基于不同的填充图案网格创建三维形状，将形成不同的填充图案构件。

Revit 所支持填充图案布局见表 6.13，默认为“矩形”瓷砖填充图案网格，如要更改，在绘图区域中单击选择瓷砖填充图案网格，在“类型容器”中，可重新选择所需的填充图案网格，如图 6.86 所示，此时绘图区域将会应用新的瓷砖填充图案网格。

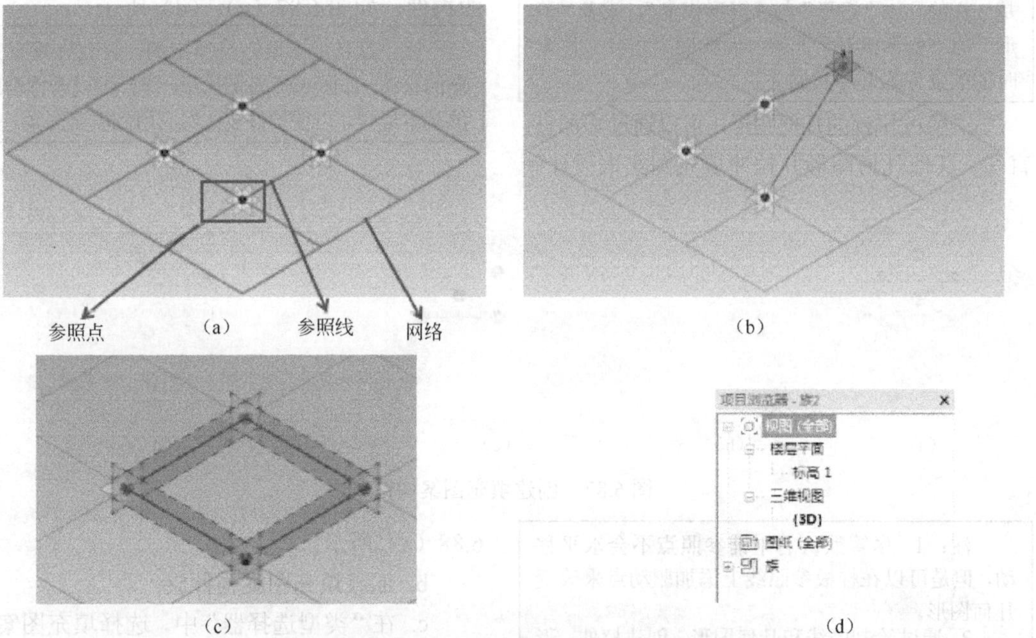

图 6.85　基于公制幕墙嵌板填充图案.rft 界面

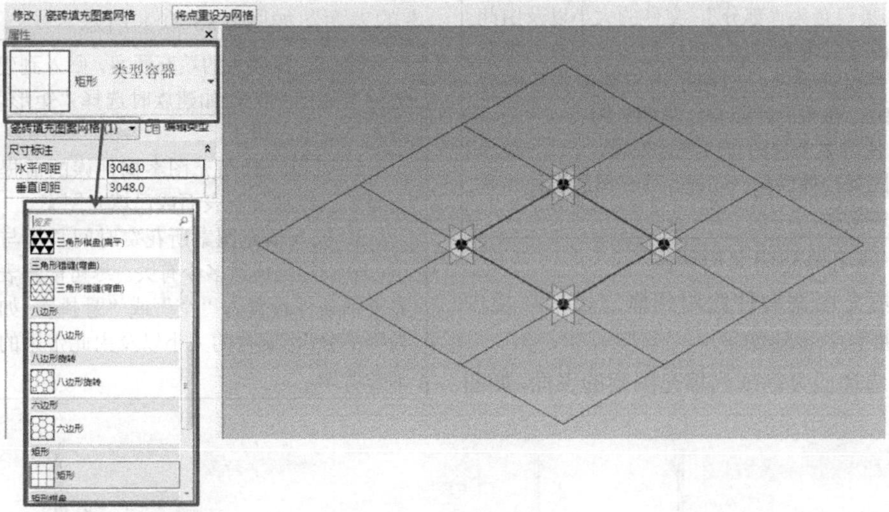

图 6.86　选择填充图案网格

> 注：如果修改某个填充图案网格上的参照点参照线的位置，之后又选择了其他的填充图案网格，那么再切换到修改过的那个网格图案之时，之前的修改将不做保留。

③ 创建填充图案构件族。

下面举例说明如何创建一个基于公制幕墙嵌板填充图案的填充图案构件族。步骤如下。

a. 单击“文件”选项卡 ➤ “新建” ➤ “族” ➤ 选择“基于公制幕墙嵌板填充图案.rft”，如图 6.85 所示，默认情况下会显示方形的瓷砖填充图案网格，如图 6.86 所示。

b. 在绘图区域中选择瓷砖填充图案网格，如图 6.87（a）所示，在“类型选择器”中，选择距离设计的形状和布局最近的填充图案网格，如图 6.87（b）所示，将会应用新的瓷砖填充图案网格。

> 注：许多预定义的瓷砖填充图案网格看起来

是一样的，如“矩形”与“矩形棋盘”，或者“菱形”与“菱形棋盘”图案，但在应用到概念体量时的配置方式却不相同。

c. 修改平铺的几何图形，可以通过添加点、直线、其他几何图形并拉伸填充图案来设计新的构件，如图 6.87（c）、（d）所示。

注：默认的参照点是锁定的，只允许垂直方向的移动，如图 6.86 右图所示，这样可以维持构件的基本形状，以便构件按比例应用到填充图案。

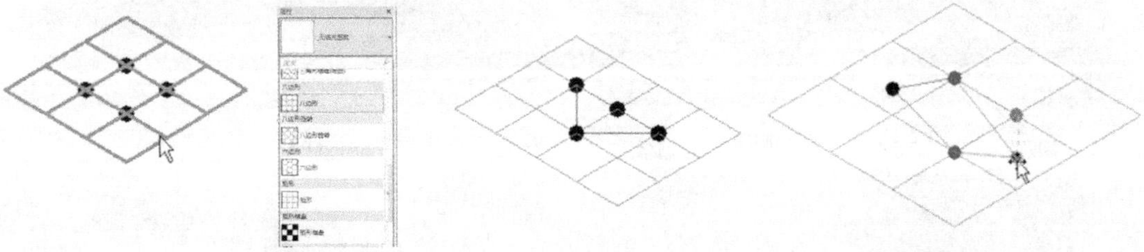

（a）　（b）　（c）　（d）

图 6.87　创建填充图案构件族

注：1. 尽管默认的平铺参照点不会水平移动，但是可以在样板参照线上添加驱动点来改变几何图形。

2. 通过绘制的线和几何图形，创建拉伸、形状和空心形状创建新的图案填充。

3. 尽可能将边界平铺条件设置为“空”或“悬挑”。如果设置为“部分”，文件的大小以及由此带来的内存需求会增加。在这种情况下载入填充图案构件以及修改已应用了填充图案构件的概念体量时，花费的时间会比预期时间长。

4. 使用多个视图窗口进行处理，可以一边处理填充图案构件族，一边查看其在概念设计体量中的具体显示。

④ 应用填充图案构件族。

将填充图案构件应用到概念设计环境中的分割曲面中步骤如下。

a. 选择已分割或已填充图案的表面，如图 6.88（a）所示。

b. 加载填充图案构件族。

c. 在“类型选择器”中，选择填充图案构件族，如图 6.88（b）所示。其位置位于列表中原始平铺形状之下。构件将应用到已填充图案的表面，如图 6.88（c）所示。

注：1. 新载入的填充图案，归入到建族时所选的填充图案类，如建族时选择“矩形”，则会归入“矩形”组下。

2. 可以选择填充图案构件族的前提是此表面必须已经被分割表面或已填充图案。

3. 载入填充图案所花费时间长短与体量大小、分割的网格数多少有关。尽可能将表面的边界平铺条件设置为“空”或“悬挑”。如果设置为“部分”，文件的大小以及由此带来的内存需求会增加。

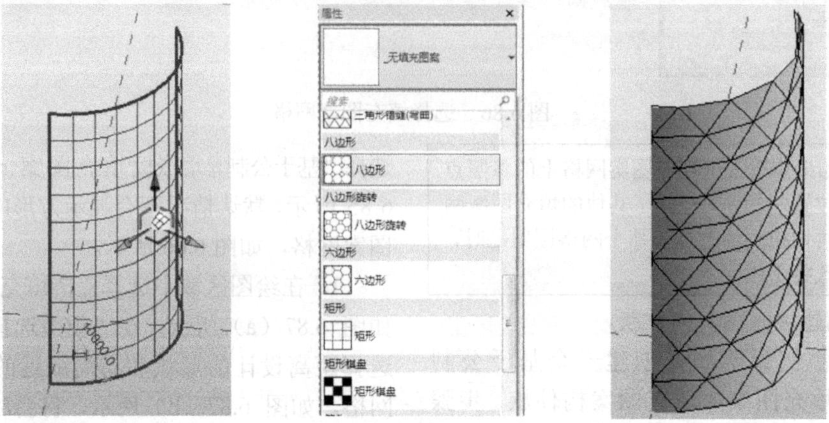

（a）　（b）　（c）

图 6.88　应用填充图案

⑤ 修改填充图案构件。

a. 修改所有填充图案构件。

单击选择应用了填充图案构件的表面，通过 Ctrl 键加选，或通过过滤器选择所有应用了图案填充的构件表面，如图 6.89（a）所示，选中所有的分割表面后，在填充图案类型容器中，选择相应的填充图案，如图 6.89（b）所示，即可一次修改所有填充图案构件的表面。

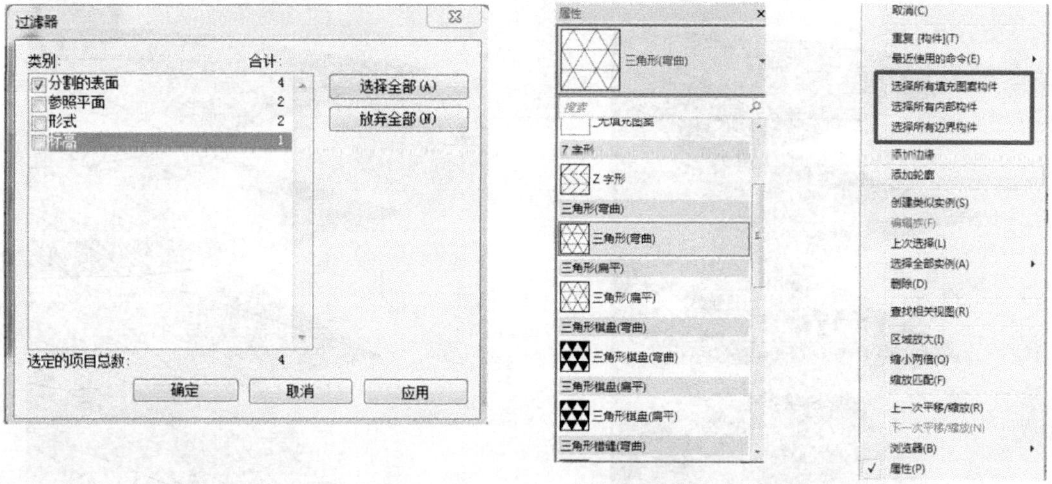

（a）（b）（c）

图 6.89　过滤器选择分割表面

> 注：如果填充图案构件被应用到表面后，需要更换新填充图案，那么原先的填充图案构件会被新的填充图案替换，而不再与该填充图案共存。

单击应用了填充图案构件的表面后，再单击鼠标右键，在弹出的对话框中 Revit 提供了三种选择构件的方式，如图 6.89（c）所示，可选择所有或部分填充图案构件。通过这些选择项可以在表面边界或内部的填充图案构件之间作选择切换，并通过类型容器选择新的填充构件，进行更换填充构件。

此外，在填充图案构件族“属性”对话框上的“填充图案应用”列表中还提供了“构件旋转”“构件镜像”“构件翻转”三个参数用来辅助调整构件族。

> 注：如果填充图案构件被应用到表面后，需要更换新的填充图案，那么原先的填充图案构件会被新的填充图案替换，而不再与该填充图案共存。

b. 修改单个填充图案构件。

除了可统一修改所有的填充图案构件族，还可以用另一个填充图案构件来来替换填充图案构件的单个实例。

单击选择单个填充图案构件。在“类型选择器”中选择新的填充图案构件，原填充图案构件将被替换。

> 注：如果要选择几个邻近填充图案构件中的任何一个，可使用 Tab 键切换。

⑥ 缝合分割表面的边界。

填充图案构件除了作为重复构件单元用于填充外，还可以通过自适应的方式用来手动缝合表面的边界和解决在非矩形且间距不均匀的网格上创建和放置填充图案构件嵌板（三角形、五边形、六边形等）的问题。

下面以一个三点填充图案构件来填充未通过选定填充图案填充构件的边。步骤如下。

a. 创建新的构件族。本例以幕墙嵌板族为样板，选“三角形（扁平）”（三点填充图案构件）的瓷砖填充图案网格。完毕后保存并将构件族载入到概念设计。

b. 在概念设计中，用来缝合如图 6.90（a）所示表面的开放边界。在概念设计中，从项目浏览器将该构件族拖曳到绘图区域中。该构件族列在“幕墙嵌板”下，如图 6.90（b）所示。

c. 将三个点放置在将用于创建新嵌板的表面上，如图 6.91（a）所示，结果如图 6.91

（b）所示。

> 注：点的放置顺序非常重要。如果构件族是一个拉伸，当点按逆时针方向放置时，拉伸的方向将会翻转。

d. 根据需要继续放置嵌板以填充表面的边界，最后结果如图 6.91（c）所示。

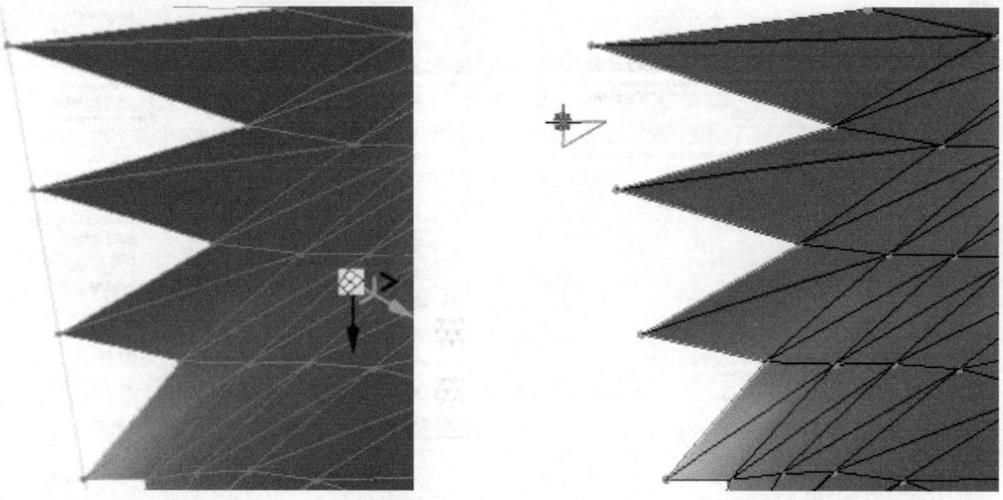

（a）　（b）

图 6.90　缝合边界 1

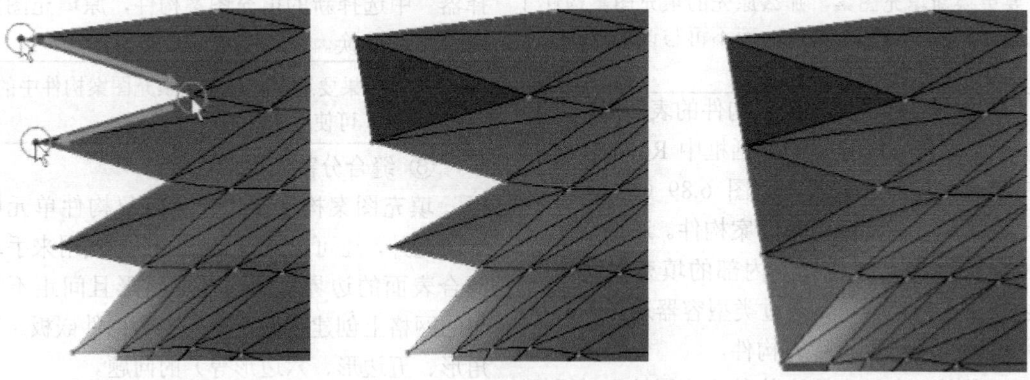

（a）　（b）　（c）

图 6.91　缝合边界 2

（5）表面表示

在概念设计环境中编辑表面时，可以通过“表面表示”工具来选择要查看的表面图元。单击选择一个“分割的表面”，然后单击功能区中“修改 | 分割表面”选项卡 ▶“表面表示”面板 ▶（表面）、（填充图案）或（构件）工具，可在概念设计环境中显示或隐藏其表面图元，如图 6.92（a）所示。

> 注：从“表面表示”面板所做的修改仅限于在族文件内部的显示，不会传递到项目中。要全局性地显示或隐藏表面图元，可以在项目文件中单击功能区中“视图”选项卡 ▶“图形”面板 ▶（可见性/图形），在（可见性/图形）对话框中进行可见性设置。

在“表面表示”面板中，单击右下方（显示属性）按钮，如图 6.92（a）所示，将显示带有“表面”“填充图案”和“构件”选项卡的对话框，如图 6.92（b）～（d）所示。每个选项卡中都包含表面图元专有项目的复选框。勾选某个复选框后，绘图区域中会显示出相应的变化。单击“确定”，以确认任何修改。

> 注：当勾选某个对话框复选框时，表面会立即更新。

①“表面”选项卡。

选择概念体量的表面，激活“表面表示”面板上的“表面”，单击 ↘（显示属性）按钮，在弹出的对话框中可进行如下的操作。

- 原始表面：显示已被分割的原始表面，单击 …（浏览）以更改表面材质，如图 6.92（b）所示。
- 节点：显示 UV 网格交点处的节点。默认情况下，不启用节点，如图 6.92（b）所示。
- UV 网格和相交线：在分割的表面上显示 UV 网格和相交线，如图 6.92（b）所示。

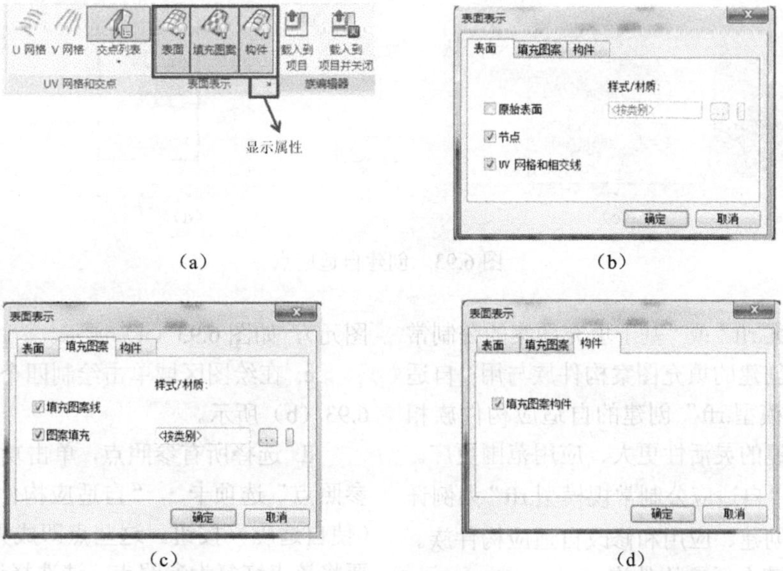

（a）　（b）

（c）　（d）

图 6.92　表面属性

当选中某个对话框复选框时，表面会立即更新。

②“填充图案”选项卡。

选择概念体量填充图案的表面，激活“表面表示”面板上的“填充图案”，单击 ↘（显示属性）按钮，在弹出的对话框中可进行如下的操作。

- 填充图案线：显示填充图案形状的轮廓。
- 图案填充：显示填充图案的表面填充。单击 …（浏览），以修改表面材质。

③“构件”选项卡。

选择概念体量赋予填充构件的表面，激活“表面表示”面板上的“构件”，单击 ↘（显示属性）按钮，在弹出的对话框中可进行如下的操作。

- 填充图案构件：显示表面应用的填充图案构件。

6.3.3.3 自适应构件

在建筑概念设计阶段，免不了需要时常地修改模型，同时又希望在修改时保持模型之间的相互关系。在 Revit 里，通过自适应功能就可以处理构件需要灵活适应独特概念条件的情况。这样的构件被称为自适应构件，它可以随着被定义的主体的变化而产生相应的变化。用“自适应公制常规模型.rft”的族样板，可以创建自适应构件族。其默认的族类别为“常规模型”，也可以为自适应构件重新指定一个类别。这些构件族类似于填充图案构件族，可作为嵌套族载入概念体量族和填充图案构件族中或直接载入项目文件中。同时被用来布置符合自定义限制条件的构件而生成的重复系统或作为灵活的独立构件被应用。用这个构件族样板创建构件时，同样也可以通过形状生成工具来创建各种形状。

“填充图案构件”实际上也是一种自适应构件，只不过它受限制于分割表面网格的划分或是瓷砖填充图案的类型。用“基于公制幕墙

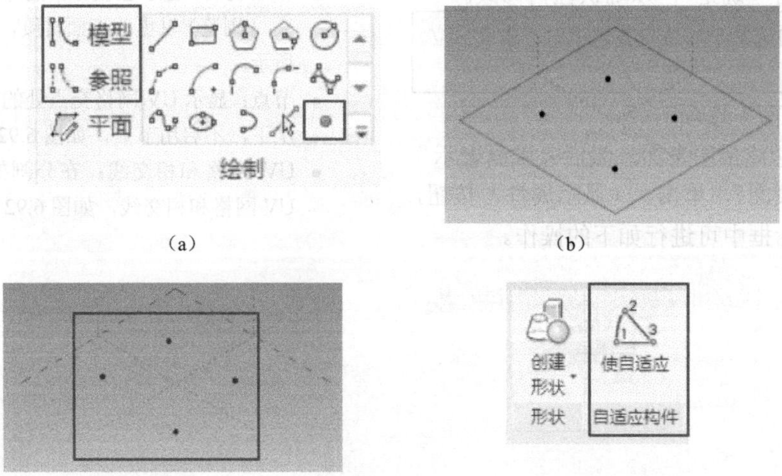

（a）（b）（c）（d）

图 6.93　创建自适应点

嵌板填充图案.rft”或“基于填充图案的公制常规模型.rft”创建的填充图案构件族与用“自适应公制常规模型.rft”创建的自适应构件族相比，后者创建的灵活性更大、应用范围更广。

本节以“自适应公制常规模型.rft”为例详细介绍如何创建、应用和修改自适应构件族。

（1）创建自适应构件族

① 自适应点介绍及创建。

创建自适应构件族，首先要创建自适应点。自适应点是用于设计自适应零构件的修改参照点，通过（使自适应）工具可以将参照点转换为自适应点。通过普通“参照点”创建的非参数化构件族在载入体量族后的形状是固定的，不具备自适应到其他图元或通过参照点来改变自身形状的功能。而自适应点可以理解为自适应构件的关节，通过定义这些关节的位置，就可以随心所欲地确定构件基于主体的形状和位置。并且通过捕捉这些灵活绘制的几何图形来创建自适应构件族。

② 创建自适应点。

指定参照点作为自适应点以设计自适应构件。必须基于“自适应公制常规模型.rft”族样板进行建模以创建自适应点。步骤如下。

a. 文件 ▶ 新建 ▶ 族 ▶ 选择在“自适应公制常规模型.rft”族样板文件。

b. 单击功能区中：创建 ▶ 绘制 ▶ ●（点图元），如图 6.93（a）所示。

c. 在绘图区域单击绘制四个参照点，如图 6.93（b）所示。

d. 选择所有参照点，单击功能区“修改 | 参照点”选项卡 ▶ “自适应构件”面板 ▶（使自适应）按钮。这些点即成为自适应点。要将该点恢复为参照点，请选择该点，然后再次单击（使自适应）。

> 注：1. 自适应点按其放置顺序进行编号。
> 2. 将自适应转换为普通参照点后，基于点的三个参照平面将默认显示，见 6.3.1.4 参照点。
> 3. 某些点被恢复为参照点后也将同时影响其他自适应的编号。如将图 6.93（b）中的一个点恢复为参照点，原来的点将被重新调整编号。

③ 创建自适应构件形状。

在创建完自适应点后，通过捕捉这些点和“创建形状”工具来创建一些形状。步骤如下。

a. 单击功能区中创建 ▶ 绘制 ▶ 模型 ▶ 线按钮，如图 6.94（a）所示，在选项栏上勾选“三维捕捉”，如图 6.94（c）所示，在绘图区域中绘制一些模型线，如图 6.94（b）所示。

b. 单击功能区中创建 ▶ 绘制 ▶ ●（点图元）按钮，如图 6.94（a）所示，在绘图区域的参照线上单击绘制一个基于主体的参照点，如图 6.94（d）所示。

c. 单击选择该参照点，使工作平面切换到点所在平面。单击功能中修改 | 参照点 ▶ 绘

制 ▸ （圆形）按钮，以参照点为圆心绘制一个圆，半径 300mm，如图 6.94（d）所示。

d. 选择周边线，与所绘制的圆，按 Tab 键切换选择，用 Ctrl 键实现加选，单击功能区中修改 | 选择多个 ▸ 形状 ▸ 创建形状 ▸ 实心形状，创建如图 6.94（e）所示形状。

e. 同理，继续创建形状，结果如图 6.94（f）所示。

> 注：1. 单击选择其中一个自适应点，拖动“三维控件”，如果形状随点的移动而移动，说明创建成功。
>
> 2. 自适应构件族被载入体量族或项目文件中后其形状需要用户自定义，不依赖于之前在构件族中的形状。因而在此构件族中创建的形状只需要确定相互之间的关系，不必像其他构件族那样做准确定位。

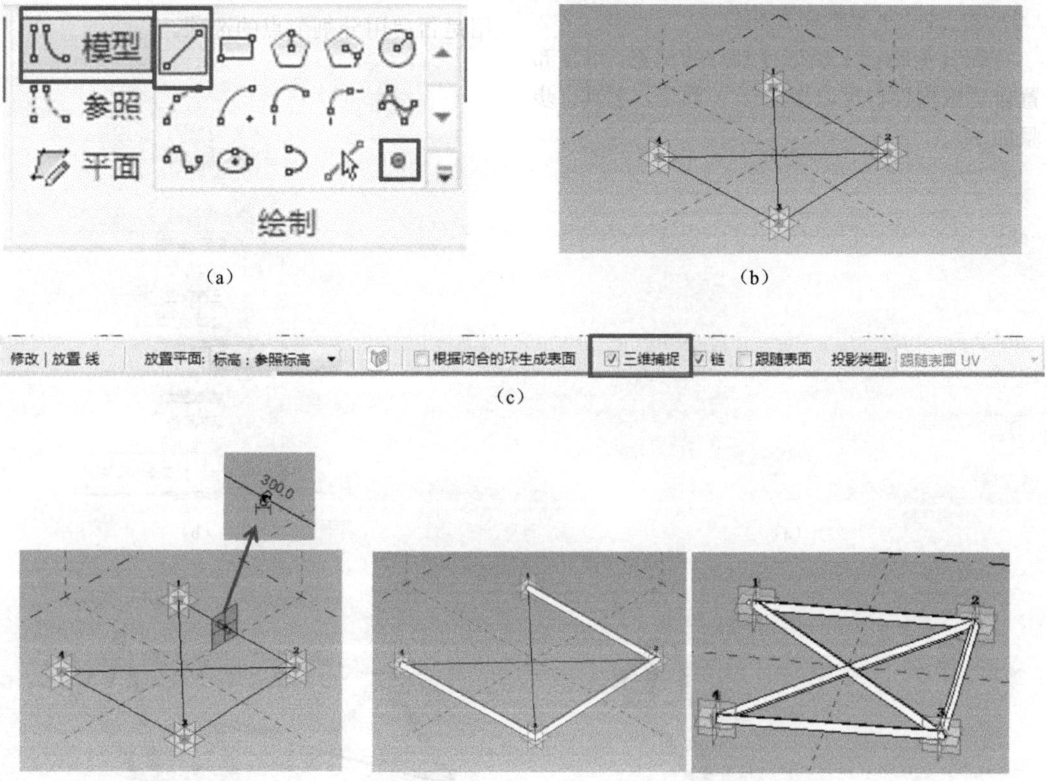

图 6.94　创建自适应构件形状

（2）应用自适应构件族

可将自适应模型放置在另一个自适应构件、概念体量、幕墙嵌板、内建体量和项目环境中。下面以将上面创建的自适应构件，放置到概念体量中为例，讲解自适应构件的应用。

① 放置自适应构件。

a. 新建概念体量文件，在绘图区域创建如图 6.95（a）所示两个标高，在两个标高上分别建两条样条曲线。

b. 把前面创建的自适应构件载入到当前项目，如图 6.95（b）所示。

c. 从项目浏览器中，拖动“自适应构件”到绘图区域，分别在四条线上拾取相应的点，即可创建自适应构件，如图 6.95（c）所示。

d. 同理，可创建新的自适应构件，如图 6.95（d）所示。

> 注：1. 点的放置顺序非常重要，在体量族中定义不同的顺序生成的构件形状可能不同，如图 6.95（d）所示两个自适应形状，即为因放置点顺序不同，而产生的差异。

2. 放置时，可随时按 Esc 键，来基于当前的自适应点放置模型。如在放置两个点后按 Esc 键，模型将基于这两个点放置模型，另外两个没有被定义位置的自适应点将遵从原始自适应构件族中的相对位置来生成形状，并定义其位置。

3. 单击选择已添加好的自适应构件族，把鼠选择的构件上，当出现（移动）图标后，按住鼠标左键可将构件沿主体移动；如同时按住 Ctrl 和鼠标左键，可将构件沿主体拖动复制。

② 自动重复地布置构件。

在分割路径上根据分割点的位置，重复布置自适应构件，可以使用（重复）工具。步骤如下。

a. 新建概念体量，创建如图 6.96（a）所示路径（模型线）。

b. 将自适应构件加载到设计中。这些自适应构件将列在“项目浏览器”中的“常规模型”或“幕墙嵌板（按填充图案）”下。

c. 选择所创建的路径，单击功能区，分割路径，如图 6.96（b）所示。单击“路径”如图 6.96（c）所示，则显示创建路径的控制点，否则为不显示；图 6.96（c）布局为启用和禁用是否启用分割节点的选项。

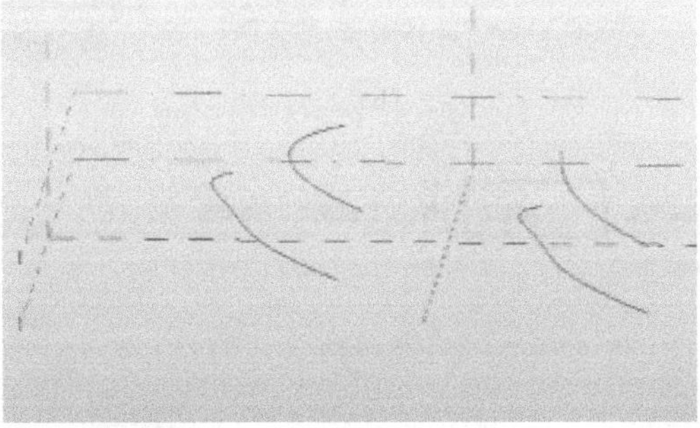

（a）

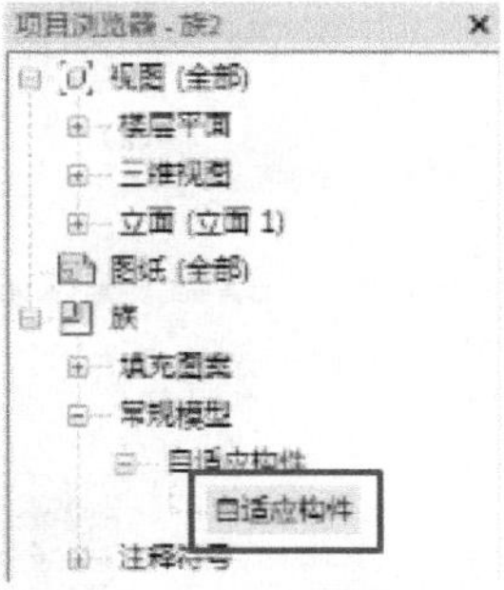

（b）

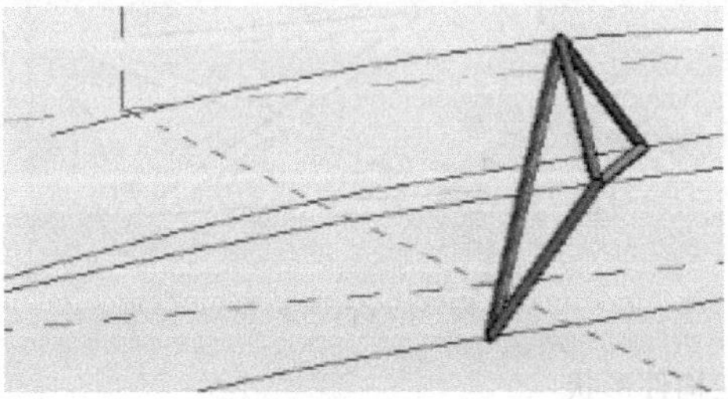

（c）

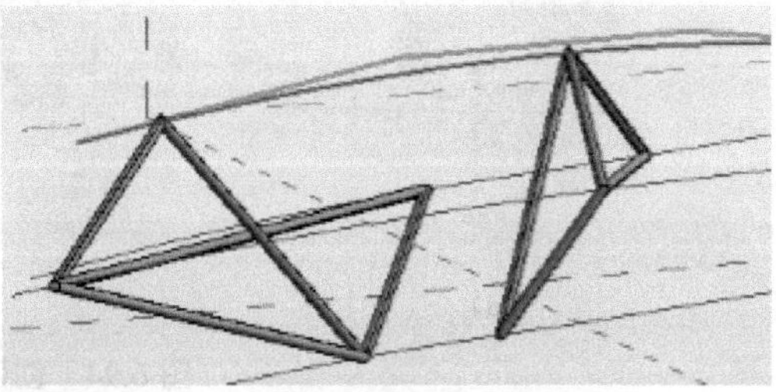

（d）

图 6.95　放置自适应构件

d. 单击“创建”选项卡 ➤“模型”面板 ➤（构件），然后从“类型选择器”中选择自适应构件。或者可以将自适应构件从项目浏览器拖到绘图区域中，在路径的分割点上放置构件，如图 6.96（f）所示。

e. 选中构件，单击“修改 | 常规模型” ➤“修改”面板 ➤（重复）如图 6.96（e）所示，结果如图 6.96（g）所示。

注：在放置构件时，必须选择“放置在面上”，而不能选择“放置在工作平面上”，如图 6.96（d）所示。

（3）修改自适应点

① 修改自适应点。

自适应构件族受到自适应点的控制，因而修改自适应点，构件族也会发生相应变化。自适应点可作为“放置点”用于放置构件，它们将按载入构件时编号顺序放置。将参照点设为自适应点的一，默认情况下，它将是一个“放置点”。自适应点也可以作为“造型操纵柄点”用来控制基于这些点的自适应构件的形状。

a. 自适应点（放置点）、参照点和造型操纵柄点。

自适应点是控制自适应构件族形状的点，通过修改自适应点来修改自适应构件族。自适应点可作为“放置点”用于放置构件，它们将按载入构件时的编号顺序放置，“放置点”用来指定概念设计环境XYZ工作空间中的位置，是带有顺序编号的，可以控制自适应构件；参照点可以在概念设计中帮助构建、定向、对齐和驱动几何图形，普通的“参照点”没有编号。造型操纵柄点为定义点，可以将自适应点用作造型操纵柄。造型操纵柄点与普通参照点一样，也没有编号信息。在放置构件时这些点将不会起到定义形状和位置的作用，仅在放置构件后通过这些点的移动来控制构件。

通过“使自适应”工具可以将参照点与放置点做相互转换；同时也可以在“属性”对话框的“点”参数下拉列表中执行这样的转换。

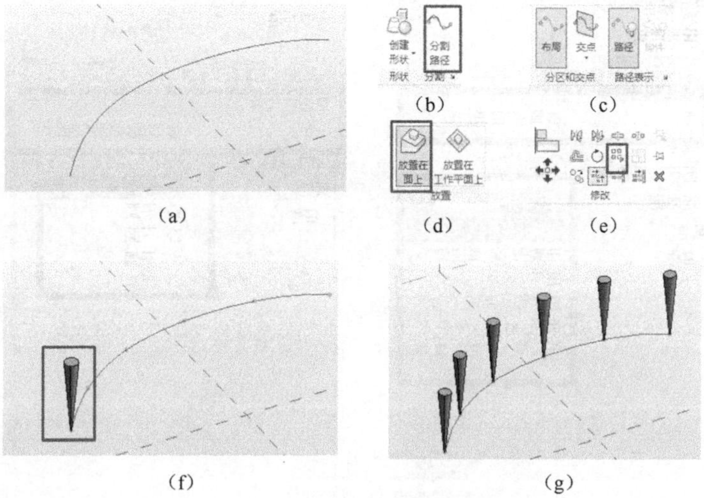

图 6.96　自动重复布置构件

b. 修改“放置点”的属性。

i. 修改“放置点”的编号：只有“放置点”有编号，“参照点”与“造型操纵柄点”是没有编号的。修改“放置点”的编号顺序，对之后放置相应的自适应构件也会产生影响。指定点的编号，就能确定自适应构件每个点的放置顺序。

在绘图区域中单击“放置点”的编号，该编号会显示在一个可被编辑的文本框中。输入新的编号，按 Enter 键，或者单击文本框外面的区域退出。如果输入当前已使用的“放置点”编号，这两点的编号将互换。

ii. 修改“放置点”的方向：单击选择“放置点”，通过属性对话框上的“自适应构件”列表中“方向”参数，可为自适应点的垂直定向指定参照平面，如图 6.97（a）所示。在体量族中应用此自适应构件，不同的“方向”会有不同的表现效果。

c. 修改“造型操纵柄点”属性。

指定点为“造型操纵柄点”后，在属性对话框上，将激活“受约束”参数，如图 6.97（b）所示。通过指定点的约束范围基于的工作平面来对其移动范围进行约束，包括：无、YZ 平面、ZX 平面、XY 平面。

② 在体量族中修改自适应构件。

在体量族中修改自适应构件的方式方法，常见的有三种。通过调整主体的形状，自适应构件也会有相应的变化。再就是通过修改自适应点的属性改变自适应构件的形状，如修改规格化曲线参数如图 6.98（a），当修改规格化曲线参数值为 0.8 时，结果如图 6.98（c）所示。

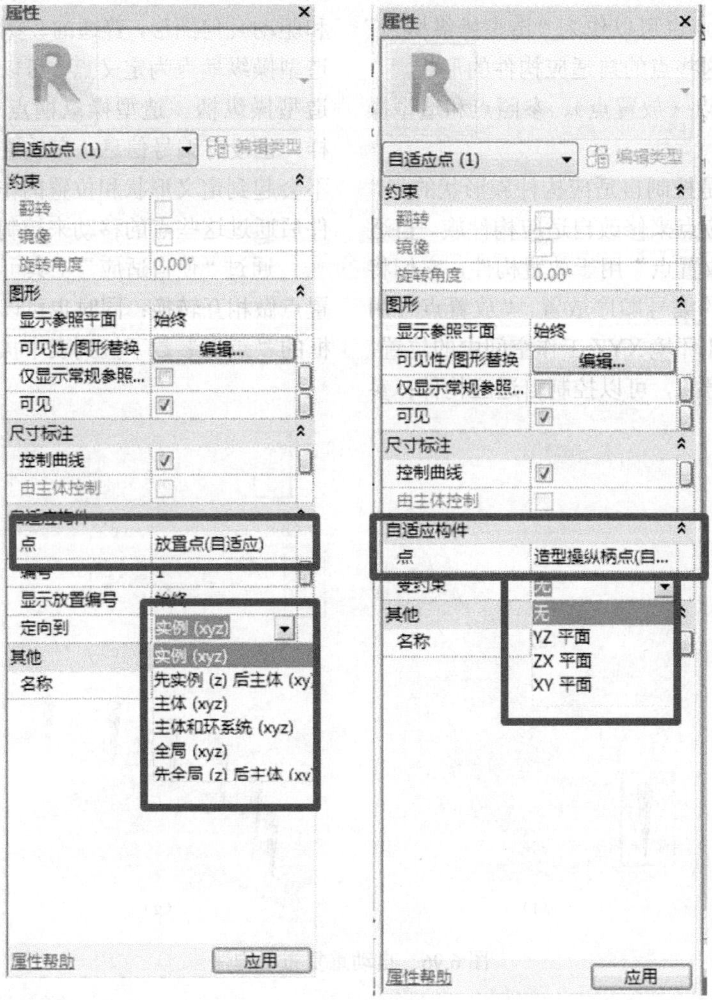

（a）　　　　（b）

图 6.97　放置点与造型操纵柄点方向

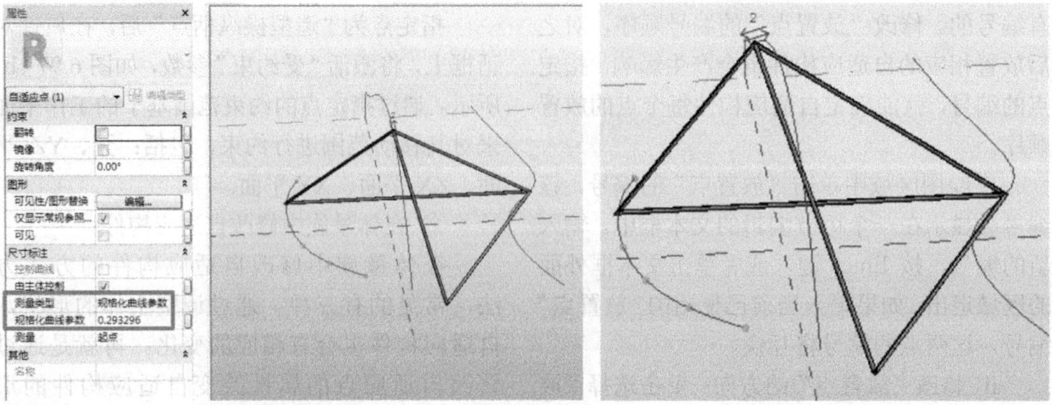

（a）　　　　（b）　　　　（c）

图 6.98　修改自适应点的形状

6.4 体量族在项目文件中的应用简介

在 Revit 项目环境中，可以通过内建体量族和载入体量族图元两种方式进行建筑概念设计。当概念设计就绪后，可以进行以下三方面的深化设计：创建体量楼层，提取体量楼层的参数信息（例如面积/体积和周长，用于概念设计分析）；从体量实例中创建建筑图元，（例如楼板、墙体、屋顶和幕墙系统）；在体量变化时可以同步更新这些建筑图元。在项目环境中载入多个体量实例，这些实例可以指定单独的选项、工作集和阶段，同时可以通过设计选项来修改多个体量之间的材质、形式和关联。下面将对体量楼层的应用与从体量实例创建建筑图元做简单介绍。

6.4.1 体量楼层的应用

在概念设计期间，使用体量楼层划分体量以进行分析。体量楼层提供了有关切面上方体量直至下一个切面或体量顶部之间尺寸标注的几何图形信息，如周长、面积、体积等，软件自动计算相关信息，且根据体量的调整而自动变化。

6.4.1.1 创建体量楼层

思路为在标高处生成体量楼层，如图 6.99 所示，具体步骤如下。

① 将标高添加到项目中（如果尚未执行该操作）。

② 选择体量。可以在任何类型的项目视图（包括楼层平面、天花板平面、立面、剖面和三维视图）中选择体量。

③ 单击“修改 | 体量”选项卡 ➤“模型”面板 ➤（体量楼层）。

④ 在“体量楼层”对话框中，选择需要体量楼层的各个标高，然后单击“确定”。

> 注：1. 如果您选择的某个标高与体量不相交，在此标高平面上不会为体量创建体量楼层。调整体量的高度，直至与指定的标高相交，创建才会成功。
>
> 2. 如果体量顶部与标高重合，则顶部不会生成体量楼层。

6.4.1.2 创建体量楼层明细表

体量楼层提供了切面上方直到下一个切面或者体量顶部之间尺寸标注的几何图形信息，其中包括：面积、外表体积、周长和体积。因此，在创建体量楼层后，可以创建这些体量楼层的明细表，使用这些明细表用于设计分析。体量的形状改变后，体量明细表会随之自动更新。下面将讲述明细表创建方法。

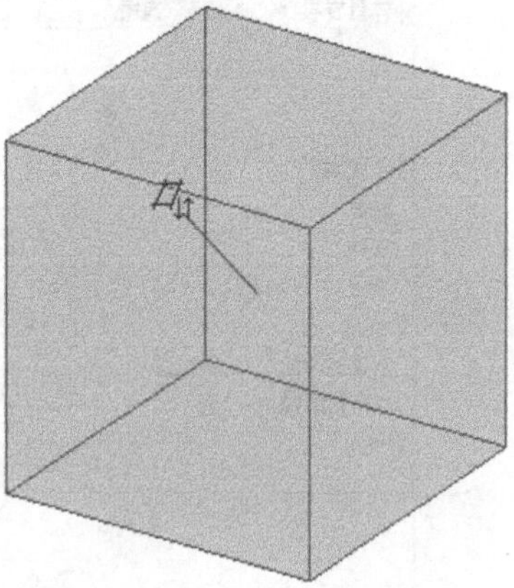

(a)

(b)

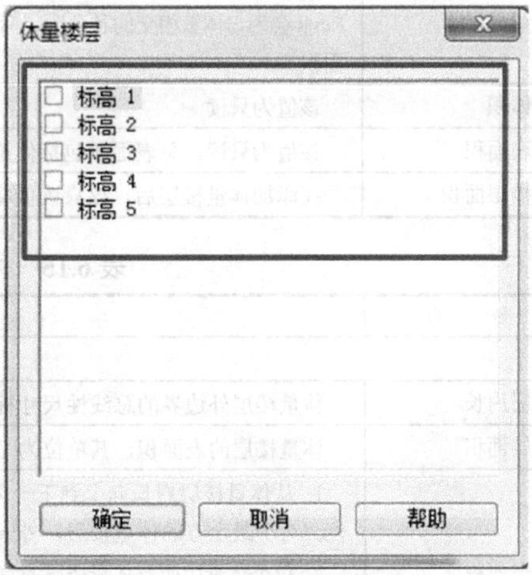

(c)

图 6.99 创建体量楼层

（1）体量楼层参数

选中项目中的体量与体量楼层，在属性栏则显示其相应实例参数，如图 6.100 所示。参数说明详见表 6.14 和表 6.15。

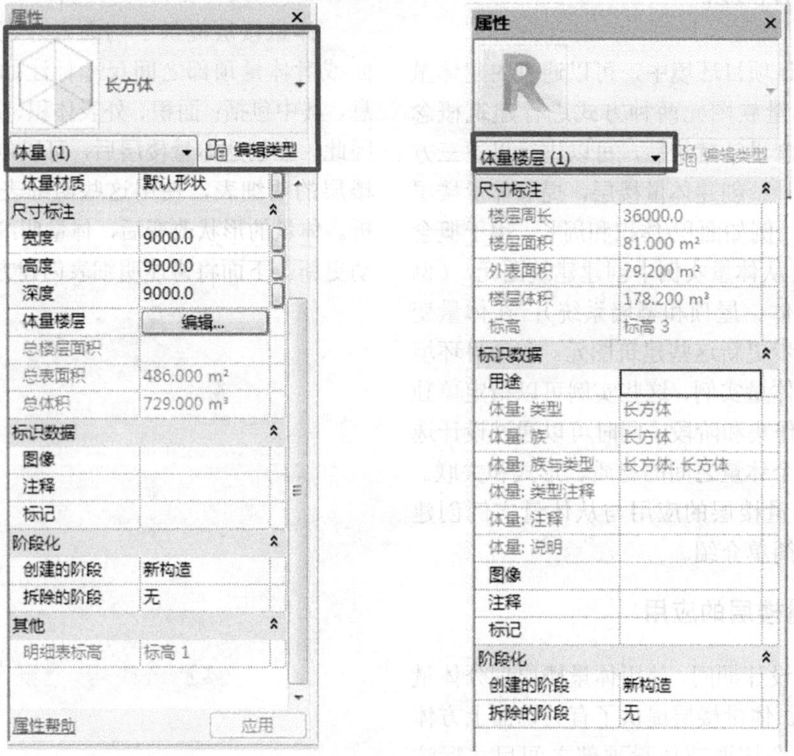

（a）　　　　　　　　　　（b）

图 6.100　体量与体量楼层的实例参数

表 6.14　体量实例参数——尺寸标注

参　　数	说　　明	只读
宽度、高度、深度	体量的长宽高，可以修改，修改后体量的尺寸也随之改变	否
体量楼层	单击“编辑”可打开“体量楼层”对话框。此对话框将显示项目中的所有标高，在选择标高时，Revit 会为与体量相交的各个选定标高生成体量楼层，会计算体量楼层的面积、周长、体积和外表面积	
总体积	该值为只读	是
总表面积	该值为只读。总表面积包括体量的侧面、顶部和底部	是
总楼层面积	在添加体量楼层后，该只读值将发生变化	是

表 6.15　体量楼层实例参数说明

参　　数	说　　明	只读
	尺 寸 标 注	
楼层周长	体量楼层外边界的总线性尺寸标注	是
楼层面积	体量楼层的表面积，其单位为平方单位	是
外表面积	1. 从体量楼层周长向上到下一体量楼层的外部垂直表面（墙）的表面积，其单位为平方单位。对于最上方的体量楼层，外表面积包括其上方的水平表面（屋顶）的面积； 2. 单个体量中所有体量楼层的复合外表面积包括该体量的顶部和侧面，但它不包括该体量的底部； 3. 连接体量后，将从各个体量楼层的外表面积中扣除体量共享的内墙的面积	是

续表

参　数	说　明	只读
楼层体积	体量楼层与其上方的表面之间以及这两者之间由外垂直表面包围起来的物理空间大小	是
标高	体量楼层所基于的标高（水平平面）	是
	标 识 数 据	
用途	对体量楼层的预计用途的描述。可输入汉字，也可单击字段后选择现有的值	否
体量：类型	体量楼层所属的体量类型	是
体量：族	体量楼层所属的体量族	是
体量：族与类型	体量楼层所属的体量族和类型	是
体量：类型注释	体量楼层所属的体量族和类型	是
体量：注释	体量楼层所属的体量类型的注释	是
体量：说明	对体量楼层所属的体量的说明	是
图像	表示体量楼层的图像	否
注释	说明体量楼层的文字	否
标记	用户为体量楼层指定的标识符	否
	阶 段 化	
创建的阶段	创建体量楼层的阶段	否
拆除的阶段	拆除体量楼层的阶段	否

（2）指定体量楼层的用途

在创建体量楼层后，可以指定其用途。然后可以在设计时执行各种类型的分析。指定体量楼层用途的常用方法如表6.16所示。

表6.16　指定体量楼层用途的方法

方　法	功　能
明细表	在体量楼层明细表中包含“用途”字段。然后在明细表中指定用途。打开明细表，单击某一行的“用途”列，然后输入文字。如果已经输入其他体量楼层的用途值，可以单击该字段，然后从列表中选择一个值
标记	要在视图中标记体量楼层，使用指定给每一种体量楼层的用途的体量楼层标记
属性	在视图中单击选择一个或通过Ctrl键加选多个体量楼层，在“属性”选项板“用途”参数中输入不同字段，如：零售、办公、住宅，用于表明不同体量楼层的建筑功能

注：在用途参数中输入某个字段后，该字段将出现在“用途”参数下拉表中供选择。

（3）创建体量楼层明细表

创建体量楼层后，可通过明细表指定用途或分析设计。如果修改体量的形状，明细表会随之更新。

步骤如下。

① 为体量楼层指定用途，具体方法参见前述。

② 单击“视图”选项卡 ➤ “创建”面板 ➤ “明细表”下拉列表 ➤ （明细表/数量），则弹出“新建明细表”对话框，如图6.101（a）所示。

③ 在“新建明细表”对话框中，执行下列操作：

- 单击“体量楼层”作为“类别”，如图6.101（a）所示。
- 指定明细表的名称作为“名称”，本例选择默认，如图6.101（a）所示。
- 选择“建筑构件明细表”。
- 单击“确定”。

④ 在“明细表属性”对话框中，执行下列操作。

- “字段”选项卡上，选择所需的字段，双击或单击，如用途、标高、体量：类型、楼层面积，如图6.101（b）所示。
- 单击“添加计算参数”，添加参数：楼层面积百分比，如图6.101（b）和（c）所示。
- 使用其他选项卡指定明细表的排序设置，如图6.101（d）所示。
- 格式设置如图6.102（a）所示，分别选择楼层面积和楼层面积百分比，在右下角选择“计算总数”。
- 单击“确定”，生成明细表，如图6.102（b）所示。

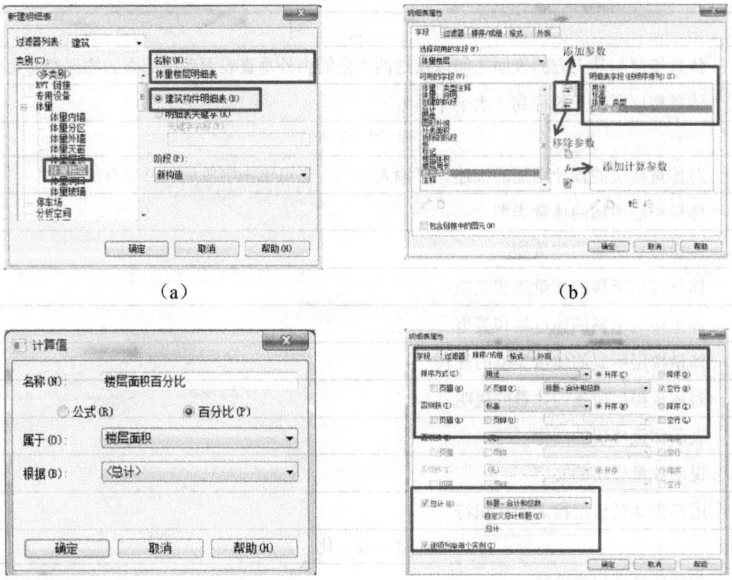

(a)　(b)

(c)　(d)

图 6.101　创建体量楼层明细表 1

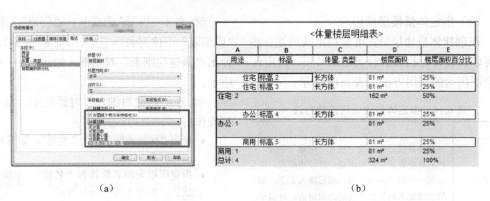

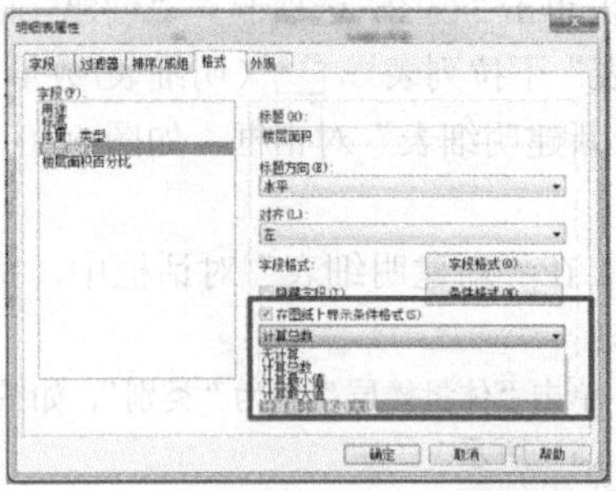

<体量楼层明细表>				
A	B	C	D	E
用途	标高	体量: 类型	楼层面积	楼层面积百分比
住宅	标高 2	长方体	81 m²	25%
住宅	标高 3	长方体	81 m²	25%
住宅: 2			162 m²	50%
办公	标高 4	长方体	81 m²	25%
办公: 1			81 m²	25%
商用	标高 5	长方体	81 m²	25%
商用: 1			81 m²	25%
总计: 4			324 m²	100%

(a)　(b)

图 6.102　创建体量楼层明细表 2

6.4.1.3　标记体量楼层

在创建体量楼层后，可以在二维视图和三维视图中对其进行标记。标记可以包含各个体量楼层的面积、外表面积、周长、体积和用途的相关信息。如果修改了体量的形状，标记也会随之更新，以反映该变化。

有两种方式可以进行体量楼层标记，“按类别标记”和“标记所有未标记的对象”。下面分别简述。

（1）按类别标记

步骤如下。

① 单击“注释”选项卡 ▶“标记”面板 ▶ （按类别标记），图 6.103（a）所示。

② 单击选项栏中“标记…”按钮，如图 6.103（b）所示，在“载入的标记”对话框中单击选择，也可以通过“载入族”按钮从标记族库中选择其他体量楼层标记，如图 6.103（c）所示。

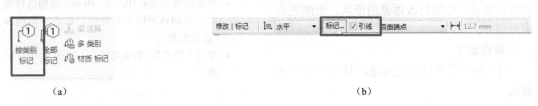

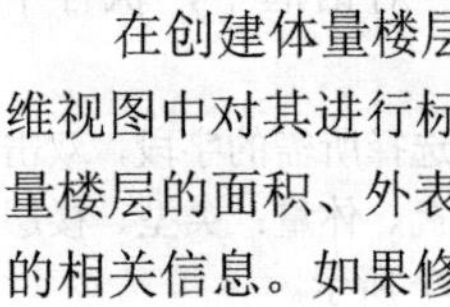

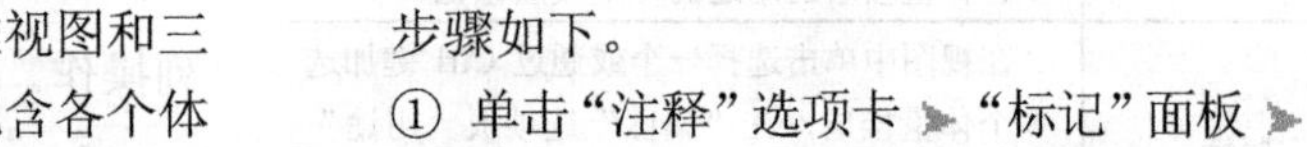

(a)　(b)

（c）

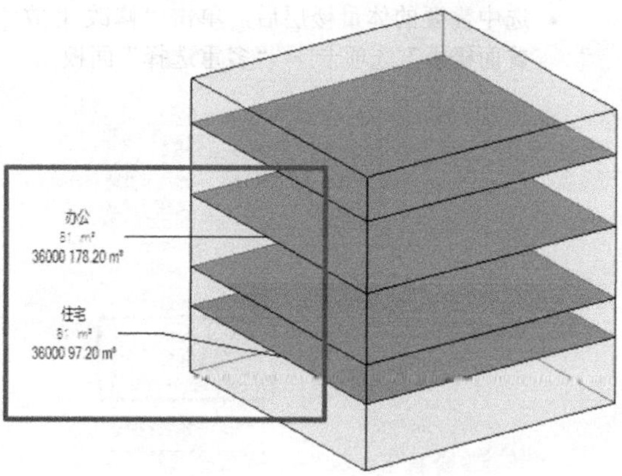

（d）

图 6.103　体量楼层按类别标记

③ 在绘图区域内选择“体量楼层”图元，可以用 Tab 键进行选择切换，创建属于该“体量楼层”的体量楼层标记，结果如图 6.103（d）所示。

（2）标记所有未标记的对象

步骤如下。

① 单击“注释”选项卡 ➤“标记”面板 ➤ “全部标记”。

② 在“标记所有未标记的对象”对话框中单击选择“体量标记”和“体量楼层标记”，见图 6.104，单击确定。

③ 所有未标记的体量楼层将全部被标记。

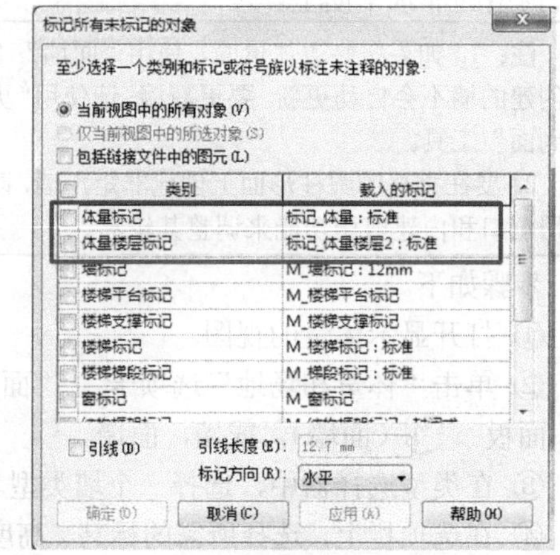

图 6.104　体量楼层按类别标记

6.4.2　从体量实例创建建筑图元

“体量楼层”虽然可以用来帮助作概念设计分析，但其与内建或可载入体量本身并不具备任何建筑属性，必须把体量转化为真正的建筑图元才好进行下一步的设计工作。通过体量楼层和体量面，可以创建楼板、屋顶、墙和幕墙，下面将简要叙述其操作步骤。

6.4.2.1　从体量楼层创建楼板

步骤如下。

① 打开显示概念体量模型的视图。

② 单击“体量和场地”选项卡 ➤“面模型”面板 ➤（楼板），如图 6.105（a）所示，或楼板、面楼板，如图 6.105（b）所示。

③ 在类型选择器中，选择一种楼板类型，如图 6.105（c）所示。

④（可选）要从单个体量面创建楼板，请单击“修改 | 放置面楼板”选项卡 ➤ “多重选择”面板 ➤（选择多个）以禁用此选项（默认情况下，处于启用状态），如图 6.105（d）所示。

⑤ 移动光标以高亮显示某一个体量楼层。

⑥ 单击以选择体量楼层，如果已清除“选择多个”选项，则立即会有一个楼板被放置在该体量楼层上。

⑦ 如果已启用“选择多个”，请选择多个体量楼层，进行如下操作：

- 单击未选中的体量楼层即可将其添加到选择中。单击已选中的体量楼层即可将其删除。光标将指示是正在添加（+）体量楼层，还是正在删除（–）体量楼层；
- 要清除整个选择并重新开始，请单击“修改 | 放置面楼板”选项卡 ➤“多重选择”面板 ➤ （清除选择），如图 6.105（d）所示；

- 选中需要的体量楼层后，单击“修改 | 放置面楼板”选项卡 ➤ “多重选择”面板 ➤ “创建楼板”，如图 6.105（d）所示。

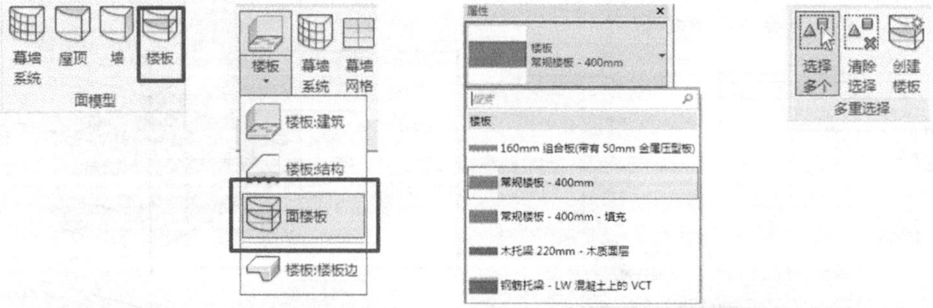

（a）　（b）　（c）　（d）

图 6.105　创建面楼板

6.4.2.2　从体量面创建屋顶

使用“面屋顶”工具在体量的任何非垂直面上创建屋顶。步骤如下。

> 注：1. 无法从同一屋顶的不同体量中选择面；
> 2. 如果修改体量面，使用“面屋顶”工具创建的屋顶不会自动更新。

① 打开显示体量的视图。

② 单击“体量和场地”选项卡 ➤ “面模型”面板 ➤ （面屋顶），或屋顶、面屋顶。

③ 在类型选择器中，选择一种屋顶类型，如果需要，可以在选项栏上指定屋顶的标高。

④（可选）要从一个体量面创建屋顶，请单击“修改|放置面屋顶”选项卡 ➤ “多重选择”面板 ➤ （选择多个）以禁用它（默认情况下，处于启用状态）。

⑤ 移动光标以高亮显示某个面，单击以选择该面。

> 注：1. 如果已清除“选择多个”选项，则会立即将屋顶放置到面上；
> 2. 通过在“属性”选项板中修改屋顶的“已拾取的面的位置”属性，可以修改屋顶的拾取面位置（顶部或底部）。

⑥ 如果已启用“选择多个”，请按如下操作选择更多体量面。

- 单击未选择的面以将其添加到选择中。单击所选的面以将其删除。光标将指示是正在添加（+）面还是正在删除（–）面。
- 要清除选择并重新开始选择，请单击“修改|放置面屋顶”选项卡 ➤ “多重选择”面板 ➤ （清除选择）。
- 选中所需的面以后，单击“修改|放置面屋顶”选项卡 ➤ “多重选择”面板 ➤ “创建屋顶”。

> 注：1. 不要为同一屋顶同时选择朝上的面和朝下的面；
> 2. 如果希望生成的屋顶嵌板既包含朝上的面又包含朝下的面，请将体量拆分为两个面，以便每一面完全朝上或完全朝下。然后从朝下面创建一个或多个屋顶，从朝上面创建一个或多个屋顶。

6.4.2.3　从体量面创建墙体

使用“面墙”工具，通过拾取线或面从体量实例创建墙。此工具将墙放置在体量实例或常规模型的非水平面上。

> 注：1. 如果您修改体量面，使用“面墙”工具创建的墙不会自动更新。要更新墙，请使用“更新到面”工具。
> 2. 要在垂直的圆柱形面上创建非矩形墙，请使用洞口和内建剪切功能来调整其轮廓。

步骤如下。

① 打开显示体量的视图。

② 单击“体量和场地”选项卡 ➤ “面模型”面板 ➤ （面墙），或墙，面墙。

③ 在类型选择器中，选择一个墙类型。

④ 在选项栏上，选择所需的标高、高度、定位线的值。

⑤（可选）要从一个体量面创建墙，请单击“修改|放置面墙”选项卡 ➤ “多重选择”面板 ➤ （选择多个）以禁用它（默认情况下，处于启用状态）。

⑥ 移动光标以高亮显示某个面。

⑦ 单击以选择该面，如果已清除“选择多个”选项，系统会立即将墙放置在该面上。

⑧ 如果已启用“选择多个”，请按如下操作选择更多体量面。

- 单击未选择的面以将其添加到选择中。单击所选的面以将其删除，光标将指示是正在添加（+）面还是正在删除（–）面。
- 要清除选择并重新开始选择，请单击“修改|放置面墙”选项卡 ➤“多重选择”面板 ➤（清除选择）。
- 选中需要的面后，单击“修改|放置面墙”选项卡 ➤“多重选择”面板 ➤“创建墙”。

6.4.2.4 从体量实例创建幕墙系统

使用“面幕墙系统”工具在任何体量面或常规模型面上创建幕墙系统。步骤如下。

① 打开显示体量的视图。

② 单击“体量和场地”选项卡 ➤“面模型”面板 ➤（面幕墙系统）。

③ 在类型选择器中，选择一种幕墙系统类型。

④ 使用带有幕墙网格布局的幕墙系统类型。

⑤（可选）要从一个体量面创建幕墙系统，请单击“修改 | 放置面幕墙系统”选项卡 ➤“多重选择”面板 ➤（选择多个）以禁用它（默认情况下，处于启用状态）。

⑥ 移动光标以高亮显示某个面。

⑦ 单击以选择该面，如果已清除“选择多个”选项，则会立即将幕墙系统放置到面上。

⑧ 如果已启用“选择多个”，请按如下操作选择更多体量面。

- 单击未选择的面以将其添加到选择中。单击所选的面以将其删除，光标将指示是正在添加（+）面还是正在删除（–）面。
- 要清除选择并重新开始选择，请单击“修改 | 放置面幕墙系统”选项卡 ➤“多重选择”面板 ➤（清除选择）。
- 在所需的面处于选中状态下，单击“修改 | 放置面幕墙系统”选项卡 ➤“多重选择”面板 ➤“创建面幕墙”。

> 注：将拾取框拖曳到整个形状上，将整体生成幕墙系统。

附录1 常用快捷键

附表 Revit 常用快捷键

命令	快捷键	命令	快捷键	命令	快捷键	命令	快捷键
墙	WA	图元属性	PP 或 Ctrl+1	捕捉远距离对象	SR	区域放大	ZR
门	DR	删除	DE	象限点	SQ	缩放配置	ZF
窗	WN	移动	MV	垂足	SP	上一次缩放	ZP
放置构件	CM	复制	CO	最近点	SN	动态视图	F8 或 Shift+W
房间	RM	旋转	RO	中点	SM	线框显示模式	WF
房间标记	RT	定义旋转中心	R3 或空格键	交点	SI	隐藏线显示模式	HL
轴线	GR	阵列	AR	端点	SE	带边框着色显示模式	SD
文字	TX	镜像-拾取轴	MM	中心	SC	细线显示模式	TL
对齐标注	DI	创建组	GP	捕捉到云点	PC	视图图元属性	VP
标高	LL	锁定位置	PN	点	SX	可见性图形	VV/VG
高程点标注	EL	解锁位置	UP	工作平面网格	SW	临时隐藏图元	HH
绘制参考平面	RP	匹配对象类型	MA	切点	ST	临时隔离图元	HI
按类别标记	TG	线处理	LW	关闭替换	SS	临时隐藏类别	HC
模型线	LI	填色	PT	形状闭合	SZ	临时隔离类别	IC
详图线	DL	拆分区域	SF	关闭捕捉	SO	重设临时隐藏	HR
		对齐	AL			隐藏图元	EH
		拆分图元	SL			隐藏类别	VH
		修剪/延伸	TR			取消隐藏图元	EU
		偏移	OF			取消隐藏类别	VU
		在整个项目中选择全部实例	SA			切换显示隐藏图元模式	RH
		重复上上个命令	RC 或 Enter			渲染	RR
		恢复上一次选择集	Ctrl+←			快捷键定义窗口	KS
						视图窗口平铺	WT
						视图窗口层叠	WC

附录 2 场地的创建

Revit 场地创建功能操作简单，易上手，能满足规划、方案及施工总平的需求，本章以创建附图 2.1 所示场地为例，讲解 Revit 场地创建功能。

附图 2.1 场地示例

附录 2.1 地形创建

打开场地视图，Revit 在创建场地，无法对点进行精确的定位，要通过参照平面或轴网对地形控制点进行定位或数据点导入的方式。

① 场地平面视图，做参照平面或轴网，对地形控制点进行定位，如附图 2.2（a）所示。

② 单击“体量和场地”选项卡 ➤ “场地建模”面板 ➤ （地形表面），如附图 2.2（b）所示，默认情况下，功能区上的“放置点”工具处于活动状态，如附图 2.2（c）所示。

③ 在选项栏上，设置“高程”的值，如附图 2.2（d）所示，在“高程”文本框旁边，选择下列选项之一。

- 绝对高程：点显示在指定的高程处（从项目基点），可以将点放置在活动绘图区域中的任何位置。
- 相对于表面：通过该选项，可以将点放置在现有地形表面上的指定高程处，从而编辑现有地形表面。要使该选项的使用效果更明显，需要在着色的三维视图中工作。

④ 在绘图区域中单击以放置控制点。再放置其他点时可以修改选项栏上的高程，如附图 2.2（e）所示。

⑤ 单击（完成表面）。

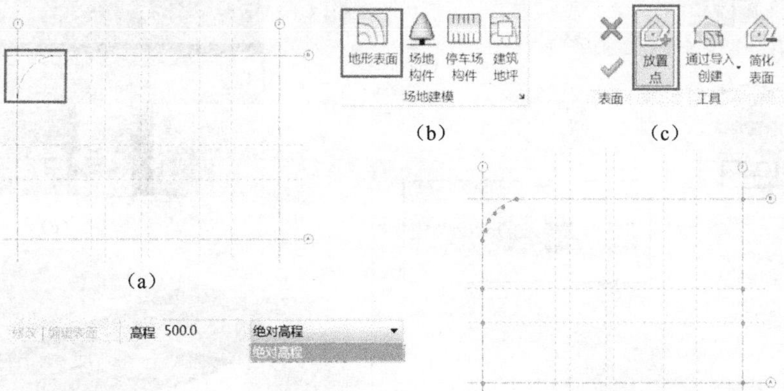

附图 2.2 地形创建步骤

对于表面的不同材质，如添加道路图元，如停车场、转向箭头和禁用标记，可通过子面域功能创建。

① 打开场地平面视图。

② 单击“体量和场地”选项卡 ▶“修改场地”面板 ▶ （子面域），Revit 将进入草图模式，如附图 2.3（a）所示。

③ 单击 （拾取线）或使用其他绘制工具在地形表面上创建一个子面域，如附图 2.3（b）所示。

④ 单击 （完成编辑模式），结果如附图 2.3（b）所示。

> 注：使用单个闭合环创建地形表面子面域。如果创建多个闭合环，则只有第一个环用于创建子面域；其余环将被忽略。

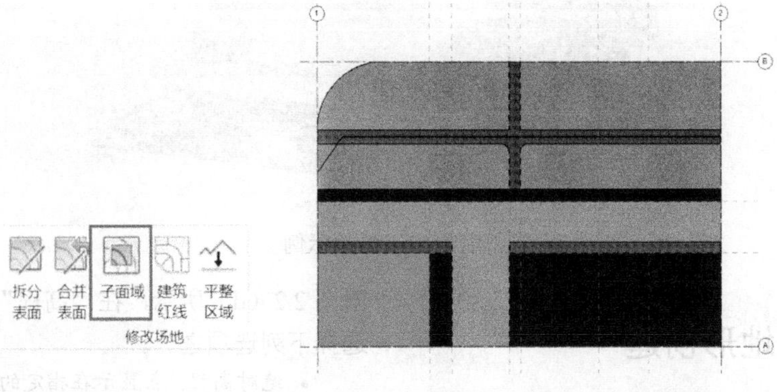

（a）（b）

附图 2.3　子面域

附录 2.2　建筑地坪创建

如果场地需要开挖，再修建建筑、道路及其他设施，则可以用建筑地坪功能完成。本例中添加主干道路，则用建筑地坪功能完成。

① 打开一个场地平面视图。

② 单击“体量和场地”选项卡 ▶“场地建模”面板 ▶ （建筑地坪），如附图 2.4（a）所示。

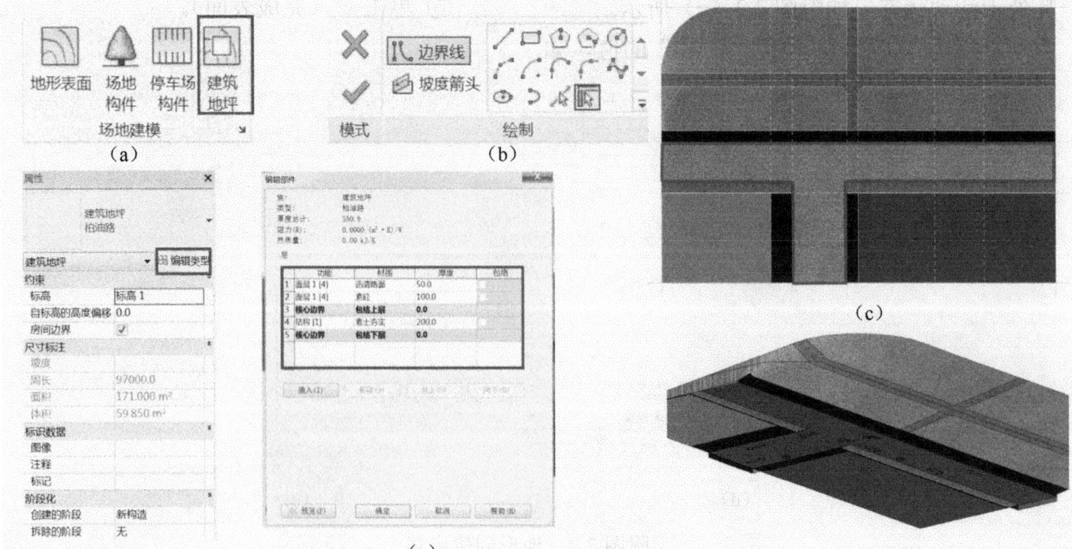

（a）（b）（c）（d）（e）（f）

附图 2.4　创建建筑地坪

③ 使用绘制工具绘制闭合环形式的建筑地坪，如附图 2.4（c）红线所示。

④ 在“属性”选项板中，根据需要设置“相对标高”和其他建筑地坪属性，如附图 2.4（d）所示。

⑤ 材质与做法设置，单击实例属性“编辑类型”，单击构造，进入编辑部件对话框，如附图 2.4（e）所示，像墙体一样设置层次与厚度。

⑥ 单击（完成编辑模式），结果如附图 2.4（f）所示。

附录 2.3　添加场地构件

场地构件是可载入族，先要把插入的族载入到项目中，拖动添加到相应位置，准确定位一是借助参照平面，二是临时尺寸，三是工作平面及属性设置。本例所涉及的构件有植物、体育设施、停车构件、消防设备等。

① 单击“插入”选项卡 ▶“从库中载入”面板 ▶（载入族），或直接从第三方云族库中直接下载，如附图 2.5（a）所示。

② 打开显示要修改的地形表面的视图。

③ 单击“体量和场地”选项卡 ▶“场地建模”面板 ▶（场地构件）。

④ 从“类型选择器”中选择所需的构件。

⑤ 在绘图区域中单击以添加一个或多个构件，最终结果如附图 2.1 所示。

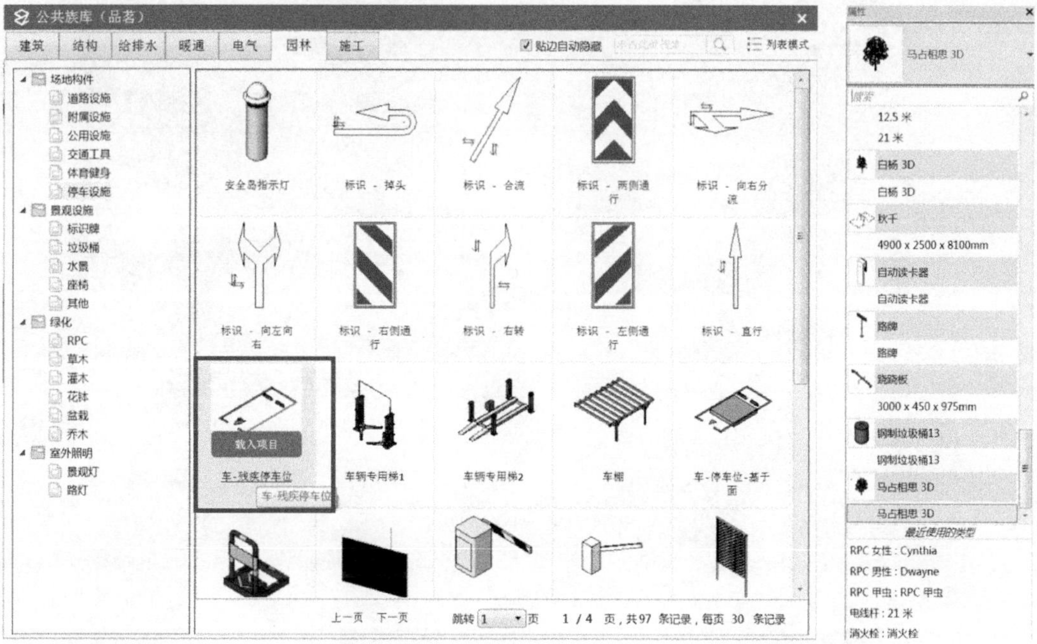

（a）　　　　　　　　　　　　　　（b）

附图 2.5　添加场地构件

参考文献

［1］Autodes，Inc.主编．柏幕进业．Autodesk Revit Architecture2014 官方标准教程［M］．北京：电子工业出版社，2014.1.

［2］Autodes，Asia Pte Ltd．AUTODESK REVIT 2014 五天建筑达人速成［M］．上海：同济大学出版社，2014.4.

［3］秦军．Autodest Revit Architecture 201X 建筑设计全攻略［M］．北京：中国水利出版社，2010.10.

［4］Autodesk Asia Pte Ltd．Autodesk Revit 2013 族达人速成［M］．上海：同济大学出版社，2013.4.

［5］全国 BIM 技能等级考试大纲与考题．

［6］李建成．BIM 应用导论［M］．上海：同济大学出版社，2015.3.

［7］人力资源和社会保障部职业技能鉴定中心，工业和信息化部电子行业职业技能鉴定指导中心．BIM 应用与项目管理［M］．北京：中国建筑工业出版社，2016.1.

［8］刘云平，等．BIM 软件之 Revit 2018 基础操作教程［M］．北京：化学工业出版社，2018.6.

［9］刘云平．BIM 技术与工程应用［M］．北京：化学工业出版社，即将出版．